水工混凝土声波检测关键技术与实践

张建清　刘润泽　李张明　著

U0311540

科学出版社

北　京

内 容 简 介

地球物理无损检测手段在水工混凝土质量控制、缺陷的发现与处理中发挥着重要作用。本书综合长江勘测规划设计研究院长江地球物理探测（武汉）有限公司20世纪90年代以来水工混凝土声波检测技术的研究及应用成果、发明专利、专有技术等，以声波无损检测为主，以电视录像检测为辅，介绍声波垂直反射法检测技术、超声相控阵检测技术、超声合成孔径检测技术、声波层析成像检测技术、移动单元体穿透声波检测技术、干孔声波检测技术、锚杆锚固质量检测技术、高清数字岩芯检测技术，展示三峡工程、南水北调工程、构皮滩水电站、亭子口水利枢纽、向家坝水电站等大中型水利水电工程中涉及大坝混凝土、结构混凝土质量声波检测的试验研究成果及应用。

本书可供工程地球物理专业和从事相关课题研究的科研人员、高等院校师生参考使用。

图书在版编目（CIP）数据

水工混凝土声波检测关键技术与实践／张建清，刘润泽，李张明著. —北京：科学出版社，2015

ISBN 978-7-03-046832-1

Ⅰ. 水⋯ Ⅱ. ①张⋯②刘⋯③李⋯ Ⅲ. 水工材料–混凝土–超声检验–研究 Ⅳ. TV431

中国版本图书馆 CIP 数据核字（2015）第 308384 号

责任编辑：王 倩／责任校对：鲁 素
责任印制：张 倩／封面设计：无极书装

科 学 出 版 社 出版

北京东黄城根北街 16 号
邮政编码：100717
http://www.sciencep.com

中国科学院印刷厂 印刷
科学出版社发行 各地新华书店经销

*

2016 年 3 月第 一 版　　开本：889×1194　1/16
2016 年 3 月第一次印刷　　印张：27
字数：850 000

定价：238.00 元
（如有印装质量问题，我社负责调换）

前　言

混凝土质量是水利水电工程建筑安全的关键要素之一。检测混凝土质量，主要包括取芯法及地球物理无损检测方法。由于取芯法的局限，地球物理无损检测方法越来越受到重视。工程地球物理领域较系统的水工混凝土质量检测始于20世纪90年代的三峡工程。在长江水利委员会长江勘测规划设计研究院主持下，长江地球物理探测（武汉）有限公司开展了科研项目"长江三峡工程混凝土质量无损检测新技术研究与实践"，同时在三峡工地现场制作用材用料、标号、施工工艺、养护要求等与二期混凝土完全一致的1∶1模型（模拟四个标号、级配的混凝土）。该项目针对三峡工程混凝土质量无损检测的难点和特点，展开从检测设备到软件、从工作方法到处理方法、从模型试验到现场试验、从理论到实践的全面研究。同时，在模型中模拟不同规模、不同埋深、不同类型（如架空、蜂窝、离析、冷缝、裂缝等）的混凝土质量缺陷，系统地获取各类缺陷在不同条件下的无损检测反映特征"正演"图谱，并逐块进行不同龄期、多种无损检测方法的跟踪测试，筛选出技术先进、适用、效果确切的无损检测方法和相应的检测技术、仪器设备、资料处理解释方法以及有效检测时段，为保证三峡工程大体积混凝土质量地球物理无损检测的成功运用打下基础。

"连雨不知春去，一晴方觉夏深。"转眼间，雄伟的三峡工程从开工至今已有20多年。我们经历南水北调、向家坝、乌东德、构皮滩、亭子口等数十个大中型水电工程。其间，不仅包括大体积混凝土质量检测，而且包括复杂的结构混凝土质量检测，如三峡工程、向家坝水电站一级全平衡齿轮齿条爬升式升船机混凝土，亭子口枢纽、构皮滩水电站平衡卷扬提升式升船机混凝土，南水北调穿黄隧洞衬砌混凝土、渡槽等。随着这些混凝土检测需求的增加及技术的进步，长江地球物理探测（武汉）有限公司通过国家大坝安全工程技术研究中心课题、长江勘测规划设计研究院创新基金及自主创新项目，先后开展"大坝混凝土缺陷检测技术与方法研究"、"二维复杂结构三角网射线追踪方法研究"、"高清钻孔电视及电子岩芯库研究"、"干孔声波检测技术研究"等项目。可喜的是，这些研究成果在相关工程混凝土检测中得到运用，并达到预期效果。

审视这些年水利水电工程混凝土质量检测走过的路程，虽然有成功的喜悦，但仅仅是局部的、零散的成果，常常深受一些复杂检测问题的困扰，如混凝土缺陷乃至渗漏通道的精细成像、水下混凝土质量检测、随时间推移的混凝土健康诊断等问题。检测技术还欠成熟、完善，离工程需求还有一定差距。正如中国已故著名数学家华罗庚所讲："难"也是如此，面对悬崖峭壁，100年也看不出一条缝来，但用斧凿，能进一寸进一寸，得进一尺进一尺，不断积累，飞跃必来，突破随之。本书是长江地球物理探测（武汉）有限公司这些年对水工混凝土质量检测技术研究、试验及应用的系统总结，既为同行提供类似工程借鉴，也为我们在混凝土检测中存在的不足寻求突破点。鉴于声波检测技术在水工混凝土质量检测中的独特地位，本书以声波检测技术为主，但为保持一些工作的完整性，相关章节对其他检测方法也进行了介绍。本书包括技术、试验、实践，共20章。第一篇，技术。包括：第1章，水工混凝土检测技术概况；第2章，声学理论基础；第3章，混凝土声场传播特征；第4章，垂直声波反射法的信号处理；第5章，超声相控阵检测技术；第6章，超声合成孔径检测技术；第7章，声波层析成像检测技术；第8章，穿透声波检测技术；第9章，干孔声波检测技术；第10章，锚杆锚固质量检测技术；第11章，高清数字岩芯检测技术。第二篇，试验。包括：第12章，三峡工程混凝土1∶1模型检测试验；第13章，三峡工程升船机混凝土检测试验；第14章，三峡工程MIRA混凝土超声横波反射成像系统试验；第15章，南水北调渡槽仿真模型混凝土检测试验；第16章，锚杆锚固质量检测试验。第三篇，实践。包括：第17章，大坝混凝土质量检测；第18章，大坝升船机混凝土质量检测；第19章，其他混凝土质量检测；第20章，三峡电站伸缩节室管线探测。

全书由张建清、刘润泽策划、组稿并主要编写和校审。第 1 章由张建清、刘润泽编写，第 2 章由陆二男、李鹏编写，第 3 章由刘润泽、蔡加兴编写，第 4 章由熊永红编写，第 5 章由马圣敏编写，第 6 章由张建清、徐涛编写，第 7 章由刘润泽编写，第 8 章由刘润泽、秦东灵编写，第 9 章由张建清、陈敏、刘方文编写，第 10 章由李张明、张建清、陈敏编写，第 11 章由马圣敏编写，第 12 章由张建清、刘方文、熊永红、李文忠编写，第 13 章由刘润泽、李道永、詹建生、曾凡卿编写，第 14 章由张建清、蔡加兴、刘润泽、刘方文、陆二男、杜惠光、李道永编写，第 15 章由张建清、蔡加兴、刘润泽、刘方文、陆二男、杜惠光、李道永编写，第 16 章由张建清、李张明、陈敏编写，第 17 章由张建清、刘润泽、陈敏、魏仁新、胡志虎、熊永红编写，第 18 章由刘润泽、李道永、张志杰、詹建生、曾凡卿、刘新志编写，第 19 章由刘方文、蔡加兴、庞晓星、杜惠光、李文忠编写，第 20 章由刘润泽、李道永、刘新志编写。在全书的编写过程中，陈丽鹏、王红玲参与大量的资料收集整理工作，肖璐笛参与部分图件绘制工作，付出辛苦的劳动。

由于作者水平有限，难免有错误和不足之处，敬请读者批评、指正。

编　者

2015 年 9 月于武汉

目　　录

第一篇　技　　术

第二篇 试 验

第三篇　实　　践

第一篇 技 术

第1章 水工混凝土检测技术概况

混凝土是目前大坝工程建筑中最主要的结构材料之一。由于设计、施工质量控制不严、自然灾害或结构老化等原因，混凝土结构在施工及使用过程中不可避免地存在如裂缝、蜂窝、孔洞、磨损和侵蚀等损伤，危及整个结构的安全，混凝土质量检测已成为水工建筑的重要课题。据不完全统计，我国3100多座大中型水库大坝、8万多座小型水库大坝中，有不同程度病险问题的占36%。这些病险问题的程度如何？随着时间的推移，这些病险问题是否稳定？我们不得而知。为了应用损伤断裂力学理论对结构做强度分析和校核，并为改建、加固设计提供基本的强度参数和其他设计依据，必须探明损伤的部位、大小、性质及随时间推移的变化情况。

水工混凝土质量的检测方法目前有两大类：一类是取芯法。通过现场取芯和室内试验获取混凝土强度及内部缺陷的方法，直接可靠。但它是一种有损方法，易打断内部钢筋，破坏混凝土的原有结构，并且是一种以点代面的方法，不利于整体规律及均匀性检测，难以客观、全面地反映混凝土的整体质量。另一类是地球物理无损检测方法。它是一种根据混凝土中弹性波或电磁波的波形、频率、相位和时间等特征来获取混凝土物性参数及内部缺陷的方法，适应于各深度、整体规律及均匀性检测，具有快捷、高效、经济且不破坏检测物原有结构等优点，并可进行面积性或网格状检查。目前，物理检测法作为一种无损检测方法已被广泛应用于混凝土工程质量的检测中。

水工混凝土的健康诊断，现阶段预埋安装各种监测仪器进行定期、定时观测，是大坝安全监测的主要方法，但由于大坝发生问题的部位不一定是预先埋设安装监测仪器的部位，且埋设于大坝内部的仪器也有一定的使用寿命，这种预埋仪器的安全监测存在着局限性。于是在进行仪器监测的同时，国内外开始增加对大坝的巡视检查。巡视检查在很大程度上弥补了仪器监测的局限性，但由于这种检查主要是进行外部表面检查，仍然难以发现坝体内部存在的安全问题。因此，地球物理无损检测手段可以作为大坝安全监测的必要补充。一是出现偶发、突发事故时，运用无损检测手段，可以检测混凝土的破坏情况；二是作为定期检测，采用时间推移技术，可以了解混凝土健康的动态变化，甚至发现存在的缺陷。

由此可见，地球物理无损诊断在水工混凝土新建工程质量控制、施工验收、事故处理、旧建筑物安全性鉴定、进行维修与加固等方面可以发挥重要的作用。

根据《水利水电工程物探规程》（SL 326—2005）、《超声法检测混凝土缺陷技术规程》（CECS 21：2000）等规程规范，检测混凝土强度、缺陷和混凝土内钢筋分布情况，可以用声波法、超声回弹综合法、声波CT、钻孔电视和地质雷达等。近几年来，相控阵成像技术尤其是合成孔径成像技术已在混凝土质量检测中得到应用。本章首先介绍目前地球物理水工混凝土无损检测存在的主要问题，然后介绍长江地球物理探测（武汉）有限公司近年来水工混凝土无损检测技术的一些研究成果及有关大中型水利水电工程的应用情况。

1.1 水工混凝土无损检测存在的主要问题

总体上讲，水工混凝土质量无损检测包括体积混凝土、结构混凝土。同其他检测对象相比，水工混凝土无损检测有以下主要特点：①混凝土是一种非均匀、随机、多孔、黏弹、各向异性的极为复杂的复合材料，而且还具有很大分散性，内部还可能含有钢筋或钢结构；②混凝土结构复杂、多样，被测目标体的几何尺度很小；③特殊的检测环境、检测条件，如环境干扰、混凝土的强度成长期等。这些特点对水工混凝土质量的无损检测技术与方法提出更高的要求。尽管超声波法、地质雷达法具有探测范围大、成像精度高等独特的优点，但针对混凝土介质边界条件复杂，目标体几何尺度小，探测精度和分辨率要求高，介质不均一、不均匀等特点，也不尽如人意。

（1）混凝土中电磁波、声波散射传播模型问题。传统的波场反射问题基于三个假设：小形变完全弹性、绝热、各向同性，并且对分界面做几何形状的近似，如平行分层、半空间、球对称等，决定传统的反射波理论只适合于介质结构较均匀、界面较光滑和平坦的情况。应该讲，源于量子力学扰动理论的散射理论是同混凝土这种非均匀、随机、多孔、黏弹、各向异性的复合材料相适应的。尽管作为地质雷达和声波反射理论基础的波场散射理论研究已有诸多报道，但大多只能给出目标散射的体积效应，没有目标的局部细节信息，也缺乏适应混凝土特点的针对性研究成果。这就需要开展针对混凝土介质特点的电磁波、声波散射传播模型研究及快速、准确的正演方法研究。

（2）混凝土复杂探测对象的声波及电磁波响应特征问题。混凝土介质复杂，其介电常数、电导率、波速等参数具有不确定性，里面不仅存在钢筋、空洞、裂缝等，还存在如波纹管、止水片、止水带、止水腔、齿条等特殊对象。在针对混凝土的波场散射传播模型研究基础上，采用物理模拟、数值模拟、现场模拟，弄清混凝土中这些对象的声波及电磁波响应特征，对于提高混凝土质量检测的成像技术、成像效果、图像解释等具有重要意义。

（3）结构混凝土声波 CT 检测问题。声波 CT 的波场反演理论还不成熟，目前的层析成像技术主要是基于射线理论，射线法对信息的利用率还很低，只是利用波动走时差的原理。这对缺陷定位十分有效，而对缺陷形状的识别困难很大，需要进一步提高识别精度，同时也缺乏大范围声波 CT 成像手段。不规则单元网格参数化灵活性强，速度间断面描述精度高，先验信息易加入，研究基于不规则单元参数化模型的声波 CT 不失为一种解决复杂结构混凝土声波 CT 检测问题的有效办法。

（4）水下混凝土质量检测问题。大坝混凝土质量问题不仅存在于水面之上，而且对大坝水下混凝土质量的检测缺乏足够的技术手段。目前水面以下大坝建筑物混凝土健康状态，常规的地面检测方法难以触及，大多只能采用潜水作业进行视频观察，这种检查方式既不能了解水下混凝土的内部缺陷情况，也会危及潜水员的生命安全。研究采用水下作业方式的地球物理检测技术和方法及其设备载体，检测深水大坝混凝土质量具有重大的需求。

（5）混凝土质量健康状态检测问题。混凝土质量隐患对大坝安全的威胁是一个从量变到质变的过程，对混凝土健康状态的判断在某种程度上是建立在大坝监测资料长期积累的基础上，大坝安全地球物理的时间推移监测思想就是通过连续或多期检测观察大坝混凝土物理属性在时间轴上的变化规律，实现对目标异常体状态的动态地球物理监测。这种全面或重点的时间推移检测：一是可以了解大坝存在的安全隐患；二是可以通过多期物理波场或位场的差异信息进行大坝介质动态特征研究，进而分析大坝安全隐患的稳定状态。因此，当大坝安全异常现象出现时，长期积累的地球物理时间推移监测数据库就成为大坝安全管理的重要备查档案。遗憾的是，传统的检测手段只能检测某一时刻混凝土物理属性的静态，欠缺在时间轴上连续观测、连续成像进而了解混凝土物理属性动态变化过程的技术手段。

目前，工程地球物理的理论、技术正处于深刻的转变之中，已经超出传统的工程地球物理探测、检测范畴，逐步向工程物理监测甚至工程地球物理预报延伸，以"连续观测""时间-空间反演""精细成像"为特征的新一代工程地球物理探测技术是未来的主要方向。大坝混凝土质量安全的地球物理检测、监测也将遵循这一技术发展趋势，相关领域的技术发展为完善和发展大坝混凝土地球物理检测技术手段提供可贵的借鉴途径。

一方面，超声成像一些新的精细成像技术逐步成熟，如合成孔径成像技术、相控阵成像技术、水下机器人检测技术。这些技术的出现为实现大坝混凝土内部精细成像提供了可能。采用超声相控阵、合成孔径技术，在医学、金属探伤、军事等领域经过系统的研究，可以二维甚至三维成像。俄罗斯研制的 MIRA 混凝土断层超声成像系统，采用专利的阵列式干耦合点接触横波探头及合成孔径聚焦成像技术，为混凝土质量检测提供新的理念；但有关合成孔径成像技术、相控阵成像技术真正用于混凝土精细探测成像的成果国内外并不多见，我国工程地球物理学界在这方面的研究还非常匮乏。

另一方面，深海水下机器人及利用水下机器人探测，在海洋、国防、工程等领域国内外有相关的研究，但海洋水下探测技术简单地移植到深水复杂环境，大坝混凝土缺陷检测会面临诸多问题，如机器人在水下复杂环境的适应性、可靠性、稳定性等问题，水下混凝土声波探测距离、声波成像的分辨率与精度问题等也有待研究。

最后，油藏时间推移是利用两期或多期物理波场或位场响应的差异信息进行油藏动态特征研究的技术，作为油藏动态监测应用成功的代表，在国际上始于20世纪80年代初，我国相继开展大量的技术与应用研究。虽然油藏探测与混凝土检测的对象、特点不尽相同，但借助这一基本思想，针对混凝土质量检测特点、结合精细成像技术，完成从检测混凝土介质在某一时刻的静态物理状态到监测其在时间轴上的动态物理变化过程的转换，这种思路的转换就是时间推移技术所具有的优势。

水工混凝土质量检测在我国有着广泛的需求。我国大中型水库大坝中，相当一部分存有不同程度病险问题，需要查明损伤部位、大小和性状，以便维修与加固处理；我国现在正处水利工程建设的高峰期，杜绝"豆腐渣"工程，保质保量地完成水利工程建设，已是当前的重要任务之一。近年来，借助三峡、构皮滩、向家坝、亭子口等水利水电工程，长江地球物理探测（武汉）有限公司在水工混凝土质量检测技术的研究方面取得一些研究成果，但仅仅是初步的、局部的，混凝土质量检测技术的整体突破，打造以大坝混凝土内部的声波及电磁波散射成像、合成孔径成像、相控阵成像、层析成像、水下机器人检测等为特征的混凝土检测技术与方法的升级版，还有待科技的进步与同行的共同努力。

1.2 混凝土检测技术研究概况

本书的素材主要源于长江地球物理探测（武汉）有限公司近些年水工混凝土无损检测技术研究的部分科研内容，本节介绍这些主要科研成果。

1. 大坝混凝土缺陷检测技术与方法研究

2010～2013年，在长江勘测规划设计研究院创新基金及国家大坝安全工程技术研究中心的资助下，"大坝混凝土缺陷检测技术与方法研究"课题针对大坝混凝土质量无损检测的特点，以地质雷达、声波反射、声波CT、阵列式超声横波法等混凝土无损检测方法及数据处理方法为研究内容，开展从现场工作方法到数据处理方法、从模型试验到现场试验、从理论到实践等方面的研究，取得的研究成果如下。

1）混凝土无损检测正问题的研究成果

为弄清混凝土中反射声波及电磁波响应特征，取得以下三个方面的研究成果。

（1）针对混凝土的缺陷检测问题，探究混凝土中电磁波、声波传播数学模型。混凝土地质雷达及声波反射无损探测模型来源于Maxwell方程TM问题和声波方程，它描述电磁脉冲和声波在媒质中的传播特性，和其他波传播现象所遵循的规律一样，将它归结为由方程、本构关系及其边界条件所构成的模型。地质雷达与声波反射是在有耗媒质中传播的，存在着高频衰减，并且在应用的频率范围内这类耗媒质同时还是色散媒质，因此在模拟计算地质雷达及声波反射传播，建立混凝土中电磁波、声波传播数学模型时，必须将混凝土的有耗、色散等特性纳入考虑的因素，同时结合更加符合实际的吸收边界条件。

（2）快速、准确的正演方法不仅是模拟电磁波及声波的一种重要手段，同时也是大规模（Large Scale）反演问题的重要基础。结合自由边界条件、吸收边界条件研究基于Maxwell方程及声波方程的多尺度网格差分形式的正演模拟方法，并将它应用于Maxwell方程及声波方程的正演模拟。这种正演方法不仅能够克服问题本身的非线性，还可以根据求解区域内部参数分布的非规则性和解的奇性，既求出解的整体趋势，同时又很好地描述解的局部特征，从而极大地提高计算效率。

（3）以混凝土中钢筋、空洞、裂缝为对象，计算模拟二维情况下混凝土中这些目标体的声波及电磁波响应特征。通过对混凝土中钢筋、空洞、裂缝不同组合结构数学模型的地质雷达、声波反射数值模拟，不仅掌握了混凝土中钢筋、空洞、裂缝等目标体的声波及电磁波响应特征，而且表明：①电磁波及声波无损检测基本能够识别钢筋、裂缝、空洞等目标体，并且对目标体的形状和大小比较敏感；②对于多层钢筋混凝土的缺陷检测，底层钢筋反射信号往往会"湮没"浅层的反射信号；③空洞、钢筋的波响应特征存在一些强弱差异，与空洞相比，电磁波对钢筋的反射更为强烈，因此利用地质雷达法检测混凝土缺陷时，钢筋是必须考虑的重要影响因素。

2）混凝土无损检测反问题的研究成果

混凝土是一种非均匀各向异性复合材料，其无损检测是一个对分辨率要求很高的问题，想实现稳定、快速、高效、全局收敛的精细反演方法是非常困难的，需用特殊的方法从多个方面综合加以解决，主要包括以下措施：①以 Maxwell 方程及声波正问题为约束的有界变分正则化泛函的构造，它可有效克服 Tikhonov 正则化方法过度光滑的问题，适合于对边界不光滑介质和裂缝的检测；②反演过程中敏感度矩阵与向量的乘积的计算处理（从而大幅度减少存储量）；③稀疏矩阵技术的应用；④采用基于多重网格的反演算法等。这些措施实现了混凝土无损检测反问题的全局收敛反演，并最大幅度地提高效率等。当然问题同样存在，当缺陷位置贴近边界时，反演算法无法识别这样的缺陷。另外，当两个或两个以上的缺陷距离较近时，反演算法认为它们是一个整体，无法将它们分离出来。

3）地质雷达及声波反射信号分析与处理研究成果

地质雷达及声波反射信号中包含有各种不同特征的信息，针对声波、电磁波波场特点对瞬时相位谱、小波分析、Hilbert 变换、滤波去噪、反褶积、FFT 等有效的信号分析手段进行研究，并将其成功应用到数据处理中，极大地丰富了地质雷达及声波反射资料的处理手段。

4）大尺度结构混凝土声波穿透移动单元体检测方法研究成果

针对大尺度结构混凝土特点，研究提出"结构混凝土声波穿透移动单元体检测方法"，实现以最小的工程量对被测结构体进行立体的、全面的质量检测。该方法主要成果包括：在结构体两相对临空面上的移动单元体数据观测方法，现场实施方法及利用统计分析、声波动力学和运动学特征的数据处理方法，二维及三维声波层析成像（包括多切面联合处理）技术，混凝土缺陷的层次筛选方法等。该方法获国家发明专利，并在三峡升船机、向家坝升船机、构皮滩升船机、亭子口升船机上得到应用。

5）MIRA 混凝土超声断层成像系统关键技术的消化、吸收

引进 MIRA 混凝土超声断层成像系统，并对其声波低频、窄脉冲、干耦合点接触阵列探测与合成孔径聚焦等关键技术展开研究，同时开展对 MIRA 的分辨率和探测深度的试验研究。依托典型工程开展 MIRA 仪检测混凝土缺陷试验研究，全面掌握仪器的基本操作方法、野外工作方法和资料处理方法，同时也掌握对缺陷的诊断与判别。该系统实现了对混凝土结构体内部三维成像，并逐层显示混凝土体内部的层断面，有如医学上的透视效果。在三峡工程和南水北调湍河渡槽工程的试验研究和生产性应用之后，该系统得到广泛应用。

2. 二维复杂结构三角网射线追踪方法的研究与应用

2006～2008 年，长江地球物理探测（武汉）有限公司自主创新项目"二维复杂结构三角网射线追踪方法的研究与应用"针对结构混凝土复杂的外部几何边界及内部结构，为克服矩形网射线追踪速度间断面描述精度差的缺点，提出基于波前最小走时单元的射线追踪全局算法，以此算法为核心的三角网声波层析成像，模型参数化灵活、速度间断面描述准确，射线追踪可靠性强、精度高，反演成像分辨率高、更接近实际结构形态，适应具有复杂几何边界和内部结构的结构混凝土的质量检测。主要成果如下。

1）实现二维复杂结构自适应三角网格剖分算法

围绕二维复杂区域的三角剖分，根据剖分区域点、线、面的拓扑关系，应用链表、双链表、树等数据结构，遵循 Delaunay 三角剖分的优化准则实现适合复杂二维区域的特点、地球物理正反演的要求三角剖分算法；能对三角单元进一步加密和优化，得到质量较高的三角网。

2）提出并实现复杂结构三角网格射线追踪全局算法

该算法是即是基于波前最小走时单元的射线追踪全局算法，算法避免三角网中复杂的波前刻画，只需通过搜索每时刻波前最小走时单元与其相邻单元的振动传递及其单元内部各节点的振动传递自行构建一个由波前三角单元组成的波前单元域，以此循环演绎波前单元域在模型区域的扩展和消亡，在此过程中搜索节点最小走时及次级源位置。矩形网是该算法的一个特殊网格化模型，对于不规则的四边形网、三角形与四边形的混合网甚至是三维剖分速度模型的射线追踪，该算法也同样适用。目前该算法已获得国家发明专利。

3）实现基于三角网射线追踪复杂结构声波层析反演成像

以基于波前最小走时单元的射线追踪全局算法为核心编制 CT 反演程序。对不规则区域内含有薄板低速子域（模拟断层）和圆状低速子域的复杂结构模型进行层析反演数值模拟，给出 7 次迭代过程的射线追踪结果和层析反演的模型速度分布结果，清楚地展现从初始速度模型逐渐逼近真实速度模型的计算过程；并开展煤层底破坏带深度探测和大跨度混凝土结构物无损检测的声波 CT 应用研究，取得良好的应用效果。

随后，该成果连同"结构混凝土声波穿透移动单元体检测方法"一起，在三峡工程、向家坝水电站、构皮滩水电站、亭子口水利枢纽的升船机混凝土质量检测中得到应用。

3. 干孔声波探头研究成果

2006 年，长江地球物理探测（武汉）有限公司自主创新项目"干孔声波测试耦合系统及应用研究"针对干孔内声波测试耦合效果较差问题，提出内耦合与外耦合相结合的解决方案，研制干孔声波探头。它由声波探头、加压水囊、连接装置、三通组成。在现场检测过程中，通过加压将加压水囊中的空气通过加压水囊上的排气孔排出，使加压水囊中充满水，以保证声波探头与加压水囊之间的内耦合。通过在加压水囊封闭一端的顶部设计排气孔，保持小量溢水持续从加压水囊封闭一端的顶部流出，从而实现加压水囊外壁与孔壁的耦合（外耦合）。由此实现声波探头、加压水囊及钻孔孔壁之间的全耦合，从而使测试数据稳定可靠，同时满足快速检测的要求。干孔声波探头可用于混凝土结构上仰孔、水平孔等非垂直向下孔的声波检测，为混凝土中干孔声波检测提供技术保障。该成果在三峡水利枢纽工程、乌东德水电站等大型水利水电工程中得到广泛应用。

4. 锚杆锚固质量检测研究成果

多年以来，长江地球物理探测（武汉）有限公司在锚杆锚固质量检测仪器、处理软件前期研制中，投入大量的人力、物力，开展过多个专题研究，具备在该领域进一步深入研究基础条件，但锚杆锚固质量检测研究从理论走向实践的转折点是三峡工程的开工建设。

2006 年，为解决锚杆无损检测理论应用过程中的诸多问题，中国长江三峡工程开发总公司牵头组织，长江地球物理探测（武汉）有限公司主持开展"锚杆密实度检测技术改进研究"。项目依托三峡工程地下电站项目，通过大量模型和实体锚杆无损检测试验，发现并总结各种施工质量状态下锚杆检测所反映的波形特征和相位特征，丰富和完善理论研究成果。项目按不同施工工艺、不同缺陷、不同外露端等制作 8 组 24 根锚杆试验锚杆，研究声波反射锚杆检测方法存在的不足，并进行量化分析，主要结论如下：

（1）声波反射锚杆检测方法对试验中所设置的各种锚杆型式定性分组正确。对锚杆缺陷位置的判断基本准确；对各自由段的起始或终点位置、多个缺陷的起始位置定量分析偏差在 0.5m 以内；各锚杆长度检测值与实际值偏差均在 0.1m 范围内，各组锚杆锚固质量评价与实际吻合；当自由段及内部有多个缺陷时，检测数据存在较大偏差，偏差范围为 5%～15%。

（2）声波检测的密实度均低于剖杆检测实际值，各种型式锚杆都存在规律性很强的系统误差：外露长度 20cm 的锚杆平均低 2.9%（1.5%～4.3%）；外露长度 1.0m 的锚杆低 10.4%～14.2%；外露长度 1.35m、带弯钩的锚杆低 11.1%～13.8%；内设多个模拟空腔的锚杆低 13.8%～14.8%；孔底不密实的锚杆低 6.8%～7.7%。

（3）声波检测锚杆长度、外露长度的变化产生系统检测误差较明显，锚杆外露长度越小，检测精度越高。

（4）锚杆内部缺陷越少，声波检测的精度就越高。

（5）当锚杆内部设模拟空腔或自由段时，第一处缺陷的反射信号较为准确，但其后的缺陷信号易被第一处缺陷的反射信号所湮没，并产生较大的检测误差。

（6）按现有的锚杆施工工艺，无论是先注浆还是先插杆，都能够稳定地实现98%以上的注浆密实度，检测结果也显示采用先插后注和先注后插施工工艺的试验锚杆波形特征相似。本次试验的24根锚杆中，实际密实度最低的是96%，扣除预设的模拟空腔部分，实际密实度均在98%以上，质量优良。

本研究成果为声波检测锚杆质量应用、量化分析及后续研究提供依据，也为后续2009年锚杆无损检测规程的制定打下坚实的基础。自此锚杆无损检测技术在工程建设中应用空间打开，已广泛应用于三峡工程、锦屏水电站、京广高铁等国家重点建设工程项目。

5. 高清钻孔电视及电子岩芯库研究成果

2010~2012年，在长江勘测规划设计研究院国家大坝安全工程技术研究中心开放基金的资助下，"电子岩芯库软件开发"课题针对实物岩芯在获取、运输、管理等方面存在的诸多问题，提出研发高清钻孔电视及电子岩芯库的解决方法，取得以下研究成果，主要包括：

1）高清钻孔电视设备研制

研制出高清晰度的钻孔电视，解决了原有钻孔电视在图像分辨率、图像扭曲、亮度不均、图像拼接精度的问题。电子岩芯库是基于孔壁的钻孔电视图像而建立的，高清钻孔电视为电子岩芯库提供了数据基础。高清钻孔电视在乌东德水电站、巴基斯坦Karot水电站均取得良好的应用效果。

2）电子岩芯库的开发

（1）电子岩芯的三维可视化子系统。利用钻孔电视采集的孔壁图像，按照实际的孔径、深度、孔斜、孔口标高等信息建立与实物岩芯高度一致的岩芯模型。在该三维模型中，用户可以对电子岩芯进行各种三维分析，基本功能包括三维放大、缩小、旋转、切块等，扩展功能如岩芯自动旋转上升、模拟钻孔电视采集过程、三维测量裂隙产状。

（2）电子岩芯库查询统计子系统。基于GIS、数据库技术建立电子岩芯的查询统计系统，包括用户与权限管理、数据录入、修改、删除、查询，钻孔布置图管理、图属查询等。

（3）电子岩芯库专题图子系统。基于电子岩芯库与用户输入信息自动生成专题图，如钻孔柱状图等。

（4）统计分析子系统设计。统计分析子系统主要是结合地质工作需要，对岩芯进行分类统计分析，包括统计钻孔每周、每月、每年的入库基本情况，分析钻孔的方位角、倾角，用于制作各种地质图件。

1.3　混凝土检测应用概况

20世纪90年代以来，长江地球物理探测（武汉）有限公司已经历或正经历着三峡工程、南水北调、向家坝、乌东德、构皮滩、亭子口等数十个大中型水电工程地球物理工作，涉及工程各阶段的地球物理探测或检测，本书不能穷尽所有参加工程的地球物理应用情况，这里仅以三峡工程、南水北调、亭子口水利枢纽、构皮滩水电站、向家坝水电站等为重点，简介这些工程及混凝土检测应用情况。

1. 三峡工程混凝土检测

1）工程介绍

三峡工程是世界最大的水利枢纽工程，是治理和开发长江的关键性骨干工程。坝址位于长江三峡西陵峡河段，控制流域面积达100万 km^2，年平均径流量4510亿 m^3。坝址河谷开阔，基岩为坚硬完整的花岗岩体，具有修建混凝土高坝的优越地形、地质和施工条件。

三峡工程是具有防洪、发电、航运等巨大综合效益的多目标开发工程。三峡工程由拦河大坝及泄水建筑物、水电站厂房、通航建筑物等组成，采用"一级开发，一次建成，分期蓄水，连续移民"的实施方案。拦河大坝为混凝土重力坝，泄洪坝段居中，两侧为电站厂房坝段和非溢流坝段，后期右岸布置地下电站。坝轴线全长 2309.47m，坝顶高程 185m，最大坝高 181m。水库正常蓄水位高程 175m，总库容 393 亿 m³，其中防洪库容 221.5 亿 m³，左右岸电站厂房及地下电站厂房共安装 32 台 70 万 kW 发电机组，装机规模 2240 万 kW。

水库正常蓄水位 175m，初期蓄水位 156m，大坝坝顶高程 185m，"一级开发，一次建成，分期蓄水，连续移民"。按初步设计方案，三峡工程土石方开挖约 1 亿 m³，土石方填筑约 3000 万 m³，混凝土浇筑约 2800 万 m³，金属结构安装约 26 万 t。结合施工期通航的要求，三峡工程采取分三期导流的方式施工。一期围中堡岛以右的支汊，主河槽继续过流、通航。在一期土石围堰保护下，开挖导流明渠，修建混凝土纵向围堰及三期碾压混凝土的基础部分，同时在左岸修建临时船闸，并进行升船机、永久船闸及左岸 1～6 号机组厂、坝的施工。一期工程包括准备工程在内共安排工期 5 年。二期围左部河床、截断大江主河床，填筑二期上下游横向土石围堰，在二期围堰保护下修建泄流坝段、左岸厂房坝段及电站厂房，继续修建永久船闸和升船机，江水改由右岸导流明渠宣泄，船舶由导流明渠和左岸临时船闸通过。二期工程具备挡水和发电、通航条件后，进行导流明渠截流，利用导流明渠的碾压混凝土围堰及左岸大坝挡水，蓄水至 135m 时，双线五级船闸及左岸部分机组开始投入运行。二期工程共安排工期 6 年。三期封堵导流明渠时，先填筑三期上下游土石围堰，在其保护下，浇筑三期上游碾压混凝土围堰至 140m 高程，水库水位由已建成的河床泄流坝段的导流底孔及永久深孔调节。在三期围堰保护下修建右岸厂房坝段、电站厂房及非泄流坝段，直至全部工程竣工。三期工程安排工期 6 年。后期完成左岸升船机缓建工程项目和右岸地下电站工程。

从三峡工程的规划、可行性研究、设计到施工阶段，长江地球物理探测（武汉）有限公司几代人参与三峡工程多项科研及大量的物探工作，在施工阶段实施的混凝土检测试验及实践包括现场 1:1 混凝土模型试验研究、三峡工程大坝混凝土质量检测、三峡工程垂直升船机混凝土质量检测、MIRA 混凝土超声断层成像系统检测试验研究、三峡右厂伸缩节室排水管线探测等。

2）混凝土质量检测试验及实践

（1）现场 1:1 模型试验研究。在三峡工程开工不久，为采用无损检测技术检测三峡工程混凝土质量，根据《三峡工程混凝土质量缺陷物探快速无损检测现场 1:1 模型试验技术要求》，在三峡工地现场制作用料、标号、施工工艺、养护要求等与二期混凝土完全一致的 1:1 模型（模拟 4 个标号、级配的混凝土）。在模型中人工模拟不同规模、不同埋深、不同类型（如架空、蜂窝、离析、冷缝、裂缝等）的混凝土质量缺陷并逐块进行不同龄期、多种无损检测方法（包括垂直反射法、脉冲-回波法、地质雷达）的跟踪测试，筛选出技术先进、适用、效果确切的无损检测方法和相应的检测技术、仪器设备、资料处理解释方法以及有效检测时段；获取各类缺陷在不同条件下无损检测反映特征的"正演"图谱，特别是在强度成长期的变化特点及规律。这些成果不仅满足三峡工程的检测需要，而且达到指导国内外混凝土质量无损检测的目的。

（2）三峡工程大坝混凝土质量检测。三峡水利枢纽工程永久船闸南线完建工程于 2006 年 9 月 15 日开始实施全线进行抽干检查，经查南线三闸室、四闸室一分流口分流舌表面蚀损，南线一闸室部分消能盖板损坏。枢纽验收专家组建议，了解船闸南线一闸室已损坏消能盖板底部和南线三闸室、四闸室一分流口分流舌蚀损部位混凝土结构内部质量状况，采用声波法进行无损检测，要求现场检测工作在船闸完建充水调试前完成。检测部位，根据永久船闸南线抽干后的观察情况确定。本次检测工作共三个部位：永久船闸南线一闸室底板 17 块左侧分支，该部位上覆消能盖板损坏相比较严重，对应桩号为 x：15+302.00～15+314.00；永久船闸南线三闸室第一分流口下游侧分流舌，靠近下游侧中支廊道；永久船闸南线四闸室第一分流口中南侧分流舌，靠近中南输水隧洞。根据现场情况和检测要求，现场无损检测采用混凝土板上下界面超声波平面测速、上下界面超声波垂直穿透、声波 CT 等无损检查方法。

（3）三峡工程垂直升船机混凝土质量检测。三峡枢纽一级全平衡齿轮齿条爬升式垂直升船是三峡水利枢纽的永久通航设施之一，过船规模为 3000t 级，其主要作用是为客货轮和特种船舶提供快速过坝通道，并与双线五级船闸联合运行，加大枢纽的航运通过能力，保障枢纽通航的质量。为验证升船机混凝土施工工艺、无损检测技术的可行性，相关部门进行升船机齿条混凝土浇筑试验，2009 年 6 月 3～4 日（浇注完成 4 天后），我们采用声波穿透移动单元体检测方法对齿条模型进行混凝土质量无损检测试验。同年，根据升船机的结构和检测要求，采用声波穿透移动单元体检测方法开展三峡垂直升船机混凝土的检测工作，检测的主要部位是垂直升船机的齿条和螺母柱。

（4）MIRA 混凝土超声断层成像系统检测试验研究。开展 MIRA 混凝土超声断层成像系统的引进、消化和吸收工作，并研究声波低频、窄脉冲、干耦合点接触阵列探测和合成孔径技术，是"大坝混凝缺陷检测技术与方法"科研项目的主要工作之一。2011 年 7 月，在三峡现场进行 MIRA 混凝土超声断层成像系统的试验及培训工作，熟悉和了解仪器的基本操作方法和野外工作方法，并检验仪器的性能。在三峡工地选定的场地实时检测，验证仪器检测混凝土内部孔洞、墙体质量等的准确性。为了进一步熟悉和掌握 MIRA 混凝土超声断层成像系统的基本操作方法和检验仪器的性能，扩大该仪器的应用范围，全面开展混凝土缺陷检测技术的研究，长江地球物理探测（武汉）有限公司于 2012 年 4 月和 6 月在三峡工程等地进一步开展 MIRA 混凝土超声断层成像系统的试验研究工作。本次试验的目的是：①仪器性能试验，检验 MIRA 混凝土超声断层成像设备的分辨率和探测深度。②生产应用试验，在南水北调湍河渡槽工程中使用该仪器对渡槽混凝土施工质量和接缝止水部位进行检测，验证仪器检测混凝土内部缺陷和结构缝等异常的准确性。

（5）三峡右厂伸缩节室排水管线探测。三峡右岸电站在施工过程中，有部分坝段埋设的临时排水管在完成使用后需要进行回填封堵，以消除枢纽运行的安全隐患。为查明排水管的方位、管径大小、管线的走向及埋藏深度等情况，便于后续处理，2013 年 4 月及 2014 年 3 月，长江地球物理探测（武汉）有限公司分别对 23F 及 21F 伸缩节室排水管线进行现场探测，探测方法包括声波 CT 法、钻孔录像、钻探及压水试验等。

2. 南水北调工程混凝土检测应用

1）工程介绍

南水北调是一项特大型跨流域调水工程，是实现我国水资源战略布局调整，优化水资源配置，解决黄淮海平原、胶东地区和黄河上游地区特别是津、京等华北地区缺水问题的一项重大基础措施。经过多年的深入研究论证，南水北调总体规划选定东线、中线、西线三条调水线路，与自西向东流的长江、黄河、淮河和海河四大江河相互连接，形成"四横三纵"为主体的总体水网布局。这样的总体布局，有利于实现中国水资源南北调配、东西互济的合理配置，对协调北方地区东部、中部和西部可持续发展对水资源的需求，具有重大的战略意义。

南水北调中线工程以加坝扩容后的丹江口水库为水源，从丹江口水库陶岔渠首闸引水，沿线开挖渠道，重点解决北京、天津、郑州、石家庄等沿线 20 多座大中城市的用水，输水干线全长 1431.945km。沿线共布置各类建筑物 1796 座。其中，河渠交叉建筑物 164 座，包含穿黄重点工程，左岸排水建筑物 41 座，跨渠交叉建筑物 133 座，铁路交叉建筑物 41 座，跨渠公路交叉建筑物 737 座，排水、退水等建筑物 100 余座。穿黄工程一次性建设，输水规模 320m³/s，工程结构多样，施工复杂，不仅有一般水利工程的水库、渠道、水闸，还有复杂地质条件下的穿黄隧洞、大流量渡槽、超大直径预应力钢筒混凝土管（PCCP）等。

混凝土作为建筑工程主要结构材料在南水北调工程中大面积使用，施工质量是保证工程顺利进行的关键所在。长江地球物理探测（武汉）有限公司针对中线工程中多项重点工程的混凝土开展质量无损检测试验研究和项目检测，获取大量的复杂条件下混凝土质量无损检测成果，为工程混凝土质量保证发挥重要作用。

2）混凝土质量检测试验及实践

（1）丹江口大坝加高新老混凝土。丹江口水利枢纽工程位于湖北省丹江口市汉江干流上，是南水北调中线工程的调水源头。根据南水北调工程需要，丹江口水利枢纽续建工程需在已建成初期规模的基础上，坝顶高程由162m加高至176.6m，设计蓄水位由157m提高到170m，总库容达290.5亿m³，比初期增加库容116亿m³。丹江口混凝土坝采用后帮加高的方案，除浇注混凝土加高坝顶外，还要在下游贴坡加厚。由于老坝体混凝土龄期已逾30年，表面存在较厚的碳化和风化层，表面碳化层厚2～3cm；另一方面，老混凝土温度已趋稳定，且弹性模量较高。这些因素都会影响新老混凝土的黏结。为了查明大坝加高混凝土施工质量，采用地质雷达、弹性波CT、孔内声波测试、钻孔电视录像等物探方法。

（2）湍河渡槽仿真模型混凝土缺陷检测试验。湍河渡槽工程位于邓州市、林镇与赵集镇之间，距离邓州市26km，是南水北调中线总干渠第一个大型控制性工程，也是世界上目前最大的U形渡槽工程，渡槽长1030m，湍河渡槽槽身为相互独立的三槽预应力现浇混凝土U形结构，共18跨，单跨40m，单跨槽身重量达1600t。

2012年3～4月，为了验证渡槽混凝土缺陷检测方法，在制作的湍河渡槽1∶1仿真试验槽开展模型混凝土缺陷检测试验。首先，采用超声波透射法对仿真试验槽槽体进行普查，分析槽体各个不同部位混凝土超声纵波波速值及其频态分布；然后，针对槽体波速异常区域采用超声波CT法详查，并利用VOXLER软件和详查数据对试验槽异常区进行三维成像分析；最后，采用超声横波反射聚焦成像系统对超声波CT成像结果进行验证，结果吻合较好。

（3）洺河渡槽冻伤混凝土空鼓深度检测。南水北调中线工程洺河渡槽是总干渠上的一座大型河渠交叉建筑物，位于河北省永年县城西邓底村与台口村之间的洺河上，距永年县城约10km，全长930m，共布置大型渠道渡槽1座，长829m，进出口连接渠道长101m。采用阵列超声横波反射成像系统进行冻伤混凝土空鼓深度检测，目标为在施工项目部前期已检测出的12#～16#跨槽身墙面缺陷范围内检测混凝土修复前的局部空鼓深度和顶缘板下部的空鼓深度。

在检测过程中我们开展了大量试验工作，并对检测成果进行取芯验证。对指定的4个空鼓部位，取芯结果分别为1#孔（检测深度8.5cm，取芯深度9cm）、2#孔（检测深度9.5cm，取芯深度11cm）、3#孔（检测深度7cm，取芯深度8.2cm）、4#孔（检测深度9.5cm，取芯深度11.5cm）。通过对检测成果和取芯成果的分析比较，调整测试方法和相关物性参数。再次选取3个空鼓部位，取芯结果分别为1#孔（检测深度5cm，取芯深度5.2cm）、2#孔（检测深度11.2cm，取芯深度11cm）、3#孔（检测深度13.3cm，取芯深度13.5cm），经取芯验证检测结果只相差2mm。检测结果表明，采用阵列超声横波反射检测，检测缺陷位置准确度良好，方位分辨率较高。

（4）穿黄工程隧洞衬砌混凝土厚度检测。南水北调中线穿黄工程是整个南水北调中线的标志性、控制性工程，其任务是将中线调水从黄河南岸输送到黄河北岸，之后向黄河以北地区供水。在整个中线工程主体建筑中，穿黄隧洞最引人瞩目，也是难度最大的关键性建筑物，被称为南水北调中线工程的"咽喉"。可以说，穿黄隧洞的建筑物质量对整个南水北调中线工程至关重要。为了查明穿黄工程隧洞内衬混凝土质量、给设计处理方案提供依据，长江地球物理探测（武汉）有限公司受南水北调中线干线工程建设单位委托，承担穿黄隧洞内衬混凝土质量无损检测任务，检测方法为阵列超声横波反射成像法。

根据工程设计工作要求，我们先对上、下游线隧洞顶拱沿纵向进行物探检测，对于纵向检测发现顶拱现浇混凝土（不含回填灌浆）最小厚度不大于28cm的仓段，在该单元最小厚度处布置1条或多条横断面进行检测。检测成果经部分钻孔验证表明，采用的阵列超声横波反射方法能够精确查明内衬混凝土厚度，还准确反映出钢筋层、波纹管位置。

（5）贾河渡槽波纹管注浆密实度检测。贾河渡槽是南水北调中线工程总干渠穿越贾河的大型交叉建筑物，位于河南省方城县独树镇大韩庄与蔡庄之间的贾河上，设计流量330m³/s，加大流量400m³/s。贾河渡槽按双线双槽布置，渡槽设计总长度480m。槽身箱梁按三向预应力设计，预应力材料均采用 $\Phi_s15.2$ 高强低松弛钢绞线，在同一断面上，在两侧腹板上每隔40cm分别斜向布置一束竖向钢束。由于竖向钢绞线波纹管在注浆过程中有少部分不返浆，后虽经过处理，但是否全部注满仍需要查明，以排除工程安全隐患。我们采用阵列超声横波反射法对波纹管注浆密实情况进行检测成像。通过分析横波反射信号的传播声时、路径和幅值大小，实现对波纹管内注浆不密实部位的准确定位，部分纹管注浆密实度检测结果经钻孔验证与实际注浆情况吻合。

3. 构皮滩水电站混凝土检测应用

1）工程介绍

构皮滩水电站位于乌江干流贵州省余庆县境内，上游距乌江渡水电站 137km，下游距河口涪陵 455km。工程开发任务以发电为主，兼顾航运、防洪等综合利用，水库正常蓄水位 630.0m，总库容 64.51 亿 m^3，调节库容 29.02 亿 m^3，电站装机容量 3000MW，是乌江干流梯级开发的控制性工程，贵州省西电东送的标志性工程。

构皮滩水电站属 I 等工程，大坝、泄洪建筑物、电站厂房等主要建筑物为 1 级建筑物，次要建筑物为 3 级建筑物。通航建筑物级别为 IV 级，通行 500t 级船舶，其主要水工建筑物垂直升船机闸首、船厢室及通航隧洞、渡槽、中间渠道等为 3 级建筑物，次要建筑物导航墙、靠船墩、隔流堤等为 4 级建筑物。

枢纽由大坝、泄洪消能建筑物、电站厂房、通航及导流建筑物等组成。河床布置混凝土双曲拱坝，坝身表、中孔泄洪，坝下水垫塘消能；左岸布置通航建筑物、1 条泄洪洞和 2 条导流洞；右岸布置引水式地下发电厂房系统及 1 条导流洞。

在峡谷地区、岩溶系统、高 200m 以上薄拱坝，大流量泄洪消能设计，大型地下厂房洞室群，穿过软岩的大口经导流隧洞以及高 70 多米的 RCC 围堰等方面颇具挑战性。长江地球物理探测（武汉）有限公司参与构皮滩水电站各阶段的物探工作，目前实施或正在实施的混凝土检测包括桩基混凝土声波透射检测、垂直升船机混凝土声波 CT 检测、MIRA 混凝土超声检测、锚杆锚固质量无损检测等。

2）混凝土质量检测实践

（1）桩基混凝土质量检测。为了解桩身隐蔽部位的混凝土施工质量，采用声波透射法，获取声波穿过桩身的波幅、波速值、主频等声学参数，判定桩身缺陷的程度并确定其位置，综合评价桩身混凝土完整性、桩的质量等级。

（2）垂直升船机混凝土质量检测。构皮滩水电站通航建筑物线路位于枢纽左岸煤炭沟至野狼湾一线，型式为带中间渠道的三级垂直升船机，升船机采用平衡卷扬提升式。抽检升船机混凝土质量，根据现场工作条件，在承重塔柱墙体、上部机房底板主梁、锁定平台、检修平台、安装平台、纵横梁等关键部位采用声波 CT 层析成像的方法。通过统计分析声波波速值的特征和层析成像分析，获得所检测部位的混凝土浇筑质量情况。

（3）支墩、盖梁等通航建筑物中的结构混凝土质量检测。只有一个临空面的部位，如支墩、盖梁、T梁、渡槽边墙、防渗层等关键部位，采用 MIRA 混凝土超声断层成像方法进行检测，利用合成孔径聚焦技术（SAFT）的处理技术来重建混凝土构件内部的三维断层图像，了解混凝土浇筑质量情况。

（4）锚杆锚固质量检测。采用声波反射法对构皮滩水电站边坡支护的锚杆进行检测，依据构皮滩电站建设公司制定的《构皮滩电站工程管理制度（修订本)》关于锚杆质量评判标准，综合锚杆长度、注浆饱和度评定锚杆锚固质量。

4. 亭子口水利枢纽混凝土检测应用

1）工程介绍

嘉陵江亭子口水利枢纽位于四川省广元市苍溪县境内，是嘉陵江干流开发中唯一的控制性工程，以防洪、灌溉及城乡供水为主，兼顾发电、航运，并具有拦沙减淤等效益的综合性利用工程。

枢纽正常蓄水位 458m，相应库容 34.68 亿 m^3，防洪高水位 458m，非常运用洪水位 461.3m，灌溉农田 316.85 万亩，电站装机 110MW，通航建筑物为 500t 级。根据《水利水电工程等级划分及洪水标准》，本工程工程等别为Ⅰ等，工程规模为大（1）型。

本工程坝型为混凝土重力坝，重力坝坝轴线总长1108m，坝顶高程466m，最大坝高109m。枢纽布置为：河床中间布置表孔、深孔泄洪消能建筑物，深孔（兼作排砂孔）布置在表孔左侧，河床左侧布置坝后式厂房，河床右侧布置垂直升船机，两岸布置非溢流坝段。

2009年，长江地球物理探测（武汉）有限公司承担嘉陵江亭子口水利枢纽主体工程物探检测工作。其中，混凝土检测实践包括大坝混凝土检测、垂直升船机结构混凝土等。

2）混凝土质量检测实践

（1）大坝混凝土质量检测。为了解大坝整体混凝土施工质量，大坝常态混凝土质量检测采用单孔声波、跨孔声波及钻孔电视、声波CT、地质雷达等方法，其物探检测孔按高程均匀分布布孔的原则布置在各检测坝段；声波CT根据单孔声波、跨孔声波及钻孔电视检测的情况选取重点部位及异常部位进行检测；地质雷达检测测线布线原则按高程、重点部位、信号影响小、均匀的原则布置在大坝表面、平硐等部位。

（2）垂直升船机混凝土质量检测。嘉陵江亭子口水利枢纽垂直升船机同构皮滩水电站通航建筑物的垂直升船机类似，采用平衡卷扬提升式。抽检升船机混凝土质量，根据现场检测条件，在承重塔柱墙体、上部机房底板主梁、锁定平台、检修平台、安装平台、纵横梁等关键部位采用声波CT层析成像的方法。通过统计分析声波波速值的特征和层析成像分析，获得所检测部位的混凝土浇筑质量情况。

5. 向家坝水电站混凝土检测应用

1）工程介绍

向家坝水电站位于云南水富与四川省交界的金沙江下游河段上，距水富市区仅500m。向家坝水电站的拦河大坝为混凝土重力坝，坝顶高程384m，最大坝高162m，坝顶长度909.26m。电站装机容量775万kW，多年平均发电量307.47亿kW·h。

向家坝水电站的开发任务以发电为主，同时改善通航条件，结合防洪和拦沙，兼顾灌溉和水土保持，并且具有为上游溪洛渡水电站进行反调节的作用。工程枢纽主要由挡水建筑物、泄洪消能建筑物、冲排沙建筑物、左岸坝后引水发电系统、右岸地下引水发电系统、通航建筑物及灌溉取水口等组成。电站厂房分列两岸布置，泄洪建筑物位于河床中部略靠右侧，一级垂直升船机位于左岸坝后厂房左侧，左岸灌溉取水口位于左岸岸坡坝段，右岸灌溉取水口位于右岸地下厂房进水口右侧，冲沙孔和排沙洞分别设在升船机坝段的左侧及右岸地下厂房的进水口下部。

2）混凝土质量检测实践

向家坝水电站是金沙江水电基地中唯一修建垂直升船机的水电站，其升船机规模与三峡升船机相当，属世界最大单体升船机，千吨级船舶过坝只需15min。垂直升船机作为向家坝水利枢纽的永久通航设施之一，型式采用一级全平衡齿轮齿条爬升式，主要作用是为客货轮和特种船舶提供快速过坝通道，增强向家坝水利枢纽的航运通过能力和保障枢纽通航的质量。

升船机塔柱是1.0~2.0m厚的结构混凝土，钢筋密集，难以大量采用钻孔取芯等有破损的方法检查。为保证升船机的质量安全，采用穿透声波移动单元体技术对垂直升船机塔柱齿条、螺母柱部位进行全程、连续检测。通过统计分析波速值的特征，绘制同步声波纵波速度V_p曲线图、成像切面图，分析混凝土浇筑质量是否存在缺陷，对混凝土浇筑质量进行评定。

第2章 │ 声学理论基础

岩体声波检测技术是以人工的方法，向介质（岩石和混凝土）发射声波，观测声波在介质中传播的情况和特性。由于介质的物理性质不同，其传播速度等参数也不相同。这个基本原理可以作为分析或测定岩体的物理性质和力学性质的依据。

岩体声波检测利用的声波频率可以从次声到超声。因此岩体声波检测技术，从应用声学看，它属于检测声学范畴；从工程地质勘探看，它是小型轻便的地球物理勘探方法。频率 $10 \sim 10^3 \mathrm{Hz}$ 的地震法，在国内外的工程地质勘探中早已获得应用；频率 $1 \times 10^3 \sim 20 \times 10^3 \mathrm{Hz}$ 的声波法和频率 $20 \times 10^3 \sim 200 \times 10^3 \mathrm{Hz}$ 以上的超声波法，则是近二三十年才逐渐发展起来的。

由于这种方法是借助于人工对介质施加动荷载激发弹性波，依据的又是固体中弹性波传播的理论，所以在奥地利、德国文献中称为岩体动力学测试，在日本文献中称为弹性波法，在苏联文献中称为地震声学方法或地质声学（陈成宗，1990）。

2.1 固体中声波的传播

在理想流体介质中只能产生体积形变，即纯粹的压缩膨胀形变，介质的弹性可用单一的体弹性系数来表征。在这样的介质中只能产生稀疏与稠密的交替过程，即只能传播纵波，并且这种传播过程的特性只用一个标量（声压）就能充分描述。知道声压，我们可以通过理想流体的运动方程求得质点速度，从而获得声波的一些能量关系。在固体中，情况就不那么简单。一般固体介质除了仍能产生体积形变外，还会产生切形变，它除了体弹性外还具有切形变弹性。因此在固体中一般除了能传播压缩与膨胀的纵波外，同时还能传播切变波，在各向同性固体中，这种切变的质点振动方向与波的传播方向垂直，称为横波。除此以外，在固体的自由表面会产生振幅随离表面深度增加而衰减的表面波。由此可见，固体中声波的传播要比流体复杂得多。本章将着重介绍各向同性固体中小振幅声波传播的一些基本特征（杜功焕，2001）。

2.1.1 固体的基本弹性性质

要建立固体中声波方程，首先必须了解固体的基本弹性性质。当固体受到外力作用时，体内就产生形变，一般用物理量应变来描述。由于固体的弹性性质体内各部分之间产生互相作用力，而这种力是通过它们的界面起作用的，一般用物理量应力来描述。固体中应变与应力的关系远比流体复杂得多，因此需要详细分析。

1. 固体中的应变分析

我们考察固体中某一点 A，其坐标为 (x, y, z)，由于某种原因它产生位移，它在 x，y，z 方向的位移分量分别为 ξ，η，ζ。设与它相邻的 C 点坐标为 $(x + \mathrm{d}x, y + \mathrm{d}y, z + \mathrm{d}z)$，它的位移相应为 $\xi + \mathrm{d}\xi$，$\eta + \mathrm{d}\eta$，$\zeta + \mathrm{d}\zeta$。利用泰勒级数展开可得 A 点与 C 点的位移差为

$$\begin{cases} \mathrm{d}\xi = \dfrac{\partial \xi}{\partial x}\mathrm{d}x + \dfrac{\partial \xi}{\partial y}\mathrm{d}y + \dfrac{\partial \xi}{\partial z}\mathrm{d}z \\[2mm] \mathrm{d}\eta = \dfrac{\partial \eta}{\partial x}\mathrm{d}x + \dfrac{\partial \eta}{\partial y}\mathrm{d}y + \dfrac{\partial \eta}{\partial z}\mathrm{d}z \\[2mm] \mathrm{d}\zeta = \dfrac{\partial \zeta}{\partial x}\mathrm{d}x + \dfrac{\partial \zeta}{\partial y}\mathrm{d}y + \dfrac{\partial \zeta}{\partial z}\mathrm{d}z \end{cases} \tag{2-1}$$

从式（2-1）可见，固体中的形变可用如下 9 个应变分量来描述

$$\begin{vmatrix} \dfrac{\partial \xi}{\partial x} & \dfrac{\partial \xi}{\partial y} & \dfrac{\partial \xi}{\partial z} \\[2mm] \dfrac{\partial \eta}{\partial x} & \dfrac{\partial \eta}{\partial y} & \dfrac{\partial \eta}{\partial z} \\[2mm] \dfrac{\partial \zeta}{\partial x} & \dfrac{\partial \zeta}{\partial y} & \dfrac{\partial \zeta}{\partial z} \end{vmatrix} \tag{2-2}$$

为了简化分析，我们采用如下符号，设

$$\begin{cases} \dfrac{\partial \xi}{\partial x} = \varepsilon_{xx}, \quad \dfrac{\partial \eta}{\partial y} = \varepsilon_{yy}, \quad \dfrac{\partial \zeta}{\partial z} = \varepsilon_{zz}, \\[2mm] \dfrac{\partial \eta}{\partial x} + \dfrac{\partial \xi}{\partial y} = \varepsilon_{xy} = \varepsilon_{yx}, \\[2mm] \dfrac{\partial \xi}{\partial z} + \dfrac{\partial \zeta}{\partial x} = \varepsilon_{xz} = \varepsilon_{zx}, \\[2mm] \dfrac{\partial \zeta}{\partial y} + \dfrac{\partial \eta}{\partial z} = \varepsilon_{zy} = \varepsilon_{yz}, \\[2mm] \dfrac{\partial \eta}{\partial x} - \dfrac{\partial \xi}{\partial y} = 2\Omega_z, \\[2mm] \dfrac{\partial \xi}{\partial z} - \dfrac{\partial \zeta}{\partial x} = 2\Omega_y, \\[2mm] \dfrac{\partial \zeta}{\partial y} - \dfrac{\partial \eta}{\partial z} = 2\Omega_x, \end{cases} \tag{2-3}$$

我们用图 2-1 所示的二维模型来考察固体的形变，取原来的一小方体元 $ABCD$ 经形变后成为菱形 $A'B'C'D'$，从中可以清楚地看到，ε_{xx} 就是代表长度为 $\mathrm{d}x$ 的线段沿 x 轴简单的相对"伸长"，称为 x 方向的伸长应变。同样 ε_{yy} 为 $\mathrm{d}y$ 线段沿 y 轴相对"伸长"，ε_{zz} 为 $\mathrm{d}y$ 线段沿 z 轴相对"伸长"。从中还可以看出，形变的另一个特征是小体元形变成菱形，其两菱形的夹角发生变化，这一夹角的变化就代表小体元的切变大小。

考虑到形变量是微量，所以 x 方向棱边绕 O_z 轴的旋转角为

$$\theta_1 \approx \tan\theta_1 = \frac{\partial \eta}{\partial x}$$

y 方向棱边绕 O_z 轴的旋转角为

$$\theta_2 \approx \tan\theta_2 = \frac{\partial \xi}{\partial x}$$

于是

$$\theta_1 + \theta_2 = \varepsilon_{xy} = \varepsilon_{yx}$$

就是小体元在 xOy 平面的切应变。同样可知

$$\theta_1 - \theta_2 = \frac{\partial \eta}{\partial x} - \frac{\partial \xi}{\partial y}$$

这就是对角线 AC 转动角度的 2 倍，因而 Ω_z 就相当于小体元绕 z 轴的旋转。类似地，可以指出，Ω_y 为绕 y 轴的旋转，Ω_x 为绕 x 轴的旋转。显然，这些旋转量对体元的形变没有贡献。类似地，还可以得到 yOz

平面的切应变 $\varepsilon_{yz} = \varepsilon_{zy}$ 以及 xOz 平面的切应变 $\varepsilon_{zx} = \varepsilon_{xz}$。根据以上分析可知，描述固体中的形变可以不必用式（2-2）中的 9 个应变分量，而只要用如下的 6 个：3 个伸长应变（ε_{xx}，ε_{yy}，ε_{zz}）、3 个切应变（ε_{xy}，ε_{yz}，ε_{zx}）。

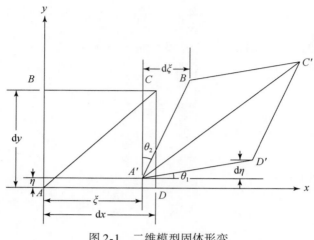

图 2-1　二维模型固体形变

2. 固体中的应力分析

从固体中割出一个小体元 dV 来进行分析，当固体形变时该小体元将受到周围相邻部分力的作用，我们称作用在小体元单位表面上的力为应力。由于固体能产生切形变，所以作用在小体元上的应力，除了像流体一样有法向应力外（流体中用压强表示），还存在方向与作用表面相切的切应力。从图 2-2 可以看到，在所取的小体元的表面存在 9 个应力分量。

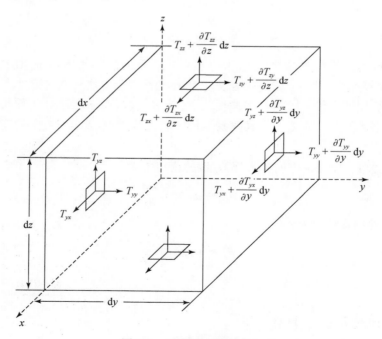

图 2-2　三维模型固体应力

$$\begin{vmatrix} T_{xx} & T_{xy} & T_{xz} \\ T_{yx} & T_{yy} & T_{yz} \\ T_{zx} & T_{zy} & T_{zz} \end{vmatrix} \qquad (2\text{-}4)$$

其中，T_{xx} 表示作用在 x 面（与 x 轴垂直的表面）上方向指向 x 轴的应力，T_{xy} 表示作用在 x 面方向指向 y 轴的应力。依此类推，用符号 T_{ij} 来表示应力，那么当 $i = j$ 时它表示法向应力，当 $i \neq j$ 时表示切应力。稍加证明还可指出，一般这 9 个应力分量并不完全独立，它们具有对称性，即 $T_{ij} = T_{ji}$。因此，实际上只要用 6 个应力分量就可完全确定固体的应力特性。再观察图 2-2 的小体元，由于各表面受到切应力，所以它们对中心轴将产生力矩。例如，绕 x 轴的力矩

$$\mathrm{d}M_x = (T_{yz}\mathrm{d}x\mathrm{d}z)\,\mathrm{d}y - (T_{zy}\mathrm{d}x\mathrm{d}y)\,\mathrm{d}z$$

根据动量守恒定律，该力矩应等于小体元绕 x 轴的转动惯量乘上角加速度，而转动惯量等于 $\rho\mathrm{d}x\mathrm{d}y\mathrm{d}z\left[\left(\dfrac{\mathrm{d}y}{2}\right)^2 + \left(\dfrac{\mathrm{d}z}{2}\right)^2\right]$，因为 $\mathrm{d}x$ 等是微量，显然转动惯量属于线度的五级微量，它与三级线度微量力矩相比，可以忽略，于是可近似得 $\mathrm{d}M_x = 0$，由此证得 $T_{yz} = T_{zy}$，同理可以证得 $T_{xz} = T_{zx}$ 与 $T_{xy} = T_{yx}$。

3. 广义胡克定律

从上面分析可知，对于固体介质可以用 6 个应变分量来描述形变，用 6 个应力分量来描述应力，而应变与应力之间是有关系的。假设我们研究的是产生小形变情形，一般应变与应力应该具有线性关系，而且所有的应变分量对每个应力分量都应有贡献，所以每个应力应该是 6 个应变分量的线性函数，它们的一般关系可表示为

$$\begin{cases} T_{xx} = C_{11}\varepsilon_{xx} + C_{12}\varepsilon_{yy} + C_{13}\varepsilon_{zz} + C_{14}\varepsilon_{yz} + C_{15}\varepsilon_{zx} + C_{16}\varepsilon_{xy} \\ T_{yy} = C_{21}\varepsilon_{xx} + C_{22}\varepsilon_{yy} + C_{23}\varepsilon_{zz} + C_{24}\varepsilon_{yz} + C_{25}\varepsilon_{zx} + C_{26}\varepsilon_{xy} \\ T_{zz} = C_{31}\varepsilon_{xx} + C_{32}\varepsilon_{yy} + C_{33}\varepsilon_{zz} + C_{34}\varepsilon_{yz} + C_{35}\varepsilon_{zx} + C_{36}\varepsilon_{xy} \\ T_{yz} = C_{41}\varepsilon_{xx} + C_{42}\varepsilon_{yy} + C_{43}\varepsilon_{zz} + C_{44}\varepsilon_{yz} + C_{45}\varepsilon_{zx} + C_{46}\varepsilon_{xy} \\ T_{zx} = C_{51}\varepsilon_{xx} + C_{52}\varepsilon_{yy} + C_{53}\varepsilon_{zz} + C_{54}\varepsilon_{yz} + C_{55}\varepsilon_{zx} + C_{56}\varepsilon_{xy} \\ T_{xy} = C_{61}\varepsilon_{xx} + C_{62}\varepsilon_{yy} + C_{63}\varepsilon_{zz} + C_{64}\varepsilon_{yz} + C_{65}\varepsilon_{zx} + C_{66}\varepsilon_{xy} \end{cases} \qquad (2\text{-}5)$$

其中，$C_{ij}(i, j = 1, 2, 3, 4, 5, 6)$ 称为弹性系数，它取决于固体介质的弹性性质，式（2-5）就是弹性力学胡克定律在固体中的推广，称为广义胡克定律。从式（2-5）可以看出，固体的弹性性质比流体要复杂得多，一般具有 36 个弹性系数，但是实际上这 36 个系数不是完全独立的，因为弹性能是应变的单值函数，所以可以证明弹性系数具有对称性 $C_{ij} = C_{ji}$，这样独立的弹性系数就减少到 21 个。对于具有对称性的晶体，独立的弹性系数还可减少。例如，对于三角系晶体如石英、铌酸锂等，弹性系数减少到 6 个；对于六角系晶体如氧化锌、硫化镉等，弹性系数减少到 5 个；对于立方形晶体像砷化镓等，弹性系数减少到 3 个；对于各向同性固体像金属、玻璃等，弹性系数减少到 2 个。对于各向同性固体，广义胡克定律可简化为

$$\begin{cases} T_{xx} = \lambda(\varepsilon_{xx} + \varepsilon_{yy} + \varepsilon_{zz}) + 2\mu\varepsilon_{xx} \\ T_{yy} = \lambda(\varepsilon_{xx} + \varepsilon_{yy} + \varepsilon_{zz}) + 2\mu\varepsilon_{yy} \\ T_{zz} = \lambda(\varepsilon_{xx} + \varepsilon_{yy} + \varepsilon_{zz}) + 2\mu\varepsilon_{zz} \\ T_{yz} = \mu\varepsilon_{yz} \\ T_{zx} = \mu\varepsilon_{zx} \\ T_{xy} = \mu\varepsilon_{xy} \end{cases} \qquad (2\text{-}6)$$

其中，λ 与 μ 称为拉梅常数，它们与各弹性系数 C_{ij} 之间的关系为

$$\lambda = C_{12} = C_{13} = C_{21} = C_{23} = C_{31} = C_{32}$$

$$\mu = C_{44} = C_{55} = C_{66} = \frac{1}{2}(C_{11} - C_{12})$$

$$\lambda + 2\mu = C_{11} = C_{22} = C_{33}$$

其他弹性系数都等于 0，μ 也称为切变弹性系数，它的物理意义是较明显的。例如，切应变 ε_{yz} 产生切应力 $T_{yz} = \mu\varepsilon_{yz}$ 等。对于流体 $\mu = 0$，于是切应力 $T_{yz} = T_{zx} = T_{xy} = 0$，因此式（2-6）可简化为

$$T_{xx} = T_{yy} = T_{zz} = \lambda\Delta \tag{2-7}$$

其中，Δ 称为体积的相对增量，它等于

$$\Delta = \lim_{dx,\ dy,\ dz \to 0} \frac{(dx + \varepsilon_{xx}dx)(dy + \varepsilon_{yy}dy)(dz + \varepsilon_{zz}dz) - dxdydz}{dxdydz}$$

$$= \varepsilon_{xx} + \varepsilon_{yy} + \varepsilon_{zz} \tag{2-8}$$

如果用负的压强增量 $-dP$ 来代替法向应力 T_{xx} 等，则可得

$$-dP = \lambda\Delta$$

或

$$\lambda = K_s = -\frac{dP}{\Delta}$$

其中，取负号是因为压强向内取为正，而应力向外取为正。因为有 $\Delta = -\frac{d\rho}{\rho}$，所以可得

$$dP = \frac{K_s}{\rho}d\rho \tag{2-9}$$

或

$$p = c_0^2\rho' \tag{2-10}$$

其中，K_s 与 c_0 分别称为流体的体弹性系数与声速。

4. 拉梅常量与杨氏模量、泊松比的关系

对于各向同性固体，虽然拉梅常量中的切变弹性系数 μ 的物理意义是明确的，然而 λ 的含义就不十分清楚。因此，人们常常采用另外两个物理意义比较明确的弹性常数——杨氏模量 E 和泊松比 σ——来表示其弹性性质。

我们还是研究图 2-2 的小体元。假如此小体元只在 x 方向受到法向应力 T_{xx} 的作用，那么在 x 方向的伸长应变与法向应力成正比，其比例系数用 $\frac{1}{E}$ 来表示，即 $\varepsilon'_{xx} = \frac{T_{xx}}{E}$，其中 E 称为杨氏模量。如果只在 y 方向受到法向应力，那么除在 y 方向有伸长应变 $\varepsilon'_{yy} = \frac{T_{yy}}{E}$ 外，同时在 x 方向也会形成横向缩短应变 $\varepsilon''_{xx} = -\sigma\varepsilon'_{yy}$，这里引入负号表示缩短的意思，它的比例系数 σ 称为泊松比。类似地，可以考虑，只在 z 方向作用法向应力 T_{zz}，那么它除在 z 方向产生伸长应变 $\varepsilon'_{zz} = \frac{T_{zz}}{E}$ 外，还在 x 方向产生缩短应变 $\varepsilon'''_{xx} = -\sigma\frac{T_{zz}}{E}$。现在假设这一小体元同时受到 3 个法向应力 T_{xx}，T_{yy}，T_{zz} 的作用，那么在 x 方向的总相对伸长

$$\varepsilon_{xx} = \varepsilon'_{xx} + \varepsilon''_{xx} + \varepsilon'''_{xx} = \frac{1}{E}\left[T_{xx} - \sigma(T_{yy} + T_{zz})\right]$$

同理可得 y 与 x 方向的总相对伸长为

$$\varepsilon_{yy} = \frac{1}{E}\left[T_{yy} - \sigma(T_{xx} + T_{zz})\right]$$

$$\varepsilon_{zz} = \frac{1}{E}\left[T_{zz} - \sigma(T_{xx} + T_{yy})\right]$$

上面 3 式可改写为

$$
\begin{cases}
T_{xx} - \sigma T_{yy} - \sigma T_{zz} = E\varepsilon_{xx} \\
-\sigma T_{xx} + T_{yy} - \sigma T_{zz} = E\varepsilon_{yy} \\
-\sigma T_{xx} - \sigma T_{yy} + T_{zz} = E\varepsilon_{zz}
\end{cases}
\tag{2-11}
$$

求解这一三元一次代数方程组可得

$$
\begin{cases}
T_{xx} = \dfrac{E\sigma}{(1+\sigma)(1-2\sigma)}(\varepsilon_{xx} + \varepsilon_{yy} + \varepsilon_{zz}) + \dfrac{E}{1+\sigma}\varepsilon_{xx} \\[2mm]
T_{yy} = \dfrac{E\sigma}{(1+\sigma)(1-2\sigma)}(\varepsilon_{xx} + \varepsilon_{yy} + \varepsilon_{zz}) + \dfrac{E}{1+\sigma}\varepsilon_{zz} \\[2mm]
T_{zz} = \dfrac{E\sigma}{(1+\sigma)(1-2\sigma)}(\varepsilon_{xx} + \varepsilon_{yy} + \varepsilon_{zz}) + \dfrac{E}{1+\sigma}\varepsilon_{zz}
\end{cases}
\tag{2-12}
$$

将式（2-12）与式（2-6）做一比较，就可确定

$$
\begin{cases}
\lambda = \dfrac{E\sigma}{(1+\sigma)(1-2\sigma)} \\[2mm]
\mu = \dfrac{E}{2(1+\sigma)}
\end{cases}
\tag{2-13}
$$

由此可见，对于各向同性固体完全可以用杨氏模量 E 和泊松比 σ 来表征其弹性性质。

2.1.2　固体中声波的传播

前面已确定固体中应变与应力的关系，如果再利用固体中的介质运动方程，就可建立用单一参量表示的声波方程。对于各向异性的固体，由于应变与应力关系的复杂性，可以预料声波的传播特性也是十分复杂的。为了揭示固体中最基本的声波传播特性，我们把问题尽量简化，仅限于讨论各向同性介质。

1. 固体中的声波方程

为了导出固体中的介质运动方程，我们再来考察图 2-2 所示的小体元。先来研究该小体元在 x 方向的受力情形，从中可以看出，作用在该小体元 x 方向的分力可由如下三部分组成：

（1）作用在垂直 x 轴表面 x 方向的分力

$$
F'_x = \left(T_{xx} + \frac{\partial T_{xx}}{\partial x}\mathrm{d}x - T_{xx} \right)\mathrm{d}y\mathrm{d}z
$$

（2）作用在垂直 y 轴表面 x 方向的分力

$$
F''_x = \left(T_{yx} + \frac{\partial T_{yx}}{\partial y}\mathrm{d}y - T_{yx} \right)\mathrm{d}x\mathrm{d}z
$$

（3）作用在垂直 z 轴表面 x 方向的分力

$$
F'''_x = \left(T_{zx} + \frac{\partial T_{zx}}{\partial z}\mathrm{d}z - T_{zx} \right)\mathrm{d}x\mathrm{d}y
$$

把这三部分的分力加起来就是作用在小体元 x 方向的合力

$$
F_x = \left(\frac{\partial T_{xx}}{\partial x} + \frac{\partial T_{yx}}{\partial y} + \frac{\partial T_{zx}}{\partial z} \right)\mathrm{d}x\mathrm{d}y\mathrm{d}z
$$

设 ρ 为介质密度，根据牛顿第二定律就可建立该小体元在 x 方向的运动方程。同理可以建立 y，z 方向的运动方程，它们是

$$\begin{cases} \rho\,\dfrac{\partial^2 \xi}{\partial t^2} = \dfrac{\partial T_{xx}}{\partial x} + \dfrac{\partial T_{yx}}{\partial y} + \dfrac{\partial T_{zx}}{\partial z} \\[2mm] \rho\,\dfrac{\partial^2 \eta}{\partial t^2} = \dfrac{\partial T_{xy}}{\partial x} + \dfrac{\partial T_{yy}}{\partial y} + \dfrac{\partial T_{zy}}{\partial z} \\[2mm] \rho\,\dfrac{\partial^2 \zeta}{\partial t^2} = \dfrac{\partial T_{xz}}{\partial x} + \dfrac{\partial T_{yz}}{\partial y} + \dfrac{\partial T_{zz}}{\partial z} \end{cases} \tag{2-14}$$

将各向同性固体的关系式式（2-6）代入，再利用式（2-3）就可得到如下一组方程

$$\begin{cases} \rho\,\dfrac{\partial^2 \xi}{\partial t^2} = (\lambda + \mu)\,\dfrac{\partial \Delta}{\partial x} + \mu\,\nabla^2 \xi \\[2mm] \rho\,\dfrac{\partial^2 \eta}{\partial t^2} = (\lambda + \mu)\,\dfrac{\partial \Delta}{\partial y} + \mu\,\nabla^2 \eta \\[2mm] \rho\,\dfrac{\partial^2 \zeta}{\partial t^2} = (\lambda + \mu)\,\dfrac{\partial \Delta}{\partial z} + \mu\,\nabla^2 \zeta \end{cases} \tag{2-15}$$

其中，$\Delta = \dfrac{\partial \xi}{\partial x} + \dfrac{\partial \eta}{\partial y} + \dfrac{\partial \zeta}{\partial z}$，$\Delta^2 = \dfrac{\partial^2}{\partial x^2} + \dfrac{\partial^2}{\partial y^2} + \dfrac{\partial^2}{\partial z^2}$。我们用 $s = \xi i + \eta j + \zeta k$ 来表示质点位移矢量，用 $v = v_x i + v_y j + v_z k$ 来表示质点速度矢量，而 $v_x = \dfrac{\partial \xi}{\partial t}$，$v_y = \dfrac{\partial \eta}{\partial t}$，$v_z = \dfrac{\partial \zeta}{\partial t}$。式（2-15）可以写成矢量形式

$$\rho\,\frac{\partial^2 s}{\partial t^2} = (\lambda + \mu)\,\mathrm{grad}\,\Delta + \mu\,\nabla^2 s \tag{2-16}$$

因有 $\nabla = \mathrm{div}\,s$ 的关系，式（2-16）又可写成

$$\rho\,\frac{\partial^2 s}{\partial t^2} = (\lambda + \mu)\,\mathrm{grad}(\mathrm{div}\,s) + \mu\,\nabla^2 s \tag{2-17}$$

利用熟知的矢量分析关系

$$\mathrm{grad}(\mathrm{div}\,s) = \nabla^2 s + \mathrm{rot}(\mathrm{rot}\,s) \tag{2-18}$$

式（2-17）又可改写成

$$\rho\,\frac{\partial^2 s}{\partial t^2} = (\lambda + \mu)\,\mathrm{grad}(\mathrm{div}\,v) + \mu\,\mathrm{rot}(\mathrm{rot}\,v) \tag{2-19}$$

上面各式都是以矢量形式表示的固体中的声波方程。

根据矢量分析可知，对于一般矢量场可以表示成标量梯度与矢量旋度之和的形式，我们令

$$\begin{cases} v = \mathrm{grad}\,\varPhi + \mathrm{rot}\,\varPsi \\ \mathrm{div}\,\varPsi = 0 \end{cases} \tag{2-20}$$

其中，$\varPhi$ 称为标量势，$\varPsi = \psi_x i + \psi_y j + \psi_z k$ 称为矢量势。式（2-20）可用速度分量表示

$$\begin{cases} v_x = \dfrac{\partial \varPhi}{\partial x} + \dfrac{\partial \psi_z}{\partial y} + \dfrac{\partial \psi_y}{\partial z} \\[2mm] v_y = \dfrac{\partial \varPhi}{\partial y} + \dfrac{\partial \psi_x}{\partial z} + \dfrac{\partial \psi_z}{\partial x} \\[2mm] v_z = \dfrac{\partial \varPhi}{\partial z} + \dfrac{\partial \psi_y}{\partial x} + \dfrac{\partial \psi_x}{\partial y} \end{cases} \tag{2-21}$$

将式（2-20）代入式（2-19），可以分离标量势 $\varPhi$ 与矢量势 $\varPsi$ 而得到两个独立的方程

$$\begin{cases} \rho\,\dfrac{\partial^2 \varPhi}{\partial t^2} = (\lambda + 2\mu)\,\nabla^2 \varPhi \\[2mm] \rho\,\dfrac{\partial^2 \varPsi}{\partial t^2} = \mu\,\nabla^2 \varPsi \end{cases} \tag{2-22}$$

对于矢量势，还可用其分量来表示

$$\rho \frac{\partial^2 \psi_i}{\partial t^2} = \mu \nabla^2 \psi_i \quad (i = x, y, z)$$

由此可见,在各向同性固体中引入两个势函数,可以使波动方程的求解得以简化,知道了势函数的具体形式,代入式(2-21)就可确定介质的质点速度。对于式(2-22)中的第一式,这类平面波的传播速度为 $c_L = \sqrt{\frac{\lambda + 2\mu}{\rho}}$;对于第二式,这类平面波的传播速度为 $c_L = \sqrt{\frac{\mu}{\rho}}$。由此可见,在固体中声波的类型要比流体复杂。在流体中只有一种纵波,其传播速度自然只有一种,而这里除了纵波外还会出现横波,因此传播速度有 c_L 和 c_T 两种。因为实际上标量势 Φ 描述的就是纵波,矢量势描述的就是横波,所以 c_L 就代表固体中的纵波传播速度,c_T 代表其中的横波传播速度。

2. 声波的反射与折射

综上所述,在固体中会产生两种不同类型的波——纵波和横波。当这些波从一种介质向另一种不同介质入射时,也必然会产生反射与折射。现在就来研究这些现象。为了简化问题,我们仅限于讨论平面声波从流体向固体入射的情形,这样的入射情形是有一定实际意义的,可以通过比较少的数学处理,揭示出固体中声波的一些基本传播特性,而这些特性在流体中是不存在的。

1)介质的声势函数

假设有一平面声波从流体介质 I 传来,它以入射角 θ_i 向具有无限大平表面的固体介质 II 射去。由于介质 I 是流体,传来的波必定是纵波,它在遇到固体表面时会产生反射,这一反射波自然也是纵波。介质 II 是固体,它除了能产生纵波外,还能产生横波,因而折射波就可能有两种类型:一是以 θ_{tL} 角折射的纵波,二是以 θ_{tT} 角折射的横波(图2-3)。

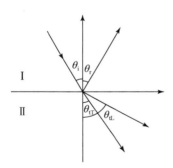

图 2-3 声波反射与折射示意图

为了简化分析,我们只考虑二维问题,即认为介质仅在 xOz 平面中运动,这时它的质点位移与速度仅是 x,z 的函数,并在 y 方向的分量为 0,即 $\eta = 0$,$v_y = 0$。在这种情形下我们可以写出第 I 介质中的声势为

$$\Phi_1 = \Phi_i e^{-j(k_{1L}\cos\theta_i x + k_{1L}\sin\theta_i z)} + \Phi_r e^{-j(-k_{1L}\cos\theta_r x + k_{1L}\sin\theta_r z)} \tag{2-23}$$

这里,我们省略时间因子 $e^{j\omega t}$。其中,$k_{1L} = \dfrac{w}{c_{1L}}$,$c_{1L}$ 为第 I 介质中纵波的传播速度。

在介质 II 中标量声势可以表示为

$$\Phi_2 = \Phi_t e^{-j(k_{2L}\cos\theta_{tL} x + k_{2L}\sin\theta_{tL} z)} \tag{2-24}$$

其中,$k_{2L} = \dfrac{w}{c_{2L}}$,$c_{2L}$ 为介质 II 中的纵波传播速度。对于矢量声势,由于已假设 $v_y = 0$ 并且势函数与 y 无关,所以应该仅出现矢量声势在 y 方向的分量 ψ_y,而 $\psi_x = \psi_z = 0$,因此有

$$\psi_2 = \psi_y = \psi_t e^{-j(k_{2T}\cos\theta_{tT} x + k_{2T}\sin\theta_{tT} z)} \tag{2-25}$$

其中，$k_{2T} = \dfrac{w}{c_{2T}}$，$c_{2T}$ 为介质 II 中横波的传播速度。

2）边界条件

在流体与固体的分界面处应该满足如下边界条件：

（1）法向速度连续。设第 I 介质与第 II 介质中质点速度的 x 方向分量分别记为 v_{1x} 与 v_{2x}，那么在 $x = 0$ 处应满足如下条件

$$(v_{1x})_{(x=0)} = (v_{2x})_{(x=0)} \tag{2-26}$$

将式（2-21）代入式（2-26）可表示成

$$\left(\frac{\partial \Phi_1}{\partial x}\right)_{(x=0)} = \left(\frac{\partial \Phi_x}{\partial x} - \frac{\partial \psi_2}{\partial z}\right)_{(x=0)} \tag{2-27}$$

（2）应力平衡，即在 $x = 0$ 处应有

$$\left. \begin{array}{l} T_{1zx} = T_{2zx} \\ T_{1xz} = T_{2xz} \end{array} \right\} \tag{2-28}$$

其中，下标 1 和 2 分别表示介质 I 和介质 II 中的应力。利用应力与应变的关系式（2-6）以及质点速度与势函数的关系式（2-21）可以将法向应力表示成

$$\begin{aligned} T_{xx} &= \lambda\left(\frac{\partial \xi}{\partial x} + \frac{\partial \zeta}{\partial z}\right) + 2\mu\frac{\partial \xi}{\partial x} \\ &= \frac{\lambda + 2\mu}{jw}\left(\frac{\partial^2 \Phi}{\partial x^2} + \frac{\partial^2 \Phi}{\partial z^2}\right) - \frac{2\mu}{jw}\left(\frac{\partial^2 \psi}{\partial x \partial z} + \frac{\partial^2 \Phi}{\partial z^2}\right) \end{aligned} \tag{2-29}$$

由于 $c_L = \sqrt{\dfrac{\lambda + 2\mu}{\rho}}$，$c_T = \sqrt{\dfrac{\mu}{\rho}}$，所以式（2-29）还可表示成

$$T_{xx} = \frac{\rho}{jw}\left[c_L^2\,\nabla^2\Phi - 2c_T^2\left(\frac{\partial^2 \psi}{\partial x \partial z} + \frac{\partial^2 \Phi}{\partial z^2}\right)\right] \tag{2-30}$$

其中，$\nabla^2 = \dfrac{\partial^2}{\partial x^2} + \dfrac{\partial^2}{\partial z^2}$。再考虑到声波方程式（2-22），式（2-30）又可化为

$$T_{xx} = \frac{\rho}{jw}\left[\frac{\partial^2 \Phi}{\partial t^2} - 2c_T^2\left(\frac{\partial^2 \psi}{\partial x \partial z} + \frac{\partial^2 \Phi}{\partial z^2}\right)\right] \tag{2-31}$$

切应力可表示为

$$T_{xz} = \mu\left(\frac{\partial \xi}{\partial z} + \frac{\partial \zeta}{\partial x}\right) = \frac{c_T^2}{jw}\left(\frac{\partial^2 \psi}{\partial x^2} - \frac{\partial^2 \psi}{\partial z^2} + 2\frac{\partial^2 \Phi}{\partial x \partial z}\right) \tag{2-32}$$

利用式（2-31）与式（2-32）就可以用势函数来表示应力平衡的边界条件。

在介质 I 中由于 $\mu = 0$，$c_{1T} = 0$，所以应力的表示可简化为

$$T_{1xx} = \frac{\rho_1}{jw}\frac{\partial^2 \Phi_1}{\partial t^2} = j\rho_1 w \Phi_1, \qquad T_{1xz} = 0$$

在介质 II 中应力表示为

$$T_{2xx} = \frac{\rho_2}{jw}\left[-w^2\Phi_2 - 2c_{2T}^2\left(\frac{\partial^2 \psi_2}{\partial x \partial z} + \frac{\partial^2 \Phi_2}{\partial z^2}\right)\right]$$

$$T_{2xz} = \frac{c_{2T}^2}{jw}\left(\frac{\partial^2 \psi_2}{\partial x^2} - \frac{\partial^2 \psi_2}{\partial z^2} + 2\frac{\partial^2 \Phi_2}{\partial x \partial z}\right)$$

因此应力平衡边界条件式（2-28）可写成

$$\begin{cases} (-\rho_1 w^2 \Phi_1)_{x=0} = \rho_2 \left[-w^2 \Phi_2 - 2c_{2T}^2 \left(\frac{\partial^2 \psi_2}{\partial x \partial z} + \frac{\partial^2 \Phi_2}{\partial z^2} \right) \right]_{(x=0)} \\ \left(\frac{\partial^2 \psi_2}{\partial x^2} - \frac{\partial^2 \psi_2}{\partial z^2} + 2 \frac{\partial^2 \Phi_2}{\partial x \partial z} \right)_{x=0} = 0 \end{cases} \quad (2\text{-}33)$$

3. 反射与折射定律

现在先来运用法向速度连续条件，将式（2-23）~式（2-25）代入式（2-27），可得

$$-\Phi_1 k_{1L} \cos\theta_i e^{-jk_{1L}\sin\theta_i z} + -\Phi_r k_{1L} \cos\theta_r e^{-jk_{1L}\sin\theta_r z}$$
$$= -\Phi_t k_{2L} \cos\theta_{tL} e^{-jk_{2L}\sin\theta_{tL}z} - \psi_t k_{2T} \cos\theta_{tT} e^{-jk_{2T}\sin\theta_{tT}z} \quad (2\text{-}34)$$

考虑到式（2-34）应对所有的 z 都成立，因而指数因子部分必然应该恒等，即

$$k_{1L}\sin\theta_i = k_{1L}\sin\theta_r = k_{2L}\sin\theta_{tL} = k_{2T}\sin\theta_{tT} \quad (2\text{-}35)$$

$$\theta_i = \theta_r \quad (2\text{-}36)$$

折射定律

$$\begin{cases} \dfrac{\sin\theta_i}{\sin\theta_{tL}} = \dfrac{k_{2L}}{k_{1L}} = \dfrac{c_{1L}}{c_{2L}} \\ \dfrac{\sin\theta_i}{\sin\theta_{tT}} = \dfrac{k_{2T}}{k_{1L}} = \dfrac{c_{1L}}{c_{2T}} \end{cases} \quad (2\text{-}37)$$

从反射定律式（2-36）可以看出，流体中的声波入射到固体界面与入射到其他流体界面类似，声波的反射角仍等于入射角，并不因为它所遇到的介质的弹性性质变化而有所不同。

从折射定律式（2-37）可以看出，折射规律也与流体界面情形相似，不同的是，在固体中能产生两种不同类型的波（纵波和横波），这两种不同类型波的传播速度不同，以至于它们的折射角也不同。这就是说，尽管入射的只是一种纵波，而在固体界面上除了产生折射纵波外，还会激发出折射横波，并且这两种折射波的折射角是不相同的。

对于一般固体，纵波传播速度总要比一般流体大，即有 $c_{2L} > c_{1L}$。例如，空气的声速为 344m/s，钢的纵波声速约为 5500m/s，砖墙的纵波声速约为 3000m/s。因此对于从流体向固体入射的情形，固体中的纵波折射角常大于入射角，即 $\theta_{tL} > \theta_i$。此外，由于固体中纵波传播速度总要比横波大，即固体中总有 $\theta_{2L} > \theta_{2T}$，所以对于从流体向固体入射的情形，总有 $\theta_{tL} > \theta_{tT}$。

4. 反射系数与折射系数

现在再来运用应力平衡条件，把式（2-23）、式（2-24）与式（2-25）代入式（2-33），并考虑到式（2-36）与式（2-37）可得

$$\begin{cases} \dfrac{\rho_2}{\rho_1}(\Phi_t \cos 2\theta_{tT} - \psi_t \sin 2\theta_{tT}) = \Phi_i + \Phi_r \\ \Phi_t k_{2L}^2 \sin 2\theta_{tL} + \psi_t k_{2T}^2 \cos 2\theta_{tT} = 0 \end{cases} \quad (2\text{-}38)$$

在考虑反射定律与折射定律式（2-36）、式（2-37）后，式（2-34）也可简化为

$$(\Phi_i - \Phi_r)k_{1L}\cos\theta_i = \Phi_t k_{2L}\cos\theta_{tL} - \psi_t k_{2T}\cos\theta_{tT} \quad (2\text{-}39)$$

联立式（2-38）与式（2-39）可分别解得纵波反射系数 $|r_\Phi|$，纵波折射系数 $|t_\Phi|$ 与横波折射系数 $|t_\psi|$ 为

$$|r_\Phi| = \left| \frac{\Phi_r}{\Phi_i} \right| = \left| \frac{z_{2L} \cos^2 2\theta_{tT} + z_{2T} \sin^2 2\theta_{tT} - z_{1L}}{z_{2L} \cos^2 2\theta_{tT} + z_{2T} \sin^2 2\theta_{tT} + z_{1L}} \right| \quad (2\text{-}40)$$

$$|t_\Phi| = \left| \frac{\Phi_t}{\Phi_i} \right| = \left| \left(\frac{\rho_1}{\rho_2} \right) \frac{2z_{2L} \cos 2\theta_{tT}}{z_{2L} \cos^2 2\theta_{tT} + z_{2T} \sin^2 2\theta_{tT} + z_{1L}} \right| \quad (2\text{-}41)$$

$$|t_\psi| = \left| \frac{\psi_\mathrm{t}}{\Phi_\mathrm{i}} \right| = \left| \left(-\frac{\rho_1}{\rho_2} \right) \frac{2z_{2\mathrm{T}}\sin 2\theta_{t\mathrm{T}}}{z_{2\mathrm{L}}\cos^2 2\theta_{t\mathrm{T}} + z_{2\mathrm{T}}\sin^2 2\theta_{t\mathrm{T}} + z_{1\mathrm{L}}} \right| \tag{2-42}$$

其中

$$z_{1\mathrm{L}} = \frac{\rho_1 c_{1\mathrm{L}}}{\cos\theta_\mathrm{i}}, \quad z_{2\mathrm{L}} = \frac{\rho_2 c_{2\mathrm{L}}}{\cos\theta_{t\mathrm{L}}}, \quad z_{2\mathrm{T}} = \frac{\rho_2 c_{2\mathrm{T}}}{\cos\theta_{t\mathrm{T}}}$$

分别表示斜入射时相应的法向声阻抗率。

从上面各式看出，反射系数与折射系数除了与两种介质的一些固有参数如纵波与横波的声速、介质的密度等有关外，还同声波的入射角 θ_i 有关。（虽然在这些表示式中还出现折射角 $\theta_{t\mathrm{L}}$ 与 $\theta_{t\mathrm{T}}$，但据折射定律，折射角与入射角是有关的。）设声波是垂直入射的，$\theta_\mathrm{i} = 0$，则 $\theta_\mathrm{r} = \theta_{t\mathrm{L}} = \theta_{t\mathrm{T}}$，因此有

$$|r_\Phi| = \left| \frac{z_{2\mathrm{L}} - z_{1\mathrm{L}}}{z_{2\mathrm{L}} + z_{1\mathrm{L}}} \right| = \left| \frac{\rho_2 c_{2\mathrm{L}} - \rho_1 c_{1\mathrm{L}}}{\rho_2 c_{2\mathrm{L}} + \rho_1 c_{1\mathrm{L}}} \right|$$

$$|t_\Phi| = \left(\frac{\rho_1}{\rho_2} \right) \frac{2\rho_2 c_{2\mathrm{L}}}{\rho_2 c_{2\mathrm{L}} + \rho_1 c_{1\mathrm{L}}}$$

$$|t_\psi| = 0$$

此结果表明，当声波从流体垂直入射到固体时，在固体中将仅出现纵波而不出现横波，这时纵波的反射系数和透射系数与流体到流体情况相同。

以上分析了声波从流体入射到固体时的反射与折射，还可以讨论从固体到流体以及从一种固体到另一种固体的入射情形，并且固体中的入射波还可分纵波和横波，横波还有不同的偏振方向等。

2.2 混凝土特性与声波的传播

混凝土为当今建筑材料中应用最为广泛、使用量最大的一种材料。它是由胶结料、细骨料和粗骨料及外加剂，通过一定比例的配合，经过搅拌、运输、浇灌、振捣、养护等一系列工序制作而成的人工石料，它的质量不仅直接受材料品种和质量的影响，同时还受各个施工环节的影响。作为混凝土胶结料的水泥，其质量除了受水泥生产工艺的影响外，还受施工现场的堆放条件、储存时间的影响；作为粗、细骨料的石子和沙子，大多数情况是就地取材，随来随用，其产地、材质、规格、含泥（粉）量、含水率等经常变化。也就是说，直接影响混凝土质量的材料本身存在许多不确定因素，再加上各个施工环节，管理稍有疏忽，就可能发生质量问题。还有，建筑物在使用过程中，由于受环境侵蚀（物理的或化学的）或使用条件所造成的损害，也会产生质量问题。

由此可见，结构混凝土在施工和使用过程中，都有可能出现这样或那样的问题。一旦有了问题，人们总希望通过科学手段，对混凝土进行质量检测，查清混凝土的实际质量情况。通过检测如确有质量问题，应进一步弄清楚混凝土的强度是多少、裂缝或不密实等缺陷的具体情况，以便进行合理的处理（唐修生，2004；张治泰，2006）。

2.2.1 混凝土的物理力学性质与声波速度

由于混凝土是由固–液–气三相组成的具有弹黏塑性质的复合材料，其内部存在着分布极其复杂的界面，如砂浆与粗骨料之间的界面，砂浆、粗骨料与气孔或微裂缝之间的界面，混凝土缺陷（裂缝、孔洞、不密实区等）形成的界面。因此，超声波在混凝土中的传播情况要比在均匀介质中复杂得多。根据超声波的性质和混凝土的上述特性，决定超声波在混凝土中传播的如下特点。

1. 只能采用低频超声波

由于混凝土中广泛存在着特性阻抗差异很大的介质界面，超声波传播过程中，在这些界面上发生散

射十分明显，尤其是高频成分散射更严重。所以，为了使超声波在混凝土中传播距离更大一些，一般采用 20~300kHz（测强度用 50~100kHz）的低频超声波。

2. 发射出的超声波指向性差

用于混凝土检测的超声波指向性差的主要原因是：由于采用的低频超声波在混凝土中传播的波长较长（$\lambda = 40 \sim 90mm$），而且发射换能器的直径较小（$D = 30 \sim 40mm$），由公式 $\theta = \sin^{-1}(1.22\lambda/D)$ 可知，波束的扩张角 2θ 一般为 $50° \sim 90°$，近似于球面波。另外，超声波在混凝土中的众多不规则界面上发生反射和折射，并且相互干涉和叠加，使大部分声波产生漫射。

3. 超声波在混凝土中并非直线传播

由于混凝土的非均匀性，超声波在无数不规则的石子与砂浆界面上发生反射和折射，使得接收到的声波并非沿测试方向呈直线传播。

4. 接收到的信号十分复杂

由于超声纵波在混凝土中传播时沿途会产生许多次反射纵波和折射纵波以及波形转换出的横波，这些众多复杂的波以不同相位、不同路径进行叠加，使其传播到接收换能器的信号十分复杂。其中首波的声时、波幅、主频及整个接收信号的频谱和包络线图的变化与混凝土质量情况有一定关系。因此，只要具有一定的理论知识和实践经验，利用超声波接收信号的变化，可以对混凝土和缺陷情况进行综合评判。

2.2.2 混凝土结构面和缺陷对声波传播的影响

超声波在均匀各向同性的无限大介质中传播时，是呈直线传播，且不存在反射和折射等现象，但实际介质在绝大多数情况下都是有边界的，而且完全均匀、各向同性的理想介质也很难存在。所以，在生产实际和科技领域中遇到的声波或超声波都是在不均匀介质或在两种及两种以上介质中传播的，其传播情况比在理想介质中复杂得多。

当超声波从一种介质传播到另一种介质时，在两种介质的分界面上，只有其中一部分超声波透过界面，在另一介质中继续传播，这部分超声波称为折射波或透射波；另一部分超声波被反射回原来介质，这部分称为反射波。透过界面的超声波，其传播方向、能量及波形都将发生变化，这种变化取决于两种介质的特性阻抗和超声波的入射方向。

混凝土和钢筋混凝土结构物，有时因施工管理不善或受使用环境及自然灾害的影响，其内部可能存在不密实或孔洞，其外部形成蜂窝麻面、裂缝或损伤层等缺陷。这些缺陷的存在会不同程度地影响结构承载力和耐久性，采用较有效的方法查明混凝土缺陷的性质、范围及尺寸，以便进行技术处理，乃是工程建设中的一个重要课题。

混凝土缺陷是指破坏混凝土的连续性和完整性，并在一定程度上降低混凝土的强度和耐久性的不密实区、孔洞、裂缝或夹杂泥沙、杂物等。所谓不密实区，就是混凝土因漏振、离析或石子架空而形成的蜂窝状，或因缺少水泥而形成的松散状，或受意外损伤而造成的疏松状区域。

利用超声脉冲检测混凝土缺陷是依据以下原理：

（1）超声波在混凝土中传播时，遇到尺寸比其波长小的缺陷会产生绕射，从而使声程增大、传播时间延长。可根据声时或声速的变化情况，判别和计算缺陷的大小。

（2）超声波在混凝土中传播时，遇到蜂窝、孔洞、裂缝等缺陷时，大部分脉冲波会在缺陷界面被散射和反射，到达接收换能器的声波能量（波幅）显著减小，可根据波幅变化的程序判断缺陷的性质和大小。

（3）各频率成分的脉冲波在缺陷界面衰减程度不同，其中频率越高的脉冲波，衰减越大，因此超声脉冲波通过有缺陷的混凝土时，接收到的信号主频率明显降低。可根据接收信号主频率或频率谱的变化，分析判断缺陷情况。

（4）超声波通过缺陷时，部分脉冲波因绕射或多次反射而产生路径和相位变化，不同路径或不同相位的超声波叠加后，造成接收信号波形畸变，可参考畸变波形分析判断混凝土缺陷情况。

第 3 章 混凝土声场传播特征

弄清声波在混凝土介质中传播特征对反演具有重要的意义，也可指导对成像图谱的认识。本章针对混凝土的缺陷检测问题，基于混凝土中声波传播数学模型，在模拟计算时将混凝土的有耗、色散等特性纳入考虑因素之中，同时设置合理的吸收边界条件，以混凝土中钢筋、空洞等为对象，计算模拟混凝土中这些目标体的声波响应特征；在正演工作的基础上，给出二维混凝土声波检测的反演问题与反演方法，通过数值算例验证所给方法是一种稳定、高效的全局收敛反演方法，比较准确地刻画混凝土内部速度参数的分布情况；通过模型试验，给出混凝土中声场衰减特性并进行分析。

3.1 二维混凝土检测声波模型

在建立数学模型之前，需要对混凝土构件做一定的假设：

（1）混凝土材料均匀且各向同性，在拉伸与压缩特性方面存在明显差异，而且也不是均匀的，但在微米级的弹性振动情况下，仍然可以近似满足这一假设条件，或这种差异可忽略不计。混凝土材料在作为整体力学性质上等效成为一种匀质材料，这种材料的缺陷反映混凝土强度的变化。

（2）混凝土构件的受激振动在弹性限度内，它在振动时，体内各质点的位移、应力和应变之间的关系都服从弹性胡克定律。在低应变动力测试中，由于激振力很小，并且是可以控制的，故混凝土构件的振动近似可满足这一假设条件。

（3）混凝土构件受激振动时，其截面保持为平面。这就是说，构件受激振动时，同一截面上所有质点位移的方向和大小都是一致的，也不存在相位的差别或振动的超前或滞后现象。

描述声波传播的二维声波方程的模型为

$$\frac{\partial^2 u}{\partial x^2} + \frac{\partial^2 u}{\partial z^2} - \frac{1}{v^2(x, z)}\frac{\partial^2 u}{\partial t^2} = s(x, z, t), \quad (x, t) \in (0, L) \times (0, H) \times (0, T) \tag{3-1}$$

$$c(0)\frac{\partial u(0, t)}{\partial x} = f(t), \quad u(L, t) = 0 \tag{3-2}$$

$$u(x, 0) = \frac{\partial u(x, 0)}{\partial t} = 0 \tag{3-3}$$

其中，$u(x, z, t)$ 为位移函数，$v(x, z)$ 为介质在 (x, z) 点的速度，$s(x, z, t)$ 是源函数。我们选取雷克子波作为震源

$$f = A\sin(2\pi f_1 t)\exp(-4f_1{}^2 t^2 \ln 2) \tag{3-4}$$

其中，参数 A 表示震源函数振幅，f_1 表示震源频率，t 表示震源作用时间，且满足 $s(x, z, t) = 0, t < 0$。x, z 分别为水平方向和垂直方向的坐标。假设在需要测量的空间区域 Ω：$[0, L] \times [0, H]$ 上考虑问题，Mur 吸收边界条件为

$$\frac{\partial^2 u}{\partial x \partial t} - \frac{1}{c}\frac{\partial^2 u}{\partial t^2} + \frac{c}{2}\frac{\partial^2 u}{\partial y^2} = 0(x = 0) \tag{3-5}$$

$$\frac{\partial^2 u}{\partial x \partial t} + \frac{1}{c}\frac{\partial^2 u}{\partial t^2} - \frac{c}{2}\frac{\partial^2 u}{\partial y^2} = 0(x = h) \tag{3-6}$$

$$\frac{\partial^2 u}{\partial y \partial t} - \frac{1}{c}\frac{\partial^2 u}{\partial t^2} + \frac{c}{2}\frac{\partial^2 u}{\partial x^2} = 0(z = 0) \tag{3-7}$$

$$\frac{\partial^2 u}{\partial y \partial t} + \frac{1}{c}\frac{\partial^2 u}{\partial t^2} - \frac{c}{2}\frac{\partial^2 u}{\partial x^2} = 0 (z = h) \tag{3-8}$$

二维声波方程虽然不能够完全满足真实的物理背景，但是，它能够抓住主要矛盾来研究问题，利用二维声波方程能够近似模拟混凝土的真实背景，同时也可使分析简单，并且能够大大降低计算量，为实际工程应用奠定良好的基础。

3.2 声波正演模拟

3.2.1 正演数值模拟

我们对二维 TM 方程及波动方程的正问题求解采用中心差分离散方法。差分法的基本思想是"以差商代替微商"。$u(x_i, z_j, t_n)$ 简记为 $u_{i,j}^n$。将波动方程式（3-1）中的偏导数 $\frac{\partial^2 u}{\partial t^2}$，$\frac{\partial^2 u}{\partial x^2}$，$\frac{\partial^2 u}{\partial z^2}$ 都用中心差商来逼近，这样得到差分格式

$$\frac{u_{i,j}^{n+1} - 2u_{i,j}^n + u_{i,j}^{n-1}}{\tau^2} - c_{i,j}^2 \frac{u_{i,j+1}^n - 2u_{i,j}^n + u_{i,j-1}^n}{h^2} - c_{i,j}^2 \frac{u_{i+1,j}^n - 2u_{i,j}^n + u_{i-1,j}^n}{h^2} = 0 \tag{3-9}$$

令 $\lambda = \frac{\tau}{h}$ 得

$$u_j^{n+1} - \lambda^2 c_j^2 u_{j+1}^n + (2\lambda^2 c_j^2 - 2)u_j^n - \lambda^2 c_j^2 u_{j-1}^n + u_j^{n-1} = 0 \tag{3-10}$$
$$j = 1, \cdots, J - 1 \quad n = 2, \cdots, N$$

式（3-2）离散为

$$c(0)\frac{u_1^n - u_0^n}{h} = f(t_n), \quad u_j^n = 0, \quad n = 2, \cdots, N \tag{3-11}$$

式（3-3）离散为

$$u_j^0 = 0, \quad \frac{u_j^1 - u_j^0}{\lambda} = 0, \quad j = 0, \cdots, J \tag{3-12}$$

可以看出，式（3-9）逼近式（3-1）的截断误差为 $O(\tau^2 + h^2)$。式（3-11）、式（3-12）的截断误差为 $O(\tau)$。

考虑到上述截断误差的不匹配，为提高式（3-2）及式（3-3）的离散精度，可以用两个虚拟的函数值 $u(x_{-1}, t_n)$，$u(x_j, t_{-1})$ 来处理，注意到

$$\frac{\partial u}{\partial x}(0, t_n) = \frac{u(x_1, t_n) - u(x_{-1}, t_n)}{2h} + O(h^2)$$

$$\frac{\partial u}{\partial x}(x_j, 0) = \frac{u(x_j, t_1) - u(x_j, t_{-1})}{2\tau} + O(\tau^2)$$

这样得到式（3-2）的另一个逼近

$$u_1^n - u_{-1}^n = \frac{2hf(t_n)}{c(0)} \tag{3-13}$$

及式（3-3）的另一个逼近

$$u_j^1 - u_j^{-1} = 0 \tag{3-14}$$

式（3-13）、式（3-14）中出现的 u_{-1}^n，u_j^{-1} 必须设法消去。首先来消去式（3-13）中的 u_{-1}^n，为此可以在式（3-9）中令 $j = 0$，此时有

$$u_0^{n+1} - 2u_0^n + u_0^{n-1} - \lambda^2 c_0^2(u_1^n - 2u_0^n + u_{-1}^n) = 0$$

其中，$\lambda = \dfrac{\tau}{h}$ 为网格比，此式与式（3-13）联立，消去 u_{-1}^n 得到

$$u_0^{n+1} = (2 - 2\lambda^2 c_0^2)u_0^n - u_0^{n-1} + 2\lambda^2 c_0^2 u_1^n - 2hc_0\lambda^2 f(t_n) \tag{3-15}$$

再次来消去式（3-14）中的 u_j^{-1}，为此可以在式（3-9）中令 $n = 0$，此时有

$$u_j^1 - 2u_j^0 + u_j^{-1} - \lambda^2 c_j^2(u_{j+1}^0 - 2u_j^0 + u_{j-1}^0) = 0$$

此式与式（3-13）联立，消去 u_j^{-1} 得到

$$u_j^1 = u_j^0 = 0 \tag{3-16}$$

利用式（3-10）、式（3-15）、式（3-16）就可以求波动方程初值问题式（3-1）、式（3-2）、式（3-3）。

考虑到计算量的问题，我们选用式（3-10）、式（3-11）、式（3-16）计算正问题。

在式（3-10）中当 $n = N$ 时，我们可以设 $u_j^{N+1} = 0$，这样得到如下结果：

设

$$U_i = \begin{pmatrix} u_i^2 \\ u_i^3 \\ \vdots \\ u_i^N \end{pmatrix} \qquad T' = \frac{c_0^2 \lambda^2}{c_1} \begin{pmatrix} f(t_2) \\ f(t_3) \\ \vdots \\ f(t_N) \end{pmatrix}$$

则

$$X = \begin{pmatrix} U_1 \\ U_2 \\ \vdots \\ U_{J-1} \end{pmatrix} \qquad T = \begin{pmatrix} T' \\ 0 \\ \vdots \\ 0 \end{pmatrix}$$

及

$$A = \begin{pmatrix} A_1 & B_1 & & & & \\ B_2 & A_2 & B_2 & & & \\ & B_3 & A_3 & B_3 & & \\ & & \ddots & \ddots & \ddots & \\ & & & \ddots & \ddots & B_{J-2} \\ & & & & B_{J-1} & A_{J-1} \end{pmatrix}_{(J-1)\times(J-1)}$$

$$A_i = \begin{pmatrix} c_i^2\lambda^2 - 1 & 1 & & & & \\ 1 & c_i^2\lambda^2 - 1 & 1 & & & \\ & 1 & c_i^2\lambda^2 - 1 & \ddots & & \\ & & \ddots & \ddots & \ddots & \\ & & & \ddots & \ddots & 1 \\ & & & & 1 & c_i^2\lambda^2 - 1 \end{pmatrix}_{(N-1)\times(N-1)}$$

$$B_i = \begin{pmatrix} -c_i^2\lambda^2 & & & \\ & -c_i^2\lambda^2 & & \\ & & \ddots & \\ & & & -c_i^2\lambda^2 \end{pmatrix}_{(N-1)\times(N-1)}$$

若令

$$D = \begin{pmatrix} 0 & 1 & & & \\ 1 & 0 & 1 & & \\ & 1 & 0 & \ddots & \\ & & \ddots & \ddots & 1 \\ & & & 1 & 0 \end{pmatrix}_{(N-1) \times (N-1)}$$

则

$$A_i = (c_i^2 \lambda^2 - 1)E + D, \quad B_i = -c_i^2 \lambda^2 E$$

其中，E 为 $N-1$ 阶单位矩阵。

可得方程

$$AX = T \tag{3-17}$$

所以，求式（3-9）、式（3-10）、式（3-11）的离散后就转化为求解式（3-17），可用 MATLAB 编程求解。

3.2.2　声波正演模拟数值算例

以下的数值模拟中，声波在空洞中的传播速度为 $v = 340\text{m/s}$，声波在混凝土中的传播速度为 $v = 3400\text{m/s}$，声波在钢筋中的传播速度为 $v = 5000\text{m/s}$。模型区域 $\Omega = 2.5\text{m} \times 0.65\text{m}$，空间步长 $\Delta x = \Delta y = \Delta l = 0.25\text{cm}$，时间 $t = 12\text{ms}$，时间步长 $\Delta t = \dfrac{\Delta l}{c\sqrt{2}} = 0.0059\text{ms}$，采用雷克子波作为激励源，其中心频率 $f = 30\text{kHz}$。模型纵向剖分 260 个节点，横向剖分 1000 个节点。声波反射剖面。时间采样 2036 个，道数 49 道。

算例 3-1　混凝土中含有圆形钢筋模型。混凝土结构示意图见图 3-1（a），蓝色椭圆形介质为钢筋，棕色部分为混凝土，上层绿色部分为自由空间；声波反射剖面图见图 3-1（b）。

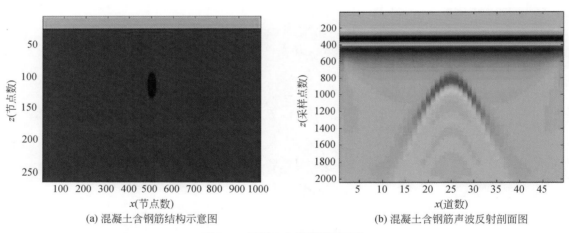

（a）混凝土含钢筋结构示意图　　　　　（b）混凝土含钢筋声波反射剖面图

图 3-1　混凝土含钢筋模型正演

算例 3-2　混凝土中含有圆形钢筋、空洞模型。混凝土结构示意图见图 3-2（a），蓝色椭圆形介质为钢筋，棕色部分为混凝土，绿色椭圆形介质为空洞，上层绿色部分为自由空间；声波反射剖面图见图 3-2（b）。

算例 3-3　混凝土中含有纵向裂缝模型。混凝土结构示意图见图 3-3（a），蓝色纵向矩形介质为裂缝，棕色部分为混凝土，上层蓝色部分为自由空间；声波反射剖面图见图 3-3（b）。

算例 3-4　混凝土中含有小椭圆形空洞及钢筋模型。混凝土结构示意图见图 3-4（a），蓝色椭圆形介质为钢筋，棕色部分为混凝土，绿色椭圆形介质为空洞，上层绿色部分为自由空间；声波反射剖面图见图 3-4（b）。

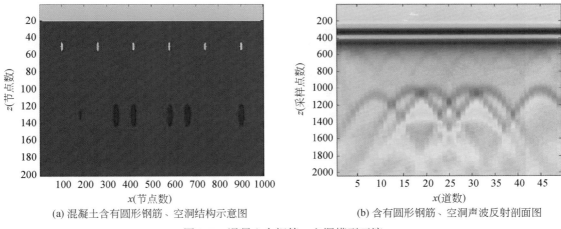

(a) 混凝土含有圆形钢筋、空洞结构示意图　　　　(b) 含有圆形钢筋、空洞声波反射剖面图

图 3-2　混凝土含钢筋、空洞模型正演

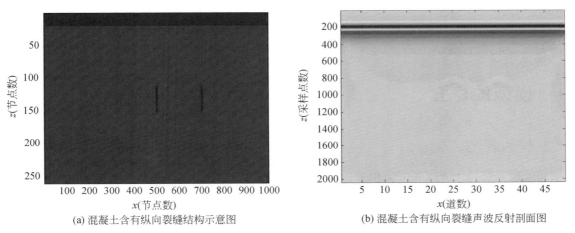

(a) 混凝土含有纵向裂缝结构示意图　　　　(b) 混凝土含有纵向裂缝声波反射剖面图

图 3-3　混凝土含纵向裂缝正演

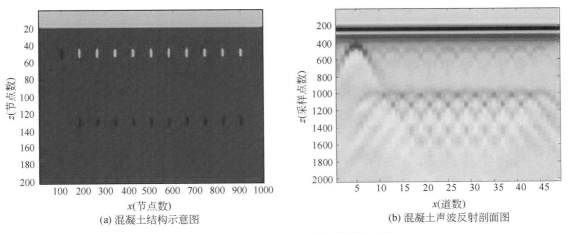

(a) 混凝土结构示意图　　　　(b) 混凝土声波反射剖面图

图 3-4　混凝土含圆形空洞及钢筋模型正演

算例 3-5　混凝土中含有纵向钢筋模型。混凝土结构示意图见图 3-5（a），蓝色纵向介质为钢筋，棕色部分为混凝土，上层绿色部分为自由空间；声波反射剖面图见图 3-5（b）。

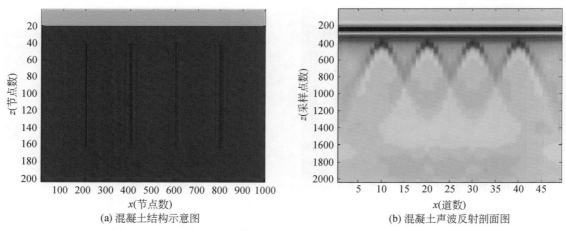

(a) 混凝土结构示意图　　　　　　　　(b) 混凝土声波反射剖面图

图 3-5　混凝土含纵向钢筋模型正演

3.3　二维混凝土检测反演研究

3.3.1　模型的建立

1. 方程的提出

反演问题通常是与正演问题密切相关的，在此基于前面建立的正演模型，来建立混凝土检测的反演模型。无论电磁波模型还是声波模型都可以近似地描述成

$$\frac{\partial^2 u}{\partial x^2} + \frac{\partial^2 u}{\partial z^2} - \frac{1}{v^2(x, z)}\frac{\partial^2 u}{\partial t^2} = s(x, z; t) \tag{3-18}$$

其中，有界弹性介质 $\Omega = [0, L] \times [0, H]$，$x$，$z$ 分别是水平方向和垂直方向，$z = 0$ 为地表。$u(x, z, t)$ 为质点的位移函数。$s(x, z, t)$ 为震源函数，并且 $s(x, z, t) = 0$，$t < 0$。$v(x, z)$ 为介质在 (x, z) 处的速度。

若对波动方程式（3-18）考虑平行波入射时，方程变为

$$\frac{\partial^2 u}{\partial x^2} + \frac{\partial^2 u}{\partial z^2} - \frac{1}{v^2(x, z)}\frac{\partial^2 u}{\partial t^2} = \delta(x, z)s(t)，\quad t > 0 \tag{3-19}$$

其中，$\delta(x, z)$ 为 δ 函数，即在震源位置为 1，其余位置为 0。

2. 边界条件，初始条件及附加条件

使用边界条件

$$u\big|_{x=0} = u\big|_{x=L} = 0 \tag{3-20}$$

$$u\big|_{z=0} = u\big|_{z=H} = 0 \tag{3-21}$$

初始条件

$$u\big|_{t=0} = 0, \quad \frac{\partial u}{\partial t}\bigg|_{t=0} = 0 \tag{3-22}$$

不同的是，对于反演来说，需要引入附加条件。在此，使用地表观测值作为附加条件。附加条件为

$$u(x, 0, t) = f(x, t) \tag{3-23}$$

这样，式（3-19）~式（3-23）就构成确定速度 v 的声波方程反演问题。

3.3.2　H1（全变分）正则化方法

反演问题一般可以转化成求解如下泛函

$$\min_{V \in \Sigma} \| A(V) - F \|^2 \tag{3-24}$$

的极小问题。其中，V 是反演的波速，F 是接收数据，A 为非线性算子。

反问题都是不适定问题。为了数值求解的稳定性，不直接通过式（3-24）达到极小来求解 V，而是利用正则化方法在泛函式（3-24）中引入光滑泛函，用如下泛函

$$\| A(V) - F \|^2 + \alpha \int_{\Omega} | \nabla V | \, \mathrm{d}x\mathrm{d}z \tag{3-25}$$

其中，V 不要求连续，只要它是有界变差函数即可。于是，式（3-25）可作为本问题的稳定泛函。但是又注意到 ∇V 在 $V = 0$ 处不可微。为了避免不可微性带来的困难，我们采用

$$\| A(V) - F \|^2 + \alpha \int_{\Omega} \sqrt{ | \nabla V |^2 + \beta } \, \mathrm{d}x\mathrm{d}z \tag{3-26}$$

代替式（3-25）。其中，α，β 为正则系数。已知 V 满足 Euler 方程

$$A'(V^k)^* (A(V) - F) - \alpha \nabla \cdot \left(\frac{\nabla V}{\sqrt{ | \nabla V |^2 + \beta }} \right) = 0 \tag{3-27}$$

为此我们考虑用逐步线性化的方法求解式（3-27）。

设 V^* 的第 k 个近似值 V^k 已求出，为求出下一个近似 V^{k+1}，用线性函数 $L_k(V) = A'(V^k)(V - V^k) + A(V^k)$ 代替 $A(V)$，用目标函数

$$J_r(V) = \| L_k(V) - F \|^2 + \alpha \int_{\Omega} \sqrt{ | \nabla V |^2 + \beta } \, \mathrm{d}x\mathrm{d}z \text{ 代替 } J(V)。$$

极小问题 $\min\limits_{V \in \Sigma} J_r(V)$ 的相应 Euler 方程为

$$A'(V^k)^* [A'(V^k)(V - V^k) + A(V^k) - F] - \alpha \nabla \cdot \left(\frac{\nabla V}{\sqrt{ | \nabla V^k |^2 + \beta }} \right) = 0 \tag{3-28}$$

从中解出 V，令其为 V^{k+1}，则 $V^{k+1} = V^k - [A'(V^k)^T A'(V^k) + \alpha L(V^k)]^{-1} \{ A'(V^k)^T [A(V^k) - F] + \alpha L(V^k) V^k \}$，$k = 0, 1, 2, \cdots$ 若非线性算子 $A(V)$ 是由离散过程形成的，则式（3-28）可以写成

$$V^{k+1} = V^k + \sigma V^k [A'(V^k)^T A'(V^k) + \alpha L(V^k)] \sigma V^k$$
$$= - \{ A'(V^k)^T [A(V^k) - F] + \alpha L(V^k) V^k \}, \quad k = 0, 1, 2, \cdots \tag{3-29}$$

其中，$L(V^k) V = - \nabla \cdot \left(\frac{\nabla V}{\sqrt{ | \nabla V^k |^2 + \beta }} \right)$，假设速度 V^k 的分量数目为 n 个，则

$$L(V^k) = \begin{pmatrix} q_0 & -q_0 & & \cdots & & 0 \\ -q_0 & q_0 + q_1 & -q_1 & & & \\ & & & \ddots & & \vdots \\ \vdots & & & & & \\ & & -q_{n-3} & q_{n-3} + q_{n-2} & -q_{n-2} \\ 0 & \cdots & 0 & -q_{n-2} & q_{n-2} + q_{n-1} \end{pmatrix}_{(n-1) \times (n-1)}$$

其中，$q_i = \dfrac{h}{\sqrt{(V_{i+1}^k - V_i^k)^2 + h^2 \beta^2}}$，$i = 0, 1, \cdots, n - 1$，$h$ 为步长。

3.3.3　多重网格方法

多重网格方法的基本思想是用一系列离散化和简单迭代过程来减少近似误差的各个分量。多重网格方法的核心是引入一系列网格 G^k，在细网格上进行高频分量的光滑，而在粗网格上进行低频分量的校正。细网格上的残差通过限制算子转移到粗网格上，而粗网格上残差方程的近似解通过延拓算子插值到细网格上。借助套迭代技术由细网格到粗网格，再由粗网格依次将解返回、组合，最后在细网格上得到原问题的解。

根据初值的选择以及模型的构造，我们自适应地构造二重网格迭代求解问题，分别为 N 型二重网格和 C 型二重网格，现分别给出两种网格类型的迭代步骤：

最常用的是 $\Omega(h_x^{l-1},\ h_z^{l-1})$ 和 $\Omega(h_x^l,\ h_z^l)$。其中，$\Omega(h_x^{l-1},\ h_z^{l-1})$ 为粗网格，$\Omega(h_x^l,\ h_z^l)$ 为细网格，$h_x^{l-1}=2h_x^l$，$h_z^{l-1}=2h_z^l$。在此，选取 $h_x^l=h_z^l$，$h_x^{l-1}=h_z^{l-1}$。

对于 N 型二重网格，初值可以较远离真值，并且初始模型可不同于真实模型。假设初值在粗细两网格上分别离散为 V_0^{l-1} 和 V_0^l。

（1）在粗网格 $\Omega(h_x^{l-1},\ h_z^{l-1})$ 上，对 V_0^{l-1} 使用全变分正则化方法迭代 r_1 次，得到 V_1^{l-1}。

（2）在粗网格 $\Omega(h_x^{l-1},\ h_z^{l-1})$ 上，计算残量，并且将残量延拓到细网格上

$$e^{l-1}=V_1^{l-1}-V_0^{l-1},\quad e^l=I_{h^{l-1}}^{h^l}e^{l-1}$$

（3）在细网格 $\Omega(h_x^l,\ h_z^l)$ 上，计算校正近似：$V_2^l=V_0^l+e^l$，并且使用全变分正则化方法迭代 r_2 次，得到 V_3^l。

（4）在细网格 $\Omega(h_x^l,\ h_z^l)$ 上，计算残量，并且把残量也限制到粗网格 $\Omega(h_x^{l-1},\ h_z^{l-1})$ 上

$$s^l=V_3^l-V_2^l,\quad s^{l-1}=I_{h^l}^{h^{l-1}}s^l$$

（5）在粗网格 $\Omega(h_x^{l-1},\ h_z^{l-1})$ 上，计算校正近似：$V_4^{l-1}=s^{l-1}+V_1^{l-1}$，并且使用全变分正则化方法迭代 r_3 次，得到 V_5^{l-1}。

（6）在粗网格 $\Omega(h_x^{l-1},\ h_z^{l-1})$ 上，计算残量，并且将残量延拓到细网格上

$$ee^{l-1}=V_5^{l-1}-V_4^{l-1},\quad ee^l=I_{h^{l-1}}^{h^l}ee^{l-1}$$

（7）在细网格 $\Omega(h_x^l,\ h_z^l)$ 上，计算校正近似：$V_6^l=V_3^l+ee^l$，并且使用全变分正则化方法迭代 r_4 次，得到 V_7^l。

对于 V 型二重网格，初始模型需较接近于真实模型。假设初值在粗细两网格上分别离散为 V_0^{l-1} 和 V_0^l。

（1）在细网格 $\Omega(h_x^l,\ h_z^l)$ 上，对 V_0^l 使用全变分正则化方法迭代 r_1 次，得到 V_1^l。

（2）在细网格 $\Omega(h_x^l,\ h_z^l)$ 上，计算残量，并且把残量也限制到粗网格 $\Omega(h_x^{l-1},\ h_z^{l-1})$ 上

$$e^l=V_1^l-V_0^l,\quad e^{l-1}=I_{h^l}^{h^{l-1}}e^l$$

（3）在粗网格 $\Omega(h_x^{l-1},\ h_z^{l-1})$ 上，计算校正近似：$V_2^{l-1}=e^{l-1}+V_0^{l-1}$，并且使用全变分正则化方法迭代 r_2 次，得到 V_3^{l-1}。

（4）在粗网格 $\Omega(h_x^{l-1},\ h_z^{l-1})$ 上，计算残量，并且将残量延拓到细网格上

$$s^{l-1}=V_3^{l-1}-V_2^{l-1},\quad s^l=I_{h^{l-1}}^{h^l}s^{l-1}$$

（5）在细网格 $\Omega(h_x^l,\ h_z^l)$ 上，计算校正近似：$V_4^l=V_1^l+s^l$，并且使用全变分正则化方法迭代 r_3 次，得到 V_5^l。

其中，完全权算子 $I_{h^l}^{h^{l-1}}$ 为九点限制

$$I_{h^l}^{h^{l-1}} = \begin{pmatrix} \dfrac{1}{16} & \dfrac{1}{8} & \dfrac{1}{16} \\[2mm] \dfrac{1}{8} & \dfrac{1}{4} & \dfrac{1}{8} \\[2mm] \dfrac{1}{16} & \dfrac{1}{8} & \dfrac{1}{16} \end{pmatrix}$$

双线性插值算子 $I_{h^{l-1}}^{h^l}$ 为九点延拓

$$I_{h^{l-1}}^{h^l} = \begin{pmatrix} \dfrac{1}{4} & \dfrac{1}{2} & \dfrac{1}{4} \\[2mm] \dfrac{1}{2} & 1 & \dfrac{1}{2} \\[2mm] \dfrac{1}{4} & \dfrac{1}{2} & \dfrac{1}{4} \end{pmatrix}$$

3.3.4 声波反演数值模拟算例

在以下数值模拟中，声波在空洞中的传播速度为 $v = 340\mathrm{m/s}$，声波在混凝土中的传播速度为 $v = 3400\mathrm{m/s}$，声波在钢筋中的传播速度为 $v = 5000\mathrm{m/s}$。时间步长 $\Delta t = \dfrac{\Delta l}{c\sqrt{2}} = 0.0059\mathrm{ms}$，采用雷克子波作为激励源。其中，中心频率 $f = 30\mathrm{kHz}$。

算例 3-6 混凝土内含大矩形空洞，黑色区域为矩形空洞，白色部分为混凝土（图 3-6）。

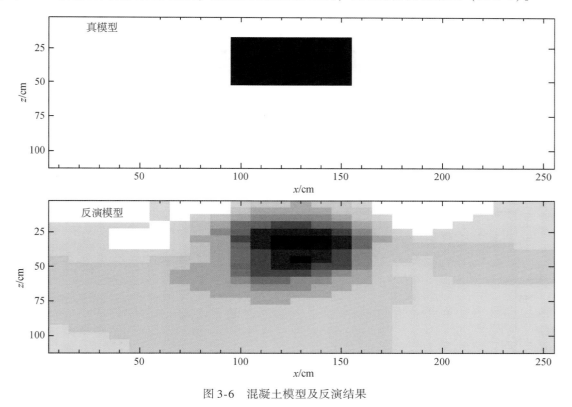

图 3-6 混凝土模型及反演结果

算例 3-7 混凝土内含 5 个小矩形空洞，黑色区域为 5 个矩形空洞，白色部分为混凝土（图 3-7）。

算例 3-8 混凝土内含 4 个小矩形空洞，黑色区域为 4 个矩形空洞，白色部分为混凝土（图 3-8）。

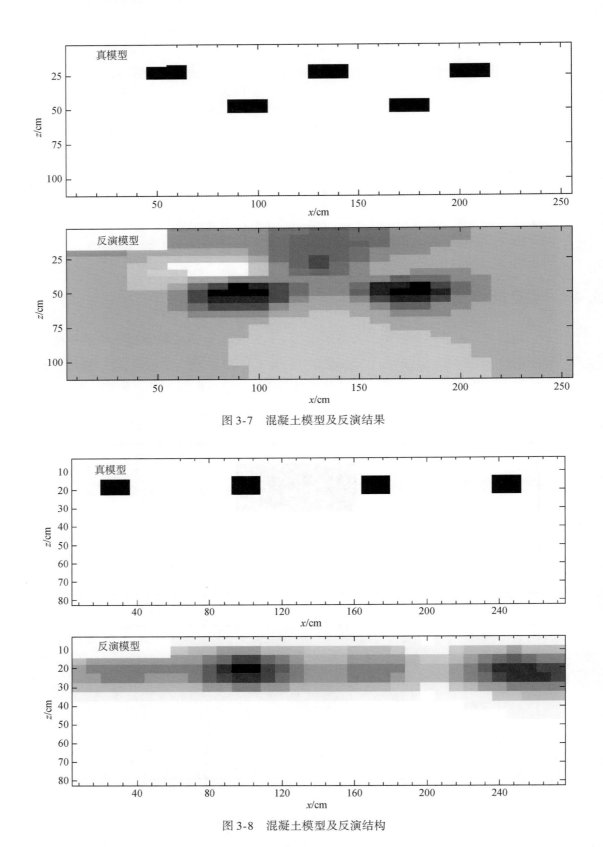

图 3-7　混凝土模型及反演结果

图 3-8　混凝土模型及反演结构

算例 3-9　混凝土内含 1 个矩形空洞，黑色区域为 1 个矩形空洞，白色部分为混凝土（图 3-9）。

算例 3-10　混凝土内含 1 个层状空洞，黑色区域为 1 个层状空洞，白色部分为混凝土（图 3-10）。

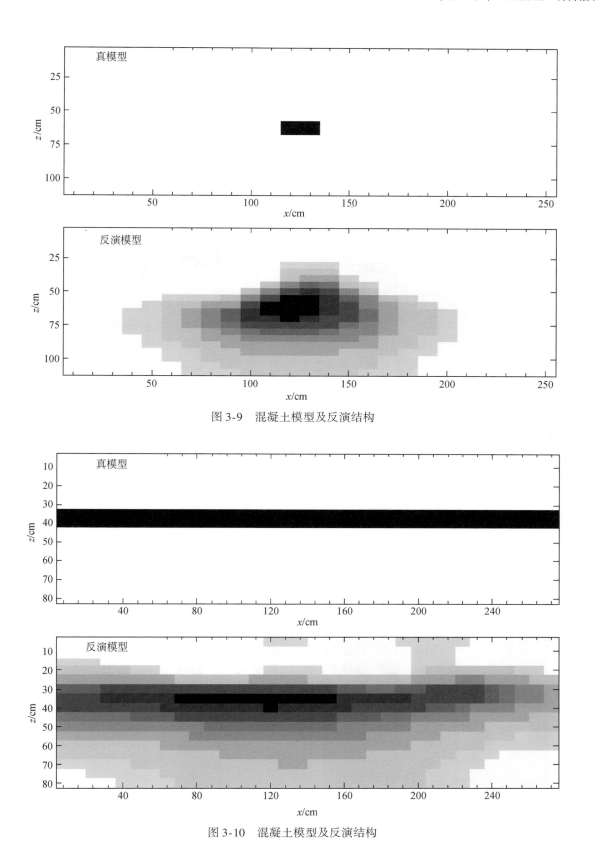

图 3-9 混凝土模型及反演结构

图 3-10 混凝土模型及反演结构

算例 3-11 混凝土内含 3 个矩形钢筋，黑色区域为 3 个矩形钢筋，白色部分为混凝土（图 3-11）。

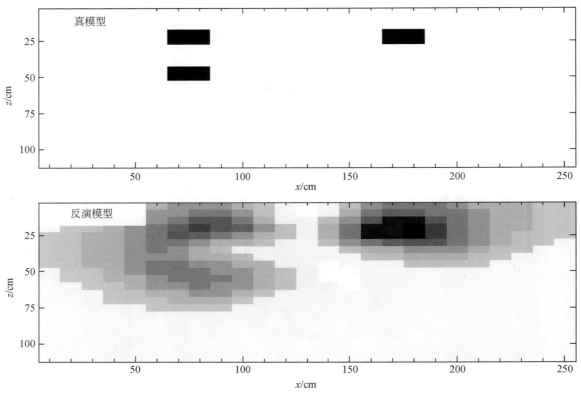

图 3-11　混凝土模型及反演结构

3.4　混凝土中超声波场衰减特性分析

为了解超声波在混凝土中传播时速度与波幅的衰减规律，预制如图 3-12（a）所示的台阶形混凝土模型，尺寸如图 3-12（b）所示，厚度 0.2m。该模型所用石子粒径为 20～30mm，砂细度模数为 2.7，普通硅酸盐水泥，混凝土强度 C20，龄期为 40 天以上。

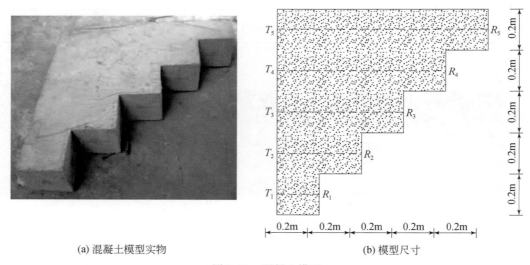

（a）混凝土模型实物　　　　　　　　　　（b）模型尺寸

图 3-12　混凝土模型

沿图 3-12（b）模型左边与右边等距布点，采用对测法进行观测。点距为 0.2m，共 5 个测点，测距自下而上依次为 0.2m、0.4m、0.6m、0.8m 与 1.0m，观测结果如图 3-13 所示。

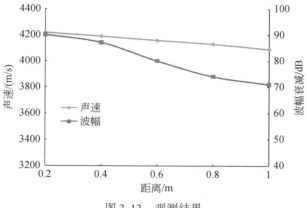

图 3-13 观测结果

由图 3-13 可知，随着测距的增大，声速变化较小，波幅衰减较大。距离 0.2～1.0m，声速基本按线性减小，实测数据从 4219m/s 降为 4098m/s，减小了约 2.9%，每米减小量 151.25m/s；波幅的衰减若也按线性来近似，从 90dB 降为 71dB，衰减约 21.1%，每米衰减 23.75dB。可知，随着超声波传播距离的增加，波幅的衰减要快得多。这充分说明，混凝土是由石子、砂、水泥等多种材料制成的一种复合体，其内部又富含空隙，对超声波的散射与吸收很强，其能量衰减很快。

第4章 垂直声波反射法的信号处理

垂直声波反射法是浅层反射法的一种特例，它以极小偏移距（发射与接收间的距离趋于零）的方式进行工作，故也有人称之为极小偏移反射法。它是目前效率较高、效果较好的混凝土质量检测方法，但实际工作中，其数据处理还存在一些问题。例如，原始信号滤波处理后的记录在相位上产生延迟；不能完全去掉信号中的直流分量；未采用波阻抗分析技术；一些偏移成像软件处理时需送入的参数太多；小波多尺度分析及小波的基函数设置不足，选择使用时，对基函数的试验余地不大；等等。针对这些问题，一是对原有处理功能进行完善、改进；二是开发数字滤波与微积分处理、初至切除、振幅均衡、功率谱分析等预处理软件，以及零相移数字滤波、波阻抗分析、偏移成像、小波变焦成像等处理软件，增添一些新的、有效的信号处理方法，进一步扩展声波反射信号处理手段。

4.1 垂直声波反射法原理

垂直声波反射法具体工作方法如图 4-1 所示。该方法最大的优点是：接收传感器所接收到的反射信号波形成分单一，不含其他转换波。因此，当纵波入射时，记录波形仅有反射纵波而使资料解释简单化。该方法特别适于检测场地狭窄、地形起伏较大的场合。但对发射震源和接收传感器有其特殊要求：震源必须具有高频、大功率、短余震、重复性好的特性，接收传感器应具有高灵敏度、低噪声、宽频带、大动态范围的特性。

其工作原理是由发射探头向混凝土表面发射一声脉冲波，当混凝土中存在质量缺陷（如混凝土架空、蜂窝、离析等）时，会引起波阻抗 ρV 的变化，并产生反射波而返回到混凝土块表面被接受传感器接收（图 4-2）。根据反射信息中的相位、振幅、频率及走时等变化特征来判断缺陷的范围和埋深，埋深计算公式为

$$H = \frac{V_{\mathrm{p}} \cdot t}{2} \tag{4-1}$$

其中，H 为埋深深度，V_{p} 为纵波速度，t 为双程反射时间。

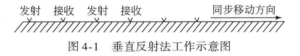

图 4-1 垂直反射法工作示意图

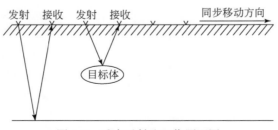

图 4-2 垂直反射法工作原理图

垂直声波反射法资料处理包括两部分：一是数据处理；二是图像（或波形）解释。数据处理主要是

对所记录的原始波形进行处理，包括单点饱和校正、时间滤波、空间滤波等简单处理及瞬时相位分析、小波奇异性分析及波阻抗分析等复杂处理，旨在优化数据资料，突出目标体，最大限度地排除干扰信号，为进一步解释提供清晰可辨的图像。然后根据反射波组的波形与强度特征，通过同相轴的追踪，确定反射波组的介质含义，构筑介质物理解释模型，从而获得被检测区域的最终成果。

4.2 垂直声波反射法的信号预处理

实际工作中，采集系统所获得的信号中往往混杂各种噪声，有时噪声甚至"湮没"有效信号。因此，在对信号进行数字处理之前，必须做必要的预处理，剔除各种随机干扰噪声。

4.2.1 去均值

信号的均值相当于一个直流分量，该分量的傅里叶变换是在角频率 $\omega = 0$ 处的冲激函数。若信号中残存直流信号，则在估计信号功率谱时在 $\omega = 0$ 处会有一个极大谱峰值，从而影响 $\omega = 0$ 附近处的频谱曲线。信号的均值可由下式估计求出

$$\hat{u}_x = \frac{1}{N} \sum_{n=0}^{N-1} X_N(n) \tag{4-2}$$

其中，$X_N(n)$ 是 $X(n)$ 的第 N 点记录，$\hat{u}_x$ 是对 $X(n)$ 的真正均值 u_x 的估计。

4.2.2 波形平滑

野外检测过程中有时周围环境十分恶劣，随机干扰造成信号极大的异常幅值，因此，需对该记录波形进行平滑处理。平滑处理公式分为等权和不等权两种，等权处理对于幅值起伏大的曲线平滑能力较强，但平滑后幅度变化较大；不等权处理对于趋势曲线与原始记录逼近较好，但它不能较好地去掉高频干扰成分，我们采用了以下三种方法：

三点平滑法

$$\bar{x}_i = \frac{x_{i-1} + x_i + x_{i+1}}{3} \tag{4-3}$$

五点平滑法

$$\bar{x}_i = \frac{x_{i-2} + x_{i-1} + x_i + x_{i+1} + x_{i+2}}{5} \times 0.25 + 0.75 x_i \tag{4-4}$$

七点平滑法

$$\bar{x}_i = \frac{x_{i-3} + x_{i-2} + x_{i-1} + x_i + x_{i+1} + x_{i+2} + x_{i+3}}{7} \times 0.2 + 0.8 x_i \tag{4-5}$$

其中，x_{i-3}，x_{i-2}，x_{i-1}，x_i，x_{i+1}，x_{i+2}，x_{i+3} 依次分别为平滑前记录上第 i 个点及其前 3 点和后 3 点的记录值，$\bar{x}_i$ 为平滑后第 i 点的值。

4.2.3 能量均衡

在原始记录中，由于接收的地层浅部和地层深部反射波信号的能量差异较大，或道与道之间接收条件的差异，往往会造成道内或道间的能量不均衡。这种不均衡会影响处理和解释效果。因此，必须进行合理的能量均衡处理，这些处理包括道内均衡和道间均衡。

道内均衡的作用是把各道中能量强的波作相应的压缩，把能量弱的波相对增强，使强波和弱波的振幅控制在一定的动态范围内，方法是将一道记录的振幅在不同的时间段内乘上不同的权系数，公式为

$$F_j = \frac{f_j}{\omega_j} \cdot c \quad (j = 0, 1, 2, \cdots, N) \tag{4-6}$$

其中，F_j 为能量均衡后的振幅值，f_j 为能量均衡前的振幅值，$1/\omega_j$ 为权系数，c 为道内平滑系数。

道间均衡与道内均衡相似，所不同的是把道内的加权均衡改为道与道之间的加权均衡，使各道的能量都被限定在一定的范围之内，即

$$F_{ij}(t) = \frac{1}{\omega_i(t)} \cdot f_{ij}(t) \tag{4-7}$$

其中，$F_{ij}(t)$ 为道间均衡后一道记录的振幅值，$f_{ij}(t)$ 为处理前一道记录的振幅值，$1/\omega_i(t)$ 为道间权系数。

4.2.4　功率谱分析

功率谱分析是在频域中研究随机信号的统计特征，目的是分析随机信号的功率密度随频率的变化规律，从而揭示信号的功率分布，确定信号所占频带的分布特征。

功率谱分析亦即谱估计，其估计的方法很多，经典谱估计方法有自相关法和周期图法，现代谱估计方法有自回归法、最大熵法和最大似然法。经典谱估计是以傅里叶变换为基础的方法，虽然具有计算效率高的优点，但它将取样数据段以外的值都作为零值看待，而实际上取样数据段外都具有确切的值，因而不可避免地带来估计偏差。最大熵谱估计法是按照使熵最大的原则，根据已知的 $N+1$ 个自相关值 $\Phi_{xx}(0)$，$\Phi_{xx}(1)$，$\cdots$，$\Phi_{xx}(N)$，外推 $-N \leqslant m \leqslant N$ 范围以外的未知自相关值，并在保持与已知自相关值一致的约束条件下，由外推后得到的自相关序列来计算功率谱。其算法如下：

对于一个随机信号，每个取样序列的熵正比于下式

$$h = \int_{-1/2}^{1/2} \ln s(f) \, \mathrm{d}f \tag{4-8}$$

其中，$s(f)$ 为功率谱，该式建立熵和功率谱之间的关系。

求取最大熵谱估计的方法，就是指在约束条件下，求得使式（4-8）取最大值的 $s(f)$，得到的 $s(f)$ 便是谱估计的结果。其约束条件为：$s(f)$ 对应的自相关序列的前 $N+1$ 个取样值等于已知的 $N+1$ 个自相关取样值，即

$$\int_{-1/2}^{1/2} s(f) \mathrm{e}^{\mathrm{j}2\pi fm} \mathrm{d}f = R(m), \quad m = 0, 1, 2, \cdots, N \tag{4-9}$$

利用拉格朗日乘数法解此约束最优化问题（即所谓的条件极值），得到最大熵谱估计功率谱

$$S_{\mathrm{MESE}}(f) = \frac{1}{\displaystyle\sum_{m=-N}^{N} \lambda(m) \mathrm{e}^{-\mathrm{j}2\pi fm}} \tag{4-10}$$

其中，$\lambda(m)$ 是拉格朗日系数，它是根据式（4-8）在约束条件式（4-9）下求出的。

4.3　零相移数字滤波

提高信噪比、压制干扰是垂直声波反射法的主要任务。无论是野外采集还是资料处理解释，都要考虑这一问题。数字滤波方法是利用信号与噪声之间频率和视速度方面的差异来压制干扰波，突出有效波。我们采用零相移滤波器实现对垂直声波反射法的信号进行滤波处理。

零相移滤波器在数字信号处理中极为重要，滤波器的频率响应可以看成由幅度响应和相位响应两部分组成的。在通常的滤波器设计，主要考虑幅度响应从而忽略相位响应，因而滤波器的幅频特性是滤波器设计的主要指标。依据以上原则分别设计巴特沃斯滤波器和切比雪夫滤波器，均完成对信号进行低通、

高通、带通滤波处理，并取得良好的效果。为了进一步完善数字滤波的功能，针对某些特殊场合，希望滤波器的相位响应能够严格为 0。因此，如何兼顾相位特性和幅度特性，实现一个零相移滤波器便成为研究的目的。

4.3.1 零相移滤波器的原理

1. 滤波器的频响特性

若滤波器的传递函数为 $H(Z)$，令 $Z = e^{jw}$，并代入传递函数，得到频率响应。其中，幅度响应为 $|H(e^{jw})|$，相位响应为 $\arg[H(e^{jw})]$。零相移滤波器是指一个信号序列经过该滤波器后其相位响应为 0，显然，对于因果系统来说是不可能实现零相移的，零相移只能是对非因果系统而言，即零相移滤波器使用当前信号点前面的信号和后面的信号共同所包含的信息，本质上是使用"未来的信息"来消除相位失真。

2. 时间翻转

先讨论在时域中将某数字序列进行翻转操作的特点。如果一个有限长数字序列 $x(n)$，其排列为 $x(1)$，$x(2)$，$\cdots$，$x(N)$，N 为序列长度，翻转后的序列 $y(n)$，其排列为 $y(N)$，$y(N-1)$，$\cdots$，$y(1)$。将信号延拓至整个时间轴，便得到新信号 $x'(n)$。

$$x'(n) = \begin{cases} x(n \bmod N), & n \neq 0 \\ 0, & n = 0 \end{cases} \tag{4-11}$$

用同样方法，也可得到 $y'(n)$，根据双边变换的定义可知

$$Y(Z) = \sum_{n=-\infty}^{\infty} x'(n) Z^{-n} = \sum_{n=-\infty}^{\infty} x'(-n) Z^{-n} = \sum_{n=-\infty}^{\infty} x'(n) (Z^{-1})^{-n} = X(1/Z) \tag{4-12}$$

因此，时域翻转使信号的变换由 $X(z)$ 变为 $X(1/z)$。

4.3.2 零相移滤波器的实现

1. 零相移滤波器的设计

采用图 4-3 所示系统图可设计一个零相移数字滤波器。根据时域翻转的结论有

$$Y(Z) = X(Z) \cdot H(1/Z) \cdot H(Z)$$

当 $|Z| = 1$，即 $Z = e^{jw}$ 代入得到

$$Y(e^{jw}) = X(e^{jw}) \cdot H(e^{-jw}) \cdot H(e^{jw}),$$

由于 $H(Z)$ 为实系数等式，因此：

$$H(e^{-jw}) = H^*(e^{jw}) H(e^{-jw}),$$

其中，$H^*(e^{jw})$ 是 $H(e^{jw})$ 的复共轭，故有

$$Y(e^{jw}) = X(e^{jw}) |H(e^{jw})|^2 。$$

经以上处理，序列 $x(n)$ 只是在幅度上被幅度响应函数所修改，而相位无变化，若按以上框图中整个过程作为一个滤波器，则实现了零相移滤波器。其系统函数为

$$H_1(e^{jw}) = |H(e^{jw})|^2 \tag{4-13}$$

2. 滤波后信号首尾失真的消除

从以上推导可知，信号被延拓至整个时间轴。在实际处理时，只用有限长的序列进行处理，因而在

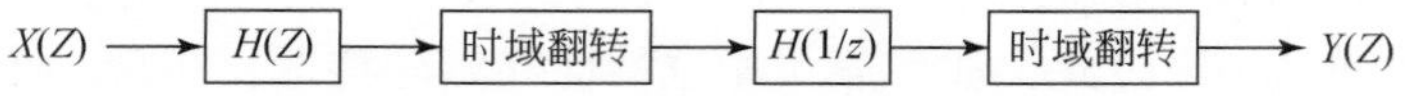

$$X(Z) \longrightarrow \boxed{H(Z)} \longrightarrow \boxed{时域翻转} \longrightarrow \boxed{H(1/z)} \longrightarrow \boxed{时域翻转} \longrightarrow Y(Z)$$

图 4-3　零相位滤波器系统图

信号被截断的地方，即有限长数字序列的首尾，经滤波后两端叠加一个振荡波，在信号的首尾端为最大值，而后振荡逐渐减少为 0。引起该现象的原因主要是多次滤波和时间翻转造成信号失真并在起始处和结束处积累。为此，我们用两种方法消除该影响：一是求解滤波器的初始状态；二是在序列的开始和结束端用插值方式进行拓展，并使原序列和拓展后的序列在开始和结束端点的斜率相匹配。

3. 滤波器的状态空间模型及初始条件求解

对任一滤波器，可用状态空间模型表示为

$$y(n) = Cx(n) + Du(n), \quad x(n+1) = Ax(n) + Bu(n) \tag{4-14}$$

其中，$u(n)$ 为输入向量，$y(n)$ 为输出向量，$x(n)$ 为滤波器的状态向量。为不失一般性，设一个 IIR 数字滤波器可用以下差分方程描述。

$$y(n) = \sum_{k=0}^{M} b_k x(n-k) + \sum_{k=1}^{N} a_k y(n-k) \tag{4-15}$$

设 $M = N$，N 为滤波器阶数，此时若考虑滤波器的残留状态，在离散时刻 m 有

$$\begin{cases} y(m) = b(0)x(m) + Z_0(m-1) \\ z_0(m) = b(1)x(m) + Z_1(m-1) - a(1)y(m) \\ \vdots \\ z_{N-2}(m) = b(N-1)x(m) + Z_N(m-1) - a(N-1)y(m) \\ z_{N-1}(m) = b(N)x(m) - a(N)y(m) \end{cases} \tag{4-16}$$

用 Z_i 表示滤波器的初始条件（即残留状态），消去 $y(m)$，得到

$$(E - P)Z_i = Q \tag{4-17}$$

其中，E 为单位矩阵，P 为 $N \times N$ 阶方阵，Q 为 N 维列向量

$$P = \begin{bmatrix} a(1) & 1 & 0 & 0 & \cdots & 0 \\ a(2) & 0 & 1 & 0 & \cdots & 0 \\ \vdots & \vdots & \vdots & \vdots & & \vdots \\ a(N-1) & 0 & 0 & 0 & \cdots & 1 \\ a(N) & 0 & 0 & 0 & \cdots & 0 \end{bmatrix}, \quad Q = \begin{bmatrix} b(1) - a(1)b(0) \\ b(2) - a(2)b(0) \\ \vdots \\ b(N-1) - a(N-1)b(0) \\ b(N) - a(N)b(0) \end{bmatrix}$$

由式（4-17）可解出 Z_i，将 Z_i 用于滤波过程可以改善首尾信号的失真。

4. 信号首尾突变的平滑

在信号起始和结束端若存在直流分量，则首尾两端存在一个高频突变。为了消除该影响，信号两端通过插值平滑，利用反射变换来拓展序列的开始和结束部分，使原序列和拓展后序列在结束点的斜率相匹配。由于系统进行两次滤波，取 $L = 3N$ 为拓展长度，若序列 $x(n)$ 的两端各加上 1 个信号值构成一个长度为 $2L + n_0$ 的序列 $\hat{x}(n)$，其中前 1 个和后 1 个点分别为前 1 个点：

$$[2x（1）-x（1+1），2x（1）-x（1），2x（1）-x（1-1），\cdots 2x（1）-x（2）]$$

后 1 个点：

$$[2x（N）-x（N-1），2x（N）-x（N-2），2x（N）-x（N-3），\cdots 2x（N）-x（N-1）]$$

将 $\hat{x}(n)$ 代替 $x(n)$ 作为系统输入，由前述方法，便可以基本消除滤波后信号的畸变波形。此时，输出序列 $\hat{y}(n)$ 也是一个长度为 $2L + n_0$ 的序列，将其中前 1 个点和后 1 个点去掉，截留长为 n_0 的一段序列作

为最终输出 $y(n)$ ，从而消除首尾突变信号。

4.3.3 零相移滤波器的设计结果

零相移滤波器使信号在通过滤波器后，其各频率分量的相位变化严格为零。我们采用单个基本滤波器实现零相移滤波器的非因果系统，同时分析滤波后信号首尾畸变的形成原因，并结合数字滤波器的基本原理，给出消除畸变的基本方法，实现精确意义上的零相移滤波器。如图4-4所示，（a）为信号，（b）中零相移线为经过一个普通的巴特沃思低通滤波器处理后的信号，滤波后信号存在一定的相移，而利用零相移滤波器，滤波后消除相移，信号为（b）中虚线所示。

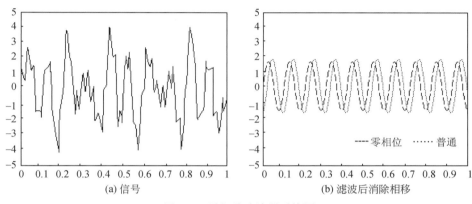

图 4-4　零相移滤波器系统图

4.4　波阻抗分析方法

波阻抗分析具体做法是通过道积分计算，获取剖面的相对波阻抗值，波阻抗分析技术对于识别薄层具有明显的效果。

4.4.1 波阻抗分析原理

声波垂直入射到两种不同介质的分界面上时，其反射系数公式为

$$R = \frac{\rho_2 V_2 - \rho_1 V_1}{\rho_2 V_2 + \rho_1 V_1} \tag{4-18}$$

其中，ρ_1，V_1 分别表示入射一侧的介质密度和速度；ρ_2，V_2 分别表示另一侧的介质密度和速度。

如果已知反射界面的反射系数 R 和界面上侧的波阻抗 $\rho_1 V_1$，则可计算出界面下侧的波阻抗 $\rho_2 V_2$

$$\rho_2 V_2 = \rho_1 V_1 \frac{1+R}{1-R} \tag{4-19}$$

当地面下存在着一系列互相平行的反射界面时，已知第 n 层以上各层界面的反射系数 $R_i(i=1,2,\cdots,n-1)$ 和第一层介质的波阻抗 $\rho_1 V_1$，则可求出任意第 n 层介质的波阻抗 $\rho_n V_n$，即

$$\rho_n V_n = \rho_1 V_1 \prod_{i=1}^{n-1} \frac{1+R_i}{1-R_i} \tag{4-20}$$

实际上，当地下存在着一系列双程旅行时间隔为 Δt 的互相邻近的反射界面时，则依据 $n\Delta t$ 以上各层界面的反射系数 $R(i\Delta t)$（$i=1,2,\cdots,n-1$）和第一层介质的波阻抗 $\rho V(\Delta t)$，便可求出任意 $n\Delta t$ 层的波阻抗 $\rho V(n\Delta t)$，公式为

$$\rho V(n\Delta t) = \rho(V\Delta t) \prod_{i=1}^{n-1} \frac{1 + R(i\Delta t)}{1 - R(i\Delta t)} \qquad (4\text{-}21)$$

式（4-21）便是根据已知的反射系数序列 $R(i\Delta t)$ 求取波阻抗 $\rho V(n\Delta t)$ 的计算公式。

4.4.2　波阻抗分析的技术处理方法

实际工作中，反射系数 $R(i\Delta t)$ 是无法测定的未知量，需对测量记录进行处理后才能获取。首先，需要进行真振幅恢复处理，其目的是为了消除与界面反射系数无关的一些因素对反射波振幅的影响，使恢复处理后的反射波振幅仅与反射界面的反射系数大小有关。其次，需进行叠前反褶积，其主要目的是消除多次波的干扰，采用预测反褶积方法。当地层倾角较大时，为了使反射波空间归位并使绕射波收敛，还必须进行偏移归位处理。最后，需进行叠后反褶积，其目的是压缩地震波脉冲的长度。因此，必须采用较为精细的反褶积方法。通常使用地层反褶积方法，该方法与一般反褶积方法不同之处在于它的反滤波因子考虑到地层的滤波作用和地震子波的综合影响。因此，波阻抗分析技术主要是通过反褶积求取反射系数 $R(i\Delta t)$，具体叙述如下：

设从震源发出的地震子波为 $b(t)$，地层的滤波因子为 $h(t)$，则地震子波经过地层滤波作用后的输出为 $w(t)$

$$w(t) = b(t) * h(t) \qquad (4\text{-}22)$$

设地层的反射系数时间序列为 $R(t)$，则所得到的地震记录 $x(t)$

$$x(t) = w(t) * R(t) \qquad (4\text{-}23)$$

式（4-23）中的 $x(t)$ 代表地层的滤波作用和地震子波的综合效应，从以上两式可以得到

$$x(t) = b(t) * h(t) * R(t) \qquad (4\text{-}24)$$

因此，希望能找到一个反滤波因子 $\alpha(t)$，使它与地震记录 $x(t)$ 进行反褶积后，得到地层的反射系数时间序列 $R(t)$，即

$$R(t) = x(t) * \alpha(t) \qquad (4\text{-}25)$$

根据式（4-23）和式（4-25）可知，反滤波因子 $\alpha(t)$ 的 Z 变换 $\alpha(t)$ 与 $\omega(t)$ 的 Z 变换 $\omega(z)$ 之间有

$$\alpha(Z) = \frac{1}{w(Z)} \qquad (4\text{-}26)$$

因此，对一道地震记录 $x(t)$，用反褶积因子 $\alpha(t)$ 进行褶积运算，便得到该记录点下面地层的反射系数时间序列 $R(t)$。求得 $R(t)$ 后，便可求出相应层的波阻抗。

4.5　偏移与小波成像

4.5.1　偏移归位处理

地震偏移技术是现代地震勘探数据处理的三大主要基础技术之一，无论是过去、现在，还是将来，都是地震勘探的重要内容。其目的是通过记录的地面反射波，用计算机按一定的计算方法对观测数据进行处理，使之最佳地反映地质分层位置及反射系数值的反射界面成像。偏移方法已由空间映射、聚焦成像发展到波场反向到外推法。波场反向推法克服合成聚焦技术只能补偿在传播过程中所形成的传播时差而不能实现振幅校正的缺陷，因此获得广泛的应用。

1. 二维叠前时间偏移

根据叠前偏移的几何原理，把其几何关系与波动方程联系起来，通过波动方程的频散关系等，可得

波动方程为

$$\frac{\partial^2 u}{\partial x'^2} + \frac{\partial^2 u}{\partial z^2} = \frac{1}{v_a^2} \cdot \frac{\partial^2 u}{\partial t_n^2} \tag{4-27}$$

其中，$v_a = \frac{1}{2}v$。

t_n 为到达地面的走时，$t_n v_a = z$

$x' = x/c \left(1 + 4h^2/v^2 t_n^2\right)^{1/2}$

将式（4-27）回代到原坐标系中，则可表示为

$$\left(1 + \frac{4h^2}{v^2 t_n^2}\right) \cdot \frac{\partial^2 u}{\partial x^2} + \frac{\partial^2 u}{\partial z^2} = \frac{4}{v^2} \cdot \frac{\partial^2 u}{\partial t_n^2} \tag{4-28}$$

其中，$\frac{\partial^2 u}{\partial x^2}$ 前的系数是与到达地面的走时有关的，因此在波场外推中，此系数中的 t_n 应表示为到达地面的走时。在向下外推时，t_n 应当随深度的增大而加上一个 $2\Delta z/v$，这正好补偿 Claerbout 浮动坐标系中的时间增值 τ。所以，在浮动坐标中，此系数中的 t_n 保持不变。此时式（4-28）应当表示为

$$\left(1 + \frac{4h^2}{v^2 t_n^2}\right) \cdot \frac{\partial^2 u}{\partial x^2} + \frac{4\partial_n^2}{v^2 \partial \tau^2} + \frac{8}{v^2} \cdot \frac{\partial^2 u}{\partial t_n \partial \tau} = 0 \tag{4-29}$$

可用我们已知的各种叠后偏移的方法求解。

此种叠前时间偏移方法可用于共炮点道集记录的叠前偏移。但要做好吸收边界的处理，在叠加道还可以抽取偏移后的其地面点道集，进行动校正，然后再进行速度分析。用新求出的速度进行叠前偏移，使叠加效果更好。

2. 有限差分法叠前深度偏移

根据爆炸反射面原理，二维波动方程为

$$\frac{\partial^2 u}{\partial x^2} + \frac{\partial^2 u}{\partial z^2} = \frac{4}{v^2} \cdot \frac{\partial^2 u}{\partial t_n^2} \tag{4-30}$$

引入 Claerbout 浮动坐标系

$$\begin{cases} x' = x \\ \tau = \int_0^z \frac{2 \mathrm{d}\xi}{\bar{v}(\xi)} \\ t' = t + \tau \end{cases} \tag{4-31}$$

其中，$\bar{v}(z) = \frac{\max}{x}$，$[v(x, z)]$ 为浮动坐标的参考速度，$\tau = 2z/\bar{v}(z)$，则式（4-30）可变换成用于叠前深度偏移的波动方程

$$\frac{\partial^2 u}{\partial \tau \partial t} + \frac{\bar{v}(x)}{2 \bar{v}(\tau)} \frac{\partial^2 u}{\partial t} + \frac{\bar{v}(x)}{2 \bar{v}(\tau)} \left(1 - \frac{\bar{v}(\tau)}{\bar{v}^2(x)}\right) \cdot \frac{\partial^2 u}{\partial t_n^2} + \frac{\bar{v}(x)v(\tau)}{8} \left(1 + \frac{4h^2}{\bar{v}^2 \, \varpi \, t_n^2}\right) \cdot \frac{\partial^2 u}{\partial x^2} = 0 \tag{4-32a}$$

对式（4-32）做三维 Fourier 变换，$u(x_1 \tau_1 t_n) \to \bar{u}(k_{x_1} k_\tau \varpi)$，有

$$K_\tau = -\varpi \pm \varpi \sqrt{1 - \left\{\frac{\bar{V}^2}{4} k_x^2 + \left[1 - \frac{\bar{v}^2(z)}{\bar{v}^2(x)}\right] \varpi^2\right\} / \varpi^2}$$

在 τx 方向进行分裂再应用分步计算的方法，最后可求出分裂后的方程组为

$$\begin{cases} \frac{\partial u}{\partial z} + \left[1 - \frac{\bar{v}(z)}{\bar{v}(x)}\right] \cdot \frac{\partial u}{\partial t_n} = 0 \quad (3.1-31a) \\ \frac{\partial^2 u}{\partial t \partial \tau} + \frac{\bar{v}(x)}{2v(\tau)} \frac{\partial^2 u}{\partial \tau^2} + \frac{v(\tau) \bar{v}(x)}{8} \left[1 + \frac{4h^2}{v^2(x) t_n^2}\right] \cdot \frac{\partial^2 u}{\partial x^2} = 0 \end{cases} \tag{4-32b}$$

其中，式（4-32a）为衍射方程，式（4-32b）为折射方程。

4.5.2　小波成像

在信号处理领域，传统的数学分析方法傅里叶分析一直享有盛誉。然而傅里叶变换只指示时间和频谱之间的内在联系，反映信号在"整个"时间范围内的"全部"频谱成分，用傅里叶分析方法提取信号频谱时，需利用信号的全部时域信息，但它却没有时间定位能力，即无法确定那个冲激发生的时间位置。为了解决这一问题，人们提出窗口傅里叶变换的思想，即短时傅里叶变换，但它对不同的频率总是使用宽度相同的窗，它不能按照不同的频率自适应调整窗的宽度。小波变换正是为了克服上述两种方法的不足而产生的，它具有可调节的时窗，并同时具有时间域–频率域双重局域化的特点，并且对不同频率成分在时间域上的取样步长是可变的，具有调节性，即随着频率的增高，小波函数的窗口变窄，也就是小波变换具有很强的时间定位能力和很强的频率定位能力。因此，小波常誉为数学显微镜。现对小波界面成像原理进行介绍。

对于地震勘探，弹性波在地下传播满足弹性波方程

$$\nabla^2 u(x, x_s, \omega) + \frac{\omega^2}{v^2} u(x, x_s, \omega) = -\delta(x - x_s) \tag{4-33}$$

其边界条件为

$r \to \infty$时，有界，$r\left(\dfrac{\partial u}{\partial r} - \dfrac{i\omega}{v}\right) \to 0$

其中，x_s为源点；$v(x)$为波的传播速度，它是其反演目标。

对于工程而言，建基岩体为块状岩体，其速度为均匀背景速度$C(x) \equiv C(0)$，对于我们所采用的垂直反射法：$x_s = x_g = 0$，此时，式（4-33）化为

$$u_s(0, 0, \omega) = \omega^2 \int_0^\infty \frac{\alpha_{(x)}}{C^2(x)} \, u_I^2(x, 0, \omega) \mathrm{d}x \tag{4-34}$$

在这种情况下，$u_I(x, o, \omega)$可求出为

$$u_I(x, 0, \omega) = \frac{C_0 \mathrm{e}^{\mathrm{i}\omega |x|/C_0}}{2\mathrm{i}\omega} \tag{4-35}$$

由此利用傅里叶变换可解出$\alpha(x)$

$$\alpha(x) = -\frac{4}{\mu C_0} \int_0^\infty u_s(0, 0, \omega) \mathrm{e}^{2\mathrm{i}\omega/c_0} \mathrm{d}\omega \tag{4-36}$$

对于两层情况

$$v(x) = \begin{cases} C_0, & x < h \\ \dfrac{C_0}{\sqrt{1 + \omega}} = C_1, & x > h \end{cases}$$

由此可解得

$$\alpha(x) = \frac{4R}{\pi} \int_{-\infty}^{+\infty} \frac{\mathrm{e}^{-2\mathrm{i}\omega(h-x)/C_0}}{2\mathrm{i}\omega} \mathrm{d}\omega \tag{4-37}$$

其中，$R = \dfrac{C_1 - C_0}{C_1 + C_0}$，$x = 0$

设$\varphi(x)$为小波函数，它是一条光滑函数$\theta(x)$的导数，即$\varphi(x) = \dfrac{\mathrm{d}\theta}{\mathrm{d}x}$，并定义$\varphi_S(x) = \dfrac{1}{S}\varphi\left(\dfrac{x}{S}\right)$，

$\theta_S(x) = \frac{1}{S}\theta\left(\frac{x}{S}\right)$ ，用 W 表示波算子，在尺度 S 之下，将小波算子 W 作用于 $\alpha(x)$ 之上

$$W_S\alpha(x) = \frac{1}{S}\int_{-\infty}^{+\infty}\alpha(y)\varphi\left(\frac{x-y}{S}\right)\mathrm{d}y = \alpha(x) \cdot \varphi_S(x) \tag{4-38}$$

由 $\varphi(x) = \frac{\mathrm{d}\theta}{\mathrm{d}x}$ 有

$$W_S\alpha(x) = \alpha(x) \cdot \left[S\frac{\mathrm{d}\theta_S(x)}{\mathrm{d}x}\right] = S\frac{\mathrm{d}}{\mathrm{d}x}[\alpha(x) \cdot \varphi_S(x)]$$

$$= -\frac{4SR}{\pi C_0}\int_{-\infty}^{+\infty}\int_{-\infty}^{+\infty}r^{\mathrm{i}2\omega(h-x+y)/c_0}\theta(y)\mathrm{d}y\mathrm{d}\omega \tag{4-39}$$

取 $\theta(x) = \frac{1}{\sqrt{2\pi}}\mathrm{e}^{-\frac{x^2}{2}}$ ，则 $W_S\alpha(x) = -\frac{4SR}{C_0\pi\sqrt{2\pi}}$

$$\int_{-\infty}^{+\infty}\left\{\int_{-\infty}^{+\infty}\frac{1}{S}\mathrm{e}^{-\frac{y^2}{2S^2}}[\cos 2\omega(h-x+y)/C_0]\mathrm{d}y\right\}\mathrm{d}\omega \tag{4-40}$$

故

$$|W_S\alpha(x)| = \frac{4R}{\sqrt{2\pi}}\mathrm{e}^{-(h-x)^2/2S^2} \tag{4-41}$$

可见 $|W_S\alpha(x)|$ 的极大值在 $x = h$ 处，而 $x = h$ 正好是两层介质的分界面。由此可见，通过检测的 $|W_S\alpha(x)|$ 的极大值就能达到反射面成像的目的。

由式（4-16）可知

$$\max|W_S\alpha(x)| = \frac{4R}{\sqrt{2\pi}} = \frac{2}{\sqrt{2\pi}} \cdot \frac{C_1-C_2}{C_1+C_0}$$

于是可以求出

$$C_1 = \frac{[4+\sqrt{2\pi}\max|W_S\alpha(x)|]C_0}{4-\sqrt{2\pi}\max|W_S\alpha(x)|} \tag{4-42}$$

利用式（4-17）可以由第一层速度估算第二层速度。

|第 5 章| 超声相控阵检测技术

超声相控阵技术在军事、海洋、医学、金属探伤等领域已是相对成熟的技术，但在工程检测领域的研究还处于起步阶段，真正的工程检测应用未见报道。主要原因在于岩土体介质复杂、对探测精度要求较高。近阶段，超声相控阵技术有希望扩展的领域是工程混凝土质量检测领域，但还面临诸多挑战，需要在超声相控阵探测设备、数据处理等方面做深入的研究，以适应混凝土介质特点及高精度检测要求。本章在前人研究的基础上，对超声相控阵检测技术的基本原理、硬件系统组成及数据处理等进行简单介绍。

5.1 超声相控阵检测研究现状

国外对超声相控阵的研究开始于 20 世纪 50 年代末。1959 年，Tom Brown 在 Kelvin Hughes 公司注册专利"环形动态聚焦换能器系统"，被认为是第一个超声相控阵系统。之后，超声相控阵技术开始应用于医学领域，但由于固体介质中声波传播的复杂性，和固体介质的材质、几何外形等因素的影响，限制了其在工业领域中的应用。直到 80 年代，第一台超声相控阵检测仪器才被应用到工业无损检测，其体积十分庞大，需要外接电脑以实现数据处理和成像，主要被应用于发电站、核工业的在线检测。

随着集成化数字电路的发展，1994 年，英国的 Hatfield 等提出高集成度的超声相控阵系统，该系统减小探头与显示部分之间的连线数量，并将阵元与驱动元件间的距离大大减小，实现手持式操作（Hatfield et al.，1994）。

1997 年，法国原子能安全委员会（CEA）的 Mahaut 等开发了 FAUST 系统（自适应聚焦超声层析成像系统）（Mahaut et al.，1997；Roy et al.，1998），该系统将所有阵元接收的数据存储下来，通过执行不同的数据重建程序，以获得更好的成像效果，因而系统在各种控制配置和缺陷特征的超声检测方面有较强的适应性。2000 年，法国的 Chatillon 等研制了一种柔性接触式探头，可用于对表面非平滑的物体进行检测，并应用 CEA 开发的 Champs-Sons 计算模型对其聚集法则进行计算，以确保能更好地控制发射聚集声束的特性。

韩国的 Hwang 等对原有的医学超声相控阵成像系统进行改造，于 1999 年研制了一套用于工业无损检测的超声相控阵系统（PAULI 系统）。该系统可驱动 64 个通道，实现动态聚焦接收，并利用数字扫描转换器来对扇扫图像进行校正，有利于缺陷定位（Hwang et al.，2000）。Song 等将 PAuLI 系统用于核电站涡轮机叶根试块的检测，能实时成像，在缺陷检测方面可靠性较高，但无法从图像中区分缺陷类别（Song et al.，2002）。

加拿大 R/D Tech 的 Moles 等使用超声相控阵检测系统 PipeWIZARD 对管道环焊缝进行检测（Moles，2002；Moles et al.，2002），将线性扫描和扇形扫描相结合，实现了快速、全面、高质量的检测目标。

GE 检测技术公司与德国铁路（DB）、联邦材料测试与开发研究所（BAM）联合开发了一个超声相控阵系统，用于检测高速列车的火车轮轴最关键部位的横向裂纹（Hansen et al.，2005）；美国的 Howard 等用 GE 开发的 LOGIQ 9NDT 系统对航空用钛铸件进行检测，将检测效率提高了 10 倍，并且整体性能改善了 2～6 倍（Howard et al.，2007）；美国的 GE 将超声相控阵检测系统于 2005 年引入油气管道的在线检测（Hrncir，2010），到 2010 年已检测超过 4700km 的管线，该系统主要有两种工作模式：一种是裂纹检测，另一种是裂纹检测和壁厚测量的双工作模式。

在复合材料检测方面，英国的 Nageswaran 对碳纤维增强型塑料（CFRP）材料利用相控阵超声波进行检测，模拟了加工过程中和使用一段时间后产生的分层缺陷，经过实验发现超声相控阵技术在检测复合材料时可大大提高检测效率，但对比较薄的 CFRP 复合材料板（1～15mm）检测分层等平行于表面的缺陷时，声束偏转特性不再适用，同时聚焦特性的优越性也不再明显（Nageswaran et al.，2006）。

除了以上对超声相控阵系统的研究和应用，一些商业化超声相控阵探伤仪已得到广泛应用，如 Olympus 的 OmniScan 系列和 TomoScan 系列、英国 SONATEST 公司的 veo 相控阵超声波探伤仪、法国 M2M 公司生产的 Multi2000 系列等。小型化、灵活性强、容易操作、适用性强、可实时成像、多聚焦法则是这些仪器的共同特点。

国内对于超声相控阵的研究起步较晚，工业应用还不够成熟。

清华大学的鲍晓宇等利用 DDS 技术实现高精度相控发射，理论相位分辨率可达 1.14°（鲍晓宇等，2004）；香勇等研究了混频相控阵的聚焦特性，发现混频相控阵能改善阵列中心和边缘聚焦声场的一致性（香勇等，2006）；霍健等设计一种二维随机型稀疏阵列，并进行优化（霍健等，2006）；施克仁、阚开良、郭大勇研制一种一维柔性相控阵探头，实现曲面工件的接触法检测（Shi Keren et al.，2004）。

天津大学的陈世利设计了一套管道环焊缝超声相控阵检测系统，有较好的缺陷检测和定位能力（陈世利等，2006）；蔡荣东、刘婧等对该系统进行了改进，实现了更高的集成度（蔡荣东等，2009；刘婧等，2010）；詹湘琳研究了管道环焊缝的超声相控阵检测方法，优化了相控阵探头，并实现了缺陷的自动识别（詹湘琳，2006）；孙芳重点研究了超声相控阵的声场特性以及缺陷成像、缺陷定性及定量分析等问题（孙芳，2012）。上海交通大学的黄晶将超声相控阵技术应用到海洋平台结构焊缝缺陷检测中，优化了阵列参数，确定了 T 型管节点的检测方法，并给出了动态聚焦算法（黄晶，2005）。

中北大学的杨斌设计了 16 通道的超声相控阵高精度触发系统，该系统的延时分辨率为 10ns（杨斌，2007）；赵霞等针对相控发射和接受过程中存在的相位偏差，给出了偏差信号的模型，并通过仿真证明相位偏差会降低信噪比，影响系统性能（赵霞和王召巴，2006）；李媛对不等厚金属非金属复合构件的超声相控阵检测技术进行了研究，通过和普通聚焦探头的对比实验，证明超声相控阵技术对非等厚复合构件的检测分辨率更高（李媛，2008）。

哈尔滨工业大学的单宝华研制了用于浑浊水环境中海洋平台结构的超声相控阵探伤仪，其成像系统是一种客户端/服务器模式的软件系统，具有缺陷成像、提供检测方案、生成缺陷报告等功能（单宝华，2006）。

江苏大学的王伟设计了基于正交异性压电复合材料的超声相控阵可控强度发射系统，并利用 DDS 技术实现系统相位分辨率为 0.35°（王伟，2010）；王瑞设计了超声相控阵检测系统的接收装置，其最大的特点是没有上位机，算法和控制均由一片 FPGA 实现（王瑞，2010）。

西南交通大学的汪春晓应用相控阵技术检测火车车轮，完成了车轮在线超声相控阵检测的解决方案，并探讨了提高缺陷定位和分辨率的方法（汪春晓，2010）。

声学所的赖溥祥在环形超声相控阵方面进行了研究，设计和制作了一个 8 通道的环形阵列，实现了轴向的动态聚焦（赖溥祥，2005）。

有关超声相控阵成像技术的研究，国内外学者已有许多研究，多涉及声场的模拟计算、数据处理及缺陷的波场响应等方面。

5.2　超声相控阵检测技术基础

5.2.1　超声相控阵检测基本原理

超声波是由电压激励压电晶片探头在弹性介质（试件）中产生的机械振动。工业应用大多要求使用 0.5～15MHz 的超声频率。常规超声检测多用声束扩散的单晶探头，超声场以单一折射角沿声束轴线传播，其声束扩散可能是对检测方向性小裂纹唯一有利的"附加"角度。相控阵探头由多个小的压电晶片按照一定序列组成，使用时相控阵仪器按照预定的规则和时序对探头中的一组或者全部晶片分别进行激活，即在不同的时间内相继激发探头中的多个晶片，每个激活晶片发射的超声波束相互干涉形成波阵面，这些小波阵面可被延时并与相位和振幅同步，由此产生可调向的超声聚焦波束。

在发射过程中，探伤仪将触发信号传送至相控阵控制器，后者将信号变换成特定的高压电脉冲，脉冲宽度预先设定，而时间延迟由聚焦律界定。每个晶片只接收一个电脉冲，所产生的超声波束有一定角度，并聚焦在一定深度。该声束遇到缺陷即反射回来，接收回波信号后，相控阵控制器按接收聚焦律变换时间，并将这些信号汇合一起，形成一个脉冲信号，传送至探伤仪。超声相控阵的基本原理如图5-1所示。

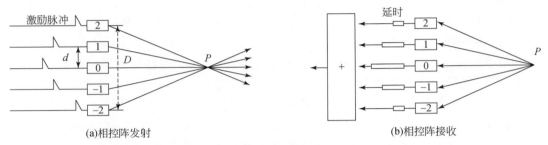

(a)相控阵发射   (b)相控阵接收

图5-1   超声相控阵的基本原理（鲍晓宇等，2003）

相控阵发射是通过调整每个晶元发射信号的波形、振幅和相位延迟，使各晶元发射的超声波束叠加合成，从而形成聚焦和偏转等效果，如图5-1（a）所示。相控阵接收是按照超声波束回到各晶元的声程差进行延时补偿，然后相加合成，将特定方向回波信号叠加增强，而其他方向的信号减弱甚至抵消，如图5-1（b）所示。

超声相控阵技术具有三种工作方式（孙芳，2012）：

（1）线性扫描（即电子扫描）：将阵元数为N的线阵中每n个阵元作为一组（称为一个序列），对每一序列施加相同的聚焦法则，沿着阵列长度方向以一定步进（通常是1个晶片）依次激发各个序列，从而实现线性扫描，如图5-2（a）所示。因而每完成一次线性扫描，共激发$N-n+1$（步进为1时）组序列，得到$N-n+1$组A扫描信号，即在不移动探头的情况下就可以实现一部分区域的B扫描。

（2）扇形扫描（即角度扫描）：选择阵列中的若干阵元（或整个阵列），施加不同的延时法则，使声束沿着不同角度偏转（或偏转聚焦），从而实现对一个扇形区域的扫描，即扇形扫描［图5-2（b）］。

（3）动态聚焦（即动态深度聚焦）：该工作方式声束不偏转，沿着主声束的声轴方向，在一次发射/接收过程中，动态的改变焦点的深度，如图5-2（c）所示。因为发射脉冲为短脉冲，发射出去就无法控制，所以只有动态地改变接收晶片的聚焦法则，使来自各个深度的声信号都具有聚焦效果。由动态聚焦产生的波束点总与标准相控阵聚焦波束点一样，甚至更小（图5-3）（李衍，2008a）。

超声相控阵检测主要优点（刘长福等，2008；钟志民和梅德松，2002）是：

（1）通过软件电子控制波束特征提高检测能力。相控阵对晶片进行激活时所遵循的规则，即以何种方式的延时进行触发成为聚焦法则，通过对相控阵仪器设置不同的聚焦法则能激发出不同的超声波束，且具有相应的形状，并能聚焦在不同的深度。针对可能产生缺陷的位置、类型，结合工件的外形选择合适的波束角度及聚焦深度，可对缺陷检测更有针对性，提高检测能力。

（2）与单个相控阵探头相比，超声相控阵检测可根据需要设置多组聚焦法则。这样可以快速、全面地覆盖工件的被检部位。

（3）原生数据丰富，便于做详细分析及存档，可显示工件内部结构。S扫描（扇形扫描）、B扫描及C扫描可以提供比单一的A扫描更好的数据判读（陈文，2007）。

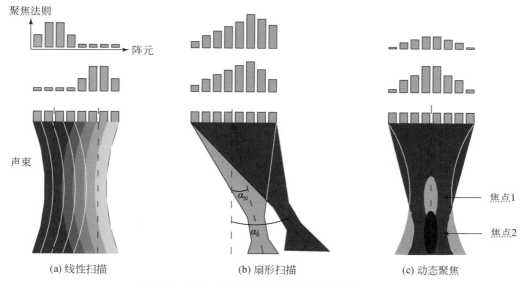

图 5-2　超声相控阵的三种工作方式（孙芳，2012）

图 5-3　相控阵动态聚焦示意图（施克仁和郭寓岷，2010）

5.2.2　超声相控阵检测理论基础

1. 超声波传播及波形转换原理

超声波可分为纵波（P）和横波（S），纵波的传播方向和传播介质质点运动方向平行，它能在固体、液体和气体中传播。横波的传播方向和传播介质质点运动方向垂直，它只能在固体中传播。相同频率超声波在同一种介质中传播，其纵波和横波的速度是不相同的，纵波波速大于横波波速。

当超声波行进到两种介质界面时发生反射，折射和波形转换。所谓波形转换即除了产生同类型反射和折射波以外，还会产生不同类型的反射和折射波。各种波型均符合几何光学中的反射定律及折射定理（图 5-4）（李衍，2008b；王越，2003；西拉德，1991）。

2. 波动方程（施克仁和郭寓岷，2010）

物理声学中的波动方程是研究超声（或阵列）换能器的声场特性最基本的原理和方程。若被超声检测的物体为混凝土，大部分区域被认为各点的声速和密度是不同的，非均匀的。在声速与密度非均匀的介质中，声波的传播过程用非均匀介质中声波方程来加以描述。非均匀介质中波动方程为

$$\nabla^2 p - \frac{1}{C_0^2}\frac{\partial^2 p}{\partial^2 t} = \frac{1}{\rho}\nabla p \cdot \nabla p \tag{5-1}$$

其中，p 是声强，ρ 是介质密度，c 是声波的速度，∇ 是梯度算子。

假设声波和密度较平均声波 C_0 和平均密度 ρ_0 有微小的偏移，即

$$\rho = \rho_0 + \Delta\rho, \quad C = C_0 + \Delta C$$

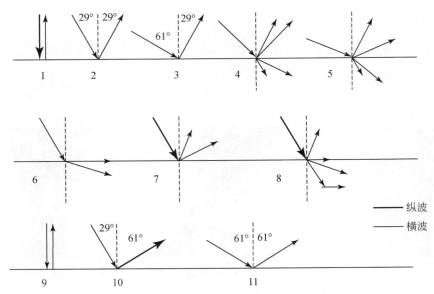

图 5-4　超声纵波和横波在不同界面上的反射和折射（李衍，2008b）

1. P波垂直入射到钢–空气界面；2. P波以29°斜入射到钢–空气界面；3. P波以61°斜入射到钢–空气界面；4. P波入射到楔块–钢界面；
5. P波斜入射到楔块–钢界面；6. L波以第一临界角入射到两介质分界面；7. P波以第二临界角斜入射到两介质分界面；8. P波产生爬波；
9. S波垂直入射到钢–空气界面（蜂蜜或树脂胶作耦合剂）；10. S波以29°斜入射到钢–空气界面；11. S波以61°斜入射到钢–空气界面

其中，$\Delta \rho \ll \rho_0$，$\Delta C \ll C_0$。那么，式（5-1）可以表示为

$$\nabla^2 p - \frac{1}{C_0^2}\frac{\partial^2 p}{\partial^2 t} = -\frac{2\Delta c}{C_0^3}\frac{\partial^2 p}{\partial^2 t} + \frac{1}{\rho_0}\nabla(\Delta_\rho)\cdot\nabla p \tag{5-2}$$

式（5-2）等号右边两项称为散射项，有时也称为有源项。当介质密度及声波非均匀时，则介质中有等效生源分布；但是，当介质均匀时，介质中没有等效生源分布，右边两项为0。因此，理想均匀介质中的波动方程为

$$\nabla^2 p - \frac{1}{C_0^2}\frac{\partial^2 p}{\partial^2 t} = 0 \tag{5-3}$$

式（5-1）~式（5-3）是研究相控阵超声成像的理论基础，通常由式（5-3）出发来求解换能器或阵列换能器的辐射声场分布，式（5-2）常用于描述非均匀介质中的散射场问题。

3. 声场计算方法的研究

正确计算探头发射声场是定量研究超声传播过程（杨萍等，2013）。瑞利积分法是基本的声场计算方法之一，在远场条件下，有解析解，一般被用来研究换能器的指向特性；对于近场条件，只能结合数值计算（离散化、离散点源法等）求得辐射声场（孙芳，2012）。瑞利积分法可准确地计算声场，但计算量大，计算速度较慢，采用多元高斯声束叠加法能提高计算速度。然而由于多元高斯声束叠加法采用的是近轴近似，仅能保证主声束附近的精度，对偏转声束会产生较大误差，因此一些科研人员对其进行了改进。Huang 等提出了线性相位 MGB（多高斯声束）模型的计算方法，通过弥补线性相位的误差可突破声束的"近轴"限制（Huang et al.，2007）；赵新玉等提出了非近轴近似的多高斯声束模型，该方法是在瑞利积分基础上推导出来的，能够计算大偏转角情况下的超声相控阵辐射声场（赵新玉等，2008）。

5.3 数字相控阵超声成像系统

5.3.1 软硬件系统组成架构

一个完整的相控阵超声检测系统主要由以下几个部分组成：相控阵软件系统、相控阵硬件系统、人机交互、相控阵阵列探头、扫描操作模块、相控阵专用试块六部分。各部分之间的联系如图 5-5 所示，操作员可以通过与显示屏以及软件系统的交互来控制相控阵阵列探头对专用试块进行相控阵扫描检测（许药林，2012）。

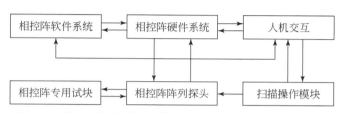

图 5-5 超声相控阵检测系统基本组成及各部分之间的联系

5.3.2 超声相控阵换能器阵列

换能器，又称为超声探头，是超声相控阵系统中的关键部件，其设计基于惠更斯原理。换能器由多个相互独立的压电晶片组成阵列，每个晶片称为一个单元，按一定的规则和时序用电子系统控制激发各个单元，使列阵中各单元发射的超声波叠加形成一个新的波阵面。同样，在反射波的接收过程中，按一定规则和时序控制接收单元的接收并进行信号合成，再将合成结果以适当的形式显示（美国无损检测学会，1994；钟志民等，2002）

按其晶片形式分可将超声相控阵换能器分三类，即线阵、面阵和环形阵列（图 5-6）。

线性［图 5-6（a）］最为成熟，是工业上最常用的相控阵换能器。已有含 256 个单元的线阵（ $N \times$ 1），可满足多数情况下的应用要求（钟志民和梅德松，2002）。线性换能器的主要优点是：易设计、制造、编程和模拟，带楔块，直接接触或水浸法均易使用，成本低，通用性强。

面阵［图 5-6（b）］又叫二维阵列（ $N \times M$ ），可对声束实现三维控制，对超声成像及提高图像质量大有益处，目前已有含有 128×128 阵列的超声成像系统应用于金属和复合材料的检测和性能评价，该系统具有实时 C 扫描成像功能，以标准视频图像在液晶显示器上显示。同线阵相比，面阵的复杂性增加，其经济适用性影响了该类探头在工业中的应用（钟志民和梅德松，2002）。

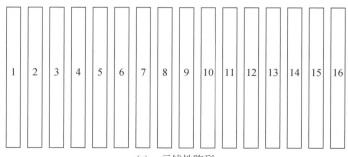

(a) 一元线性阵列

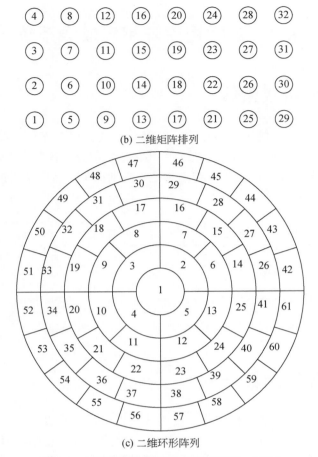

(b) 二维矩阵排列

(c) 二维环形阵列

图 5-6　相控阵晶片阵列图（刘长福等，2008）

环形阵列（图 5-6（c））在中心轴线上的聚焦能力优异、旁瓣低、电子系统简单、应用广泛，但不能进行声束偏转控制（钟志民和梅德松，2002）。

面阵和环形阵列可在三维方向实现聚焦，具有更高的速度、更强的数据存储和显示、更小的扫描接触面积以及更大的适应性，大幅提高超声成像质量。随着新型的超声相控阵仪器的发展，复杂的二维阵列将会有更广泛的应用（刘长福等，2008）。

5.3.3　超声相控阵声场控制

1. 声场的指向性（李雯雯，2011）

声场的指向性是指超声波定向束射和传播的性质，也就是超声换能器晶片向一个方向集中辐射超声波束的性质。它直接反映声场中声能集中的程度和几何边界。指向性是超声换能器辐射声场的一个重要特征参量，指向性的好坏直接影响超声检测结果的准确性。

换能器的指向性是指其发射响应（电压响应或功率响应）或接收响应（声压灵敏度或功率灵敏度）的幅值随方位角变化的一种特征，通常它在某一个方向上有一个极大值。根据声场理论，发射阵响应的指向性的形成是由于其各部分发射的声波在自由场远场区中干涉叠加的结果，接收阵响应的指向性的形成是由于接收阵处于待测换能器的远场区，到达接收阵表面上的声波的总作用力是各子波干涉叠加的结果。阵的指向性是其在远场中的一种属性。

对发射阵而言，各部分发射的声波经过"等效无限远"距离到达远场区（称为夫琅禾费区）的声线可近似看作一束平行线。因此，在观察点上各声波以相同频率、不同振幅、不同相位干涉叠加，总声压（或振速）的幅值是平行声线在空间方位的函数。如果把接收器放在发射器的近场区（称为菲涅耳区）来观察，则形成一种比较复杂的干涉图（称为菲涅耳衍射图），从这种图上看不出明显的指向性，只有在发射空间的远场区才能看出明显的指向性。对于接收阵，仅当它处于距待测信号源（即换能器）"等效无限远"处时，照射到接收器表面上的声波才可以近似看作一束平行声线，这时在接收器表面上各条声线干涉叠加产生的总作用力是平行声线在空间方位的函数。

指向性函数一般用 $D(\theta)$ 来表示

$$D(\theta) = \frac{P(\theta)}{P(0)} \tag{5-4}$$

对于圆形换能器来说，其指向性函数为

$$D(\theta) = \frac{P(\theta)}{P(0)} = \frac{2J_1(ka\sin\theta)}{ka\sin\theta} = \frac{2J_1(x)}{x} \tag{5-5}$$

对于 TCF40-18TR1 圆形换能器，其半径为 $a = 0.009\text{m}$，中心频率为 40kHz，根据式（5-5）以 Matlab 为环境编程模拟仿真该圆形换能器的指向性，得到图 5-7。

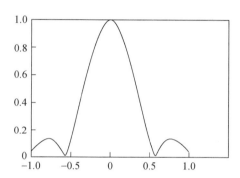

图 5-7　TCF40-18TR1 圆形换能器的指向性

描述指向性函数的几何图形叫作指向性响应图，简称指向性图，一般在极坐标系和直角坐标系中表示。图 5-8 为直角坐标系中的换能器指向性图。

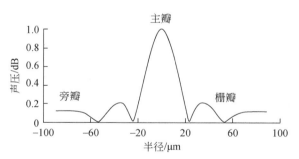

图 5-8　直角坐标系中的换能器指向性图

如图 5-8 所示，声压最大，即主瓣方向；除主瓣以外，声束的其他方向出现最大的声场强度，这就是栅瓣；旁瓣是指向性图中主瓣附近的小波瓣，其中左右两边第一个旁瓣的幅值最大。

假设换能器阵列为理想情况，满足下面几个条件：①在远场区域：$r \gg \dfrac{l^2}{\lambda}$，$l$ 是阵列的尺度。②$r \gg l$，各个阵元的波阵面辐射损失可视为相同。③换能器排列上每个阵元都不遮拦其他阵元的声波。④忽视阵元之间的交互影响。

对于无规则分布的离散阵列，阵元位置用坐标 $r_i = (x_i, y_i, z_i)$ 表示。声线（α, θ）方向的单位矢量为

$e = e_x i + e_y j + e_z k$。其中，$e_x = \sin\theta\cos\alpha$，$e_y = \sin\theta\sin\alpha$，$e_z = \cos\theta$。主波束（$\alpha_0$，$\theta_0$）方向上的单位矢量为 $m = m_x i + m_y j + m_z k$，其中 $m_x = \sin\theta_0\cos\alpha_0$，$m_y = \sin\theta_0\sin\alpha_0$，$m_z = \cos\theta_0$。

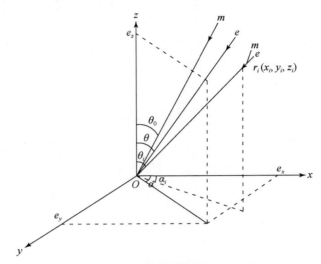

图 5-9　无规律离散阵列的坐标系

对于任意阵元 i 相对于坐标原点 O，沿任意方向（α，θ）发射时，声程差 $\xi_i = r_i \cdot e = x_i e_x + y_i e_y + z_i e_z$；沿主极大方向（$\alpha_0$，$\theta_0$）发射时，声程差 ζ_{i0} 为：$\xi_{i0} = x_i m_x + y_i m_y + z_i m_z$。因此阵元 i 沿任意方向（α，θ）发射的声波相对沿主极大方向（α_0，θ_0）入射的声波的相位差为：

$$\Delta\varphi_i = \varphi_i - \varphi_0 = \frac{\omega}{c}(\xi_i - \xi_{i0}) = \frac{\omega}{c}\big[x_i(\sin\theta\cos\alpha - \sin\theta_0\cos\alpha_0) + y_i(\sin\theta\cos\alpha - \sin\theta_0\cos\alpha_0)$$
$$+ z_i(\cos\theta - \cos\theta_0)\big]$$

(5-6)

对于在三维空间内无规律分布的 N 个阵元组成的离散阵列，其指向性函数为

$$D(\alpha, \theta, \alpha_0, \theta_0, \omega) = \frac{\left| \sum_{i=1}^{N} \tilde{A}_i e^{-j\Delta\varphi_i} \right|}{\left| \sum_{i=1}^{N} \tilde{A}_i \right|}$$

(5-7)

其中，$\tilde{A}_i$ 为第 i 个阵元在信号源远场接收时所产生的开路输出电压的复振幅。当各阵元具有相同的灵敏度，即 $\tilde{A}_1 = \tilde{A}_2 = \cdots = \tilde{A}_N$ 的情况，式（5-7）可化为

$$D(\alpha, \theta, \alpha_0, \theta_0, \omega) = \left| \frac{1}{N} \sum_{i=1}^{N} e^{-j\Delta\varphi_i} \right|$$

(5-8)

如图 5-10 所示，发射声线的单位向量 $e = e_x i + e_y j + e_z k = \sin\theta\cos\alpha i + \sin\theta\cos\alpha j + \cos\theta k$，主极大方向为 $m(\alpha_0, \theta_0)$，圆环形换能器个数为 N，圆环直径为 d，换能器半径为 a，则

$$\Delta\varphi_i = k(e - m)r = \frac{\omega}{c}\big[(\sin\theta\cos\alpha - \sin\theta_0\cos\alpha_0)i + (\sin\theta\cos\alpha$$
$$- \sin\theta_0\cos\alpha_0)j + (\cos\theta - \cos\theta_0)k\big]\frac{d}{2}(\cos\alpha i + \sin\alpha j)$$

主极大方向为 z 轴方向，$\theta_0 = 0$，$\alpha_0 = 0$，则上式

$$\Delta\varphi_i = \frac{\omega d}{2c}\big[\sin\theta\cos\alpha i + \sin\theta\cos\alpha j + (\cos\theta - 1)k\big](\cos\alpha i + \sin\alpha j)$$
$$= \frac{\omega d}{2c}(\sin\theta\cos\alpha\cos\alpha_i + \sin\theta\sin\alpha\sin\alpha_i)$$

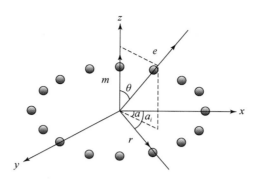

图 5-10　圆环形换能器阵列阵元分布图

由于发射声线方向空间对称，仅考虑 xz 平面，令 $\alpha = 0$，则

$$\Delta\varphi_i = \frac{\omega d}{2c}\sin\theta\cos\alpha_i$$

由式（5-8）得，圆环点阵的指向性函数为

$$D(0,\theta) = \left|\frac{1}{N}\sum_{i=1}^{N} e^{-j\frac{\omega d\sin\theta\cos\alpha_i}{2c}}\right| = \left|\frac{1}{N}\sum_{i=1}^{N} e^{-j\frac{2\pi f\cdot 2R\sin\theta\cos\alpha_i}{2c}}\right|$$

又 $\alpha = \dfrac{2\pi\cdot i}{N}$，所以，$D(0,\theta) = \left|\dfrac{1}{N}\sum\limits_{i=1}^{N} e^{-j\frac{2\pi f\cdot R}{c}\sin\theta\cos\frac{2\pi\cdot i}{N}}\right|$

由式（5-5）得，每个圆形换能器的指向性函数为

$$D(0,\theta) = \left|\frac{2J_1(ka\sin\theta)}{ka\sin\theta}\right| = \left|\frac{2J_1\left(\dfrac{2\pi f}{c}a\sin\theta\right)}{\dfrac{2\pi f}{c}a\sin\theta}\right|$$

根据乘法原理，圆环形换能器阵列的指向性函数应是环形点阵指向性与单个换能器指向性的乘积

$$D(\theta) = \left|\frac{1}{N}\sum_{i=1}^{N} e^{-j\frac{2\pi f\cdot R}{c}\sin\theta\cos\frac{2\pi\cdot i}{N}}\right| \cdot \left|\frac{2J_1\left(\dfrac{2\pi f}{c}a\sin\theta\right)}{\dfrac{2\pi f}{c}a\sin\theta}\right| \tag{5-9}$$

根据式（5-9）以 Matlab 为环境编程模拟仿真圆环形换能器阵列的指向性。

换能器半径 $a = 0.009\text{m}$，频率 $f = 40000\text{Hz}$，$c = 340$，圆环阵列半径 $R = 0.03m$。每两个换能器之间的间隙大约为 2mm，则假设阵元个数为 N。存在：$2\times\pi\times 0.03 > (0.018 + 0.02)\times N$，得 $N \leqslant 9$。

改变 N 的值，作指向性图（图 5-11）。

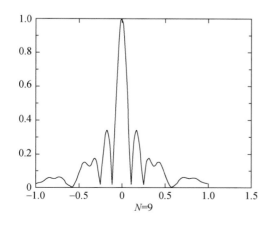
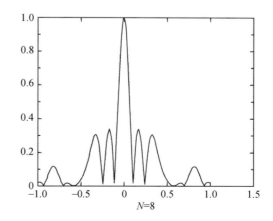

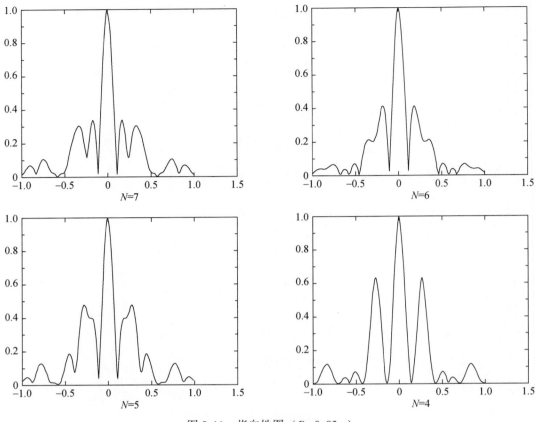

图 5-11　指向性图 ($R=0.03\mathrm{m}$)

　　分析上述仿真二维指向性图得，θ 从 0°向两侧偏移时，首先在 θ 约为 10°时出现跟主瓣比值小于 0.4 的旁瓣；当 θ 约为±20°时，出现跟主瓣比值约为 0.3 的旁瓣，θ 再向外偏移，旁瓣值变小。从 $N=4$ 到 $N=9$，可以看出，旁瓣随着阵元个数的增加而迅速降低；从 $N=7$ 到 $N=9$，可以看出，一旦 N 增加到某一值，增加 N，已经不能使旁瓣有显著的减小。$N=6$，7，8，9 时指向性图都是相对较理想的，旁瓣较小，为提高换能器性质的一致性，减小阵元之间的交互影响，选择较少的换能器 $N=6$。

　　改变 R 的值，使 $R=0.04\mathrm{m}$，存在：$2\times\pi\times0.04 > (0.018+0.002)\times N$，得 $N\leqslant 12$。

　　同样改变 N 的值，作指向性图（图 5-12）。

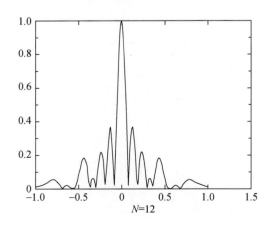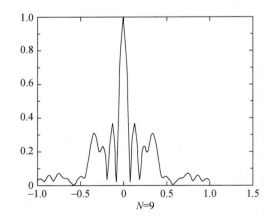

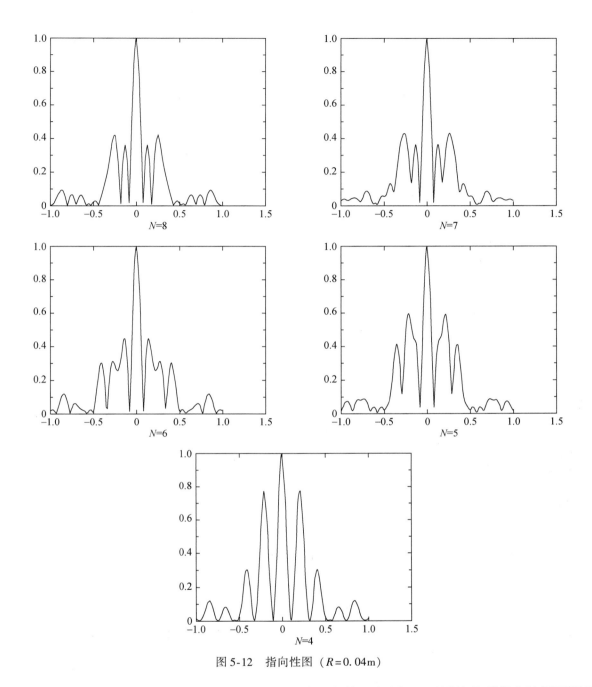

图 5-12　指向性图（$R = 0.04\text{m}$）

与 $R = 0.03\text{m}$ 时的指向性图变化规律类似。比较阵元个数 N 相同，R 不同的阵列指向性图可以看出，对于相同的阵元个数，减小 R 值，其旁瓣数变少，旁瓣幅度变小，指向性变好。即对于圆环形阵列来说，阵元排列越紧凑，指向性越好。

图 5-13 所示的矩形阵列可以看作由沿 x 轴排列的线性阵列和沿 y 轴排列的线性阵列组成的复合阵，因此由乘法原理，其指向性函数为

$$D(\alpha,\ \theta,\ \alpha_0,\ \theta_0,\ \omega) = D_1(\alpha,\ \theta,\ \alpha_0,\ \theta_0,\ \omega) \cdot D_2(\alpha,\ \theta,\ \alpha_0,\ \theta_0,\ \omega) \tag{5-10}$$

其中，$D_1(\alpha,\ \theta,\ \alpha_0,\ \theta_0,\ \omega) = \dfrac{\sin\left[\dfrac{kMd}{2}(\cos\alpha\sin\theta - \cos\alpha_0\sin\theta_0)\right]}{M\sin\left[\dfrac{kd}{2}(\cos\alpha\sin\theta - \cos\alpha_0\sin\theta_0)\right]} \cdot \left|\dfrac{\pi J_1(ka\sin\theta)}{ka\sin\theta}\right|$

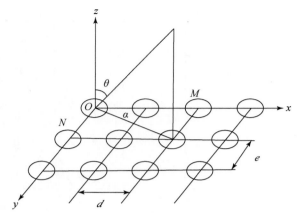

图 5-13　$M \times N$ 矩形阵列

$$D_2(\alpha,\ \theta,\ \alpha_0,\ \theta_0,\ \omega) = \frac{\sin\left[\dfrac{kNe}{2}(\sin\alpha\sin\theta - \sin\alpha_0\sin\theta_0)\right]}{M\sin\left[\dfrac{ke}{2}(\sin\alpha\sin\theta - \sin\alpha_0\sin\theta_0)\right]} \cdot \left|\dfrac{\pi J_1(ka\sin\theta)}{ka\sin\theta}\right|$$

所以可简化为

$$D(\alpha,\ \theta,\ \omega) = \frac{\sin\left(\dfrac{kMd}{2}\cos\alpha\sin\theta\right)}{M\sin\left(\dfrac{kd}{2}\cos\alpha\sin\theta\right)} \cdot \frac{\sin\left(\dfrac{kNe}{2}\sin\alpha\sin\theta\right)}{N\sin\left(\dfrac{ke}{2}\sin\alpha\sin\theta\right)} \cdot \left|\dfrac{\pi J_1(ka\sin\theta)}{ka\sin\theta}\right|^2$$

取 xOz 为定向面，即 $\alpha = 0$，该定向面的指向性函数为

$$D(\alpha,\ \theta,\ \omega) = \frac{\sin\left(\dfrac{\pi f M d}{2}\sin\theta\right)}{M\sin\left(\dfrac{\pi f d}{2}\sin\theta\right)} \cdot \frac{\sin\left(\dfrac{\pi f N e}{2}\sin\alpha\sin\theta\right)}{N\sin\left(\dfrac{\pi f e}{2}\sin\alpha\sin\theta\right)} \cdot \left|\dfrac{\pi J_1\left(\dfrac{2\pi f}{c}a\sin\theta\right)}{\dfrac{2\pi f}{c}a\sin\theta}\right|^2$$

$$= \frac{\sin\left(\dfrac{\pi f M d}{2}\sin\theta\right)}{M\sin\left(\dfrac{\pi f d}{2}\sin\theta\right)} \cdot \left|\dfrac{\pi J_1\left(\dfrac{2\pi f}{c}a\sin\theta\right)}{\dfrac{2\pi f}{c}a\sin\theta}\right|^2 \tag{5-11}$$

由式（5-11）可知，在 xOz 平面的指向性函数与 N 的取值无关。

根据式（5-11）以 Matlab 为环境编程模拟仿真矩形换能器阵列的指向性。

换能器半径 $a = 0.009\text{m}$，频率 $f = 40000\text{Hz}$，$c = 340\text{m/s}$。每两个换能器之间的间隙大约为 2mm。

改变 m 和 d 的值，研究其指向性（图 5-14）。

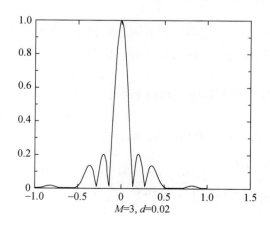

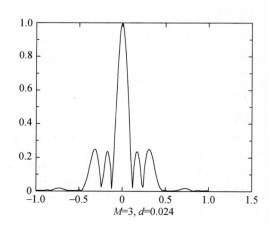

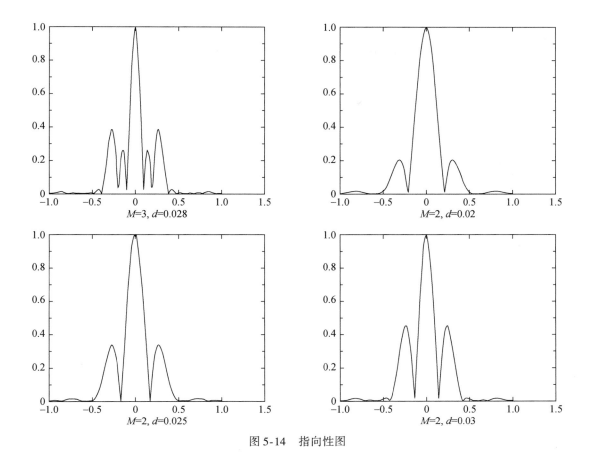

图 5-14　指向性图

由上述指向性图分析可得，当 m 一定时，旁瓣幅度随着 d 的增加而增大，旁瓣数目不变，但是旁瓣宽度变窄。当 d 一定时，主瓣和旁瓣的宽度都变大，但旁瓣个数减少。

比较圆形阵列和矩形阵列的指向性图可得，相似面积大小、相似换能器个数的圆形阵列和矩形阵列，虽然圆环换能器阵具有较尖锐的主瓣，但矩形阵的旁瓣值明显小于环形阵，且矩形阵的旁瓣可以得到完全的收敛，当 $\theta \approx \pm 45°$ 时，旁瓣便趋于 0，而圆环换能器阵的旁瓣始终存在。

2. 相控阵超声波瓣（李雯雯，2011）

主瓣宽度是指主瓣与 θ 轴的两个交点之间的距离。由指向性的定义可知，主瓣宽度越窄，分辨率越高，指向性也就越好。

由主瓣宽度定义可得

$$q = \frac{1}{\pi}\left[\arcsin\left(\sin\theta_0 + \frac{1}{Nd}\right) - \arcsin\left(\sin\theta_0 - \frac{\lambda}{Nd}\right)\right] \tag{5-12}$$

由 $\sin\theta - \sin\theta_0 = \dfrac{\lambda}{Nd}$，并作近似 $\sin\theta = \sin\left(\theta_0 + \dfrac{q}{2}\right) \approx \sin\theta_0 + \dfrac{q}{2}\cos\theta_0$ 后，可得主瓣宽度

$$q \approx \frac{2\lambda}{Nd\cos\theta_0} \tag{5-13}$$

由此可知，主瓣宽度随着波长的增大而增大，随着阵元个数和阵元间距的增大而减小。因此波长越小，阵元数越多，阵元间距越大，主瓣宽度越窄，指向性越高。所以，合理的调整波长、阵元数、阵元间距，得到宽度较窄的主瓣，能够提高探头的分辨率和指向性，同时也能达到较好的聚焦效果。

除了主瓣方向会出现声压的极大值外，声束的其他方向也可能出现一个最大值，这就是栅瓣。因为

栅瓣处的声强也很高，所以会发散较多的声能量，不仅降低穿透检测材料的能力，也不利于声束的聚焦；而且栅瓣的出现会降低换能器的分辨力，所以找到栅瓣位置并且消除栅瓣是十分重要的。

用 θ_i 来表示栅瓣出现的位置：$\theta_i = \arcsin\left(\sin\theta_0 \pm \dfrac{i\lambda}{d}\right)$，$i = 1$，$2$，$\cdots$

由相控阵指向函数和极小值条件可知，消除栅瓣的条件为

$$\frac{d}{\lambda}\,|\sin\theta - \sin\theta_0| \leqslant \frac{N-1}{N}$$

在 $-\dfrac{\pi}{2} \leqslant \theta_0 \leqslant \dfrac{\pi}{2}$ 范围内，不出现栅瓣的条件可简化为

$$\frac{d}{\lambda} \leqslant \frac{N-1}{2N}$$

由上式可知，栅瓣和阵元间距、波长（即频率）、阵元数有关，合理调整阵元间距和波长比例，能够使相控阵换能器声束方向不出现栅瓣，提高探头的分辨率和指向性。采用增大探头频率、减小阵元间距、增加带宽等方法都可以达到减低栅瓣的目的。

在指向性图中主瓣两侧出现的小波瓣叫作旁瓣。一般情况下，主瓣左右两边第一级旁瓣的幅值最大。旁瓣的存在，降低了换能器的指向性，系统的增益与信噪比下降，引起图像失真，或出现假目标。因此，在实际声学系统中对方向性旁瓣的大小有一定的要求，总是希望尽可能的小。低旁瓣也是衡量超声相控阵性能好坏的重要指标。旁瓣幅值可以随着阵元数目增加而迅速降低。一旦阵元数目达到某一值，一味增加阵元数目，已经不能使旁瓣得到更好的降低。改变相控阵换能器排列方法，放弃单一的线性排列方法，改用新的阵列排列，可以降低旁瓣。

5.4 相控阵超声成像数据处理

1. 合成孔径数据处理方法（李冰，2013）

合成孔径聚焦技术（SAFT）旨在改善超声成像的横向分辨率。在传统的单阵元基础上，根据超声相控阵的原理，由单阵元延伸到多阵元，将多阵元根据聚焦点的延时规律组成激励信号形成在时间上可控阵的相控线阵多阵元换能器。

合成孔径的基本数据处理方法就是延时叠加法，它通过对发射和接收信号进行适当延时而达到成像目的，实际上该方法又称动态聚焦，包括自适应滤波、匹配滤波、数据平滑和数据插补。

1）自适应滤波

扫描得到的回波信号中既有缺陷点的反射波，又包含一定量的各种干扰信号，且一般来讲回波背景噪声都很大，这将减小信噪比，严重影响成像质量。

噪声源有多种，其中包括系统结构噪声、试块上下表面及侧面反射回波、发射信号带有的随机噪声、多次反射波等。因此在合成孔径算法处理前，应对这些原始回波信号做去噪处理。降噪方法有多种，比较常用的方法是最小均方差准则的自适应滤波法。

自适应滤波通过不同的准则来确定自适应权，利用不同的自适应算法来实现。最小均方差准则（LMS）是一种基于梯度估计的最陡下降法，适用于工作环境信号的统计特性平坦但未知的情况。该算法简便灵活易于实现，应用较为广泛，但收敛速度较慢。

2）匹配滤波

在各种信号压缩方法中，匹配滤波器是既简单易实现且效果较好的方法。其输出端的信号瞬时功率与噪声平均功率的比值将达到最大值，而滤波器的传递函数形式是信号频谱的共轭，所以匹配滤波器对信号做两种处理：①滤波器的相频特性与信号的相频特性共轭，使得输出信号所有频率分量都在输出端

同相叠加从而形成峰值；②按照信号的幅频特性对输入波形进行加权，以便最有效地接收信号能量而抑制干扰的输出功率。常用匹配滤波方法是时域相关处理，因为实际系统中匹配滤波器的冲击响应长度很短，做傅里叶变换时需要大量补零而失去频域运算的有效性。

回波信号经过 LMS，还应做匹配滤波，才能得到高分辨率图像。

3）数据平滑

数据平滑可以减小波幅误差，改善成像对比度，并使纵向线性误差保持低值。可以使用包络提取法来处理数据成像。包络提取通常有三种方法：①Hilbert 变换后求出正交序列，得到复信号的模就是包络；②准正交采样，四倍采样后相邻两点平方和就是包络；③直接法求包络。

4）数据插补

若相控阵的扫描角度间隔较大，所成的图像含有的像素就较低，成像质量很差，所以要增加图像空间的像素密度，使图像变得均匀连续。矩形成像要变换成扇形成像时，像素的坐标就发生伸缩变化，从而产生新的像素点，这也需要利用插补算法来计算新像素点坐标并赋予新的灰度值。相控阵图像插补处理通常采用最邻近插补和二维插补算法，但实时系统中插补运算必须考虑插补算法所需的时间，统筹规划以满足系统实时性要求。

最邻近插补是最简单的一种插值算法，就是将距离插补点最近的像素点的灰度值赋值给插补点，该算法适合图像的缩小和放大处理，优点是图像的灰度值变化比较平缓，但不适合用于图像的旋转处理。二维插补算法成像效果比最邻近插补算法好些，但计算却复杂一些。它的原理是对插补点位置最近的四个像素点的灰度值加权平均得到插补点的狄度值。

2. 回波信号多速率数字信号处理方法（孙林林，2013）

随着数字信号处理技术的发展，信号的处理、编码和传输等工作量日益加剧。为了节省计算工作量及存储空间，在一个信号处理系统中常常需要不同的采样率及其相互转换，在这种需求下，多速率数字信号处理技术产生并发展起来。

对采样信号进行插值后，其数据量会倍速提高。在对数据进行插值后，还需要对插值后的数据进行整数倍抽取，以降低数据率，保证外围器件有充分的时间对这些数据进行处理。此信号处理方法我们称之为多速率（多采样率）数字信号方法。多速率信号处理技术在数字相控超声成像信号处理中被用来提高延时精度。

多速率信号处理系统如图 5-15 所示。假设有 20M 数据需要输入。对 20M 输入数据进行 I 倍插值运算，可得到（20×I）M 数据量。为了保证外围设备有充分时间对这些大量数据进行处理，需降低数据采样率，即进行 D 倍抽取运算，得到（20×I/D）M 输出数据。通过改变 I 和 D，就可以实现对输入信号采样率的任意变化。

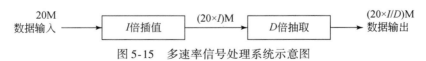

图 5-15 多速率信号处理系统示意图

|第6章| 超声合成孔径检测技术

合成孔径的概念产生于20世纪50年代初，其诞生的主要目的是为了提高雷达图像的方位分辨率。在早期研究雷达成像系统时采用的是真实孔径雷达系统（Real Aperture Radar），真实孔径雷达成像系统及处理设备相对较为简单，但存在一个难以解决的问题，就是其方位分辨率受到天线尺寸的限制。所以要想用真实孔径雷达系统获得较高的分辨率，就需要较长的天线，但是天线的长短往往又受制于雷达系统被载平台大小的限制，不可能为了提高分辨率无限制地增加天线长度。随着雷达成像理论、天线设计理论、信号处理、计算机软件和硬件系统的不断完善和发展，1951年6月美国 Goodyear 航空公司的 Carl Wiley 在"用相干移动雷达信号频率分析来获得高的角分辨率"的报告中提出合成孔径雷达（Synthetic Aperture Radar，SAR）的概念。合成孔径雷达系统的成像原理简单来讲就是利用目标与雷达的相对运动，通过单阵元来完成空间采样，以单阵元在不同相对空间位置上所接收到的回波时间采样序列去取代由阵列天线所获取的波前空间采样集合。只要目标被发射能量波瓣照射到或位于波束宽度之内，此目标就会被采样并成像。利用目标–雷达相对运动形成的轨迹来构成一个合成孔径以取代庞大的阵列实孔径，从而保持优异的角分辨率。从潜在的意义上来讲，其方位分辨率与波长和斜距无关，是雷达成像技术的一个质的飞跃，因而具有巨大的吸引力，特别是对军事和地理遥感的应用更是如此。从此，合成孔径雷达成为雷达成像技术的主流方向。

合成孔径检测技术于20世纪70年代逐步发展起来，其基本思想主要来源于合成孔径雷达技术以及地震信号处理中的偏移成像技术。合成孔径技术实质就是利用小孔径基阵的移动来获得移动方向方位上大的合成孔径，由于多个小孔传感器构成的直线阵列传感器形成的窄波束，具有尖锐的指向特性，使得在某一个方向的辐射能量达到最大，而在其他方向的总和辐射能量很小，从而能够实现精准定位的目的。目前在混凝土检测中得到应用的 MIRA 阵列超声反射成像系统，具有干耦合点接触、阵列超声横波观测、合成孔径聚焦等特点，实现横波3D成像，从应用效果来看，在满足其探测条件的情况下，对混凝土测缺、测厚有较高的准确度与分辨率，是超声检测成像技术的重大突破。

6.1 超声合成孔径检测技术现状

6.1.1 国内外技术现状

1. 国外技术现状

国外对于超声合成孔径检测技术的研究始于20世纪60年代，Magnaflux 公司的 J. F. John 等于1967年最早提出了合成孔径超声检测成像的概念，用以提高超声检测系统的分辨率（John et al.，1970）。从此以后，合成孔径技术在超声检测领域的应用研究逐渐发展起来。由于超声合成孔径检测技术的重点在于检测数据的存储与后期数据处理，对系统硬件的要求较高。受制于当时的集成电路和计算机技术水平，合成孔径超声检测系统的体积庞大，因此很长时间超声合成孔径检测方法都局限于试验室研究阶段。

1987年，美国斯坦福大学 Edward L. Ginzton 实验室研制出第一个数字化合成孔径超声检测成像系统（Kino et al.，1980）。该系统依次选中换能器阵的单个阵元渐进式发射，将反射回波均存储在随机存储器中，当所有阵元都发射/接收完成后，计算机按照聚焦算法，生成一副多条逐点聚焦的扫面线组成的图像。1988 年，日本三菱公司对爱德华兹实验室提出的超声检测成像系统进行改进，并研制出体形庞大的系统设备。

进入 90 年代以后，合成孔径检测成像方法研究进展迅速。美国杜克大学的 Nock 等于 1992 年提出了合成接收孔径（Synthetic Receive Aperture）概念，并通过仿真和实验证明合成接收孔径成像相对于同等条件下的相控阵和合成聚焦成像方法，分辨率是最高的，同时系统造价也相应较低。

1997 年，挪威 Oslo 大学的 Sverre Holm 提出用于提高系统帧频的合成发射孔径检测成像方法（Holm et al.，2006），这种方法与合成接收孔径的概念相对应，采用子孔径发射、全孔径接收的方式，子孔径的大小是决定系统复杂程度的重要因素。

另外，1995 年美国密歇根大学的 Mustafa Karaman 等提出多阵元合成孔径聚焦技术（Multi-SAFT）的概念（Karaman et al.，1995）。这种检测方法采用多个换能器阵元模拟单个阵元的方法，依次进行收发，然后再由多个阵元组成的子孔径进行孔径合成，可以极大提高检测数据的信噪比。

丹麦理工大学快速超声检测成像中心的 Jorgen Arendt Jessen 等对合成孔径成像方法各方面开展大量研究（Gran and Jensen，2007；Tomov and Jensen，2005；Nikolov et al.，2006；Nikolov and Jensen，2000）。由于超声波在介质中传播相对于距离呈指数衰减，离传感器较远的目标所接收的超声信号较弱，携带位置信息的回波信号的信噪比很小，导致对于远处目标的成像受到噪声干扰严重。针对这种情况，J. A. Jesson 和 K. L. Gammelmark 在 2003 年提出了时空编码发射的方法（Nikolov et al.，2007），该方法可以在不提高发射信号功率的前提下，提高信号的发射能量，并借助匹配滤波处理，提高传感器接收信号的信噪比，最终实现整个检测目标域成像信号质量提高。

由于合成孔径聚焦超声检测成像是对接收回波数据存储后进行后处理，所以更易于应用多种信号处理方法来提高信号质量。Ylitalo 和 Ermert（1992）、Nagai（1985）、Ylitalo（1996）、Rastello 等（1998）、Levesque 等（2002）、Stepinski（2007）、Busse（1992）、Ylitalo 和 Ermert（1994）对合成孔径聚焦的频域实现方法进行研究。Daher（2006）、Keitmann-Curdes（2004）、Javidi 和 Hwang（2008）、Yamani（1997）、Hazard 和 Lockwood（1999）实现合成孔径聚焦三维图像重建。

1996 年美国能源部西北太平洋国家实验室用合成孔径方法来检测核反应设备上 2mm 以下的缺陷，并于 2004 年将合成孔径技术应用于焊缝检测，以得到高分辨率的超声重建图像，为设备的失效分析提供了更精确地依据。但这些成果仍局限于实验研究，采集超声检测数据要输入计算机通过编程实现图像重建（Schuster et al.，2004）。最新的研究成果是利用合成孔径方法和超声导波方法相结合，来检测管道内裂缝。

2. 国内技术现状

我国对于合成孔径的研究起步较晚，相关研究成果有限。1992 年由中国科学院声学研究所的孙宝申、沈建中首先引入合成孔径聚焦超声检测成像的概念（孙宝申和沈建中，1993），分析合成孔径聚焦超声检测成像的基本原理、方法并对回波信号时域处理的相关接收技术以及频域处理的匹配滤波技术进行介绍。之后由孙宝申等提出合成孔径聚焦超声成像的时域算法（孙宝申等，1997）。

毕永年等于 2003 年将合成孔径技术应用到医学影像 B 型超声中，并利用合成接收孔径方法，完成用于 B 型超声的合成接收孔径系统前端硬件设计（毕永年等，2004）。该系统采用 24 通道换能器，发射 2 次，接收 2 次，扫描深度为 25cm，采用 8 位模数转换器，系统时钟 25MHz，聚焦延时精度为 10ns。通过迈瑞公司对所设计的合成接收孔径进行实验，发现该系统在降低硬件成本的同时还提高 B 超图像的横向分辨率。

刚铁等（2006）将合成孔径聚焦技术应用在 TOFD 成像中，提出了一种新的超声 TOFD 法 B 型扫描图像处理技术 L-SAFT（Linearization-SAFT）。首先利用超声衍射时差法对铝合金厚板的对接焊缝进行 B 扫描，然后根据缺陷端部和换能器之间的几何关系，建立检测图像的 SAFT 处理数学模型，实现 B 扫描图像的 SAFT 重建，提高图像的分辨率，实现能快速、准确捕捉裂纹端部在试件中的深度位置，使缺陷能够被精确定位和定量。

李秋锋（2008）对混凝土结构的超声检测成像进行研究，并建立一个合成孔径实验系统，该系统采用单孔换能器收发方式，由信号发生卡、数据采集卡和功率放大器、发射/接收传感器以及监控软件组成。李秋锋等利用该系统对各种混凝土试件进行超声检测成像，通过对成像结果的比对，得出使用 SAFT 成像算法能有效提高检测成像分辨率的结论。

6.1.2　超声合成孔径检测技术发展趋势

1. 高水平换能器技术

近年来，国外公司陆续研制出高水平的各种换能器，高密度阵列探头最多能达到几百个阵元，相对带宽达到 80% 以上，超宽带换能器可以保证探测过程中获取所需的探测深度及最佳的方位分辨率。环阵换能器为一种扇扫探头，可实现二维全程动态聚焦，改善横向和切向分辨力，在焦区内波束能量集中，提高穿透力和回波信噪比。德国超声电机编码传动机构的环阵探头性能较佳，日本用聚乙烯共聚物制作的线阵超声换能器性能良好，美国斯坦福大学 BME 中心多年来一直在研究面阵探头，致力于高精三维成像实现。日本 AIOka 公司已开发出三维扫描凸阵探头。多频（二频、三频）、多平面 TEE、宽角、微细、凸形相阵、小凸阵（R10）环阵等探头应运而生。微电子工艺使换能器的阵元数高度密集，声束扫描线密度更高，缺陷扫面方位分辨率显著提高。

2. 检测信号处理技术

在超声合成孔径检测技术应用中，在信号处理方面采用各种先进的算法，并已在特征提取、数据压缩、缺陷识别和信号降噪等诸多数据处理方面应用；而现代信息处理技术的应用也推动超声合成检测技术的应用和发展，如人工智能技术、虚拟仪器技术、模糊控制技术、神经网络技术、自适应技术等。小波变换作为一种先进的时频分析方法，在时频平面的应用具有良好的信号局部表征以及可变的频率分辨率等特性。通过借助小波分析技术，能够在超声信号的降噪、数据压缩、特征提取等方面起到积极作用。有关分解层数、母小波的选择，以及小波系数非线性处理方法，是当前应用小波分析技术的重点环节，小波分析算法的改进，如小波包分析，没有将高频部分一一分解，提升信号处理的效率和质量；同时提升小波变换，可以在时域自由变换，大幅提高信号信噪比，可以提高小波变换的去噪速度，并增强设计的灵活性。

HHT 变换技术的应用，主要针对非平稳数据、非线性数据等，可以结合信号局部的时变特征，遵循自适应原则实现时频分解，减少人为因素在其中的影响作用。利用 HHT 将超声回波信号分解，结合 Hilbert 谱进行分析，可以更加客观反映回波信号中时间信息、时频信息等，进而精确判断是否存在缺陷以及缺陷的具体位置。在人工神经网络技术中，对未知缺陷领域的回波特征及数据库已知缺陷领域的回波特征进行对比，以此精确判断未知缺陷的类型，选择最适当的网络参数，进一步提高网络训练的有效性，增强识别率。通过全新神经网络模型，发挥了小波神经网络的作用，结合小波变换实际情况，具有高频域时间精度、低频域频率精度等性质，且神经网络具有自学功能，其容错能力较强。

3. 超声耦合技术

在超声检测中，为了提高耦合效果，将超声换能器与探测表面紧密接触，需要加入一层透声装置，常称为耦合剂。耦合剂的作用在于排出传感器与探测表面之间的空气，使超声波能有效传入探测介质中。此外，耦合剂还可以减少传感器与探测表面之间的摩擦。耦合剂的好坏影响检测结果，同时会在一定程度上造成检测面的污染，清理过程也会增加工作量。干点传感器（或称指数角式传感器）的研制可能为无耦合剂、无污染检测提供一个有效的途径，它可以通过点（针）式接触对探测对象进行检测，因此不需要任何耦合措施。目前，只有美国通用电气公司有关于这类产品的报道，但由于干耦合单点接触，造成检测灵敏度低，如何解决此类问题是以后耦合技术发展的重要方向（李秋锋，2008）。

4. 非接触超声换能技术

在传统使用的超声检测设备中，均采用接触式换能方法，即使用耦合剂在超声探头和被检测材料中促使超声波的能量传输到待检物体中。当前，已经成功研发并投入使用的非接触式超声换能方法包括激光超声方法、空气耦合方法、静电耦合方法以及电磁超声方法等，其中最后两种方法的换能器能够较近接触被检对象表面，在相对特殊的实验室环境或工业环境中采用，具有广泛的发展空间。以空气作为耦合介质，在固体–气体界面中，将面临较大的能量损耗问题，这种情况下，高频空气超声换能器除了需要增强发射功率以外，还需要良好的电气匹配，巨大的能量损失，令方法的应用遇到较大技术难点。近年来俄罗斯等一些国家将非接触耦合超声换能技术应用到特殊的航天构件检测中，尤其在非金属复合材料的构建中，实现非接触无损检测及评价，更好地发挥其在航天军事科技领域的作用。

同时，激光超声技术的应用，作为新型超声换能方法，也受到诸多国家及相关研发人员的青睐，这种方法通过脉冲激光技术形成窄脉冲的超声信号，以光干涉法检测超声波，在时间和空间方面的分辨率增强，同时还能缩小光学聚焦的检测点。但激光超声技术在应对庞大构建或检测环境要求较高的情况，实用性有限，这也是今后技术突破的重点和难点。

5. 合成孔径成像算法

合成孔径成像算法是合成孔径技术中的关键部分，它的精确度和速度直接关系到合成孔径技术的应用以及检测成像分辨率的提高。目前国内外一些学者提出多种合成孔径聚焦算法，为了提高算法的并行处理能力，对算法的执行结构进行改进是今后研究热点和发展方向。

6.2 超声合成孔径检测技术基础

6.2.1 超声合成孔径检测技术原理

超声合成孔径检测技术基本原理是传感器以一定步长沿线性孔径轨迹移动，在轨迹上的孔径位置向成像区域发射脉冲信号，并接收和存储检测信号，然后在下一孔径位置进行相同的发射、接收和存储，直至扫描完成。接着按照重建点对相应的孔径检测信号的回波做时延调整、信号叠加和平均等处理，实现逐点聚焦，最终重建整个成像区域的信号反射图（图6-1）。

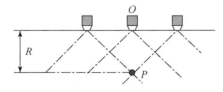

图6-1　超声合成孔径检测技术原理（孙宝申等，1993；蔡兰等，1996）

1992 年，美国杜克大学 Nock 等提出合成接收孔径概念，原理如图6-2 所示（Ozaki et al.，1988）。采用全孔径发射、子孔径接收的工作模式。第一次全孔径发射后，黑色方块代表的接收阵元接收回波信号，将信号进行延迟叠加后存入存储器；第二次全孔径发射后，选用另一组阵元接收，信号同样经过延时叠加后存入存储器，然后再由这两组存储器中的信号合成一条扫描线。与合成接收孔径的概念相对应，也存在合成发射孔径概念。合成接收孔径阵元、合成发射孔阵元可以组合成不同的发射、接收方式，或全孔径或子孔径，孔径大小是决定系统复杂程度的重要因素。

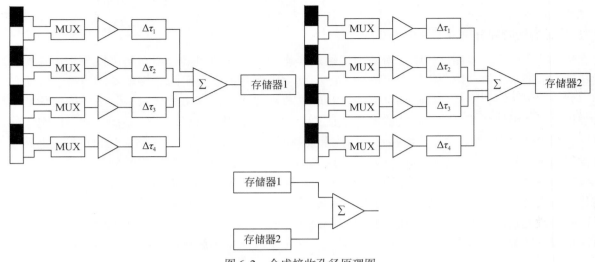

图 6-2　合成接收孔径原理图

1. 检测分辨率

无论是在雷达成像，还是在超声成像中，基本要求都是对目标的空间位置精准定位。体积目标界面各点的空间位置信息获取后，就能转换为在显示器上的可视化图像，所成图像的清晰程度与成像系统对相邻的多个目标的分辨能力有关。系统对在同一方向，不同距离上的两个目标的分辨称为距离向或纵向分辨；对在同一距离，不同方向上的两个点目标的分辨成为方位向或横向分辨。成像系统的分辨能力越高，则可以把靠得越近的两个点目标分辨开来，这样形成的图像细节就越明显，即图像清晰度就越高（李秋锋，2008）。

用一个三维直角坐标系及最简单的点目标 P 来说明超声成像的定位，令超声传感器位置为坐标系原点 O，如图 6-3 所示。

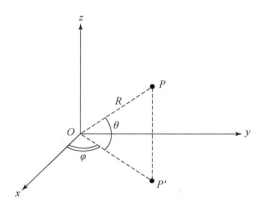

图 6-3　点目标 P 的三维坐标系

要确定目标 P 的空间位置，就要得出它的坐标。通常是确定 P 离开超声传感器的斜距 $OP = R$，这个斜距在水平 xy 平面的投影 OP' 与 x 轴的夹角为 ψ，与斜距 OP 的夹角为 θ。

按照射线理论及几何声学理论，声波在介质中的传播可看作遵守 Snell 定律的射线形式，在传感器与点 P 之间按直线传播，传播速度是固定的。如果把超声波由传感器出发，到达点 P，并由点 P 反射回到传感器的时间 t 记录下来，就能计算出点 P 的斜距

$$R = \frac{c \cdot t}{2} \tag{6-1}$$

如图 6-4 所示，在同一方向上如果有两个点 P_1 和 P_2，它们与传感器的距离分别为 R_1 和 R_2。回波由它们到达传感器的时间分别为 t_1 和 t_2，时间间隔为

$$\Delta t = t_2 - t_1 = \frac{2R_2}{c} - \frac{2R_1}{c} = \frac{2 \cdot \Delta R}{c} \tag{6-2}$$

如果点 P_1 和 P_2 相距较远，ΔR 很大，Δt 也大，两个点目标回波脉冲的位置在显示上容易被分辨开纵向分辨率收到发射的声脉冲信号波形限制。如果 P_1 和 P_2 相距很近，而系统使用的声信号脉冲较宽，两个目标回波会重叠在一起，不容易被分辨出来。

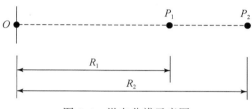

图 6-4　纵向分辨示意图

系统纵向分辨率定义为：当第一个较近点 P_1 的回波脉冲后沿与第二个远点 P_2 的回波脉冲前沿恰好重合时，点 P_1 和 P_2 的距离作为可分辨的极限，这个极限间距就是系统的纵向分辨率

$$\rho_r = (\Delta R)_{\min} = \frac{c \cdot \tau}{2} \tag{6-3}$$

其中，τ 是脉冲宽度。所以要提高纵向分辨率，就要减小脉冲宽度。

在合成孔径雷达理论中，能够决定系统纵向分辨率的是所用信号波形的带宽，如能设计一个脉冲信号，其持续时间可以相当长，但是只要所占频谱很宽还是可以得到很高的纵向分辨率，然而这种方法受到了超声传感器窄带频响特征的影响而受到限制。

超声传感器是有方向性的，它向介质内辐射能量不是各向均匀的，而是在不同的方向有不同的强度，即超声传感器具有指向性，在某个角度范围辐射能量最强，这个角度就叫扩散角。利用传感器的指向性就能确定目标的位置，通过移动传感器，使其辐射声束对介质扫描。当目标被扫描到，处于波束内时，经过一定的延时传感器就能接收目标反射来的回波，当目标回波最强时，就说明目标在传感器声束轴线上。因此，成像系统的横向分辨率时由传感器的指向性决定的。

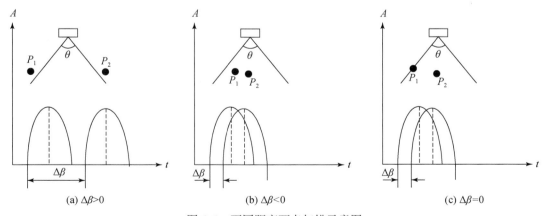

图 6-5　不同距离两点扫描示意图

如果有两个同样点 P_1 和 P_2，它们与传感器的距离相同均为 R，但角位置不同，相差 $\Delta\beta$，当传感器扫描时，图 6-5 中表示集中不同 $\Delta\beta$ 情况下的扫描结果，图 6-5（c）的情况是实际能分辨的极限，角分辨率

即可定义为 $\Delta\beta = \dfrac{\theta}{2}$，这时两个点的距离约为

$$\rho_s = \Delta\beta \cdot R = \frac{\theta}{2} \cdot R \tag{6-4}$$

定义为横向分辨率。因此要提高成像系统的横向分辨率，理论上有两种途径：一是选用大尺寸传感器，二是采用高频获得短波长。

在混凝土等介质中，随着频率的升高，声波的传播呈指数关系衰减，其穿透深度也越来越小。横向分辨率和目标与传感器的距离有关，相距越远，横向分辨率越低。因此较高的横向分辨率和大的探测深度要求就形成了矛盾。此外，在实际应用中，大尺寸传感器的制作和使用也受到限制，这些因素使得成像分辨率很难有更大突破。合成孔径技术突破了上述关于超声成像系统横向分辨率的经典概念，而成为一种更有效的技术手段。

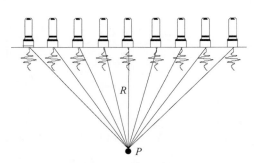

图 6-6　合成孔径技术示意图

如图 6-6 所示，设各个传感器是等幅同相激励，在任一方向，总声压场是由各个传感器产生的声压场 u_0 的矢量和，只是由于各个传感器到目标点的路径不等而存在相位差，那么在最大辐射方向，总和声压幅值为

$$u = N \cdot u_0 \tag{6-5}$$

其中，N 为传感器的数目。这种阵列传感器的横向分辨率为

$$\rho_s \approx \frac{\theta}{2} \cdot R \tag{6-6}$$

如不采用大量的小传感器构成直线阵列传感器，只是用一个小孔径传感器沿一条扫描直线移动，这个传感器在第一个位置发射一个脉冲，然后接收回波信号并存储；然后按照一定步长移动到第二个位置，再发射同样的脉冲，接收回波信号并存储。依此"采样/接收–移动–采样/接收"的扫描方式进行，直到移动的距离相当于实际阵列传感器的长度，然后把所有存储的回波信号按照矢量相加原理合成，同样可以得到尖锐的指向特性，也可以获得较高的横向分辨率。

2. 超声合成孔径算法

超声合成孔径检测的基本原理如图 6-6 所示，超声探头按照"扫描—采样—扫描"的工作方式。超声换能器沿轴向移动，以一个恒定的步长发射并接收超声检测回波信号，直至扫描完成。接着按照重建点对相应孔径检测信号的回波做信号叠加处理，延时叠加是合成孔径聚焦检测中传统的波束形成算法，它通过对不同通道接收到的超声回波信号施加特定延时后再相加求和，得到目标点的聚焦信号，其算法表达式为

$$S_{\text{DAS}}(t) = \sum_i \omega_i S_i(t - \Delta t_i) \tag{6-7}$$

其中

$$\Delta t_i = \frac{2z}{c}\left(1 - \sqrt{1 + \frac{(id)^2}{z^2}}\right) \tag{6-8}$$

其中，c 为介质中声速，z 为缺陷点距离换能器的垂直距离，d 为换能器水平间距，ω_i 为变迹系数。

3. 延时计算

在进行孔径合成时，将声波传播距离差除以声速就可以得到延时时间。在数字波束形成系统中，回波都是经过 A/D 转换后的数字序列。但延时时间一般不是采样周期的整数倍，可以将延时分为整数部分和小数部分，整数部分的延时比较好处理，可以通过数字采样序列的位移得到，小数部分不能直接得到，但是这部分却决定了延时的精度。实现小数部分的延时方法通常采用基于均匀采样的内插法实现（杜英华，2010）。

插值滤波器的输出值由式（6-9）计算得到

$$S'(n) = S(n) + \alpha(S(n+1) - S(n)) \tag{6-9}$$

为了计算延时时位于 $S(n)$ 和 $S(n+1)$ 间的中间值 $S'(n)$，将 $S(n)$ 加上一个 $S(n+1)$ 和 $S(n)$ 之间的系数差。系数 α 由小数延时与 A/D 采样周期的比值得到。

延时叠加的原理如图 6-7 所示。竖线代表换能器在不通扫描位置收到的回波，横线代表 A/D 转换的采样点。

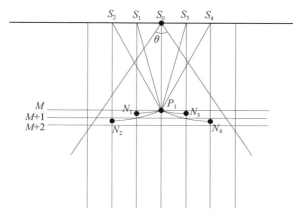

图 6-7　延时叠加原理示意图

半功率扩散角在图中如 θ 所示，计算方法为

$$\theta = \sin^{-1}\left(0.71\frac{\lambda}{d}\right) = \sin^{-1}\left(0.71\frac{\nu}{fd}\right) \tag{6-10}$$

从图 6-8 中可以看出，如果聚焦点为 P_1，在扩散角 θ 作用下，共有 5 点参与延时叠加，分别是 N_1、N_2、N_3、N_4 和 P_1，N_1、N_3 位于扫描线 M 和 $M+1$ 之间，他们的重建点整数延时为 0，小数延时系数为 α_1、N_2、N_4 位于扫描线 $M+1$ 和 $M+2$ 之间，它们的重建点整数延时为 1，小数延时系数为 α_2，根据式（6-9）计算出插值

$$S_1(N_1) = S_1(M) + \alpha_1\left[\,|S_1(M+1) - S_1(M)|\,\right] \tag{6-11}$$

$$S_3(N_3) = S_3(M) + \alpha_1\left[\,|S_3(M+1) - S_3(M)|\,\right] \tag{6-12}$$

$$S_2(N_2) = S_2(M) + \alpha_2\left[\,|S_2(M+2) - S_2(M+1)|\,\right] \tag{6-13}$$

$$S_4(N_4) = S_4(M) + \alpha_2\left[\,|S_4(M+2) - S_4(M+1)|\,\right] \tag{6-14}$$

那么，P_1 点的重建公式可以表示为

$$S_{\text{DAS}}(P_1) = \omega_0 S_0(P_1) + \omega_1\left[S_1(N_1) + S_3(N_3)\right] + \omega_2\left[S_2(N_2) + S_4(N_4)\right] \tag{6-15}$$

根据式（6-11）~式（6-15）的延时叠加原理，对检测成像区域的每个回波点都进行聚焦，可以得到经过合成孔径算法处理过的重建图像（杜英华，2010）。

6.2.2 超声合成孔径检测信号分析及处理

超声合成孔径检测技术中，用小孔径基元换能器发射声波，并继而采集被目标或缺陷散射产生的回波信号，数据采集完成后，通过处理才能得到高分辨率的重建图像。对各种不同的超声合成孔径检测方法而言，检测过程一般可分为两步：一是数据采集和存储；二是图像重建。第一步由基元换能器完成的电-声、声-电信号转换功能，及由后续电路完成的信号量化、采集功能，对各种不同的合成孔径方法而言，其理基本一致，区别在于第二步图像的重建原理及算法的不同（孙宝申和沈建中，1993）。

具体步骤如下：

1. 收发兼用超声换能器信号发射与接收

对超声合成孔径检测信号的分析及处理，本质上与线性调频信号的分析处理类似。如图 6-8 所示，超声换能器沿 x 方向移动，收发兼用，点目标 P 位于 x–R 平面内。

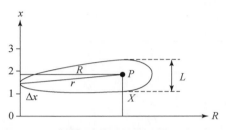

图 6-8　换能器移动路径和目标的几何关系

R 为点目标 P 至换能器移动平面的垂直距离，X 为 P 点的 x 坐标。当换能器沿 x 方向移动时，P 至换能器的距离 r 也随之改变

$$\gamma(x) = \sqrt{\left[R^2 + (x - X)^2 \right]} \tag{6-16}$$

其中，x 是换能器的坐标。

我们这里讨论 $R \gg |(x - X)|$ 的情况，式（6-10）可以近似为式（6-17）

$$\gamma(x) = R\left[1 + \frac{(x - X)^2}{2R^2} \right] \tag{6-17}$$

称为菲涅尔近似或近轴近似。如果超声换能器孔径 d 无限制地减小，波束开角过大时，菲涅尔近轴条件将被破坏；合成孔径方位分辨率的表示式：$\rho_a = \dfrac{d}{2}$ 将不再成立。理论分析表明，合成孔径线阵的极限方位分辨率为 $\dfrac{\lambda}{4}$，λ 是工作波长。实际上，由于种种其他因素限制，可达到的方位分辨率 ρ_a 通常要比 $\dfrac{\lambda}{4}$ 差得多。

设超声换能器位于 x 时发射连续信号：

$$s_i(x,\ t) = Ae^{j\omega_c t} \tag{6-18}$$

其中，A 是信号幅度，ω_c 是信号载频。该信号被点目标 P 散射，换能器收到的回波信号为

$$s_i(x,\ t) = K_s Ae^{j\omega_c(t-a)} \tag{6-19}$$

其中，K_s 为一常数，其值和点目标 P 对入射声波的散射系数有关，一般为复数。α 为回波滞后发射信号的时间

$$\alpha = \frac{2r}{c} \tag{6-20}$$

其中，c 是声波在介质中的传播速度。当换能器位于 x 时，它到目标 P 的距离由式（6-17）给出，将式

（6-17）代入式（6-19），得到式（6-21）

$$s_i(x, t) = K_s A e^{j\omega_c t} \cdot e^{-j\frac{4\pi}{\lambda}R} \cdot e^{-j\frac{2\pi}{\lambda R}(x-X)^2} \tag{6-21}$$

在实际工作中，换能器是间歇工作的。如图 6-9 所示，换能器沿 x 轴移动，在间隔为 Δx 的位置点发射声脉冲。声脉冲具有一定宽度，中心频率为 ω_c。用 $(n\Delta x)$ 代替式（6-21）中的 $(x-X)$，并略去固定相位项 $\frac{4\pi}{\lambda}R$，就得到

$$s_i(n\Delta x, t) = K_s A e^{j\omega_c t} \cdot e^{-j\frac{2\pi}{\lambda R}(n\Delta x)^2} \tag{6-22}$$

其中，$e^{-j\frac{2\pi}{\lambda R}(n\Delta x)^2}$ 项正是由于换能器相对于点目标 P 移动造成的回波信号平方相位变化如图 6-9 所示：

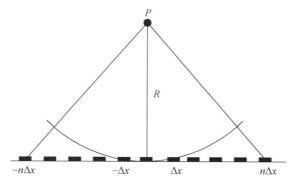

图 6-9　合成孔径线阵接收信号平方相位示意图

对式（6-21）中回波方位信号如何处理，是合成孔径超声成像的关键问题。如果不作进一步处理，方位分辨率实际为

$$\rho_a = \beta_{0.5} R = 0.84 \frac{\lambda}{d} R \tag{6-23}$$

式（6-23）就是真实孔径超声检测成像的情况，方位分辨率较差。

回波信号式（6-22）具有平方相位变化，这等效于回波瞬时频率有线性变化，称之为多普勒频移。对此进行处理，作方位向波束压缩，可以提高方位分辨率。

2. 匹配滤波和信号接收

在合成孔径超声成像中，换能器的孔径很小，辐射的声功率不大，波束角很宽，所以回波信号弱。换能器作为接收器工作时，接收灵敏度也不高，在其工作环境中又存在各种类型的噪声，因此需要滤除噪声，获得较高信噪比。

设有任一确定信号 $S_i(t)$，其频谱为 $S_i(\omega)$，通过频响为 $H(j\omega)$ 的接收机或滤波器后，在确定时刻 $t = t_0$ 的输出信号为

$$S_0(t_0) = \frac{1}{2\pi} \int_{-\infty}^{+\infty} S_i(\omega) H(j\omega) e^{j\omega t_0} d\omega \tag{6-24}$$

如果在滤波器输入端同时加入白噪声 $n_i(t)$，其功率谱密度为 N_0，则输出噪声 $n_0(t)$ 的功率谱密度为

$$N(\omega) = N_0 |H(j\omega)|^2 \tag{6-25}$$

在确定时刻 $t = t_0$，输出噪声均方值为

$$\langle n_0^2(t_0) \rangle = \frac{1}{2\pi} \int_{-\infty}^{+\infty} N_0 |H(j\omega)|^2 d\omega \tag{6-26}$$

因此，在任意确定时刻 $t = t_0$，滤波器输出信噪比为

$$(SNR) = \frac{S_0(t_0)}{\langle n_0^2(t_0) \rangle} = \frac{\left| \frac{1}{2\pi} \int_{-\infty}^{+\infty} S_i(\omega) H(j\omega) e^{jwt_0} d\omega \right|^2}{\frac{1}{2\pi} N_0 \int_{-\infty}^{+\infty} |H(j\omega)|^2 d\omega} \tag{6-27}$$

当满足以下条件时

$$H(j\omega) = K S_i^*(\omega) e^{-j\omega t_0} \tag{6-28}$$

其中，K 是常数，将得到最大输出信噪比

$$(SNR)_{max} = \frac{\frac{1}{2\pi} \int_{-\infty}^{+\infty} |S_i(\omega) H(j\omega) e^{j\omega t_0}| d\omega}{N_i} = \frac{E}{N_0} \tag{6-29}$$

式 (6-29) 表明信噪比与波形无关。其中，E 是输入信号能量

$$E = \frac{1}{2\pi} \int_{-\infty}^{+\infty} |S_i(\omega) e^{j\omega t_0}|^2 d\omega = \int_{-\infty}^{+\infty} s_i^2(t) dt \tag{6-30}$$

满足式 (6-28) 的条件，成为匹配滤波，可以进一步表示为

$$|H(j\omega)| = K|S_i(\omega)| \tag{6-31a}$$

$$\arg[H(j\omega)] = - \{\arg[S_i(\omega)] + \omega t\} \tag{6-31b}$$

由此可见，为使输出信噪比（SNR）达到最佳，接收机幅频特性 $|H(j\omega)|$ 应与输入信号频谱 $|S_i(\omega)|$ 一致，称为模匹配条件。从物理上来看，模匹配条件要求，在输入信号幅度谱 $|S_i(\omega)|$ 为 0 的频率，接收机的频响也应为零，以便抑制在这个频率的噪声，使之不被送至输出端。在信号幅度高的频率范围内，接收机的频响也高，从而有利于达到最佳信噪比。

匹配滤波还应满足相位匹配条件式 (6-31b)，从物理上看，相位匹配条件要求输入信号的所有频率分量在通过匹配滤波后，应得到程度不等的附加相移，以使得它们均被校正到同相位，即使所有频率分量均在 $t=t_0$ 时刻同时出现在输出端，因而使输出信噪比达到最大值。

在合成孔径超声成像中，当换能器处于不同位置时，接收到同一目标点的回波信号具有平方相位变化，见式 (6-32)。通过匹配滤波器来处理合成孔径信号，当幅度条件及相位条件都满足后，回波信号的相位变化得到补偿，使得在较宽的波束角范围内出现的回波信号在同一时刻出现在输出端，这就实现了波束压缩，提高了方位分辨率（孙宝申和沈建中，1993）。

以上是在频域中讨论，下面转到时域分析匹配滤波的作用。

对接收机频响 $H(j\omega) = K S_i^*(\omega) e^{-j\omega t_0}$ 关系式的左右两边同时作傅里叶逆变换

$$
\begin{aligned}
h(t) &= \frac{K}{2\pi} \int_{-\infty}^{+\infty} S_i(\omega) e^{-j\omega t_0} e^{j\omega t} d\omega \\
&= \frac{K}{2\pi} \int_{-\infty}^{+\infty} \left[\int_{-\infty}^{+\infty} S_i(t') e^{-j\omega t'} dt' \right]^* \times e^{-j\omega t_0} e^{j\omega t} d\omega \\
&= \frac{K}{2\pi} \int_{-\infty}^{+\infty} \left(\int_{-\infty}^{+\infty} e^{j\omega t'} e^{-j\omega t} d\omega \right) \times s_i(t') dt' \\
&= K \int_{-\infty}^{+\infty} \delta(t' - t_0 + t) s(t') dt' \\
&= K s_i(t_0 - t)
\end{aligned}
\tag{6-32}
$$

式 (6-32) 表明，匹配滤波器的脉冲响应是输入信号的时间反演，但在时间轴上平移了 t_i，并乘以增益常数 K。

根据卷积定理，匹配滤波输出为

$$s(t) = \int_{-\infty}^{+\infty} s_i(t - \tau) h(\tau) \mathrm{d}\tau$$

$$= K \int_{-\infty}^{+\infty} s_i(t - \tau) s_i(t_0 - \tau) \mathrm{d}\tau$$

$$= K \int_{-\infty}^{+\infty} s_i(t + \tau) s(t + \tau) \mathrm{d}\tau$$

$$= K R_i(t - t_0) \tag{6-33}$$

其中，$R_i(t-t_0)$ 为输入信号的自相关函数。式（6-33）表明，经过匹配滤波后，输出信号不再保持为输入信号 $s_i(t)$ 的形状。输出信号将是输入信号的自相关函数，经过一定延迟后，在 $t = t_0$ 时刻达到最大值。这个信号峰值在一个短暂时间内出现，突出于噪声之上，得到最大信噪比，故称为相关接收。

合成孔径超声成像的回波信号由式（6-22）表征，只保留平方相位项，并可写为以下形式

$$s_r(n) = K_i \mathrm{e}^{\mathrm{j}\frac{\pi n^2}{N}} \tag{6-34}$$

其中，$N = -\dfrac{\lambda R}{2(\Delta x)^{2*}}$，$n = -\dfrac{N}{2}, \cdots, 0, \cdots, \dfrac{N}{2} - 1$。

由式（6-32），与输入信号 $s_i(t)$ 相应的匹配滤波脉冲响应为：$h(t) = K s_i(t_0 - t)$；取 $K = 1$，$t_0 = 0$。与式（6-34）的回波信号相应，匹配滤波脉冲响应为：$h(n) = \mathrm{e}^{-\mathrm{j}\frac{\pi n^2}{N}}$，方位向数字波束锐化应完成的时域相关运算为

$$s_0(n) = \sum_{k=-\frac{N}{2}}^{\frac{N}{2}-1} s_r(k) h(n - k) \tag{6-35}$$

在合成孔径超声检测中，信号采集和存储是在基元换能器移动过程中逐点进行的，在每个位置，超声换能器先是向介质中发射具有一定宽度的声脉冲；然后转而接收由不同斜距 r 处反射回来的声脉冲，并量化、存储。数据的顺序是以 R 的大小为序，这不符合方位向波束压缩处理的要求。因此，在进行方位压缩处理前，需进行数据重排。将原始数据以时间先后为序沿 x 方向送入阵列存储器中，每一行存储一个脉冲重复周期的数据，然后沿 y 方向逐列读出，这样经过重拍后的数据就是沿方位向的，可以用于波束压缩处理（孙宝申和沈建中，1993）。

3. 直接相关法波束锐化

为了提高方位分辨率，必须对多普勒频移信号进行压缩，即方位向波束锐化。所谓直接相关法波束锐化，就是直接按式（6-35）作时域相关运算，称为"延时-相加"方法。超声换能器沿合成孔径方向移动，在每一个位置发射超声脉冲并接收由目标物反射回来的回波信号。经采样、量化后按时间顺序串行送入平面阵列存储器，沿水平方向每一行存储在一个位置点采集的数据；垂直方向每一列数据则是在不同位置点采集的，由同一斜距 r 处反射回来的回波信号记录。作相关运算时，按列读出数据并送至乘法器；同时，匹配滤波器的脉冲响应作为参考函数也送到乘法器，乘法器的输出经求和后即为图像采样输出。

直接相关法从物理上看容易理解，其缺点是要求处理器的信息存储量大，要求完成的运算量大。

此外相关运算中的参考函数 $h(n) = \mathrm{e}^{-\mathrm{j}\frac{\pi n^2}{N}}$ 是逐点变化的。如果在波束压缩运算过程中，逐点实时计算其值，则处理运算时间会增加，可以预先完成这部分运算，并将结果存储起来，在相关处理过程中，用查表的方法读取参考函数数据，这样做的缺点是增加了信息存储容量，同时数据的读取也会耗费一定的时间（孙宝申和沈建中，1993）。

4. FFT 匹配滤波波束锐化

提高波束锐化处理效率的另一条途径是根据式（6-35）应用快速傅里叶变换（FFT）技术，将时域信

号变换到频域，然后乘以匹配滤波所要求的频域加权系数，再经过 FFT 逆变换到时域，得到束宽压缩。

上述步骤是由离散傅里叶变换的循环卷积推得，因此 FFT 所用数列长度是

$$N_F = N_s + N_h - 1 \tag{6-36}$$

其中，N_s 为方位向数据采样点数，N_h 是参考函数 $h(n)$ 的数列长度。在式（6-28）所示的条件下，$N_s = N_h$，于是式（6-36）变成

$$N_F = 2N_s - 1 \tag{6-37}$$

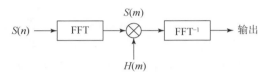

图 6-10　用 FFT 实现束宽压缩方框图

由于 $N_F > N_s$ 或 N_h，因此无论是方位信号或滤波器脉冲响应，都需要将数据长度用补零的方法增至 $2N_s -1$。这样图 6-11 中的 $S(m)$ 和 $H(m)$ 就是已增长长度的信号和脉冲响应的离散傅里叶变换：

$$S(m) = \sum_{n=0}^{2(N_s-1)} S_r(n) e^{-j\frac{2\pi mn}{2N_s-1}}$$

$$H(m) = \sum_{n=0}^{2(N_s-1)} h(n) e^{-j\frac{2\pi mn}{2N_h-1}} \tag{6-38}$$

应用傅里叶变换技术，将直接相关法要求的时域卷积运算转换为频域的乘法运算，可以简化工作量，同时使处理速度加快；但由于数据长度增加近一倍，加之频域加权也需要占用一定的存储单元，所以 FFT 算法要求的存储单元数目比直接相关法要多，同时 FFT 算法不能如同直接相关法那样逐行给出检测结果（孙宝申和沈建中，1993）。

6.3　超声横波反射成像检测系统

在超声波法检测方法中，超声横波法因其指向性好、分辨率高、检测灵敏度高而作为一种广泛使用的检测方法。横波是质点振动方向与波的传播方向相垂直的一种波形，是介质在受到交变的剪切力的作用下发生剪切形变而产生的。在传播横波时物体中质点要产生剪切变形，由于液体和气体中没有剪切弹性，因此，横波只能在固体中传播，所以当超声横波在传播过程中遇到固体-液体界面或者固体-气体界面时，不能发生透射而在该界面发生全反射。横波的速度通常约为纵波的一半，因此，相同频率时横波的波长约为纵波波长的一半，其分辨能力较纵波要高。在实际检测工作中经常会用到横波，其主要原因是通过波型转换，较容易在被检测材料中得到一个传播方向与表面有一定倾角的单一波形，以对不平行于表面的缺陷进行检测（吴慧敏，1998）。

图 6-11　阵列超声反射成像仪

6.3.1 超声横波反射成像检测系统组成

超声横波反射成像检测系统一般是由横波换能器阵列、系统控制单元、数据采集处理单元、图像重建单元等四个部分组成。

1. 横波换能器阵列

横波换能器阵列是由低频干耦合点接触（DPC）超声探头阵元按一定的排列方式组合而成。如图 6-12 所示，DPC 探头采用专门的设计，声学晶片尺寸数倍小于常规检测的超声波波长（40mm 或更小）。探头由复合液体制成特殊隔声材料包围在整个压电晶片的周围，可以提供更高的振动衰减以增加感应声波的能力，DPC 超声探头解决了长久以来超声探头与被测目标体表面之间的耦合接触问题。

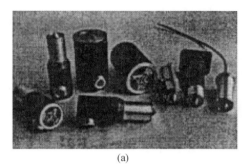
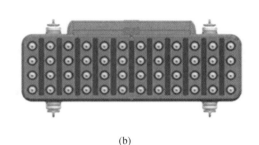

(a) (b)

图 6-12　超声横波换能器

（a）单晶 DPC 超声探头；（b）超声横波换能器二维阵列

在检测过程中，换能器阵列相继地用作发射或接收装置，横波换能器具有很高的衰减系数，以产生持续时间较短的声脉冲。如图 6-13（a）所示的从空气界面反射回来的声脉冲的典型波形，图 6-13（b）显示了脉冲的幅值频谱，我们可以看出中心频率约为 50kHz。

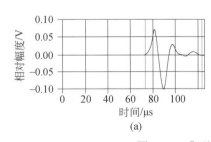
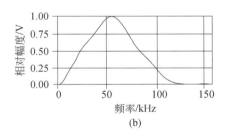

(a) (b)

图 6-13　典型声脉冲及其幅值频谱

工作采用线扫描方式，所有换能器阵元以不变的相位从一侧到另一侧，逐组激活。即首先将一行换能器用作发射器，其他行的换能器用作接收器，如图 6-14 所示。换能器阵列在控制单元作用下，逐行轮流进行发射，直至所有行换能器都用作发射器为止（图 6-15）。

2. 系统控制单元

系统控制单元主要由超声波发射电路和接收放大电路组成。超声发射电路用于产生加在超声探头上的高压脉冲，使得传感器发射超声波；超声波接收电路用于把传感器接收到的回波信号通过接收电路转换成微弱信号，再经过接收放大器进行信号放大后送入数据采集处理单元。同时，系统控制单元还负责收发脉冲的延时控制。

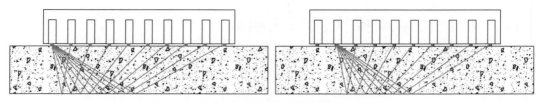

图 6-14　阵列发射示意图

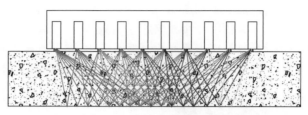

图 6-15　全波束路径示意图

3. 数据采集处理单元

数据采集处理单元主要用来产生闸门信号及增益控制信号，同时负责超声回波脉冲信号的采集存储。通过电子聚焦技术将换能器子阵中各阵元的接收信号，经适当延迟后叠加在一起，使焦点处回波信号形成同相相加，从而获得较强的合成信号；而非焦点处的回波信号由于不是同相相加，其合成信号会得到削弱，甚至相互抵消。最后将经过调理的信号进行 A/D 转换后进行存储。

4. 图像重建单元

在沿着所有扫描线获取检测数据后，采用合成孔径聚焦技术来重建目标体内部的三维图像。图像重建过程中目标体被细分成为许多小体积元（类似于应力分析中的有限元）。如图 6-16，根据脉冲到达时间和发射器–接收器对的已知位置，可以得到反射界面的深度。由于波束的路径是倾斜的，反射体的深度根据直角三角形三边长度的关系算出

$$d = \sqrt{\left(C_s \frac{\Delta t}{2}\right)^2 - X^2} \tag{6-39}$$

在式（6-39）中，C_s 是开始用仪器在校准模式中测得的被测物体中超声横波的波速。如果反射界面很大，会有多个接收器收到反射信号，这样就可以算出反射界面的大致范围。

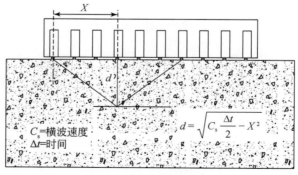

图 6-16　深度计算原理图

重建的三维图像被保存在仪器中，用户可以查看所有检测到的界面的三维图像，也可以查看这些界面在三个正交平面上的投影。三个正交平面上的图像有正式的名称，如图 6-17 所示。C 平面扫描图显示反

射界面在平行于被测表面的平面上的投影。B 平面扫描图显示反射体在垂直于被测表面和扫描方向的平面上的投影。D 平面扫描图显示反射体在垂直于被测表面但平行于扫描方向的平面上的投影。或者说，它提供了反射体的"正视图"。通过定义 C 平面扫描图的 z 坐标，B 平面扫描图的 x 坐标，或 D 平面扫描图的 y 坐标，用户也可以查看构件在某个方向上某个位置处的剖面。

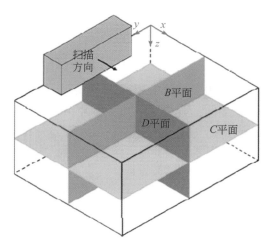

图 6-17 三个正交平面上投影示意图

6.3.2 阵列超声横波检测仪器的技术特点

1. 干耦合点接触弹簧加载方式

横波传感器是弹性装置，干点接触，工作中心频率 50kHz 压电传感器，每一个传感器由耐磨陶瓷小固件制作而成，能适应非常粗糙和不光滑的表面。

2. 采用超声横波检测方法

该系统具备生成 2D 和 3D 混凝土结构的图形图像，其传感器是横波传感器，采用的是横波检测方法。

3. 采用阵列式系统

该系统主要是一个相控阵组成的控制器，它由 12 个模块组成。每一个模块包含 4 个横波传感器，当超声波信号发出后，接受到信号的会被控制器进行处理，然后转移到掌上电脑用合适的软件进行处理。

4. 采用合成孔径聚焦技术成像

它通过将阵列小探头接收的超声信号合成处理而得到与较大孔径探头等效的声学图像，其优点是可以利用较低的工作频率和较小的换能器孔径获得较好的横向分辨率。

6.4 超声横波反射成像数据处理

6.4.1 信号预处理

超声回波信号的预处理就是减少杂波干扰的过程。在检测过程中，扫描检测信号存在很多信号的混

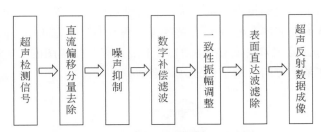

图 6-18　超声横波反射成像数据处理流程图

叠，主要包括被检测物体结构噪声、直达表面波、超声波在界面上反射和折射形成的波形转换波、声脉冲随机噪声等，使得检测信号信噪比降低，有用反射信号很难分辨出来。常规信号预处理主要包括以下几个步骤。

1. 去直流偏移分量

从物理学的角度，检测信号在扫描时窗内短时平均值应保持稳定，且幅度概率分布应该是关于平均值成对称的正态分布，但在实际检测中，受到接收电路中不稳定因素的影响，扫描信号的短时平均值会发生变化，造成幅度概率分布非对称歪斜，有直流偏移分量的存在，而且该直流偏移还是时变的。采用均值滤波的方法进行直流偏移处理，使信号开始位置基本回到零值，即让信号平均值趋于 0，从而去除信号中的直流偏移分量。

2. 噪声抑制

超声检测过程中，各种随机噪声的干扰是不可避免的，对于噪声抑制处理也是信号预处理的重要方面，常用的方法有时域平均滤波和小波分析滤波。其中时域平均滤波可在数据采集过程中完成，较容易实现，而且可以在检测过程中得到比较平滑的检测信号，便于实时观测。但时域平均滤波并不能完全抑制噪声，需要进一步的进行小波分析滤波，达到消除噪声的目的。

传统的去噪方法主要包括线性滤波方法和非线性滤波方法，它们的不足之处在于变换后的熵增高、无法刻画信号的非平稳特性并且无法得到信号的相关性。为了克服上述缺点，可使用小波变换解决信号去噪问题。

3. 数字补偿滤波

为了抑制超声传感器频响特征对检测信号的窄带滤波效应，通过对检测信号进行反卷积或逆滤波补偿，从而恢复原始信号。

4. 一致性振幅调整

一次性振幅调整通常采用基于采样最大值的振幅调整以及基于表面直达波的振幅调整。基于采样最大值的方法是将每个扫描信号按照最大的采样值进行归一化处理，基于表面直达波方法是以表面直达波作为检测信号振幅一致性的评判标准，通过统一表面直达波幅值，可以完成扫描信号的振幅调整。首先需要将检测信号中的表面直达波提出来，因为表面直达波和激励波有很大的相关性，因此，可以采用求相关函数的方法来识别检测信号中的表面直达波。

5. 表面直达波滤除

虽然可以借助表面直达波进行一致性振幅调整，但表面直达波相对于检测信号还是属于干扰信号，表面直达波与浅层目标反射信号有混叠，会给反射信号的识别带来困难，因此需要将其剔除。常见的表面直达波滤除方法有两种：一是均值去除法，二是相关去除法。

均值去除法的核心是有效估计出各个扫描信号中的表面直达波信号。由表面直达波的特点可知，在测量范围不大，探测表面比较平稳的情况下，表面直达波具有很强的相关性，如果能找到一个参考的表面直达波信号（不含目标回波信息），便可以实现对扫描信号中的表面直达波进行抵消。

相关去除法是通过利用求取相关函数的方法识别表面直达波，然后对其定位，在扫描信号中予以剔除（李秋锋，2008）。

6.4.2　超声反射数据成像

常见的超声成像显示技术主要有四种，分别是 A-扫描、B-扫描、C-扫描、S-扫描等。其中，比较常用的是 A-扫描和 B-扫描。

1. 超声检测 A-扫描

超声检测 A-扫描的工作过程是某一组超声探头晶片首先在 $t=0$ 时刻以某一角度和聚焦发射单个超声波束后，然后同时从 $t=0$ 到 $t=M$ 依次接收超声脉冲回波，依靠一组晶片的延时规律，叠加形成某一固定方向和的发射超声脉冲，它表示了脉冲幅度与传播时间的关系。

超声检测 A-扫描显示即直角坐标显示，横坐标代表传播距离，纵坐标代表回波幅度。单个超声检测 A-扫描显示波形可在实际检测后做"离线"单独评价。

2. 超声检测 B-扫描

超声检测 B-扫描（图6-19）显示的是物体的正视图剖面，可直观地显示出探测目标体任一纵界面上的缺陷分布及缺陷的深度。

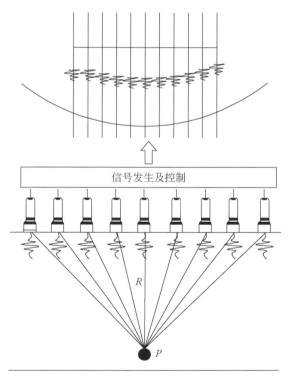

图 6-19　超声检测 B-扫描成像系统示意图

　　在声束作线扫描的入射平面内，B-扫描显示就实时出现在每个周期后。在扫描范围内接收到的所有回波，其回波幅度位置和大小显示与预先设定的色码一致，可自动生成二维断面图。若探头还沿与声束扫描方向相垂直的方向移动并记录探头位置，就可以以切片形式存储检测结果，最后获得一定体积的检测结果，可以通过将这些检测结果合成，形成目标体三维（3D）显示图像。

第7章 声波层析成像检测技术

层析成像的英文 tomography 源于希腊语 to-mos，本意是断面或切片。所谓层析成像，就是依据在物体外部观测到的数据建立起物体截面的图像。层析成像最先用于医学，随后拓展到其他领域。应用地球物理领域对层析成像的研究开始于 20 世纪 70 年代初，最初是利用井下—地面、地面—井下以及井间地震观测的三维地震数据来获取砂体性质（Bios 等，1972；Laporte，1973）。80 年代初期，海湾石油公司与美国加州大学合作利用地震反射数据重建地下速度结构，在 1984 年亚特兰大第 45 届勘探地球物理学家协会（Society of Exploration Geophysicists，SEG）年会上公布地震层析成像的研究成果。过去 40 年中，各类层析成像方法及技术的发展异常迅猛，取得一系列重大进展。地球物理领域内层析成像主要研究如何利用弹性波（声波、地震波）、电磁波或其他场的数据对地球内部成像，其理论基础是 Radon 变换：即已知所有入射角 θ 的投影函数 $u(\rho, \theta)$ 可以唯一地恢复图像函数 $f(x, y)$。

7.1 声波层析成像发展概况

7.1.1 声波射线层析成像发展概况

计算机层析成像（Computerized Tomography，CT），是依据在物体外部观测到的数据建立起物体截面的图像，也叫计算机辅助断层成像技术。断层成像的概念最早由挪威物理学家 Abel 发表于 1826，其研究对象是轴对称的物体。1917 年，奥地利数学家 Radon 发展了 Abel 的思想，使得成像对象扩充到任意形状的物体。Allen Cormack 于 1963 年首先提出了采用多方向投影重建断层图像的计算方法。1968 年英国 EMI 公司中央研究所工程师 Hounsfield 研制出了检查头颅用的 CT 装置，并申请获得了英国专利。Cormack 和 Hounsfield 两人因此而共同获得 1979 年的诺贝尔医学或生理学奖。地球物理领域内层析成像主要研究如何利用地震波、电磁波或其他场的数据对地球内部成像，其理论基础是 Radon 变换

$$u(\rho, \theta) = \int_L f(x, y) \mathrm{d}x$$

其中，$f(x, y)$ 称为图像函数，$u(\rho, \theta)$ 为投影函数，θ 为入射波方向，ρ 为观测点位置。1917 年数学家 Radon 证明：已知所有入射角 θ 的投影函数 $u(\rho, \theta)$ 可以唯一地恢复图像函数 $f(x, y)$。从层析的意义看，沿射线路径传播的信号累加模型的某些性质，如慢度异常、衰减等。当多道射线路径从许多方向传经该模型时，就可以提供足以重建该模型的信息。

层析成像技术可以应用多种能量波和粒子束，如 X 射线、γ 射线、电子、中子、质子、红外线、射频波、超声波等。当层析成像应用的能量波为声波时，则称为声波层析成像技术。

应用地球物理领域对层析成像的研究开始于 20 世纪 70 年代初，Bois 等（1972）、Laporte（1973）利用井下—地面、地面—井下以及井间地震观测的三维地震数据来获取砂体性质。80 年代初期，海湾石油公司与美国加州大学合作利用地震反射数据重建地下速度结构，在 1984 年亚特兰大第 45 届 SEG 年会上公布了地震层析成像的研究成果，以 Daily（1984）、Somerstein（1984）、Pratt 和 Worthington（1984）、Bishop（1985）等的研究为代表，利用人工地震发射与接收系统的地震层析成像理论、方法和技术以数值模拟的形式得到深入、广泛的研究。此后地震和声波层析成像应用领域不断扩展，在资源勘探、工程勘查、环境保护、文物调查、防灾减灾、无损检测等许多应用领域都得到实验性研究并取得有效的进展

（杨文采，1996；徐明果，2003；王兴泰，1996；王建军等，2006；汪兴旺，2008；石林珂和孙懿斐，2001；Phillips and Fehler，1991；Tian et al.，2007；Rector，1995；Ishii et al.，1992；金伟良和赵羽习，2002；赵勤贤，2002；朱金颖等，1998；Bond et al.2000；William et al.，2000；袁志亮和孟小红，2007；程久龙，2000；Cheng et al.，2001）。

从声波的运动学和动力学特征出发，声波方法可分为两大类：一类是基于几何光学或射线方程的射线层析成像；另一类是基于波动方程的波形层析成像。当被探测介质中异常体的线性尺度大于地震波长时，射线层析成像是适用的；而当被探测介质中异常体的线性尺度与地震波长相近时，衍射和散射起主导作用，射线理论的成像方法不再适用，必须采用波动方程层析成像方法（裴正林，2001）。

射线层析成像从直射线层析成像方法（Ndet，1991）发展到弯曲射线层析成像方法（周兵和赵明阶，1992；周兵和朱介寿，1994；吴律，1997）；反演方法由最小二乘法发展到各种约束条件下的阻尼最小二乘法（Carrion，1991；张文生和何樵登，1997）以及统计法（殷军和冯锐，1992）。衍射层析成像是波动方程层析成像的一次近似，它利用了波场的振幅和波场的相位，与射线层析成像相比，衍射层析成像提高了分辨率，可以减少由于有限观测角所造成的假像（Wu and Toksoz，1987；Lo et al.，1988；Pai，1990）。目前衍射层析成像大多只用于均匀的背景介质，而变背景的比较少（Dickens，1994；黄联捷和吴如山，1994；井西利和杨长春，1997）。散射层析成像方法是广义 Radon 变换的一级近似逆，它可用于不均匀的背景介质。散射层析成像方法在已知准确的背景速度分布时可以给出分辨率很高的成像结果，但在不能给出准确背景速度场时效果较差（Tarantorn，1984；黄联捷和杨文采，1991）。波形层析成像方法利用全波场信息，更能正确地反演地下的真实介质模型。目前波形层析成像已有了较多研究（Pratt and Coulty，1991；Reiter and Rodi，1996；王守东和刘家琦，1995；Luo et al.，1991；Bunks，1995；冯国峰等，2003；钱建良等，1996；Zhou，1995），主要集中在弹性介质声波方程和弹性波方程的速度单参数反演。波形反演存在的主要问题是：①由于波形反演的目标函数中存在大量的局部极小，波形层析成像存在收敛速度慢，对初始模型依赖性强以及易于陷入局部极小的缺陷；②对复杂介质模型，由于数学模型复杂，存在多参数反演，在反演算法上存在较大的难度；③波形反演需要解析函数模拟发射源的辐射和接收耦合，然而受发射源周围介质岩性性质、几何形状、耦合条件等因素的影响，准确确定这样的源函数是非常困难的。因此波形层析成像目前尚处于数值模拟研究阶段，还未在实际中推广应用，而真正能够达到实用阶段的仍然是射线层析成像，因此，目前基于走时的射线追踪方法仍是声波层析成像的重要研究内容。

7.1.2　射线追踪方法发展概况

射线理论和射线方法是研究声波传播理论的重要方面之一，用射线理论可以研究地下复杂构造、横向不均匀介质中的弹性波传播问题。经过射线追踪，计算声波的走时、波前和射线路径。射线追踪的理论基础是，在高频近似条件下，弹性波场的主能量沿射线轨迹传播。传统的射线追踪方法，通常意义上包括初值问题的试射法（Shooting Method）和边值问题的弯曲法（Bending Method）。试射法根据由源发出的一束射线到达接收点的情况对射线出射角及其密度进行调整，最后由最靠近接收点的两条射线走时内插求出接收点处走时。弯曲法则是从源与接收点之间的一条假想初始路径开始，根据最小走时准则对路径进行扰动，从而求出接收点处的走时及射线路径。试射法和弯曲法的主要问题是：①难于处理介质中较强的速度变化；②难于求出多值走时中的全局最小走时；③计算效率较低；④阴影区内射线覆盖密度不足。鉴于上述问题，国内外学者在射线追踪方面做了大量的研究工作，主要方法有：

（1）Vidale 方法。Vidale 基于矩形扩张波前的思想提出一种近似程函方程的有限差分方法（Vidale，1988，1990；Vidale and Houston，1990）。与传统试射法与弯曲法不同，Vidale 方法计算的是波阵面而不是射线路径。该方法的要点是：首先用正方形的网格对慢度模型进行离散化，对程函方程中的偏导数用有限差分进行离散近似，给出平面波或球面波的外推公式；然后从已知走时的、围绕震源的正方形上的结点开始，根据该正方形上结点的已知走时计算其外侧相邻另一正方形上结点的未知走时，外推方向是由震源逐步向外，直到遇到正方形顶点或其对应的内侧相邻正方形上结点走时为相对极大值时停止；最后通过多次迭代即可求出整个计算区域内网格点上地震波的最小走时。

（2）改进的 Vidale 方法。当介质中存在较大的速度间断时，Vidale 方法会出现不稳定。对此 Qin 等（1992）在 Vidale 扩展方阵的基础上实现扩展波前的递推方法，但计算量增加很大；Podvin（1991）按扩展方阵的方式求取走时，对每一个网格节点，系统地比较来自各个方向的透射波、衍射波和首波。这两种方法与 Vidale 方法相比，增加很多计算量，但其稳定性相当好。

（3）Van Trier 法。Van Trier（1991）首先将程函方程化为守恒型程函方程，然后用有限差分法（上风法）直接求解变换后的方程，进而求出地震波场的最小走时。这种算法的主要局限性在于守恒通量函数当介质速度梯度较大时可能变为虚数，从而导致计算终止；另外，在实际应用中，常常需要频繁地进行极坐标网格到直角坐标网格的走时转换，从而使计算量大大增加。

（4）波前法射线追踪。波前法射线追踪（Wave-Front Ray Tracing，WFRT），是由黄联捷等（1992）首先提出的。其基本原理是：在波的传播过程中，根据 Huygens-Fresnel 原理，波前上每一网格点均可视为次级源。因此，波从震源传播出来，经过若干个次级源（网格点）便可传播到网格化介质里的某个网格点，但有许多不同的路径。对于初至波，根据 Fermat 原理，应该选取其中最小的走时及其相应的射线路径。当介质模型的所有网格点均相继当作次级源之后，便完成射线追踪。利用波前法，除可得出透射走时和射线路径外，还可得出任何时刻的波阵面，并且计算时避免对射线的迭代。数值试验结果表明，利用波前法进行射线追踪，所得的结果精确并且计算速度快。WFRT 方法的特色在于，在射线追踪过程中，系统地考虑计算方块内速度界面可能存在的组合形式，并根据 Snell 定律对此做了细致的处理，较大地提高计算速度。对透射波而言，共有二种涉及界面的传播路径，即直线、平界面的一次透射及直角界面的一次透射。

（5）最短路径法。最短路径法的基础是 Fermat 原理及图论中的最短路径理论。Nakanishi 和 Yamaguchi（1986）首次把网络最短路 Dijkstra 算法应用于地震最小走时射线追踪，此后 Moser（1991）提出了基于网络的射线追踪方法，其追踪算法的过程为：将整个追踪区域剖分成一系列正方形网格单元，在单元顶点或边界上设置节点从震源发出的波首先到达最相邻的单元节点从中选取走时最小的节点作为波前子波源点（看成新震源点），由它向已做过震源点之外的其他邻近节点发出射线产生新波前，这样，波动就象接力棒一样被传播至整个模型空间。相应地，也就得到了空间各点的初至波走时和射线路径。

最短路径方法计算速度快且稳定，可一次性地得到整个空间任一节点的全局最小走时和路径，可追踪绕射波，对速度模型的维数和复杂性没有限制。但是，这种方法也有自身的弱点：一是追踪得到的射线大都是由折线呈锯齿状相连，比真实射线路径长；二是该方法不能处理低变速区容易出现的射线路径多值现象，使得最终的走时和路径位置出现较大的偏差。为此，不少学者开展大量的研究工作寻求解决上述问题的方案。Fischer 和 Lees（1993）根据斯内尔（Snell）定律修正射线路径，并在射线多值点增加直射线追踪，在较少的剖分节点的情况下获得很大改善的结果。Klimes 和 Kvasnicha（1994）详细地分析了算法的误差来源，并根据误差情况优化子波源的出射方向数。Zhang 和 Toksoz（1998）通过选择合理的节点分布提高了追踪的精度。Van Avendonk 等（2001）发现在原有结果与真实情况偏离不大的情况下，利用弯曲法可以很好地提高结果的精度。王辉等（2000）优化了波前点的排序和子波射线路径的速度，实现了二维射线追踪。赵爱华等（2000）通过改进波源点选取办法和子波路径构成，改善了算法的效率和精度。刘洪等（1995）采用波前点扫描代替波前点搜索，并利用双曲线近似对波前点插值，也改善了算法的效率和精度。张建中等（2004）提出了动态网络追踪技术，明显提高了算法的精度。高尔根等（2002）提出了任意界面下的整体迭代射线追踪方法。徐涛（2004）通过三角形面片描述地质界面实现了三维复杂介质的块状建模和试射射线追踪。张美根（2006）提出一种适用于层状或块状模型的界面二次源波前扩展法全局最小走时射线追踪技术。

除上述几种方法外，还有对最小走时算法的改进，使之适应多值走时计算，如慢度匹配法（Symes，

1998）；传统方法与最小走时算法的结合，如惠更斯波前追踪法（Huygens Wavefront Tracing，HWT）（Sava and Fomel，1998），是通过波前传播计算射线路径。

最近几年，围绕射线追踪方法，国内外许多学者在理论算法及应用方面做了大量的研究工作，具体详见文献（Leidenfrost et al.，1999；Zhang and Chen，2003；韩复兴等，2008；赵改善等，1998；许琨等，1998；张赛民等，2007；吴国忱等，2003；赵连锋等，2003；Sethian and Popovici，1999；Yao and Osypov，1998；徐升等，1996；陈景波和秦孟兆，2001），这里不再详叙。

综观国内外研究现状，射线追踪方法的一个共同点是，首先将速度模型用矩形网格离散化，然后进行最短路径的射线追踪。针对矩形网模型剖分适应性差、射线追踪误差较大的缺点，于师建、刘润泽等研究了采用三角网的最小走时射线追踪算法及成像方法（Yu et al.，2010；于师建和刘润泽，2014；刘润泽等，2013，2014）。成谷等（2002）指出矩形网格参数化的一些缺点，提出三角形网格参数化的思想，并将其应用于反射地震走时层析成像中。

为计算简单，采用矩形网格参数化时网格大小和形状通常是相同的，这样可使得网格间检索和数据点定位简单。但这样的处理方式也有很多缺点：

（1）模型剖分的灵活性差。矩形网格大小和形状通常是规则的，这样就不能根据地质构造的复杂程度进行区别对待，为迁就对复杂构造区域的采样精度，矩形网格的尺度需要很小，而网格剖分的均一性要求在构造简单区域必须以同样的尺度划分，增大了剖分网格的数目。

（2）对速度界面的描述精度差，速度模型和界面模型不一致。界面与网格边界不重合，在用速度值的相对大小表征界面的位置时只能用锯齿状的分布来逼近平滑变化的界面。为了保证逼近的精度，则网格的尺寸必须很小，因而导致网格的数目很多。

（3）正演模拟时存储量大、计算时间长。模型剖分的灵活性差导致剖分网格的数目很多，与正演模拟结合时，由于在 Frechet 微商计算中要计算射线在每个网格内的出射点和射线长度，尽管矩形网格剖分形式就单网格计算而言，计算效率高，需要的记录运算少，但由于网格数目众多，因此在总体上存储量大、计算耗时久。

（4）正演模拟难度增大、误差增大、效率降低。对速度界面的描述精度差，即速度模型和界面模型的不一致导致在正演模拟时需根据网格的位置和界面位置的相对关系判断网格内是否有反射界面存在，增大了正演模拟的难度，降低了效率，当网格内有反射界面时，则网格内的速度及其梯度受界面影响较大，增大了正反演计算时的误差。

（5）用于层析反演时存储量大、计算时间长、方程性态差、求解困难。矩形网格参数化与层析反演相结合时，更多的网格意味着更多的未知参数，因此需要更多的射线，则待求解方程组的维数大大增加。此外更多的未知参数意味着参数矢量中欠定的和位于零空间的分量数目更多，性态大大变坏，层析反演的难度增加，通常需要加入正则化约束改变方程组的性态。而正则化约束的加入又增加了存储量和计算量。

相对于矩形网络参数化，三角网格参数化具有如下优点：

（1）模型剖分的灵活性强。剖分方式非常灵活，网格大小和形状可根据探测区域外部几何形状及地下不同区域构造的复杂程度而灵活设置，在构造简单区域采用大网格剖分，在构造复杂区域采用小网格剖分，总体上网格数目少。

（2）对速度界面的描述精度高，速度模型和界面模型具有一致性。三角网格的弯曲边界和界面的延伸方向完全一致，界面位于三角网格间的分界面上，对速度界面的描述精度高。

（3）正演模拟存储量小、计算时间少。就单网格计算而言，三角网格剖分由于网格大小和形状的不规则性，需增加一些记录运算，在计算上效率相对较差，但由于网格数目相对少得多，因此总体上所需的存储量小、计算量和计算时间少。

（4）正演模拟难度降低、误差减少、效率提高。在参数化的过程中可以给出反射线段的界面编号，射线在界面上的入射点直接位于三角网格的弧形边界上，不需根据网格的位置和界面位置的相对关系判断网格内是否有反射界面存在，因此在正演模拟时降低了难度、减少了误差、提高了效率。

（5）用于层析反演时存储量小、计算时间少、方程性态好、求解容易。与层析反演相结合时，未知参数个数少，因此需要较少的射线数，待求解方程组的维数大大减小，在总体上减少了反演的存储量。同时变网格剖分特性本身就具有一种正则化效应，地下介质模型的边界处由于射线覆盖不足，通常处于模型分量的欠定空间或零空间，而三角网格的变网格剖分方式可通过增大边界处网格的大小调整数据对边界区域的控制程度，使方程组的性态相对变好，位于欠定空间和零空间的分量相对减少，层析反演的难度和对正则化的需求相对降低。这在本质上相当于一种正则化作用。

7.1.3　声波层析成像反演发展概况

声波层析成像反演方法可以通过逐次线性化反演来实现，即可归结为求解一个大型的、稀疏的、常常是病态的线性方程组。反演方法通常分为两类：第一类是基于算子的线性或拟线性反演方法；第二类是基于模型的完全非线性反演方法。

1. 基于算子的线性化或拟线性反演方法

地震层析成像是非线性反演问题，线性方法一般是将非线性的反问题方程或由此方程经过数学上的处理后得到的方程线性化为目标。常用的一些线性化方法有积分方程法、射线法、传递矩阵法、Born 近似法及 Rytov 近似法（杨晓春等，2001）。

Aki 和 Lee（1976）、Aki 等（1977）在矩阵计算中引入阻尼系数压制解的奇异性，提出了阻尼最小二乘法，但由于计算费时，需要计算机内存大，故只用于数据量和未知数少于几千个这种情况的问题。Spencer 和 Gubbins（1980）、Pavlis 和 Booker（1980）引入了参数分离技术后，阻尼最小二乘法得到了改进。Golub 和 Reinsch（1970）提出了奇异值分解法（Singular Value Decomposition，SVD），奇异值分解将系数矩阵分解为三个包含数据空间、模型空间和本征值的正交矩阵的乘积，其最大优点是数值稳定。以上方法的好处是不但可以得到方程解，而且可以直接解出分辨矩阵、误差矩阵。采用 SVD 法，Nolet（1987）求解阻尼最小二乘，R. P. Singh 和 Y. P. Singh（1991）求解加权最小二乘，Phillips 和 Fehler（1991）求解一阶或二阶的正则化广义逆等。实验证明，这类算法效果比较好，但在计算过程中需要很大的计算内存，而计算耗时，早期很难直接应用在大型问题的求解上。此后，研究者引入迭代类型的算法，包括反投影法、梯度法，这些算法在计算中避免了计算大型稀疏矩阵做乘法需要的大量内存。

反投影方法是通过迭代，将走时异常映射到沿路径的慢度异常中去，直到满足数据。最常见的反投影方法是代数重建法（Algebraic Reconstruction Technique，ART）和联合迭代重建法（Simultaneous Iterative Reconstruction Technique，SIRT）。ART 法（Herman，1980；Hirhara，1988）是对每条射线都按照块中射线穿过长度占整个射线长度的比例，把走时残差分配到每个块中；SIRT 法（Humphreys，1988）则将残差平均分配到射线穿过的块中。与其他迭代反演方法相比，反投影法的单次迭代速度快，但缺点是往往收敛比较慢，而且不是很稳定。

梯度法是从梯度方向在模型空间中由初始模型逼近真实模型的一种方法，梯度法可以分为最速下降法、牛顿法及共轭梯度法（Conjugate Gradients，CG）。在梯度法中，校正方向是沿目标函数等高线的负梯度方向来修正模型的。一般说来，从任意初始模型出发进行搜索，最速下降法均会收敛，但在极小点附近，收敛很慢。在牛顿法中，校正方向不仅与梯度（目标函数的一阶导数）方向有关，而且与目标函数的曲率（目标函数的二阶导数，称为 Hessian 矩阵）有关。牛顿法在极小点附近收敛比梯度法要快，不足之处是 Hessian 矩阵的计算工作量很大，而且其逆往往会出现病态和奇异的情况。因而，在实际应用过程中，梯度法常与牛顿法配合。共轭梯度法（cales，1987）克服了最速下降法和牛顿法的不足，其基本思想是把共轭性与最速下降方法相结合，利用已知点处的梯度构造一组共轭方向，沿着这组方向而不是梯度方向去搜索目标函数极小点。

迭代最小二乘法（Least Squares QR Decomposition，LSQR）是利用 Lanczos 方法求解最小二乘的一种投影法（Paige and Saunders，1982）。最小二乘法中加上阻尼得到阻尼最小二乘法 DLSQR（杨文采和杜剑渊，1994），其实质就是用三角矩阵分解法加上阻尼最小二乘法的超定线性方程组求解。朱介寿等（1994）采用逐次线性化方法，以 DLSQR 算法反演为基础率先开发了地震层析成像软件系统并应用于工程实践中，取得了良好的实际应用效果。牛彦良和杨文采（1995）为了精确描述和控制走时反演的逐次线性化过程，引入迭代阻尼系数和混沌理论，描述迭代所处的状态和控制迭代的终止，更是有利于获得可信度和分辨率最佳的解估计。曹俊兴和严忠琼（1995）系统论述了大型稀疏矩阵的求解算法，并提出了适用于射线分布不均匀、数据误差较大的有效算法——自激励联合代数重建技术（SASIRT）。

目前，比较流行和通用的算法是 ART、SIRT 和 LSQR，在求解大型稀疏矩阵方面迭代收敛快而且非常有效（Zhao Dapeng et al.，1992；Nolet，1985；Spakman，1988）。

2. 基于模型的完全非线性反演方法

地震层析成像是非线性反演问题，线性反演方法求解非线性问题时很大程度上依赖于初始模型，如果初始模型选择不当，解可能会陷入局部极值，而完全非线性反演可以解决这个问题。常见的反演方法有：蒙特卡洛方法（Press，1968）、模拟退火法（Simulated Annealing，SA）（Kirkpatrck et al，1983）、遗传算法（Genetic Algorithm，GA）（Ammon and Vidale，1993；裴正林等，2002）。Sambridge（Sambridge et al.，1999）指出拟退火法及遗传算法计算量之所以非常大，主要原因是这两种算法在迭过程中其本身的自拷贝现象非常严重，有 70% 之多，因此算法的效率不高。他在总结、比较了几种算法优缺点的基础上，利用 Natural Neighbours 理论针对 2D 和 3D 散射模型，构造了一种新的算法——邻域搜索算法（Neighbourhood Algorithm）。完全非线性算法还有神经网络法、混沌算法等。由于完全非线性方法在计算过程中要花费大量的计算时间，目前尚处于发展研究阶段。

7.2　二维复杂结构的三角剖分方法

无论是正演模拟还是层析反演，速度模型参数化是基本的问题。现有模型一般都基于矩形网和三角网剖分，其中矩形网剖分是最普遍的形式，而目前三角网剖分也主要是在矩形网基础上简单的三角化。这些简单的矩形网、三角网剖分没有充分考虑区域复杂边界，也未将射线密度、介质特性同网格大小有机结合起来，难以满足复杂结构的正反演要求。

对于一些相对简单的二维区域，矩形网格参数化可使得网格间检索和数据点定位简单、方便。但对于二维复杂区域，其缺点是显而易见的，前面对矩形网和三角网剖分的优缺点已做出评价。

当然，三角网格参数化由于网格大小和形状的不规则性，网格间检索和数据点定位不如矩形网格参数化方式方便；由于网格大小和形状的不规则性，各种正则化方式加入时没有矩形网格参数化方式方便；也由于网格的不规则性，计算效率可能不如规则网。也许正是由于这些原因，使得我们在三角网格模型的正反演上，尤其是复杂模型，尚缺乏更深入的研究。但无论从何种角度看，相对于三角网格参数化方式对层析成像正反演过程带来的各种优越性而言，其缺点就显得微不足道了。基于此，本章研究了二维复杂区域三角网剖分法。

7.2.1　三角剖分的理论基础

1. n 维单纯型

E^d 空间中的 $d+1$ 个顶点构成的凸包称为 n 为单纯形。如图 7-1 所示，二维单纯形为三角形，三维单纯形为四面体。

凸包的任一子集（subest）称为单纯形的一个面（face），顶点称为 0-面（0-face），棱边称为 1-面（1-face），封闭线段形成的面片（face）称为 2-面（2-face）。

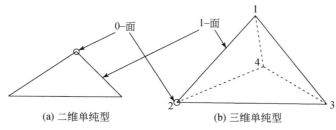

（a）二维单纯型　　　　　（b）三维单纯型

图 7-1　二维单纯形和三维单纯形

2. 三角化

S 为 E^d 空间的有限点集，通常点集 S 的三角化定义为满足以下条件的单纯形单元复形 $T(S)$：

（1）复形 $T(S)$ 的 0-单纯形组合的集合［即 $T(S)$ 所有顶点的集合］等于 S。

（2）复形 $T(S)$ 的底空间是点集 S 的凸包 $CH(S)$。

第（2）个条件暗示 $CH(S)$ 的顶点一定是 $T(S)$ 的顶点

如果点集 S 的三角形 $T(S)$ 使用 S 中所有的点，则称 $T(S)$ 为 S 张成（spanning）的三角化。

图 7-2 中，（a）（d）是点集的三角化，（b）（c）则不是点集的三角化；（a）是点集张成的三角化，（d）中点集的三角化的顶点构成的集合是点集的子集。

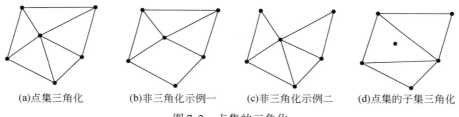

（a）点集三角化　　　（b）非三角化示例一　　　（c）非三角化示例二　　　（d）点集的子集三角化

图 7-2　点集的三角化

二维三角化和三维三角化之间的一个重要区别是单纯形的数量和点集中的点个数之间的函数关系。二维的 n 个点组成的点集的任何三角化所得到的三角形的数目是 $O(n)$，而三维空间中 n 个点组成的点集的 Delaunay 三角化所得到的四面体的个数可以到达 $O(n^2)$（Preparata and Shamos，1985）。推广到一般情况，d 维空间中的 n 个点组成的进行三角化后所得到的单纯形数目可以达到 $O(n^{[d/2]})$（Edelsbrunner，2001）（$[d/2]$ 表示取整）。

3. 点的邻域与 Dirichlet/Voronoi 图

Dirichlet 于 1850 年研究了平面点的邻域问题（Dirichlet，1850），Voronoi 于 1908 年将其结果扩展到高维空间（Voronoi，1908）。对于 n 维欧氏空间 R^n 中的一个点集 $P=\{i=1,\cdots,N\}$，点集 P 中无重点，点 P_i 的领域由邻近 P_i 的点组成，邻域中的点到 P_i 的距离近于到点集中其他点的距离。Dirichlet/Voronoi 图是所有点的邻域拼成的图案（为方便起见，简称 Voronoi 图）。数学上 Voronoi 图有两种等价的定义。

1）欧氏距离定义 Voronoi 图

令 $d(x,P_i)$ 表示 x 到 P_i 的欧氏距离，则点 P_i 的邻域 V_i 定义为

$$V_i=\{x\in R^n\mid d(x,p_i)<d(x,p_j),j\neq i\}$$

对于二维空间，图 7-3 所示，图中阴影区域内的任意点到点 P_2 的距离近于到其他点 P_i（$i \neq 2$）的距离，域 $V_1 V_2 V_3 V_4 V_5 V_6$ 称为 P_2 的邻域，其边界称为对应于点 P_2 的 Voronoi 多边形，它是由 P_2 与相邻点连线的垂直平分线围成的，如 $V_1 V_2$ 是 $P_2 P_3$ 的垂直平分线的一部分。二维 Voronoi 图是平面点集所有点的邻域多边形的并集（union），Voronoi 多边形边数的数学期望值为 6（Aurenhammer，1991）。

对于三位空间，对应于 P_i 的邻域由 P_i 与相邻点链接的垂直平分面围成的凸多面体，亦称为对应于 P_i 的 Voronoi 多面体，Voronoi 多面体的每个边界面是垂直分面的一部分。1970 年 Miles 经过统计研究，表明三维 Voronoi 多面体边界面数的数学期望值的上限为 27.07（Aurenhammer F，1991）。

在 $n>3$ 维空间中同样存在这样的定义，为适应于高维空间，垂直平分两点连线的面可定义为超平面（hyperplane），它将空间分为两个半空间。由上所述，Voronoi 图中对应于各点的超多面体是由半空间围成的，由此可以给出 Voronoi 图的另一种等价定义。

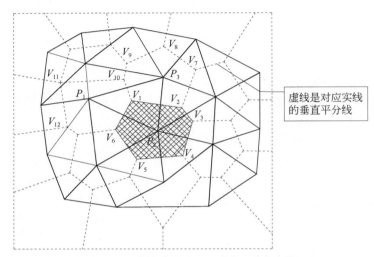

图 7-3　二维情形的 Voronoi 图（图中虚线）

2）半空间定义 Voronoi 图

R^n 空间中的点集 $P = \{P_i = 1，\cdots，N\}$，$P_i P_j$ 连线的垂直平分面将空间分为两半，H_i（P_i，P_j）表示 P_i 一侧的半空间，则对应于点 P_i 的 Voronoi 多面体。

$$V_i = \bigcap_{j \neq i} Hi（P_i，P_j）$$

关于二维 Voronoi 图可以理解为，点集 P 中的每一个点代表某一动物，所有点处的动物的捕食能力相同，则 Voronoi 多边形是位于该点动物的捕食范围。三维 Voronoi 图可以用晶体生长来说明，P 中每点处有一晶核，且晶核的生长能力相等，则所有晶核同时生长，晶粒之间的晶界既为 Voronoi 多面体的边界，晶粒即 Voronoi 多面体。

4. Delaunay 三角化

S 为 E^d 空间的有限点集，点集 S 的 Delaunay 三角化定义为满足一下条件的单纯形单元复形 D（S）：
（1）复形 D（S）的 0-单纯形组成的集合 [即 D（S）的所有顶点的集合] 是 S 的子集。
（2）复形的底空间是点集 S 的凸包 CH（S）。
（3）任意一个 d-单纯形 $\Delta T \in D(S)$，$|T| = k + 1$ 公式满足：任意公式 $q \in S - T_i q$ 在 ΔT 的外接球外。
显然，D（S）为 S 张成的三角化（图 7-2）。

5. Delaunay 三角化的特征

1）最小角最大（max-min angle）（二维）

1978 年，Sibson 证明在二维的情况下，在点集的所有三角剖分中，Delaunay 三角化使得生成的三角形的最小角达到最大（Sibson R，1978；周培德，2000）

如前所述，给定点集，不加限制，存在很多种三角化。在二维空间中，对于每个三角化总存在一个最小角，Delaunay 三角化的最小角是最大的。因为这一特征，对于给定点集 Delaunay 三角化总是尽可能避免"瘦长"三角形，自动向等边三角形逼近。在二维空间中，Delaunay 三角化的最小角最大（max-min angle）准则与外接圆不包含其他点（既空外接圆）准则是等价的（朱心雄，2000）。如图 7-4 所示，四边形 $ABCD$，连接 AC，则 $\triangle ACD$ 的外接圆包含点 B，连接 BD，则 $\triangle ABD$ 和 $\triangle BCD$ 的外接圆互不包括，且后者的最小角大于前者的最小角。

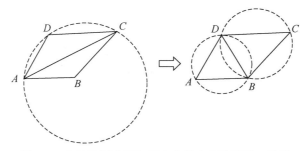

图 7-4 空外接圆准则与最小角最大角准则的一致性

这种等价性在大于等于 3 维空间中并不存在（Joe，1991），这是因为二维空间单纯体——三角形的内角和为 180°，而大于或等于 3 维空间的单纯体（如三维空间四面体）的内角和并不为常值。所以用空外接球（圆为二维球，大于三维为超球）准则作为 Delaunay 三角化优化准则更具普遍性。

2）局部优化（locally optimal）与整体优化（globally optimal）

在二维空间中，给定点集 P，若 P 中任意 4 个点不共圆，则 Delaunay 三角化是唯一的；否则，Delaunay 三角化不唯一。如图 7-5 所示，A，B，C，D 共圆，有两种连接法，这种情况的 Delaunay 的三角化称为局部优化，但是由于 $\alpha = \alpha'$，仍满足最小角最大准则，所以对于 Delaunay 三角化，局部优化可以保证全局优化。

高维空间中，若点集 P 中存在 $n+2$ 个点共球，则 Delaunay 三角化不唯一。由于最小角最大准则不适应，这种情况需作特殊处理。

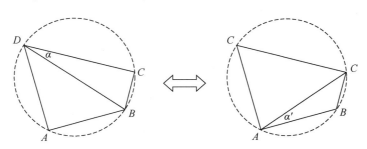

图 7-5 二维空间四点共圆

3）Delaunay 空洞（cavity）与局部重连（local reconnection）

可见性：若点 P 与某点的连线与其他边不相交，则 P 对于该点是可见的。如图 7-6 所示，点 P 对点 E 是不可见的，对其他点是可见的。

如图 7-7，在 Delaunay 三角化 T 中插入一个新点 P，删除所有外接圆包含 P 的三角形，形成一个三角

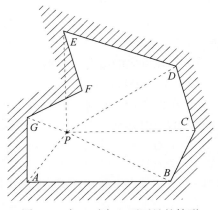

图 7-6　点 P 对点 E 不可见的情形

形集合 B，B ⊂ T，B 至少包含一个三角形，B 称为 Delaunay 空洞。Delaunay 空洞的所有顶点对于新点 P 是可见的，且 P 与 Delaunay 空洞各顶点相连重新生成的三角化符合 Delaunay 优化准则（Baker，1987）。Delaunay 三角化的这种局部修改性特性适应于三角网格的加点和删点操作。在高维空间中 Delaunay 三角化的局部修改特性同样适用。

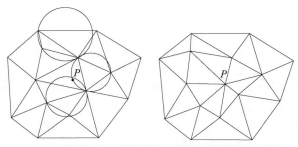

图 7-7　Delaunay 空洞算法示意图（杨钦，2005）

在上述 Voronoi 图与 Delaunay 三角化的定义中，假设不存在退化情况 ［图 7-8（b）］。所谓退化情况 ［图 7-8（a）］是与前面所定义的点集的一般位置假设是等价的，例如若一个二维/三维点集中有四点共圆/五点共球的情况，此时这些点对应的 Voronoi 多边形/多面体相交于同一 Voronoi 顶点，这个公共的 Voronoi 顶点对应于多个 Voronoi 多边形/四个 Voronoi 多面体，也就是对应于多于三个/四个点集中的点。这些点连接成三角形/四面体的方式有多种，但只要将这些点形成的凸包充满就都满足 Delaunay 三角/四面体网格的定义，因此产生了一定的歧义，这是称为退化的情况。

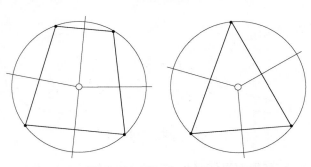

(a) 退化情况下的Voronoi图　　　(b) 正常情况下的Voronoi图

图 7-8　两种 Voronoi 图

Delaunay 三角化最重要的性质就是它的空外接圆/球属性，如图 7-9 所示。另外，在不存在退化情况下，点集的 Delaunay 三角化是唯一的。

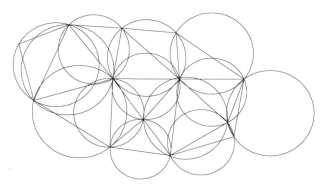

图 7-9　Delaunay 三角网格与空圆属性

6. 经典的 Delaunay 三角化算法

经典的 Delaunay 三角化算法主要有两类：Bowyer/Watson 算法和局部变换法。

1）Bowyer/Watson 算法

Bowyer/Watson 算法又称为 Delaunay 空洞算法或加点法，以 Bowyer 和 Watson 的算法为代表。从一个三角形开始，每次加一个点，保证每一步得到的当前三角形是局部优化的。以英国 Bach 大学数学分校 Bowyer、Green、Sibson 为代表的计算 Dirichlet 图的方法（Sibson，1978；Bowyer，1981；Green and Sibson et al.，1978）属于加点法，是较早成名的算法之一；以澳大利亚悉尼大学地学系 Watson 为代表的空外接圆法也属于加点法（Waston，1981）。加点法算法简明，是目前应用最多的算法（Marcum et al.，1995），该方法利用了 Delaunay 空洞的性质。Bowyer/Watson 算法的优点是与 E^d 空间的维数 d 无关，并且算法在实现上比局部变换算法简单。图 7-10 是二维 Bowyer/Watson 算法示意图。

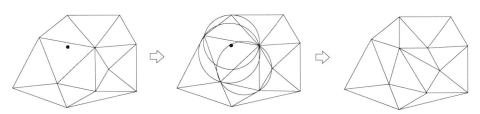

图 7-10　二维 Bowyer/Watson 算法示意图（Shewchuk，1997）

该算法在新点加入到 Delaunay 网格中时，部分外接球包含新点的三角形单元不再符合 Delaunay 属性，则这些三角形单元被删除掉，形成了如图 7-10 所示的灰色的 Delaunay 空洞，然后算法将新点与组成空洞的每一个顶点相连生成一个新边，根据空球属性可以证明这些新边都是局部 Delaunay 的，因此新生成的三角网格仍是 Delaunay 的。

2）局部变换法

局部变换法又称换边/换面法。当利用局部变换法实现增量式点集的 Delaunay 三角化时，如图 7-11 所示，首先定位新加入点的所在三角形，然后在网格中加入三个新的连接该三角形顶点与新顶点的边（若该新点位于某条边上，则该边被删除，四条连接该新点的边被加入），最后再通过换边方法对该新点的局部区域内的边进行检测和变换，重新维护网络的 Delaunay 性质。

对于三维四面体网格，则需要对共面四面体进行换面优化并同时采取加点操作来保证变换成为 Delaunay 四面体网格，图 7-12 中给出两种三维换面算法中常用的换面操作。

局部变换法的另外一个优点是其可以对一存在的三角网格进行优化，使其变换为 Delaunay 三角网格。

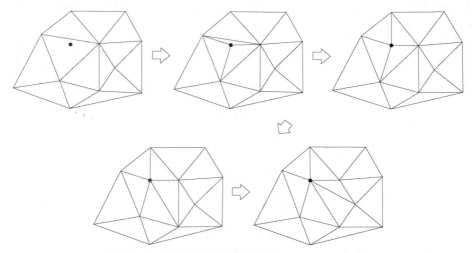

图 7-11　利用换边法实现增量式 Delaunay 三角化

该方法的缺点则是当算法扩展到高维空间时变得较为复杂。

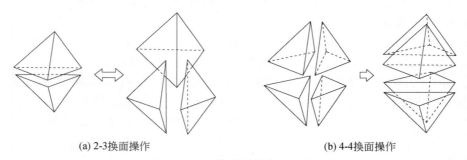

(a) 2-3换面操作　　　　　　　　　　(b) 4-4换面操作

图 7-12　三维换面操作示意图

7.2.2　三角网中的数据结构

　　二维复杂区域的三角剖分，点、线、面的拓扑关系较复杂，结点的插入或删除频繁，存储空间需求一般都不能预先确定，需要一些相对复杂的数据结构来描述其拓扑关系，以提高效率。如链表、双链表、双向循环链表、树等数据结构，是二维复杂区域的三角剖分首先要解决的最底层的问题。

　　数据结构中，最常见的是顺序表，顺序表是基于数组的线性表的存储表示，其特点是用物理位置上的邻接关系来表示结点间的逻辑关系，这一特点使得顺序表具有如下的优缺点（殷人昆，2007；Weiss，2005）。

　　其优点是：

　　（1）无须为表示结点间逻辑关系而增加额外的存储空间，存储利用率高；

　　（2）可以方便地随机存取表中的任一结点，存取速度快。

　　其缺点是：

　　（1）插入和删除元素极不方便。在表中插入新元素或删除无用元素时，为了保持其他元素的相对次序不变，平均需要移动一半元素，运行效率很低。

　　（2）由于顺序表要求占用连续的空间，如果预先进行存储分配（静态分配），则当表长度变化较大时，难以确定合适的存储空间大小，若按可能达到的最大长度预先分配表的空间，则容易造成一部分空间长期闲置而得不到充分利用。若事先对表长估计不足，则插入操作可能使表长超过预先分配的空间而造成溢出。如果采用指针方式定义数组，在程序运行时动态分配存储空间，一旦需要，可以用另外一个新的更大的数组来代替原来的数组，这样虽然能够扩充数组空间，但时间开销比较大。

为了克服顺序表的缺点，可以采用链接方式来存储线性表，通常将链接方式存储的线性表称为链表。

1. 单链表

单链表（singly linked list）是一种最简单的链表表示，也叫做线性链表。用它来表示线性表时，用指针表示结点间的逻辑关系。因此单链表的一个存储结点（node）包含两个部分（域，field），如图 7-13 所示。

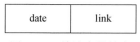

| date | link |

图 7-13　单链表的结点

其中，data 部分称为数据域，用于存储线性表的一个数据元素，其数据类型由应用问题决定。link 部分称为指针域或链域，用于存放一个指针，该指针指示该链表中下一个结点的开始存储地址。

一个线性表（a_1，a_2，a_3，$\cdots$，a_n）的单链表结构如图 7-14 所示。

图 7-14　单链表的结构

其中，链表的第一个结点（亦称为首元结点）的地址可以通过链表的头指针 first 找到，其他结点的地址则在前驱结点的 link 域中，链表的最后一个结点没有后继，在结点的 link 域中放一个空指针 NULL（在图中用符号 Λ 表示）作为终结。因此，对单链表中任一结点的访问必须首先根据头指针找到第一个结点，再按有关各结点链域中存放的指针顺序往下找，直到找到所需的结点。

单链表的特点是长度可以很方便地进行扩充，当链表要增加一个新的结点时，只要可用存储空间允许，就可以为链表分配一个结点空间，供链表使用。但线性表中数据元素的顺序与其链表表示中结点的物理顺序可能不一致，一般通过单链表的指针将各个数据元素按照线性表的逻辑顺序链接起来。当 first 为空时，则单链表为空表，否则为非空表。

在线性表的顺序存储中，逻辑上相邻的元素，其对应的存储位置也相邻，所以当进行插入或删除运算时，通常需要平均移动半个表的元素，这是相当费时的操作。在线性表的这种基于链表的存储表示中，逻辑上相邻的元素，其对应的存储位置是通过指针来链接的，因而每个结点的存储位置可以任意安排，不必要要求相邻，当进行插入或删除运算时，只需修改相关结点的指针域即可，这是既方便又省时的操作。但是，由于链接表的每个结点带有指针域，因而在存储空间上比顺序存储要付出较大的代价。

2. 双向链表

双向链表又称为双链表。使用双向链表（doubly liked list）的目的是为了解决在链表中访问直接前驱和直接后继的问题。因为在双向链表中每个结点都有两个链指针：一个指向结点的直接前驱，另一个指向结点的直接后继。这样，不论是向前驱方向搜索，还是向后继方向搜索，其时间开销都只有 O（1）。

在双向链表的每个结点中应有两个链接指针作为它的数据成员：lLink 指示它的前驱结点，rLink 指示它的后继结点。因此，双向链表的每个结点至少有 3 个域，如图 7-15 所示。

lLink 称为左链指针，rLink 称为右链指针。双向链表常采用带附加头结点的循环链表方式，形成双向"环"，这对于区域边界的操作非常方便。一个双向链表有一个附加头结点，由链表的头指针 first 指示，它的 data 域或者不放数据，或者存放一个特殊要求的数据，它的 lLink 指向双向链表的尾结点（最后一个结点），它的 rLink 指向双向链表的首元结点（第一个结点）。链表的首元结点的左链指针 lLink 和尾结点

1Link	data	rLink
（前驱指针）	（数据）	（后继指针）

图 7-15　双链表的结点

的右链指针 rLink 都指向附加头结点，如图 7-16 所示。

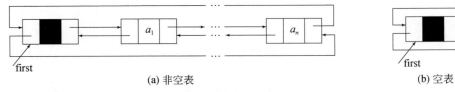

（a）非空表　　　　　　　　　　　　　（b）空表

图 7-16　带附加结头点的双向循环链表

设指针 p 指向双向循环链表的某一结点，则 $p \to$ lLink 指示 p 所指结点的前驱结点，$p \to$ lLink $\to rLink$ 中存放的是 p 所指结点的前驱结点的后继结点的地址，即 p 所指结点本身。同样，$p \to$ rLink 指示 p 所指结点的后继结点，$p \to$ rLink $\to$ lLink 也指向 p 所指结点本身。因此有 $p = p \to$ lLink $\to$ rlink $= p \to$ rLink $\to$ lLink。

3. 树

线性结构和表结构一般不适合于描述具有分支结构的数据，因而这种数据结构在描述复杂区域之间的关系时就无能为力了。树形结构则是以分支关系定义的层次结构，是一类重要的非线性数据结构，描述区域间的逻辑包含关系非常方便。由于二叉树具有许多重要性质，尤其是通过二叉树的子女—兄弟链表表示法，能清晰地表达区域的逻辑关系，因此本文重点研究了二叉树数据结构在三角剖分中的应用。

1）一般树的定义和术语

为了完整地建立有关树的基本概念，以下给出两种树的定义，即自由树（图 7-17）和有根有序树。

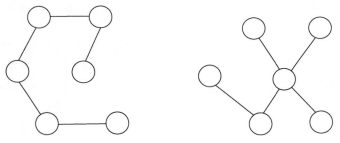

图 7-17　自由树

自由树（free tree）　一棵自由树 T_f 可定义为一个二元组 $T_f = (V, E)$，其中 $V = \{v_1, \cdots, v_n\}$ 是由 n（$n>0$）个元素组成的有限非空集合，称为顶点（vertex）集合，v_i（$1 \leq i \leq n$）称为顶点。$E = \{(v_i, v_j) \mid v_i, v_j \in V, 1 \leq i, j \leq n\}$ 是由 $n-1$ 个元素组成的序对集合，称为边集合，E 中的元素 (v_i, v_j) 称为边（edge）或分支（branch）。E 使得 T_f 成为一个连通图。

有根树（rooted tree）　一棵有根树 T，简称为树，它是 n（$n \geq 0$）个结点的有限集合。当 $n=0$ 时，T 称为空树；否则，T 是非空树，记作

$$T = \begin{cases} \phi, & n = 0 \\ \{r, T_1, T_2, \cdots, T_m\}, & n > 0 \end{cases} \tag{7-1}$$

其中，r 是 T 的一个特殊结点，称为根（root）。$T_1, T_2, \cdots, T_m$ 是除 r 之外其他结点。

构成的互不相交的 m（$m \geq 0$）个子集合，每个子集合也是一棵树，称为根的子树（subtree）。

每棵子树的根结点有且仅有一个直接前驱（即它的上层结点），但可以有 0 个或多个直接后继（即它的下层结点）。m 称为 r 的分支数。

图 7-18 为树的逻辑表示。（a）是空树，一个结点也没有；（b）是只有一个根结点的树，它的子树为空；（c）是有 13 个结点的树。其中，A 是根结点，其余结点分成 3 个互不相交的子集：$T_1 = \{B, E, F, K, L\}$，$T_2 = \{C, G\}$，$T_3 = \{D, H, I, J, M\}$，它们都是根结点 A 的子树。

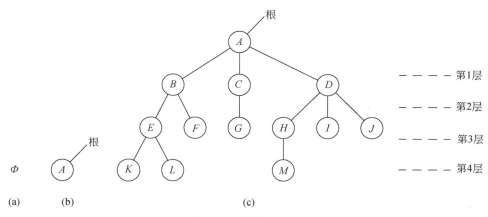

图 7-18　树的示意图

有关树的术语主要包括：

结点（node）：包含数据项及指向其他结点的分支。如在图 7-18（c）中的树总共 13 个结点。

结点的度（degree）：结点所有的子树棵数。如在图 7-18（c）所示的树中，根 A 的度为 3，结点 E 的度为 2，结点 K、结点 L、结点 F、结点 G、结点 M、结点 I、结点 J 的度为 0。

叶结点（leaf）：度为 0 的结点，又称终端结点。例如，在图 7-18（c）所示的树中，$\{K, L, F, G, M, I, J\}$ 构成树的叶结点的集合。

分支结点（branch）：除叶结点外的其他结点，又称为非终端结点。例如，在图 7-18（c）所示的树中，A、B、C、D、E、H 就是分支结点。

子女结点（child）：若结点 x 有子树，则子树的根结点即结点 x 的子女。如图 7-18（c）所示的树中，结点 A 有 3 个子女，结点 B 有 2 个子女，结点 L 没有子女。

父结点（parent）：若结点 x 有子女，即子女的父结点。如图 7-18（c）所示的树中，结点 B、结点 C、结点 D、结点 E 有一个父结点，根结点 A 没有父结点。

兄弟结点（sibling）：同一个父结点的子女互称为兄弟。如图 7-18（c）所示的树中，结点 B、结点 C、结点 D 为兄弟，结点 E、结点 F 也为兄弟，但结点 F、结点 G、结点 H 不是兄弟。

祖先结点（ancestor）：从根结点到该结点所经分支上的所有结点。如图 7-18（c）所示的树中，结点 L 的祖先为结点 A、结点 B、结点 E。

子孙结点（descendant）：某一结点的子女，以及这些子女的子女都是该结点的子孙。如图 7-18（c）所示的树中，结点 B 的子孙为结点 E、结点 F、结点 K、结点 L。

结点所处层次（level）：简称结点的层次，即从根到该结点所经路径上的分支条数。如在图 7-18（c）的树中，根结点在第 1 层，它的子女在第 2 层。树中任一结点的层次为它的父结点的层次加 1。结点所处层次亦称为结点的深度。

树的深度（depth）：树中距离根结点最远的结点所处层次即树的深度。空树的深度为 0，只有一个根结点的树的深度为 1，图 7-18（c）的树的深度为 4。

树的高度（height）：根到最深的叶结点的路径长度。

树的度（degree）：树中结点的度的最大值。如图 7-18（c）所示的树的度为 3。

有序树（ordered tree）：树中结点的各棵子根 T_0，T_1，…是有次序的，即有序树。其中，T_1 叫作根的第 1 棵子树，T_2 叫作根的第 2 棵子树，…

无序树树中结点的各棵子树之间的次序是不重要的，可以互相交换位置。

森林（forest）是 $m(m \geqslant 0)$ 棵树的集合。在自然界，树与森林是两个不同的概念，但在数据结构中，它们之间的差别很小。删去一棵非空树的根结点，树就变成森林（不排除它的森林）；反之，若增加一个根结点，让森林中每一棵树的根结点都变成它的子女，森林就成为一棵树。

2）二叉树

以递归形式，一棵二叉树是结点的一个有限集合，该集合或者为空，或者是由一个根结点加上两棵分别称为左子树和右子树的、互不相交的二叉树组成。

$$T = \begin{cases} \phi, & n = 0 \\ \{r, T_L, T_R\}, & n > 0 \end{cases} \tag{7-2}$$

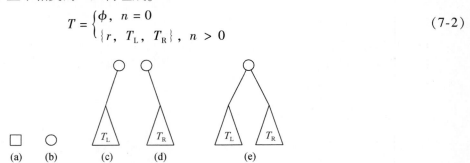

图 7-19　二叉树的 5 种不同形态

二叉树的子树 T_L，T_R 仍是二叉树，到达空子树时递归的定义结束。二叉树的特点是每个节点最多有两个子女，分别称为该结点的左子树和右子树。就是说，在二叉树中不存在度大于 2 的结点，并且二叉树的子树有左、右之分，其子树的次序不能颠倒。因此，二叉树是分支数最大不超过 2 的有根有序树。它可能有 5 种不同的形态，参见图 7-19。图 7-19（a）表示一棵空二叉树；图 7-19（b）是只有根结点的二叉树，根的左子树和右子树都是空的；图 7-19（c）是根的右子树为空的二叉树；图 7-19（d）是根的左子树为空的二叉树；图 7-19（e）是根的两棵子树都不为空的二叉树。二叉树的任意形状都是基于这样 5 种形态经过组合或嵌套而形成的。

二叉树还可以采用子女–兄弟链表示法，它的每个节点由 3 个域组成。

Date	Firstchild	NextSibling

图 7-20　二叉树的子女–兄弟链结点

可以证明，树与二叉树之间存在一一对应关系。利用二叉树的子女–兄弟链结点表示方法，就可以实现复杂区域的逻辑关系了。

对图 7-22 所示的背景模型，二维区域 Ω_0 由 6 个子域组成，即 $\Omega_0 = \sum_i \Omega_i$，$i = 1$，…，6，假定其边界环为 Ω_i，$i = 0$，…，6，则子域的关系可用图 7-21 二叉树表示。

7.2.3　二维复杂区域三角网剖分方法

为适应复杂区域正演计算及有先验边界信息（如裂缝、空洞位置）的约束反演，借助有限元三角网剖分的原理，在正规法向偏移法和波前推进法基础上研究了二维复杂区域层析成像自适应三角形网剖分方法应用于任意形状的多介质平面区域，具有在指定位置生成节点的功能，且能按密度函数进行加密（方锡武和崔汉国，1998；李世森等，2000；闵卫东和唐泽圣，1995；邓建辉等，1994；刘强，2002；严

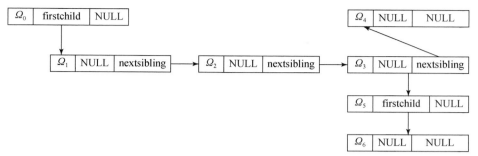

图 7-21 区域的二叉树表示

登俊等，1999）。

算法总体上分为以下几步：

（1）对背景网边界曲线进行离散化，即按照密度控制函数的要求在边界上布点；

（2）在目标区域内生成单元，按照密度修改目标区域的边界组成；

（3）对最终生成的网格单元进行优化处理。

1. 二维复杂区域的数据组织

区域数据组织原则是尽量减少数据准备工作量使各子域网格之间"缝合"容易或不用"缝合"，剖分单元生成方便。设区域由一些单连通的子域无缝组合而成，如图 7-22，区域 Ω_0 由 6 个子域组成，即 $\Omega_0 = \sum_i \Omega_i$，$i = 1, \cdots, 6$，则整个区域的三角剖分变为对各子域的剖分。每一子域分别生成网格，各子域的网格无缝接合构成区域的网格。首先将区域的数据分解为节点、边界线和子域三类，然后由节点构造边界线，由线构造域，最后将边界线描述的子域转化为节点描述。

1）点的组成

背景网数据包括边界线（如图 7-22 中 $\overline{P_1P_2}$）、控制线（如图 7-22 中 $\overline{P_{16}P_{17}}$）等。边界线用以形成各子域；控制线用于一些特殊的界线，如尖灭层面，节理等，可以通过作辅助线的方法形成边界线，同边界线不同的是，辅助线上的加密点参加网格的优化。

这些线最终将以离散点的形式表述，因而点有：边界线上的节点、控制线上的节点、辅助线上新增的加密点三类，只有辅助线上新增的加密点参加网格质量优化。点的表达采用线性指针表。

2）边界线的数据组织

由上可知，边界线按边界条件分外部边界线、内部边界线，此外还有控制线和辅助线。外部边界线一般是成像区域的外部边界，内部边界线包括各子域的公共边界线及孔洞、断层、薄夹层等边界线；内部控制线通过辅助线转换为内部公共边界线。内部边界线对不同的子域可转换为外部边界线。边界线节点排列顺序称为边界线的方向，如图 7-22 中 $\overline{P_5P_8}$ 的节点排列顺序为 5→8。

边界线按线型可分为折线和曲线。曲线中的初始节点不少于三点，在节点加密前，使用三次参数样条曲线拟合，保证节点加密后能充分体现曲线边界和形状。折线边界中的直线线段只需两点描述。

因此，边界线数据是有向线，包括线号、线型标志、线边界标志，节点 1，节点 2，$\cdots$，节点 n。采用双链表组织，向前、向后操作可以很方便的表示边界线的方向。

3）子域的数据组织

子域采用树数据结构表达，由边界线描述，其数据包括子域号，线号 1，线号 2，$\cdots$，线号 n 及其线方向标志。

边界线按一定规则连接后就构成子域点封闭环。子域封闭环上节点按逆时针方向排列，而边界线上节点存在两种排列方向，因此需要约定边界线上节点的排列顺序。若边界线上节点排列方向与子域逆向

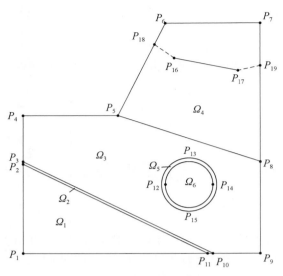

图 7-22   复杂区域数据组织

封闭环上节点排列方向相同，则子域数据中该边界线的线号取正值；否则取负值。如图 7-22 中 $\overline{P_5P_8}$ 的节点排列顺序为 5→8。对于子域 Ω_4，取正值；对于子域 Ω_3，则取负值。

4）构造子域封闭环

各子域由若干个封闭环描述，有外环与内环之分。构造子域节点封闭环的具体方法是：

（1）若线号为正，该线上节点由起点到终点顺向连接到封闭环上；

（2）若线号为负，该线上节点由终点到起点逆向连接到封闭环上。

2. 构造单元密度控制函数

密度控制函数控制着三角单元的大小，一方面可以根据需要，如介质差异变化梯度大的部位，采取多种特殊的加密函数，如圆区域加密、带状区域加密、圆环区域加密、x 向加密、y 向加密、方向加密等。另一方面，可以采用纯数学手段来构造单元控制密度函数。例如，在正演模拟中，可以先从速度模型，构造简单的密度函数，根据计算结果的误差分布情况，通过插值、逼近、拟合等手段确定密度控制函数的表达方式，如此反复进行，直至得到满意的结果。再如，在层析成像反演中，先从直射线、矩形网开始，得到射线密度及速度分布函数，用射线密度函数和速度来构造三角网控制密度函数，这个过程同样可以在反演过程中反复进行。

3. 边界节点加密

背景数据边界点只是一些特征点，不能直接用于网格生成。边界线需要进一步离散，增加节点，并要求子域公共边界线上的节点对于两个区域是一致的。

需要增加的节点数，由背景网格及密度控制函数确定。设 size(l) 为单元尺寸沿边界线的分布函数，L 是边界线长度，那么边界线需要划分的线段数 N 可由式（7-3）确定

$$A = \int_0^L \frac{1}{\text{size}(l)}\mathrm{d}l \tag{7-3}$$

N 取与 A 最接近的整数，相应地，节点 i 在边界线上的位置 l_i 由式（7-4）计算。

$$i = \frac{N}{A}\int_0^{l_i} \frac{1}{\text{size}(l)}\mathrm{d}l \quad i = 0, 1, \cdots, N \tag{7-4}$$

为了使单元大小有一定的自由度，在边界线离散过程中，还要保证任一加密线段的长度与密度控制

函数在该线段两端点的值之间相对误差都不大于 $\frac{1}{3}$，这样可以将最大误差控制在 33.3% 以内。如对于线段 AB，有

$$\frac{\|ab\| - \text{size}(a)\|}{\text{size}(a)} < \frac{1}{3}, \qquad \frac{\|ab\| - \text{size}(b)\|}{\text{size}(b)} < \frac{1}{3} \tag{7-5}$$

其中，$\text{size}(a)$、$\text{size}(b)$ 为密度函数在 A 点和 B 点的值，$|ab|$ 是线段 AB 的长度。

4. 生成节点和单元

完成对区域边界的离散以后，就可以得到由离散点组成的目标区域边界。各子域三角剖分依次进行，最后形成整个区域的三角网集合。下面的工作便基于一个目标区域进行。

约定边界上的每一个节点包含的信息有：

（1）节点坐标，即 x 和 y 值；

（2）节点的剩余角度，即由该点邻接的前后两点所形成的对待剖分区域的夹角，如图 7-23（a）中 $\angle ABC$；

（3）节点的最小距离及对应的节点，即该点与它所在的目标区域边界中的其他不与其相邻的节点中距离值最小者。

每一个待剖分的目标区域有各自的边界曲线，将待分区域的边界压入堆栈，各待分区域的剖分可以细分成以下几步：

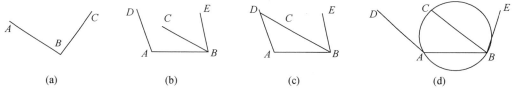

图 7-23　在节点处根据不同情况生成单元

（1）计算目标区域边界曲线上的节点数目。如小于 3（但不为零），则终止程序的执行；如为零，从堆栈中取出下一子域进行剖分；如等于 3，则联结这 3 点生成 1 个单元，完成对该区域的剖分，从堆栈中取出下一子域进行剖分；如等于 4，则联结内角最大的点和它的对角点，生成 2 个单元，如所得对角线大于该处的密度控制函数所要求长度的 $\frac{4}{3}$ 倍，则取对角线的中点，生成 4 单元，完成对该区域的剖分，从堆栈中取出下一个区域剖分；如大于 4，则转下一步。

（2）首先检查边界上每一个节点的最小距离值中的最小者，如它小于该点处密度控制函数的 $\frac{4}{3}$ 倍，则试图将该点和它的最小距离点连接起来，假如 2 点连线完全落在目标区域，且不与目标区域的边界相交，则连接成功，修改目标区域的边界曲线转步骤（1）。否则，处理最小距离值中的次小者。如它也小于该点处密度控制函数的 $\frac{4}{3}$ 倍，则试图将该点和它的最小距离点连接起来，假如 2 点连线完全落在目标区域，且不与目标区域的边界相交，则连接成功，修改目标区域的边界曲线转步骤（1）。如不能，则转下一步。

（3）从目标区域边界上剩余角度最小的节点出发，如该点的剩余角度小于 $80°$，则连接与该点相邻接的前后 2 点，生成 1 个单元，修改目标区域的边界曲线，然后转步骤（1），如图 7-23（a）中的 B 点，否则转下一步。

（4）如该点的剩余角度大于 $80°$，则按照表 7-1 所列原则取 n 值，等分该点的剩余角度，如图 7-23（b）中 B 点。

表 7-1　内角度剖分 n 的取值

内角范围/(°)	0~80	80~160	160~240	240~320	320~360
n 值	1	2	3	4	5

取 $\alpha = \dfrac{1}{n} \angle ABE$，以点 B 为顶点，以 AB 为起始边，顺时针旋转 α 至 BC。然后在 BC 方向取一点 C，使 $|BC| = \text{size}(b)$。

（5）假如 $\dfrac{\big||BC| - \text{size}(c)\big|}{\text{size}(c)} > \dfrac{1}{3}$，则取点 C'，使 $|BC'| = \dfrac{8}{9}|BC|$。再以点 C' 代替点 C，重复本步骤，直到 $\dfrac{\big||BC| - \text{size}(c)\big|}{\text{size}(c)} \leqslant \dfrac{1}{3}$，转下一步。

（6）以 ABC 三点形成外接圆，如图 7-23（d），计算包含于圆内的边界点集合，若点集合为非空集，则以对 AB 张角最大的点代替 C 点，形成三角单元 ABC，将边界环域从 C 点处分成两个环域，压入堆栈，清空当前环域点集，转步骤（1）。如包含于圆内的边界点集合为空集，转下一步。

（7）计算 $\angle CAD$ 的大小，如 $\angle CAD$ 小于 30°，则连接 BD，生成单元 DAB，如图 7-23（c），否则生成单元 ABC，向边界曲线中加入新节点 C，同时修改边界曲线中其他点的剩余角度和最小距离，转步骤（1）。

5. 含孔区域及控制线处理

含孔区域及控制线处理可以采用两种方式：辅助线方式、搜寻插入方式。

（1）辅助线方式：对于含孔区域，一般是通过辅助线将含孔区域变成两个或一个不含孔的区域；对于控制线处理，是利用辅助线将子域分成两个或多个子域。辅助线方式给程序设计带来方便，但当区域中所含孔数或控制线较多时，处理起来就比较繁琐。

（2）搜寻插入方式：所采取的对策是，采用 A、B、C 三类点链表，A 链表由目标区域的外边界离散结点组成，B 链表由目标区域内边界（亦即孔区域的边界）离散结点组成，C 链表则由对指定点的位置曲线离散后得到的结点组成。在生成网格单元的过程中，首先将 A 链表作为当前工作边界，在其中选择一个工作结点，除了检查它与自身所在边界中其他结点的距离以外，还要检查它与 B 链表及 C 链表中的所有结点的距离，如与 C 链表中某一结点的距离小于这两点处密度函数值的 4/3 倍，则将 C 链表中的这一结点作为新生成的结点；如与 B 链表中的某一结点的距离小于这两点处密度函数值的 4/3 倍，则在将 B 链表中这一结点作为新生成的结点的同时，还要将这一结点所在内边界上所有结点从 B 链表中移到 A 链表中，即将该结点所在的内边界按顺时针方向加入到边界中，使之成为边界的组成部分。如此逐步向内推进，完成含孔区域的剖分。搜寻插入方式使模型设计较方便，但也增加了程序设计复杂性带来的风险。

本书研究的成果采用辅助线方式。

6. 三角网优化和加密处理

上述方法生成的网格非常接近正三角形，一般无需要再进行光滑处理。但是要想获得更高质量网格，网格需要平滑和调整（邓建辉等，1994）。

1）网格质量指标

定义网格质量指标

$$\delta = \frac{r}{R} \tag{7-6}$$

其中，r、R 分别是三角形的内切圆和外接圆半径。

根据有限元理论，等边三角形最好，取最大值 0.5。单元质量好坏选用如下准则：

（1）$\delta \geqslant 0.3$（单元最大内角小于 $110°$），单元质量良好；

（2）$0.2 \leqslant \delta < 0.3$（单元最大内角小于 $125°$），单元质量一般；

（3）$\delta < 0.2$，单元质量较差。

2）网格平滑

使用拉普拉斯算子（Laplacian）平滑网格，即每个非边界节点的坐标取相邻单元构成的多边形的形心坐标

$$P = \frac{\sum_{i=1}^{N} P_i}{N} \tag{7-7}$$

其中，N 是节点 P 的相邻单元节点数。

3）网格调整

（1）节点删除。设 $n(A)$ 是节点 A 的相邻单元数，有下列两种情况：

①若 $n(A) = 3$，且 A 不是边界点，删除节点 A 及其两相邻单元（图7-24（a））；

② $n(A) = 4$，且 A 不是边界点[图7-24（b）]。如果点 B、C、D、E 中边界点数小于3，或边界点数小于、等于3，但固定角(三个相邻边界点构成的角)小于 $90°$，那么 $n(D) + n(C) \leqslant n(B) + n(E)$，连接点 D、点 C；否则连接点 B、点 E。如果固定角大于 $90°$，连接具有最大固定角的点及其对应点，如点 B、点 D、点 E 的边界点，且固定角 $\angle EDB$ 最大，则连接点 D、点 C。

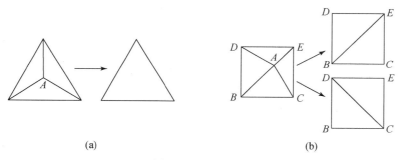

图 7-24　节点删除

（2）对角线交换。假设 $\delta(\triangle ABC)$ 为 $\triangle ABC$ 的质量指标，如果 BD 不在边界线上，且 $\min\{\delta(\triangle ABD), \delta(\triangle BCD)\} < \min\{\delta(\triangle ABC), \delta(\triangle ACD)\}$，则对角线作图7-25所示的交换。此外，根据情况，还应对节点编号进行优化处理。

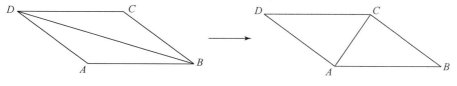

图 7-25　对角线交换

4）网格加密

为提高三角剖分的效率，有时可先用较大的网格尺度剖分，然后采用网格加密方式处理。如图7-26，取三角形三边的中点，于是一个三角形就加密成四个三角形。值得一提的是，三角网的优化和加密可以交叉进行，以获得较佳的剖分效果。

图 7-26　网格加密

7.2.4　剖分实例

运用上述方法用 C++语言编制二维复杂区域的三角网剖分程序，对常见的几种地质模型进行三角网剖分。

1. 层状模型

层状模型是最常见的一种地质模型，区域相对简单。图 7-27（a）为一四层等厚度水平层状速度模型，每个速度层作为一个子域，各子域网格密度控制函数相同，图 7-27（b）为三角网剖分结果。

2. 含硐模型

如图 7-28（a）所示，在区域 $\Omega_0(V_p=4000\mathrm{m/s})$ 内设置 $\Omega_1(V_p=2000\mathrm{m/s})$ 和 $\Omega_2(V_p=5000\mathrm{m/s})$ 两个矩形子域及一个空硐 Ω_3 子域，网格剖分采用不均匀密度控制函数，图 7-28（b）为三角网剖分结果。

3. 含断层模型

如图 7-29（a）所示，在区域内设置断层子域 Ω_2 及低速子域 Ω_5，为模拟 Ω_3 至 Ω_5 较大的速度变化梯度，增加网格加密子域 Ω_4，网格剖分采用了不均匀密度控制函数。各子域的模拟速度：Ω_1：$V_p=3000\mathrm{m/s}$。Ω_2：$V_p=2000\mathrm{m/s}$。Ω_3：$V_p=4000\mathrm{m/s}$。Ω_4：$V_p=4000\mathrm{m/s}$。Ω_5：$V_p=3000\mathrm{m/s}$。图 7-29（b）为三角网剖分结果。

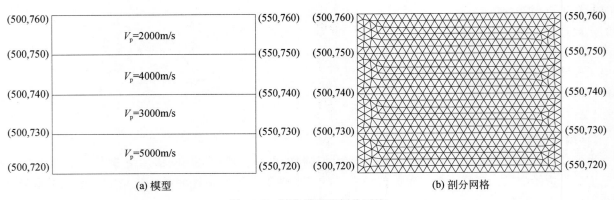

（a）模型　　　　　　　　　　　　　　　　（b）剖分网格

图 7-27　层状模型及剖分网格

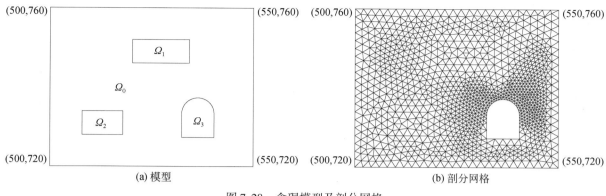

图 7-28　含硐模型及剖分网格

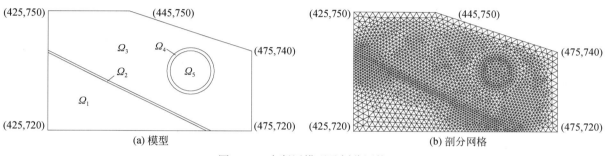

图 7-29　含断层模型及剖分网格

7.3　二维复杂结构三角网射线追踪全局方法

射线理论和射线方法是认识波场传播规律的重要途径。常用射线理论研究地下复杂构造和不均匀介质中的波场传播问题。射线追踪技术被广泛用于波场正演模拟、反演、偏移中，并在实际应用中得到不断的发展和完善。

射线追踪的理论基础是在高频近似条件下，波场的主能量沿射线轨迹传播。文献（张钋等，2000）对常用的射线追踪方法做了比较详细的总结。射线追踪方法，通常意义上包括初值问题的试射法（Shooting Method）和边值问题的弯曲法（Bending Method）。Vidale（1988）在提出程函方程的有限差分法时，指出试射法和弯曲法的主要问题在于：①难于处理介质中较强的速度变化；②难于求出多值走时中的全局最小走时；③计算效率较低；④阴影区内射线覆盖密度不足。

为了克服传统射线追踪方法的这些缺点，近年来，许多地球物理研究者在这方面进行了大量的工作，提出了一些精度较高、效率较高而且实用的计算初至旅行时的波前追踪方法。研究进展主要体现在：①在传统的试射法及弯曲法的基础上的改进，如各类波前重建方法（Vinje et al.，1992；Lambare et al.，1996），除多值走时外，还较好地解决了计算效率及阴影区覆盖不足的问题；②对最小走时算法的改进，使之可适应多值走时计算，如慢度匹配法（Symes，1998），可认为是最短路径方法的推广；③传统方法与最小走时算法的结合，如 HWT 方法（Sava and Fomel，1998），则是通过波前传播计算射线路径。

但这些射线追踪大多基于矩形网，正如前面指出的，相对于三角网，矩形网主要有以下 6 个缺点：

（1）复杂区域网格参数化适应性差；

（2）速度界面描述精度差；

（3）正演模型灵活性差；

（4）正演模拟时存储量大、计算时间长；

（5）正演模拟难度增大、误差增大、效率降低；

（6）用于层析反演时存储量大、计算时间长、方程性态差、求解困难。

反演中，不便于加入一些先验信息，如地层界面、断层、溶洞等信息。而这几个方面正是三角网的优势所在，也是现阶段地球物理探测技术提高反演效果必须要解决的问题。为此，本节在 7.2 节复杂区域的三角剖分方法基础之上，提出复杂区域三角网的全局射线追踪方法。在探讨本方法之前，我们先根据相关文献阐述目前一些具有代表性的射线追踪方法，以便我们对目前的射线追踪技术水平有一个恰当的认识。

7.3.1 射线追踪技术

图像重建属于反问题，它所对应的正问题是在已知介质速度分布的条件下，求得弹性波穿过成像区域的射线轨迹。在一般情况下，需要借助数值计算方法得到。在弹性波层析成像中，由于成像介质的非均匀性，使得弹性波在地下沿弯曲路径行进，这时弹性波在地层中传播时的射线弯曲现象必须加以考虑。要获得地下构造的清晰图像，其关键环节是实现源检之间弹性波射线的定位，即射线追踪（Ray Tracing）。归纳起来，常用的射线追踪方法可分为两大类：一类是初值问题射线追踪（如解析法、打靶法等），另一类是边值问题射线追踪（如弯曲法、扰动法等）。

1. 解析追踪法

解析追踪法就是当地下速度分布函数 $V(x, y)$ 具有简单的形式时，最短走时路径方程（以后称射线方程）可以用解析式表达。

设射线指路径为 L，传播的走时为 T，则 L 是下面变分极小问题的解

$$T = \int_L \frac{\mathrm{d}s}{V(x, y)} = \min_{L'} \frac{\mathrm{d}s}{V(x, y)} \tag{7-8}$$

其中，$V(x, y)$ 是速度分布函数为已知。我们的目的是要求出路径 L 使 T 达到极小。由变分学中的定理知，求解式（7-8）可转化为解下面的欧拉方程

$$\frac{\mathrm{d}}{\mathrm{d}s}\left(\frac{1}{V}\frac{\mathrm{d}r}{\mathrm{d}s}\right) = \nabla\left(\frac{1}{V}\right) \tag{7-9}$$

其中，s 是弧长参数，r 表示以 s 为参数的路径 L，$r = (x(s), y(s))^T$，$\nabla(f) = \left(\frac{\partial f}{\partial x}, \frac{\partial f}{\partial y}\right)^T$。式（7-9）的分量形式为

$$\frac{\partial}{\partial x_j}\left(\frac{1}{V}\right) = \frac{\mathrm{d}}{\mathrm{d}s}\left(\frac{1}{V}\frac{\mathrm{d}x_j}{\mathrm{d}s}\right) \tag{7-10}$$

其中，$j = 1, 2$，$x_1 = x$，$x_2 = y$。式（7-9）又可等价的写成

$$\nabla T \cdot \nabla T = \frac{1}{V^2(x, y)} \tag{7-11}$$

其中，$\nabla T = \left(\frac{\partial f}{\partial x_1}, \frac{\partial f}{\partial x_2}\right)^T$。定义慢度向量 $P = \nabla T$，$P = (P_1, P_2)^T$，$P_1 = \frac{\partial T}{\partial x_1}$，$P_2 = \frac{\partial T}{\partial x_2}$，则欧拉方程式（7-9）又可写成下面等价形式：

$$\begin{cases} \dfrac{\mathrm{d}x_i}{\mathrm{d}s} = v \cdot P_i \quad (i = 1, 2) \\ \dfrac{\mathrm{d}P_i}{\mathrm{d}s} = \dfrac{\partial}{\partial x_i}\left(\dfrac{1}{V}\right) \quad (i = 1, 2) \\ \dfrac{\mathrm{d}T}{\mathrm{d}s} = \dfrac{1}{V} \end{cases} \tag{7-12}$$

以上这些等价形式容易推导，式（7-12）是采用弧长 s 作为参数，下面我们引进更一般的参数 ω ，这将给计算带来很大方便。设

$$\omega(T) = \omega(T_0) + \int_{T_0}^{T} V^N dT \tag{7-13}$$

当 $N=0$ 时，$\omega = t$ 为时间参数；当 $N=1$ 时，$\omega = s$ 为弧长参数。此时式（7-12）用参数 ω 表示为

$$\begin{cases} \dfrac{dx_i}{d\omega} = V^{2-N} \cdot P_i \\[2mm] \dfrac{dp_i}{d\omega} = -V^{-1-N} \cdot \dfrac{\partial V}{\partial x_i} \\[2mm] -\dfrac{dT}{d\omega} = V^{-N} \end{cases} \tag{7-14}$$

当给定初始条件时，对一些特殊的函数 $V(x,y)$ ，通过求解微分方程式（7-14）就可以得到射线方程的解析表达式。

假设初始条件为

$$x_i = x_{i_0}, \quad P_i = P_{i_0}, \quad T = T_0 \quad (i = 1, 2) \tag{7-15}$$

下面讨论两种常见的形式。

1） $\dfrac{1}{V^2}$ 是常梯度的情形

假设平方慢度 $1/V^2$ 是线性函数，即

$$\frac{1}{V^2} = A_0 + A_1 x_1 + A_2 x_2$$

在式（7-13）中取 $N=2$ ，这时特别记参数 $\omega = \sigma$ ，此时式（7-14）的解为如下多项式

$$\begin{cases} x_i(\sigma) = x_i(\sigma_0) + P_i(\sigma_0)(\sigma - \sigma_0) + \dfrac{1}{4}A_i(\sigma - \sigma_0)^2 \\[2mm] P_i(\sigma) = P_i(\sigma_0) + \dfrac{1}{2}A_i(\sigma - \sigma_0) \\[2mm] T(\sigma) = T(\sigma_0) + \left[A_0 + \sum A_i x_i(\sigma_0)\right](\sigma - \sigma_0) + \dfrac{1}{2}\sum A_i P_i(\sigma_0)(\sigma - \sigma_0)^2 + \dfrac{1}{12}\sum A_i A_i(\sigma - \sigma_0)^3 \end{cases}$$

$$\tag{7-16}$$

其中，$\sigma_0 = \omega(T_0)$ ，$i = 1, 2$。

2） 速度 V 是常梯度的情形

此情形是地学中最常见的情形之一。例如地下速度分布是随深度变化的线性函数。设

$$V = A_0 + A_1(x_1 - x_{10}) + A_2(x_2 - x_{20}) \tag{7-17}$$

如果采用坐标变换，新的 x_1 轴的方向同 $\nabla V = (A_1, A_2)^T$ ，新的 x_2 轴与新的 x_1 轴垂直，则在新的坐标下只含有一个变量

$$V = V_0 + A_2(x_2 - x_{20}) \tag{7-18}$$

在式（7-13）中取 $N = -1$ ，这时记参数 $\omega = \xi$ ，求解式（7-14）得

$$\begin{cases} \dfrac{dP_1}{d\xi} = -\dfrac{\partial V}{\partial x_1} = 0 \\[2mm] \dfrac{dP_2}{d\xi} = -\dfrac{\partial V}{\partial x_2} = -A_2 \\[2mm] \dfrac{dx_2}{d\xi} = V^{-1}P_2 \end{cases} \tag{7-19}$$

由式（7-19）得：$P_1 = P_{10} = P$（常数），$P_2 = P_{20} - A_2(\xi - \xi_0)$。在式（7-19）的第三个方程两边积分得

$$x_2(\xi) = A_2^{-1}(x^{-\frac{1}{2}} - V_0) + x_{20}$$

其中，$x^{-1} = [A_2(\xi - \xi_0) - P_{20}]^2 + V_0{}^2 - P_{20}{}^2$，$\dfrac{\mathrm{d}x_i}{\mathrm{d}\xi} = V^3 P_1$，$\mathrm{d}x_1 = V^3 P \mathrm{d}\xi = P[V_0 + A_2(x_2 - x_{2n})]^3 \mathrm{d}\xi$

把 x_2 带入前式并两边积分得

$$x_1 = x_{10} + \frac{PA_2^{-1}}{V_0^{-2} - P_{20}{}^2} \{x^{\frac{1}{2}}[A_2(\xi - \eta_n)] - P_{20} + V_0 P_{20}\}$$

注意式（7-11）有

$P^2 + P_{20}{}^2 = V_0{}^{-2}$，所以 $V_0{}^{-2} - P_{20}^2 = P^2$，因此

$$x_1 = x_{10} + \frac{PA_2^{-1}}{V_0{}^{-2} - P_2{}^2{}_0} \{x^{\frac{1}{2}}[A_2(\xi - \eta_0) - P_{20}] + V_0 P_{20}\}$$

$$\frac{\mathrm{d}T}{\mathrm{d}S} = V, \quad T(\xi) = T_0 - A_1{}^{-1}\ln\{[x^{-\frac{1}{2}} - A_2(\xi - \eta_0) + P_{20}]/(V^{-1} + P_{20})\}$$

最后整理得

$$\begin{cases} P_1 = P, \ P_2 = P_{20} - A_2(\xi - \xi_0) \\ x_1 = x_{10} + (PA_2)^{-1}[x^{-\frac{1}{2}}A_2(\xi - \xi_0) - P_{20} + V_0 P_{20}] \\ x_2 = x_{20} + A_2{}^{-1}(x^{-\frac{1}{2}} - V_0) \\ T = T_0 - A_2{}^{-1}\ln\{[x^{-\frac{1}{2}} - A_2(\xi - \xi_0) + P_{20}]/(V_0{}^{-1} + P_{20})\} \end{cases} \tag{7-20}$$

实际上，式（7-20）中射线路径为一圆弧，通过简单运算可把式（7-20）化为标准形式

$$[x_1 - x_{10} - (PA_2)^{-1}V_0 P_{20}]^2 + (x_2 - x_{20} + A_2{}^{-1}V_0)^2 = (PA_2)^{-2}$$

以上介绍的解析法，其适用范围较小，因为实际地质构造比较复杂，即速度分布比较复杂，而解析法只能对少数特殊的速度分布实现射线追踪，如速度是常梯度、慢度平方是常梯度，以及慢度平方是多项式的情形。

2. 打靶法

打靶法（shooting method）是对变分问题（7-9）式或其等价形式的初值问题求路径的数值解，实际中有用的是边值问题，即已知起始点 S 与终点 R，求连接 S 到 R 的最短时间路径。打靶法的基本思想是通过调整初值，即射线入射角度来搜寻终点。

采用旅行时 t 作为参数，记路径 $r(t) = (x(t), y(t))^T$，定义是向量 $\sigma(t)$ 满足

$$r'(t) = V^2 \cdot \sigma(t) \tag{7-21}$$

即 $\sigma(t)$ 的方向为切线方向，大小等于 $\dfrac{1}{V}$。

把式（7-9）改为 t 作参数的形式为

$$\frac{\mathrm{d}}{\mathrm{d}t}\left[\frac{1}{V^2}\begin{pmatrix} \dot{x} \\ \dot{y} \end{pmatrix}\right] = -\frac{1}{V}\begin{pmatrix} V_x \\ V_y \end{pmatrix} \tag{7-22}$$

由 $\sigma(t)$ 的定义得

$$\sigma(t) = -\frac{1}{V}\begin{pmatrix} V_x \\ V_y \end{pmatrix} = -\frac{1}{V}\nabla V \tag{7-23}$$

式（7-21）与式（7-23）组成射线方程，其中有的方程不独立，采用角度去掉多余的方程，设

$$r(t) = |r'(t)|(\cos\alpha i + \sin\alpha j) = V(\cos\alpha i + \sin\alpha j)$$

其中，$\alpha = \alpha(t)$ 是切线与 i 的夹角，则

$$\sigma(t) = \frac{1}{V^2} r'(t) = \frac{1}{V}(\cos\alpha i + \sin\alpha j)$$

$$\sigma'(\mathrm{t}) = -\frac{1}{V^2}(V_x \dot{x} + V_y \dot{y})(\cos\alpha i + \sin\alpha j) + \frac{1}{V}(-\sin\alpha \cdot \dot{\alpha} j + \cos\alpha \cdot \dot{\alpha} i)$$

记 $e_1 = \cos\alpha i + \sin\alpha j$, $e_2 = -\sin\alpha i + \cos\alpha j$，则

$$\sigma'(\mathrm{t}) = f \cdot e_1 + \frac{1}{V}\dot{\alpha}(t) \cdot e_2 = -\frac{1}{V}\nabla V$$

(7-24)

其中，$f = -\frac{1}{V^2}(V_x \cdot \dot{x} + V_y \cdot \dot{y})$。式（7-24）两边与 e_2 作内积，注意到 $(e_1, e_2) = 0$，$(e_2, e_2) = 1$，得

$$\alpha'(t) = -\nabla V \cdot e_2 = V_x \sin\alpha - V_y \cos\alpha$$

从而射线方程最终化为一阶常微分方程组

$$\begin{cases} x'(t) = V(x, y)\cos\alpha \\ y'(t) = V(x, y)\sin\alpha \\ \alpha'(t) = V_x \sin\alpha - V_y \cos\alpha \end{cases}$$

(7-25)

当初给定值 α_0，x_0，y_0 时，式（7-25）可用龙格–库塔法求其数值解。

打靶法不但可能出现盲区，也可能会出现追踪路径并非最短路径情况。

3. 弯曲法

弯曲法（Bending Method）是直接求解两点边值问题的方法，基本思想是首先假设一条连接 S 到 R 的曲线 $x^0(\lambda) = (x^0(\lambda), y^0(\lambda))^{\mathrm{T}}$ 作为初始路径，然后进行修正得下一次近似 $x^1(\lambda) = x^0(\lambda) + \varepsilon^0(\lambda)$，其中 $\varepsilon^0(\lambda) = (\xi^0(\lambda), \eta^0(\lambda))^{\mathrm{T}}$ 为修正量，这样循环往复直到修正量很小为止。

下面导出修正量 $\varepsilon^0(\lambda)$ 的公式，把式（7-8）采用任意参数 q 写成如下形式

$$T = \int_{q_0}^{q} S(x, y)\sqrt{\dot{x}^2(q) + \dot{y}^2(q)}\, \mathrm{d}q$$

(7-26)

其中，$S(x, y) = V^{-1}(x, y)$，路径向量 $X(q)$ 的分量分别为 $x = x(q)$，$y = y(q)$，记 $F(\dot{x}, \dot{y}) = \sqrt{\dot{x}^2(q) + \dot{y}^2(q)}$，则式（7-26）的欧拉方程为

$$\frac{\mathrm{d}}{\mathrm{d}q}(SF)_{\dot{x}} = (SF)_x$$

(7-27)

$$\frac{\mathrm{d}}{\mathrm{d}q}(SF)_{\dot{y}} = (SF)_y$$

(7-28)

由式（7-27）和式（7-28）得

$$\frac{\mathrm{d}}{\mathrm{d}q}[SF - (\dot{x}(SF)_{\dot{x}} + \dot{y}(SF)_{\dot{y}})] = 0$$

所以

$$SF - [\dot{x}(SF)_{\dot{x}} + \dot{y}(SF)_{\dot{y}}] = 常数$$

(7-29)

把 F 代入式（7-29）得上面常数为 0，所以

$$SF = \dot{x}(SF)_{\dot{x}} + \dot{y}(SF)_{\dot{y}}$$

(7-30)

注意，式（7-30）蕴含式（7-27）和式（7-28），所以式（7-27）和式（7-28）不独立，去掉式（7-28），令 $q = \frac{S}{L}$，S 是弧长参数，L 是总弧长，这时另记 $\lambda = q$，则 $\lambda \in [0, 1]$。因为 $\frac{\mathrm{d}s}{\mathrm{d}\lambda} = F(\dot{x}, \dot{y}) = L = $ 常数，所以 $\frac{\mathrm{d}F}{\mathrm{d}\lambda} = 0$，这时射线方程满足下面方程组

$$\begin{cases} \dfrac{\mathrm{d}}{\mathrm{d}\lambda}(SF)_{\dot{x}} - (SF)_x = 0 \\ \dfrac{\mathrm{d}F}{\mathrm{d}\lambda} = 0 \\ x(0) = x_0, \ y(0) = y_0 \\ x(1) = x_1, \ y(1) = y_1 \end{cases} \tag{7-31}$$

记

$$\begin{cases} Q_1 = \dfrac{\mathrm{d}}{\mathrm{d}\lambda}(SF)_{\dot{x}} - (SF)_x \\ Q_2 = \dfrac{\mathrm{d}F}{\mathrm{d}\lambda} \end{cases} \tag{7-32}$$

下面采用线性化方法求解式（7-31），设初始路径 $x^0(\lambda) = (x^0(\lambda), y^0(\lambda))^T$，由 $x^n(\lambda)$ 到 $x^{n+1}(\lambda)$ 的迭代修正量为 $\varepsilon^n(\lambda) = (\xi^n(\lambda), \eta^n(\lambda))^T$，即

$$x^{n+1}(\lambda) = x^n(\lambda) + \varepsilon^n(\lambda) \tag{7-33}$$

把 Q_1，Q_2 进行 Taylor 展开，并把式（7-33）代入 Q_1，Q_2 在 $x^n(\lambda)$ 展开得

$$\begin{cases} Q_1 + \varepsilon^n \dfrac{\partial Q_1}{\partial x} + \dot{\varepsilon}^n \dfrac{\partial Q_1}{\partial \dot{x}} + \ddot{\varepsilon}^n \dfrac{\partial Q_1}{\partial \ddot{x}} + O((\varepsilon^n)^2) = 0 \\ Q_2 + \varepsilon^n \dfrac{\partial Q_2}{\partial x} + \dot{\varepsilon}^n \dfrac{\partial Q_2}{\partial \dot{x}} + \ddot{\varepsilon}^n \dfrac{\partial Q_2}{\partial \ddot{x}} + O((\varepsilon^n)^2) = 0 \end{cases} \tag{7-34}$$

其中，每个偏导数都是在 $x^n(\lambda)$ 取值，由式（7-32）有

$$\begin{cases} Q_1 = -S_x \dot{y}^2 + S_y \dot{x}\dot{y} + S\ddot{x} \\ Q_2 = \dot{x}\ddot{x} + \dot{y}\ddot{y} \end{cases} \tag{7-35}$$

把式（7-35）代入式（7-34）并去掉高阶小量得如下迭代格式（去掉上标 n）

$$\begin{cases} S\ddot{\xi} + (\dot{y}S_y)\dot{\xi} + (\ddot{x}\dot{y} + S_{xy} + \ddot{x}S_x - \dot{y}^2 S_{xx})\xi + (\dot{x}S_y - 2\dot{y}S_x)\dot{\eta} \\ \quad + (\ddot{x}\dot{y}S_{yy} - \dot{y}^2 S_{xy} + \ddot{x}S_y)\eta = -Q_1 \\ \dot{x}\dot{\xi} + \ddot{x}\xi + \dot{\eta}\ddot{\eta} + \ddot{y}\eta = -Q_2 \end{cases} \tag{7-36}$$

边界条件 $\varepsilon(0) = \varepsilon(1) = 0$。

可用差分法来求解式（7-36），差分法方程组具有下面形式

$$\begin{pmatrix} \square & \square & & & & \\ \square & \square & \square & & & \\ & \square & \square & \square & & \\ & \cdots & \cdots & & & \\ & & & \square & \square & \square \\ & & & & \square & \square \end{pmatrix} \begin{pmatrix} \xi(1) \\ \eta(1) \\ \xi(2) \\ \eta(2) \\ \vdots \\ \vdots \end{pmatrix} = \begin{pmatrix} -Q_1(1) \\ -Q_2(1) \\ -Q_1(2) \\ -Q_2(2) \\ \vdots \\ \vdots \end{pmatrix} \tag{7-37}$$

其中，每个子块阵是 2×2 矩阵，采用 LU 分解法来求解上面线性方程组。在迭代过程中可以使用扰动量 $\varepsilon^n(\lambda)$ 的均方根 $E^n = \left[\int_0^1 |\varepsilon^n(\lambda)|^2 \mathrm{d}\lambda\right]^{\frac{1}{2}}$ 来判断迭代是否结束，即如果 E^n 小于给定的小量时，则迭代结束。

4. Vidale 法

Vidale 法（Vidale, 1988）计算的是波阵面而不是射线路径，如二维情况，可用正方形的网格对慢度

模型进行离散化，如图 7-30 所示。

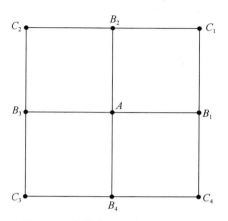

图 7-30　离散化后形成正方形网格

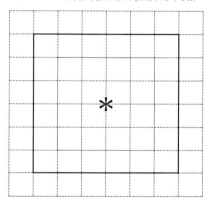

图 7-31　Vidale 走时外推示意图

根据程函方程

$$\left[\frac{\partial t(x,\ z)}{\partial x}\right]^2 + \left[\frac{\partial t(x,\ z)}{\partial z}\right]^2 = s^2(x,\ z) \tag{7-38}$$

对式（7-38）中的偏导数用有限差分进行离散近似，设地震波到达点 A、B_1、B_2 的走时分别为 $t_0 t_1 t_2$，则

$$\frac{\partial t}{\partial x} = \frac{1}{2h}(t_0 + t_2 - t_1 - t_3) \tag{7-39a}$$

$$\frac{\partial t}{\partial z} = \frac{1}{2h}(t_0 + t_1 - t_2 - t_3) \tag{7-39b}$$

h 为离散网格单元的边长，将以式（7-39a）、式（7-39b）代入式（7-38），可得 C_1 的走时

$$t_3 = t_0 + \sqrt{2\ (hs)^2 - (t_2 - t_1)^2} \tag{7-40}$$

其中

$$s = \frac{(S_A + S_{B_1} + S_{B_2} + S_{C_1})}{4}$$

式（7-40）为平面波外推公式，为在波前曲率较大时保证走时计算精度，Vidale 又提出一种球面波外推公式，取 A 点为坐标原点，则波阵面的曲率中心的坐标及走时分别为（$-x_s$）、（$-z_s$）和 t_s，点 A、点 B_1、点 B_2 和点 C_1 的走时分别为

$$t_0 = t_s + s\sqrt{x_s^2 + z_s^2} \tag{7-41a}$$

$$t_1 = t_s + s\sqrt{(x_s + h)^2 + z_s^2} \tag{7-41b}$$

$$t_2 = t_s + s\sqrt{x_s^2 + (z_s + h)^2} \tag{7-41c}$$

$$t_3 = t_s + s\sqrt{(x_s + h)^2 + (z_s + h)^2} \tag{7-41d}$$

式（7-41a）~ 式（7-41d）为球面波外推公式，在计算过程中，既可单独使用式（7-40）或式（7-41）进行走时外推，也可将二者结合起来使用，但由于式（7-41）涉及波前曲率中心的计算，因而计算量较大。

为使走时计算满足地震波传播过程中的因果律及保持计算过程的稳定性，Vidale 方法采用一种"扩展方阵"的形式进行走时外推，以图 7-31 为例：

（1）首先从已知走时的、围绕震源的正方形上的节点开始（图中细实线），根据该正方形节点的已知走时计算其外侧相邻另一正方形节点的未知走时，即外推方向是由震源逐步向外的。

（2）在每次外推过程中，计算顺序为，从待求正方形的任意一边开始，在完成四边的计算后，还需要先找出其内侧相邻正方形上走时为极小值的节点，设其为 t_B，如图 7-32 所示，其两边节点上的时间为 t_A 和 t_C，则与 t_B 对应的外侧相邻正方形上节点的走时 t_D 由下式确定

$$t_D = t_B + \sqrt{(hs)^2 - 0.25(t_C - t_A)^2} \tag{7-42}$$

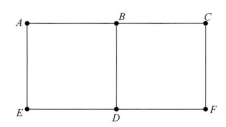

图 7-32　相对时间极小点走时外推示意图

（3）从 t_D 开始，根据式（7-40）、式（7-41）分别计算同一条边上其他点的走时，直到遇到正方形顶点或其对应的内侧相邻正方形上节点走时为相对极大值时停止。

（4）重复步骤（1）~（3），即可求出整个计算区域内网格点上地震波的最小走时。

当介质中存在较大的速度间断时，Vidale 方法会出现不稳定，因此，在 Vidale 之后，相当一部分关于程函方程有限差分法的研究主要是针对上述问题。其中 Qin 等（1992）在 Vidale 扩展方阵的基础上实现了扩展波前的递推方法，但计算量增加很大；Podvin 和 Lecomte（1991）也是按扩展方阵的方式求取走时，对每一个网格节点，系统地比较来自各个方向的透射波、衍射波和首波。例如，对图 7-32 中的 D 点而言，要求比较可能来自 E、B、F 三点的首波，可能来自 A、C 两点的衍射波，及可能来自 EA、AB、BC、CF 的透射波。如果还考虑回转波，则有 4 个首波、4 个衍射波及 8 个透射波需要考虑。Podvin 采用的扩展方阵方式与 Vidale 方法相同，即从上一方阵面的走时相对极小点开始到走时相对极大点结束，考虑到这种情况，则只需比较 2 个可能的透射波、2 个可能的首波与 1 个衍射波，与 Vidale 方法相比，Podvin 的方法同样增加了很多计算量，但其稳定性相当好。

5. Van Trier 法

Van Trier 和 Symes（1991）首先将程函方程（7-38）化为守恒型程函方程，然后用有限差分法（上风法）直接求解变换后的方程，进而求出地震波场的最小走时。

二维极坐标系中程函方程可表示为

$$\left(\frac{\partial \tau}{\partial r}\right)^2 + \left(\frac{1}{r}\frac{\partial \tau}{\partial \theta}\right)^2 = S^2(\tau, \theta) \tag{7-43}$$

令 $u = \dfrac{\partial \tau}{\partial \theta}$ 定义

$$F(u) = \sqrt{S^2 - \frac{u^2}{r^2}} \qquad (7\text{-}44)$$

u 与 $F(u)$ 满足

$$\frac{\partial u}{\partial r} = \partial F(u)/\partial \theta \qquad (7\text{-}45)$$

式（7-45）满足双曲守恒方程的形式，$F(u)$ 称为守恒通量函数。

Van Trier 采用上风法（Upwind method）求解方程（7-45），得

$$u_j^{n+1} = u_j^n + \frac{\Delta r}{\Delta \theta}\left[\Delta_+ F_- (u_k^n) + \Delta_+ F_- (u_j^n)\right] \qquad (7\text{-}46)$$

其中，n 和 j 分别为 r 方向和 θ 方向的离散样点数。

$$\Delta_- u = u_j - u_{j-1}$$
$$\Delta_+ u = u_{j+1} - u_j$$

分别为向后、向前差分算子，且

$$F_+(u) = F(\max(u, \bar{u}))$$
$$F_-(u) = F(\min(u, \bar{u}))$$

其中，$\bar{u}$ 为函数 $F(u)$ 的驻点［即 $F'(\bar{u}) = 0$］。

在极坐标系下，由初始条件及式（7-46）即可求出所求网格点上的慢度分量 u 及 $F(u)$，对 u 及 $F(u)$ 积分即可求出网格点上的走时。

上述算法的主要局限性在于守恒通量函数 $F(u)$ 的计算。当介质速度梯度较大时，$F(u)$ 可能变为虚数，从而导致计算终止；另外，在实际应用中，常常需要频繁地进行极坐标网格到直角坐标网格的走时转换，这在一定程度上也增加了计算量。

6. WFRT 法

WFRT 法（黄联捷等，1992）的基本出发点为 Huygens 原理，根据介质的非均匀程度，将所要研究的介质分割成大小相等的矩形网格，每个矩形网格单元内的速度可视为均匀的，称为第一次分割；然后再根据计算精度的要求将每一矩形网格进一步分成均匀等份的小矩形网格，称为第二次分割。以图 7-33 为例，假定原点位于介质模型左边界，根据 Huygens 原理，每个网格点均可相继作为次级源，对于每个次级源，选取其右上角（或右下角）的一个含有（5×5）个小网格的矩形方块，称为计算方块。当计算方块里不包含速度分界面时，波在 90° 范围内，从次级源点向计算方块里的网格点传播时，在同一方向上，可能会遇到若干网格点，但只需计算其中与次级源直线距离最小的一点，称这些网格点为计算网格点。

图 7-33　计算方块与计算网格点

从源点出发，按上述方法选取一计算方块，计算波从源点到计算网格的点的透射走时，然后把除源点外的所有计算网格相继当作次级源，计算其相应计算方块中计算网格上的走时，对于同一网格点可能存在的不同透射走时，选取其中最小值作为该点走时。WFRT 方法的特色在于，在射线追踪过程中，系统地考虑了计算方块速度界面可能存在的组合形式，并根据 Snell 定律对此做了细致的处理，较大地提高了计算速度。对透射波而言，共有三种涉及界面的传播路径，即直线、平界面的一次透射及直角界面的二次透射，如图 7-34 所示。

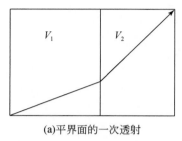
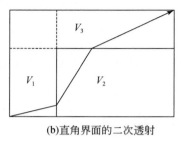

(a)平界面的一次透射　　　　　　　　　　(b)直角界面的二次透射

图 7-34　传播路径

7. 最短路径法

最短路径法的基础是 Fermat 原理及图论中的最短路径理论，利用最短路径的思路求解程函方程，Moser（1991）和刘洪等（1995）都做了大量工作，这些方法的基本思路相同，只不过具体实现步骤上存在差异。

以刘洪等人的方法为例，首先将波阵面看成由有限个离散点次级源组成，由一个已知走时点（如源点）出发，根据 Fermat 原理逐步计算最小走时及射线方向，设 Q 为已知走时点 q 的集合，p 为与其相邻的未知走时点，t_q 和 t_p 分别 q 点和 p 点的最小走时，t_{qp} 为 q 至 p 的最小走时，r 为 p 的次级源位置，则

$$\{r = q: t_p = \min(t_p + q_{qp})\} \tag{7-47}$$

根据 Huygens 原理，q 只需遍历 Q 的边界（即波前点），当所有波前邻点的最小走时都求出时，这些点又成为新的波前点。

计算中，通常将速度模型离散成分块均匀的正方形单元，则每一单元内射线为直线段。设源点的走时为零，除源点外其他节点的走时为无穷大，先选定一个扫描中心，如果源点位于某一正方形单元的一个顶点上，则源点就是所选的扫描中心，如果源位于其他位置，则选择该源邻域的左上顶点作为扫描中心，如图 7-35（a）所示。在选定扫描中心 O 后，将以 O 为中心，r 为半边长的正方形称为扫描正方形，让 r 以单位步长逐步增加，对应的扫描正方形就以 O 为对称中心，逐渐扩大，扫过整个计算区域。在此过程中，把每一扫描正方形的上下左右四条边界上的节点作为波前点按图 7-35（a）中箭头所示顺序进行邻域点最小走时及次级源修正，在向外扫描过程结束后，让 r 以单位步长逐渐减小，则相应的扫描正方形从模型边界向扫描中心收缩，在此过程中，也对每一个扫描正方形上的波前节点按图 7-35（b）中箭头方向所示顺序进行领域点最小走时及次级源修正，将这种扫描正方形扩展、收缩的计算过程依次进行下去，直到所有节点上的走时不再减少时，就完成了所有节点上的全局最小走时计算。

8. HWT 法

Sava 和 Fomel（1998）认为，传统求解射线方程的射线追踪方法虽能求出多值走时，但缺乏稳健性。程函方程的有限差分法虽然具有稳健性，但只能计算最小走时。因此，Sava 和 Fomel 将两者结合起来，提出了一种新方法。

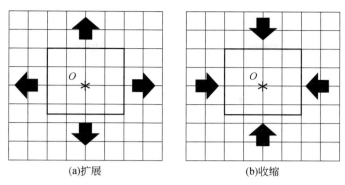

(a)扩展　　　　　　　　(b)收缩

图 7-35　最短路径扫描正方形示意图

三维情况下，程函方程可表示为

$$\left\{\frac{\partial \tau}{\partial x}\right\}^2 + \left\{\frac{\partial \tau}{\partial y}\right\}^2 + \left\{\frac{\partial \tau}{\partial z}\right\}^2 = \frac{1}{v^2(x,z)} \tag{7-48}$$

其中，x、y 和 z 为空间坐标，τ 为走时，v 为介质速度。对于点源，射线的出射角 γ 和 φ 满足

$$\frac{\partial \tau}{\partial x}\frac{\partial \gamma}{\partial x} + \frac{\partial \tau}{\partial y}\frac{\partial \gamma}{\partial y} + \frac{\partial \tau}{\partial z}\frac{\partial \gamma}{\partial z} = 0 \tag{7-49}$$

$$\frac{\partial \tau}{\partial x}\frac{\partial \varphi}{\partial x} + \frac{\partial \varphi}{\partial y}\frac{\partial \gamma}{\partial y} + \frac{\partial \varphi}{\partial z}\frac{\partial \gamma}{\partial z} = 0 \tag{7-50}$$

式（7-49）、式（7-50））的物理意义为射线与波阵面的切线方向垂直。

式（7-48）～式（7-50）中隐含着走时 τ、射线出射角 γ 和 φ，都是空间坐标 x、y、z 的函数，即

$$\tau = \tau(x,y,z) \tag{7-51a}$$
$$\gamma = \gamma(x,y,z) \tag{7-51b}$$
$$\varphi = \varphi(x,y,z) \tag{7-51c}$$

根据隐函数存在定理，射线轨迹的空间坐标 x、y、z 作为 τ、γ 和 φ 的函数满足如下关系

$$\left\{\frac{\partial x}{\partial \tau}\right\}^2 + \left\{\frac{\partial y}{\partial \tau}\right\}^2 + \left\{\frac{\partial z}{\partial \tau}\right\}^2 = v^2(x,y,z) \tag{7-52}$$

由

$$\frac{\partial x}{\partial \tau}\frac{\partial x}{\partial \gamma} + \frac{\partial y}{\partial \tau}\frac{\partial y}{\partial \gamma} + \frac{\partial x}{\partial \tau}\frac{\partial x}{\partial \gamma} = 0 \tag{7-53}$$

$$\frac{\partial x}{\partial \tau}\frac{\partial x}{\partial \varphi} + \frac{\partial y}{\partial \tau}\frac{\partial y}{\partial \varphi} + \frac{\partial z}{\partial \tau}\frac{\partial z}{\partial \varphi} = 0 \tag{7-54}$$

对式（7-52）～式（7-54）进行离散化，可得

$$(x_{j+1}^{i,k} - x_j^{i,k})^2 + (y_{j+1}^{i,k} - y_j^{i,k})^2 + (z_{j+1}^{i,k} - z_j^{i,k})^2 = (r_j^{i,k})^2 \tag{7-55}$$

$$(x_j^{i,k} - x_{j+1}^{i,k})(x_j^{i+1,k} - x_j^{i-1,k}) + (y_j^{i,k} - y_{j+1}^{i,k})(y_j^{i+1,k} - y_j^{i-1,k}) +$$
$$(z_j^{i,k} - z_{j+1}^{i,k})(z_j^{i+1,k} - z_j^{i-1,k}) = r_j^{i,k}(r_j^{i+1,k} - r_j^{i-1,k}) \tag{7-56}$$

$$(x_j^{i,k} - x_{j+1}^{i,k})(x_j^{i,k+1} - x_j^{i,k-1}) + (y_j^{i,k} - y_{j+1}^{i,k})(y_j^{i,k+1} - y_j^{i,k-1}) +$$
$$(z_j^{i,k} - z_{j+1}^{i,k})(z_j^{i,k+1} - z_j^{i,k-1}) = r_j^{i,k}(r_j^{i,k+1} - r_j^{i,k-1}). \tag{7-57}$$

式（7-55）～式（7-57）中，i、j、k 分别为 γ、φ、τ 的离散指标；$r_j^{i,k} = \Delta \tau v_j^{i,k}$，$\Delta \tau$ 为 τ 的离散步长，为离散点 (i,j,k) 处的速度。

由源点开始，在扩展波前上根据式（7-55）～式（7-57）逐点外推，就可完成整个计算区域内的射线追踪。该方法在稳健性、对阴影区的覆盖以及计算速度都具有一定优越性，但由于该方法采用的离散方式为一阶精度，因而最终计算结果的精度仍需进一步研究。

9. 慢度匹配（Slowness Matching）法

慢度匹配法的目的仍是求解多值走时问题，Symes（1998）假设，地震波的射线都是下行的，即满足 $\dfrac{\mathrm{d}\tau}{\mathrm{d}z} > 0$，如图7-36所示，考虑到达某一深度 z_f 的射线，定义

$$\tau^{\mathrm{up}}(x) = \tau(x, z_\mathrm{d}, x_\mathrm{s}, z_\mathrm{s}), \tag{7-58a}$$

$$\tau^{\mathrm{dn}}(x) = \tau(x, z_\mathrm{d}, x_\mathrm{f}, z_\mathrm{f}), \tag{7-58b}$$

根据 Fermat 原理，水平坐标 x_d 应使函数

$$F(x) = \tau^{\mathrm{up}}(x) + \tau^{\mathrm{dn}}(x), \tag{7-59}$$

取极值，即满足

$$\frac{\partial \tau}{\partial x} + \frac{\partial x^{\mathrm{dn}}}{\partial x} = 0 \tag{7-60}$$

式（7-60）中的偏导数即射线慢度，所以该方法称为慢度匹配法，用有限差分对式（7-60）中的偏导数进行近似，在 $z = z_\mathrm{d}$ 的平面上对离散点进行扫描，若发现式（7-60）右端的偏导数之和变号，则可通过内插求出式（7-60）的根，在求出所有满足式（7-60）的根后，即可得出所有离散网格点上的多值走时。

该算法的计算量很大，在目前还不是一种可实用化的方法。

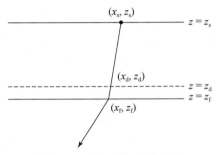

图 7-36　慢度匹配法示意图

7.3.2　二维复杂区域三角网全局射线追踪法

1. 基本原理描述

同时考虑空间所有离散点上的走时和射线路径的计算方法，称为射线路径和走时的全局计算方法，其理论基础是程函方程、Fermat 原理和 Huygens 原理。同样，三角网射线追踪全局计算方法的理论基础仍是 Fermat 原理和 Huygens 原理。对于一个复杂区域，采用7.2节三角剖分方法将区域介质参数化，并视每个三角单元慢度均匀。三角网射线追踪全局计算方法的基本步骤如下：

第一步，计算每个结点的初至旅行时。从震源或一个相对最小走时波前点出发，确定这一结点所在三角单元，称之为当前最小走时三角单元。先计算、比较当前最小走时三角单元结点最小旅行时，再计算、比较此三角单元相邻三角单元节点的旅行时；再一次计算、比较当前最小走时三角单元结点旅行时，当当前最小走时三角单元各结点走时无变化时，对这一最小走时三角单元做出"休眠"标志，寻找下一个最小走时三角单元作为当前单元，以此类推，遍历所有三角单元。与一些将波前刻画成一条曲线不同，在追踪过程中，将所遍历的三角单元作为一个波行平面，因而当遇回转波时，先前已经"休眠"的三角单元将通过三角单元之间的传递而"激活"，再次成为当前最小走时三角单元。

第二步，利用计算出的各结点的旅行时和方向信息确定射线路径。即根据每个结点的最小走时，从接收点出发，向源拾取射线路径。

2. 三角单元射线追踪的拓扑关系及相关概念

三角形单元的定义是三角剖分的基础，也是射线追踪的基础，必须定义很好的结构表达三角形的拓扑关系，以提高算法的效率，并有利于算法实现。

1）相关概念

如图 7-37 所示，为二维区域三角剖分形成的三角单元。规定：三角单元的三个顶点按逆时针方向排列，如 $A \to B \to C$，三边均为有向线段，如 AB、BC、CA；每个单元内速度度均匀。在每个三角单元的 3 个边上设置相同多的结点，结点距离可以均匀分配，也可以非均匀分配，这里采用均匀分配，且三角单元公共边设置的结点相同。

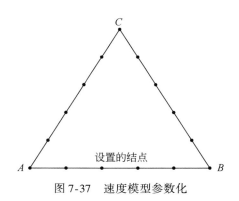

图 7-37　速度模型参数化

定义 7-1　二维区域内的所有点称为结点，包括源点、接收点、三角单元顶点及三角边的插入点等，对应地，称为源结点、接收结点、三角单元顶点结点及三角边插入结点。

定义 7-2　与三角单元的一个顶点相邻的所有三角单元顶点结点称为该三角单元顶点结点的邻域三角顶点，其方向定义为从该点指向邻域三角点，并约定邻域三角顶点绕该点逆时针排放。如图 7-38，P_0 的邻域三角顶点分别为：P_1、P_2、P_3、P_4、P_5、P_6。

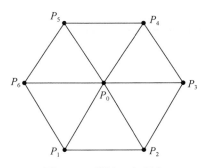

图 7-38　邻域三角顶点

定义 7-3　称一个三角形单元内部或边上的任意两个相邻不同结点为相邻点，并约定其指向性。一个结点的所有相邻点称为这个结点的邻域点，其方向定义为从该点指向邻域点，并约定邻域点绕该结点逆时针排放，为减少不必要的邻域点，同一边上，只保留了与该结点紧邻的结点。

对区域三角网而言，结点的邻域点在不考虑边界情况下主要有四种情形，如图 7-39，结点 ss（空心圆）的邻域点 rr（所有实心圆），即结点在三角单元顶点，结点在三角边插入点，结点在三角边插入点之间，结点在三角单元内部。对一个三角单元而言，针对图 7-39（a）（b）（c）三种情形，一个结点在该三角单元中的邻域点只需考虑在该三角单元中的邻域点。相应地，一个结点的邻域点可以包括三角单元顶点、三角边插入点、三角边插入点之间的点、三角单元内部点这四类结点。

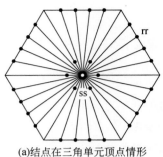 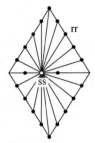 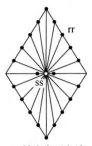 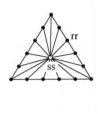

(a)结点在三角单元顶点情形　　(b)结点在三角边插入点情形　　(c)结点在三角边插入点之间情形　　(d)结点在三角单元内部情形

图 7-39　结点邻域点

定义 7-4　在计算从一个已知节点走时到其邻域点的旅行时过程中，该已知走时节点称为其邻域点的波前点，如图 7-39 中的 ss，其邻域点称为该节点的波前邻域点，如图 7-39 中的 rr。一个已知走时节点的次级源即波由源传播到该节点所经历路径的上一个邻域节点。因此，在计算波前点到其波前邻域点的旅行时过程中，各波前点可以相继看作是其波前邻域点的次级源，但只有当遍历所有波前点时，各结点的次级源才是使该节点走时最小的上一个邻域节点。

定义 7-5　与一个三角单元顶点或边相关的所有三角单元，称为该三角单元的相邻三角单元。如图 7-40 所示，三角单元 A_0 的相邻三角单元包括 $A_1 \sim A_{12}$ 这 12 个三角单元。在下面将要定义的波行面的扩展与回转波的回传就是通过相邻三角单元来扩展和传递的。

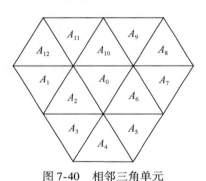

图 7-40　相邻三角单元

定义 7-6　在二维平面内，某一时刻由波源点及波到达的每一个点构成的平面，称为波行面。在三角网射线追踪全局算法中，波行面的表现形式为，波遍历的三角单元组成的平面。值得说明的是，计算各节点的走时过程中，在完成整个区域的节点走时计算之前，波行面各节点的走时不一定必须是最小走时。

2）类定义

为便于理解三角单元间的拓扑关系，采用 C++ 对三角网射线追踪的节点、三角单元、边进行类定义。

（1）有向边类定义。

```
class Edge {                              //有向边类
public:
    Vertex * dest;                        //第二个点位置
    double cost;                          //边的代价，可以是距离，也可以是时间
    Triangle * lefttriangle;              //边的左三角形
    Triangle * righttriangle; }           //边的右三角形
```

（2）节点类定义。

```
class Vertex {                              //节点类
public：
    double    x；                            //节点 x 坐标
    double    y；                            //节点 y 坐标
    dcllist<Edge> adj_ tri_ vex；            //该点相邻三角顶点
    dcllist<Edge> adj_ wf_ vex；             //该点邻域点
    Vertex    * prev_ vex；                  //该点的次级源
    intscratch；                             //搜索标志
    double density；                         //该点三角单元密度控制大小
    double travel_ time；                    //由源点到该点的旅行时
    int mark；                               //边界标记，外边界点、内边界点、控制点
    double    adj_ dist；                    //与该点相邻的两点的距离
    double    adj_ ang；}                     //与该点相邻的两点对剖分区域形成的角度
```

其中，dcllist 为有向环链表。

（3）三角单元类定义。

```
class Triangle {                            //三角单元类
public：
    dcllist<Vertex * >   tripoly；           //由三角单元顶点及边插入点构成的三角环
    Vertex * a，* b，* c；                    //三角单元三个顶点
    double v；                               //三角单元波速
    bool scratch；                           //是否被遍历标志（休眠、激活标志）
    bool insert；                            //是否进入波阵平面标志
    double min_ time；                       //最小走时
    DCLLIST：：iterator   min_ time_ itr；    //最小走时位置
    dcllist<Triangle * > adj_ tri；}         //相邻三角单元
```

3. 节点次级源近似全局算法

1）设置各节点的拓扑关系

三角网格参数化由于网格大小和形状的不规则性，网格间检索和数据点定位不如矩形网格参数化方式方便，为便于对三角网射线追踪，必须设置好各节点之间的拓扑关系，主要包括以下几类节点的拓扑关系：

（1）按逆时针方向，设置各节点的邻域三角顶点，这里的节点包括源点、接收点、三角顶点及三角边的插入点，同时设置由节点至邻域三角顶点形成的有向边的左、右三角形，主要目的是便于查询三角形的相邻三角形。

（2）按逆时针方向，设置各节点的邻域点，这里的节点包括源点、接收点、三角顶点及三角边的插入点，同时设置由节点至其邻域点形成的有向边的左、右三角形，主要目的是便于计算由波前点至波前邻域点的旅行时。将接收点和源点等同于三角顶点及三角边的插入点进行设置的一个优点是使得射线追踪不必对源点和接收点另行计算，路径拾取只需给出接收点坐标即可。

（3）按逆时针方向，设置各三角单元的相邻三角单元，根据三角顶点的邻域三角顶点设置，主要目的是便于三角单元之间波的传递和波行面的扩展。

2）波前邻域点最小走时计算及相应次级源的选定

波前邻域点最小走时计算及相应次级源的选定只需考虑在一个三角单元内进行，然后进行波行面的

扩展，扩展细节见下一部分的描述。

图 7-41 是一个三角单元，设 ss 点是波前节点，其波前邻域点用实心圆表示。其中，rr 节点是 ss 的某一邻域点，它们的坐标分别为 (x_{ss}, y_{ss}) 和 (x_{rr}, y_{rr})；(x_{rs}, y_{rs}) 为 rr 节点次级源的坐标；t_{ss} 为 ss 节点的走时；t_{rr} 为 rr 节点的走时；v 为三角单元的速度；t_{sr} 为波从 ss 节点以速度 v 沿直线传播到 rr 节点所需的时间：

$$t_{sr} = \left[(x_{ss} - x_{rr})^2 + (y_{ss} - y_{rr})^2 \right]^{\frac{1}{2}} / v \tag{7-61}$$

于是可以求出 rr 节点的走时及相应的次级源节点坐标，即当 $(t_{ss} + t_{sr}) < t_{rr}$ 时，有

$$\begin{cases} t_{rr} = t_{ss} + t_{sr} \\ x_{rs} = x_{ss} \\ y_{rs} = y_{ss} \end{cases} \tag{7-62}$$

在一个三角单元内计算节点走时时，从这个三角单元走时最小的节点 ss 开始，然后让 ss 遍历本三角单元的所有节点，本三角单元的节点走时计算才算完毕，但各节点走时不一定就是最小走时，只有当 ss 经历所有波前点时，t_{rr} 才变成最小走时，(x_{rs}, y_{rs}) 才是真正次级源坐标。

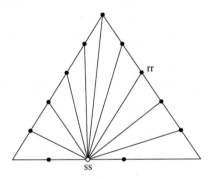

图 7-41　波前邻域点走时计算

3）波行面扩展

Huygens-Fresnel 原理表明，在 t 时刻的波阵面 Σ 上的每个面源 $\mathrm{d}\Sigma$ 均可视为新的振动中心，它们发出次波。在空间某一点的振动是所有这些次波在该点的相干叠加。因此，在 $t + \triangle t$ 时刻的波阵面 Σ' 是以 Σ 的每一点为球心、半径为 $v(x) \triangle t$ 的球面的包络面。这里，$v(x)$ 是波阵面 Σ 某一点的波速。如图 7-42 所示，在二维平面，Σ、Σ' 分别为 t、$t + \triangle t$ 时刻的波阵曲线，当 Σ' 与 Σ 距离充分小时，可以用三角环来逼近振动圆，通过三角单元节点的振动来得到波阵线 Σ'。然而在实际的计算中，要得到 t 时刻的波阵线将会非常复杂，而且采用波阵线扩展，也不利于回转波的传递。

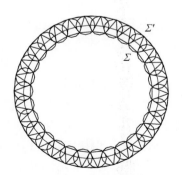

图 7-42　Huygens 原理三角逼近

我们的做法是，利用波行平面，将波行平面的扩展视为一个递归过程，其算法描述如下：

利用波行平面，将波行平面的扩展视为一个递归过程，图 7-43 展示了波行面（a）~（h）的扩展过程，源点在左上角，粗线三角单元表示当前三角单元。

（1）设源点的走时为 0，除源点外的其他节点的走时为无穷大。左上角为 1 号、2 号三角形的公共节点，只需将 1 号三角形纳入波行面三角单元存储容器，2 号三角形单元会自行遍历，并使 1 号三角单元处于"运算"状态，做出存在于波行面的标志。

（2）如图 7-43（a），在波行面三角单元存储容器中查找处于"激活"状态的三角单元中的最小走时节点，此时波行面三角单元存储容器只有 1 号三角单元，置 1 号三角单元作为当前三角单元，并将 1 号三角单元及其相邻三角单元 2~6 号纳入波行面三角单元存储容器，标记为"激活"状态，同时做出存在于波行面的标志。

（3）利用"波前邻域点最小走时及次级源位置计算"方法，计算、比较当前的 1 号最小走时三角单元各节点旅行时（从 1 号三角单元最小走时节点开始）；再计算、比较最小走时三角单元的 2 号 ~6 号相邻三角单元各节点的旅行时，当相邻的 2~6 号三角单元中的任一节点走时有变化时，将这一相邻三角单元做出"激活"标志；再一次计算、比较当前的 1 号最小走时三角单元节点旅行时，当 1 号最小走时三角单元各节点走时无变化时，对 1 号三角单元做出"休眠"标志。

（4）如图 7-43（b），与第（2）步类似，在波行面三角单元存储容器中查找处于"激活"状态的三角单元中的最小走时节点，这时波行面三角单元存储容器中有 1 号、2 号、3 号、4 号、5 号、6 号三角单元，1 号为"休眠"状态，2~6 号三角单位处于"激活"状态，则必找到左上角节点，这个节点位于 2 号三角单元。置 2 号三角单元作为当前最小走时三角单元，并将 2 号三角单元及其相邻三角单元 1 号、3 号 ~7 号纳入波行面三角单元存储容器，并做出存在于波行面的标志，实际上 1 号 ~6 号已存在于波行面三角单元存储容器，2 号三角形只扩展 7 号三角形单元。

（5）与第（3）步类似，计算、比较 2 号三角单元节点旅行时（从 2 号三角单元最小走时节点开始）；再计算、比较最小走时三角单元的 1 号、3 号 ~7 号相邻三角单元节点的旅行时，当 1 号、3 号 ~7 号三角单元中的任一节点走时有变化时，将这一三角单元做出"激活"标志；再一次计算、比较当前的 2 号最小走时三角单元节点旅行时，当 2 号三角单元各节点走时无变化时，对 2 号三角单元做出"休眠"标志。

图 7-43（c）~图 7-43（h）的 3~8 号三角单元的扩展与 1、2 号三角单元扩展类似，即：3 号三角单元的相邻三角单元为 1 号、2 号、4 号、5 号、6 号、8 号、9 号、12 号、13 号，实际扩展了 8 号、9 号、12 号、13 号单元；4 号三角单元的相邻三角单元为 1 号、2 号、3 号、5 号、7 号、8 号、10 号、11 号，实际扩展了 10 号、11 号单元；5 号三角单元的相邻三角单元为 1 号、2 号、3 号、4 号、6 号、7 号、8 号、9 号、10 号、11 号、12 号、13 号，没有扩展；6 号三角单元的相邻三角单元为 1 号、3 号、5 号、8 号、9 号、12 号、13 号、14 号，实际扩展了 14 号单元；7 号三角单元的相邻三角单元为 2 号、4 号、5 号、8 号、10 号、11 号、15 号，实际扩展了 15 号单元；8 号三角单元的相邻三角单元为 3 号、4 号、5 号、6 号、7 号、9 号、10 号、11 号、12 号、13 号、16 号、17 号、18 号，实际扩展了 16 号、17 号、18 号单元。

以此方式遍历所有三角单元，当所有波行面的节点走时都不再变化，且所有波行面中的三角单元均处于"休眠"状态，波行面扩展完毕。

与一些将波前刻画成一条曲线不同，本算法在于：将所遍历的三角单元作为一个波行平面，以波行面代替波前面；一方面通过最小走时三角单元的与其相邻三角单元间的"激活"传递扩展波行面，另一方面当遇回转波时，也通过三角单元的相邻三角单元之间的传递将先前已经"休眠"状态的三角单元激活为"激活"状态，而再次成为最小走时三角单元，无需另行"收缩"。这样就有效地解决了波的扩展和回传的问题。

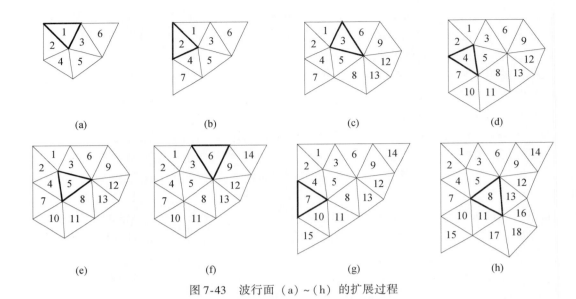

图 7-43 波行面（a）~（h）的扩展过程

4）波传播路径的向源检索

任意点到源点的射线路径通过向源检索完成。按节点的指针找到次级源坐标，次级源又成为新的开始节点，新节点的指针又可找到下一个次级源。这样依次找出各节点的次级源节点，直至源点结束。由于本文将源点和接收点按照三角节点统一处理，因而，在向源检索过程中不必对接收点走时另行计算，直接检索即可。图 7-44 为图 7-27 层状模型的射线追踪结果（为图示清楚，只画出上面两层的结果），可以发现，基于节点次级源的全局算法，射线在均匀介质中是折线，这是由于波只在有限节点上传递的结果，这是下面要解决的问题。

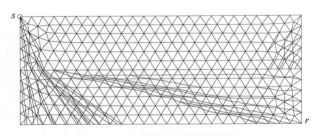

图 7-44 波传播路径的向源检索

4. 次级源双曲线近似全局算法

在节点次级源近似全局算法中，邻域点的走时是用波前点走时加上波前点到邻域点局部走时的和表示的，这相当于把波前面看成是一系列离散点次级源，见图 7-45（a）。实际上到达每一节点的波并不一定正好是从网格上的波前点发出，而可能是从网格点之间的点发出，见图 7-45（b）。这样局部走时和次级源位置就要进行修正。

采用和文献（刘洪等，1995）类似的方式计算局部走时和次级源的位置。设某一点为局部原点（通常设为 B 点），在 A、B、C 三点之间走时函数表示为 $t(x)$，x 为 AC 方向上局部一维坐标。设前方点 E 在 AC 方向上的局部坐标为 x_E，垂直 AC 方向的距离为 d，则经 AC 线上任一点 x 到达邻域点 E 的走时为

$$t_E = t(x) + \left[(x - x_E)^2 + d^2 \right]^{\frac{1}{2}} / v \tag{7-63}$$

v 为三角单元内的速度，令 x 在 AC 之间变化时，t_E 取极小，可求出波前点即次级源点 D

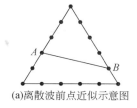
(a)离散波前点近似示意图

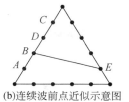
(b)连续波前点近似示意图

图 7-45　不同波前点近似的比较

$$\{x_D = x: \ t_E = \min_{x \in (A, C)} [t(x) + ((x - x_E)^2 + d^2)^{\frac{1}{2}}]/v\} \tag{7-64}$$

若 A 点、B 点、C 点的局部坐标为 x_A、x_B、x_C，3 点的走时为 t_A、t_B、t_C，则用双曲线近似计算 AC 上任一点走时

$$\begin{aligned} t(x) = \{ &t_A^2 [(x - x_B)(x - x_C)]/[(x_A - x_B)(x_A - x_C)] \\ &+ t_B^2 [(x - x_A)(x - x_C)]/[(x_B - x_A)(x_B - x_C)] \\ &+ t_C^2 [(x - x_A)(x - x_B)]/[(x_C - x_A)(x_C - x_B)] \}^{1/2} \end{aligned} \tag{7-65}$$

容易证明，当介质均匀时，$t(x)$ 是某一点源引起的走时时，上式是严格精确的。当介质不均匀时，双曲线近似也是 3 点走时插值方法中精度最高的。式（7-65）是一个极小值求解问题，可采用梯度法、黄金搜索等方法求得 x_D。图 7-46 为一计算实例，源点在左上角，显示出各节点的次级源，如 A 的次级源为 B。

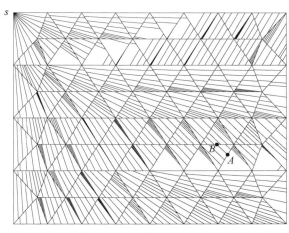

图 7-46　各节点的次级源

图 7-47 表示 节点 E 的次级源 F 的检索。根据 E 的位置，有以下几类节点的次级源检索：

（1）当节点 E 位于三角单元内部时，如图 7-47（a），通过双曲线近似和最小走时搜索从三角单元三边上找到次级源，算出该节点走时；

（2）当节点 E 是三角顶点或三角边的插入点时［图 7-47（b）］，可直接拾取次级源；

（3）当节点 E 位于三角边插入点 A、C 之间时，检索 E 的次级源 F 要依据 A 的次级源 B 与 C 的次级源 D。这时主要会遇到 图 7-47（c）（d）两种情况：（c）情形是 A 的次级源 B 与 C 的次级源 D 在一个三角单元内；（d）情形就相当复杂，由于 C 点是三角顶点，C 的次级源 D 可能就存在于其他三角单元内。对图 7-47（c）（d）两种情况，也通过双曲线近似和最小走时搜索从三角单元相应边上寻找次级源，并算出该节点走时。

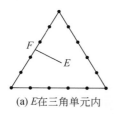
(a) E在三角单元内

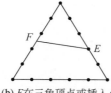
(b) E在三角顶点或插入点

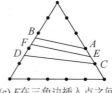
(c) E在三角边插入点之间

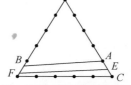
(d) E在三角顶点与边的插入点之间

图 7-47 节点次级源检索

7.3.3 数值模拟

1. 算例

（1）水平层状均匀介质模型

图 7-48 为图 7-27（a）所示模型 1 个源点的射线追踪结果。图中源点位于左上角，接收点分别位于模型上边界、右边界及下边界。第 1 层介质速度为 2000m/s，第 2 层介质速度为 4000m/s，第 3 层介质速度为 3000m/s，第 4 层介质速度为 5000m/s。模型水平方向宽度为 50m，垂直方向 4 个层厚度均为 10m。对模型采用密度为 2m 的函数进行三角剖分，三角网优化后，在三角边上均匀插入 4 个节点。图 7-48 为采用三角网全局算法得到的不同时刻的波阵面和射线路径。

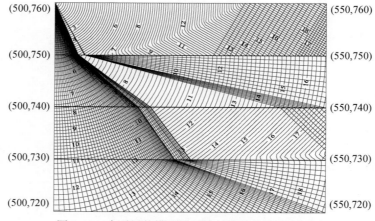

图 7-48 水平层状模型初至波射线路径及波阵面图

（2）含空洞模型

图 7-49 为图 7-28（a）所示模型 1 个源点的射线追踪结果。源点位于左上角，接收点分别位于模型上边界、右边界及下边界。背景速度为 4000m/s，设置：速度为 2000m/s 的低速矩形区，速度为 5000m/s 的高速矩形区及隧道型状的空洞，网格剖分采用不均匀密度控制函数；图 7-49 为采用本算法得到的不同时刻的波阵面和射线路径。

（3）含断层模型

图 7-50 为图 7-29（a）所示模型 1 个源点的射线追踪结果。源点位于左下角，接收点分别位于模型外边界。在区域内设置了断层子域 Ω_2 及低速子域 Ω_5，为模拟 $\Omega_3 \sim \Omega_5$ 速度较大的梯度变化，增加网格加密子域 Ω_4，网格剖分采用了不均匀密度控制函数，各子域的模拟速度：Ω_1：$V_p = 3000$m/s。Ω_2：$V_p = 2000$m/s。Ω_3：$V_p = 4000$m/s。Ω_4：$V_p = 4000$m/s。Ω_5：$V_p = 3000$m/s。图 7-50 为采用本算法得到的不同时刻的波阵面和射线路径。

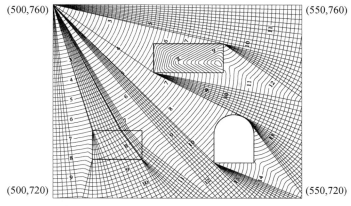

图 7-49　含空硐模型初至波射线路径及波阵面

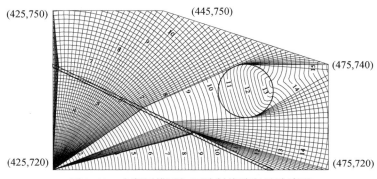

图 7-50　含断层模型初至波射线路径及波阵面

2. 算法精度检验

为了检验三角网射线追踪算法的精度和可靠性，对图 7-51 所示模型的三角网射线追踪正演模拟结果同根据 Snell 定理计算的理论结果进行了对比。源位于左边界上端，接收点分别位于模型上边界和右边界，接收点 2m。第 1 层介质速度为 2000m/s，第 2 层介质速度为 4000m/s，模型水平方向宽度为 50m，垂直方向深度分别是第 1 层 10m，第 2 层 40m，源在第 1 层介质中。在对模型进行网络划分时，采用密度为 2m 的函数进行三角剖分，三角网优化后，在三角边上均匀插入 4 个节点。图 7-51（a）为三角网剖分结果和初至波射线路径图；图 7-51（b）为初至波波阵面图，等时线间隔 1ms。图 7-51（c）、（d）分别为右边界

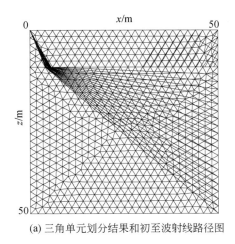

(a) 三角单元划分结果和初至波射线路径图

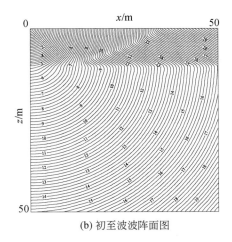

(b) 初至波波阵面图

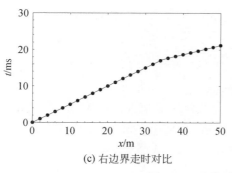 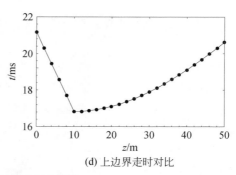

(c) 右边界走时对比　　　　　　　　(d) 上边界走时对比

图 7-51　二水平层介质模型计算结果

和上边界走时对比结果，图中实线为用解析分析公式计算的理论初至波走时，圆点为三角网追踪算法计算的初至波走时。右边界最大走时相对误差为 0.009%；上边界最大走时相对误差仅为 0.00028%。由此可以看出，采用三角网射线追踪算法具有相当高的计算精度。

7.4　三角网透射波层析成像的理论与方法

7.4.1　概述

层析成像技术大致可分为两种类型：一种是基于射线理论的图像重建技术，另一种是基于波动方程反演的散射（或衍射）层析成像技术。散射层析成像方法，就数学模型而言，与地球物理领域的实际情况较接近，但在理论上还比较粗糙、不系统，方法也不成熟，有待进一步发展，目前在实际应用中，射线层析成像仍占主导地位。

基于射线理论的图像重建算法，主要分变换法和级数展开法（Herman 的分类法），也有学者分成分析法和代数重建法。在分析法中，主要是 Radon 变换方法、Fourier 方法、滤波反投影方法或称褶积反投影方法。在投影数据完全（即投影射线足够多且分布均匀）、足够精确且射线路径为直线的前提下，变换法可以准确地重建对象内部图像，医学 CT 因基本符合上述前提，故常采用变换法重建图像。但是变换法抗噪声干扰的能力差，如果投影数据不是沿直线的简单积分，那么可能就得不到解析反演公式的闭合形式，这时，变换法就无法得到正确的结果。地学层析成像一般难以满足这些要求，所以不宜采用变换法，而以代数重建法为主。

通过逐次线性化，射线层析成像方法可归结为求解一个大型的、稀疏的、常常是病态的线性方程组。目前最常见的是代数重建技术（ART），联合迭代重建技术（SIRT），截断 SVD 法，共轭梯度最小二乘算法（CGLS），迭代最小二乘算法（LSQR）。除此之外，裴正林等对复杂介质小波多尺度井间地震层析成像方法进行了数值模拟研究，但其应用效果有待实践的检验。研究利用最大熵准则的图像重建方法及利用先验概率信息的 Bayesian 重建算法，由于更加符合实际数据的特点，将会受到越来越多的关注。事实上，射线层析反演也是一个非线性问题，诸如 Monte Carlo 法、模拟退火法（Simulated Annealing，SA）、遗传算法（Genetic Algorithm，GA）、同伦算法等求解非线性反问题的全局优化算法，也在不断研究之中，计算效率、稳定性、依赖于初始模型等问题是这类方法需要解决的重点。

基于三角网层析成像的理论基础和方法，和矩形网是一致的，二者的差别只是离散形式的不同，本节首先介绍层析成像的基本理论和典型的基于射线追踪的几种反演方法，然后针对具有复杂结构的模型进行三角网声波透射层析成像的数值模拟研究。

7.4.2 层析成像的数学基础

一个二维的连续图像在数学上用函数 $f(x, y)$ 表示，1971 年，奥地利数学家 J. Radon 证明：已知所有入射角 θ 的投影函数 $p(\xi, \theta)$，可以恢复唯一的图像函数 $f(x, y)$。这个定理就是层析成像的理论基础——Radon 变换。现有的各种层析技术，无论其形式如何，其数学理论基础都是基于 Radon 变换。但实际应用中，反演成像的 Radon 逆变换并不适合进行数值计算，而 Fourier 变换、褶积滤波为图像重建提供了重要的方法。下面就简要介绍基于连续图像及直射线假定的 Radon 变换、Radon 逆变换图像重建、Fourier 变换图像重建、褶积滤波图像重建的基本原理。

1. Radon 变换

图 7-52 是一个典型的 CT 测量系统。当入射波的波长远小于介质的不均匀性时，可认为平面透射波透过介质时沿直线传播，因此在成像物体的另一端的接收信号

$$p(\xi, \theta) = \int_L f(x, y) = \int_{-\infty}^{\infty} f_\theta(\xi, \eta) \mathrm{d}\eta \tag{7-66}$$

其中，$p(\xi, \theta)$ 为图像的投影函数；L 为沿直射线的积分路程，垂直于 ξ 轴方向。θ 为坐标系 (x, y) 和 (ξ, η) 之间的夹角，f_θ 为 $f(x, y)$ 经坐标旋转 θ 角的取值。

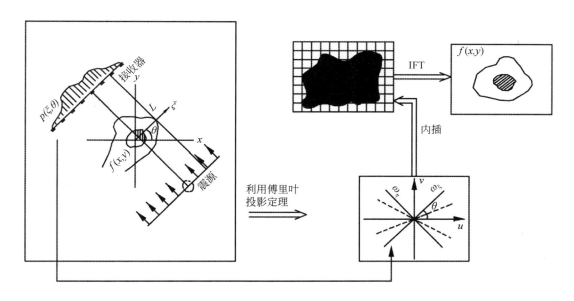

图 7-52 CT 测量及 Fourier 投影定律图像重建过程

由式（7-66）表示的函数 $f(x, y)$ 沿直线 L 的积分称为（经典的）Radon 变换，即 CT 图像重建最基本的数学基础，它一般写为

$$[Rf](\xi, \theta) = p(\xi, \theta) = \int_L f[x(\xi, \theta), y(\xi, \theta)] \mathrm{d}l \tag{7-67}$$

其中

$$\begin{cases} x = \xi\cos(\theta) - \eta\sin(\theta) \\ y = \xi\sin(\theta) + \eta\cos(\theta) \\ \theta = \arctan(y/x) \end{cases} \tag{7-68}$$

假设 $r = (x, y)$ 为图像中一个点，$s = (\cos\theta, \sin\theta)$ 为表示射线垂直方向的单位向量，则 $r \cdot s = \xi$ 表示坐标原点到射线 L 的垂直距离，即位于 L 上的点的 ξ 坐标。代入式（7-67）可以把 Rodon 变换用 δ 函数表

示为

$$[Rf](\xi, s) = \int_{-\infty}^{\infty} f(r)\delta(\xi - r \cdot s)\mathrm{d}r \tag{7-69}$$

式（7-69）便于把 Radon 变换推广到高维（$r \in R^n$）的情况。在二维情况下由于 $s \cdot r = x\cos\theta + y\sin\theta$，式（7-69）的标量形式为

$$[Rf](\xi, \theta) = \iint_{-\infty}^{\infty} f(x, y)\delta(\xi - x\cos\theta - y\sin\theta)\mathrm{d}x\mathrm{d}y \tag{7-70}$$

如果再假设 $t = (-\sin\theta, \cos\theta)$ 为沿射线方向的单位向量，则有 $\eta = t \cdot r$ 为射线方向的坐标，且 $r = \xi s + \eta t$。此时式（7-70）可改为

$$[Rf](\xi, \theta) = \int_{-\infty}^{\infty} f_\theta(\xi s + \eta t)\mathrm{d}\eta \tag{7-71}$$

如果 $f(x, y)$ 为圆对称函数，即 $f(x, y) = f(r)$，$r = \sqrt{x^2 + y^2}$；不失一般性，取 $\theta = 0$ 有 $s = (1, 0)$ 和 $t = (0, 1)$ 及 $\xi = x$ 和 $\eta = y$，由于 $\mathrm{d}y = r\mathrm{d}r / \sqrt{r^2 - x^2}$，式（7-71）变为

$$[Rf](x) = \int_{-\infty}^{\infty} f(xs + yt)\mathrm{d}y$$

$$= 2\int_{-\infty}^{\infty} \frac{rf(r)}{(r^2 - x^2)^{1/2}}\mathrm{d}r \quad (x, y > 0) \tag{7-72}$$

式（7-72）则化为求解 Abel 积分方程的问题。

Radon 变换的极坐标表达式对于 Radon 逆变换的推导比较方便。在极坐标中图像函数表示为 $f(r, \varphi)$。如图 7-53 所示，对射线 L 上的点 (r, φ)，有 $\xi = l$ 和 $\eta = -z$，因此

$$r = \sqrt{l^2 + z^2}$$

$$\varphi = \theta - \arctan(-z/l) = \theta + \arctan(z/l)$$

代入式（7-67），有

$$[Rf](l, \theta) = \int_{-\infty}^{\infty} f[\sqrt{l^2 + z^2}, \theta + \arctan(z/l)]\mathrm{d}z \tag{7-73}$$

当 $l = 0$ 时射线过原点，此时有

$$[Rf](l, \theta) = \int_{-\infty}^{\infty} f(z, \theta + \pi/2)\mathrm{d}z \tag{7-74}$$

式（7-74）表明，算子 R 将图像域 (r, φ) 中的函数 f 和投影域 (l, θ) 中的函数 $[Rf]$ 联系在一起。这种联系表现为投影域的实数对 (l, θ) 对应于图像域 (r, φ) 中的一条直线 L，而图像域中通过点 (r, φ) 的所有直线对应于投影域中 $l = r\cos(\theta - \varphi)$ 的余弦曲线，即此曲线上不同的点代表图像域以不同入射角 θ 穿过此点的射线。此外，Radon 变换具有以下周期性及对称性，

$$[Rf](l, \theta) = [Rf](-l, \theta + \pi) = [Rf](l, \theta + 2\pi) \tag{7-75}$$

说明 Radon 变换不是一一对应的。

2. Radon 逆变换图像重建

连续图像重建算法是输入有限对 (l, θ) 的投影函数测量值 $p(l, \theta) = [Rf](l, \theta)$，求图像函数 $f(r, \varphi)$ 的估算值。重建图像就是寻找 Radon 变换的逆算子 R^{-1}，它满足

$$R^{-1}[Rf] = f \tag{7-76}$$

其中，f 是连续、有界的，当 r 在图像范围以外时，$f(r, \varphi) = 0$。

用极坐标变量表示的投影函数 $p(l, \theta)$ 的 Radon 逆变换表示为

$$[R^{-1}p](r, \varphi) = \frac{1}{2\pi^2}\int_0^{\pi}\int_{-\infty}^{\infty} \frac{p'(l, \theta)}{r\cos(\theta - \varphi)}\mathrm{d}l\mathrm{d}\theta \tag{7-77}$$

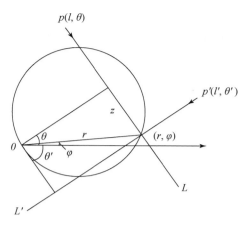

图 7-53　极坐标 Radon 变换和反投影

其中，$p'(l, \theta) = \partial p / \partial l$，为 $p(l, \theta)$ 关于 l 的偏导数。

Radon 逆变换在理论上给出重建连续函数 $f(r, \varphi)$ 的图像的方法，它要求射线入射角 θ 从 0 到 π 连续地变化，而且依赖于投影函数 $p(l, \theta)$ 的观测完整和准确。在实际观测中，这些假定常不能满足，而且计算成本较高，利用 Fourier 变换的图像重建技术，可避免直接用 Radon 逆变换来重建图像的一些缺点。

3. Fourier 变换图像重建

作为线性变换的一种形式，Radon 变换和 Fourier 变换之间存在一定的联系，这种联系可便于利用快速 Fourier 变换算法。回到图 7-53 所示的直角坐标系，来说明图像函数 $f(x, y)$ 和投影函数 $p(\xi, \theta)$ 在波数域的关系。对 $p(\xi, \theta)$ 作关于 ξ 的 Fourier 变换并代入式（7-66）有

$$p(\omega_\xi, \theta) = \int_{-\infty}^{\infty} p(\xi, \theta) \mathrm{e}^{-i\omega_\xi \xi} \mathrm{d}\xi = \iint_{-\infty}^{\infty} f_\theta(\xi, \eta) \mathrm{e}^{-i\omega_\xi \xi} \mathrm{d}\xi \mathrm{d}\eta \tag{7-78}$$

在 $(\omega_\xi, \omega_\eta)$ 域中图像函数 $f(\xi, \eta)$ 的二重 Fourier 变换为

$$f(\omega_\xi, \omega_\eta) = \iint_{-\infty}^{\infty} f(\xi, \eta) \mathrm{e}^{-i(\omega_\xi \xi + \omega_\eta \eta)} \mathrm{d}\xi \mathrm{d}\eta \tag{7-79}$$

注意到 $\omega_\eta = 0$ 表示波数域以角度 θ 穿过原点的一条直线，说明投影函数 $p(\xi, \theta)$ 关于 ξ 的 Fourier 变换等于图像函数 $f(\xi, \eta)$ 的二重 Fourier 变换在以 θ 角穿过原点的直线上的取值，并可写为

$$p(\omega_\xi, \theta) = f_\theta(\omega, 0) \tag{7-80}$$

其中，f_θ 的下角 θ 表示坐标之间的旋转。如果设 $f(u, v)$ 为 $f(x, y)$ 的二重 Fourier 变换，由图 7-52 所示的坐标旋转关系可知

$$u = \omega_\xi \cos\theta, \; v = \omega_\xi \sin\theta \tag{7-81}$$

由式（7-78）、式（7-80），又有

$$\int_{-\infty}^{\infty} p(\xi, \theta) \mathrm{e}^{-i\omega_\xi \xi} \mathrm{d}\xi = f(u, v) \Big|_{\substack{u = \omega_\xi \cos\theta \\ v = \omega_\xi \sin\theta}} \tag{7-82}$$

式（7-82）就是投影定理，说明投影函数 $p(\xi, \theta)$ 关于 ξ 的 Fourier 变换等于图像函数的二重 Fourier 变换在过原点的直线上的切片，也说明了 Radon 变换与 Fourier 变换之间的关系。如果对所有入射角都作关于 Fourier 变换，便得到沿极坐标分布的图像函数的"谱"$f(u, v)$。用 RT 表示 Radon 变换，FT 表示 Fourier 变换，IFT 表示 Fourier 逆变换，则它们的关系见图 7-54。利用 Fourier 投影定理的连续图像重建算法的基本步骤为：

（1）对不同 θ 的投影函数 $p(\xi, \theta)$ 作关于 ξ 的一维 Fourier 变换，得到图 7-52 所示的沿极坐标分布的 $f_\theta(\omega_\xi, 0)$。

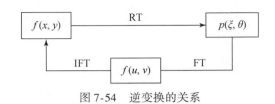

图 7-54　逆变换的关系

（2）将极坐标上的 $f_\theta(\omega_\xi,\ 0)$ 内插到方格网，求 $f(u,\ v)=f(\omega_\xi\cos\theta,\ \omega_\xi\sin\theta)$。

（3）对 $f(u,\ v)$，作二重 Fourier 逆变换求得图像函数 $f(x,\ y)$。

4. 褶积滤波图像重建

Fourier 投影定理通过转换到波数域重建图像，而褶积滤波算法是利用投影定理直接在空间域重建图像，它比 Fourier 变换法计算成本更低。利用 Fourier 变换的褶积定理可推导褶积滤波算法。

将 Fourier 投影定理（7-82）式右边写为二重 Fourier 变换的形式

$$p(\omega_\xi,\ \theta)=\iint\limits_{-\infty}^{\infty}f(x,\ y)\mathrm{e}^{-i(xu+yv)}\mathrm{d}x\mathrm{d}y\mid_{\substack{u=\omega_\xi\cos\theta\\v=\omega_\xi\sin\theta}} \tag{7-83}$$

$$=\iint\limits_{-\infty}^{\infty}f(x,\ y)\mathrm{e}^{-i\omega_\xi(x\cos\theta+y\sin\theta)}\mathrm{d}x\mathrm{d}y \tag{7-84}$$

由于在极坐标中 $\mathrm{d}u\mathrm{d}v=\mid\omega_\xi\mid\mathrm{d}\omega_\xi\mathrm{d}\theta$，令 $\varphi(\omega)=\mid\omega_\xi\mid$，则图像函数 $f(x,\ y)$ 是如下 Fourier 逆变换

$$f(x,\ y)\frac{1}{4\pi^2}\int_0^\pi\mathrm{d}\theta\int_{-\infty}^{\infty}p(\omega_\xi,\ \theta)\varphi(\omega_\xi)\mathrm{e}^{-i\omega_\xi(x\cos\theta+y\sin\theta)}\mathrm{d}\omega_\xi \tag{7-85}$$

式（7-85）右边对 ω_ξ 作变换的函数为 p 和 φ 的乘积，由 Fourier 变换的褶积定理，它等于空间域 $p(\xi,\ \theta)$ 和 $\varphi(\xi)$ 的褶积，即

$$\frac{1}{2\pi}\int_{-\infty}^{\infty}p(\omega_\xi,\ \theta)\varphi(\omega_\xi)\mathrm{e}^{i\omega_\xi\xi}\mathrm{d}\omega_\xi=\int_{-\infty}^{\infty}p(t,\ 0)\varphi(\xi-t)\mathrm{d}t \tag{7-86}$$

其中，$\xi=x\cos\theta+y\sin\theta$，因此有

$$f(x,\ y)=\frac{1}{2\pi}\int_0^\pi\mathrm{d}\theta)\int_{-\infty}^{\infty}p(t,\ \theta)\varphi(x\cos\theta+y\sin\theta-t)\mathrm{d}t \tag{7-87}$$

式（7-87）就是褶积滤波法重建图像的基本公式，其中函数 $\varphi(\xi)$ 实质上是滤波函数。由于实际上在式（7-87）中对 t 的积分不可能无穷大，只能是有限宽的窗口，$\varphi(\xi)$ 可被选来抑制有限窗宽效应，而不固定取值 $\varphi(\omega_\xi)=\mid\omega_\xi\mid$。

将入射角 θ 离散为 $\theta_j=(j-1)\pi/N$，$j=\theta,\ \cdots,\ N$；同时把 ξ 离散为 ξ_k，$k=0,\ \cdots,\ M$，则投影函数的取样集可表为 $p(\xi_k,\ \theta_j)$，得到以下离散褶积形式

$$F(x,\ y)=\frac{1}{MN}\sum_{j=1}^{N}\sum_{k=0}^{M}p(\xi_k,\ \theta_j)\varphi(x\cos\theta_j+y\sin\theta_j-\xi_k) \tag{7-88}$$

式（7-88）被用来作高速褶积图像重建。显然，滤波器 $\varphi(\xi)$ 的选择对褶积计算的精度和稳定性影响很大。$\varphi(\xi)$ 的选择与投影数据的噪声水平和成像的窗宽有关，一般选 Shepp-Logan 滤波器及修正 Shepp-Logan 滤波器。

本节的图像重构方法都是在假定射线为直线的情况下进行的，当图像扰动较大时，必须把 Radon 变换推广到弯曲射线的情况。另外，把图像作为连续函数 $f(x,\ y)$ 处理，并不适合计算机处理，现实中更重要的是离散图像重建。

7.4.3　射线层析成像模型及方程

根据 Radon 变换，$x(r)$ 可以由它的无穷多个 Radon 变换式唯一重建。然而，对地质工程而言，在观测

区域进行全方位的无穷多次观测是不现实的，只能在有限的角度范围进行有限次观测，因此存在反演的不适定性问题，客观上影响反演问题的唯一性。尽管如此，目前的一些非线性反演方法，仍可较好地重建岩体的慢度图像。

如图 7-55 所示，在两孔之间一孔激发，另一孔单道或多道接收，形成扇形观测系统，通过改变激发点和接收排列的位置，组成密集交叉的射线网络，然后根据射线的疏密程度及成像精度划分规则的成像单元，运用射线追踪理论，采用反演计算方法形成被测区域的声波波速图像。设需要反演区域介质的速度 v 为 R 的函数，根据射线理论，则声波沿路径 R 的旅行时满足式（7-89），即

$$\int_{R(v)} \frac{\mathrm{d}s}{v(r)} = t \tag{7-89}$$

其中，R 为发射点到接收点间的路径，为速度 v 的函数；v 为探测区域介质的速度；t 为测得的走时。将射线穿过的区域离散成如图 7-56 的三角网格模型，则可建立如下反演控制方程

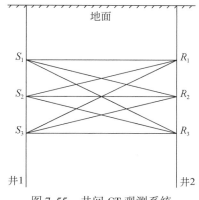

图 7-55　井间 CT 观测系统

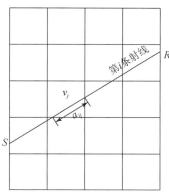

图 7-56　CT 网格化模型

$$Ax = b \tag{7-90}$$

式（7-90）即 CT 成像方程。其中，A 是 $M \times N$ 阶矩阵，M 为观测射线条数，N 是单元个数，A 的元素 a_{ij} 是第 i 次观测中传播路径与第 j 个网格有关的微分系数，$i = 1，2，\cdots，M$，$j = 1，2，\cdots，N$；x 是 N 维列向量，其元素 x_j 是第 j 个网格中的慢度（速度 v_j 的倒数）；b 是 M 维列向量，其元素为 t_i 是第 i 次观测得到的初至声波走时。

式（7-89）中的初至旅行时与速度分布的关系是非线性的，层析反演需要对（7-89）式进行线性化处理。迭代一般从某一初始速度模型 v_0 开始，建立观测旅行时与理论旅行时之差 δt 满足的线性方程，解出速度的扰动量 δv，修正速度模型 $v = v_0 + \delta v$，得到新的速度模型。如此反复进行，直到计算的理论旅行时与观测的初至旅行时之差满足一定的条件为止。下面来说明迭代公式及微分系数的计算。

假设模型的初始速度值或某步迭代后获得的速度分布为 $v_0(x，z)$。把（7-89）式中的被积函数在 v_0 的小邻域 $|v - v_0| < \delta v$ 内按 Taylor 级数展开，取其线性项，有

$$\frac{1}{v(x，z)} \approx \frac{1}{v_0(x，z)} - \frac{\delta v(x，z)}{v_0(x，z)} \tag{7-91}$$

由式（7-89）和式（7-91）可得

$$t_i = \int_{R_i(v_0)} \frac{1}{v_0(x，z)} \mathrm{d}s - \int_{R_i(v_0)} \frac{\delta v(x，z)}{v_0^2(x，z)} \mathrm{d}s \tag{7-92}$$

其中，t_i 为第 i 条射线的观测旅行时，右边第一项为声波在速度分布为 $v_0(x，z)$ 的介质中沿射线路径 $R_i(v_0)$ 传播的旅行时，可用初至波正演模拟方法求得，称为理论旅行时或计算旅行时，记为 t_{0i}，即

$$t_{0i} = \int_{R_i(v_0)} \frac{1}{v_0(x，z)} \mathrm{d}s \tag{7-93}$$

设 k 为迭代次数，则有以下的迭代方程

$$\delta t_i^{(k)} = t_i - t_{0i}(v^{(k)}) = \int_{R_i(v^{(k)})} - \frac{\delta V^{(k)}}{[v^{(k)}(x, z)]^2} \mathrm{d}s \tag{7-94a}$$

$$\delta t_i^{(k)} = \sum_{j=1}^{N} \frac{\partial t_i^{(k)}}{\partial v_j^{(k)}} \delta v_j^{(k)}, \quad i = 1, 2, \cdots, M \tag{7-94b}$$

$$\delta t^{(k)} = A \delta v^{(k)} \tag{7-94c}$$

$$v_j^{(k+1)} = v_j^{(k)} + \delta v_j^{(k)} \quad j = 1, 2, \cdots, N \tag{7-94d}$$

其中，$\delta v_j^{(k)}$ 为第 $k+1$ 次迭代第 j 个节点单元的速度扰动值；$A = \left[\dfrac{\partial t_i^{(k)}}{\partial v_j^{(k)}}\right]_{M \times N}$ 为雅可比矩阵。

从式（7-94）可知，全过程的图像重建，要解决三个问题：①理论走时 $t_{0i}(v^{(k)})$ 的计算，即射线追踪；②雅可比矩阵 A 的计算；③方程求解。

关于三角单元雅可比矩阵 A 的计算，分两种情形讨论。

（1）网格单元波速为常值情形。显而易见，当网格单元波速为常值时，此时，可认为一个网格区域由一个速度值决定，射线穿过网格的长度即雅可比矩阵的元素，这也是目前比较流行的做法。如图 7-56 所示，第 i 条射线经过第 j 个三角单元的雅可比矩阵元素即射线在本单元的长度 a_{ij}。

（2）成像选三角网节点情形。此时，三角形单元速度分布用线性函数表示为

$$v(x, z) = a_0 + a_1 x + a_2 z \tag{7-95}$$

若三角形单元的顶点坐标和速度为 x_i, z_i, v_i $(i = 1, 2, 3)$，式（7-95）的系数为

$$a_0 = \frac{1}{\Delta}\begin{vmatrix} v_1 & x_1 & z_1 \\ v_2 & x_2 & z_2 \\ v_3 & x_3 & z_3 \end{vmatrix}, \quad a_1 = \frac{1}{\Delta}\begin{vmatrix} 1 & v_1 & x_1 \\ 1 & v_2 & x_2 \\ 1 & v_3 & x_3 \end{vmatrix}, \quad a_2 = \frac{1}{\Delta}\begin{vmatrix} 1 & v_1 & z_1 \\ 1 & v_2 & z_2 \\ 1 & v_3 & z_3 \end{vmatrix} \tag{7-96}$$

其中，$\Delta = \begin{vmatrix} 1 & x_1 & z_1 \\ 1 & x_2 & z_2 \\ 1 & x_3 & z_3 \end{vmatrix}$。则可得到如下雅可比矩阵

$$\frac{\partial t_i}{\partial v_l} = \sum_l \left(\frac{\partial a_0^{(n_i)}}{\partial v_l} I_0 + \frac{\partial a_1^{(n_i)}}{\partial v_l} I_1 + \frac{\partial a_2^{(n_i)}}{\partial v_l} I_2 \right) \tag{7-97a}$$

$$I_0 = - \int_{R_n} \frac{1}{v_0^2(x, z)} \mathrm{d}s \tag{7-97b}$$

$$I_1 = - \int_{R_n} \frac{x}{v_0^2(x, z)} \mathrm{d}s \tag{7-97c}$$

$$I_2 = - \int_{R_n} \frac{z}{v_0^2(x, z)} \mathrm{d}s \tag{7-97d}$$

即

$$a_{ij} = \sum_{l=1}^{n_{ij}} \left(\frac{\partial a_0^{(n_i)}}{\partial v_l} I_0 + \frac{\partial a_1^{(n_i)}}{\partial v_l} I_1 + \frac{\partial a_2^{(n_i)}}{\partial v_l} I_2 \right) \tag{7-98}$$

其中，n_i 是第 i 条射线穿过第 n 个单元的编号；n_{ij} 是第 i 条射线通过的与第 j 个节点有关的单元数。

不论成像节点在何处，最后都归结于求解以下矩阵

$$\delta t = A \delta v \tag{7-99}$$

且

$$\delta t = \{\delta t_i\}_{M \times 1} \tag{7-100}$$

$$\delta v = \{\delta v_j\}_{N \times 1} \tag{7-101}$$

$$A = \{a_{ij}\}_{M \times N} \tag{7-102}$$

其中，M 为射线数，N 为网格速度节点数。δt_i 为波沿第 i 条射线传播的观测旅行时与计算旅行时之差；δv_j

是第 j 个网格节点（或单元）上的速度扰动值或修正量；a_{ij} 为微分系数矩阵（或 Jacobi 矩阵）A 的元素，当第 i 条射线通过第 j 节点所在的单元时，$a_{ij} \neq 0$，否则，$a_{ij} = 0$。所以 A 为一稀疏矩阵。

7.4.4 成像问题中的病态线性代数方程组解法

众所周知，至今为止，在求解 $Ax = b$ 型方程组中最困难的问题是：①A 是严重病态的矩阵；②A 是高阶稀疏矩阵。在求解之前，一般我们事先不知道任何有关矩阵 A 的其他性质（如非奇异、对称、正定性质等）。这时，应用古典直接法求解将会导致求不到预想要求的解，而用常用的迭代方法（如超松弛迭代法）求解，求解过程可能是发散的。下面介绍几种目前在成像问题中较为有效的求解病态线性代数方程组的方法。

1. ART 方法

ART 方法叫作代数重构技术（Algebraic Reconstruction Techniques），它是 Housefield（1972）在 CT 的专利说明书中提出的，用来求解相容的线性代数方程组

$$Ax = b \tag{7-103}$$

其中，A 是已知方阵 $A = (a_{ij})_{n \times n}$，$b$ 是一组给定的 n 维向量 $b = (b_1, b_2, \cdots, b_n)^T$，未知量 $x = (x_1, x_2, \cdots, x_n)^T$。ART 方法是一种迭代法，只要矩阵 A 是非奇异的，在不计舍入误差影响的前提下，迭代总是收敛的。

式（7-103）中的第 i 个方程可以写成

$$(a_i, x) = b_i \quad (i = 1, 2, \cdots, n) \tag{7-104}$$

其中，a_i 是 A 的第 i 行向量的转置，即 $a_i = (a_{i1}, a_{i2}, \cdots, a_{in})^T$；$b_i$ 是向量 b 的第 i 个分量，$(\cdot, \cdot)$ 表示向量内积。式（7-104）的每一个方程都代表 n 维空间中的一个超平面，而 a_i 是该超平面的法线向量。假定已知 $x^{(k)}$，则对一个固定的 i，有

$$x^{(k+1)} = x^{(k)} + \beta a \tag{7-105}$$

式（7-105）表明 $x^{(k+1)}$ 是从 $x^{(k)}$ 出发在第 i 个超平面的法线方向上选取的，再注意到 $x^{(k+1)}$ 应该满足

$$(a_i, x^{(k+1)}) = b_i \tag{7-106}$$

将式（7-105）中的 $x^{(k+1)}$ 代入式（7-106）得

$$\beta = \frac{b_i - (a_i, x^{(k)})}{(a_i, a_i)} = \frac{b_i - (a_i, x^{(k)})}{\| a_i \|^2} \tag{7-107}$$

从而有

$$x^{(k+1)} = x^{(k)} + \frac{b_i - (a_i, x^{(k)})}{\| a_i \|^2} a_i \tag{7-108}$$

这时，可以把 ART 方法写成如下形式

$$\begin{cases} x^{(0)} \text{ 初值任取} \\ x^{(k+1)} = x^{(k)} + \lambda_k \dfrac{b_i - (a_i, x^{(k)})}{\| a_i \|_2} a_i \\ i = (k+1) \bmod (n) \\ k = 0, 1, 2, \cdots \end{cases} \tag{7-109}$$

其中，$\lambda_k (0 < \lambda_k < 2)$ 为松弛因子。

为证明算法的收敛性，不失一般性，可假设

$$(a_i, a_i) = \| a_i \|^2 = \sum_{l=1}^{n} a_{il}^2 = 1 \quad (i = 1, 2, \cdots, n) \tag{7-110}$$

并把式（7-109）写成等价定常周期迭代格式

$$x_j^{\left(k+\frac{i}{n}\right)} = x_j^{\left(k+\frac{i-1}{n}\right)} + \lambda_i\left(b_i - \sum_{l=1}^n a_{il}x_i^{\left(k+\frac{i-1}{n}\right)}\right) \tag{7-111}$$

其中，$k = 0，1，2，\cdots$ 为迭代次数；对固定的 k，下标 $i = 1，2，\cdots，n$；对固定的 i，下标 $j = 1，2，\cdots，n$；非定常周期为 n，λ_i 为松弛因子；$x_j^{\left(k+\frac{i}{n}\right)}$ 为向量 $x^{\left(k+\frac{i}{n}\right)} = \left(x_i^{\left(k+\frac{i}{n}\right)}，\cdots，x_n^{\left(k+\frac{i}{n}\right)}\right)^{\mathrm{T}}$ 的第 j 个分量，$x^{\left(k+\frac{i}{n}\right)}$ 为第 k 个迭代周期中的第 i 次迭代向量值。

若记 $D_i = \mathrm{diag}(\lambda_i a_{i1}，\lambda_i a_{i2}，\cdots，\lambda_i a_{in})$

$$A_i = \begin{pmatrix} a_{i1} & a_{i2} & \cdots & a_{in} \\ a_{i1} & a_{i2} & \cdots & a_{in} \\ \vdots & \vdots & & \vdots \\ a_{i1} & a_{i2} & \cdots & a_{in} \end{pmatrix}，\qquad b_i = \begin{pmatrix} b_i \\ b_i \\ \vdots \\ b_i \end{pmatrix}_n = A_i x^*$$

$$B_i = I - D_i A_i$$

其中，$x^* = A^{-1}b$ 为式（7-103）的精确解，则式（7-111）可表示成矩阵形式

$$x^{\left(k+\frac{i}{n}\right)} = B_i x^{\left(k+\frac{i-1}{n}\right)} + (I - B_i)x^* \tag{7-112}$$

若记 $B = B_n B_{n-1} \cdots B_2 B_1 = \prod_{i=1}^n B_{n-i+1}$，$B_0 = I$，则

$$C = \sum_{i=1}^n \prod_{j=i+1}^n (I - B_{n-i+1})B_{n-j+1}x^* = (I - B)x^* \tag{7-113}$$

非定常周期迭代格式——式（7-111）可合成为一种定常迭代格式

$$x^{(k+1)} = Bx^{(k)} + C \quad (k = 0，1，\cdots) \tag{7-114}$$

引理 7-1 设 $a_1，a_2，\cdots，a_n$ 为 R^n 中的任一组线性无关单位向量，常数 λ_i 满足 $0 < \lambda_i < 2$，则 B_i 是对称矩阵，且 $\|B_i\| < 1$。

证明：因为 $B_i = I - \lambda_i a_i a_i^{\mathrm{T}} = I - D_i A_i$，并注意 $D_i = D_i^{\mathrm{T}}$，$A_i = A_i^{\mathrm{T}}$，所以 $B_i^{\mathrm{T}} = (I - D_i A_i)^{\mathrm{T}} = I - D_i A_i = B_i$。下面证明 $\|B_i\| < 1$（$i = 1，2，\cdots，n$）。

（a）先证明 $\|B_i\| < 1$（$i = 1，2，\cdots，n$）。事实上，将 R^n 中的任一向量 V 做直交分解

$$V = V_1 + V_2 = (V，a_i)a_i + [V - (V，a_i)a_i] \tag{7-115}$$

其中，$V_1 = (V，a_i)a_i$，$V_2 = V - (V，a_i)a_i$。容易验证 $V_1 \parallel a_i$，$V_2 \perp a_i$，且有

$$B_i V = (I - \lambda_i a_i a_i^{\mathrm{T}})B = (1 - \lambda_i)V_1 + V_2 \tag{7-116}$$

从而

$$\|B_i V\|^2 = (1 - \lambda_i)^2 \|V_1\|^2 + \|V_2\|^2 = \|V\|^2 + \lambda_i(\lambda_i - 2)\|V_1\|^2 \tag{7-117}$$

因此，当 $0 < \lambda_i < 2$ 时，$\|B_i V\| \leq \|V\|$，由 V 的任意性，得 $\|B_i\| \leq 1$（$i = 1，2，\cdots，n$）。

（b）现证明，若有向量 $V \in R^n$ 使 $\|B_{i_0}V\| = \|V\|$，则 $V \perp a_{i_0}$（$1 \leq i_0 \leq n$）。事实上

$$\|B_{i_0}V\|^2 = \|(I - \lambda_{i_0} a_{i_0} a_{i_0}^{\mathrm{T}})V\|^2$$
$$= \|V\|^2 + \lambda_{i_0}(\lambda_{i_0} - 2)(a_{i_0}，V)^2 \tag{7-118}$$

由于 $\|B_{i_0}V\|^2 = \|V\|^2$，代入式（7-118）得

$$\lambda_{i_0}(\lambda_{i_0} - 2)(a_{i_0}，V)^2 = 0 \tag{7-119}$$

又因 $0 < \lambda_i < 2$，故 $(a_{i_0}，V) = 0$（$1 \leq i_0 \leq n$）。

（c）证明 $\|B\| \neq 1$。事实上，若不然 $\|B\| = 1$，则有单位向量 $\omega \in R^n$ 使得 $\|B\omega\| = \|\omega\| = 1$，由 $1 = \|B\omega\| = \|B_n B_{n-1} \cdots B_2 B_1 \omega\| \leq \|B_1\| \cdot \|\omega\| = 1$，得：$\|B_1 \omega\| = 1 = \|\omega\|$，由（b）的证明，所以

$$\omega \perp a_1，B_1\omega = \omega \tag{7-120}$$

又由 $1 = \|B_n B_{n-1} \cdots B_2 B_1 \omega\| = \|B_n \cdots B_2 \omega\| \leq \|B_2 \omega\| \leq \|\omega\| = 1$，得 $\|B_2 \omega\| = 1 = \|\omega\|$，所以，

依次类推，最后得 $\|B_n\omega\| = 1 = \|\omega\|$，所以

$$\omega \perp a_n, \quad B_n\omega = \omega \tag{7-121}$$

即已证明，$\omega \perp a_1$，$\omega \perp a_2$，$\cdots$，$\omega \perp a_n$。因为 a_1，a_2，$\cdots$，a_n 线性无关，所以 $\omega = 0$，这与 $\|\omega\| = 1$ 矛盾，结论（c）获证。

综合（a）、（b）、（c）的证明，引理 7-1 得证。

定理 7-1 迭代格式式（7-114）对 $0 < \lambda_i < 2$ 是收敛的，且对任意给定的初值 $x^{(k)}$，序列 $\{x^{(k)}\}$ 收敛于问题（7-103）式的精确解 $x* = A^{-1}b$。

证明：由引理 1 知，当 $0 < \lambda_i < 2$ 时，迭代矩阵 B 满足 $\|B\| < 1$，因而迭代格式式（7-114）收敛，设 $\{x^{(k)}\}$ 收敛于 $\hat{x}*$，在式（7-114）两端令 $k \to \infty$ 有

$$\hat{x}* = B\hat{x}* + (I - B)x*$$

从而 $(I - B)(\hat{x}* - x*) = 0$

由于 $\|B\| < 1$，所以 $(I - B)$ 非奇异，从而 $\hat{x}* - x* = 0$，即 $\hat{x}* = x*$，故序列 $\{x^{(k)}\}$ 收敛于问题式（7-103）的精确解 $x* = A^{-1}b$。证毕。

关于 ART 方法的几点说明：

（1）ART 迭代过程是从第一个方程开始到最后一个方程结束，依次修改向量 x，称为一个迭代轮回。

（2）迭代格式式（7-109）具有明显的几何意义。如果把式（7-103）的每个方程看作 n 维空间的超平面，迭代格式式（7-109）实质上就是由初值 $x^{(0)}$（空间中的一点）依次向式（7-109）中的超平面投影（此时 $\lambda_k = 1$）。对 $n = 2$，$\lambda_k = 1$ 的情况，超平面为两条直线，如图 7-57 所示。从几何上不难看出：

①只要超平面有唯一的交点（即有解），这种方法一定是收敛的，且序列 $\{x^{(k)}\}$ 收敛于两直线的交点 $x*$，即只要 A 非奇异，不管 $x^{(0)}$ 如何选取，迭代格式（7-109）式总是收敛的。

②方程的排列次序将影响迭代过程，超平面之间的夹角越大，收敛速度越快。当 $\alpha \leqslant \dfrac{\pi}{2}$ 时，收敛过程可能很慢。

③当式（7-103）是欠定或超定方程组时，只要相容，迭代式式（7-109）仍然收敛，这从其几何意义容易得知。但其收敛的解依赖初值 $x^{(0)} \in R(A^T)$。其中，$R(A^T)$ 为 A^T 的值域，则收敛的解为式（7-103）的最小二乘范数解（Minimum Norm Least Squares Solution）。

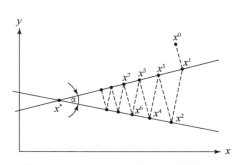

图 7-57　$n = 2$ 时 ART 方法的几何解释

2. SIRT 方法

SIRT 方法称为联合迭代重构技术（Simultanous Iterative Reconstruction Technques），它是由 Gilbert（1972）首先提出的。ART 方法是逐行校正的，即每次校正只用到式（7-103）中的一个方程，而 SIRT 方法是对所有方程同时进行校正，它的迭代格式为

$$\begin{cases} x^{(0)}, \ \text{初值任取} \\ x_j^{(k+1)} = x_j^{(k)} + \dfrac{\lambda_k}{M_j} \sum_{i=1}^{n} \dfrac{[b_i - (a_i, \ x^{(k)})]}{\parallel a_i \parallel^2} a_{ij} \\ j = 1, \ 2, \ \cdots, \ n, \ k = 0, \ 1, \ 2, \ \cdots \end{cases} \tag{7-122}$$

其中，M_j 是 A 中第 j 列非零元素的个数，其余符号同前。

SIRT 算法的几何解释见图 7-58，算法有着它的特点。首先，从数学上讲，SIRT 算法使方程的残差量呈递减趋势，即欧几里德距离单调减小；其次，从效果看，SIRT 算法利用平均修正量可以消除某些干扰和随机测量误差；再次，在计算上该算法比较稳定，虽然计算速度较慢，但在当前的计算机配置下，通过对算法加以改进，计算速度已经不是一个问题。最后，在数据不全的有限观测角情况下，SIRT 算法图像重建的质量好，表现出其明显优点。

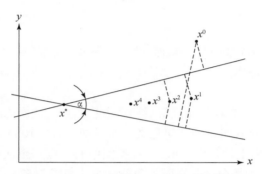

图 7-58　$n = 2$ 时 SIRT 方法的几何解释

3. 截断 SVD 方法

线性方程组病态的根源是由于系数矩阵具有近似于"零"的特征值，将这些导致病态的特征（奇异）值的影响截掉，从而得到稳定的近似解，这就是奇异值分解法（Singular value decomposition）的基本思想。

对于线性代数方程组式（7-103）$Ax = b$，假定 A 为 $n \times n$ 矩阵（对 $m \times n$ 矩阵，即 $m \neq n$ 情形下面的结论仍适用），则任意矩阵 A 可以做如下形式的奇异值分解：

$$A = UDV^{\mathrm{T}} \tag{7-123}$$

其中，$D = \mathrm{diag}(\sigma_1, \ \sigma_2, \ \cdots, \ \sigma_n)$，$\sigma_1 \geqslant \sigma_2 \geqslant \sigma_n \geqslant 0$ 为 A 的奇异值，$U = (u_1, \ u_2, \ \cdots, \ u_n)$ 和 $V = (V_1, \ V_2, \ \cdots, \ V_n)$ 为正交阵。

若式（7-103）中矩阵 A 非奇异，将式（7-123）代入式（7-103）可得

$$x = VD^{-1}U^{\mathrm{T}}b \tag{7-124}$$

从式（459）可知，为计算式（7-103）的解 x，只须计算 U，D，V，而且除了计算 D^{-1} 之外不需要计算其他逆矩阵，而对角阵 D 的逆矩阵 $D^{-1} = \mathrm{diag}(1/\sigma_1, \ 1/\sigma_2, \ \cdots, \ 1/\sigma_n)$，这时式（7-103）的解 x 由式（7-124）给出。

若式（7-103）为病态方程组，则矩阵 D 中的有些元素 σ_i 接近于"零"。此时做如下处理，注意到 U_1，U_2，$\cdots$，U_n 线性无关，可将式（7-103）中的右端项 b 表示为

$$b = \sum_{i=1}^{n} \beta_i U_i \tag{7-125}$$

将式（7-123）、式（7-125）分别代入式（7-103），并注意到矩阵 U，V 的正交性可得到式（7-103）的解

$$x = \sum_{i=1}^{n} \frac{\beta_i}{\sigma_i} V_i \tag{7-126}$$

为了计算稳定，可以将表示解的级数式（7-126）中对应较小的奇异值去掉，即选择一个正数 $k(k < n)$，取 $x = \sum_{i=1}^{k} \frac{\beta_i}{\sigma_i} V_i$ 作为问题式（7-103）的近似解。下面分析在数据具有误差时，这种截断所引起的误差。设 $b = \sum_{i=1}^{k} \overline{\beta_i} U_i$ 为近似右端项，且 $\| b - \overline{b} \| = \varepsilon$，用截断法得到的近似解为

$$\overline{x_k} = \sum_{i=1}^{k} \left(\frac{\overline{\beta_i}}{\sigma_i} \right) V_i \tag{7-127}$$

$\overline{x_k}$ 与精确解 x 的误差为

$$\begin{aligned}
x - \overline{x_k} &= \sum_{i=1}^{n} \frac{\beta_i}{\sigma_i} V_i - \sum_{i=1}^{k} \frac{\overline{\beta_i}}{\sigma_i} V_i \\
&= \sum_{i=1}^{k} \frac{\beta_i - \overline{\beta_i}}{\sigma_i} V_i + \sum_{i=k+1}^{n} \frac{\beta_i}{\sigma_i} V_i
\end{aligned} \tag{7-128}$$

由式（7-116）可得到估计式

$$\| x - \overline{x_k} \|^2 \leqslant \varepsilon^2 \cdot \sum_{i=1}^{k} \frac{1}{\sigma_i^2} + \sum_{i=k+1}^{n} \left(\frac{\beta_i}{\sigma_i} \right)^2 \tag{7-129}$$

或写成

$$E(k) = R(k) + T(k) \tag{7-130}$$

其中，$E(k) = \| x - \overline{x_k} \|^2$，$R(k) = \varepsilon^2 \sum_{i=1}^{k} \frac{1}{\sigma_i^2}$，$T(k) = \sum_{i=k+1}^{n} \left(\frac{\beta_i}{\sigma_i} \right)^2$。

不难看出，$R(k)$ 为 k 的增函数，$T(k)$ 为 k 的减函数，显然误差下限是当 k 取为 $k_0 = \min\{k | \beta_i | < \varepsilon, i > k\}$ 时达到，故只要 k 选择适当，截断法也可以得到既稳定又具有一定精度的解。但要注意 k 的选择不仅依赖于矩阵 A 而且也依赖于右端项 b，实际应用时要具体分析。

应用奇异值分解法也可求解阻尼最小二乘问题，此时式（7-103）可转化为求解方程

$$A^{\mathrm{T}} A x = A^{\mathrm{T}} b \tag{7-131}$$

实际求解式（7-131）时经常出现病态问题，即矩阵 $A^{\mathrm{T}} A$ 可能为奇异阵或求解过程不稳定，于是可以通常把式（7-131）的求解进行正则化处理，即改为求解下面阻尼最小二乘问题

$$(A^{\mathrm{T}} A + \lambda I) x = A^{\mathrm{T}} b \tag{7-132}$$

其中，λ 叫作阻尼因子（$\lambda \geqslant 0$）。奇异值分解法的思想可应用于求解式（7-132），假设式（7-103）中的矩阵 A 已分解成式（7-123）形式，则

$$A^{\mathrm{T}} A + \lambda I = U D^2 V^{\mathrm{T}} + \lambda I = V \Sigma V^{\mathrm{T}} \tag{7-133}$$

其中，Σ 为对角阵，即 $\Sigma = \mathrm{diag}(\sigma_1^2 + \lambda, \sigma_2^2 + \lambda, \cdots, \sigma_n^2 + \lambda)$，于是式（7-132）的解为

$$x = (V \Sigma V^{\mathrm{T}})^{-1} A^{\mathrm{T}} b = V \Sigma_1 U^{\mathrm{T}} b \tag{7-134}$$

其中，Σ_1 为对角阵

$$\Sigma_1 = \mathrm{diag}\left(\frac{\sigma_1}{\sigma_1^2 + \lambda}, \frac{\sigma_2}{\sigma_2^2 + \lambda}, \cdots, \frac{\sigma_n}{\sigma_n^2 + \lambda} \right)$$

故式（7-134）为应用奇异值分解法求解阻尼最小二乘问题式（7-132）的解。

4. 共轭梯度法

ART 和 SIRT 方法存在的主要问题是，无法克服图像重建的非唯一性，获得的结果往往是局部最优点，且初始模型及松弛参数较难选择，结果常常存在不同程度的伪像，这就制约了这些算法的应用。

共轭梯度法（Conjugate Gradient，CG）的思路建立在单目标优化理论基础之上，认为离散问题具有

局部唯一的"最优解"。这种图像重建方法考虑的目标函数使图像的再投影尽可能的接近于实际投影数据，即 Ax 与 b 的方差最小，于是人们直观的想象，利用二次型函数的约束优化来寻找最优的图像重建。Kashyap 及 Mittal 最早提出二次优化为基础的图像重建法，他们使用平滑矩阵构成二次型标准函数来反映图像场的非均匀性。

对于 $Ax = b$，当方程组中 A 为对称正定矩阵时，定义二次函数

$$\varphi(x) = \frac{1}{2}(Ax, \ x) - (b, \ x) = \frac{1}{2}x^{\mathrm{T}}Ax - b^{\mathrm{T}}x \tag{7-135}$$

对于一切 $x \in R^n$，有

$$\nabla\varphi(x) = \mathrm{grad}\varphi(x) = Ax - b = -r \tag{7-136}$$

求解方程组 $Ax = b$ 的问题等价于求 $\min\limits_{x \in R^n}\varphi(x)$。首先构造向量序列 $\{x^{(k)}\}$，使 $\varphi(x) \to \min\varphi(x)$。具体如下：

（1）给定初始 $x^{(0)}$。

（2）构造迭代格式

$$x^{(k-1)} = x^k + \lambda_k p^{(k)} \tag{7-137}$$

其中，$p^{(k)}$ 为搜索方向，λ_k 为搜索步长。

（3）选择 $x^{(k)}$ 和 λ_k，使得 $\varphi[x^{(k+1)}] = \varphi[x^{(k)} + \lambda_k p^{(k)}] < \varphi[x^{(k)}]$，当 $k \to \infty$ 时，有 $\varphi(x) \to \min\limits_{x \in R^n}\varphi(x)$。

（4）给出迭代误差 ε，直到 $\| x^{(k+1)} - x^{(k)} \| < \varepsilon$ 或 $\| b - Ax^{(k)} \| < \varepsilon$ 为止。

迭代公式——式（7-137）的关键是搜索方向 $p^{(k)}$ 和搜索步长 λ_k 确定。

1）搜索方向 $p^{(k)}$ 选择

共轭梯度法 CG，是在点 $x^{(k)}$ 处选取搜索方向 $p^{(k)}$，使其与前一次的搜方向 $p^{(k)}$ 关于 A 共轭，即

$$[p^{(k+1)}, \ Ap^{(k)}] = 0 \tag{7-138}$$

由于 $p^{(k)}$ 的选取不唯一，CG 法中取 $p^{(k)}$ 为 $r^{(k)}$ 与 $p^{(k)}$ 的线性组合，即

$$p^{(k)} = \nabla\varphi(x^k) + \beta_{k-1}p^{(k-1)} = r^{(k)} + \beta_{k-1}p^{(k-1)} \tag{7-139}$$

由式（7-138）性质，有

$$[p^{(k)}, \ Ap^{(k-1)}] = [r^{(k)} + \beta_{k-1}p^{(k-1)}, \ Ap^{(k-1)}] = [r^{(k)}, \ Ap^{(k-1)}] + \beta_{k-1}[p^{(k-1)}, \ Ap^{(k-1)}] = 0 \text{ 从而可得}$$

$$\beta_{k-1} = -\frac{[r^{(k)}, \ Ap^{(k-1)}]}{[p^{(k-1)}, \ Ap^{(k-1)}]} \tag{7-140}$$

2）确定搜索步长 λ_k

确定搜索步长 λ_k，使得由 k 步到 $k+1$ 步是最优的，即

$$\varphi[x^{(k+1)}] = \varphi[x^{(k)} + \lambda_k p] = \min[x^{(k)} + \lambda p^{(k)}]$$

这就是沿 $p^{(k)}$ 方向的一维极小搜索，$\varphi[x^{(k+1)}]$ 是局部极小，构造一个 λ 的函数 $F(\lambda)$，使得

$$\begin{aligned}
F(\lambda) &= \varphi[x^{(k+1)}] = \varphi[x^{(k)} + \lambda p^{(k)}] \\
&= \frac{1}{2}\{A[x^{(k)} + \lambda p^{(k)}], \ x^{(k)} + \lambda p^{(k)}\} - [b, \ x^{(k)} + \lambda p^{(k)}] \\
&= \frac{1}{2}[Ax^{(k)}, \ x^{(k)}] - [b, \ x^{(k)}] + \lambda[Ax^{(k)}, \ p^{(k)}] - \lambda[b, \ x^{(k)}] + \frac{\lambda^2}{2}[Ap^{(k)}, \ p^{(k)}] \\
&= \varphi[x^{(k)}] + \lambda[Ax^{(k)} - b, \ p^{(k)}] + \frac{\lambda^2}{2}[Ap^{(k)}, \ p^{(k)}] \\
&= \varphi[x^{(k)}] - \lambda[r^{(k)}, \ p^{(k)}] + \frac{\lambda^2}{2}[Ap^{(k)}, \ p^{(k)}]
\end{aligned}$$

令函数 $F(\lambda)$ 的一阶导数 $F'(\lambda) = -[r^{(k)}, \ p^{(k)}] + \lambda[Ap^{(k)}, \ p^{(k)}] = 0$，可得

$$\lambda = \lambda_k = \frac{[r^{(k)}, \ p^{(k)}]}{[Ap^{(k)}, \ p^{(k)}]} \tag{7-141}$$

其中，λ_k 是 $\varphi[x^{(k)} + \lambda p^{(k)}]$ 下降的极小值点，即 λ_k 是 $K \sim K+1$ 步的最优步长。

共梯度 CG 法的计算过程归纳的如下：

第 1 步，给定初始模型 $x^{(0)}$ 和允许误差 ε，计算

$$\begin{cases} p^{(0)} = r^{(0)} = -\nabla\varphi[x^{(0)} = b - Ax^{(0)}] \\ \lambda_0 = \dfrac{[r^{(0)}, p^{(0)}]}{[Ap^{(0)}, p^{(0)}]} \\ x^{(1)} = x^{(0)} + \lambda_0 p^{(0)} \end{cases} \tag{7-142}$$

第 $k+1$ 步（$k=1, 2, \cdots$），计算

$$\begin{cases} r^{(k)} = -\nabla\varphi[x^{(k)}] = b - Ax^{(k)} \\ \beta_{k-1} = -\dfrac{[r^{(k)}, Ap^{(k-1)}]}{[p^{(k-1)}, Ap^{(k-1)}]} \\ p^{(k)} = r^{(k)} + \beta_{k-1}p^{(k-1)} \\ \lambda_k = -\dfrac{[r^{(k)}, p^{(k-1)}]}{[Ap^{(k-1)}, p^{(k-1)}]} \\ x^{(k+1)} = x^{(k)} + \lambda_k p^{(k)} \end{cases} \tag{7-143}$$

计算过程中，当 $r^{(k)} = 0$，或 $[Ap^{(k-1)}, p^{(k-1)}] = 0$ 时，停止计算。

5. LSQR 法

LSQR 法是 Paige 和 Saunders 于 1982 年提出的，它是利用 Lanczos 方法求解最小二乘问题的一种投影法，由于在求解过程中用到 QR 因子分解法，故这种方法叫作 LSQR 算法。

共轭梯度算法与 LSQR 算法的主要差别，在于前者求解的 $Ax = b$，而后者求解的 $A^TAx = A^Tb$。求解 $Ax = b$ 时观测数据误差的放大因子是奇异值的倒数，求解 $A^TAx = A^Tb$ 时观测数据误差的放大因子是奇异值平方的倒数，因此，对于病态问题，LSQR 算法较 CG 算法的效果要好。为提高 LSQR 算法的抗噪能力，可对迭代求解过程施加一定的阻尼，构成阻尼 LSQR 算法。

对大型稀疏矩阵方程

$$Bx = f \tag{7-144}$$

根据最小二剩原理，式（7-144）的法方程可写为

$$Bx = A^TAx = A^Tf = b \tag{7-145}$$

其中，$B = A^TA$，是一对称矩阵。

用 Lanczos 产生正交投影的方法，可把对称矩阵简化为三对角阵的形式。将这组正交基记为矩阵形式

$$V_k = (v_1, v_2, \cdots, v_k) \tag{7-146}$$

由正交性有 $V_k^TV_k = I$，则 Lanczos 的迭代过程为

$$\beta_1 v_1 = b, \quad v_0 = 0 \tag{7-147a}$$

对迭代次数 $i = 1, 2, \cdots$

$$w_i = Bv_i - \beta_i v_{i-1} \tag{7-147b}$$

$$\alpha_i = v_i^T w_{i-1} \tag{7-147c}$$

$$\beta_{i+1} v_{i+1} = w_i - \alpha_i v_i \tag{7-147d}$$

其中，β_i 与残差向量 r_{i+1} 及 r_i 的模的比值有关，只取正值。向量 V_k 称为 Lanczos 向量，它构成 $K_i(B, b)$ 子空间的规格化正交基。为求解方程还需求出 $Bx = b$ 在此子空间的投影 $x_i \in K_i$。记三对角线矩阵

$$T_k = \text{tridiag}(\beta_i, a_i, \beta_{i+1}) \tag{7-148}$$

可得

$$BV_k = V_kT_k + \beta_{k+1}(0, 0, \cdots, 0, v_{k+1}) \tag{7-149}$$

此式两边乘以任意向量 y_k，有

$$BV_k y_k = V_k T_k y_k + \beta_{k+1}(0,\ 0,\ \cdots,\ 0,\ v_{k+1}) y_k \tag{7-150}$$

令

$$x_k = V_k y_k,\quad T_k y_k = \beta_1 (1,\ 0,\ \cdots,\ 0)^{\mathrm{T}} = \beta_1 e_1^{\mathrm{T}} \tag{7-151}$$

由式（7-147a）中的 $b = \beta_1 v_1$ 有

$$B x_k = b + \eta_k \beta_{k+1} U_{k+1} \tag{7-152}$$

当 $\eta_k \beta_{k+1}$ 小到可以忽略时，便可求出式（7-144）的近似解。根据 $V_i \perp K_i$ 的正交投影条件可知，$x_k \in K$ 即方程组在此子空间的投影。

考虑阻尼最小二乘问题

$$\min \left\| \begin{pmatrix} A \\ \lambda I \end{pmatrix} x - \begin{pmatrix} b \\ 0 \end{pmatrix} \right\|_2 \tag{7-153}$$

其解满足以下方程系统

$$\begin{pmatrix} I & A \\ A^{\mathrm{T}} & -\lambda^2 I \end{pmatrix} \begin{pmatrix} r \\ x \end{pmatrix} = \begin{pmatrix} b \\ 0 \end{pmatrix} \tag{7-154}$$

其中，$r = b - Ax$ 为残差向量。

经过式（7-147）到式（7-151）的 $2k+1$ 次迭代后，得

$$\begin{pmatrix} I & B_k \\ B_k^{\mathrm{T}} & -\lambda^2 I \end{pmatrix} \begin{pmatrix} t_{k+1} \\ y_k \end{pmatrix} = \begin{pmatrix} \beta_1 & 1 \\ 0 & 0 \end{pmatrix} \tag{7-155}$$

$$\begin{pmatrix} r_k \\ x_k \end{pmatrix} = \begin{pmatrix} U_{k+1} & 0 \\ 0 & v_k \end{pmatrix} \begin{pmatrix} t_{k+1} \\ y_k \end{pmatrix} \tag{7-156}$$

其中，B_k 是 $(k+1) \times k$ 的下双角阵；y_k 是另一个阻尼最小二乘问题

$$\min \left\| \begin{pmatrix} B_k \\ \lambda I \end{pmatrix} y_k - \begin{pmatrix} \beta_1 & 1 \\ 0 & 0 \end{pmatrix} \right\| \tag{7-157}$$

的解，即

$$B_k y_k = \beta_1 (1,\ 0,\ \cdots,\ 0)^{\mathrm{T}} \tag{7-158}$$

是最小二乘解，得到 y_k 后利用（7-139）式即可得到 x_k。这便是带阻尼的最小二乘 QR 算法（DLSQR）的基本原理。

7.4.5 三角网声波射线层析成像数值算例

1. 三角网声波层析反演流程

三角网射线层析成像应包括以下主要内容：①数据采集，即拾取各震源至接收换能器的初至走时 t_{m}；②正演模拟，包括三角网剖分、射线追踪及建立走时方程等；③反演求解；④结果输出。反演求解具体流程如下：

第 1 步：建立成像区域几何结构。这一步最主要的是根据边界几何特征、先验信息等建立成像区域的背景网，包括初始网格密度的设置等，为三角网剖分打下基础，同时建立成像区域的相对坐标系统。

第 2 步：建立成像区域初至走时信息。包含的信息有震源点坐标；对应每一源点接收排列的坐标及走时 t_{m}。

第 3 步：成像区的坐标旋转和切面投影。实际成像区域的几何信息是三维世界坐标系，应进行一系列的旋转变换和切面投影，以有利于二维成像操作。

第 4 步：成像区域三角网剖分。按背景网及当前速度模型设置的网格密度函数值进行剖分，形成三角

单元节点坐标数据文件。

第 5 步：建立三角网各节点的拓扑关系。包括源节点、接收节点、三角单元顶点节点及三角边插入节点之间的拓扑关系，为射线追踪打下基础。

第 6 步：初始速度模型输入。若存在先验速度信息，如已知声速测井资料等，则可按先验速度信息建立初始速度模型；反之，则输入均匀速度模型。

第 7 步：三角网射线追踪。对每个源点，按本章的三角网射线追踪方法进行射线追踪，得到相应源点下各节点的次级源及次级源所在的三角单元。

第 8 步：接收点的向源检索。对每个源点对应的接收点，按本章的三角网射线追踪方法的向源检索，得到射线路径，射线路径包含了从接收点至源点的坐标、所在三角单元等信息，据此形成 Jacobi 矩阵 A。由于 A 为一稀疏矩阵，采用压缩存储，只需记录射线所经历的三角单元及在此三角单元的长度即可。如采用以下的类定义：

```
struct Ray1                        //一条射线类定义
{
vector<Triangle * > t;             //本条射线经过的三角单元
vector<double> d;                  //本条射线经过的三角单元的路程
double time;                       //本条射线的实测走时
};
```

第 9 步：反演求解。根据 Jacobi 矩阵 A，计算理论走时 t_c、走时残差 $\delta t = t_m - t_c$，建立反演方程 $A\delta v = \delta t$；采用相应反演算法解方程求取 δv，修改模型 $v = v_0 + \delta v$；第 9 步中还要判断中止条件，若满足中止条件，则转下一步，否则转第 7 步，若想根据射线密度、速度分布等信息重新对成像区域离散化，则转第 4 步；在这一步中，若不满足中止条件，一般迭代若干次后，再回到射线追踪或网格再剖分，如此反复进行，直至满足设置的中止条件，中止条件可以是迭代次数，也可以是预先设置走时残差等条件。

第 10 步：成像结果输出。规则网成像结果的输出只需输出各单元中心坐标及单元的速度值即可，对于不规则网，采用这种方式，可能会导致成像结果的失真，为此本文采用"采样"输出的办法，有效解决这一问题。即在横向和纵向等间距设置采样点，这样一个三角单元可有多个采样点，最终形成规则的网格成像数据。

本节计算机程序采用 C++ 语言，反演方法采用 ART 算法。

2. 声波层析反演数值模拟

数值模拟的模型采用图 7-50 所示的含低速圆状和断层区域的模型，模型三角剖分图 7-50，模型速度见图 7-59（a）。Ω_1、Ω_2、Ω_3、Ω_4、Ω_5 子域的速度分别为：4500m/s、2500m/s、4500m/s、4500m/s、3500 m/s，Ω_2 模拟断层、宽 0.6m，Ω_5 模拟低速圆、半径 5.0m。图 7-59（b）为源点位于左下角的理想波阵面及射线路径。

在模型图中垂直的左边及水平上边两边每间隔约 1.0m 设置 1 个源点，共 51 个；其他三边每间隔约 1.0m 设置 1 个接收点，共 103 个。先通过速度模型的射线追踪正演，得到各源点到接收点的走时，然后利用这些走时进行层析反演。图像重建的射线追踪为直射线与弯曲射线依次进行，图 7-60 为第 6 次射线追踪时 ART 算法图像重建的结果。

由图 7-60 可以清晰地看出，通过 6 次射线追踪、ART 重建，图像清楚地呈现出低速圆子域的圆状轮廓及断层走向。相对于 0.6m 宽的低速断层及走向，由于观测点距较大及观测角度的有限性，断层的位置稍有偏移。反演结果表明，三角网射线层析成像方法具有以下特点：

（1）复杂区域网格参数化适应性强；

（2）可以灵活精确地描述不规则的速度界面；

（3）正演模型灵活性强；

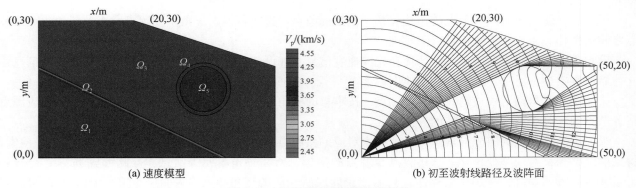

(a) 速度模型

(b) 初至波射线路径及波阵面

图7-59 速度模型及射线追踪结果

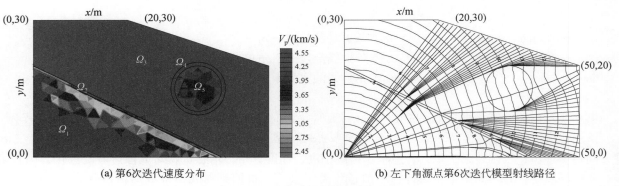

(a) 第6次迭代速度分布

(b) 左下角源点第6次迭代模型射线路径

图7-60 速度模型层析反演结果

（4）分辨率高，成像结果更接近实际结构形态特征。

第8章 穿透声波检测技术

穿透声波是在孔间或其他二度体空间的岩土体或混凝土一侧人工激发声波，使其传播到被测体的另一侧，通过研究到达另一侧的声波的波速、声幅、频率等声学参数相对变化，从而了解被测体的内部相关情况。观测方式包括同步、斜同步、定点观测等。常用于探测不良地质体、岩体风化和卸荷带，测试洞室围岩松弛圈厚度，评价混凝土强度、桩基完整性，检测建基岩体质量及灌浆效果等。广义上，表面声波、声波 CT 等也属于穿透声波。

8.1 混凝土裂缝检测

穿透声波法检测混凝土裂缝主要是以声波幅值为判断依据，以声波波速值、主频为辅助。当声波在没有裂缝的混凝土中传播时，声波波幅值相对稳定；当声波传播过程遇到裂缝时，波阻抗发生变化，导致声波发生反射、散射等现象，使声波能量大幅度衰减，波幅值相应减小。

根据被测裂缝所处部位的具体情况，超声波检测混凝土裂缝深度有单面平测法、双面斜测法、钻孔对测法（吴新璇，2003）。

8.1.1 单面平测法

当混凝土结构只有一个临空面可供超声波检测时，可采用单面平测法进行裂缝深度检测，如混凝土路面、飞机跑道、隧道、洞窟建筑裂缝检测以及其他大体积混凝土的浅裂缝检测。

单面不跨缝平测时，向混凝土构件发送的超声波的波形有纵波、横波和面波。但接收到的波形图中的首波不是纵波而是横波。因为沿检测表面传播的纵波平行检测表面振动与接收换能器中压电感应元件感受方向垂直，故接收不到纵波；横波垂直传播方向（即垂直检测表面）振动与接收换能器中压电感应元件感受方向相同，故能有效地接收横波。单面跨缝平测法检测时向混凝土构件发送的超声波的波形有纵波、横波和面波。接收到波形图中的首波一般是纵波，但也有可能是横波（胡二中和黎超群，2011）。

因此超声波检测混凝土构件裂缝时不但要确定首波的到达时间，还要甄别接收到的超声波类型（鲁辉等，2012）。

8.1.2 双面斜测法

由于实际裂缝中不可能被空气完全隔开，总是存在局部连通点，单面平测时超声波的一部分绕过裂缝末端传播，另一部分穿过裂缝中的连通点，以不同声程到达接收换能器，在仪器接收信号首波附近形成一些干扰波，严重影响首波起始点的辨认，如操作人员经验不足，便产生较大的测试误差。所以，当混凝土结构的裂缝部位，具有一对相互平行的表面时，宜优先选用双面斜测法。只要裂缝部位具有两个相互平行的表面，都可用斜测法检测。如常见的梁、柱及其结合部位。这种方法较直观，检测结果较为可靠。该方法是在保持 T、R 换能器连线的距离相等、倾斜角一致的条件下进行过缝与不过缝检测，分别读取相应的声时、波幅和主频值。当 T、R 换能器连线通过裂缝时，由于混凝土欠连续性，超声波在裂缝界面上产生很大衰减，仪器接收到的首波信号很微弱，其波幅、声时测值与不过缝测点相比较，存在显著差异（一般波幅差异最明显）。据此便可判定裂缝深度以及是否在所处断面内贯通。

8.1.3　钻孔对测法

对于水坝、桥墩、大型设备基础等大体积混凝土结构，在浇筑混凝土过程中由于水泥的水化热散失较慢，混凝土内部温度比表面高，在结构断面形成较大的温度梯度，内部混凝土的热膨胀量大于表面混凝土，使表面混凝土产生拉应力。当由温差引起的拉应力大于混凝土抗拉强度时，便在混凝土表面产生裂缝。温差越大，形成的拉应力越大，混凝土裂缝越深。因此，大体积混凝土在施工过程中，往往因为均温措施不力而造成混凝土裂缝。对于大体积混凝土裂缝检测一般不宜采用单面平测法，即使被测部位具有一对相互平行的表面，因其测距过大，测试灵敏度满足不了检测仪器的要求，也不能在平行表面进行检测，一般多采用钻孔法检测。

所谓钻孔对测法，是在表面有裂缝或者怀疑内部存在裂缝的混凝土部位布置一组或者多组声波孔，采用穿透声波法对检测部位进行裂缝检测，通过综合分析首波波幅、波速值分布、主频等的变化特征确定裂缝延伸方向、深度或者是混凝土内部是否存在裂缝。如图8-1所示，在混凝土表面发现一条和水流方向一致的裂缝，为了评估该裂缝是否会影响的混凝土结构的正常使用，对该部位进行裂缝检测，布置1～2、3～4两组声波孔，布孔要求裂缝位于每组声波孔中间。在裂缝范围外增加一个声波孔，形成另一组声波孔4～5，作为比对试验。

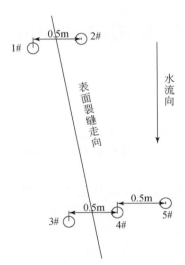

图 8-1　混凝土裂缝检测布置示意图

8.2　桩基声波透射检测

8.2.1　基本原理

如图8-2所示，垂直预埋 A、B、C 三根声测预埋管（如果桩身较大，则应增加预埋管数量），在两两之间采用声波透射法，发射与接收换能器以相同标高同步升降，如图8-3所示。实时记录显示接收信号的时程曲线，读取声时、首波峰值等声学参数。每两根预埋管作为一个检测剖面测试，对同一根桩，所有预埋管均进行两两组合。在测试过程中，发射电压和仪器参数一般保持不变。

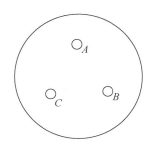

图 8-2　桩基声测管布置示意图

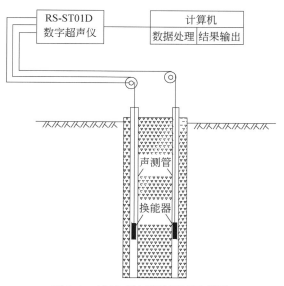

图 8-3　桩基声波透射测试示意图

8.2.2　检测数据分析与评价标准

分析穿透声波的声速、波幅、主频等声学参数，并且计算声时-深度曲线上相邻两点连线的斜率与声时差的乘积 PSD 值（$\mu s^2/m$）作为异常点判断辅助，从而对桩身完整性进行评价。

各声测线的声时、声速、波幅及主频，应根据现场检测数据分别按下列公式计算，并绘制声速-深度曲线和波幅-深度曲线，也可绘制辅助的主频-深度曲线以及能量-深度曲线。

$$t_{ci}(j) = t_i(j) - t_0 - t' \tag{8-1}$$

$$V_i(j) = \frac{l'i(j)}{t_{ci}(j)} \tag{8-2}$$

$$t^2 = \frac{x^2}{v^2} + \frac{4h^2}{v^2} \tag{8-3}$$

$$f_i(j) = \frac{1000}{T_i(j)} \tag{8-4}$$

其中，i——声测线编号，应对每个检测剖面自下而上（或者自上而下）连续编号。

j——检测剖面号。

t_{ci}——第 j 检测剖面号第 i 声测线声时（μs）。

$t_i(j)$——第 j 检测剖面第 i 声测线声时测量值（μs）。

t_0——仪器系统延迟时间（μs）。

t'——声测管及耦合水层声时修正值（μs）。

$l'i(j)$——第 j 检测剖面第 i 声测线的两声测管的外壁间净距离（mm），当两声测管平行时，可取为两声测管口的外壁间净距离；斜测时，$l'_i(j)$ 为声波发射和接收换能器各自中点对应的声测管外壁处之间的净距离，可由桩顶面两声测管的外壁间净距离和发射接收声波换能器的高差计算得到。

$v_i(j)$——第 j 检测剖面第 i 声测线声速（km/s）。

$f_i(j)$——第 j 检测剖面第 i 声测线信号主频值（kHz），可经信号频谱分析得到。

$T_i(j)$——第 j 检测剖面第 i 声测线信号周期（μs）。

1. 声速异常确定

第 j 检测剖面的声速异常判断概率统计值应按下列方法确定：

（1）将第 j 检测剖面各声测线的声速值 $v_i(j)$ 由大到小依次按下列排序

$$v_1(j) \geqslant v_2(j) \geqslant \cdots \geqslant v'_i(j) \geqslant v'_{i-1}(j) \geqslant v_i(j) \geqslant v_{i+1}(j) \geqslant \cdots \geqslant v_{n-k}(j) \geqslant \cdots \geqslant v_{n-1}(j) \geqslant v_n(j)$$

$$(8-5)$$

其中，$v_i(j)$——第 j 检测剖面第 i 声测线声速，$i=1$，2，$\cdots$，n；

n——第 j 检测剖面的声测线总数；

k——拟去掉的低声速值的数据个数，$k=0$，1，2，$\cdots$。

（2）对逐一去掉 $v_i(j)$ 中 k 个最小数值和 k' 个最大数值后的其余数据，按下列公式进行统计计算

$$v_{01}(j) = v_m(j) - \lambda \cdot s_x(j) \tag{8-6}$$

$$v_{02}(j) = v_m(j) + \lambda \cdot s_x(j) \tag{8-7}$$

$$v_m(j) = \frac{1}{n-k-k'} \sum_{i=k'+1}^{n-k} v_i(j) \tag{8-8}$$

$$s_x(j) = \sqrt{\frac{1}{n-k-k'-1} \sum_{i=k'+1}^{n-k} [v_i(j) - v_m(j)]^2} \tag{8-9}$$

$$C_v(j) = \frac{s_x(j)}{v_m(j)} \tag{8-10}$$

其中，$v_{01}(j)$——第 j 检测剖面的声速异常小值判断值；

$v_{02}(j)$——第 j 检测剖面的声速异常大值判断值；

$v_m(j)$——（$n-k-k'$）个数据的平均值；

$s_x(j)$——（$n-k-k'$）个数据的标准差；

$C_v(j)$——（$n-k-k'$）个数据的变异系数；

λ 由表 8-1 查得的与（$n-k-k'$）相对应的系数。

表 8-1 统计数据个数（$n-k-k'$）与对应的 λ 值

$n-k-k'$	10	11	12	13	14	15	16	17	18	20
λ	1.28	1.33	1.38	1.43	1.47	1.5	1.53	1.56	1.59	1.64
$n-k-k'$	20	22	24	26	28	30	32	34	36	38
λ	1.64	1.69	1.73	1.77	1.8	1.83	1.86	1.89	1.91	1.94
$n-k-k'$	40	42	44	46	48	50	52	54	56	58

$n-k-k'$	10	11	12	13	14	15	16	17	18	20
λ	1.96	2.98	2	2.02	2.04	2.05	2.07	2.09	2.1	2.11
$n-k-k'$	60	62	64	66	68	70	72	74	76	78
λ	2.13	2.14	2.15	2.17	2.18	2.19	2.2	2.21	2.22	2.23
$n-k-k'$	80	82	84	86	88	90	92	94	96	98
λ	2.24	2.25	2.26	2.27	2.28	2.29	2.29	2.3	2.31	2.32
$n-k-k'$	100	105	110	115	120	125	130	135	140	145
λ	2.33	2.34	2.36	2.38	2.39	2.41	2.42	2.43	2.45	2.46
$n-k-k'$	150	160	170	180	190	200	220	240	260	280
λ	2.47	2.5	2.52	2.54	2.56	2.58	2.61	2.64	2.67	2.69
$n-k-k'$	300	320	340	360	380	400	420	440	470	500
λ	2.72	2.74	2.76	2.77	2.79	2.81	2.82	2.84	2.86	2.88
$n-k-k'$	550	600	650	700	750	800	850	900	950	1000
λ	2.91	2.94	2.96	2.98	3	3.02	3.04	3.06	3.08	3.09
$n-k-k'$	1100	1200	1300	1400	1500	1600	1700	1800	1900	2000
λ	3.12	3.14	3.17	3.19	3.21	3.23	3.24	3.26	3.28	3.29

（3）按 $k=0$，$k'=0$，$k=1$，$k'=1$，$k=2$，$k'=2$，…的顺序，将参加统计的数列最小数据 $v_{n-k}(j)$ 与异常小值判断值 $v_{01}(j)$ 进行比较，当 $v_{n-k}(j)$ 小于等于 $v_{01}(j)$ 时剔除最小数据；将最大数据 $v_{k'+1}(j)$ 与异常大值判断值 $v_{02}(j)$ 进行比较，当 $v_{k'+1}(j)$ 大于等于 $v_{02}(j)$ 时剔除最大数据；每次剔除一个数据，对剩余数据构成的数列，重复式（8-6）~式（8-9）的计算步骤，直到下列两式成立

$$v_{n-k}(j) > v_{01}(j) \tag{8-11}$$

$$v_{k'+1}(j) < v_{02}(j) \tag{8-12}$$

（4）第 j 检测剖面的声速异常判断概率统计值，应按式（8-13）计算

$$v_0(j) = \begin{cases} v_m(j)(1-0.15\lambda)，& C_v(j) < 0.015 \\ v_{01}(j)，& 0.015 \leqslant C_v(j) \leqslant 0.045 \\ v_m(j)(1-0.045\lambda)，& C_v(j) > 0.045 \end{cases} \tag{8-13}$$

其中，$v_0(j)$——第 j 检测剖面的声速异常判断概率统计值。

（5）受检桩的声速异常判断临界值，应按下列方法确定：

应根据本地区经验，结合预留同条件混凝土试件或钻芯法获取的芯样试件的抗压强度与声速对比试验，分别确定桩身混凝土声速低限值 v_L 和混凝土试件的声速平均值 v_p。

当 $v_0(j)$ 大于 v_L 且小于 v_p 时

$$v_c(j) = v_0(j) \tag{8-14}$$

其中，$v_c(j)$——第 j 检测剖面的声速异常判断临界值；

$v_0(j)$——第 j 检测剖面的声速异常判断概率统计值。

当 $v_0(j) \leqslant v_L$ 或 $v_0(j) \geqslant v_p$ 时，应分析原因；第 j 检测剖面的声速异常判断临界值可按下列情况的声速异常判断临界值综合确定：

①同一根桩的其他检测剖面的声速异常判断临界值；

②与受检桩属同一工程、相同桩型且混凝土质量较稳定的其他桩的声速异常判断临界值。

对只有单个检测剖面的桩，其声速异常判断临界值等于检测剖面声速异常判断临界值；对具有三个及三个以上检测剖面的桩，应取各个检测剖面声速异常判断临界值的算术平均值，作为该桩的各声测线

的声速异常判断临界值。

（6）声速 $v_i(j)$ 异常应按式（8-15）判定

$$v_i(j) \leqslant v_c \tag{8-15}$$

2. 波幅异常确定

波幅异常判断的临界值，应按下列公式计算

$$A_m(j) = \frac{1}{n} \sum_{j=1}^{n} A_{pi}(j) \tag{8-16}$$

$$A_c(j) = A_m(j) - 6 \tag{8-17}$$

波幅 $A_{pi}(j)$ 异常应按下式判定

$$A_{pi}(j) < A_c(j) \tag{8-18}$$

其中，$A_m(j)$ ——第 j 检测剖面各声测线的波幅平均值（dB）；

$A_{pi}(j)$ ——第 j 检测剖面第 i 声测线的波幅平均值（dB）；

$A_c(j)$ ——第 j 检测剖面波幅异常判断的临界值（dB）；

n ——第 j 检测剖面的声测线总数。

3. PSD 值异常确定

采用斜率法作为辅助异常声测线判据时，声时–深度曲线上相邻两点的斜率与声时差的乘积 PSD 值应按下式计算。当 PSD 值在某深度处突变时，宜结合波幅变化情况进行异常声测线判定。

$$PSD(j, i) = \frac{[t_{ci}(j) - t_{ci-2}(j)]^2}{z_i - z_{i-1}} \tag{8-19}$$

其中，PSD ——声时–深度曲线上相邻两点连线的斜率与声时差的乘积（$\mu s^2/m$）；

$t_{ci}(j)$ ——第 j 检测剖面第 i 声测线的声时（μs）；

$t_{ci-1}(j)$ ——第 j 检测剖面第 $i-1$ 声测线的声时（μs）；

z_i ——第 i 声测线深度（m）；

z_{i-1} ——第 $i-1$ 声测线深度（m）。

桩身混凝土完整评价，按照《建筑基桩检测技术规范》（JGJ 106—2014）判定标准评价，如表 8-2 所示。

表 8-2　桩身完整性判定标准

桩完整性类别	分类原则	特征
I 类桩	桩身完整	所有声测线声学参数无异常，接收波形正常 存在声学参数轻微异常、波形轻微畸变的异常声测线，异常声测线在任一检测剖面的任一区段内纵向不连续分布，且在任一深度横向分布的数量小于检测剖面数量的 50%
II 类桩	桩身有轻微缺陷，不会影响桩身结构承载力的正常发挥	存在声学参数轻微异常、波形轻微畸变的异常声测线，异常声测线在一个或多个检测剖面的一个或多个区段内纵向连续分布，或在一个或多个深度横向分布的数量大于或等于检测剖面数量的 50% 存在声学参数明显异常、波形明显畸变的异常声测线，异常声测线在任一检测剖面的任一区段内纵向不连续分布，且在任一深度横向分布的数量小于检测剖面数量的 50%

桩完整性类别	分类原则	特征
Ⅲ类桩	桩身有明显缺陷，对桩身结构承载力有影响	存在声学参数明显异常、波形明显畸变的异常声测线，异常声测线在一个或多个检测剖面的一个或多个区段内纵向连续分布，但在任一深度横向分布的数量小于检测剖面数量的50% 存在声学参数明显异常、波形明显畸变的异常声测线，异常声测线在任一检测剖面的任一区段内纵向不连续分布，但在一个或多个深度横向分布的数量大于或等于检测剖面数量的50% 存在声学参数严重异常、波形严重畸变或声速低于低限值的异常声测线，异常声测线在任一检测剖面的任一区段内纵向不连续分布，且在任一深度横向分布的数量小于检测剖面数量的50%
Ⅳ类桩	桩身存在严重缺陷	存在声学参数明显异常、波形明显畸变的异常声测线，异常声测线在一个或多个检测剖面的一个或多个区段内纵向连续分布，且在一个或多个深度横向分布的数量大于或等于检测剖面数量的50% 存在声学参数严重异常、波形严重畸变或声速低于低限值的异常声测线，异常声测线在一个或多个检测剖面的一个或多个区段内纵向连续分布，或在一个或多个深度横向分布的数量大于或等于检测剖面数量的50%

注：混凝土等级强度为 C25 的基桩声速低限值宜为 3500m/s，混凝土强度等级为 C30 的基桩声速低限值宜为 3800m/s。

8.3 声波穿透移动单元体检测方法

8.3.1 声波穿透移动单元体检测特点

大坝混凝土中有一类大尺度结构混凝土，钢筋和钢结构埋件多为墙、柱、梁结构，其无损检测的方法主要包括两类，一类是地质雷达法，一类是声波法。地质雷达一般适用于场地较开阔、钢筋较少、地物及电磁信号影响较少或相对较规律的条件下使用。超高频地质雷达可以达到较高的分辨率，但探测深度受到制约，且密集钢筋、复杂地物、电磁信号对其干扰较大，超高频地质雷达检测大构件混凝土难以获取有效、可靠的检测信号。声波检测方法受环境影响较小，钢筋作为混合材料之一，其影响一般也就是其自身的贡献，主要包括反射波法和穿透法。反射波法一个共性的缺点是只能取得缺陷反映，而不能给出介质的速度量值，因此对于既要反映混凝土缺陷，又要反映混凝土速度量值的无损检测，声波穿透法无疑是一种较佳的选择。

之前，声波穿透法对大尺度结构混凝土的检测大多采用：①水平或垂直结构面的对穿检测，检测成果一般只能利用统计规律分析混凝土的质量；②声波层析成像，精度较高，可靠性较强，但工程量大，检测周期长。

大坝大尺度结构混凝土质量检测的主要特点是：

①墙、柱、梁结构，钢筋和钢结构埋件多。

②工程巨大、但总体检测工作量又不宜太多。

③只能利用临空面、不能采用钻孔。

④内部的、甚至是体积的检测。

针对结构混凝土检测特点、目前混凝土声波穿透无损检测技术、检测周期与费用等因素，提出了大尺度结构混凝土声波穿透移动单元体检测方法，该方法主要包含以下 3 个方面的内容：

①结构混凝土声波穿透移动单元体观测方法，在结构体两相对临空上布设声波对穿单元体，在单元

体上布置主要穿透射线，以控制主要结构应力面，根据检测任务，对立体单元按测试方向采用"逐点覆盖移动"、"积木叠加移动"形成连续、断续控制面上的或立体的声波穿透数据。

②声波 CT 成像技术，成像处理采用常规的高密度射线成像技术、正交射线成像技术、三维成像技术。

③混凝土质量问题检测层次筛选方法，采用宏观、局部、细节三个层次对混凝土存有质量疑问的部位进行筛选，三个层次对应着不同的技术内涵。

8.3.2　技术内容

1. 结构混凝土声波穿透移动单元体观测方法

大坝大尺度结构混凝土检测问题是内部的、体积的质量检测。在工程巨大、但总体检测工作量又不宜太多的情况下，必须兼顾整体与局部的矛盾，兼顾工程量与工作量的矛盾，亦即要以最小的工作量力求作最全面的质量检测。这就要求声波穿透必须保证较大的控制范围且能控制结构混凝土的主要应力面，观测数据有利于从统计学角度评价混凝土质量情况，有利于从声波的动力学和运动学角度考察混凝土质量情况，有利于声波 CT 图像重建，为此声波穿透射线必须有一定的多方向性、相似性、对称性、均匀性，同时射线也应该是 CT 图像重建中具有重要作用的射线（理论上正交或近乎正交的射线相关性最小，对 CT 反演作用最大）。结构混凝土声波穿透移动单元体观测方法大量采用与混凝土临空面近乎 45°角斜对穿，就是从以上思路出发有针对性地提出的，现以混凝土墙体为例说明其内涵。

图 8-4 为声波在一个体积单元（单元体大小为墙厚）里的穿透工作示意图，内、外墙面为临空面。对于图 8-4（a），设发射换能器分别布置于外墙面的 A 点、B 点、C 点、D 点，接收换能器分别布置于内墙面的 A' 点、B' 点、C' 点、D' 点，得到声波斜穿射线（粗虚线），即一个体积单元做 4 条射线：AD'、$A'D$、CB'、$C'B$，主要控制面为 6 个：$AB'D'C$、$A'BDC'$、$A'B'DC$、$A'BD'C'$、$BB'C'C$、$AA'D'D$ ［图 8-5（b）~（d）］。其中黄色平面为检测控制切面。

根据需要及单元体推进方向，在单元体中增加图 8-4（b）中的 $EFF'E'$ 或 $GHH'G'$ 检测面，即设发射换能器分别布置于外墙面的 E 点、F 点、G 点、H 点，接收换能器分别布置于内墙面的 E' 点、F' 点、G' 点、H' 点，得到 EF'、$E'F$ 射线或 GH'、$G'H$ 射线，黄色控制面 $EFF'E'$ 或 $GHH'G'$ 见图 8-5（d）。当然 EF'、$E'F$ 或 GH'、$G'H$ 还可以与 AD'、$A'D$、CB'、$C'B$ 组合出其他控制面，不一一而足。

以上移动单元体的大小、形状可根据现场条件灵活调整。以这样的检测单元体沿墙横向、纵向或者其他方向按一定的步距推进，可形成一些连续、断续控制面甚至可以形成立体观测，获得的检测数据具有很强的检测效率。此观测方法的主要优点是：

①选择体现混凝土质量的优势控制面及其射线，既能节省检测工作量，又能较全面地反映混凝土检测部位的质量问题；

②观测射线具有相似性、对称性，因而在资料的分析上既可以利用穿透声波的运动学和动力学特征，也可以充分利用射线的对称性、相似性的特点来进行类比解释、分析混凝土质量；

③对连续控制面利用 CT 成像技术进行图像重建。

例如，当检测单元体沿墙水平方向以 0.1m 步距推时，可对其中的 $ABD'C'$、$A'B'DC$、$EFE'F'$ 三个连续控制面沿墙水平方向进行 CT 成像；当需要以此检测单元在墙体上纵向推进时，则可对其中的 $AB'D'C$、$A'BDC'$、$GHH'G'$ 三个连续控制面沿墙垂直方向进行 CT 成像；当以此检测单元体沿墙水平及垂向都以 0.1m 步距推进时，则会形成立体的观测射线。实际工作中对于墙体结构，可以在一个方向（如水平）以积木叠加移动方式（移动步距等于单元体大小），在另一方向（如垂向）以逐点覆盖移动方式（移动步距较小），视具体情况而定。

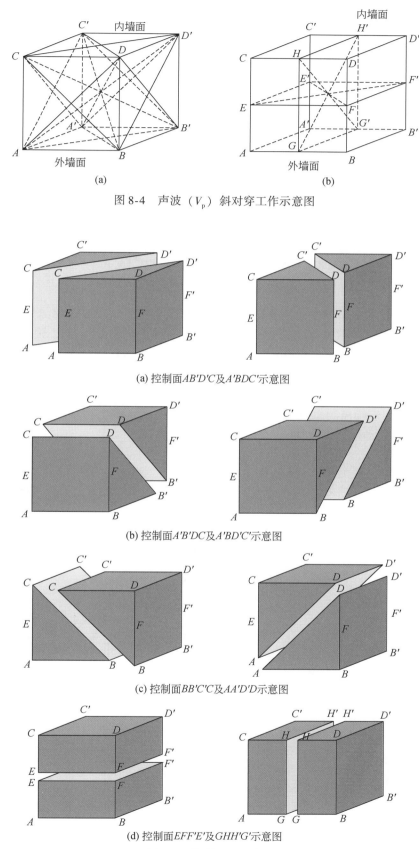

图 8-4 声波（V_{p}）斜对穿工作示意图

(a) 控制面 $AB'D'C$ 及 $A'BDC'$ 示意图

(b) 控制面 $A'B'DC$ 及 $A'BD'C$ 示意图

(c) 控制面 $BB'C'C$ 及 $AA'D'D$ 示意图

(d) 控制面 $EFF'E'$ 及 $GHH'G$ 示意图

图 8-5 控制面及示意图

2. 声波层析成像技术

大坝大尺度结构混凝土声波穿透移动单元体检测技术包含以下 3 种射线密度的 CT 成像技术：

（1）常规的高密度射线 CT 成像技术。主要用于对有疑问部位的细节反演。观测采用定点观测系统，并使射线与剖面走向夹角控制在正负 45°（包括正负 45°）夹角以内，射线分布示意图如图 8-6 所示。图像重建中，射线追踪采用直射线和弯曲射线追踪相结合，反演算法选择最大熵、奇异值分解（SVD）、共轭梯度（CG）、阻尼最小平方二乘（LSQR）等方法。

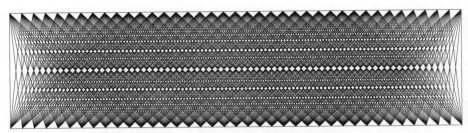

图 8-6　声波层析成像（CT）射线分布示意图

（2）正交射线成像技术。用于移动单元体观测得到的连续控制面的成像反演。移动单元体连续控制面的 CT 成像同上面的常规声波 CT 在原理上是相同的，不同的是观测射线密度不一样，且需要考虑多切面相交部位的吻合问题（多切面互为约束），是立体反演、切面成像技术。从图 8-6 可以看出，常规的声波 CT 射线包括几乎所有的同步观测或者定点观测，而移动单元体对穿的连续控制面 CT 成像声波穿透的射线只选取了图 8-6 中 45°正交同步，为增加射线密度及反演效果，观测中增加正同步及四角定点观测。图 8-7 为移动单元体对穿连续控制面观测射线分布示意图。

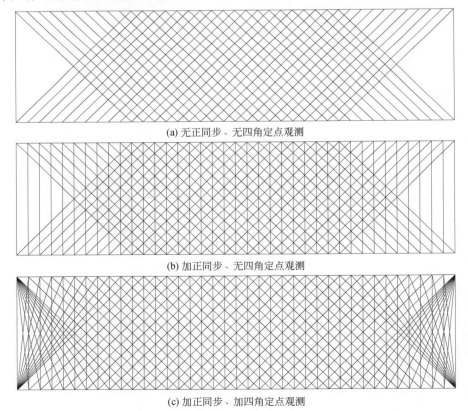

(a) 无正同步、无四角定点观测

(b) 加正同步、无四角定点观测

(c) 加正同步、加四角定点观测

图 8-7　移动单元体对穿连续控制面声波层析成像射线分布示意图

（3）三维声波 CT 技术。主要用于对有疑问部位的细节反演。三维声波 CT 技术主要采用三维射线追踪技术，是三维反演、三维成像，其原理与二维 CT 技术相同。无论是多切面数据还是立体观测数据都可以采用三维 CT 技术，三维声波 CT 技术也是多切面约束、联合反演的关键。

3. 混凝土质量问题检测层次筛选方法

大坝大尺度结构混凝土声波穿透移动单元体检测技术，采用三个层次对混凝土存有质量疑问的部位进行筛选。

第一层次是宏观层次，直接利用对穿声波的动力学、运动学特征及统计特征评价混凝土质量。声波穿透移动单元体对穿射线具有相似性、对称性，因而在资料的分析上既可以利用穿透声波的运动学和动力学特征，也可以充分利用射线对称性、相似性的特点来进行类比解释、分析各控制面的混凝土相对质量。此外，利用对穿声波值进行统计分析，根据评价标准对混凝土质量进行宏观评判。这一层次可以得到混凝土质量的宏观判断，如整体均匀性、密实程度、区域及局部的质量好坏等。

第二层次是局部层次，在不增加任何工作量的情况下，利用声波穿透移动单元体对穿数据进行成像处理，得到连续控制面的声波速度成像切面，此结果是在数据量较少情况下的成像结果，对一些规模较小的缺陷，虽不能完全了解其细节情况，但可以在局部层面了解缺陷存在与否。

第三层次为细节层次，对第一、二层次的结果存在疑问的少数部位或重点部位，采用高密度的二维声波 CT 技术，了解混凝土存在疑问部位的细节情况。也可采用三维声波 CT，在检测空间范围内进行三维成像，获取任意切面的细节情况。

8.3.3　实施方式

1. 现场布置与观测

根据工程特点、检测目的、现场情况，合理地进行工作布置与观测。三峡升船机齿条、螺母柱的一期工程混凝土声波质量检测就是采用结构混凝土声波穿透移动单元体检测技术方案，下面结合此工程的质量检测说明本方法具体的工作布置与观测。

（1）三峡升船机齿条、螺母柱的一期工程混凝土质量检测目的：评价混凝土质量、查明混凝土质量缺陷。4 条齿条分布在高程 51.21~178.95m、8 条螺母柱分布在高程 57.1~187.0m，需全程进行质量检测。

（2）三峡升船机齿条、螺母柱的一期工程混凝土质量检测特点：墙、柱结构，钢筋和钢结构埋件多；工程巨大、但总体检测工作量又不宜太多；利用临空面、不能采用钻孔；内部的、体积的检测。

（3）三峡升船机齿条、螺母柱的一期工程混凝土工作布置与观测。图 8-8 为螺母柱凹槽及齿条一期混凝土超声波检测移动单元体法布置平面示意图，蓝线为水平检测范围，红线为对穿射线的水平投影。在纵向上采用逐点覆盖移动方式，移动点距 0.1m，横向采用积木叠加移动方式，移动距离为单元体的大小，如图 8-9 所示。波检测移动单元体纵向移动中，会形成可供 CT 成像的连续控制面，也就是图 8-8、图 8-9 每条红线代表 1 个垂直切面，增加单元边界的检测，这样一期 A 片螺母得到 9 条垂剖面，一期 B 片螺母得到 8 条垂剖面，一期齿条得到 9 个垂切面。每个垂切面作水平同步、发高同步、发低同步及 4 角定点观测，测量点距 0.1m，其射线分布如图 8-10 所示。移动单元体在纵向逐点覆盖移动的最终结果就是分解为连续垂直切面，做好了每个垂切面的观测工作也就完成了单元体的移动，断续控制面包含于连续控制面的射线之中。

2. 资料整理与分析

资料整理与分析主要包括以下工作：

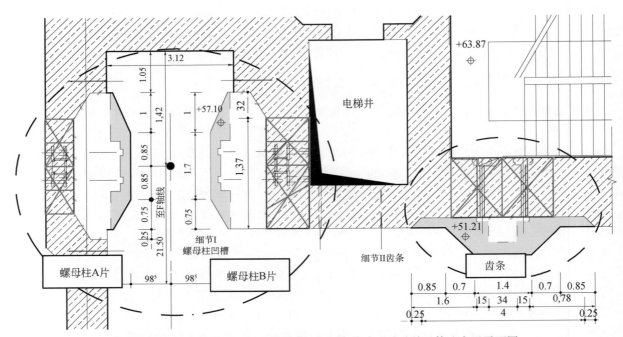

图 8-8　螺母柱凹槽及齿条一期混凝土穿透声波检测移动单元体法布置平面图

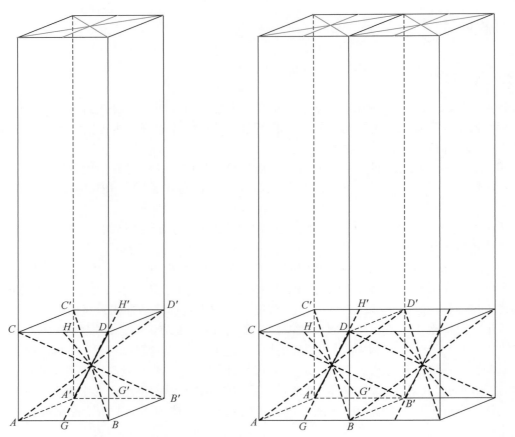

(a) 黑粗虚线为一个纵向逐点覆盖移动单元体　　(b) 黑粗虚线由(a)在横向积木叠加移动形成的两个纵向逐点覆盖移动单元体

图 8-9　齿条一期混凝土穿透声波检测移动单元体法布置观测图

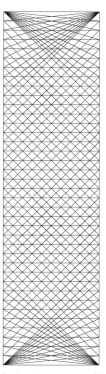

图 8-10　每个垂切面的 CT 射线分布图

（1）绘制同步声速曲线图及断续控制面平均声速曲线图，充分利用射线的相似性、对称性对曲线图的运动学特征进行合理的解释、分析，查找异常声速部位；

（2）采用信号处理技术，绘制同步声波动力学特征（如波幅、频率等）图，充分利用射线的相似性、对称性对射线的动力学特征进行合理的解释、分析，查找异常特征（如频率、幅值、相位等）部位；

（3）按混凝土浇筑仓位或部位，统计分析穿透声波 V_p 值，结合混凝土评价声波标准评价混凝土总体质量；

（4）对连续控制面采用正交射线层析成像技术进行图像重建，并对图像进行合理的解释、分析，查找异常部位；

（5）结合前面 4 个方面，综合评判混凝土质量，合理推断质量问题部位，提出后续检测建议；

（6）对于质量问题部位或重点部位，在必要时采用加密二维声波 CT 或三维 CT 技术进行检测。

第9章 干孔声波检测技术

在工程物探领域，声波检测的主要方法有单孔法、跨孔法等。不论什么方法，都必须保证声波发射探头或接收探头同时与孔壁耦合良好。含水孔由于有良好的耦合剂——水，因此探头与孔壁耦合不存在问题。在实际工程中，经常需要对干孔进行声波检测，如大跨度的地下洞室开挖后的围岩松弛带检测，这就极大地限制声波检测在该领域的应用。一般来说，干孔均存在存不住水的问题，如洞室顶拱钻孔，因构造、破碎、爆破松弛影响的洞室侧壁和底板钻孔等。因此，为了全方位提高解决工程实际问题的能力，寻求一种快速高效的干孔声波测试方法尤为重要。

目前国内外主要通过如下方法实现干孔检测（石建梁等，1999）。①从发射端即震源的角度，采用加大震源发射功率（超磁致伸缩震源），强制接收探头与孔壁耦合（不采用耦合剂或采用黄油、凡士林等耦合剂等但不能确保耦合效果）。②接收信号的增强处理，接收端增加前置放大设备，放大倍数达20～50倍。两种方法都能在一定程度上解决问题，但实践表明检测效果并不理想，有时甚至检测不到信号。究其原因为：虽然加大震源发射功率，但由于探测系统与孔壁耦合不佳，发射端能量在未进入探测体之前已损失殆尽；增强接收信号，在有效信号很微弱的情况下，很容易受背景噪声的干扰。所以，确保干孔声波检测效果的关键是耦合系统的改进和完善。

干孔声波探头耦合系统基于"耦合"思想，实现干孔声波探头与加压水囊的耦合（"内耦合"）、加压水囊与孔壁的耦合（"外耦合"），也就是干孔声波探头与孔壁的全耦合。能够充分满足干孔声波检测技术要求，采集声波波形完整，首波清晰，所获得的检测数据可靠，满足物探规程要求。本章将从干孔声波耦合系统入手，探讨干孔声波检测技术。

9.1 干孔声波检测原理

9.1.1 声波检测技术原理

声波检测的流程如图9-1所示，通过声波发射系统发射调制声波信号，经过发射换能器转换成物理超声波信号，超声波在岩体中传播，携带着岩体的物理力学信息及结构特征，由接收换能器转换成声波电信号，再通过接收放大器对信号进行增益，提高信噪比，经过采集系统进行存储后再分析利用。

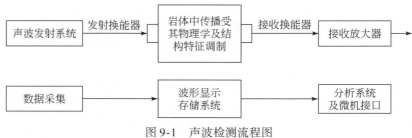

图9-1 声波检测流程图

声波检测有直达波法（直透法）和单孔初至折射波法（单发双收或二发四收）等。以单孔声波为例，在声波测试系统中，有声波发射器 T 和声波接收器 R（图9-2）。声波发射器 T 是一种电–声换能器，常用压电陶瓷、压电石英或超磁致伸缩材料组成，即在电脉冲作用下，发射器把电能转换成声能，并以声波的形式发射出去。发射器每秒间歇地发射 10 ~ 20 次，每次发射的频率为 20kHz。声波接收器 R 也是一种电–声能转换器，常用压电陶瓷、压电石英或超磁致伸缩材料组成，即把接收到的声能转换成电脉冲信号。

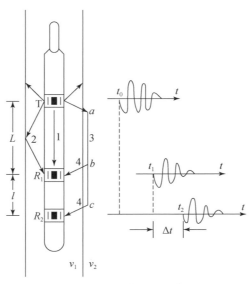

图 9-2　声波观测系统

发射换能器 T 到第一个接收器 R_1 之间的距离称为源距 L，两个接收器 R_1、R_2 之间的距离称为间距 L。发生器 T 向各个方向发射声波，在接收器 R_1 和 R_2 处可以接收到直达波 l，反射波 2 和折射波 4（发射换能器 T 发射的声波，满足入射角等于第一临界角的声波，在岩体或混凝土孔壁的声波折射角等于 $90°$，即声波沿着钻孔孔壁滑行，然后又分别折射回孔中，由接收换能器 R_1 和 R_2 分别接收（所以可称其为折射波法））。仪器设计要求：最先到达接收器的是滑行纵波的折射波（简称滑行纵波）（图 9-2）。为了防止声波通过仪器本身直接传播到接收器，需要在发生器与两个接收器之间装置能够吸收声波的隔声体。目前多用槽钢管来隔声。在钢管上有一纵横交错的空槽，沿着它传播的声波会很快衰减。

单发双收声波仪测量的是：T 发射后，同一首波（滑行纵波）触发两个接收器 R_1、R_2 的时差 Δt，即 $\Delta t = t_2 - t_1$，t_1 为首波到达第一个接收器的时间，t_2 为同首波到达第二个接收器的时间

$$t_1 = \frac{\overline{Ta}}{v_1} + \frac{\overline{ab}}{v_2} + \frac{\overline{bR_1}}{v_1} \tag{9-1}$$

$$t_2 = \frac{\overline{Ta}}{v_1} + \frac{\overline{ab}}{v_2} + \frac{\overline{bc}}{v_2} + \frac{\overline{cR_2}}{v_1} \tag{9-2}$$

式（9-1）与式（9-2）相减得

$$\Delta t = t_2 - t_1 = \overline{bc}/v_2 \tag{9-3}$$

因为 $\overline{bc}$ 等于仪器间距 l，所以

$$\Delta t = l/v(\mu s/m) \tag{9-4}$$

$$v = l/\Delta t(\mu s/m) = 1 \times 10^6/\Delta t(m/s) \tag{9-5}$$

式（9-4）、式（9-5）中 v 为孔壁介质的声速。由声学理论可知，这个声速只反映沿孔壁一个波长范围内的声速。显然，换能器的频率选得低一些，也就是波长长一些，单孔一发双收声波测井所测得的范围要大一些。如：一发双收换能器的频率为 30kHz、混凝土的声速为 4500m/s 时，波长 $\lambda = 0.15m$，这时测试范围是：钻孔中心 0.4m 范围内钻孔孔壁介质的声速（假定钻孔直径为 0.1m）（张胜业和潘玉玲，2004）。

9.1.2　干孔声波探头设计原理

工程物探声波测试中，难免会存在钻孔中无水的现象，常规的声波探头难以获取测试数据，为此，我们基于"全耦合"思想设计了干孔声波测试探头。它主要由声波探头、加压水囊、连接装置、三通接头组成，其结构示意图如图9-3所示。加压水囊呈圆柱状，加压水囊一端呈开口状，另一端呈封闭状，在加压水囊封闭一端的顶部，开有排气孔，声波探头端部设有连接装置，连接装置设置有进水通道和电缆通道，进水管通过三通接头与连接装置上的进水通道连接。加压水囊套装在声波探头外，加压水囊的开口端位于连接装置上并与其密封连接。开在加压水囊封闭顶部的排气孔直径≤1mm。加压水囊采用丁苯橡胶制成。在现场检测过程中，通过加压将加压水囊中的空气由加压水囊上的排气孔排出，使加压水囊中充满水，以保证声波探头与加压水囊之间的内耦合。由于加压水囊封闭一端的顶部开有排气孔，可保持小量溢水持续从加压水囊封闭一端的顶部流出，从而实现了加压水囊外壁与孔壁的耦合（外耦合）。实现了声波探头、加压水囊及钻孔孔壁之间的全耦合，从而使测试数据稳定可靠，同时满足了快速检测的要求。

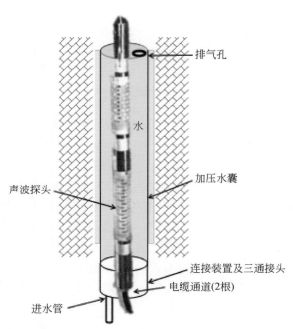

图9-3　全耦合干孔声波测试探头结构示意图

9.2　干孔声波探头耦合系统

干孔声波检测设备由声波仪、声波探头、连接电缆组成。干孔声波检测仪、连接电缆与其他声波检测系统无异，主要体现在干孔声波探头的设计上（长江工程地球物理勘测武汉有限公司，2007）。

9.2.1　干孔声波探头

干孔声波探头（未套接加压水囊时）设计如图9-4所示，与传统声波探头比较，在声波探头的发射端增加了进水口段，接收端增加了特殊设计的排气段。探头横截面直径一般为28mm，进水口段横截面直径为34mm，探头长87cm，接收换能器间距0.20m，发射换能器到最近的接收换能器的距离为29cm。

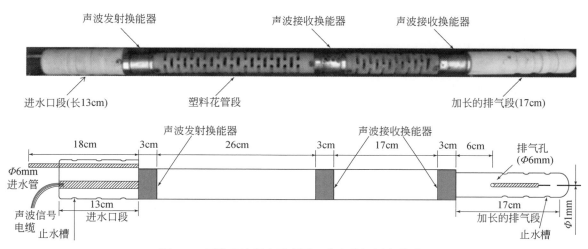

图 9-4 干孔声波探头示意图（未套接加压水囊时）

进水口段如图 9-5 所示，内含 Φ6mm 铁管及预留的声波信号电缆通道。进水口段作进水通道以及声波信号电缆通道；进水段表面设置止水槽，用于套接加压水囊时密封止水。进水口段在系统中的作用：①输入、输出声波信号电缆通道；②加压及释放压力时进、出水通道；③加压水囊（橡胶材料制作）下端点密封基座。

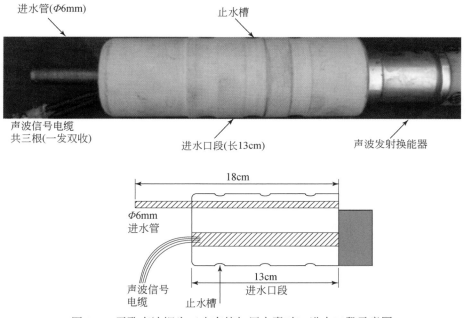

图 9-5 干孔声波探头（未套接加压水囊时）进水口段示意图

加长的排气段如图 9-6 所示，包括排气段进气孔、排气段出气孔。排气段中间部位表面设置止水槽，用于套接加压水囊时上端点密封止水。位于排气段横断面中间部位设置有 Φ6mm 排气段进气孔，在套接加压水囊后，排气段进气孔位于加压水囊内，排气段出气孔位于加压水囊外端，直径缩小为 Φ1mm。加长的排气段在系统中的作用：①确保工作时，加压水囊内空气向系统外排放通畅；②适量的水通过排气孔排到声波探头外，给探头与孔壁之间提供耦合介质，保证探头与孔壁的良好耦合；③对加压水囊加压时，避免水通过排气通道大量流失，保证水囊内水压能够快速上升及声波探头贴壁良好。

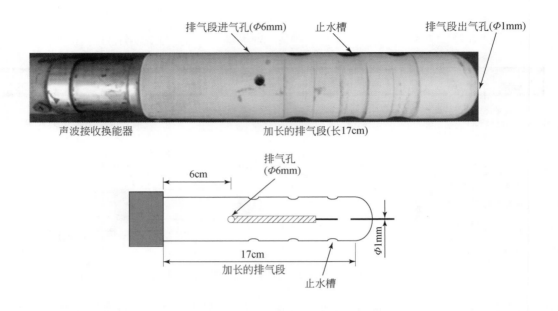

图 9-6　干孔声波探头（未套接加压水囊时）排气段示意图

9.2.2　加压水囊结构设计

为使系统工作稳定，加压水囊制作材料选型要求：抗压、耐磨、水密性高，根据要求选择轮胎橡胶（丁苯橡胶）制作加压水囊。丁苯橡胶英文缩写 SBR，按聚合方法分为乳液丁苯和溶液丁苯胶，填充改性后又分为充油、充炭黑、充树脂丁苯胶等。炭黑补强后达 $250 \sim 280 kgf/cm^2$，耐磨性提高百倍，耐老化性、耐水性和气密性优于天然橡胶，黏合性、弹性和形变发热量低于天然橡胶。丁苯橡胶综合性能优良，是合成橡胶的第一大品种。

加压水囊与测试系统的整合，不采用固定方式，采用活动的套接方式，套接在声波探头上，水囊两端套接段通过止水槽固定、密封。这样不仅减小了工作难度（磨损后拆换方便），而且使测试系统对孔径的适应范围扩大，不同的孔径仅需要储备不同外径的水囊，现场测试时根据需要选择合适外径的水囊，套接并密封后即可开展工作。

加压水囊典型结构如图 9-7 所示。

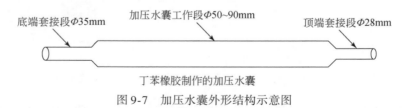

丁苯橡胶制作的加压水囊

图 9-7　加压水囊外形结构示意图

水囊轴线长 87cm，其中底端套接段长 13cm，顶端套接段长 11cm。增加水囊两端长度，是为了充分保证水囊两端的水密性及工作段工作时紧密贴壁。

9.2.3　干孔声波探头微水环境全耦合实现

干孔声波探头水环境全耦合是通过加压水囊与声波探头的结合、与孔壁耦合的方式实现的。根据前面叙述的各部件的结构设计，加压水囊与声波探头的结合是通过声波探头两端设置三道止水槽，加压水囊两端设置变径的套接段来实现的。工作时先套接水囊，然后在止水槽对应的水囊表面捆扎密封，完成后，加压检查密封和排气状态，符合要求后即可工作。

与孔壁耦合的实现方式：通过向水囊内输送水流，加压扩张水囊，使孔内检测系统紧密贴壁；系统通过设置的排气孔自动排除水囊内加压产生的空气，同时少量的水流出系统外，在孔壁岩体和水囊外表面充当耦合介质。在干孔内局部创造一种类似于有耦合介质（如水）的环境。

9.2.4　水囊水压保障系统

水压力产生、传送系统要求：扬程大（设计水头 25m）、工作稳定、设备轻便环保、安全节水、对工作环境要求不高（不需外接电源，人工加压即可工作），结合实际采用了 3WT-4 型踏板式高压喷雾器。经局部改造后，满足系统要求。

与水囊的结合方式：通过胶质软管将踏板式高压喷雾器出水端和干孔声波探头的进水管密封连接。

9.2.5　水压监测及快速水压释放

1.　简便水压监测方式

检测系统工作时，实时水压力状态监测是确保系统安全稳定工作的必要工作环节。可通过如下工作方式监测水压状态，检测系统充水加压时，打开声波检测仪器，观测声波检测波形，当检测波形特征符合首波清晰，起跳干脆等正常波形特征时，停止加压。工作原理是：当水压合适时，加压水囊充分贴壁，接收经孔壁岩体调制的声波效果处于最佳状态，波形首波清晰，起跳干脆。这种简便的水压监测方式是利用声波仪进行监测，并不需要检测具体的系统水压值，可以满足现场快速检测要求。如果用固定的水压值控制加压状态，测试的结果并不可靠。原因为：孔径并非固定不变的，固定的水压并不能保证加压水囊充分贴壁。

2.　快速释放水压系统

为将孔内声波探头快速移动至下一检测点，必须将加压水囊内水体快速释放。为简化系统设计，释放和充水加压采用同一通道，在 3WT-4 型踏板式高压喷雾器出水口设置三通水接头，一端接在踏板式高压喷雾器出水口，另两端分别接释压通道和加压通道，并在释放管道上安装水龙头。工作状态：加压时，关闭释放管道水龙头；释放水压时，停止加压，打开释放管道水龙头。释放水压时的水流通过软管接至储水桶，循环利用。如图 9-8 所示。

9.2.6　现场测试关键要素

干孔声波探头耦合系统的进水口设置、排气孔段长度与加压水囊的直径设计与声波测试的效果有着紧密的关系，而且此类参数的设置需紧密结合现场测试环境进行调整，以实现干孔声波探头耦合系统的最佳工作状态。

（1）进水口设置。声波探头进水口设置在进水口段底端的中心部位，可避免因声波探头往返移动导致进水管磨损而破裂，延长探头的使用寿命，确保检测工作稳定。

（2）排气孔段长度。排气孔设置在靠近声波探头的接收端头，在套接加压水囊并加压后，会出现顶端的接收换能器附近水囊并未完全展开的现象，从而贴壁不紧密，造成接收的声波信号质量较差。此时延长排气段长度，顶端的接收换能器能接收到质量良好的信号，且两接收换能器接收波形特征相似。

（3）选择合适口径加压水囊。可以保证水囊贴壁紧密。由于采用波形监测水压的方式，当加压水囊

图9-8 加压及快速释放水压系统

口径过大或过小时，检测波形紊乱，不可避免的选择加压，这样将导致过分加压，压破水囊。实践表明加压水囊口径与测孔的口径差值在±5mm较合适。

9.3 测试信号对比分析

9.3.1 标定测试对比分析

按规范要求，在钢管中对仪器进行了标定，并对比分析。

干孔声波探头测试钢管 V_p 值（m/s）测试状态：模拟三峡右岸地下电站松弛带声波检测时的工作参数，将钢管预置25m高，并倒置，干孔，孔径70mm，充水加压后检测。

普通声波探头测试钢管 V_p 值（m/s）测试状态：将钢管内充水后检测。

如表9-1所示，标定测试数据对比表明：钢管内分别在有水时采用声波探头测试和无水时利用干孔测试系统，检测结果一致。干孔测试系统工作状态稳定，采集声波波形完整，首波清晰，重复测试满足物探规程要求。

表9-1 干孔声波测试系统与普通声波探头测试系统测试数据

工作状态 测点	干孔声波探头测试 V_p 值/(m/s)	普通声波探头测试 V_p 值/(m/s)	相对误差/%
1	5420	5435	0.28
2	5420	5435	0.28
3	5510	5435	1.37
V_p 均值	5450	5435	0.28

9.3.2 现场测试数据对比分析

在施工现场随机选取钻孔作对比试验，钻孔位于三峡右岸地下电站主厂房1#机坑。测试数据如表9-2

所示。

表 9-2   三峡右岸电站主厂房 1#机坑钻孔声波对比试验

普通声波探头测试		干孔声波探头测试		相对误差/%
孔深/m	波速/(m/s)	孔深/m	波速/(m/s)	
3.0	5556	3.0	5405	2.76
2.8	5714	2.8	5556	2.80
2.6	5405	2.6	5405	0.00
2.4	5714	2.4	5714	0.00
2.2	5556	2.2	5556	0.00
2.0	5405	2.0	5405	0.00
1.8	5263	1.8	5263	0.00
1.6	5405	1.6	5263	2.66
1.4	5405	1.4	5405	0.00
1.2	5556	1.2	5556	0.00
1.0	5263	1.0	5405	2.66
0.8	5128	0.8	5128	0.00
0.6	5263	0.6	5263	0.00
0.4	5128	0.4	5000	2.53
V_p均值	5412		5380	0.58

现场测试数据表明：钻孔内分别在有水时采用声波探头测试和无水时利用干孔测试系统，测试数据的相对误差在3%以内。干孔测试系统工作状态稳定，采集声波波形完整，首波清晰，重复测试满足物探规程要求。

此外，在各类开挖环境、地质条件下的干孔均使用了干孔声波检测技术进行了测试，通过数据分析与处理，验证其与在含水孔中声波检测效果是一致的。

9.3.3   现场测试波形实例

利用干孔声波检测技术对三峡工程右岸地下电站主厂房及尾水洞顶拱锚杆孔进行测试，其中，锚杆孔深9m（主厂房）或5.5m（尾水洞）、孔径66mm、孔口距地面12m，测试波形如图9-9～图9-17所示。检测的声波波形共同特征：首波清晰、起跳干脆，波形完整，有利于后期资料处理。依据干孔声波检测结果，对洞室围岩松弛带划分数据与现场其他监测结果吻合。

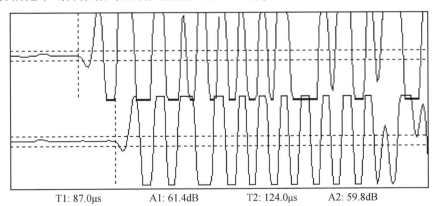

T1: 87.0μs   A1: 61.4dB   T2: 124.0μs   A2: 59.8dB

图 9-9   右岸地下电站 2#尾水洞洞深 0+93m 断面顶拱锚杆孔（测试孔深 5.5m）

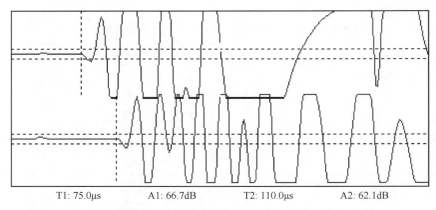

T1: 75.0μs   A1: 66.7dB   T2: 110.0μs   A2: 62.1dB

图 9-10　右岸地下电站 2#尾水洞洞深 0+93m 断面顶孔（测试孔深 1.4m）

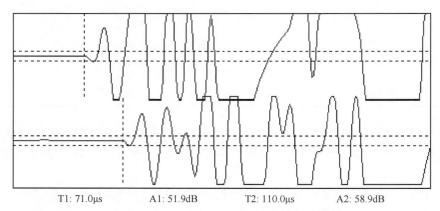

T1: 71.0μs   A1: 51.9dB   T2: 110.0μs   A2: 58.9dB

图 9-11　右岸地下电站 2#尾水洞洞深 0+93m 断面顶孔（测试孔深 0.4m）

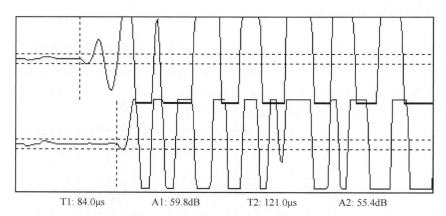

T1: 84.0μs   A1: 59.8dB   T2: 121.0μs   A2: 55.4dB

图 9-12　右岸地下电站主厂房洞深 0+45m 断面顶孔（测试孔深 9m）

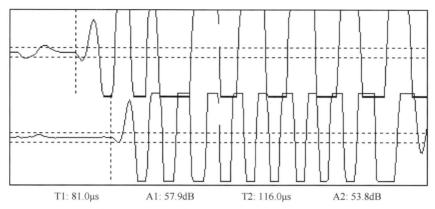

T1: 81.0μs　　　　A1: 57.9dB　　　　T2: 116.0μs　　　　A2: 53.8dB

图 9-13　右岸地下电站主厂房洞深 0+45m 断面顶孔 （测试孔深 0.5m）

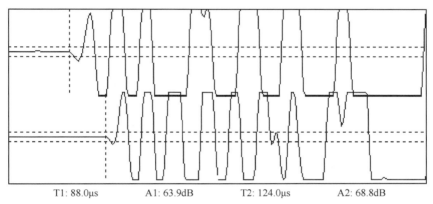

T1: 88.0μs　　　　A1: 63.9dB　　　　T2: 124.0μs　　　　A2: 68.8dB

图 9-14　右岸地下电站主厂房洞深 0+207m 断面顶孔 （测试孔深 8.5m）

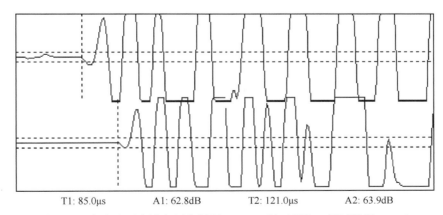

T1: 85.0μs　　　　A1: 62.8dB　　　　T2: 121.0μs　　　　A2: 63.9dB

图 9-15　右岸地下电站主厂房洞深 0+207m 断面顶孔 （测试孔深 0.5m）

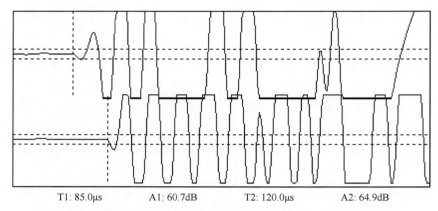

T1: 85.0μs   A1: 60.7dB   T2: 120.0μs   A2: 64.9dB

图 9-16　右岸地下电站主厂房洞深 0+113m 断面顶孔（测试孔深 9m）

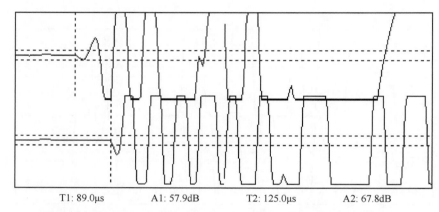

T1: 89.0μs   A1: 57.9dB   T2: 125.0μs   A2: 67.8dB

图 9-17　右岸地下电站主厂房洞深 0+113m 断面顶孔（测试孔深 0.4m）

第10章 锚杆锚固质量检测技术

近现代人类为改造自然、与自然和谐相处所进行的大规模土建工程中，锚杆锚固技术作为各类地下工程及边坡护理的主要手段，已在铁路、交通和水利水电建设等工程施工中得到广泛应用。由于锚杆加固技术不仅可以合理地调动岩体的自身强度和自承能力，改善岩体的应力状态，从而提高岩土结构的稳定性，而且具有施工简便、成本低廉、安全迅速等优点，因此受到矿业和岩土工程界的关注，并且十分迅速地得到大范围的推广应用。

锚杆是一种高度受力的构件，锚固系统一旦失事，往往给岩土工程带来不可估量的损失。因此，需要检查它是否按设计预期的功能起作用。工程界过去常用的方法为"拉拔"试验，此法虽然具有直观可靠的优点，但仍属于有损检测，经拉拔的锚杆因产生较大变形位移而多数失去锚固力。也就是说，"拉拔"试验只限于抽查，而且工作量较大、操作不方便，既费工时又不经济。有关试验证明，当锚固长度达到锚杆直径的42倍时，握裹力不再随锚杆长度的增加而增加，因此仅用抗拔力来检验施工质量，不具有代表性。因此，对锚杆锚固质量和运行状况的快速、无损检测始终是工程物理探测领域的重要研究内容。

本章基于李张明（2007）博士学位论文，在声波反射检测法的原理和检测技术方法基础上，研制一种三个分量信号的锚杆检测三分量传感器固定装置；探讨锚杆围岩系统瞬态激励响应的数学模型并给出其波动方程的数值解法；推演表征锚杆反射波的时频域的特征方程；研究锚杆声波检测反射的机理和反射波的时频域分析和信号的拟合方法，完善声波分析法的理论基础；为实现智能化的检测，对采集到的声波反射波进行小波分解并分析各小波频段的缺陷信息状况；利用小波变换这一分析信号的强有力的工具，研究了反射波形的时频域特性；小波变换可以将信号分解在不同的尺度上，每个尺度上的信号的频率集中在一个频带内，将小波变换多尺度分解的结果作为表征声波反射信号的特征量；将小波分解后的各频段波形进行波形全息信息分析的分形维数计算。

10.1 锚杆锚固质量检测研究现状

针对锚杆锚固质量无损检测技术的研究已引起国内外相关学者的广泛关注（刘盛东和张平松，2004）。现行的理论研究工作基本上都是借鉴"小应变动力测桩技术"的理论（雷林源和杨长特，1992；刘东甲，2000；王靖涛，1999；陈冬贵，2004）。即将锚杆视作一维弹性杆状体建立数学模型，考虑到激振力产生的纵波波长比锚杆半径大得多，因而忽略系统的横向位移，通过求解包含激振震源作用在内的纵向一维波动方程的解，获得锚杆系统的动力响应（王成等，2000；许明等，2003；许明和张永兴，2003；杨湖和王成，2003）。对于锚固介质和围岩的影响，现有的理论大都将其考虑成一个在纵方向上存在的黏滞摩擦阻力。关于锚杆锚固体系一维问题的研究，目前大多数学者把主要的研究精力都集中在如何更加合理地处理边界条件或寻求更精确的算法等方面。如2000年王成等将锚杆在岩体中的一端的边界条件按非线性情况考虑，用摄动法求解线性波动方程，得到了锚杆体系的动力学方程的近似解（王成等，2000）；2002年杨湖等利用等效模型的思想将围岩对锚杆的作用简化为一个线性弹簧和一个与速度有关的阻尼器，建立起锚杆围岩系统在瞬态激振下的一维阻尼波动方程，并求出了该方程在不同边界条件下的解析解（杨湖和王成，2002）；2003年许明等通过将非齐次边界条件齐次化的方法，推导了一维非齐次波动方程在有界域情况下的解析解，同时也用有限元数值方法进行了计算（许明和张永兴，2003）。总之，目前锚杆质量声波检测的理论研究工作基本可以归结为一维非齐次阻尼波动方程在不同边界条件和初始条件下的求解。将锚杆锚固质量检测问题视为一维问题处理，其实质是只考虑波在锚杆中的纵向传播，而忽略了锚杆以外介质的影响。另外，有人认为，锚杆是一个柱状多层体系下的弹性动力学问题，但研究方法较为复杂，研究成果也不多见诸文献（郭余峰和陈春雷，1996；陈春雷，1996）。

而实际上，锚杆锚固系统的波传播问题是一个三维问题，其波动方程的求解十分复杂。即使不考虑锚固端的影响和锚杆长度有限等问题，也很难得到柱状三层固体介质条件下波动方程解析解。也许，这一问题可以借助声波测井技术。声波测井理论研究涉及柱状多层介质体系的声场计算问题，但与锚杆体系不同，声波测井涉及的柱状多层介质的中心是流体，而锚杆体系的中心是固体。众所周知，固体中的波传播现象比液体要复杂得多。因此，与声波测井理论问题相比，锚杆锚固质量声波反射检测的理论问题要复杂得多（Zhang et al., 1996；马俊和王克协，1998；Rao and Vandiver，1999；章成广等，1999；Liu and Sinha；2000；Li et al., 2001；鲁来玉和王文，2001；张碧星和鲁来玉，2002；刘继生和王克协，2000；李整林和杜光开，2001；Wang et al., 2000）。

在检测技术方面，20 世纪 80 年代中，瑞典曾推出超声波反射法检测砂浆锚杆锚固状态的商品化检测仪器，但超声波衰减大且激发条件苛刻又不能做出定量化评价，故现场不适用；80 年代末，国内铁科院与地矿部技术方法研究所协助研制出声波反射波检测仪并进行了技术鉴定（但未得到实际应用）；90 年代末，淮南矿业学院、北京理工大学、大连理工大学等单位先后开展了锚杆锚固质量无损检测方法研究，淮南矿业学院还研究了锚杆锚固质量的声波法和精确测定锚固力的无损拉拔试验，取得了一些研究成果（Beard and Lowe，2003；Wang et al., 2001；汪明武和王鹤龄，2003；王富春等，2002；朱国维等，2003；彭斌等，2003；陈长征等，2001；刘盛东和张平松，2004；雷林源和杨长特，1992；刘东甲，2000；王靖涛，1999）。长江地球物理探测（武汉）有限公司是国内最早开展锚杆仪器系统研制、分析软件研发的单位之一，在 21 世纪初，研发了超磁致伸缩震源系统、端头接收系统等专利技术，领先推出 LX-10E 锚杆仪及配套软件，并以三峡工程为背景，在国内首次开展了大规模锚杆实物模型试验。

纵观国内外锚杆无损检测技术研究现状，大都借鉴桩基检测的方法，借助计算机这一强大的分析运算工具，基于一维波动理论和结构动力学原理，通过实验室内大量研究工作，尝试在实验的基础上找到一种检测锚杆锚固质量与工作状态的快速无损动态检测方法。成熟的方法集中在研究在锚杆顶端施加一瞬态冲击载荷，由装设在锚杆顶端的传感器接受反射信号，通过对反射波信号进行时、频域分析，获得锚杆有效锚固长度、锚固质量、砂浆密实度等参数的方法。

10.2 锚 杆 分 类

锚杆是将拉力传递到稳定岩土体锚固体系，它通常包括杆体、注浆体、锚具、套管和可能使用的连接器。锚杆类型的划分有多种，工程上常用的锚杆分类主要按锚杆结构或按锚固方式。

10.2.1 技术标准中的锚杆分类

根据国标，锚杆分类如表 10-1 所示。

表 10-1 锚杆分类表

序号	分类依据	锚杆类型	备注
1	预应力锚杆	拉力型与压力型预应力锚杆、压力分散与拉力分散型锚杆、可拆芯式锚杆、树脂卷锚杆与快硬水泥卷锚杆、涨壳中空注浆锚杆、摩擦型锚杆	资料来源：《岩土锚固与喷射混凝土支护工程技术规范》GB 50086—2011
2	非预应力锚杆	普通水泥砂浆锚杆、自钻式中空锚杆、普通中空锚杆	

预应力锚杆能将张拉力传递到稳定的或适宜的岩土体中的一种受拉杆件（体系），一般由锚头、杆体自由段和杆体锚固段组成；非预应力锚杆为安设于岩土体中的全长黏结型锚杆，用于增加岩土体稳定性，它由锚杆杆体、注浆体和孔周围岩组成的复合体。

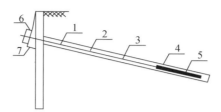

图 10-1　拉力型预应力锚杆简图
1 杆体；2 自由段；3 隔离套管；4 钻孔；5 锚固段；6 锚具；7 台座

图 10-2　某工程地下洞室围岩锚杆支护工程形象图

10.2.2　水工特殊锚杆

水工锚杆考虑结构混凝土与围岩联合受力的需要，锚杆杆体设计方面采取了很多特殊型式：①长外露段，锚杆外露端头长达 1~1.5m，岩锚梁受拉锚杆外露端头可达 2.3m；②外露端头带直角弯钩；③外露与孔口结合部设自由段等。

这些特殊锚杆锚固型式（如外露端过长、带弯头等），现有检测系统获取的无损检测数值与实际值还存在一定的偏差。需要通过实物模型试验对偏差值予以确定。

10.3　锚杆锚固质量声波反射法检测原理

10.3.1　锚固系统声波反射法检测的基本原理

声波反射波法是利用由实测波形通过时域、频谱、能量衰减分析锚杆锚固系统中的声波反射信息，来评价锚杆施工质量，具有易操作、快速、非破损性和高精度等优点，是近段时间以来一种先进、有效的检测锚杆锚固质量的新方法。

根据声波反射原理，在杆中截面面积或材料性质发生变化时，入射波将在该截面上发生反射和透射。其反射波和透射波幅值的大小与截面面积和波阻抗相对变化的程度有关。当锚杆、砂浆和围岩浇灌均匀、密实时，由于三者之间的波阻抗差异不大，因此有大部分能量透射出去，只有少部分能量反射回来。当砂浆浇灌不均匀、不密实时，则在砂浆中的空隙处呈现出强的波阻抗差异，表现为在原有的信号波形上迭加了一个反射波信号，反射波能量大大增强。通过分析反射波与入射波之间的能量关系，可以判断出锚杆、锚固体系的密实程度。同时，当应力波遇到锚固缺陷时，原有的振动发生变化，表现为在缺陷处产生了相位突变，因此可以通过分析反射波的相位变化位置判断出锚固缺陷的位置。

图 10-3 表示的是一般的锚固系统示意图。锚杆通常由锚头、自由锚杆段和固定锚杆段三部分组成。锚头位于锚杆的外露端，通过它最终实现对锚杆施加预应力，并将锚固力传给结构物。自由锚杆段即锚杆固定段顶端以上至结构物间的锚杆部分，其上没有拉力传递至周围围岩土层，这可通过在锚杆周围安置无摩擦的套管实现。这些导管也起着防止锚杆自由段腐蚀的作用。通常利用自由锚杆段弹性变形的特性，在锚固过程中对锚杆施加预应力。固定锚杆段即离结构物最远的锚杆部分，通过该段将所承受拉力传递给周围土层。固定锚杆（锚固体）长度通常由锚杆极限锚固力、锚杆设计轴向拉力、安全系数、锚固体结构尺寸以及锚固体表面与周围岩土体间的黏结强度等因素确定。

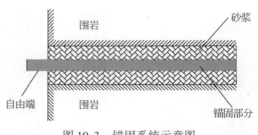

图 10-3　锚固系统示意图

锚杆锚固系统可近似地转化为由锚杆和锚固介质形成的一弹性直杆在有阻尼的围岩中的纵向振动模型来研究。声波反射法检测锚固系统的基本原理是在锚杆顶部作纵向激振，声波沿锚杆轴向以声波的形式向锚杆底传播。当波在均匀介质中传播时，波的传播速度、幅度和类型均保持不变；但当波在不均匀介质（锚杆本身或锚固介质及围岩发生断裂、离析、扩张、裂隙、紧固等存在明显的波阻抗差异的界面）中传播时，它将产生反射、透射或散射现象，波的强度将发生突变，导致扰动能量重新分配，一部分能量穿过界面向前传播，另一部分能量反射回原介质被安装在锚杆端部的传感器接收。

由于反射波携带锚杆体内的信息，通过对反射波内所含的信息进行分析计算，就可以对锚杆的锚固质量进行分析评价。

声波法检测锚固系统的技术方法就是用高频（或低频）超磁致伸缩震源或力锤在锚杆自由端施加脉冲波，在自由端靠近锚固面处放置传感器接收波形（这里我们只研究沿锚杆轴向传播的纵波），然后对波形图进行分析处理得出锚杆长度、缺陷位置并进行锚固质量评价的方法。根据上面的分析，我们首先将围岩和灌浆对锚杆的影响看成是一种耦合在锚杆上的负载，这样就可以将锚杆–灌浆–围岩体系内三者之间的复杂作用看成是锚杆本身参数的改变（主要体现为广义波阻抗的变化），这种参数改变导致波在锚杆中传播特点的变化。

图 10-4 是锚杆锚固质量无损检测现场测试框图，其原理为：在锚杆端面上，由发射换能器入射一瞬时脉冲，由接收换能器接收反射信号再传到仪器。如前所述，通过分析反射波的相位变化位置判断出锚固缺陷的位置。

实际检测中，信号的接收条件决定了检测效果的好坏（这一点往往被忽视），为此我们研制了锚杆检测三分量传感器固定装置。

10.3.2　锚杆检测三分量传感器固定装置

声波无损检测现场观测系统主要是在锚杆外端安装拾震器（接受换能器或传感器），在端部施加激震

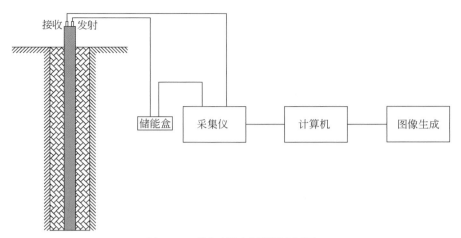

图 10-4　锚杆锚固质量测试框图

力，便会在锚杆系统产生声波，该声波将携带锚杆系统的信息返回，被锚杆外端拾震器接收，由检测仪器按振动波形的形式记录下来，被记录的信号即分析评价锚杆质量的基本资料，最后经资料分析处理达到评价锚杆质量的目的。由于目前声波无损检测现场观测系统和检测装置（特别是激发震源和接收换能器）不能满足检测要求，如观测重复性不好、激发震源能量不稳定等。

锚杆无损检测中决定成果精度的主要因素包括检测仪器的精度、接收传感器的可靠性、成果解译的准确性，而这三者之间往往是脱节的。仪器制造商只注重仪器的稳定性和精度，对后两项一般不去考虑；检测单位注重的是解译成果，研究各种更准确分析处理方法；锚杆检测用传感器一般都是检测单位根据要求自行配置，品种样式众多，没有统一标准。因此，决定成果精度的主要因素之一的接收传感器的可靠性被忽略，这可能也是造成锚杆无损检测检测成果与实际情况不符的主要原因。

传感器的性能决定了锚杆质量无损检测成果的精度和可靠性，长江地球物理探测（武汉）有限公司根据锚杆检测的实际情况，研制了一种专用传感器，提供一种既能解决检测信号重复性不好的问题，又能一次检测三个分量信号的锚杆检测三分量传感器固定装置，提高了检测信号的可信度，以克服上述的不足。

为了实现上述目的，本装置由固定装置、传感器及手动螺杆构成，其特点是：传感器固定在固定装置上，固定装置套在锚杆头上，固定装置与锚杆头之间通过手动螺杆加固；

该固定装置上有一个螺纹卡孔，手动螺杆旋过螺纹卡孔后，其手动螺杆头可顶在锚杆上；该固定装置上的传感器至少两个，实物安装三个传感器（三个分量）。

本装置采用夹紧装置，将传感器固紧在锚杆端部，克服老式单分量传感器手扶或其他方式固定在锚杆头造成检测波形重复性差的缺点，且同时获得三分量检测的信号，易于信号分析，使锚杆锚固质量的判别更有效、更可靠。图 10-5 为本实用新型固定装置的结构示意图，图 10-6 为本实用新型固定装置的剖面图，图 10-7 为锚杆检测三分量传感器固定装置实物照片。

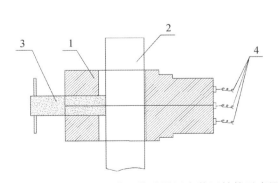

图 10-5　锚杆检测三分量传感器固定装置结构示意图

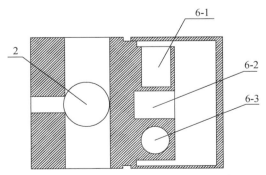

图 10-6　锚杆检测三分量传感器固定装置剖面图

图 10-7　锚杆检测三分量传感器固定装置实物照片

结合图 10-5 和图 10-6 进一步说明本实用新型固定装置。本装置采用将三分量传感器 6-1、6-2 和 6-3 固定在夹紧装置 1 中，夹紧装置 1 套在锚杆头 2 上，并用安装在夹紧装置 1 上的手动螺杆 3 将其与锚杆固紧，坚实牢固。夹紧装置 1 引出的三个信号接线头 4 与外置的仪器相连接，在锚杆头 2 激振（采用捶击或超磁震源），由外置的仪器接受由三个信号接线头 4 传出的信号。传感器可采用动圈式短余振传感器、压电式短余振换能器或加速度传感器，或者是三者之组合。

该锚杆检测三分量传感器固定装置已获国家实用新型专利（专利号 200320116138.5，授权公告号 CN 2658752Y），经三峡工程和构皮滩水电站工程实际应用，证明该传感器具有灵敏度高、频带范围宽、线性动态范围大的特点，使用方便，采集的波形稳定，大大提高了检测成果的精度。

10.3.3　锚杆锚固系中的固结波速

固结波速是指激发应力波通过锚杆、锚固剂和围岩共同组成的锚杆锚固段时的速度，它是评价锚杆锚固质量的重要参数。锚杆锚固体系中的固结波速，与锚杆注浆饱满度相关，通过试验证明固结波速值介入锚杆波速值与固结介质波速值之间。本文所研究的固结波速为纵波波速。

理论分析时，截取一段锚杆的锚固段，并假定杆体与锚固介质的界面有足够的黏结强度。数值模拟锚杆的自由端施加一脉冲激励，根据 St. Venant 原理，在杆体内将有一稳定的弹性应力波向前传播，如图 10-8 所示。

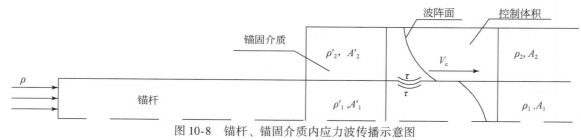

图 10-8　锚杆、锚固介质内应力波传播示意图

图 10-8 中 ρ_1、ρ_2 分别为波前锚杆和锚固介质的密度，ρ'_1、ρ'_2 分别为波后锚杆介质密度和锚固介质密度；V_c 为应力波传播速度；A_1、A_2 分别为波前锚杆和锚固介质的截面面积；A'_1、A'_2 分别为波后锚杆横截面积和锚固体横截面积。在小应变的情况下，应力波在锚固剂—锚杆体系中传播时，锚固剂和锚杆的界面在波阵面随后的区域中发生畸变，且沿弯曲表面有动态剪应力 τ 存在。根据杆体和锚固介质的稳态连续条件和控制体积的动量方程，并考虑锚固体的约束条件，可得固结波速 V_0 为

$$V_0^2 = \frac{A_1 C_1 + A_2 C_2}{A_1 \rho_1 + A_2 \rho_2} \tag{10-1}$$

其中，C_1，C_2，分别为锚固剂与锚杆在锚固状态下的折算刚度，与锚固剂、锚杆之间的黏结强度有关。在式（10-1）中令 $\alpha = A_1/A_2$，当 $\alpha \to 0$，即以 $A_2 \gg A_1$ 时，有 $V_0 = V_1$，即固结波速等于锚固介质的波速；若 $\alpha \to \infty$，即 $A_1 \gg A_2$ 时，$V_0 = V_2$，即固结波速为锚杆杆体的波速。在锚固体内固结波速介于锚杆杆体与锚固介质的波速之间，即 $V_2 < V_0 < V_1$。固结波速和锚杆杆体与锚固剂的黏结强度有关。锚固质量越好，黏结强

度越高，固结波速越接近锚固介质的波速；锚固质量越差或者完全没有黏结的锚杆，其锚固波速接近或等于锚杆波速。通过固结波速分析，可以判断锚杆注浆饱满度状态。

图 10-9、图 10-10 为土建工程现场实测锚杆成果图。其中，图 10-9 中反映的固结波速为 5100m/s，接近锚杆体波速，结合其他检测参数综合判断为 IV 级锚杆；图 10-10 中反映的固结波速为 4400m/s，接近锚固体波速，结合其他检测参数综合判断为 I 级锚杆。

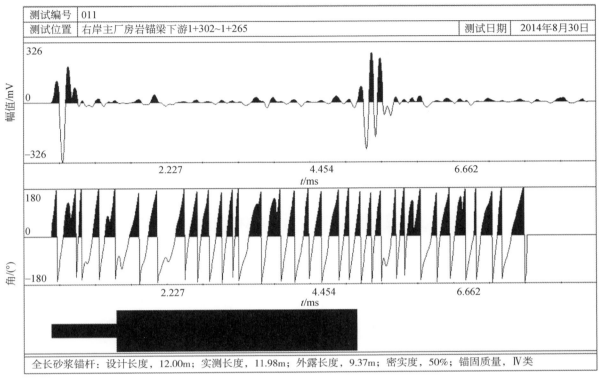

图 10-9　实测锚杆成果图（IV 级锚杆）

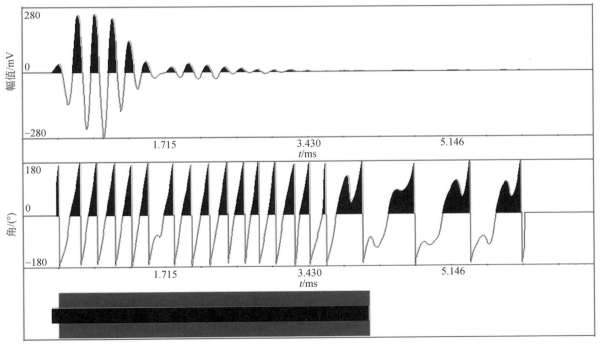

图 10-10　实测锚杆成果图（I 级锚杆）

固结波速随锚固介质强度的变化是由锚杆中的 P 波以及锚杆和锚固介质界面处产生的界面波此消彼长而引起的，初期固结波速随锚固强度增加而下降是由于 P 波能量侧向泄露随着锚固介质强度的增加而增大造成的，后期固结波速随锚固强度增加而上升是由于界面波的波速随锚固介质强度的增加而增加造成的。通过对锚固段端头反射和底端反射的准确识别就可以计算固结波速，从而定量评价锚杆锚固质量。

10.3.4　锚杆系统工程常用无损检测评价体系

根据锚杆无损检测规范，锚杆系统工程常用无损检测评价体系包括：锚杆长度评价、锚杆缺陷位置判断、锚杆注浆饱满度评价等。

锚杆无损检测资料的分析以时域分析为主，辅以频域分析，并结合施工记录、地质条件和波形特征等因素进行综合分析判定。

1. 杆体波速和杆系波速平均值的确定

检测工程所用材质和规格的锚杆杆体波速按式（10-2）计算平均值

$$C_{bm} = \frac{1}{n} \sum_{i=1}^{n} C_{bi} \tag{10-2}$$

$$C_{bi} = \frac{2L'_r}{\Delta t_e} \tag{10-3}$$

或
$$C_{bi} = 2L'_r \times \Delta f \tag{10-4}$$

其中，C_{bm} 为同类锚杆的杆体波速平均值（m/s）；n 为参加波速平均值统计的模拟锚杆试验的锚杆数量（$n \geq 5$）；C_{bi} 为第 i 根试验杆的杆体波速实测值，且 $|C_{bi} - C_{bm}|/C_{bm} \leq 5\%$（m/s）$L'_r$ 为接收传感器至锚杆杆体底端距离，端收则为锚杆的实测长度（m）；Δt_e 为杆底反射波旅行时间（s）；Δf 为杆底相邻谐振峰之间的频差，Hz。

选取不少于 3 根注浆饱满度大于 90% 的相同材质和规格同类型锚杆的杆系波速值按式（10-5）计算平均值

$$C_{tm} = \frac{1}{n} \sum_{i=1}^{n} C_{ti} \tag{10-5}$$

$$C_{ti} = \frac{2L'_r}{\Delta t_e} \tag{10-6}$$

或

$$C_{ti} = 2L'_r \times \Delta f \tag{10-7}$$

其中，C_{ti} 为第 i 根试验锚杆的杆系波速实测值，且 $|C_{ti} - C_{tm}|/C_{tm} \leq 5\%$（m/s）。

波速指标与传播介质的波阻抗直接相关，锚杆是钢筋与胶凝材料（砂浆、水泥纯浆、锚固剂等）两种介质的组合体。不同规格的锚杆，钢筋与砂浆所占的权重各不相同，其波速指标也不尽相同，钢筋所占比例越大，锚杆波速越高。

2. 锚杆长度计算

计算锚杆长度时，杆底反射谐振信号的识别以杆底谐振峰排列基本等间距，其相邻频差的相对误差不大于 5% 为依据，杆底反射时间差采用多个杆底谐振峰的平均值计算。

锚杆长度按式（10-8）计算

$$L = L'_0 + L'_r \tag{10-8}$$

$$L'_r = \frac{1}{2} \times C_m \times \Delta t_e \tag{10-9}$$

或

$$L'_r = \frac{1}{2} \times \frac{C_m}{\Delta f} \tag{10-10}$$

其中，L'_0 为接收传感器至锚杆外露自由端距离，端收则为 0（m）；C_m 为同类锚杆的平均波速（m/s）。

3. 缺陷判断及缺陷位置计算

计算缺陷位置时，缺陷反射谐振信号的识别以谐振峰排列基本等间距为依据，时域缺陷反射波信号到达时间应小于杆底反射时间，频域缺陷频差值大于杆底频差值。若缺陷界面的波阻抗差值为正，则缺陷反射波信号的相位与杆端入射波信号反相，二次反射信号的相位与入射波信号同相，依次交替出现；若缺陷界面的波阻抗差值为负，则各次缺陷反射波信号均与杆端入射波同相。缺陷位置按式（10-11）计算

$$x = \frac{1}{2} \times \Delta t_x \times C_m \tag{10-11}$$

或

$$x = \frac{1}{2} \times \frac{C_m}{\Delta f_x} \tag{10-12}$$

其中，x 为接收传感器至缺陷界面的距离（m）；Δt_x 为缺陷反射波旅行时间（s）；Δf_x 为缺陷相邻谐振峰之间的频差（Hz）。

值得注意的是，锚杆中的第一缺陷在应力波的反射曲线上一般都可识别，而存在两个及以上缺陷时，第二、三缺陷反射的强弱，要视第一缺陷反射的影响。锚杆中缺陷反射强烈时，往往会影响到杆底反射的识别，使其较难分辨。

锚杆存在单处缺陷时，以该缺陷终点界面减去起点界面的距离作为该缺陷长度；存在多处缺陷时，则把缺陷累计长度作为锚杆缺陷段总长度。

4. 锚杆饱满度定性评价

锚杆饱满度可参照模拟锚杆图谱进行定性评价，即将被检测锚杆的检测波形与模拟锚杆试验样品进行比对，并结合锚杆饱满度波形特征（定性）评判标准以及施工资料、地质条件综合判定。一般分成 I（优秀）、II（良好）、III（合格）、IV（不合格），评判标准见表 10-2。

表 10-2　锚杆饱满度波形特征（定性）评判标准

类别	波形特征	时域信号特征	幅频信号特征	饱满度范围
I	波形规则，呈指数快速衰减，持续时间短	$2L'_r/C_m$ 时刻前无缺陷反射波，杆底反射波信号微弱或没有	呈单峰形态，或可见微弱的杆底谐振峰，其相邻频差 $\Delta f \approx C_m/(2L'_r)$	$D \geqslant 90\%$
II	波形较规则，呈较快速衰减，持续时间较短	$2L'_r/C_m$ 时刻前有缺陷反射波，或杆底反射波信号较明显	呈单峰或不对称的双峰形态，或可见较弱的谐振峰，其相邻频差 $\Delta f \geqslant C_m/(2L'_r)$	$80\% \leqslant D < 90\%$
III	波形欠规则，呈逐步衰减或间歇衰减趋势形态，持续时间较长	$2L'_r/C_m$ 时刻前可见明显的缺陷反射或清晰的杆底反射波，但无杆底多次反射波	呈不对称多峰形态，可见谐振峰，其相邻频差 $\Delta f \geqslant C_m/(2L'_r)$	$75\% \leqslant D < 80\%$
IV	波形不规则，呈慢速衰减或间歇增强后衰减形态，持续时间长	$2L'_r/C_m$ 时刻前可见明显缺陷反射波及多次反射波，或清晰的、多次杆底反射波信号	呈多峰形态，杆底谐振峰明显、连续，或相邻频差 $\Delta f C_m/(2L'_r)$	$D < 75\%$

注：波形规则、无底部反射波的情况是由于锚杆锚固段波阻抗与锚固岩体波阻抗相近而导致检测信号无杆底反射波。

5. 锚杆饱满度定量评价

锚杆饱满度进行定量评价时，可用有效长度法计算锚杆饱满度

$$D = 100\% \times (L_r - L_x)/L_r \tag{10-13}$$

其中，D 为锚杆饱满度；L_r 为锚杆设计锚固段长度（m）；L_x 为锚杆缺陷段累计长度（m）。

除孔口段缺浆而深部密实外，也可依据反射波能量法计算锚杆饱满度

$$D = (1 - \beta \times \eta) \times 100\% \tag{10-14}$$

$$\eta = E_r/E_0 \tag{10-15}$$

$$E_r = (E_s - E_0) \tag{10-16}$$

其中，β 为锚杆声波波动能量修正系数；η 为锚杆声波波动能量反射系数；E_r 为锚杆反射波波动总能量（N·m）；E_0 为锚杆入射波波动总能量（N·m）；E_s 为锚杆波动总能量（N·m）。

10.4　锚杆−围岩系统瞬态响应的数学模型

锚杆锚固质量无损检测应力波法是基于一维杆件的波动理论。借助桩基检测理论（罗骐先，2003；王奎华，2002；沈永欢等，1992）将围岩对锚杆的作用简化为一个线性弹簧和一个与速度有关的阻尼器，并且求出锚杆围岩系统动力学方程在不同边界条件下的解析解。这一理论分析为锚杆锚固质量无损检测方法的发展和提高锚杆锚固质量动测技术的准确性提供了新的方法。我们将锚杆−锚固介质−围岩系统视为锚固系统来进行动力学特性研究，在分析系统的动力响应时，将锚杆锚入岩土中的一端的边界条件考虑为非线性的，而将锚杆的波动方程看作是线性的。首先将解设为小参数的幂级数，对波动方程和初边值条件进行摄动展开，利用偏微分方程里的齐次化原理求出锚杆−锚固介质−围岩系统动力学方程的近似解析解。

10.4.1　锚杆的一维纵振动模型的方程

纵观锚杆锚固质量动测技术的研究历史（刘海峰，2000），可以看出，其重点是研究锚杆在不同荷载下的振动特性及纵波的传播规律，在此基础上找出描述锚杆锚固质量的主要参数，并使其解译数字化、程序化，达到科学评价锚固质量的目的。

关于锚杆的一维纵振动模型的方程，可见有如下类型在文献中被涉及

$$E_1: \frac{\partial^2 u}{\partial x^2} = \frac{1}{V_c^2}\frac{\partial^2 u}{\partial t^2} \tag{10-17}$$

其中，$V_c = \sqrt{\dfrac{E}{\rho}}$ 或 $\dfrac{\partial^2 u}{\partial t^2} = a^2\dfrac{\partial^2 u}{\partial x^2}$，$a = \sqrt{\dfrac{E}{\rho}}$。

此方程实为当 $E(x)$、$\rho(x)$ 都是常数时由 E_2 导出的形式（刘海峰和杨维武，2007），声波反射法以此作为基础

$$E_2: \frac{\partial}{\partial x}\left[E(x)\frac{\partial u}{\partial x}\right] = \rho(x)\frac{\partial^2 u}{\partial t^2} \tag{10-18}$$

其中，$E(x)$ 和 $\rho(x)$ 分别表示与深度 x 有关的弹性模量和密度函数，通过等效转换的概念，结合参数辨识方法，可用于锚杆−围岩系统的一种一维波动方程模型。通过对 $E(x)$ 和 $\rho(x)$ 的辨识，可以判断锚杆锚固的质量，见 E_8 后面的叙述。这里是一种一维近似

$$E_3: \rho A\frac{\partial^2 u}{\partial t^2} = EA\frac{\partial^2 u}{\partial x^2} + D\frac{\partial^3 u}{\partial x^2 \partial t} \tag{10-19}$$

其中 D 为结构阻尼系数。文献（王成等，2000）中用此方程结合反映介质刚度和阻尼的非线性边界

条件，利用齐次化原理和奇异摄动方法研究锚杆–介质–围岩系统，得出近似解析解。从我们的研究将看到 D 对高频成分的衰减性作用很大。根据等效性，这种带结构阻尼模型和文献（杨湖和王成，2002）中带刚性和黏滞性阻尼的模型对于锚杆–围岩系统的研究也许有异曲同工之妙（但需要比较研究），后者即 E_4（杨湖和王成 2002）

$$E_4 : \frac{\partial^2 u}{\partial x^2} - \frac{1}{V_c^2} \frac{\partial^2 u}{\partial t^2} - \frac{ku}{AE} - \frac{c}{AE} \frac{\partial u}{\partial t} = 0 \tag{10-20}$$

或

$$A\rho \frac{\partial^2 u}{\partial t^2} = AE \frac{\partial^2 u}{\partial x^2} - c \frac{\partial u}{\partial t} - ku \tag{10-21}$$

其中，k 为作用在杆侧单位深度介质上的等效刚度系数，c 为作用在杆侧单位深度介质上的等效阻尼系数，这一模型有进一步的推广（王奎华，2002），可以作为对于介质刚性及阻尼与深度有关情况的一种处理。我们将在参数辨识法和奇异摄动法的研究中做出不同的处理，前者切合实际应用，后者适合近似解析解的求取

$$E_5 : \frac{\partial^2 u}{\partial t^2} = \frac{E}{\rho} \frac{\partial^2 u}{\partial x^2} - \frac{R}{A\rho} \tag{10-22}$$

这是锚杆纵波控制方程。其中，$R = R(x)$ 表示黏结摩阻力，R 与介质的性质、密实程度、杆侧粗糙度及锚杆施工方法等因素有关，一般为未知，有时假设为 $c \frac{\partial u}{\partial t} + ku$。对于 R 的一种确定方法，实际可用最佳摄动量法解决（许明等，2003）。我们可对 R 赋予不同的意义，当考虑锚固介质的刚性和黏滞阻尼时可在方程右端增加 $-\frac{c}{A\rho} \frac{\partial u}{\partial t} - \frac{k}{A\rho} u$，而将锚杆本身的重力以及锚固作用施于锚杆的固结力等因素，如不忽略，归到函数 $R(x)$ 中去。因此我们以后认为 $R(x)$ 表示"固结力"。

上面各类型方程都可看作下面某一个方程的特例

$$E_6 : \frac{\partial^2 u}{\partial t^2} = a^2 \frac{\partial^2 u}{\partial x^2} + d \frac{\partial^3 u}{\partial x^2 \partial t} - c \frac{\partial u}{\partial t} - ku + r(x) + D(x) \frac{\partial^3 u}{\partial x^2 \partial t} - C(x) \frac{\partial u}{\partial t} - K(x) u \tag{10-23}$$

$$E_7 : \frac{\partial}{\partial x} \left(E(x) \frac{\partial u}{\partial x} \right) = \rho(x) \frac{\partial^2 u}{\partial t^2} + c(x) \frac{\partial u}{\partial t} + k(x) u \tag{10-24}$$

10.4.2　三维非均匀各向同性弹性体波动方程

在无损检测的问题中，三维非均匀各向同性弹性体波动方程（苏超伟，1995）为

$$E_8 : \frac{\partial}{\partial x_i} [\lambda(x) \nabla \cdot u(x, t)] + \sum_{j=1}^{3} \frac{\partial}{\partial x_j} \left[\mu(x) \left(\frac{\partial u_i}{\partial x_j} + \frac{\partial u_j}{\partial x_i} \right) \right] - \rho(x) \frac{\partial^2 u_i}{\partial t^2} = 0, \ i = 1, 2, 3, x \in \Omega, t > 0$$

$$\tag{10-25}$$

其中，$x = (x_1, x_2, x_3)$，$u = (u_1(x, t), u_2(x, t), u_3(x, t)) \equiv u(x, t)$ 为时刻 t 时质点 x 处位置向量函数。可以把锚杆围岩系统近似处理成除上顶面自由外，其余表面都固结于岩石的一个有限长柱体，利用位置向量函数所满足的线性弹性波动方程和柱体顶面可测量的响应来确定反映物体材料特性的体积模量 $\lambda(x)$、剪切模量 $\mu(x)$ 和密度 $\rho(x)$，从而来确定柱体内部缺陷（锚固强度或密实度差）的位置和情况。后续的工作是在此基础上建立评价锚杆锚固质量优劣的程序和评价标准。

10.4.3　一维模型的特征函数

设锚杆长为 l，以 $x=0$ 和 $x=l$ 表示顶端和底端的坐标，下面略去详细推导而直接给出一维模型的几种

不同的边界条件及相应的特征函数（振型函数）。

（1）当顶端自由、底端固定（底端黏结很好且岩石坚固的情形），边界条件为

$$\frac{\partial u}{\partial x}\bigg|_{x=0}=0, \qquad u\big|_{x=l}=0 \tag{10-26}$$

特征函数族为

$$\cos\frac{(2n-1)\pi x}{2l}, \quad n=1, 2, \cdots$$

（2）当顶端和底端皆自由（底端黏结很不好的情形），边界条件为

$$\frac{\partial u}{\partial x}\bigg|_{x=0}=\frac{\partial u}{\partial x}\bigg|_{x=l}=0 \tag{10-27}$$

特征函数族为

$$\cos\frac{n\pi x}{l}, \quad n=1, 2, \cdots$$

（3）当顶端自由，底端弹性支承（底端处介质不密实而锚固较差的情形），边界条件为

$$\frac{\partial u}{\partial x}\bigg|_{x=0}=0, \quad \left(\frac{\partial u}{\partial x}+\frac{k_0}{EA}u\right)\bigg|_{x=l}=0 \tag{10-28}$$

其中，k_0 为底端处介质的等效刚度系数。

特征函数族为

$$\cos\sqrt{\lambda_n}x, \quad n=1, 2, \cdots$$

其中，λ_n 是方程

$$\tan(\sqrt{\lambda}L)=\frac{k_0}{EA\sqrt{\lambda}}$$

的第 n 个正根。

（4）当顶端和底端皆固定（底端黏结很好且顶端被喷射混凝土层固定的情形），边界条件为

$$u\big|_{x=0}=u\big|_{x=l}=0 \tag{10-29}$$

特征函数族为

$$\sin\frac{n\pi x}{l}, \quad n=1, 2, \cdots$$

（5）当顶端自由而底端为非线性弹性支承（王成等，2000），考虑具有结构阻尼的一维波动方程模型时所设的反映锚固介质的刚度和阻尼的非线性特点的边界条件，则边界条件为

$$\frac{\partial u}{\partial x}\bigg|_{x=0}=0$$
$$\left(\frac{\partial u}{\partial x}+\frac{k_1}{EA}u+\frac{k_2}{EA}u^3+\frac{G_1}{EA}\frac{\partial u}{\partial t}+\frac{G_2}{EA}\left(\frac{\partial u}{\partial t}\right)^3\right)\bigg|_{x=l}=0 \tag{10-30}$$

其中，k_1、k_2 为底端处介质的弹性系数，G_1、G_2 为底端处介质的阻尼系数，应用奇异摄动理论，将此非线性边界条件看作线性边界条件

$$\frac{\partial u}{\partial x}\bigg|_{x=0}=0$$
$$\left(\frac{\partial u}{\partial x}+\frac{k_1}{EA}u\right)\bigg|_{x=l}=0$$

的过程中，仍可以应用特征函数族

$$\cos\sqrt{\lambda_n}x, \quad n=1, 2, \cdots$$

其中，λ_n 是方程

$$\tan(\sqrt{\lambda}\,L) = \frac{k_1}{EA\sqrt{\lambda}}$$

的第 n 个正根。

10.4.4　波动方程的求解

方程 E_1、E_3、E_4、E_5，结合边界条件（1）～（4）之一，都可以通过分离变量法求解。当然也可以用数值方法求近似解。对于方程 E_2、E_6、E_7、E_8，以及采用最佳摄动量法等参数辨识法时涉及的方程的求解问题，只能用数值方法解决，具体方法可参见文献（奇林和哈里斯，2004；胡建伟和汤怀民，2001；刘则毅，2001）等，特别是文献（刘则毅，2001：62–71）。

在锚杆顶端的瞬态激励，通过齐次化原理，可转化为如下初始条件

$$\begin{cases} u(x,\,0) = 0 \\ \dfrac{\partial u}{\partial t}(x,\,0) = \dfrac{Q\delta(x)}{A\rho}, \quad 0 \leqslant x \leqslant l \end{cases} \tag{10-31}$$

其中，Q 为 $x=0$ 处的冲击冲量，$\delta(x)$ 为 Dirac 函数，A 为锚杆横截面积，ρ 为锚杆密度。据此，用分离变量法给出几个模型的求解过程。在较为一般的方程中，令某些常数为 0，可得出特殊情况相应的结果，保留这些常数是为了便于分析它们对解的振型、频率以及衰减性等的影响。

1. 顶端自由、底端弹性支承、有阻尼的锚杆瞬态响应模型

现场锚固的锚杆同时承受锚固介质和围岩的多重影响，全长黏结型锚杆尤为如此。以下锚杆瞬态响应模型均基于假设（罗骐先，2003；王奎华，2002；沈永欢等，1992）：

（1）杆侧介质是均匀的；

（2）杆侧介质对锚杆的阻尼作用用一个线性弹簧和一个与速度有关的阻尼器的平衡方式耦合来表现；

（3）锚杆周围介质的剪切应力与深度无关。

1）全长黏结型锚杆单 Voigt 体模型

以锚杆轴线为 x 轴，锚杆头尾的坐标分别为 $x=0$ 和 $x=l$。在微段 $[x,\,x+\mathrm{d}x]$ 剪切应力为

$$\mathrm{d}F = ku\mathrm{d}x + c\frac{\partial u}{\partial t}\mathrm{d}x \tag{10-32}$$

其中，k 为线性弹簧的弹性常数，即作用在单位深度介质上的等效刚度系数，c 为阻尼器的阻尼系数，即作用在单位深度介质上的等效阻尼系数。于是由胡克定律 $\sigma = E\dfrac{\partial u}{\partial x}$ 和牛顿第二定律得出

$$A\frac{\partial \sigma}{\partial x}\mathrm{d}x - \frac{\partial^2 u}{\partial t^2}\rho A\mathrm{d}x - \mathrm{d}F = 0 \tag{10-33}$$

其中，ρ 为锚杆密度，A 为锚杆横截面积，并最终得到锚杆振动的偏微分方程

$$A\rho\frac{\partial^2 u}{\partial t^2} = AE\frac{\partial^2 u}{\partial x^2} - c\frac{\partial u}{\partial t} - ku \tag{10-34}$$

根据瞬态冲击锚杆顶端的激振方式，确定初始条件为式（10-31）

$$u\,|_{t=0} = 0, \quad \frac{\partial u}{\partial t}\bigg|_{t=0} = \frac{Q\delta(x)}{A\rho}$$

其中，$\delta(x)$ 为 Dirac 函数，Q 为冲击冲量；边界条件为式（10-28）

$$\frac{\partial u}{\partial x}\bigg|_{x=0} = 0, \quad \left(\frac{\partial u}{\partial x} + \frac{k_b}{AE}u\right)\bigg|_{x=l} = 0$$

设式（10-32）的解为 $u(x,\,t) = X(x)T(t)$，代入式（10-32）可得

$$\frac{A\rho T'' + cT' + kT}{AET} = \frac{X''}{x} = -\lambda \tag{10-35}$$

所以有

$$X'' + \lambda x = 0$$
$$A\rho T'' + cT' + (AE\lambda + k)T = 0$$

故 $X(x) = A\cos\sqrt{\lambda}\,x + B\sin\sqrt{\lambda}\,x$，由式（10-34）知 $B = 0$，从而 $X(x) = A\cos\sqrt{\lambda}\,x$，于是有 $A\sqrt{\lambda}\sin\sqrt{\lambda}\,l + \frac{k_b}{AE}A\cos\sqrt{\lambda}\,l = 0$，故得出特征值为 $\tan\sqrt{\lambda}\,l = \frac{k_b l}{AE}\frac{1}{\sqrt{\lambda}\,l}$ 的正根序列，即若 x_n 是曲线 $y = \tan x$ 与曲线 $y = \frac{k_b l}{AEx}$ 在第一象限那自左向右的第 n 个交点的横坐标，则 $\lambda_n = \left(\frac{x_n}{l}\right)^2$，相应的特征函数为 $\cos\sqrt{\lambda_n}\,x$，$n = 1, 2, \cdots$

在小阻尼情形，$c^2 < 4\rho A(AE\lambda_n + k)$，$n = 1, 2, \cdots$，就有

$$T_n(t) = e^{-\frac{c}{2\rho A}t}(a_n\cos\omega_n t + b_n\sin\omega_n t) \tag{10-36}$$

其中

$$\omega_n = \frac{\sqrt{4\rho A(AE\lambda_n + k) - c^2}}{2\rho A}$$
$$= \sqrt{\left(\lambda_n + \frac{k}{AE}\right)\frac{E}{\rho} - \left(\frac{c}{2\rho A}\right)^2}$$

由此可得锚杆介质围岩系统的振动频率

$$f_n = \frac{1}{2\pi}\sqrt{\left(\lambda_n + \frac{k}{AE}\right)\frac{E}{\rho} - \left(\frac{c}{2\rho A}\right)^2}, \quad n = 1, 2, \cdots \tag{10-37}$$

解为

$$u(x, t) = \sum_{n=1}^{\infty} e^{-\frac{c}{2\rho A}t}(a_n\cos\omega_n t + b_n\sin\omega_n t)\cos\sqrt{\lambda_n}\,x, \tag{10-38}$$

其中，a_n，b_n 由初始条件决定

$$a_n = 0, \quad b_n = \frac{2Q}{\omega_n lA\rho}$$

故最终有

$$u(x, t) = \sum_{n=1}^{\infty} \frac{2Q}{\omega_n lA\rho}e^{-\frac{c}{2A\rho}t}\sin\omega_n t\cos\sqrt{\lambda_n}\,x$$
$$= \frac{2Q}{M}e^{-\eta t}\sum_{n=1}^{\infty} \frac{1}{\omega_n}\sin\omega_n t\cos\sqrt{\lambda_n}\,x \tag{10-39}$$

其中，M 为锚杆总质量，$\eta = \frac{c}{2\rho A}$ 称为阻尼比，Q 为冲击冲量。

将式（10-39）微分并代入 $x = 0$ 即可得出顶端处的速度响应为

$$v(t) = \frac{2Q}{M}e^{-\eta t}\sum_{n=1}^{\infty} \frac{\omega_n\cos\omega_n t - \eta\sin\omega_n t}{\omega_n} \tag{10-40}$$

加速度响应可类似得出

$$a(t) = \frac{2Q}{M}e^{-\eta t}\sum_{n=1}^{\infty} \frac{\eta^2\sin\omega_n t - 2\eta\omega_n\cos\omega_n t - \omega_n^2\sin\omega_n t}{\omega_n} \tag{10-41}$$

2）全长黏结型锚杆多 Voigt 体模型

设长度为 L 的全长黏结式锚杆分为 m 段，沿锚杆轴线建立坐标系，使 $x = 0$ 和 $x = L$ 分别对应于锚杆的底端和顶端。为便于研究，假设各段内锚杆的横截面积、密度、纵波传播速度，杆侧介质阻尼系数等都是常数。

设第 i 段长度为 l_i，横截面积为 A_i，横截面周长为 w_i，密度为 ρ_i，结构阻尼系数为 D_i，围岩分布式弹簧系数为 k_i，围岩分布式阻尼系数是 c_i，纵波传播速度为 $v_i = \sqrt{\dfrac{E_i}{\rho_i}}$，其中 E_i 为第 i 段杆的弹性模量。

根据胡克定律和牛顿第二定律可以得出第 i 段杆中微段 $[x,\ x+dx]$ 受力的关系式

$$A_i \rho_i dx \frac{\partial^2 u_i}{\partial t^2} = E_i A_i \frac{\partial^2 u_i}{\partial x^2} dx + D_i A_i \frac{\partial^3 u_i}{\partial x^2 \partial t} dt - w_i c_i \frac{\partial u_i}{\partial t} dx - w_i k_i u_i dx \tag{10-42}$$

其中，$u_i = u_i(x,\ t)$ 表示杆上 x 点处在时刻 t 的纵向位移，等式左端为微段质量与加速度乘积，右端各项依次为与弹性应变、结构阻尼、黏滞阻尼、刚性阻尼有关的力，从而得出第 i 段杆中的运动方程

$$\frac{\partial^2 u_i}{\partial t^2} = v_i^2 \frac{\partial^2 u_i}{\partial x^2} + \frac{D_i}{\rho_i\ i} \frac{\partial^3 u_i}{\partial x^2 \partial t} - \frac{w_i c_i}{A_i \rho_i} \frac{\partial u_i}{\partial t} - \frac{w_i k_i}{A_i \rho_i} u_i, \quad h_{i-1} < X < h_i,\ t > 0,\ i = 1,\ 2,\ \cdots,\ m \tag{10-43}$$

在零初始条件

$$u_i \mid_{t=0} = \left. \frac{\partial u_i}{\partial t} \right|_{t=0} = 0$$

下，做 Laplace 变换，则运动方程化为

$$v_i^2 \left(1 + \frac{D_i s}{E_i}\right) \tilde{u}''_i = \left[s^2 + \frac{\omega_i(k_i + c_i s)}{A_i \rho_i}\right] \tilde{u}_i$$

$$v_i^2 \left(1 + \frac{D_i s}{E_i}\right) \tilde{u}''_i = \left[s^2 + \frac{w_i(k_i + c_i s)}{A_i \rho_i}\right] \tilde{u}_i \tag{10-44}$$

通解为

$$\tilde{u}_i(x,\ s) = a_i(s) \cos \frac{\lambda_i(x - h_{i-1})}{l_i} + b_i(s) \sin \frac{\lambda_i(x - h_{i-1})}{l_i}$$

其中

$$\frac{\lambda_i}{l_i} = \sqrt{-\left[s^2 + \frac{w_i(k_i + c_i s)}{A_i \rho_i}\right] \Big/ \left[v_i^2 \left(1 + \frac{D_i s}{E_i}\right)\right]}$$

等价地，若取 $s = wj$，$j = \sqrt{-1}$，可以写作

$$\lambda_i = l_i \sqrt{\rho_i} \sqrt{\left[\omega^2 + \frac{w_i(k_i + c_i wj)}{A_i \rho_i}\right] \Big/ (E_i + D_i wj)}$$

$$\lambda_i = l_i \sqrt{\rho_i} \sqrt{\left[w^2 - \frac{w_i(k_i + c_i s)}{A_i \rho_i}\right] \Big/ (E_i + D_i wj)} \tag{10-45}$$

令 $t_T = \sum\limits_{i=1}^{m} \dfrac{l_i}{v_i}$，$t_i = \dfrac{l_i}{v_i t_T}$，$\tilde{w} = w t_T$，$\tilde{c}_i = \dfrac{w_i c_i t_T}{A_i \rho_i}$，$\tilde{k}_i = \dfrac{w_i k_i t_T^2}{A_i \rho_i}$，$\bar{D}_i = \dfrac{D_i}{E_i t_T}$，

就有

$$\lambda_i = t_i \sqrt{(\omega^2 - \tilde{c}_i \tilde{w} j - \tilde{k}_i)/(1 + \bar{D}_i \tilde{w} j)}, \quad i = 1,\ 2,\ \cdots,\ m$$

$$\lambda_i = t_i \sqrt{[\tilde{w}^2 - \tilde{c}_i \tilde{w} j - \tilde{k}_i]/(1 + \bar{D}_i \tilde{w} j)} \tag{10-46}$$

边界条件为

$$\left[\frac{\hat{c}_1}{E_1} \frac{\partial u_1}{\partial t} + \frac{\hat{k}_1}{E_1} u_1 - \left(\frac{\partial u_1}{\partial x} + \frac{D_1}{E_1} \frac{\partial^2 u_1}{\partial x \partial t}\right)\right] \Big|_{x=0} = 0$$

和

$$\left(\frac{\partial u_m}{\partial x} + \frac{D_m}{E_m} \frac{\partial^2 u_m}{\partial x \partial t}\right) \Big|_{x=L} = -\frac{q(t)}{E_m A_m}$$

其中，$\hat{k}_1$、$\hat{c}_1$ 分别为杆底介质的刚性阻尼系数和黏滞阻尼系数，与侧面介质相应的刚性阻尼系数 k、黏滞

阻尼系数 c 不同，$q(t)$ 是杆顶处轴向作用力。

在杆段接缝 $x = h_i$ 处，成立连续性条件

$$u_i(h_i, t) = u_{i+1}(h_i, t)$$

$$E_i A_i \frac{\partial u_i}{\partial t}(h_i, t) + A_i D_i \frac{\partial^2 u_i(h_i, t)}{\partial x \partial t} = E_{i+1} A_{i+1} \frac{\partial u_{i+1}}{\partial t}(h_i, t) + A_{i+1} D_{i+1} \frac{\partial^2 u_{i+1}(h_i, t)}{\partial x \partial t}, \tag{10-47}$$

$$i = 1, 2, \cdots, m - 1$$

由

$$\tilde{u}_1 = a_1 \cos \frac{\lambda_1}{l_1} x + b_1 \sin \frac{\lambda_1}{l_1} x$$

$$\frac{\partial \tilde{u}_1}{\partial x} = \frac{b_1 \lambda_1}{l_1} \cos \frac{\lambda_1}{l_1} x - \frac{a_1 \lambda_1}{l_1} \sin \frac{\lambda_1}{l_1} x$$

以及

$$\left[\left(\frac{\hat{c}_1}{E_1} s + \frac{\hat{k}_1}{E_1} \right) \tilde{u}_1 - \left(1 + \frac{D_1 s}{E_1} \right) \frac{\partial \tilde{u}}{\partial x} \right] \bigg|_{x=0} = 0$$

得出

$$\left(\frac{\hat{c}_1}{E_1} s + \frac{\hat{k}_1}{E_1} \right) a_1 - \left(1 + \frac{D_1 s}{E_1} \right) \frac{b_1 \lambda_1}{l_1} = 0 \tag{10-48}$$

或

$$\beta_1 \equiv \frac{b_1}{a_1} = \frac{l_1(\hat{c}_1 s + k_1)}{\lambda_1(E_1 + D_1 s)}$$

从而

$$\tilde{u}_1 = a_1 \left(\cos \frac{\lambda_1}{l_1} x + \beta_1 \sin \frac{\lambda_1}{l_1} x \right)$$

在 $x = h_1 (= l_1)$，有

$$\tilde{u}_1(l_1, s) = a_1(s)(\cos \lambda_1 + \beta_1 \sin \lambda_1)$$

又

$$\frac{\partial \tilde{u}_1}{\partial x} = a_1 \left(\frac{\lambda_1 \beta_1}{l_1} \cos \frac{\lambda_1}{l_1} x - \frac{\lambda_1}{l_1} \sin \frac{\lambda_1}{l_1} x \right)$$

在 $x = h_1$，有

$$\frac{\partial \tilde{u}_1}{\partial x}(l_1, s) = a_1(s) \frac{\lambda_1}{l_1} (\beta_1 \cos - \sin \lambda_1)$$

对于

$$\tilde{u}_2 = a_2 \left(\cos \frac{\lambda_2}{l_2}(x - h_1) + b_2 \sin \frac{\lambda_2}{l_2}(x - h_1) \right)$$

和

$$\frac{\partial \tilde{u}_2}{\partial x} = \frac{b_2 \lambda_2}{l_2} \cos \frac{\lambda_2}{l_2}(x - h_1) - \frac{a_2 \lambda_2}{l_2} \sin \frac{\lambda_2}{l_2}(x - h_1)$$

在 $x = h_1$，分别等于 a_2 和 $\frac{b_2 \lambda_2}{l_2}$，故由 $\tilde{u}_2(h_1, t) = \tilde{u}_1(h_1, t)$ 得出 $a_2 = a_1(\cos \lambda_1 + \beta_1 \sin \lambda_1)$，由

$$(E_1 A_1 + A_1 D_1 s) \frac{\partial \tilde{u}_1}{\partial x} = (E_2 A_2 + A_2 D_2 s) \frac{\partial \tilde{u}_2}{\partial x}$$

得

$$(E_1A_1 + A_1D_1s)\frac{a_1\lambda_1}{l_1}(\beta_1\cos\lambda_1 - \sin\lambda_1) = (E_2A_2 + A_2D_2s)\frac{a_2\lambda_2}{l_2}$$

即

$$b_2 = a_1\frac{l_2\lambda_1}{l_1\lambda_2}(\beta_1\cos\lambda_1 - \sin\lambda_1) = \frac{(E_1A_1 + A_1D_1s)}{(E_2A_2 + A_2D_2s)} \tag{10-49}$$

于是

$$\tilde{u}_2 = a_2\left[\cos\frac{\lambda_2}{l_2}(x - h_1) + \beta_2\sin\frac{\lambda_2}{l_2}(x - h_1)\right]$$

其中

$$\beta_2 \equiv \frac{b_2}{a_2} = \frac{l_2\lambda_1(\beta_1\cos\lambda_1 - \sin\lambda_1)(E_1A_1 + A_1D_1s)}{l_1\lambda_2(\cos\lambda_1 + \beta_1\sin\lambda_1)(E_2A_2 + A_2D_2s)}$$

$$a_2 = a_1(\cos\lambda_1 + \beta_1\sin\lambda_1)_\circ$$

在 $x = h_2$ 处

$$\tilde{u}_2 = a_1(\cos\lambda_1 + \beta_1\sin\lambda_1)(\cos\lambda_2 + \beta_2\sin\lambda_2)$$

$$\frac{\partial\tilde{u}_2}{\partial x} = a_1(\cos\lambda_1 + \beta_1\sin\lambda_1)\frac{\lambda_2}{l_2}(\beta_2\cos\lambda_2 - \sin\lambda_2)$$

而 $\tilde{u}_3$ 和 $\dfrac{\partial\tilde{u}_3}{\partial x}$ 在 $x = h_2$ 处分别等于 a_3, $\dfrac{b_3\lambda_3}{l_3}$, …

如上进行 …

首先得出在第一段末端 $x = h_1$ 处位移阻抗函数为

$$Z_1(s) = \frac{(E_1A_1 + D_1A_1s)\frac{\partial\tilde{u}_1}{\partial x}\big|_{x = h_1}}{\tilde{u}_1\big|_{x = h_1}} = \frac{A_1(E_1 + D_1s)\lambda_1}{l_1}\frac{\beta_1 - tg\lambda_1}{1 + \beta_1 tg\lambda_1}$$

$$= -\frac{A_1(E_1 + D_1s)}{l_1}\lambda_1 tg(\lambda_1 - \varphi_1) \tag{10-50}$$

其中, $\varphi_1 = \text{arctg}\beta_1$, 令 $Z_0(s) = A_1(\hat{k}_1 + \hat{c}_1s)$, 可得

$$\varphi_1 = \text{arctg}\frac{Z_0(s)l_1}{A_1(E_1 + D_1s)\lambda_1}$$

递推地得出在第 i 段末段 $x = h_i$ 处位移阻抗函数为

$$Z_i(s) = -\frac{A_i(E_i + D_is)}{l_i}\lambda_i\tan(\lambda_i - \varphi_i)$$

其中

$$\varphi_i = \text{arctg}\beta_i = \text{arctg}\frac{Z_{i-1}(s)l_i}{A_i(E_i + D_is)\lambda_i}, \quad i = 1, 2, \cdots, m$$

最终得出在杆顶 $x = L$ 处的速度传递函数为

$$\frac{s}{Z_m(s)} = -\frac{sl_m}{A_m(E_m + D_ms)\lambda_m\tan(\lambda_m - \varphi_m)} \tag{10-51}$$

现取 $s = \omega j$, $j \equiv \sqrt{-1}$, 令 $\tilde{\omega} = \omega t_T$ 作量纲一化, 即得杆顶 $x = L$ 处速度频率响应为

$$H(s) = H(\omega j) = -\frac{\tilde{\omega}jl_m}{t_T A_m(E_m + D_m\frac{\tilde{\omega}}{t_T}j)\lambda_m tg(\lambda_m - \varphi_m)} \tag{10-52}$$

注意，此时常规意义的频率为 $f = \dfrac{\tilde{\omega}}{2\pi t_{\mathrm{T}}} = \dfrac{\omega}{2\pi}$。

在 $x = L$ 处量纲一速度导纳曲线为以 $\tilde{\omega}$ 作横坐标，以下式值为纵坐标的函数图形

$$\left| \frac{\tilde{\omega} l_{\mathrm{m}}}{\left(1 + D_{\mathrm{m}} \dfrac{\tilde{\omega}}{E_{\mathrm{m}} t_{T}} j\right) \lambda_{\mathrm{m}} \mathrm{tg}(\lambda_{\mathrm{m}} - \varphi_{\mathrm{m}})} \right| \tag{10-53}$$

设杆顶 $x = L$ 处激振 $q(t)$ 为半正弦脉冲

$$q(t) = \begin{cases} q_0 \sin \dfrac{\pi t}{T_0}, & t < T_0 \\ 0, & t \geqslant T_0 \end{cases}$$

则该处量纲一速度响应可表示为

$$\nu(t) = L^{-1}[\tilde{q}(\omega_j) H(\omega_j)] = F^{-1}[\tilde{q}(\omega_j) H(\omega_j)] \tag{10-54}$$

其中

$$\tilde{q}(t) = L[q(t)] = \int_0^{T_0} \mathrm{e}^{-st} \sin \frac{\pi}{T_0} t \mathrm{d}t = \frac{\pi(\mathrm{e}^{-sT_0} + 1)}{T_0 \left(s^2 + \left(\dfrac{\pi}{T}\right)^2\right)}$$

取 $s = \dfrac{\tilde{\omega}}{t_{\mathrm{T}}} j = \omega j$，$\tilde{t} = \dfrac{t}{t_{\mathrm{T}}}$，即有

$$\tilde{q}(\omega j) = \frac{\pi T_0 (1 + \mathrm{e}^{-\tilde{\omega} \tilde{T}_0 j})}{\pi^2 - \tilde{\omega}^2 \tilde{T}_0^2} \tag{10-55}$$

故若取量纲一化的时间 $\tilde{t} = \dfrac{t}{t_{\mathrm{T}}}$，就得量纲一时域速度响应为

$$\nu^*(\tilde{t}) = \frac{1}{2} \int_{-\infty}^{\infty} \frac{\tilde{\omega} l_{\mathrm{m}} j}{\lambda_{\mathrm{m}} \mathrm{tg}(\lambda_{\mathrm{m}} - \varphi_{\mathrm{m}})\left(1 + \dfrac{D_{\mathrm{m}}}{E_{\mathrm{m}} t_{T}} \tilde{\omega} j\right)} \cdot \frac{\tilde{T}_0}{\pi^2 - \tilde{\omega}^2 \tilde{T}_0^2} (1 + \mathrm{e}^{-\tilde{\omega} \tilde{T}_0 j}) \mathrm{e}^{\tilde{\omega} \tilde{t} j} \mathrm{d}\tilde{\omega} \tag{10-56}$$

注：这里，我们用到：当 $s = \omega j$ 并取 $\sigma = 0$ 时，函数 $F(s)$ 的拉普拉斯逆变换像 $\dfrac{1}{2\pi j} \int_{\sigma - j\infty}^{\sigma + j\infty} F(s) \mathrm{e}^{st} \mathrm{d}s$ 正是 $\dfrac{1}{2\pi} \int_{-\infty}^{\infty} F(\omega j) \mathrm{e}^{t\omega j} \mathrm{d}\omega$，即函数 $G(\omega) \equiv F(\omega_j)$ 的傅里叶逆变换像。

上述计算结果是拟合分析法的理论依据。

2. 顶端自由、底端固定、兼有固结力和阻尼的锚杆瞬态响应模型

类似于 10.4.1 节中的讨论可以得出锚杆振动的偏微分方程

$$\frac{\partial^2 u}{\partial t^2} = a^2 \frac{\partial^2 u}{\partial x^2} + d \frac{\partial^3 u}{\partial x^2 \partial t} - c \frac{\partial u}{\partial t} - ku + r(x) \tag{10-57}$$

其中，常数 $a^2 = \dfrac{E}{\rho}$（即 $a = v_c$），$d = \dfrac{D}{\rho A}$，$c = \dfrac{C}{\rho A}$，$k = \dfrac{K}{\rho A}$，函数 $r(x) = \dfrac{R(x)}{\rho A}$，$D$、$C$、$K$ 分别是结构阻尼系数、黏滞阻尼系数、刚性阻尼系数，$R(x)$ 是"固结力函数"。

边界条件：式（10-26）。

初始条件：式（10-31）。

令

$$r_n = \frac{2}{l} \int_0^l r(x) \cos \frac{(2n-1)\pi x}{2l} \mathrm{d}x, \quad n = 1, 2, \cdots$$

则

$$r(x) = \sum_{n=1}^{\infty} r_n \cos \frac{(2n-1)\pi x}{2l} \tag{10-58}$$

令

$$u(x, t) = \sum_{n=1}^{\infty} T_n(t) \cos \frac{(2n-1)\pi x}{2l} \tag{10-59}$$

代入式（10-57），即得

$$T''_n + \left[\frac{(2n-1)\pi a}{2l} \right]^2 T_n + \left[\frac{(2n-1)\pi}{2l} \right]^2 d T'_n + c T'_n + k T_n = r_n$$

显然有特解

$$T_n^* = \frac{r_n}{\left[\frac{(2n-1)\pi a}{2l} \right]^2 + k} = \frac{4 r_n l^2}{(2n-1)^2 \pi^2 a^2 + 4kl^2} \tag{10-60}$$

记

$$p_n = \left[\frac{(2n-1)\pi}{2l} \right]^2 d + c, \quad q_n = \left[\frac{(2n-1)\pi a}{2l} \right]^2 + k$$

$$\mu_n = \sqrt{\left| 4\left\{ \left[\frac{(2n-1)\pi a}{2l} \right]^2 + k \right\} - \left\{ \left[\frac{(2n-1)\pi}{2l} \right]^2 d + c \right\}^2 \right|}$$

即

$$\mu_n = \sqrt{|p_n^2 - 4q_n|} \tag{10-61}$$

相应的齐次方程有通解（苏超伟，1995：474–475）：

（1）若 $4\left\{ \left(\frac{(2n-1)\pi a}{2l} \right)^2 + k \right\} > \left\{ \left[\frac{(2n-1)\pi}{2l} \right]^2 d + c \right\}^2$，即 $4q_n > p_n^2$

$$\tilde{T}_n(t) = \mathrm{e}^{-\frac{p_n}{2}t} \left(A_n \sin \frac{\mu_n}{2} t + B_n \cos \frac{\mu_n}{2} t \right) \tag{10-62}$$

（2）若 $4q_n = p_n^2$

$$\tilde{T}_n(t) = \mathrm{e}^{-\frac{p_n}{2}t} (A_n t + B_n) \tag{10-63}$$

（3）若 $4q_n < p_n^2$

$$\tilde{T}_n(t) = \mathrm{e}^{-\frac{p_n}{2}t} \left(A_n sh \frac{\mu_n}{2} t + B_n ch \frac{\mu_n}{2} t \right) \tag{10-64}$$

故从

$$u(x, t) = \sum_{n=1}^{\infty} [\tilde{T}_n(t) + T_n^*] \cos \frac{(2n-1)\pi x}{2l}$$

利用初始条件——式（10-31）得出

$$B_n = -\frac{r_n}{q_n}$$

$$A_n = 2 \begin{cases} \dfrac{2Q}{lA\rho} - \dfrac{r_n \rho_n}{2q_n} \bigg/ \mu_n, & \text{情形}（1）（3） \\[3mm] \dfrac{2Q}{lA\rho} - \dfrac{r_n \rho_n}{2q_n}, & \text{情形}（2） \end{cases}$$

即可得解 $u(x, t)$。

考虑到高频子波的快速衰减，我们有

$$u(x, t) \approx \sum_{n=1}^{m} e^{-\frac{p_n}{2}t} \left(A_n \sin \frac{\mu_n}{2}t + B_n \cos \frac{\mu_n}{2}t \right) \cos \frac{(2n-1)\pi x}{2l} \tag{10-65}$$

从中可见，一段时间以后，锚杆停止振动于一个由介质刚度与固结力 $R(x)$ 所决定的状态。

根据解 $u(x, t)$ 的整个表达式可见以下几点：

（1）黏滞阻尼系数对不同频率段的振动子波起着相似的衰减作用，而结构阻尼系数则对越高频率的振动子波起越强的衰减作用。

（2）杆侧介质的刚性系数对振动以及振动波幅不起影响作用，但与结构阻尼系数和黏滞阻尼系数一起影响着各振动子波的固有频率。

（3）特别是对基频起着正相关的影响作用。阻尼系数无论是结构的，还是黏滞的，起着负相关的影响作用，并且结构阻尼系数对于高频段的子波的降低起着更强的影响作用。

（4）当 $r(x)$ 为 0，即 $r_n = 0$，$n = 1, 2, \cdots$，解的表达式较简单，且有

$$u(x, t) \approx \frac{4Q}{lA\rho} \sum_{n=1}^{m} e^{-\frac{p_n}{2}t} \frac{\sin \frac{\mu_n}{2}t}{\mu_n} \cos \frac{(2n-1)\pi x}{2l} \tag{10-66}$$

3. 但若 $r(x) \neq 0$，即"固结力"不为 0，它对振型函数和振动波幅的衰减无影响

1）顶端自由、底端固定的锚杆瞬态响应模型

考虑将文献（杨湖和王成，2002）中所建立的弹簧阻尼模型推广到介质的刚度和阻尼随深度而变化的模型，采用摄动法求出近似解析解来分析与锚固密实度畸变等效的刚度和阻尼系数的畸变造成的影响，即解为

$$\frac{\partial^2 u}{\partial t^2} = a^2 \frac{\partial^2 u}{\partial x^2} + d \frac{\partial^3 u}{\partial x^2 \partial t} - c \frac{\partial u}{\partial t} - ku + \varepsilon \left[D_0(x) \frac{\partial^3 u}{\partial x^2 \partial t} - C_0 \frac{\partial u}{\partial t} - K_0(x) u \right] \tag{10-67}$$

$$\frac{\partial u}{\partial x} \Big|_{x=0} = u \big|_{x=l} = 0，即式（10-26）$$

$$u(x, 0) = 0, \qquad \frac{\partial u}{\partial t}(x, 0) = \frac{Q\delta(x)}{A\rho}, \ 0 \leq x \leq l，即式（10-31）$$

根据摄动理论，设精确解 $u(x, t)$ 展为 ε 的函数

$$u(x, t) = u_0(x, t) + u_1(x, t)\varepsilon + \cdots \tag{10-68}$$

按 10.4.1 节的方法即得到 $u_0(x, t)$，而 $u_1(x, t)$ 满足齐次的初始边值条件以及方程

$$\frac{\partial^2 u}{\partial t^2} = a^2 \frac{\partial^2 u}{\partial x^2} + d \frac{\partial^3 u}{\partial x^2 \partial t} - c \frac{\partial u}{\partial t} - ku + f(x, t) \tag{10-69}$$

其中

$$f(x, t) = D_0 \frac{\partial^3 u_0}{\partial x^2 \partial t} + C_0 \frac{\partial u_0}{\partial t} - K_0(x) u_0$$

按特征函数族展开为

$$\sum_{n=1}^{\infty} f_n(x, t) \cos \frac{(2n-1)\pi x}{2l} \tag{10-70}$$

则可根据齐次化原理，令 $u_1(x, t) = \int_0^t v(x, t; \tau) d\tau$，

其中，$v(x, t; \tau)$ 满足

$$\frac{\partial^2 v}{\partial t^2} = a^2 \frac{\partial^2 v}{\partial x^2} + d \frac{\partial^3 v}{\partial x^2 \partial t} - c \frac{\partial v}{\partial t} - kv$$

$$\frac{\partial v}{\partial x} \Big|_{x=0} = v \big|_{x=l} = 0$$

$$v\big|_{t=\tau} = 0\,(\Rightarrow v_{xx}\big|_{x=\tau} = 0)$$

$$\frac{\partial v}{\partial x}\bigg|_{t=\tau} = \sum_{n=1}^{\infty} f_n(\tau)\cos\frac{(2n-1)\pi x}{2l} = f(x,\ \tau)$$

则按 10.4.1 节的方法，可求得 $v(x,\ t;\ \tau)$，继而求出 $u_1(x,\ t)$。

2）顶端自由、底端非线性弹性支承的锚杆瞬态响应模型

顶端自由、底端非线性弹性支承的锚杆具有与深度有关的结构阻尼、介质刚性和黏滞阻尼的特性，其瞬态响应模型即对下述含小参数 ε 的问题求近似解析解：

$$\frac{\partial^2 u}{\partial t^2} = a^2\frac{\partial^2 u}{\partial x^2} + d\frac{\partial^3 u}{\partial x^2 \partial t} - c\frac{\partial u}{\partial t} - ku + \varepsilon\left[D_0(x)\frac{\partial^3 u}{\partial x^2 \partial t} - C_0(x)\frac{\partial u}{\partial t} - K_0(x)u\right] \tag{10-71}$$

$$\frac{\partial u}{\partial x}\bigg|_{x=0} = 0\ ,\ \left\{\frac{\partial u}{\partial x} + b_1 u + \varepsilon\left[b_2 u^3 + g_1\frac{\partial u}{\partial t} + g_2\left(\frac{\partial u}{\partial t}\right)^3\right]\right\}\bigg|_{x=l} = 0$$

$$u\big|_{t=0} = 0\ ,\ \frac{\partial u}{\partial t}\bigg|_{t=0} = \frac{Q\delta(x)}{A\rho}$$

设 $u(x,\ t) = u_0(x,\ t) + u_1(x,\ t)\varepsilon + \cdots$，则 $u_0(x,\ t)$ 满足

$$\begin{cases} \dfrac{\partial^2 u}{\partial t^2} = a^2\dfrac{\partial^2 u}{\partial x^2} + d\dfrac{\partial^3 u}{\partial x^2 \partial t} - c\dfrac{\partial u}{\partial t} - ku \\ \dfrac{\partial u}{\partial x}\bigg|_{x=0} = 0,\qquad \left(\dfrac{\partial u}{\partial x} + b_1 u\right)\bigg|_{x=l} = 0 \\ u\big|_{t=0} = 0 \\ \dfrac{\partial u}{\partial t}\bigg|_{t=0} = \dfrac{Q\delta(x)}{A\rho} \end{cases} \tag{10-72}$$

由边界条件知特征函数族为：$\cos\sqrt{\lambda_n}x$，$n = 1,\ 2,\ \cdots$ 其中，λ_n 是方程

$$\tan(\sqrt{\lambda}L) = \frac{b_1}{\sqrt{\lambda}}$$

的第 n 个正根。设

$$u_0(x,\ t) = \sum_{n=1}^{\infty} T_n(t)\cos\sqrt{\lambda_n}x \tag{10-73}$$

代入方程，得出

$$T''_n + p_n T'_n + q_n T_n = 0\ ,\qquad n = 1,\ 2,\ \cdots$$

其中

$$p_n = \lambda_n d + c\ ,\ q_n = \lambda_n + k$$

同样，分情况：① $4q_n > p_n^2$；② $4q_n = p_n^2$；③ $4q_n < p_n^2$。有通解表达式

$$T_n(t) = \mathrm{e}^{-\frac{p_n}{2}t}\left\{A_n\sin\frac{\mu_n}{2}t + B_n\cos\frac{\mu_n}{2}t\right\} \qquad ①$$

$$= \mathrm{e}^{-\frac{p_n}{2}t}(A_n t + B_n) \qquad ②$$

$$= \mathrm{e}^{-\frac{p_n}{2}t}\left\{A_n sh\frac{\mu_n}{2}t + B_n ch\frac{\mu_n}{2}t\right\} \qquad ③$$

其中，$\mu_n = \sqrt{|p_n^2 - 4q_n|}$。利用初始条件，求得

$$B_n = 0$$

$$A_n = \frac{2Q\sqrt{\lambda_n}\mu_n}{A\rho(2l + \sin2\sqrt{\lambda_n}l)} \qquad ①③$$

$$= \frac{4Q\sqrt{\lambda_n}}{A\rho(2l + \sin 2\sqrt{\lambda_n}\,l)} \tag{②}$$

即可得出 $u_0(x, t)$ 的表达式。$u_1(x, t)$ 满足

$$\begin{cases} \dfrac{\partial^2 u}{\partial t^2} = a^2\dfrac{\partial^2 u}{\partial x^2} + d\dfrac{\partial^3 u}{\partial x^2 \partial t} - c\dfrac{\partial u}{\partial t} - ku + f(x, t) \\[2mm] \dfrac{\partial u}{\partial x}\bigg|_{x=0} = 0, \quad \left(\dfrac{\partial u}{\partial x} + b_1 u\right)\bigg|_{x=l} = g(t) \\[2mm] u\big|_{t=0} = 0 \\[2mm] \dfrac{\partial u}{\partial t}\bigg|_{t=0} = 0 \end{cases} \tag{10-74}$$

其中

$$f(x, t) = \varepsilon\left[D_0\dfrac{\partial^3 u_0}{\partial x^2 \partial t} - C_0\dfrac{\partial u_0}{\partial t} - K_0(x)u_0\right]$$

$$g(t) = -\varepsilon\left[b_2 u_0{}^3 + g_1\dfrac{\partial u_0}{\partial t} + g_2\left(\dfrac{\partial u_0}{\partial t}\right)^3\right]\bigg|_{x=l} \tag{10-75}$$

为将边界条件齐次化，取 $w = \dfrac{g(t)}{b_1}$，并令 $u_1 = v + w$，则 v 满足

$$\begin{cases} \dfrac{\partial^2 v}{\partial t^2} = a^2\dfrac{\partial^2 v}{\partial x^2} + d\dfrac{\partial^3 v}{\partial x^2 \partial t} - c\dfrac{\partial v}{\partial t} - kv + \tilde{f}(x, t) \\[2mm] \dfrac{\partial v}{\partial x}\bigg|_{x=0} = 0, \quad \left(\dfrac{\partial v}{\partial x} + b_1 v\right)\bigg|_{x=l} = 0 \\[2mm] v\big|_{t=0} = -g(0) \\[2mm] \dfrac{\partial v}{\partial t}\bigg|_{t=0} = -g'(0) \end{cases} \tag{10-76}$$

其中

$$\tilde{f}(x, t) = f(x, t) - \dfrac{g''(t)}{b_1} - \dfrac{cg'(t)}{b_1} - \dfrac{kg(t)}{b_1}$$

利用冲量原理，求出下述问题的解 $G(x, t; \tau)$

$$\begin{cases} \dfrac{\partial^2 G}{\partial t^2} = a^2\dfrac{\partial^2 G}{\partial x^2} + d\dfrac{\partial^3 G}{\partial x^2 \partial t} - c\dfrac{\partial G}{\partial t} - kG \\[2mm] \dfrac{\partial G}{\partial x}\bigg|_{x=0} = 0, \quad \left(\dfrac{\partial G}{\partial x} + b_1 G\right)\bigg|_{x=l} = 0 \\[2mm] G\big|_{t=0} = -g(0) \\[2mm] \dfrac{\partial G}{\partial t}\bigg|_{t=0} = f(x, \tau) - g'(0) \end{cases} \tag{10-77}$$

再令 $v(x, t) = \displaystyle\int_0^t G(x, t; \tau)d\tau$，即可最后得出近似关系式

$$u(x, t) = u_0(x, t) + \varepsilon\left\{\dfrac{g(t)}{b_1} + \int_0^t G(x, t; \tau)\mathrm{d}\tau\right\} \tag{10-78}$$

在上述内容中，具体的计算和推导被部分地省略了。

值得指出，本节中得出的只是理论分析的结果，实际上由于模型只是对实际锚杆系统的简化和近似，在模型中的杨氏模量、密度函数、特别是刚性或阻尼系数，常常和实际材料的相关参数值不同。因此，在用数值方法求近似解之前，或者在后面所叙述的参数辨识法过程中确定初始猜测值之前，必须利用"样本制作+吻合性检测"的方法或文献资料中的合理数据大致确定取值范围。从这一点看来，参数辨识

或偏微分方程逆问题的数值方法对这类无损检测问题更加有效。

10.4.5   锚杆–围岩系统的无损检测问题一维波动方程解法

锚杆–围岩系统的无损检测问题也可以转化为一维波动方程，比方说

$$\frac{\partial}{\partial x}\left(E(x)\frac{\partial u}{\partial x}\right) = \rho(x)\frac{\partial^2 u}{\partial t^2} + c(x)\frac{\partial u}{\partial t} + k(x)u \tag{10-79}$$

的参数 $E(x)$、$\rho(x)$、$k(x)$ 的辨识问题。其中，$E(x)$ 为弹性模量，$\rho(x)$ 为密度函数，$c(x)$ 为介质黏滞阻尼系数，$k(x)$ 为介质刚性阻尼系数。

假设顶端自由且底端弹性支承

$$\frac{\partial u}{\partial x}\Big|_{x=0} = 0 , \ (\frac{\partial u}{\partial x} + bu)\Big|_{x=l} = 0$$

其中

$$b = \frac{k_{b}}{EA}$$

这里，k_{b} 为底端处介质刚度系数，E 为杆底端弹性模量，A 为杆的横截面积。锚杆在静止状态受强度值为 Q 的瞬时激励

$$u\Big|_{t=0} = 0 , \ \frac{\partial u}{\partial t}\Big|_{t=0} = \frac{Q\delta(x)}{A\rho}$$

式中，δ 为狄拉克函数，A 为杆的横截面积，ρ 为杆顶端处密度。并且，由安装在杆顶端的加速度传感器接收的加速度响应 $w(t)$ 形成附加条件

$$\frac{\partial^2 u(x, t)}{\partial t^2}\Bigg|_{x=0} = w(t)$$

根据前段所说，通过"样本制作+吻合测试"方法或者资料、经验等选择适当的初始猜测值 $E_0(x)$、$\rho_0(x)$、$c_0(x)$、$k_0(x)$，并使它们分别按照空间 $C[0, l]$ 中的基函数族 $\{\varphi_n(x)\}_{n \geqslant 1}$（例如，取 $\varphi_n(x) = x^{n-1}$，$n = 1, 2, \cdots$，并取适当的正整数 N）近似地表示为

$$E_0(x) = \sum_{i=1}^{N} a_i{}^0 \varphi_i(x)$$

$$\rho_0(x) = \sum_{i=1}^{N} b_i{}^0 \varphi_i(x)$$

$$c_0(x) = \sum_{i=1}^{N} c_i{}^0 \varphi_i(x)$$

$$k_0(x) = \sum_{i=1}^{N} d_i{}^0 \varphi_i(x)$$

由此确立迭代过程（苏超伟，1995）

$$E_{n+1}(x) = E_n(x) + \delta E_n(x)$$
$$\rho_{n+1}(x) = \rho_n(x) + \delta\rho_n(x)$$
$$c_{n+1}(x) = c_n(x) + \delta c_n(x)$$
$$k_{n+1}(x) = k_n(x) + \delta k_n(x) , \qquad n = 1, 2, \cdots$$

其中，摄动量 δ? $E_n(x)$，$\delta\rho_n(x)$，$\delta c_n(x)$，$\delta k_n(x)$ 可通过由下列非线性最优化问题的局部极小值来确定 $\delta a_i{}^n$，$\delta b_i{}^n$，$\delta c_i{}^n$，$\delta d_i{}^n$，$i = 1, 2, \cdots, N$ 而得出

$$J_n = \left\| \frac{\partial^2 u_{n+1}(0, t)}{\partial t^2} \right|_{x=0} - w(t) \left\|_{[0, mI]}^2 + \alpha s \right. \tag{10-80}$$

其中，α 是适当选取的正则化因子，$\| f(t) \|_{[0, mI]}^2$ 表示值 $\sum_{i=0}^{m} f^2(iI)$。其中，I 是适当选取的离散时间采样步长，s 表示 $\sum_{i=1}^{N} (a^n{}_i)^2 + \sum_{i=1}^{N} (b_i{}^n)^2 + \sum_{i=1}^{N} (c_i{}^n)^2 + \sum_{i=1}^{N} (d_i{}^n)^2$。其中，对于 $n = 0, 1, 2, \cdots$，$u_n(x, t)$ 表示当 $E(x) = E_n(x)$，$\rho(x) = \rho_n(x)$，$c(x) = c_n(x)$，$k(x) = k_n(x)$ 时正问题的解。

设初始猜测值比较"准确"从而所有的扰动量是"微小"的，则

$$u_1(x, t) \approx u_0(x, t) + \nabla_0^{\mathrm{T}} u_0(x, t) (\delta a_i{}^0, i = 1, 2, \cdots, N, \cdots, \delta d_i{}^0, i = 1, 2, \cdots, N)^{\mathrm{T}} \tag{10-81}$$

有

$$J_0 = \left\| \frac{\partial^2 u_0(0, t)}{\partial t^2} - \omega(t) + \nabla_0^{\mathrm{T}} \frac{\partial^2 u_0(0, t)}{\partial t^2} (\delta a_i{}^0, \cdots, i = 1, 2, \cdots, N)^{\mathrm{T}} \right\|_{[0, mI]}^2 + \alpha s_1 \tag{10-82}$$

其中，$\nabla_0^{\mathrm{T}} u_0(x, t)$ 表示 $\left(\dfrac{\partial u_0(x, t)}{\partial a_i^0}, i = 1, 2, \cdots N, \cdots, \dfrac{\partial u_0(x, t)}{\partial d_i^0}, i = 1, 2, \cdots, N \right)$，它的分量，比如说 $\dfrac{\partial u_0(x, t)}{\partial a_1^0}$，根据数值微分法，可以对小正数 τ，仅把 $E_0(x)$ 中的 a_1^0 换成 $(a_1^0 + \tau)$，用数值方法求出新的 $u_0(x, t)$ 再减去原 $u_0(x, t)$ 后除以 τ 来得到，于是 $\nabla_0^{\mathrm{T}} \dfrac{\partial u_0(0, t)}{\partial t^2}$ 也不难得到。这时记

$$A = \begin{pmatrix} \nabla_0^{\mathrm{T}} \dfrac{\partial^2 u_0(0, 0)}{\partial t^2} \\ \vdots \\ \nabla_0^{\mathrm{T}} \dfrac{\partial^2 u_0(0, mI)}{\partial t^2} \end{pmatrix}, \quad B = \begin{pmatrix} \dfrac{\partial^2 u_0(0, 0)}{\partial t^2} \\ \vdots \\ \dfrac{\partial^2 u_0(0, mI)}{\partial t^2} \end{pmatrix}, \quad C = \begin{pmatrix} \omega(0) \\ \vdots \\ \omega(mI) \end{pmatrix}$$

$$\delta V_0 = (\delta a_i^0, i = 1, 2, \cdots, \cdots)^{\mathrm{T}}$$

就有

$$J_0 = (A \delta V_0)^{\mathrm{T}} A \delta V_0 + 2 (A \delta V_0)^{\mathrm{T}} (B - C) + (B - C)^{\mathrm{T}} (B - C) + \alpha (\delta V_0)^{\mathrm{T}} (\delta V_0) \tag{10-83}$$

故 J_0 的局部极小值应由满足下列线性方程组的 δV_0 给出

$$(A^{\mathrm{T}} A + \alpha I) \delta V_0 = A^{\mathrm{T}} (C - B) \tag{10-84}$$

于是可利用 Matlab 中的数值解法求出 δV_0 从而求得所谓最佳扰动量来更新初始猜测值，重复上述过程，直到满足精度要求为止。

值得注意，正规化因子 α 的大小选得是否合适，对迭代收敛速度很有影响。

实际应用时，对于各种模型锚杆，通过上述逆问题方法获得模型的（而非锚杆材料本身的）$E(x)$，$\rho(x)$，$c(x)$，$k(x)$"标本"，而对于被检测的锚杆，用上述方法获得相应的 $E(x)$，$\rho(x)$，$c(x)$，$k(x)$ 与"标本"作比较，可对被检测锚杆做出诊断，将比较方法程序化、数字化，可由此确立更精确的锚杆质量评价体系。

上述方法在必要时需加以改进，例如为了减少正问题求解次数或者为了避免扰动量不满足"微小"的需求可能导致较差的迭代收敛性等，从文献（苏超伟，1995）中可以找到一定的解决方法。

10.4.6 锚杆-围岩系统的三维波动方程解法

锚杆-围岩系统的三维波动方程模型的体积模量，剪切模量和密度函数的重构问题表述如下：

质点的位置向量函数:

$$u(x, t) = \{u_1(x, t), u_2(x, t), u_3(x, t)\}, x = (x_1, x_2, x_3)$$

在区域 $\Omega: \begin{cases} x_1^2 + x_2^2 < R \\ 0 < x_3 < H \end{cases}$ 内满足声波动方程

$$\frac{\partial[\lambda(x) \nabla \cdot u(x, t)]}{\partial x_i} + \sum_{j=1}^{3} \frac{\partial\left[\mu(x)\left(\dfrac{\partial u_i}{\partial x_j} + \dfrac{\partial u_j}{\partial x_i}\right)\right]}{\partial x_j} - \rho(x)\frac{\partial^2 u_i}{\partial t^2} = 0$$
$$i = 1, 2, 3, x \in \Omega, t > 0 \tag{10-85}$$

所满足的初始条件为

$$u(x, 0) = 0, \frac{\partial u(x, 0)}{\partial t} = \frac{Q\delta_3(x)}{\rho(0)}, x \in \Omega$$

其中

$$\delta_3(x) = \begin{pmatrix} 0 \\ 0 \\ \delta(x_3) \end{pmatrix}$$

边界条件为: 当 $x_1^2 + x_2^2 = R^2$ 或 $x_3 = H(H > L)$

$$u(x, t) = 0$$

当 $x_3 = 0, x_1^2 + x_2^2 \leqslant R^2$ 时,

$$\lambda(x) \sum_{j=1}^{3} \frac{\partial u_j}{\partial x_j} + u(x)\left(\frac{\partial u_3}{\partial x_3} + \frac{\partial u_j}{\partial x_3}\right) = 0$$

$$\mu(x)\left(\frac{\partial u_1}{\partial x_3} + \frac{\partial u_3}{\partial x_1}\right) = 0$$

$$\mu(x)\left(\frac{\partial u_2}{\partial x_3} + \frac{\partial u_3}{\partial x_2}\right) = 0$$

当附加条件为

$$(A): u_i((x_1^0, x_2^0, 0), t) \equiv u_i(x^0, t) = w_i(t), i = 1, 2, 3^① \tag{10-86}$$

或

$$(B): \frac{\partial^2 u_i(x^0, t)}{\partial t^2} = w_i(t), \quad i = 1, 2, 3 \tag{10-87}$$

要求确定 $\lambda(x)$, $\mu(x)$ 和 $\rho(x)$。

将此时域内的问题转化到复频域内考虑, 即问题化为方程:

$$\frac{\partial\{\lambda(x) \nabla \cdot V(x, s)\}}{\partial x_i} + \sum_{j=1}^{3} \frac{\partial\left\{\mu(x)\left(\dfrac{\partial V_i}{\partial x_j} + \dfrac{\partial V_j}{\partial x_i}\right)\right\}}{\partial x_j} - \rho(x)s^2 V_i = \frac{Q\delta_3(x)}{\rho(0)}s,$$
$$i = 1, 2, 3 \tag{10-88}$$

边界条件: $V(x, s) = 0$ (固定边界)

$$\lambda(x) \sum_{j=1}^{3} \frac{\partial V_j}{\partial x_j} + \mu(x)\left(\frac{\partial V_3}{\partial x_3} + \frac{\partial V_j}{\partial x_3}\right) = 0$$

$$\mu(x)\left(\frac{\partial V_1}{\partial x_3} + \frac{\partial V_3}{\partial x_1}\right) = 0$$

---

① 可以通过测得的加速度响应积分两次获得。

$$\mu(x)\left(\frac{\partial V_2}{\partial x_3} + \frac{\partial V_3}{\partial x_2}\right) = 0 \text{（自由边界）①}$$

附加条件：

$$（A）: V_i(x^0, s) = \tilde{w}_i(s), \quad i = 1, 2, 3 \tag{10-89}$$

或

$$（B）: V_i(x^0, s) = \frac{\tilde{w}_i(s)}{s^2} + \frac{1}{s} \frac{Q\delta(x_3)\mid_{x_3=0}}{\rho(0)} \delta_{i3}, \quad i = 1, 2, 3 \tag{10-90}$$

（从这里可见 $\delta(x_3)$ 应取近似函数 $\begin{cases} \dfrac{2}{\sigma} - \dfrac{2}{\sigma^2}x_3, & 0 \leqslant x_3 \leqslant \delta \\ 0, & x_3 > \delta \end{cases}$

其中，σ 为取定的小正数，于是（B）中 $\delta(x_3)\mid_{x_3=0}$ 换成 $\dfrac{2}{\sigma}$）。参照文献（苏超伟，1995：168–169）所述的解微分方程的参量摄动法最终确定出 $\lambda(x)$，$\mu(x)$ 和 $\rho(x)$ 的近似表达式。后续的工作与 10.4.5 节中所述类似，在此从略。三维模型的优点是能较准确地定位介质黏结强度或锚固密实度缺陷，缺点是计算复杂且计算量大。

10.5　锚杆锚固系统无损检测的反射波法

把锚杆锚固系统近似地转化为由锚杆和锚固介质形成的一个弹性直杆在具有阻尼的围岩中的纵向振动模型来研究，导出了几种类型锚杆锚固状态下的瞬态激励响应下的数学模型。基于这些数学模型，本节讨论锚杆锚固系统无损检测的反射波法的原理、反射信号特征及信号拟合分析方法。

反射波法检测锚固系统的基本原理是在锚杆顶部作纵向激振，声波沿杆轴向传播，当锚杆本身或锚固介质及围岩发生断裂、离析、扩张、裂隙、紧固等等产生存在明显的波阻抗差异的界面，就会产生反射波，经置于锚杆顶部附近传感器的接收和处理，可识别来自不同部位的反射信息，通过对反射信息进行分析计算，判断锚固系统的缺陷情况。

10.5.1　反射信号的基本特征

以下根据锚杆顶端自由和底端的固结、弹性支承、或断离的不同情况，分别讨论反射信号的基本特征。

1. 锚杆顶端自由和底端弹性支承情形

根据 10.4 节的结论，其瞬态响应下的波动方程可表示为

$$u(x, t) = \sum_{n=1}^{\infty} \frac{4\sqrt{\lambda_n}\varphi_n}{\mu_n(2\sqrt{\lambda_n}l + \sin 2\sqrt{\lambda_n}l)} e^{-\frac{c}{2\rho A}t} \sin\mu_n t \cos\sqrt{\lambda_n}x \tag{10-91}$$

在无阻尼特殊情形，即 $c = k = 0$，可见振动的固有频率 f_n 和基频 f_1 可分别表示为

$$f_n = \frac{a}{2l}(n - \alpha_n)$$

和

$$f_1 = \frac{a}{2l}[1 - \alpha_1]$$

---

① 初始条件已运用于方程中。

其中，α_n 是杆端介质刚度数 k_b 的函数，与 ρ，c，k，n，$\cdots$ 许多因素有关，但总有：$0 < \alpha_n < \dfrac{1}{2}$。

2. 锚杆底端刚性固结情形

取 $k_b \to +\infty$，可知

$$\lambda_n \to \left(\frac{2n-1}{2l}\pi\right)^2, \quad n = 1, 2, \cdots$$

而且

$$u(x, t) = \sum_{n=1}^{\infty} \sin\mu_n t \cos\frac{(2n-1)\pi x}{2l} e^{-\frac{c}{2\rho A}t}$$

特别地，若 $c = k = 0$，即忽略阻尼的情形，有

$$u(x, t) = \sum_{n=1}^{\infty} \frac{4\varphi_n}{a(2n-1)\pi}\sin\frac{(2n-1)\pi a t}{2l}\cos\frac{(2n-1)\pi x}{2l} \tag{10-92}$$

其中

$$\varphi_n = \int_0^l \varphi(x)\cos\frac{(2n-1)\pi x}{2l}dx, \quad n = 1, 2, \cdots$$

可见固有频率和基频 f_1 分别为

$$f_n = \frac{(2n-1)a}{4l} = \frac{a(n-0.5)}{2l}, \quad f_1 = \frac{a}{4l} \tag{10-93}$$

3. 锚杆底端断离或绝对柔性的支承情形

取 $k_b \to 0$，可知

$$\lambda_n = \left[\frac{(n-1)\pi}{l}\right]^2, \quad n = 1, 2, \cdots$$

有

$$u(x, t) = \sum_{n=1}^{\infty} \frac{2\varphi_n}{\mu_n l}\sin\mu_n t \cos\frac{(n-1)\pi}{l}x \tag{10-94}$$

在 $c = k = 0$ 的无阻尼情形，有

$$u(x, t) = b_0 t + \sum_{n=1}^{\infty} b_n \sin\frac{an\pi}{l}t\cos\frac{n\pi x}{l} \tag{10-95}$$

其中

$$b_0 = \frac{4}{l}\int_0^l \varphi(x)dx$$

$$b_n = \frac{2}{an\pi}\int_0^l \varphi(x)\cos\frac{n\pi x}{l}dx, \quad n = 1, 2, \cdots$$

这时固有频率 f_n 和基频 f_1 分别为

$$f_n = \frac{na}{2l}, \quad f_1 = \frac{a}{2l} \tag{10-96}$$

4. 杆底一般弹性支承的情形

振动的固有频率和基频有一般表示式

$$f_n = \frac{a}{2l}[n - \alpha_n] \text{ 和 } f_1 = \frac{a}{2l}[1 - \alpha_1] \tag{10-97}$$

其中，

$$\alpha_n = \left(\frac{n - x_n}{\pi}\right)$$

x_n 是 $\tan x = \dfrac{k_b l}{xEA}$ 的第 n 个正根，可写作

$$\alpha_n = n - \frac{1}{\pi} \tan^{-1} \frac{ak_b}{2\pi f_n EA}, \quad n = 1,\ 2,\ \cdots$$

式（10-93）和式（10-96）可看作式（10-97）的 $k_b \to +\infty$ 和 $k_b \to 0$ 的极限情形。

从解的表达式可见，无论有无阻尼，杆的振动除去可能的振幅衰减性后都是一系列振动 $\sin\mu_n t\cos\sqrt{\lambda_n}\,x$ 的迭加，由于

$$\sin\mu_n t\cos\sqrt{\lambda_n}\,x = \frac{1}{2}\left[\sin\sqrt{\lambda_n}\left(x + \frac{\mu_n}{\sqrt{\lambda_n}}t\right) - \sin\sqrt{\lambda_n}\left(x - \frac{\mu_n}{\sqrt{\lambda_n}}t\right)\right]$$

特别地，当 $c = k = 0$ 时

$$\frac{\mu_n}{\sqrt{\lambda_n}} = a = \sqrt{\frac{E}{\rho}}$$

可见每一个这样的振动是速度为 $\dfrac{\mu_n}{\sqrt{\lambda_n}}$ 的左、右行波的合成，而每一个行波的波形与波速都受阻尼系数 c，k 以及 k_b 的影响，但在小阻尼情形下，重要的决定因素还是锚杆的弹性模量 E 和密度 ρ。

10.5.2　反射波信号分析方法

1. 反射波的时域分析

参照桩基检测分析方法，将锚杆分成若干段，在每一段中，分别用 ρ、a、A 和 E 表示其密度、纵波波速、横截面积和弹性模量，并令 $Z = \rho aA = EA/a$，单位为 N·s/m，表示广义波阻抗。杆整体的变化归结为相应各段的 ρ，a，A 的不同，变化发生的段与段的结合处称为波阻抗界面，将波阻抗的比值表示为

$$n = \frac{Z_1}{Z_2} = \frac{\rho_1 a_1 A_1}{\rho_2 a_2 A_2} \tag{10-98}$$

其中，n 为波阻抗比。

在杆顶激振后，将产生压缩波，以波速 a 沿杆身向下传播。当遇到波阻抗界面时，产生反射波和透射波。根据声波传播理论，只要这两种介质在界面处始终保持接触（既能承压又能承拉而不分离），则根据连续条件和牛顿第三定律，界面上两侧质点速度、应力均应相等

$$\left.\begin{array}{l} \nu_I + \nu_R = \nu_T \\ A_1(\sigma_I + \sigma_R) = A_2\sigma_T \end{array}\right\} \tag{10-99}$$

由波阵面动量守恒条件得

$$\left.\begin{array}{l} \dfrac{\sigma_I}{\rho_1 a_1} - \dfrac{\sigma_R}{\rho_1 a_1} = \dfrac{\sigma_T}{\rho_2 a_2} \\ Z_1(\nu_I - \nu_R) = Z_2\nu_T \end{array}\right\} \tag{10-100}$$

将式（10-99）、式（10-100）联立求解，可得

$$\left.\begin{array}{l} \sigma_R = \sigma_I\left[(Z_2 - Z_1)/(Z_1 + Z_2)\right] = F\sigma_I \\ A_2\sigma_T = A_1\sigma_I\left[2Z_2/(Z_1 + Z_2)\right] = A_1 T\sigma_I \end{array}\right\} \tag{10-101}$$

$$\left.\begin{array}{l} \nu_R = -\nu_I\left[(Z_2 - Z_1)/(Z_1 + Z_2)\right] = F\nu_I \\ \nu_T = \nu_I\left[2Z_1/(Z_1 + Z_2)\right] = nT\nu_I \end{array}\right\} \tag{10-102}$$

其中

$$F = \dfrac{1-n}{1+n} \left.\vphantom{\dfrac{1-n}{1+n}}\right\} \atop T = \dfrac{2}{1+n}$$

(10-103)

其中，F 为反射系数，T 为透射系数，$n=Z_1/Z_2$。

式（10-101）～式（10-103）是反射波法诊断的依据，杆身各种性状以及杆底不同的支承条件均可归纳成以下三种波阻抗变化类型：

1）波阻抗近似不变（$Z_1 \approx Z_2$）

杆底支承介质与杆身阻抗近似，杆身完整、均匀、无缺陷都属于这种类型。

$Z_1 \approx Z_2$，则 $n=1$，$F=0$，$T=1$，由式（10-101）、式（10-102）有 $\sigma_R = v_R = 0$，声波为全透射，无反射信号产生。因此，若杆底岩石与杆身阻抗接近时，将无法得到杆底反射信号。

2）波阻抗减小（$Z_1 > Z_2$）

杆底支承介质较杆身材料软以及杆身断裂、缩径、离析、疏松、裂缝、裂纹等缺陷都属于这种类型。

$Z_1 > Z_2$，则 $n>1$，$F<0$，$T>0$，由式（10-103）可知，σ_R 与 σ_I 异号，反射波为上行拉力波。根据应力符号的定义，上行拉力波与下行压缩波的方向一致，由式（10-102）可知，v_R 与 v_I 符号一致，用传感器在杆顶检测出的反射波速度和初始入射波速度符号相同。总之，在杆顶检测出的反射波速度、应力均与入射波信号极性一致。

当杆底支承介质的阻抗远小于杆身阻抗或杆身完全断裂时，$Z_1 \gg Z_2$，则 $n \to \infty$，$F=-1$，$T=0$，由式（10-101）、式（10-102）有 $\sigma_R = -\sigma_I$，$v_R = v_I$，即杆底处的应力为零，而速度加倍。由于透射波为 0，杆身完全断裂处发生全反射，声波仅在断裂位置以上多次反射，无法检测断裂部位以下的杆身质量。

3）波阻抗增大（$Z_1 < Z_2$）

杆底支承介质较杆身材料硬，杆身扩颈属于这种类型。

$Z_1 < Z_2$，则 $n<1$，$F>0$，$T>0$，由式（10-101）、式（10-102）可知，σ_R 与 σ_I 同号，反射波为上行压缩波，$v_R v_I$ 符号相反。总之，在杆顶检测出的反射波速度、应力均与入射波信号极性相反。

2. 频域分析

由式（10-93）、式（10-96）、式（10-97）可知，在杆的振动是无阻尼的情形且杆底端固定或绝对柔性的特殊情况下，相邻两阶固有频率之差是相等的，即

$$\Delta f = f_n - f_{n-1} = \frac{a}{2l}$$

(10-104)

但在有阻尼的情形或杆底端为弹性支承的一般情形中，低阶频率的频差并不保持相等，但随着阶数的增加，频差趋于常数 $\dfrac{a}{2l}$（汪凤泉，1992）。同样地，如果杆体存在离析、断裂等缺陷，声波在杆顶与缺陷处来回反射，会出现缺陷频率谐振峰 f'_n 且相邻两阶谐振峰的频差近似地可表示为

$$\Delta f' = f'_n - f'_{n-1} = \frac{a}{2l'}$$

(10-105)

其中，l' 为缺陷距杆顶的距离（m）。

式（10-104）和式（10-105）是频域法判断锚杆系统质量的依据。实际分析时，由式（10-104）估算杆长，当波速 a 已知，或是已知波速 a 时，估算锚杆实际长度 l，而式（10-105）主要用于估计缺陷位置。

反射信号的频域分析方法主要有傅里叶变换、希尔伯特变换、小波变换等。通过时间域和频率域之间的变换，可相应得到振幅谱、功率谱、相位谱、瞬时频率、瞬时相位、小波函数等（章成广等，1999；Liu and Sinha，2000，；Li et al.，2001；鲁来玉和王文，2001；张碧星和鲁来玉，2002；刘继生和王克协，

2000；秦前清和杨宗凯，1995；王建忠，1992；胡昌华等，1999；程正兴，1999；张雷等，1997；赵凯和王宗花，2000；张湘伟等，1998；冉启文，2001；谢波等，1999；Crownover，1995；Bak and Chen，1989；Giorgilli et al.，1986；Liebovitch and Toth，1989；Stein and Hartt，1988；Theiler，1990；张小飞等，2003ab）。这些变换参数对反射信号的分析十分重要。

10.5.3　反射信号的拟合分析

实际工程锚杆的波动信号受到杆周围岩阻抗和杆底围岩阻抗的影响，仅当这些围岩阻抗的特性确定之后，才有可能实现杆身截面变化位置、等效变化程度的定量判断（缩颈、扩颈、断裂、及杆底变化等，均等效为截面变化）。

1. 信号拟合模型

1）声波传播模型

考虑了杆侧围岩阻抗影响的锚杆-围岩波动方程为

$$\rho A \frac{\partial^2 u}{\partial t^2} + c \frac{\partial u}{\partial t} + ku = AE \frac{\partial^2 u}{\partial x^2} \tag{10-106}$$

若还考虑杆身阻尼影响，则阻尼系数 $c = c_m + c_{io}$

其中，c_m 为杆身阻尼系数（N·s/m³）；c_{io} 为杆侧围岩阻尼系数（N·s/m³）；k 为杆侧围岩刚度系数（N/m）。

式（10-106）为信号拟合的锚杆-围岩波动模型。

2）杆侧围岩的模型

由锚杆-围岩波动方程可见，杆侧围岩的模型可用杆侧围岩阻尼力 $-c_i \partial u/\partial t$ 和杆侧围岩剪切弹性力 $-ku$ 表示。由于手锤敲击所产生的锚杆位移极小（<<0.1mm），故杆侧围岩阻力还可近似地仅用杆侧围岩阻尼力表示，杆底阻抗可用一个线性弹簧 k_d 和一个线性阻尼 c_d 表示。在信号拟合中，杆侧围岩阻力的初始运算参数可由地质勘探资料给出，并在拟合中加以调整，以符合杆侧围岩的分层密度和刚度的变化要求。初始参数可由下式计算

$$\left. \begin{array}{l} c_i = \rho_i c_s i \\ c_d = \rho_d c \\ k_d = 2DG/ (1-\nu) \end{array} \right\} \tag{10-107}$$

其中，c_i 为第 i 层杆侧围岩对杆侧表面的阻尼系数（N·s/m³）；c_d 为杆底围岩对杆底端面的阻尼系数（N·s/m³）；ρ_i、ρ_d 为第 i 层围岩和杆底围岩的密度（kg/m³）；c_{si}、c 为第 i 层围岩的剪切波波速、杆底围岩的纵波波速（m/s）；k_d 为杆底围岩的刚度系数（N/m）；D 为锚杆直径（m）；G 为杆底围岩的剪切模量（N/m²）；ν 为杆底围岩的泊松比。

3）锚杆中不连续性的模拟

在反射波法的拟合分析中，将连续弹性体锚杆沿轴向分成许多离散单元，按波动方程理论在每个单元边界上计算各段的声波传播。

在计算模型中，所有和阻抗变化有关的不连续性都被模拟成锚杆截面的变化。

4）冲击激励的模拟

反射波法中手锤敲击的冲击力模拟有如下三种可用途径。

（1）用装有力传感器的手锤测定冲击力，并以这一实测冲击力作为锚杆模型在杆头处的力边界条件。

（2）采用实测的最初一部分（锤击）速度信号，将此速度乘以杆头上敲击点到加速度传感器安装点之间的机械阻抗，即得冲击力。该方法只在该实测信号中不存在因杆侧围岩的接触或杆的不连续性而产

生的反射信号时才可采用。

（3）用某一函数（如半正弦函数或三角函数）近似描述冲击力。一般取以下形式

$$f(t) = \begin{cases} A\sin\dfrac{\pi t}{\tau}, & 0 \leqslant t \leqslant \tau \\ 0, & \tau < t < 0 \end{cases} \tag{10-108}$$

其中，τ 为脉冲宽度（ms）。

2. 信号拟合的实现

1）参考锚杆平均值的确定——统计试验

在现场试验一定数量的锚杆，其中多数锚杆的反应是相似的。用这些杆的试验信号求得参考杆平均反应，称为"参考锚杆平均值"。

2）杆侧围岩模型参数的确定——参考锚杆信号拟合

为了得到杆侧围岩阻力，可先给出均匀、等直径的参考锚杆模型，并根据已有的地勘资料对杆侧阻力分布作第一次估计，然后通过多次迭代确定杆侧阻力分布，并调整杆底阻力直到获得良好的信号拟合为止。

参考锚杆的信号拟合以实测冲击力信号作为"锚杆–围岩模型"的输入，通过计算得到杆顶计算速度。将该计算速度与这一冲击力作用下的实测杆顶速度相比较，根据比较结果，不断修改杆侧围岩的模型参数，直到两速度一致，即取得合乎要求的拟合结果为止。

通过在参考锚杆上进行的信号拟合，取得了杆侧围岩的模型参数——杆侧阻力和杆端阻力，该参数在被检测锚杆的信号拟合分析中将作为已知的杆侧围岩阻力模型。

3）可疑锚杆的非完整性诊断——被诊断锚杆的信号拟合

对被诊断杆进行锤击激励，同时测得冲击力信号和速度信号，并在速度信号中确定第一次反射经历的时间或不连续所在位置。以冲击力信号作为被测锚杆的"锚杆–围岩模型"的杆顶输入，通过计算得到杆顶计算速度，并将它与这一冲击力作用下的实测杆顶速度相比较，不断调整"锚杆–围岩模型"中不连续处横截面面积，经过多次迭代运算，直到计算速度曲线与实测速度曲线一致。此时被测锚杆的模型中不连续位置和截面变化即代表了可疑锚杆的情况。

信号拟合技术首先由荷兰 TNO–IBBC 公司应用，我国也已研制出多种信号拟合方法和程序。比较有影响的是 Rausche 等的 PITWAP 信号拟合方法，他们利用该方法对杆身中可能出现的不同类型、不同损坏程度的缺陷，以及各种杆侧阻力分布情况进行了模拟计算，给出了一系列的桩基低应变试验模拟图例。

Wang-PIP 法（王靖涛，1999）信号拟合由王靖涛教授于1992年提出，理论基础是波传播反问题理论。根据声波理论分析，给出一个近似的力边界条件，对于这个给定的力边界条件和实测杆顶质点速度曲线，利用一维波动方程系数反演方法，直接对波阻抗进行反演。该方法仅以测得的杆顶速度响应为输入数据，同时由于是直接反演，计算时间短，可以对低应变试验结果进行现场实时处理。

Wang-PIP 法还可用来分析杆底反射波，从而可以得到关于杆底围岩性状的估计。这对端承杆承载力的估算有一定意义。

由定量分析方法计算出缺陷处的波阻抗后，由式（10-109）计算杆身完整性因子 β，再依据表10-3 对缺陷划分等级。

$$\beta = Z_2 / Z_1 \tag{10-109}$$

其中，Z_2 为缺陷介质的波阻抗（N·s/m）；Z_1 为缺陷位置以上杆身波阻抗（N·s/m）。

表10-3　杆身缺陷等级划分

β	1.0	0.8~1.0	0.6~0.8	<0.6
缺陷等级	完好	轻微	较严重	严重

需要说明的是：由于锚杆的尺寸效应、测试系统的幅频相频响应、高频波的弥散、滤波等造成的实测波形畸变，以及杆侧围岩阻尼、和杆身阻尼的耦合影响，各种拟合方法还不能达到精确定量的程度。

10.6 反射波的小波分形维数分析

对声波反射波进行小波包分解并研究各小波频段包含的缺陷信息状况，在此基础上，采用能体现波形全息信息的分形维数的方法计算各小波频段的分形维数，并依据能量法提取到小波分解波的幅值平均值作为反射波的能量大小的一个量度，最终提取出包含锚杆质量信息的特征向量。从而探索出一种对锚杆质量无损检测智能化的方法。

10.6.1 反射波的小波分析方法

1. 小波分析的背景

小波分析是 20 世纪 70 年代出现并在近些年来发展起来的新的数学分支，目前已成为国内外极为活跃的研究领域，已被广泛地应用于信号分析、图像处理、语言的人工合成、地震勘探等方面（张雷等，1997；赵凯和王宗花，2000；张湘伟等，1998；冉启文，2001；谢波等，1999；Crownover，1995；Bak and Chen，1989；Giorgilli et al.，1986；Liebovitch and Toth，1989；Stein and Hartt，1988；Theiler，1990；张小飞等，2003ab）。

长期以来，在各种信号数据的处理方面，特别在频谱分析和各种滤波方法中，最基本的数学工具就是 Fourier 分析。在数学上，我们常用函数来描述信号，通常总是把时间或空间作为自变量，而把反映信号的物理量作为函数值。信号的一个重要特征就是它的频谱，在数学上也就是对表示信号的函数的进行 Fourier 变换（Mallat，1989；Mallat and Hwang，1992；Mallat and Zhong Sifen，1992；张小飞等，2003c）。所调频谱分析、滤波、消噪等信号数据处理的方法，从数学的角度看来就是对一个函数的 Fourier 变换进行分析、处理。Fourier 分析的基本思想是将信号表示为具有不同频率的谐波函数的线性叠加。令 L^1 (R) 表示 R 上的绝对可积函数空间，即对任意的 $f \in L^1$ (R)，有

$$\int_{-\infty}^{+\infty} | f(t) | \, \mathrm{d}t < + \infty \tag{10-110}$$

成立。对于信号 $f \in L^1$ (R)，其 Fourier 变换为

$$\hat{f}(w) = \int_{-\infty}^{+\infty} \mathrm{e}^{-iwt} f(t) \mathrm{d}t \tag{10-111}$$

这就表明 Fourier 变换对函数的变化是整体–整体的。也就是说反映的只能是信号或函数的整体特征，要不全在时域，要不全在频域。可实际问题中的信号往往是非平稳的，即信号的特性按时间的统计不是一成不变的。对于这种信号，无论是否知道它过去的历史状况，它都将出现不可预报的突发事件。这就要求我们考虑信号的局部特征。例如，在对音乐和语言信号的分析中人们关心的是什么时刻演奏什么音符，发出什么样的音节；对地震波（声波）的记录来说，人们关心的是什么位置出现什么样的反射波，这样的信号只在某个时刻的一个小范围内发生了变化，那么信号的整个频谱都要受到影响，但只根据频谱的变化从根本上来说又无法确定该信号发生变化的时刻和剧烈程度。在锚固系统的无损检测中，激发的脉冲波和由缺陷引起的反射波就属于这种情况。Fourier 分析不适用于之类分析。

为了改进 Fourier 分析的这种不足. 1946 年，D. Gabor 引进了窗口 Fourier 变换的概念。他用一个在行限区间（称为窗口）外恒等于零的光滑函数（这个有限区间的位置随一个参数而变）去乘所要研究的函数，然后对它作 Fourier 变换。这种变换确实能反映函数在窗口内部分的频谱特性，因而的确能在一些需要研究信号的局部性质的问题中起一定作用。但是，由 Gabor 引进的这种窗口 Fourier 变换的窗口位置虽

然能随参数变化而任意移动，但是其窗口的大小和形状却与频率无关而是固定不变的。这与高频信号的分辨率应比低频信号为高，因而频率愈高窗口应愈小这一要求不符。加上 Gabor 变换其他一些缺点，它未能得到广泛的应用与发展。

小波变换继承并发展了 Gabor 的窗口 Fourier 变换的局部化思想，但它的窗口随频率增高而缩小。它符合高频信号的分辨率较高的要求，而且小波变换适当离散化后能构成标准正交系，这是在理论或应用中部非常重要有用的性质。小波的原始概念最早是法国地质学家 Morlet 和 Grossmann 在 20 世纪 70 年代分析处理地质数据时引进的，以后又经 Meyer、Mallat 与 Daubechies 等数学家的一系列工作，小波变换已有比较系统的理论与计算方法，并已在许多领域中发挥作用（Mandelbrot，1982；赵松年，1996；Wornell and Oppenheim，1992；Lundahl et al.，1986；秦前清和杨宗凯，1995）。

2. 小波分析理论

上面列举了几种时频分析的方法。其基本思想在于将能量有限的信号分解到一组正交基上，这组正交基或是可数，或是不可数. 都是在给定的信号函数空间上稠密的。而短时傅里叶变换则在正交基上又加了一组时间窗，从数学上讲，也是把分解后的信号再进行一次分解。那么在这样的思路下，我们是否可以找到一组函数，使得其成为在能量有限信号的函数空间上稠密的正交基，并且单纯的由一个函数的伸缩和平移生成呢？

1）连续小波变换

伸缩的结果就是我们可以在不同的分辨率下分解信号，平移的结果就是我们可以把这组信号作为窗，来观察自己关心的部分。那么这样的函数一定是要具有紧支集的（在有限的区域内迅速衰减到 0，这样的函数我们就称为母小波，由它生成的一组正交基我们就称为小波函数（王建忠，1992）。

如果 $\psi(t) \in L^2(r)$ 满足容许性条件

$$C_\psi = \int_{-\infty}^{+\infty} \frac{|\hat{\psi}(w)|^2}{|w|} \mathrm{d}w < +\infty \tag{10-112}$$

那么 $\psi(t)$ 叫作可允许小波（积分小波、基小波）。其中，$\hat{\psi}(w)$ 是 $\hat{\psi}(t)$ 的 Fourier 变换。

由基小波生成的小波函数系可表示为

$$\psi_{a,b}(t) = |a|^{-1/2}\psi\left(\frac{t-b}{a}\right) \tag{10-113}$$

将信号在这个函数系上做分解，就得到了连续小波变换的定义。

设 $f(t) \in L^2(R)$ 则对其可允许小波函数 $\psi_{a,b}(t)$ 的连续小波变换为

$$(W_\psi f)(a,b) = \int_{-\infty}^{+\infty} f(t)\overline{\psi_{a,b}(t)}\mathrm{d}t \tag{10-114}$$

2）多分辨分析

Meyer 于 1986 年创造性地构造出具有一定衰减性的光滑函数，其二进制伸缩与平移构成 $L^2(R)$ 的规范正交基，才使小波得到真正的发展。1988 年 S. Mallat 在构造正交小波基时提出了多分辨分析（Multi-Resolution Analysis）的概念，从空间的概念上形象地说明了小波的多分辨率特性。

小波多分辨分析将小波函数、两个特定的空间序列、双尺度方程和相应的滤波器组以其特有的方式联系在一起，它为小波基、尺度函数和小波函数的构造与小波分析的应用提供了统一的框架。

多分辨率分析是在 L2（R）函数空间中，将函数 f 描述为一系列近似函数的极限。每一个近似都是函数 f 的平滑版本，而且具有越来越精细的近似函数。因为这些近似都是在不同尺度下得到的，所以称为多分辨率分析。

将多分辨分析与之前的所有正交小波基的构造法统一起来，给出了正交小波的构造方法以及正交小波变换的快速算法，即 Mallat 算法（胡昌华等，1999）。

三层多分辨小波分解树如图 10-11 所示。图 10-11 中，A 表示低频，D 表示高频，末尾的序号数表示

小波分解的层数（尺度数）。分解具有关系：$X = cA_3 + cD_3 + cD_2 + cD_1$。输出参数 C 是由 $[cA_3，cD_3，cD_2，cD_1]$ 组成，L 是由 cA_3 的长度，cD_3 的长度，cD_2 的长度，cD_1 的长度，X 的长度组成。低频系数向量 cA_1 是由信号 X 与低通分解滤波器经过卷积运算得到，高频系数向量 cD_1 是由信号 X 与高通分解滤波器经过卷积运算得到。用同样的方法把低频系数 cA_1 分成两部分，分解后返回尺度 2 的低频系数 cA_2 和高频系数 cD_2，依此类推。

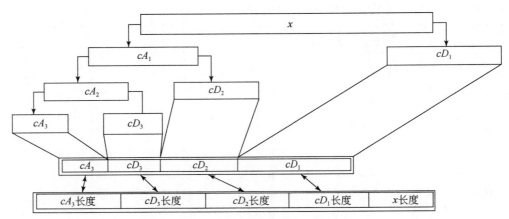

图 10-11　三层多分辨分析树结

3）小波包分析

从图 10-11 可以看出，多分辨分析只是对低频部分进行进一步分解，使频率的分辨率变得越来越高，而高频部分则不予以考虑。小波包分析能够为信号提供一种更加精细的分析方法，它将频带进行多层次划分，对多分辨分析没有细分的高频部分进一步分解，并能够根据被分析信号的特征，自适应地选择相应频带，使之与信号频谱相匹配，从而提高了时-频分辨率，因此小波包具有更广泛的应用价值。

（1）小波包的构造。小波包元素是由三个参数来确定的一个波形，这三个最基本参数是：位置、尺度（与一般小波分解一样）和频率。对于一个给定的正交小波函数，可以生成一组小波包基，每一个小波包基提供一种特定的信号编码方法。它完整地保存了信号的全部能量，并可以对原始信号的全部特征进行完全重构（程正兴，1999）。

当用一个正交小波去构造一个小波包时，首先根据相应的小波，用两个长为 $2N$ 的滤波器 $h(k)$ 和 $g(k)$ 开始，它们分别是低通分解滤波器和高通分解滤波器各自除以 $\sqrt{2}$ 后的重构滤波器；其次，定义函数序列 $[W_n(x)，n=0，1，2，\cdots]$

$$W_{2n} = 2\sum_{k=0}^{2N-1} h(k)W_n(2x-k) \tag{10-115}$$

$$W_{2n+1} = 2\sum_{k=0}^{2N-1} g(k)W_n(2x-k) \tag{10-116}$$

其中，$W_0(x) = \phi(x)$ 是尺度函数，$W_1(x) = \psi(x)$ 是小波函数。

Haar 函数属于 Daubechies 小波系，是在小波分析中最早用到的一个具有紧支撑的正交小波函数，同时也是最简单的一个函数。Haar 函数的定义为

$$\psi_{\mathrm{H}} = \begin{cases} 1，0 \leqslant x \leqslant 1/2 \\ -1，1/2 \leqslant x \leqslant 1 \\ 0，其他 \end{cases} \tag{10-117}$$

对 Haar 函数，因为

$$h(0) = h(1) = 1/2，N=1 \tag{10-118}$$

$$g(0) = -g(1) = 1/2，N=1 \tag{10-119}$$

所以，它的尺度函数和小波函数

$$W_{2n}(x) = W_n(2x) + W_n(2x-1) \tag{10-120}$$

$$W_{2n+1}(x) = W_n(2x) - W_n(2x-1) \tag{10-121}$$

其中，$W_0(x) = \phi(x)$ 是 Haar 尺度函数，$W_1(x) = \psi(x)$ 是 Haar 小波函数，两个函数的支撑长度均在区间 $[0,1]$ 上。从式（10-117）～式（10-121）可以看出，通过把支撑区间分别在 $[0,1/2]$ 和 $[1/2,1]$ 内的两个 1/2 尺度的 W_n 加起来可获得 W_{2n} 函数。同样，通过把支撑区间分别在 $[0,1/2]$ 和 $[1/2,1]$ 内的两个 1/2 尺度的 W_n 相减可获得 W_{2n} 函数。对于更规则的小波，用相似的构造方法，可以获得光滑的小波包函数序列，且具有的支撑为 $[0, 2N-1]$。

（2）最佳小波包基的选择。利用小波包，可以对信号进行大量不同方式的分解，但对于给定的信号、小波包函数、分解层数和熵标准，它具有一种最佳的小波包分解方式。熵 E 是一个递增的价值函数，即 $E(0) = 0$，$E(X) = \sum_i E(X_i)$。Shannon 熵标准指

$$E(X_i) = -X_i^2 \log X_i^2 \tag{10-122}$$

$$E(X) = -\sum_i X_i^2 \log X_i^2 \tag{10-123}$$

其中，X 代表信号，X_i 代表信号 X 在一个正交小波包基上的投影系数。

计算表明，对于锚头位移信号，采用 Haar 小波包函数，根据 Shannon 最小熵标准，图 10-12 的分解树即最佳小波包分解树（胡昌华等，1999）。

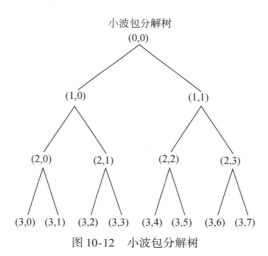

图 10-12　小波包分解树

（3）小波包分解后的信号特征提取。对锚杆位移曲线，我们利用 Matlab 工具箱中的小波包分析工具，在小波包函数为"haar"、分解层数为"3"和熵标准为"shannon"时进行小波包分解，分别提取第三层从低频（结点（3，0））到高频（结点（3，7））8 个频率成分的信号特征（小波分解系数）。图 10-13 为第 16 章的三峡右岸地下电站试验锚杆中注浆密实度为 86% 的 I-1 号锚杆的反射波形的小波包分解图。

图 10-13 中最上面的是原始波形，下面依次是三层小波分解的八个图形，依据频率由低到高依次排列，它们的节点分别是（3，0）、（3，1）、（3，2）、（3，3）、（3，4）、（3，5）、（3，6）、（3，7）。分析表明，当用一个含有丰富频率成分的信号作为输入对系统进行激励时，由于系统缺陷对各频率成分的抑制和增强作用发生改变，通常它会明显地对某些频率成分起着抑制作用，而对另外一些频率成分起着增强作用，因此，小波包分解后的信号特征（各频段的小波分解系数）带有锚杆中缺陷（注浆密实度）的丰富信息。通过对小波分解后的信号特征进行分析处理，就可以得到锚杆质量的信息。

应用各频带能量分析的方法可以得出它们之间的关系（许明，2002）。带有缺陷的锚杆的小波包分解输出与正常锚杆的小波包分解输出相比，相同频带内信号的能量会有着较大的差别，它使某些频带内信

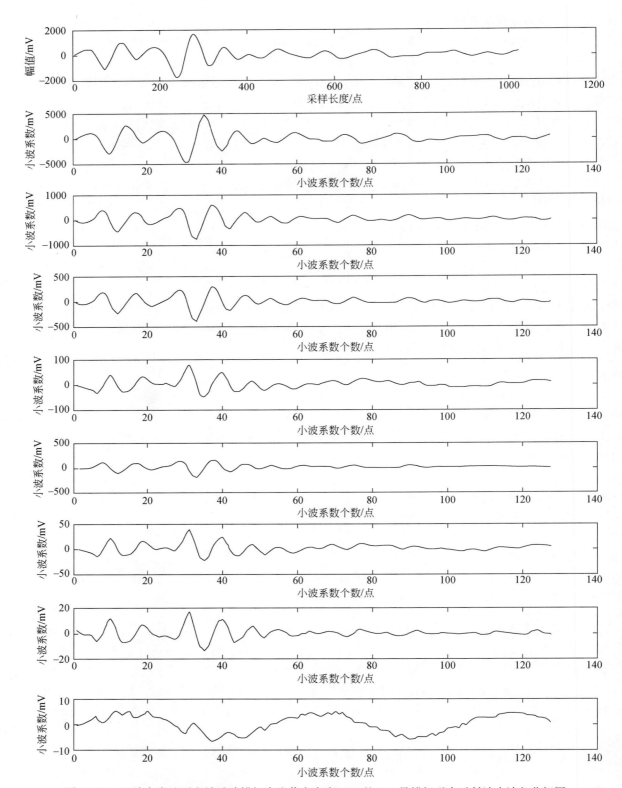

图 10-13　三峡右岸地下电站试验锚杆中注浆密实度 86% 的 I-1 号锚杆磁击反射波小波包分解图

号能量减小，而使另外一些频带内信号能量增大。某种或某几种频率成份能量的改变即代表了一种缺陷情况。因此，以小波分解后能量为元素可以构造一个特征向量，依据特征向量进行分类决策，就可以确定是否有缺陷，该向量即能够描述锚杆锚固质量缺陷的参数。并且特征向量的各个分量实质上代表了各个频率段的能量分布情况，前述分析表明这种分布可以有效地区分不同质量的锚杆产生的波形。

在此对小波分解后的特征信号不作能量分析，而是采用能更好地体现波形特征的分形维数分析的方法，通过对小波分解后各频段的波形的分形维数的计算，得到小波分解后各频段的分形维数。并以此作为表征锚杆质量缺陷的特征向量，实践证明，以此作为特征向量比用能量法获得的特征向量更能全面地体现锚杆的质量特征。

10.6.2 反射波的分形维数分析法

1. 分形理论概述

近年来，分形理论得到广泛的研究（法尔科内，1991；辛厚文，1999；金一栗等，2002；石博强和申焱华，2001；李挈等，2002；刘春生，2002；陈国安和尤肖虎，1999；董霄剑等，2000；郝柏林，1993；王金龙，1998）。如何描述研究对象的分形维数，取决于研究对象的特征以及研究目的。存在于自然界中的物理分形往往表现出某种随机性和尺度性，即仅在特定尺度范围内从统计角度上表现出分形特征。因此分形维数也有不同的定义方式（Mandelbrot，1983；Mark et al.，1991；Pilkington et al.，1995；Mark and Aronson，1984；申宁华等，1997；吴永栓等，1997），包括 Hausdorff 维数 D_H、信息维数 D_i、相似维数 D_s、关联维数 D_g、容量维数 D_c、谱维数 $\tilde{D}$、Lyapunov 维数 D_L 等。所以对于不同的对象应采用不同的描述方法计算其分形维数。

在形态或结构上存在自相似性的几何对象称为分形容体，标度律是指具有分形结构的客体在一定的标度区间具有的标度不变性。标度律或分维数是刻画分形结构复杂性的重要参数，而自相似性则是分形几何研究的核心问题。只有在一定标度区间具备自相似性（实际上是统计自相似性）的对象，才能应用分形几何理论来研究其内在复杂的规律性。

分形学首先以海岸线的几何形态为例，发展了关于曲线的分维的计算方法。在分形理论中，分形体的分维在其成立的尺度范围内存在着上限和下限，只有在可能的观测尺度的范围内，自相似才成立，只有用与测量对象本身维数相同的尺度去测量它，才能得到有限的数值。此外，尽管分维是定量地表示自相似图形复杂程度的最基本的量，但仅仅用分维数值不可能描述自然界中所有的复杂形状．为了使分维也能适用于超出其测量尺度，即自相似不成立的那些范围，也为了使分维这一概念能对测量对象有更丰富的描述，在分形理论中产生了有效维数以及扩展分数维的概念。这些概念源于两种思考方法：一是不把分维看作为常数，使其能依赖于观测的尺度，即使在自相似不成立的情况下也能使用；二是在自相似成立的情况下，为弥补分维所不能描述的其他信息，重新引进另外的量。

分形在数学上有严格的定义（辛厚文，1999；Saunders et al.，1992；胡岗，1994；高安秀树，1989），所谓分形，就是 Hausdorff 维数大于其拓扑维数 D_T 的集合 F，即 $F = \{D：D_H > D_T\}$。相应地，称 D_H 为 F 的分形维数。对于严格自相似性的分形，可以证明其 Hausdorff 维数 D_H 等于相似维数 D_s。Hausdorff 维数的大小反映了集合的不规则程度，用于振动信号分析，则反映了信号的不规则性和复杂性。

对于二维曲线，在数学上抽象为 R^2 空间的集合 F。可以根据观察尺度去求分形维数。在工程应用上，一般很难根据分形维数的定义去计算分形维数，因为不存在无穷小。一般采用近似的方法，对分形维数进行计算，对于 Hausdorff 维数 D_H，一般有以下计算方法。

2. 分形维数的计算方法（姜建东等，1998）

1）圆规法

设 C 是分形曲线，则

$$L_E = L_H \delta^{1-D} \tag{10-124}$$

其中，L_E 表示 C 的欧氏长度，L_H 表示 C 的 Hausdorff 长度，δ 表示 C 的标度，D 是 C 的分形维数。如 δ 为分规间距，则 L_E 可看作是间距为 δ 的分规测量 C 所得的长度，L_E/δ 则以 δ 为步长测量 C 时所得到的步数，记作

$$N(\delta) = \frac{L_E}{\delta} \tag{10-125}$$

变形式（10-125），得

$$\frac{L_E}{\delta} = L_H \delta^{-D} \tag{10-126}$$

对式（10-126）两边先取对数，再取极限，有

$$D = \lim_{\delta \to 0} \frac{\ln N(\delta)}{-\ln\delta} \tag{10-127}$$

其中，D 是分规法计算出来的分形维数，在不同的步长 δ_i（标度）下，测量分形曲线 C 得到不同的 $N_i(\delta)_i$，在双对数系数中，拟合数据 $(-\ln\delta_i, \ln N_i(\delta_i))$ 所得直线斜率即 D。因为是测量长度得出的，所以习惯上又称为长度维数 D_L。

2）盒维数法

分形盒维数 D_B 度量了系统填充空间的能力。盒维数是根据测度关系求取的维数，其定义：设集合 $X \subset R^2$，在欧氏距离下，用边长为 ε 的小盒子紧邻地去覆盖 X（本问题 X 为一曲线），设 $N(X, \varepsilon)$ 为覆盖 X 所需的小盒子数，则有 $N(X, \varepsilon) \varepsilon^{D_B} = V'$（常数），两边取对数，整理后得 $\lg N(X, \varepsilon) = D_B \lg\varepsilon^{-1} + \lg V'$，则

$$D_B = \lim_{\varepsilon \to 0} \frac{d[\lg N(X, \varepsilon)]}{d(\lg\varepsilon^{-1})} \tag{10-128}$$

此外，计算分形维数的方法，还有面积维数法、周长维数法等其他方法，本文主要运用盒维数来计算锚杆的反射波形的小波包分解图形，它的计算具有简单和精确的特点，能够保证工程计算简捷高效的要求。

3. 锚杆小波分解波形的盒维数计算

盒维数算法的基本思想是将曲线所在的坐标区域用 $\varepsilon \times \varepsilon$ 分成覆盖网格，如图 10-14 所示。然后计算有曲线落入的边长 ε 正方形的个数。该方法的特点是简单、精确。

具体计算步骤为：

（1）将小波分解的图形进行归一化

$$\bar{x}_i = \frac{x_i - x_{imin}}{x_{imax} - x_{imin}} \tag{10-129}$$

$$\bar{z}_i = \frac{z_i - z_{imin}}{z_{imax} - z_{imin}} \tag{10-130}$$

其中，x_i 表示小波分解的输出数据横坐标，z_i 表示小波分解的输出数据纵坐标；x_{imax} 为数据 x_i 的最大值，z_{imax} 和 z_{imin} 分别为数据 z_i 的最大值和最小值，$\bar{x}_i$ 为归一化后 x_i 的数据，$\bar{z}_i$ 为归一化后 z_i 的数据。归一化后不改变图形的拓扑结构，因此也不改变图形的维数。

（2）以小波分解后的最小采样间隔作为 ε，将图形进行网格划分。然后计算含有曲线的网格数 $N(Z, \varepsilon)$。

（3）另取一系列不同的 $K\varepsilon$（$K \in Z^+$）作为网格边长，可得到相应的 $\lg N(Z, K\varepsilon) \sim \lg[(K\varepsilon)^{-1}]$ 的曲线，应用最小二乘法（范金城和梅长林，2002；Agrawal et al.，1993；Srikant and Agrawal，1996；王凌等，2000；王选文等，2001；Agrawal and Shim，1996；杨炳儒等，2002；董淳等，1999）算出其直线的极限斜率（$\varepsilon \to 0$），即盒维数 D_B。在工程实际计算中，对于 ε 取值较小时，有

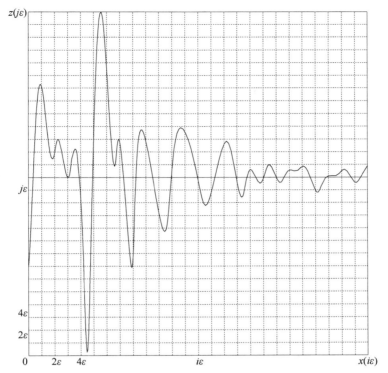

图 10-14　盒维数的网格划分

$$D_{B} = \frac{\Delta\left[\lg N(Z, \varepsilon)\right]}{\Delta(\lg \varepsilon^{-1})} = \frac{\lg\left[N_2(Z, \varepsilon_2)\right] - \lg\left[N_1(Z, \varepsilon_1)\right]}{\lg \varepsilon_2^{-1} - \lg \varepsilon_1^{-1}} \tag{10-131}$$

为计算方便，通常取 $\varepsilon_2 = 2\varepsilon_1$，分形维数描述波形反射能量的大小。

　　对于图 10-15（a）的直线图形依据盒维数的计算方法编程后计算得到的值为 1.0964，可以看出编程采用的盒维数的近似极限值 1.0964 非常接近直线的理论盒维数值 1；图 10-15（b）的正弦曲线图形依据盒维数的计算方法编程后计算得到的值为 1.2385。通过比较两个图形的盒维数值，可以看出不同图形的盒维数值差异性很大，对于反射波形，不同波形的盒维数值可以反映出反射波的能量等的相关信息，可以作为一个定量的评价指标。

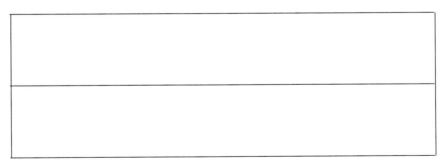

(a)直线分形盒维数为1.0964

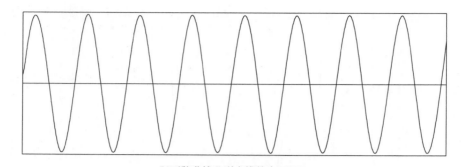

(b)正弦曲线分形盒维数为1.2385

图 10-15 直线和正弦曲线的分形维数对比图

10.6.3 锚杆波形的实例分析

1. 锚杆小波分解波形分析

选取第 16 章三峡锚杆模型试验中密实度分别为 96.8%、94.3%、91%、87.5.3%、85.1% 和 83.3% 的 II-5-20（注：II-5 为锚杆编号，尾数为外露段的长度，单位是厘米，下同）号锚杆、II-6-20 号锚杆、I-3-60 号锚杆、I-3-80 号锚杆、VIII-23-135 号锚杆和 VII-19-135 号锚杆，分别对其进行小波包分解，小波分解后波形为图 10-16 所示。图 10-16 的每个子图中最上面的是原始波形，下面是三层小波分解的八个图形，依据频率由低到高依次排列，它们的节点分别是（3，0）、（3，1）、（3，2）、（3，3）、（3，4）、（3，5）、（3，6）、（3，7）。

由图 10-16 可以看出，原始波形随着密实度的减小，波幅整体出现逐渐扩大的趋势，说明在密实度减少的时候，锚固体由于出现空隙和空浆，反射波出现反射强烈的现象。而各小波分解的波形随着分解频段的不同，出现了不同的规律，如节点（3，0）、（3，1）高频频段的波幅出现随着密实度的减小而逐渐增大的现象；节点（3，2）、（3，3）次高频频段的波幅随着密实度的变化波幅变化不大的现象；节点（3，4）中间频段的波幅随着密实度的减小也逐渐减小的现象、而节点（3，5）、（3，6）、（3，7）等低频频段随着密实度的减小又逐渐增大的现象。以上分析说明，对于原始波形和小波包分解不同频段的波形，它们的波形特征具有很大的差异性。也就是说小波包分解将原始波形在不同频域上的特点显示出来，各个频段呈现了不同的波形特点。

2. 锚杆小波分解波形的分形维数分析

根据波形的小波包分析特点，为了探索智能化的分析方法，我们根据波形的特征，引入能反映波形特征的分形维数分析法，进一步对小波包分解的波形进行分形维数计算，从而达到能对波形特征进行数值化处理的目的，将人为的根据波形特征判断锚杆的质量好坏转化成数值的量度，实现对锚杆锚固质量无损检测的智能化。

对于三峡工程右岸地下电站的试验锚杆，先对原始波形进行小波包分解处理，然后对原始波形和小波包分解后的波形分别计算盒维数，得到九个数值化的反映一个反射波特征的数列，在此基础上进一步进行分析，完成从图形特征向数值特征转化的目的。表 10-4 所示的是三峡工程右岸地下电站所有试验锚杆反射波形原始波形和小波包分解波形的盒维数计算值。其中原波维数是原始收集到的反射波的分形维数，编号 1~8 分别是该反射波在三层小波包分解后的分形维数，密实度值是由 10.3 节的检测原理中依据能量法得到的锚杆密实度。

对于图 10-16 中的六根锚杆，依据表 10-4 中的分形维数数据，绘出不同密实度时各分形维数以及原始波形维数的变化曲线，如图 10-17～图 10-25 所示。分析其中的维数关系，发现密实度与原始波形和小波分解波形的分形维数之间的关系表现为非线性。我们知道，分形维数是波形复杂程度（表现为锚杆锚固质量信息）的一个量度，维数越大说明波形越复杂或是波幅越大；反射能越小，波形越简单或波幅较小，维数也就越小。这和前面波形的小波波形分析一致，证明分形维数能代表波形的反射能量的变化规律。但波形维数与密实度之间的非线性关系是由于小波分解反映了频域特性的差异，是锚杆锚固质量信息在相应频域内的反应特征，因此其分形维数也应是反映波形复杂程度的一个量度。

总之，维数是小波分解后各频段能量反射大小和复杂程度的量化评价，维数越大，其反射能越大，能量结构越复杂；相反，则反射能越小，能量结构越简单。因波形的分形维数和波形的复杂程度有关，再加上原始波形的平均波幅，我们就可以完整的描述一个波形的复杂程度。对于一个锚杆的反射波形，通过对它的原始波形和小波包分解后的波形计算分形维数，计算原始波形的平均波幅，得到与本锚杆的密实度相关的 10 个参数，以此 10 个数值作为特征向量，借助人工神经网络模型，就可以定量描述锚杆锚固系统密实度的大小，这是我们提出的锚固系统密实度预测智能化的基本思路。

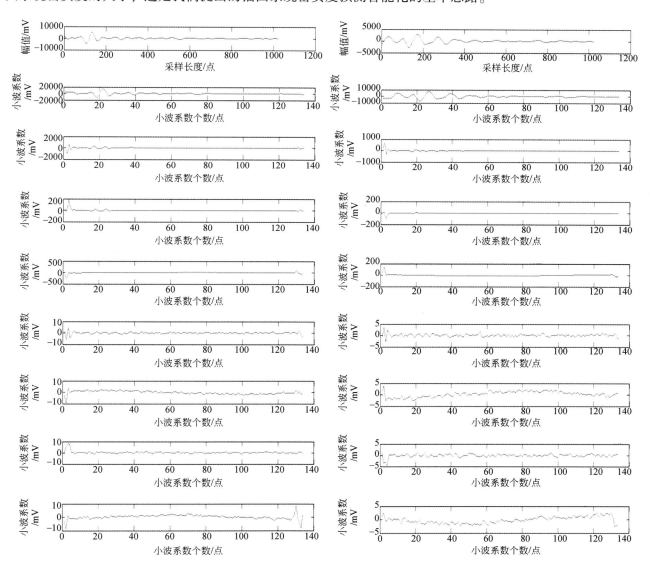

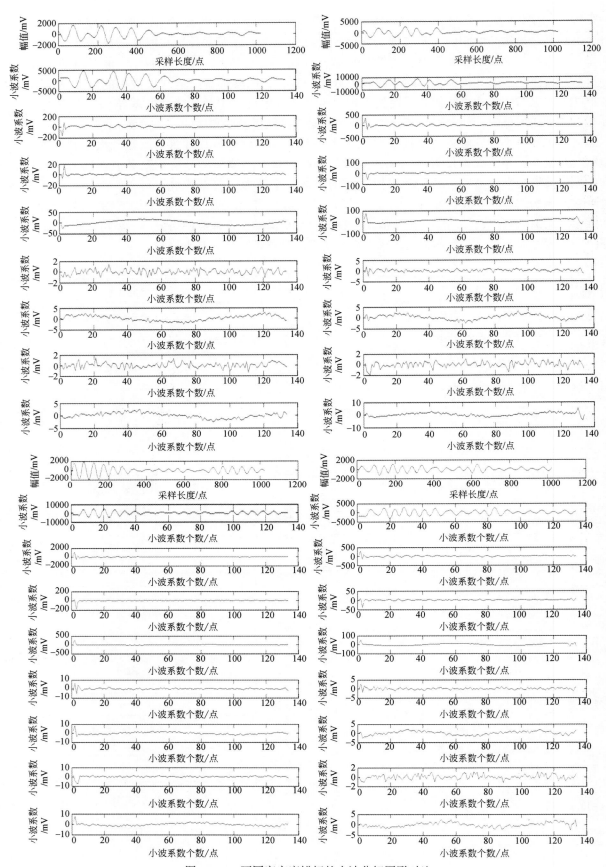

图 10-16　不同密实度锚杆的小波分解图形对比

表 10-4　三峡右岸地下电站试验锚杆反射波小波分形维数计算结果

锚杆编号	密实度/%	Seg 文件编号	原波维数	分形维数 1	分形维数 2	分形维数 3	分形维数 4	分形维数 5	分形维数 6	分形维数 7	分形维数 8
I-1-100	86	01. sy	1.2349	1.2334	1.2448	1.2445	1.258	1.2445	1.2552	1.2593	1.2873
I-1-80	88.5	01. sy1	1.2259	1.2299	1.2477	1.2471	1.243	1.2526	1.2602	1.2484	1.2796
I-1-60	93	01. sy2	1.2333	1.2356	1.2395	1.2357	1.2519	1.2403	1.2452	1.2591	1.2923
I-1-40	92.8	01. sy3	1.2405	1.2401	1.2485	1.2511	1.2557	1.251	1.2587	1.2557	1.2685
I-1-20	97.2	01. sy4	1.2335	1.2334	1.2494	1.2471	1.2602	1.2483	1.2629	1.2577	1.2665
I-2-100	85.6	03. sy	1.256	1.2521	1.2661	1.2652	1.2582	1.2634	1.2623	1.2657	1.2774
I-2-80	88	02. sy1	1.2245	1.224	1.2366	1.2368	1.2708	1.2346	1.2651	1.2645	1.2785
I-2-60	91.5	02. sy2	1.2363	1.2436	1.2423	1.2406	1.2661	1.2404	1.2698	1.2755	1.2856
I-2-40	93.4	02. sy3	1.2616	1.2481	1.2483	1.248	1.273	1.2488	1.2775	1.2734	1.2758
I-2-20	95.6	02. sy4	1.2388	1.2331	1.3006	1.3007	1.2662	1.3032	1.2679	1.2614	1.3192
I-3-100	85	06. sy	1.2626	1.263	1.2642	1.2595	1.2801	1.2624	1.2829	1.2857	1.2656
I-3-80	87.5	03. sy1	1.2736	1.2714	1.265	1.2652	1.2802	1.264	1.2823	1.2844	1.2827
I-3-60	91	03. sy2	1.2464	1.2458	1.2517	1.247	1.2481	1.2473	1.2429	1.2472	1.3122
I-3-40	93.7	03. sy3	1.2464	1.2458	1.2517	1.247	1.2481	1.2473	1.2429	1.2472	1.3122
I-3-20	94.3	03. sy4	1.2513	1.2409	1.2644	1.2611	1.254	1.2662	1.2542	1.2596	1.295
II-4-100	87	09. sy	1.2449	1.2422	1.2508	1.2514	1.2457	1.2507	1.2497	1.2522	1.3027
II-4-80	89.5	04. sy1	1.2551	1.2398	1.2918	1.289	1.2785	1.2902	1.2767	1.2813	1.2941
II-4-60	92.1	04. sy2	1.2526	1.2523	1.2565	1.2594	1.3265	1.2593	1.3229	1.3199	1.3017
II-4-40	94	04. sy3	1.2419	1.2437	1.261	1.261	1.2833	1.2598	1.2801	1.2874	1.2892
II-4-20	96.5	04. sy4	1.2389	1.2299	1.3031	1.3018	1.2683	1.3014	1.2681	1.2696	1.3178
II-5-100	88.2	10. sy	1.216	1.2187	1.2541	1.2571	1.2527	1.2591	1.2441	1.2416	1.3095
II-5-80	87	05. sy1	1.2415	1.2363	1.3055	1.3084	1.2577	1.3054	1.2567	1.2535	1.3219
II-5-60	92.4	05. sy2	1.2371	1.2329	1.2692	1.2717	1.2577	1.2715	1.2584	1.2576	1.3167
II-5-40	94.5	05. sy3	1.2328	1.2281	1.2353	1.2314	1.2477	1.2338	1.2522	1.2456	1.2721
II-5-20	96.8	05. sy4	1.2105	1.2341	1.2612	1.2565	1.254	1.2548	1.2474	1.2355	1.2849
II-6-100	87.6	11. sy	1.245	1.2584	1.2691	1.2678	1.2954	1.2689	1.2981	1.2987	1.3261
II-6-80	88.6	06. sy1	1.2328	1.2316	1.3134	1.3149	1.2655	1.3135	1.2675	1.2666	1.3299
II-6-60	92.8	06. sy2	1.2386	1.2305	1.261	1.2596	1.2764	1.2603	1.2773	1.2805	1.313
II-6-40	94.3	06. sy3	1.2375	1.2367	1.2334	1.2385	1.2776	1.2367	1.2797	1.2754	1.2929
II-6-20	95	06. sy4	1.2409	1.2512	1.2744	1.2769	1.273	1.2764	1.2774	1.2689	1.3
III-7-20	81	12. sy	1.2656	1.2662	1.2664	1.2667	1.2912	1.2688	1.2868	1.2895	1.2779

续表

锚杆编号	密实度/%	Seg 文件编号	原波维数	分形维数 1	分形维数 2	分形维数 3	分形维数 4	分形维数 5	分形维数 6	分形维数 7	分形维数 8
III-8-20	82	13. sy	1.285	1.2849	1.285	1.2867	1.3057	1.2866	1.3097	1.306	1.2845
III-9-20	81	14. sy	1.2833	1.2751	1.2766	1.2758	1.2933	1.2745	1.2936	1.2953	1.309
IV-10	91.6	15. sy	1.2296	1.2142	1.2716	1.2728	1.2647	1.2709	1.2678	1.2656	1.2956
IV-11	92.4	16. sy	1.2037	1.2001	1.255	1.2514	1.2587	1.2506	1.2556	1.2477	1.301
IV-12	91.7	17. sy	1.2417	1.2422	1.2301	1.2304	1.2559	1.2309	1.2534	1.2553	1.2741
V-13	94	18. sy	1.2696	1.2587	1.2175	1.215	1.31	1.2157	1.3125	1.3223	1.2768
V-14	91.2	19. sy	1.2495	1.2543	1.2358	1.2383	1.2716	1.2398	1.2737	1.2833	1.2741
V-15	94.1	20. sy	1.2432	1.2382	1.2585	1.2615	1.2705	1.2626	1.2685	1.269	1.3178
VI-16	92	21. sy	1.2427	1.2404	1.2567	1.259	1.2621	1.2599	1.2661	1.2653	1.2995
VI-17	91.8	22. sy	1.2228	1.2107	1.2328	1.2327	1.2443	1.2328	1.2432	1.2529	1.2975
VI-18	91	23. sy	1.2409	1.2409	1.2368	1.2329	1.2477	1.2329	1.246	1.2484	1.2617
VII-19-135	83.3	24. sy	1.3207	1.3166	1.3122	1.3145	1.3183	1.3144	1.3184	1.3145	1.312
VII-19-80	87.5	07. sy2	1.2789	1.2748	1.2843	1.2818	1.2926	1.2806	1.2934	1.2956	1.3055
VII-19-20	94.2	07. sy4	1.2666	1.2612	1.2809	1.2769	1.3103	1.2786	1.3066	1.3105	1.3132
VII-20-135	86.9	25. sy	1.323	1.3175	1.3153	1.3146	1.3203	1.3136	1.3196	1.3216	1.3146
VII-20-80	89	08. sy2	1.2726	1.2669	1.2819	1.2849	1.3087	1.2833	1.3109	1.3061	1.3098
VII-20-20	93.9	08. sy4	1.2595	1.2537	1.3055	1.3017	1.2857	1.3015	1.2883	1.2882	1.3221
VII-21-135	86.3	26. sy	1.3196	1.3204	1.3154	1.3148	1.3229	1.3156	1.3208	1.3221	1.3096
VII-21-80	88.8	09. sy2	1.2582	1.2523	1.2745	1.2713	1.294	1.2712	1.2906	1.2956	1.3266
VII-21-20	95.4	09. sy4	1.2649	1.2587	1.2476	1.2443	1.3107	1.2464	1.3084	1.3026	1.2882
VIII-22-135	87.2	27. sy	1.2952	1.2946	1.2976	1.2965	1.3039	1.2955	1.3039	1.3055	1.2867
VIII-22-80	92	12. sy2	1.2799	1.2802	1.2659	1.2603	1.3188	1.2602	1.3139	1.3082	1.3086
VIII-22-20	95.7	10. sy4	1.2481	1.2441	1.2782	1.2777	1.2717	1.2799	1.2679	1.263	1.2986
VIII-23-135	85.1	28. sy	1.3102	1.3016	1.2797	1.2822	1.3138	1.2813	1.3125	1.3125	1.3212
VIII-23-80	94	13. sy2	1.2974	1.2928	1.256	1.2527	1.3296	1.2515	1.3307	1.3329	1.2976
VIII-23-20	96.4	11. sy4	1.2427	1.2392	1.2837	1.2896	1.2577	1.2857	1.2626	1.2621	1.3094
VIII-24-135	86.3	29. sy	1.3161	1.3031	1.3161	1.3157	1.3578	1.3156	1.3537	1.355	1.3742
VIII-24-80	91	14. sy2	1.2691	1.2572	1.3044	1.3055	1.3047	1.3055	1.3071	1.3049	1.3325
VIII-24-20	95.4	12. sy4	1.2809	1.2721	1.2874	1.2807	1.3049	1.2831	1.3106	1.3187	1.2965

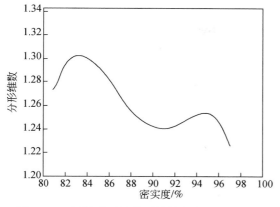

图 10-17　原始波形的分形维数与密实度的关系

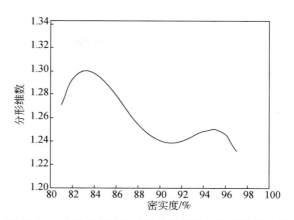

图 10-18　小波分解波形 1 的分形维数与密实度的关系

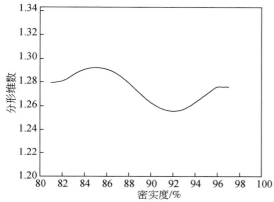

图 10-19　小波分解波形 2 的分形维数与密实度的关系

图 10-20　小波分解波形 3 的分形维数与密实度的关系

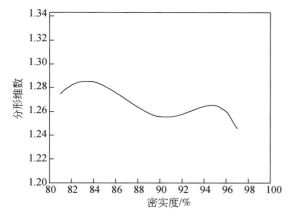

图 10-21　小波分解波形 4 的分形维数与密实度的关系

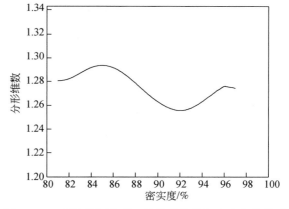

图 10-22　小波分解波形 5 的分形维数与密实度的关系

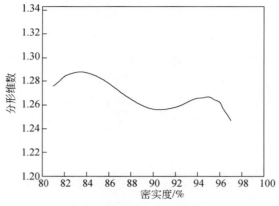 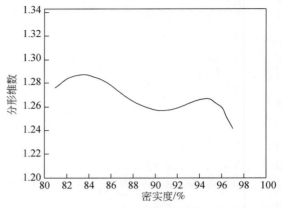

图 10-23　小波分解波形 6 的分形维数与密实度的关系　　图 10-24　小波分解波形 7 的分形维数与密实度的关系

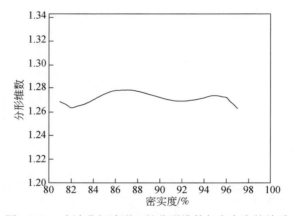

图 10-25　小波分解波形 8 的分形维数与密实度的关系

10.7　锚固系统无损检测的 BP 神经网络模型

　　10.6 节对锚固系统反射波的原始波形、小波分解波形的维数与锚杆密实度的关系进行了初步探讨，但由于分形维数是一个反映波形相关信息的特征向量，所以很难就某一方面（如能量测度）与锚杆密实度缺陷建立对应关系，所以我们引入原始波形的平均波幅作为对能量的一个量度，和分形维数一起作为描述锚杆锚固密实度的特征向量。尽管如此，这一特征向量和密实度之间的关系也并不是确切的线性或非线性关系。为了找到它们之间的复杂关系，我们采用人工神经网络的方法来寻求它们之间的映射关系。

　　人工神经网络具有自学习、自组织、联想记忆能力，特别是对残缺不全或模糊随机的不确定信息有较强的容错能力，因此将神经网络用于检测预测小波分形维数特征向量与锚杆缺陷的关系具有简便快捷准确的特点。

10.7.1　人工神经网络构成的基本原理

1. 人工神经元模型

　　人的智能来自于大脑，大脑是由大量的神经细胞和神经元组成的。每个神经元可以看作为一个小的处理单元，这些神经元以某种方式互相连接起来，按照外部的激励信号作自适应变化，而每个神经元又随着接受到的多个激励信号的综合大小呈现兴奋或抑制状态。神经元是信息处理系统的最小单元，它由细胞体、树突、轴突和突触四部分组成。树突和轴突分别负责传入和传出兴奋或抑制信息到细胞体，神经元的树突较短，分支很多，是信息的输入端，轴突较长，是信息的输出端。突触是一个神经元与另一个神经元相联系的特殊结构部位，包括突触前（成分）、突触间隙和突触后（成分）三个部分。突触前是第一个神经元的轴突末梢部分，突触后是第二个神经元的受体表面；突触前通过化学或电接触将信息传往突触后受体表面，实现神经元的信息传输。树突和轴突一一对接，靠突触把众多的神经元连接成一个神经网络，从而对外界有兴奋和抑制两种反应。神经元之间信息的传递形式有正、负两种连接：正连接呈相互激发；负连接呈相互抑制。各神经元间的连接强度和极性可以有所不同，并且都可进行调整，因此人脑才可以有存储信息的功能。

人工神经元是生物神经元的模拟与抽象。目前人们提出的人工神经元模型有许多，其中最早提出且影响最大的是 MP 人工神经元模型（McCulloch and Pitts，1943）。1943 年，美国心理学家麦卡洛克（W. McCulloch）和数学家皮茨（W. Pitts）在分析和研究人脑细胞神经元后，认为人脑细胞神经元的活动像一个断通的开关，引入阶跃阈值函数，从而用电路构成了人工神经元模型。如图 10-26 所示，它是一个多输入/单输出的非线性信息处理单元。其中，x_1，$\cdots$，x_i，$\cdots$，x_n 表示其他 n 个神经元对神经元 j 的输入，w_{1j}，$\cdots$，w_{ij}，$\cdots$，w_{nj} 表示 n 个神经元对神经元 j 输入的加权系数，称为权值，$f(\cdot)$ 称为激活传递函数（Activation Transfer Function），简称为激活函数，激活函数的输入为神经元 j 输入的加权和 $\sum_{i=1}^{n} w_{ij}x_i$，其输出为神经元 j 的输出 o_j，激活函数反映了人工神经元的实质。在 MP 人工神经元模型中，模仿断通开关功能的激活函数是一个二值型阈值函数，其数学表达式为

$$o_j = f(\sum_{i=1}^{n} w_{ij}x_i) = \begin{cases} 1, & \sum_{i=1}^{n} w_{ij}x_i \geq 0 \\ 0, & \sum_{i=1}^{n} w_{ij}x_i \leq 0 \end{cases} \tag{10-132}$$

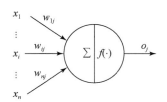

图 10-26　MP 神经元模型

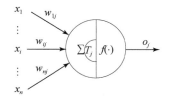

图 10-27　人工神经元模型

若在上述人工神经元模型中，神经元 j 的激活还存在一个阈值 T_j，$f(\cdot)$ 为任意激活函数，则得到一般人工神经元模型（王旭等，2000）。如图 10-27 所示，这样，神经元 j 的输出为

$$o_j = f(\sum_{i=1}^{n} w_{ij}x_i - T_j) \tag{10-133}$$

输入总和称为神经元 j 的净输入，用

$$\text{net}'_j = \sum_{i=1}^{n} w_{ij}x_i \tag{10-134}$$

令 $x_0 = -1$，$w_{0j} = T_j$，则有 $-T_j = x_0 w_{0j}$，因此净输入与阈值之差可表达为：

$$\text{net}_j = \sum_{i=1}^{n} w_{ij}x_i - T_j = \sum_{i=0}^{n} w_{ij}x_i \tag{10-135}$$

令 $W_j = (w_{0j}, w_{1j}, w_{2j}, \cdots, w_{nj})^T$，$X = (x_0, x_1, x_2, \cdots, x_n)^T$，神经元 j 的输出可简化为

$$o_j = f(\text{net}_j) = f(W_j^T X) \tag{10-136}$$

2. 人工神经网络的基本特征

人工神经元通过一定的结构组织起来，就构成人工神经网络。可按不同的标准对人工神经网络进行分类：按拓扑结构分为层状型结构和互连型结构，按网络结构分为前馈型和反馈型，按网络性能分为连续性和离散性或确定性和随机性网络，按学习方式分为有导师和无导师学习，按突触连接的性质分为一阶线性关联和高阶非线性关联网络。

人工神经网络由于吸取了人脑神经系统的许多优点，具有以下基本特征：

（1）分布存储和容错性。人工神经网络通过自身的网络结构实现对信息的记忆，所记忆的信息存储在神经元的权值中，从单个权值并看不出所存储记忆的信息内容，因而是分布式的存储方式。这种存储方式的优点是，如果部分信息不完全甚至有误，仍能恢复出原来正确完整的信息，系统仍能运行。这样网络就具有了容错性和联想记忆功能。

（2）大规模并行处理。人工神经网络在结构上是并行的，且各个单元可以同时进行类似的处理过程，因此网络中的信息处理是在大量单元中平行而又有层次地进行，运算速度大大超过传统的序列式运算。

（3）自学习和自适应性。人工神经网络是一种变结构系统，在实践过程中会改变系统内部结构和联系方式，完成对环境的适应和对外界事物的学习能力。神经元之间的连接多种多样，其连接强度有一定可塑性，网络可以通过学习和训练进行自组织以适应不同信息处理的要求。

（4）高度的全局非线性。人工神经网络是大量神经元的集体行为，但并不是各单元行为的简单相加，而表现出一般复杂非线性动态系统的特性，如不可预测性、不可逆性等。

10.7.2　BP 网络模型

1. BP 网络结构

在已有数十种人工神经网络模型中，应用最多、最有效的是 BP 网络（Hecht- Nielsen，1989）。BP（Back Propagation）神经网络是采用误差反向传播作为学习算法的前馈网络，通常由输入层、隐含层和输出层构成，层与层之间的神经元采用全互连的连接方式，通过相应的网络权函数相互连接，每层内的神经元之间没有连接，输入层和输出层分别只有一层，隐含层可以一层或多层，但单隐含层最为普遍，其拓扑结构如图 10-28 所示。

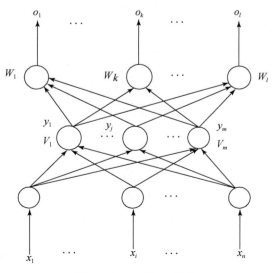

图 10-28　三层 BP 网络

输入向量为 $X=(x_0, x_1, x_2, \cdots, x_i, \cdots, x_n)^T$。其中，$X_0=-1$，可为隐含层神经元引入阈值。隐含层输出为 $Y=(y_0, y_1, y_2, \cdots, y_j, \cdots, y_m)^T$。其中，$y_0=-1$，可为输出层神经元引入阈值。输出向量为 $O=(o_1, o_2, \cdots, o_k, \cdots, o_l)^T$，期望输出向量为 $D=(d_1, d_2, \cdots, d_k, \cdots, d_l)^T$。输入层到隐含层的权值用 $V=(V_1, V_2, \cdots, V_j, \cdots, V_m)$ 来表示。其中，列向量 V_j 为隐含层第 j 个神经元对应的权向量。隐含层到输出层的权值用 $W=(W_1, W_2, \cdots, W_k, \cdots W_l)$ 来表示。其中，列向量 V_k 为隐含层第 k 个神经元对应的权向量。

对于输出层，存在

$$o_k = f(\text{net}_k), \quad k=1, 2, \cdots, l \tag{10-137}$$

$$\text{net}_k = \sum_{j=0}^{m} w_{jk} y_k, \quad k=1, 2, \cdots, l \tag{10-138}$$

对于隐含层，存在

$$y_j = f(\text{net}_j), \quad j=1, 2, \cdots, m \tag{10-139}$$

$$\text{net}_j = \sum_{i=0}^{n} \nu_{ij} x_i, \quad j=1, 2, \cdots, m \tag{10-140}$$

在式（10-137）、式（10-139）中，激活函数 $f(x)$ 均为单极性 Sigmoid 函数

$$f(x) = \frac{1}{1+e^{-x}} \tag{10-141}$$

$f(x)$ 具有连续、可导的特点，其导数为

$$f'(x) = f(x)[1-f(x)] \tag{10-142}$$

2. BP 网络算法（韩力群，2002）

BP 网络的学习是一种典型的有导师的学习，学习过程由信号的正向传播与误差反向传播两个过程组成。正向传播时，输入样本通过输入层，经隐含层逐层处理后，传入输出层。若在输出层的实际输出与期望的输出不符，则转入误差反向传播过程。误差反传是将输出误差以某种形式通过隐含层向输入层逐层反传，并将误差分摊给各层的所有单元，从而获得各层每个单元的误差信号，以此误差信号作为修正各单元权值的依据。这种信号的正向传播与误差反向传播是周而复始地进行的，一直进行到网络输出的误差减少到允许的程度。

一般地，网络输出与期望输出不相等，存在输出误差 E

$$E = \frac{1}{2}(D-O)^2 = \frac{1}{2}\sum_{k=1}^{l}(d_k - o_k)^2 \tag{10-143}$$

将式（10-137）、式（10-138）代入式（10-143），得

$$E = \frac{1}{2}\sum_{k=1}^{l}\left[d_k - f\left(\sum_{j=0}^{m} w_{jk} y_j\right)\right] \tag{10-144}$$

再将式（10-139）、式（10-140）代入式（10-144），得

$$E = \frac{1}{2}\sum_{k=1}^{l}\left\{d_k - f\left[\sum_{j=0}^{m} w_{jk} f\left(\sum_{i=0}^{n} \nu_{ij} x_i\right)\right]\right\} \tag{10-145}$$

由式（10-145）可见，网络输出误差是各层权值 w_{jk}、v_{ij} 的函数，因此调整权值即可达到改变输出误差 E 的目的。

显然，调整权值的原则是使误差 E 不断地减小，因而应使权值的调整量与误差的负梯度成正比，即

$$\Delta w_{jk} = -\eta \frac{\partial E}{\partial w_{jk}} j=0, 1, 2, \cdots m; \ k=1, 2, \cdots, l \tag{10-146a}$$

$$\Delta v_{ij} = -\eta \frac{\partial E}{\partial v_{ij}} i=0, 1, 2, \cdots, n; \ j=1, 2, \cdots, m \tag{10-146b}$$

其中，负号表示梯度下降；常数 $\eta \in (0, 1)$，称为学习率。

若对输出层和隐含层各定义一个误差函数

$$\delta_k^o = -\frac{\partial E}{\partial \mathrm{net}_k} \qquad (10\text{-}147a)$$

$$\delta_j^y = -\frac{\partial E}{\partial \mathrm{net}_j} \qquad (10\text{-}147b)$$

利用式（10-144）、式（10-145），由式（10-147）可得

$$\delta_k^o = （d_k - o_k） o_k （1 - o_k） \qquad (10\text{-}148a)$$

$$\delta_j^y = （\sum_{k=1}^{l} \delta_k^o w_{jk}） y_j （1 - y_j） \qquad (10\text{-}148b)$$

则权值的调整量可表示为

$$\Delta w_{jk} = \eta \delta_k^o y_j = \eta （d_k - o_k） o_k （1 - o_k） y_j \qquad (10\text{-}149a)$$

$$\Delta v_{ij} = \eta \delta_j^y x_i = \eta （\sum_{k=1}^{l} \delta_k^o w_{jk}） y_j （1 - y_j） x_i \qquad (10\text{-}149b)$$

10.7.3　锚固系统的 BP 神经网络模型

1. 网络结构

锚杆锚固质量的无损检测主要是基于声波反射波形，对反射波形进行小波分解、维数计算和原始波形的平均波幅计算，最后得到一个包含锚杆锚固质量信息的特征向量，它们分别是检测原始波形的分形维数和平均波幅，以及原始波形小波分解后的 8 个波形的分形维数，共计 10 个元素。

若以锚杆反射波的原始波形的分形维数和平均幅值、小波分解后 8 个波形的分形维数共 10 个数值作为为输入参数，以锚杆注浆密实度为输出参数，则输入参数与输出参数的表达式为

$$\varphi = \Psi （d_1，d_2，d_3，d_4，d_5，d_6，d_7，d_8，d_9，d_{10}） \qquad (10\text{-}150)$$

其中，φ 为锚杆注浆密实度；$d_1 \sim d_8$ 为小波包分解的 8 个波形分形维数；d_9 为原始波形的维数；d_{10} 为原始波形的平均幅值；Ψ 为非线性函数。

由于 Ψ 为复杂的非线性函数，要确定其表达式存在相当大的困难或根本无法表达，而人工神经网络模型是一种能模拟非线性输入输出关系的有效工具。将 d_i（$i=1，2，\cdots，10$）作为网络输入层神经元，φ 作为网络输出层神经元，建立锚固系统无损检测的 BP 神经网络模型，如图 10-29 所示。

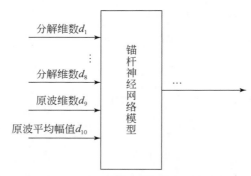

图 10-29　锚固系统无损检测 BP 神经网络结构示意图

2. 网络的学习训练

建立锚杆密实度预测的神经网络模型，实质上是要获得反映训练样本中输入与输出映射关系的权值。对于上述网络结构，选定初始权值、阈值后，通过样本的训练调整神经网络权值和阈值，达到输入、输出量之间的匹配，网络调整后的权重矩阵（网络权重）也就是非线性函数 Ψ 的隐含形式。

以第 16 章三峡右岸地下电站工程试验锚杆为实例，我们建立 BP 神经网络的学习模型。选取表 10-5 中 60 组试验锚杆数据为训练样本，以小波包分解分形维数和原波维数作为输入参数的 $d_1 \sim d_9$，以每个试验锚杆原始波形的平均幅值（表 10-5）作为输入参数的 d_{10}，$d_1 \sim d_{10}$ 构成训练样本全部的输入参数，以表 10-5 中对应的密实度作为输出参数。

由于网络输入输出参数具有不同的物理意义和不同的量纲，而激活函数 Sigmoid 的输出为 $0 \sim 1$，因而必须对输入输出数据进行归一化处理，以便于 BP 神经网络模型处理数据。归一化公式为

$$\overline{x}_i = \frac{x_i - x_{i\min}}{x_{i\max} - x_{i\min}} \tag{10-151}$$

其中，x_i 表示输入或输出数据，$x_{i\max}$ 和 $x_{i\min}$ 分别为数据 x_i 的最大值和最小值，$\overline{x}_i$ 为归一化后 x_i 的数据。

表 10-5　三峡工程右岸地下电站试验锚杆的密实度和原始波形的平均波幅

锚杆编号	密实度/%	平均波幅	锚杆编号	密实度/%	平均波幅
I-1-100	86	510.94	III-7-20	76	768.46
I-1-80	88.5	443.09	III-8-20	74	449.49
I-1-60	93	739.48	III-9-20	72	570.39
I-1-40	92.8	658.42	IV-10	91.6	398.1
I-1-20	97.2	446.74	IV-11	92.4	434.41
I-2-100	85.6	532.74	IV-12	91.7	1262.8
I-2-80	88	767.66	V-13	94	636.87
I-2-60	91.5	462.84	V-14	91.2	465.06
I-2-40	93.4	440.25	V-15	94.1	472.3
I-2-20	95.6	226.93	VI-16	92	458.44
I-3-100	85	293.2	VI-17	91.8	363.18
I-3-80	87.5	572.93	VI-18	91	472.43
I-3-60	91	400.83	VII-19-135	85.3	573.22
I-3-40	93.7	611.85	VII-19-80	87.5	390.8
I-3-20	94.3	295.75	VII-19-20	84	453.04
II-4-100	87	254.39	VII-20-135	74	523.89
II-4-80	89.5	587.84	VII-20-80	89	331.59
II-4-60	92.1	519.14	VII-20-20	93.9	468.69
II-4-40	94	419.57	VII-21-135	86.3	412.17
II-4-20	96.5	459.19	VII-21-80	88.8	600.63
II-5-100	88.2	571.57	VII-21-20	95.4	488.82
II-5-80	87	726.03	VIII-22-135	87.5	345.12
II-5-60	92.4	581	VIII-22-80	92	642.73
II-5-40	94.5	1112.2	VIII-22-20	95.7	587.15
II-5-20	96.8	490.72	VIII-23-135	85.1	454.29
II-6-100	87.6	530.17	VIII-23-80	94	170.35
II-6-80	88.6	724.22	VIII-23-20	96.4	169.42
II-6-60	92.8	717.59	VIII-24-135	86.3	151.5
II-6-40	94.3	489.81	VIII-24-80	91	605.84
II-6-20	95	528	VIII-24-20	95.4	184.54

BP 神经网络模型选用两层隐层的 BP 神经网络结构，借助 matlab 工具箱的 trainlm 函数进行训练。将以上 60 组 $d_1 \sim d_{10}$ 训练样本数据归一化处理，作为输入，以上述对应的 60 个密实度值也进行归一化处理作为输出，在训练误差值 SSE 平缓的趋向于指定误差指标值时，得到权值矩阵 W_1、W_2 和 W_3 以及偏置值矩阵 b_1、b_2 和 b_3，完成 BP 神经网络的训练。

图 10-30 所示为锚固系统 BP 神经网络预测模型训练过程（训练 86 次）误差曲线。可以看出该模型可以快速地（训练次数小于 80）接近设定误差值，多次实验证明，这组数据设定误差 0.001 时该 BP 神经网络模型具有良好的预测检验准确性，说明此时的权值和误差向量对输入和输出参数之间的关系达到较好的拟合。

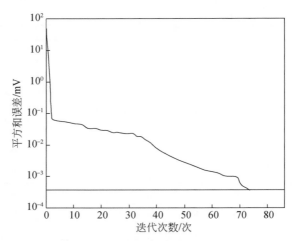

图 10-30　锚杆 BP 神经网络预测模型训练过程误差曲线图

3. 应用 BP 神经网络预测锚杆注浆密实度

利用训练好的 BP 神经网络模型，对未参加过训练的锚杆样品进行预测，和原来的密实度进行比较，以检验神经网络模型的预测准确性。

将未参加过训练的表 10-6 中的原波维数和平均幅值以及小波分解维数的 20 组 $d_1 \sim d_{20}$ 样本数据归一化后作为输入，依据训练得到的权值和偏值矩阵，通过 MATLAB 函数 simuff，利用下式

$$Y = \text{simuff}\ (p_1,\ w_1,\ b_1,\ 'logsig',\ w_2,\ b_2,\ 'logsig',\ w_3,\ b_3,\ 'purelin') \tag{10-152}$$

可以得到通过训练好的 BP 神经网络预测出来的密实度，和原来的密实度作对比，检验锚杆预测模型的工程实用性和可靠性。预测计算值和实测值的对比见图 10-31，误差分析结果见表 10-7，校核结果表明，锚杆注浆密实度的计算预测值与原测值基本一致，最大相对误差为 9.97%。验证了该锚杆 BP 神经网络密实度预测模型合理，锚杆注浆密实度的预测数据可靠，可以用于工程中对锚杆密实度无损检测的预测。

表 10-6　未参加 BP 网络模型训练的锚杆反射波分解维数和原波平均波幅

锚杆编号	密实度/%	平均波幅	原波维数	分解维数1	分解维数2	分解维数3	分解维数4	分解维数5	分解维数6	分解维数7	分解维数8
I-1-60	93	739.48	1.236	1.236	1.231	1.232	1.249	1.232	1.251	1.26	1.294
I-1-20	97.2	247.44	1.251	1.242	1.247	1.251	1.283	1.249	1.281	1.28	1.255
I-3-100	85	335.43	1.256	1.259	1.264	1.261	1.266	1.263	1.26	1.27	1.275
II-4-20	96.5	420.82	1.238	1.251	1.311	1.315	1.284	1.317	1.286	1.28	1.322

锚杆编号	密实度/%	平均波幅	原波维数	分解维数 1	分解维数 2	分解维数 3	分解维数 4	分解维数 5	分解维数 6	分解维数 7	分解维数 8
II-5-80	87	724.16	1.249	1.253	1.303	1.306	1.277	1.306	1.275	1.27	1.305
II-6-100	87.6	607.58	1.245	1.247	1.26	1.26	1.269	1.261	1.267	1.26	1.318
III-7-66	80	339.48	1.258	1.259	1.269	1.265	1.279	1.266	1.281	1.28	1.283
III-8-99	81	391.84	1.29	1.29	1.28	1.28	1.31	1.28	1.31	1.3	1.29
IV-10	91.6	408.06	1.223	1.218	1.285	1.281	1.267	1.282	1.264	1.27	1.294
IV-11	92.4	379.79	1.228	1.214	1.255	1.253	1.259	1.253	1.259	1.26	1.315
V-14	91.2	314.67	1.255	1.229	1.232	1.225	1.25	1.225	1.255	1.26	1.255
V-15	94.1	337.28	1.254	1.246	1.248	1.253	1.268	1.251	1.267	1.27	1.305
VI-17	91.8	429	1.219	1.218	1.227	1.222	1.235	1.224	1.241	1.25	1.278
VI-18	91	477.71	1.245	1.233	1.227	1.227	1.274	1.226	1.267	1.27	1.267
VII-19-20	94.2	453.04	1.27	1.273	1.279	1.279	1.318	1.279	1.316	1.32	1.325
VII-20-135	86.9	482.14	1.316	1.315	1.312	1.315	1.317	1.315	1.313	1.31	1.335
VII-21-135	86.3	962.03	1.317	1.318	1.316	1.315	1.318	1.315	1.318	1.32	1.318
VIII-22-80	92	444.71	1.273	1.267	1.274	1.277	1.291	1.277	1.293	1.3	1.305
VIII-23-135	85.1	368.6	1.314	1.31	1.302	1.304	1.314	1.305	1.317	1.31	1.295
VIII-24-135	86.3	368.31	1.305	1.301	1.296	1.296	1.306	1.296	1.31	1.31	1.297

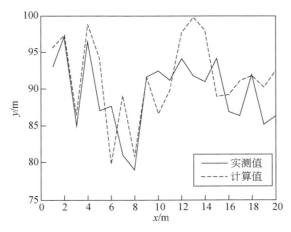

图 10-31 锚杆样品 BP 神经网络模型预测计算值和实测值对比

表 10-7 锚杆 BP 神经网络模型预测校核表

锚杆编号	实测密实度/%	计算密实度/%	相对误差/%
I-1-60	93	95.614	2.8112
I-1-20	97.2	97.332	0.13598
I-3-100	85	86.357	1.5969
II-4-20	96.5	98.875	2.4613
II-5-80	87	94.189	8.263
II-6-100	87.6	79.78	-8.9275
III-7-20	81	89.076	9.9703

锚杆编号	实测密实度/%	计算密实度/%	相对误差/%
Ⅲ-8-20	79	80.779	2.2521
Ⅳ-10	91.6	91.526	-0.080572
Ⅳ-11	92.4	86.597	-6.2805
Ⅴ-14	91.2	89.866	-1.4632
Ⅴ-15	94.1	97.718	3.8445
Ⅵ-17	91.8	99.83	8.7477
Ⅵ-18	91	98.038	7.7342
Ⅶ-19-20	94.2	89.008	-5.5121
Ⅶ-20-135	86.9	89.244	2.6974
Ⅶ-21-135	86.3	91.122	5.5879
Ⅷ-22-80	92	91.83	-0.18501
Ⅷ-23-135	85.1	90.216	6.0114
Ⅷ-24-135	86.3	92.527	7.2156

第 11 章 ┃ 高清数字岩芯检测技术

钻孔电视成像技术是指利用光学成像技术对钻孔周围的壁面进行扫描成像（李攀峰，2008；罗俊和蔡网锁，2014）。依靠光学原理，钻孔电视技术使人们能直接观测到钻孔的内部。由于其图像直观，已被广泛应用于工程岩土体勘察与工程质量检测中。此后，为了解决普通钻孔电视在图像分辨率，图像扭曲、明暗不均，图像信息错误等方面存在的诸多问题，高清钻孔电视应运而生。高清钻孔电视提供的高分辨率孔壁图像有利于分析混凝土中不良缺陷，结合其他辅助信息，如声波测井信息，可更好地评估混凝土施工质量，为缺陷处理提供科学依据。

数字岩芯是基于孔壁与岩芯的耦合关系，利用钻孔电视孔壁图像建立的虚拟岩芯，受普通钻孔电视技术限制，一直未能成为现实。高清钻孔电视解决普通钻孔电视存在的诸多问题，为数字岩芯提供数据来源。数字岩芯库是存储数字岩芯的仓库，解决实物岩芯在获取、运输、存储及管理上存在的诸多问题，可用于各类混凝土钻孔的岩芯管理、混凝土裂缝发育情况追踪、灌浆前后处理效果评价等。

11.1 数字岩芯发展概述

数字岩芯是基于孔壁与岩芯的耦合关系，利用钻孔电视孔壁图像建立的虚拟岩芯。钻孔电视为数字岩芯提供数据基础。数字岩芯的发展离不开钻孔电视技术的发展。

11.1.1 钻孔电视发展概况

钻孔电视技术的出现是基于当代科学技术的发展，特别是摄像设备集成化方面的突破，而数字技术的发展又进一步地将钻孔电视技术推到了一个更高的水平。自从第一台钻孔照相设备出现以来，钻孔电视技术的发展经历 3 个阶段：①钻孔照相（BPC）；②钻孔摄像（BTC）；③钻孔数字成像（DBOT）。

钻孔照相设备出现在 20 世纪 50 年代，这种设备使用感光胶片拍摄钻孔孔壁的静态照片。钻孔摄像于 60 年代研制成功，到了 80 年代已经成为一种重要的勘探工具，钻孔摄像能提供实时探测和记录的能力。80 年代末，出现了基于全景图像和数字技术的钻孔数字成像系统。全景图像 360° 全方位覆盖钻孔孔壁，而数字技术则提供了高效的图像采集、显示和处理能力。这些图像不仅可以用于定性地揭示钻孔内的情况，而且还可以定量地获得相关的孔内信息。近年来，高清数字钻孔电视如雨后春笋般涌现，图像质量大幅提升。

钻孔电视技术应用广泛，在工程地质勘察方面，可准确地划分岩性，查明孔内地质构造（断层、裂隙、破碎带，尤其是软弱夹层和细小的节理裂隙都能尽收眼底），观察地下水活动等情况；在工程领域，可用来检查混凝土浇筑质量、灌浆效果的质量，城市建筑管桩检测，坝闸基础渗漏检测以及地下隧道工程的超前地质预报等。

11.1.2 数字岩芯发展概况

在水利水电工程的勘察、设计、施工等过程中会布置大量的地质钻孔和设计钻孔（以下简称钻孔）。这些钻孔的岩芯均是以实物岩芯的形式保存的，而且是目前钻孔取样数据的重要保存方式。它是地下岩层的直接反映，具有直观、准确等优点。但是实物岩芯在取样，运输、入库、管理等方面都存在极大的问题。对于岩芯取样，如在地质条件十分差的孔段（如溶洞、断层）取样，则无法完整的获取该钻孔的岩芯；其次，钻孔所布置的区域大都交通不便，实物岩芯的运输工作十分耗时耗力；再次，在实物岩芯入库时，岩芯的编录都是手工进行，容易产生错误，而且进展也十分缓慢；最后，实物岩芯库的查询管理很不方便，往往在一个工程结束后，岩芯库房中摆放着堆积如山的岩芯，要查询某个钻孔的资料需要搬动大量的岩芯，由于岩芯十分沉重，查找效率极其低下。现有的规程规范要求重要的岩芯必须全部保存，而实际上随着岁月的流逝，岩芯难免会产生风化，最终并没有保存下来。比如，三峡工程保存的大量岩芯现已损毁、废弃，产生了极大的浪费，而且失去了很宝贵的资料。因此，找到一种有效解决实物岩芯库存在的诸多问题的方案迫切地摆在了我们的面前。

岩芯的管理经历了实物岩芯、岩芯图像数据库管理、岩芯扫描与三维信息化管理三个阶段。实物岩芯是最基本的管理方式，目前大部分的工程都采用这种管理方式；岩芯图像数据库管理方式是将岩芯通过拍照等手段，通过配备相应的编码，建立数据库管理信息系统，利用编码来查询、浏览岩芯图像的方式，该方式只能保存二维的图像，不能很直观的关注整个孔的岩芯信息；岩芯扫描与三维信息化管理方式是将岩芯通过360°扫描的方式，保存岩芯的全景照片，可拼接成完整的全孔岩芯图像。

2007年9月10日，大庆油田地质录井分公司建成了国内第一个数字化岩芯信息资料库，通过高分辨率图像采集设备，对岩芯进行现场实时扫描，获得岩芯实物原貌的高度保真图像。但是该方式存在着因岩芯破碎而无法扫描的问题，而且对于浅层工程勘探来说，地质条件较差的区域，即无法取出完整岩芯的区域，正是地质工作人员格外关注的。

2001年12月，葛修润和王川婴（2001）在《数字式全景钻孔摄像技术与数字钻孔》一文中提到数字钻孔技术是建立在数字式全景钻孔摄像技术的基础之上的，提出可利用数字化的钻孔孔壁图像，经过计算机算法处理，形成"虚拟"的钻孔岩芯图，即数字岩芯。

但是，数字岩芯的发展受制于钻孔电视的发展而迟迟未取得革命性的进展。虽然可以实现钻孔电视图像的三维"虚拟"岩芯，但存在图像分辨率不高、色彩失真以及裂隙填充看不清等问题，只能用于岩芯的三维显示，不能进行分析、统计、出图等操作，无法在实际应用中推广。

高清钻孔电视技术的发展，使得图像质量得到了极大的提升，数字岩芯技术也取得了长足进展。数字岩芯是基于钻孔孔壁与岩芯耦合的原理建立与实际钻孔参数（孔径、孔斜、孔深）完全一致的三维岩芯模型。数字岩芯库是相对于实物岩芯的一种三维数字化存储数据库，管理的对象是数字岩芯；实物岩芯库管理的对象是钻孔芯样。相对于岩芯管理的三个阶段，技术上取得了很大的进步。它将从根本上解决实物岩芯库从岩芯采集、运输、保存、管理等各个环节存在的各种问题，对现有勘探工作方式具有革命性意义。

11.2　高清钻孔电视录像系统

11.2.1　高清钻孔电视录像原理（谭显江等，2012）

钻孔数字成像系统的基本原理是采用全景360°成像原理获取孔壁图像（图11-1），利用计算机来控制图像的采集和图像的处理，实现模—数转换。图像处理系统自动地对孔壁图像进行采集、展开、拼接、记录并保存在计算机硬盘上，再以二维或三维的形式展示出来。其环形图像展开成全景图像的过程如图11-2所示。

与普通钻孔电视类似，高清数字钻孔电视系统由井上和井下两个部分组成（图11-3）。井上部分主要由计算机、控制器、绞车、脚架、井口滑轮、深度传感器等硬件组成。井下部分为探管总成装置，包括电视摄像机、光源、反射棱镜、透光罩、三轴磁力计和加速度计以及调焦装置等。井上和井下两个部分经传输电缆连接后进行通信。

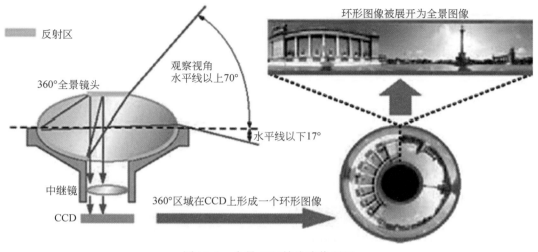

图11-1 全景360°镜头成像原理

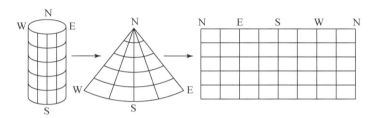

图11-2 钻孔孔壁图像展开成全景图像示意图

计算机图像处理系统通过 RS-232 接口连接控制器采集电缆传输送上来的孔壁图像信息，并对信息进行处理，自动识别、展开和拼接，通过显示器显示孔壁展开图像和柱状图并记录在计算机硬盘里。计算机图像处理系统还可以对已存入的图像信息进行编辑解释处理，还可通过刻录机把钻孔图像信息刻录在光盘上，打印机将图像打印成图。

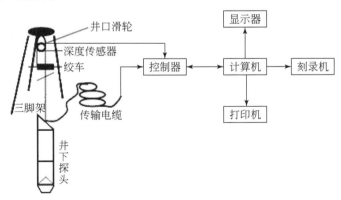

图11-3 高清数字钻孔电视系统组成及工作原理框

相对来说，高清数字钻孔电视系统相对于普通钻孔电视有多方面的技术进步：

1. 图像分辨率的显著提升

图像分辨率的提升有赖于图像的清晰度、颜色还原程度和图像的采集速度上。高清钻孔电视采用高清 360°全景 CCD 摄像头，清晰度可以达到 5000pix/D。换句话说，如果钻孔孔径为 56mm，那么图像的分辨率可以达到 0.035mm/pix。高清钻孔电视系统加入了人机-互动调色功能，使颜色可以更加的接近钻孔真色彩，色彩还原程度高。此外，高清钻孔电视改进了图像的采集速度，通过调整摄像头的每秒采集的帧数，使得采集效率有了明显的提升。

2. 图像质量明显改善

普通钻孔电视图像会存在图像亮度不均以及图像扭曲的现象，如图 11-4 所示，高清钻孔电视解决了此类问题，图像质量改善明显。

1）图像亮度不均的改善

由于使用热光源会导致钻孔电视探头在水下形成雾覆盖在透光罩内壁，从而导致图像模糊，因此钻孔电视均采用了冷光源 LED。冷光源 LED 存在一定的缺陷，由于其亮度不大，通常是将多个 LED 组合起来给孔内照明。而 LED 组合存在明显的空隙，这样就导致孔壁各点亮度不均，对成像效果有明显影响。实践证明，LED 距离孔壁的位置越远，光线越均匀。然而 LED 到孔壁的距离无法无限期延长。通过研究采用了玻璃镀膜的方法，使 LED 发出的光线经过一次玻璃罩内的反射后到达孔壁，相当于延长了一倍的距离，孔壁亮度也就更加均匀了。

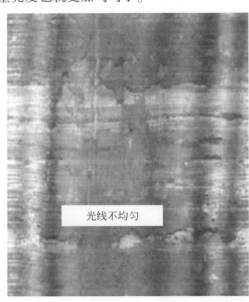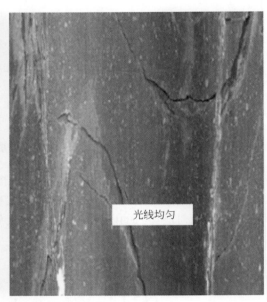

图 11-4　图像亮度不均匀的技术改进

2）图像扭曲的改善

钻孔电视采用电子罗盘判断方位，从而实现图像的正常拼接。但当探头位于钢套管内时，由于钢套管对大地磁场的屏蔽作用，使得观测图像出现严重扭曲变形，对裂隙产状的观测影响很大。高清钻孔电视改进了相关技术，解决了相关技术难点（图 11-5）。

3）图像精度高

时间定时器的作用是解决深度、方位和图像融合的关键设备。提升图像精度首先需要解决时间定时器问题。

在 T 时刻，将图像数据、方位数据、深度数据分别传输到计算机中，由于数据传输存在时差，导致了三者在融合时出现偏差，如图 11-6 所示。为了保证三者融合时时间一致，需要分别对其延迟一段时间，三者的延迟时间与传输速度相关。

此外，延迟时间的设定误差也对图像拼接的误差有很大影响。高清钻孔电视分辨率越高，对误差的要求就越高，相对于普通钻孔电视而言，高清钻孔电视误差少了一个数量级，从毫秒级到微秒级。

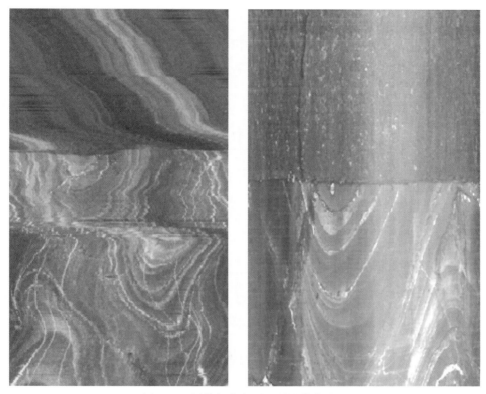

图 11-5　图像扭曲变形问题的技术改进

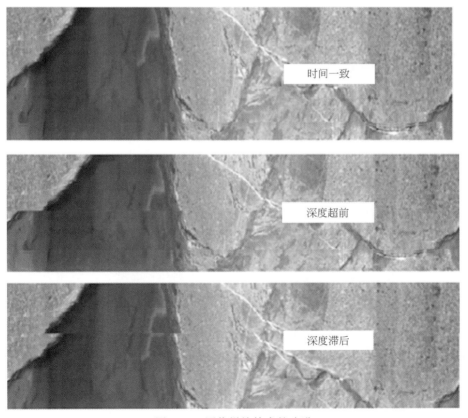

时间一致

深度超前

深度滞后

图 11-6　图像拼接技术的改进

11.2.2 钻孔电视现场测试

1. 现场采集参数设置

高清钻孔电视仪器参数与仪器如表 11-1 所示（以固德 GD3Q-A/B 型高清钻孔电视为例）。

表 11-1 仪器参数

参数项	用途
分辨率	控制图像清晰度
取样圆心	校正采集圆心
取样半径	控制采样范围
理想图形	控制图像清晰度及采集速度
图像系数	控制图像放大倍数
深度系数	控制深度
指南针偏移	控制产状
垂直采样比率	控制图像缩放倍数

（1）深度系数（N）：通过标定获得。新电缆需要悬挂相当探头重量的重物下井 5 次，待电缆伸长稳定后进行深度标定，标定公式 N（新）= N（原）×电缆实际深度/测试深度。

（2）指南针偏移：通过标定获得。竖立探头，在探头正北方向设置一标志物，在预览窗口中查看标志物是否位于图像零点，如否，则输入角度数值使标志物位于图像零点。

（3）分辨率：有多个选项供选择，分辨率越大，采集图像越清晰，但系统运行会减慢，可根据需要进行调节。

（4）理想图形：x 值——控制图像质量清晰度，值越大图像越清晰，但系统运行会减慢；y 值——控制采集速度，值越大采集速度越快。

2. 现场采集

（1）现场采集需要搜集相关信息：如现场电磁环境、钻孔地质情况、钻孔孔径、钻孔井液深度信息等。

（2）鉴于钻孔内地质构造的复杂性，为保证井下仪器的安全和采集工作所需要的环境，测试前须使用钻具通孔，清理孔壁掉块，同时要保证孔内井液清澈。

（3）结合现场情况设计好测试方案，并做好仪器设备调试工作。

①测试方案设计：钻孔电视测试方案是整个测试工作的作业指导书，应明确其任务目的、技术方法和实施步骤。

②现场调试：平整场地，安放好仪器，连接好设备。依据孔径参数，调整探头扶正器的大小，确保探头在钻孔内保持居中；依据设计精度需要调整探头下放速度，确保探头在采集过程中匀速运行。

3. 测试实例

采用固德 GD3Q-A/B 型高清数字钻孔电视系统在乌东德水电站进行了现场测试，图像像素为 130 万。测试钻孔图像如图 11-7 ~ 图 11-10 所示。

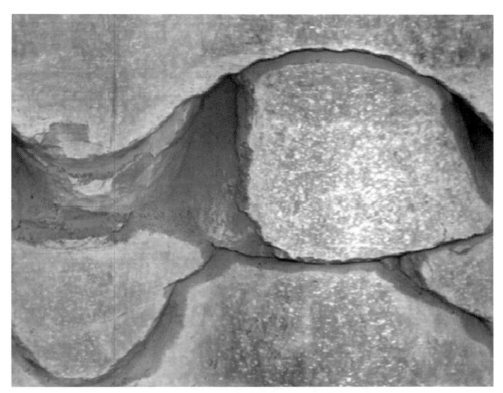

图 11-7　高清钻孔电视测试图像

（乌东德水电站 ZK157 号钻孔）

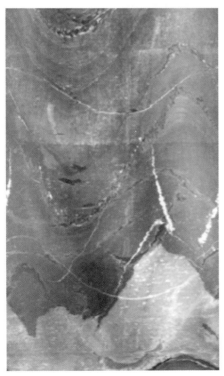

图 11-8　高清钻孔电视测试图像

（乌东德水电站 ZK140 号钻孔）

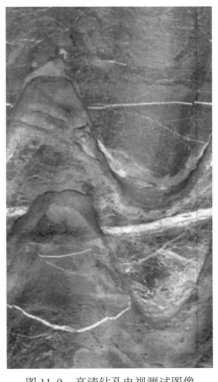

图 11-9　高清钻孔电视测试图像

（乌东德水电站 ZK141 号钻孔）

图 11-10　高清钻孔电视测试图像（乌东德水电站 ZK141 号钻孔）

11.2.3　钻孔电视与声波检测相关性

根据声波测井具有原位性和连续性的特点，实测资料表明，V_p 在表征岩体工程地质性质方面有较强的分辨能力，能反映地层岩性的变化，能揭示岩体中的软弱夹层等不良地质现象。

1. V_p 曲线与岩体风化的关系

岩石的风化强弱及岩石破碎引起的风化与测试的声波值是有一定对应关系的。通过对钻孔的 V_p 曲线的分析，以及录像资料的对比，可以查明岩体的风化状况。图 11-11 为实测具有代表性的 V_p 曲线与钻孔录像中岩体风化程度对比图。从图上明显地看出，V_p 曲线与岩体风化有较好的对应关系，在岩石风化交界处 V_p 曲线出现阶梯状（或坎状）变化，其拐点正对应层面。

2. V_p 曲线与不良地质现象的关系

V_p 曲线的低速（点）段都与不良地质现象有关，如风化岩石、破碎岩体和裂隙等是造成声波低值异常的主要原因，声波在通过上述不良地质体时均不同程度地产生折射、绕射和散射，导致能量损耗大、波速降低。一般 V_p 低值异常均与相应的地质现象对应，异常的大小与地质缺陷的规模有关。声波波速异常在 V_p 曲线上的特征是呈长尖刺或低值宽谷形态，相对于曲线背景段特别突出，易于甄别。图 11-12 为实

测具有代表性的 V_p 曲线与钻孔录像中不良地质体现象对比图。

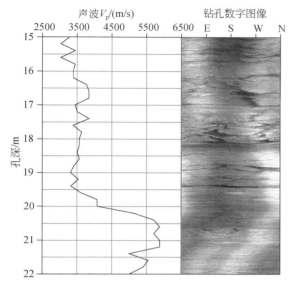

图 11-11　V_p 曲线与钻孔录像中岩体风化程度对比图

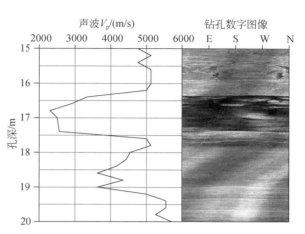

图 11-12　V_p 曲线与钻孔录像中不良地质体现象对比图

11.3　数字岩芯库系统

11.3.1　数字岩芯原理（马圣敏等，2012）

数字岩芯是相对于实物岩芯的一种三维数字化形式。它基于钻孔孔壁与岩芯耦合的原理建立的与实际钻孔参数（孔径、孔斜、孔深）完全一致的三维岩芯模型（图 11-13）。由于高清钻孔电视采集的孔壁图像是真实、原位岩芯的反映。因此，数字岩芯完整反映了真实岩芯的信息。

但是，如何利用钻孔的各种参数构建简单、实用、准确的数字岩芯模型，实现数字岩芯；如何高效储存与管理数字岩芯的建模数据？以下从数字岩芯的建模参数和三维建模进行了说明。

1. 数字岩芯建模参数

考虑到孔壁与岩芯的耦合关系，岩芯是具有一定长度的，一定倾斜度的圆柱体。那么岩芯的参数与钻孔的参数应保持一致，如孔斜对应圆柱体的倾斜度，孔径对应于圆柱体的直径，孔深对应于圆柱体的长度等。利用孔斜、钻孔起止深度、孔径等信息，便可建立数字岩芯的模型。

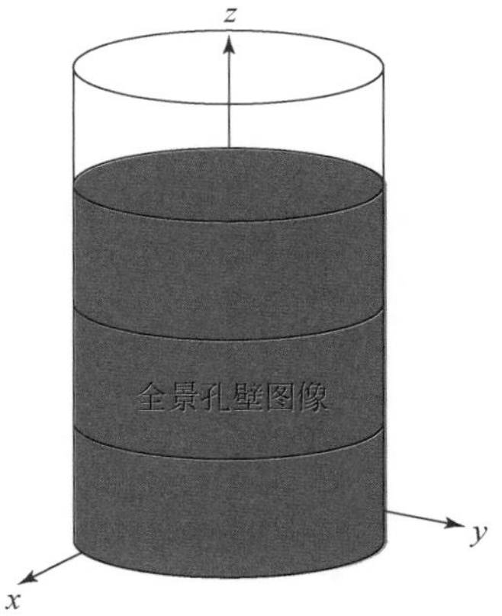

2. 数字岩芯模型

高清钻孔电视采集的孔壁图像的三维建模可以采取两种方式：一是直接将全景图像数据映射到三维系统中；二是将全景图像利用转换公式生成二维平面展开图，在三维坐标系统中依据钻孔的参数建立钻孔的圆柱体模型，再将二维平面展开图利用纹理机制"贴"在圆柱体上。

图 11-13　数字岩芯模型

为了简化三维分析处理的数据量，本文采取了第二种方式。以孔斜发生变化处的深度对钻孔电视平面展开图进行切割。然后以 x 轴为正北方向，利用纹理映射技术逆时针将图片"贴"在三维圆柱面上。这样，很多微小的圆柱面连接成整体的圆柱面，即数字岩芯模型。

建立大地质、物探大数据基础上的数字岩芯库有以下特点。

1）数字岩芯是连续完整、原位的岩芯

一般来说，实物岩芯很难获取完整连续的岩芯，特别是地质条件较差的钻孔获得的岩芯，这部分岩芯恰恰是地质人员十分关注的。此外，之前获取覆盖层的岩芯是几乎不可能的，更不用说获取覆盖层的原位信息了。

数字岩芯的数据基础是孔壁高清钻孔电视图像，而孔壁是原位、连续、完整的，因此数字岩芯是原位、连续完整的。

2）数字岩芯库查询方便快捷

实物岩芯的查询十分不便，需要时要在实物岩芯仓库翻箱倒柜地查找。由于岩芯箱十分沉重，查询效率低下。对于数字岩芯库，只需要在电脑前轻点鼠标就能查询到所需要的信息。

3）数字岩芯库携带方便

由于实物岩芯十分沉重，无法随身携带。基于数字岩芯库提供的服务，可在任何终端上浏览岩芯信息，而且还可以打印成纸质岩芯携带。

4）数字岩芯库可用于远程诊断

基于互联网、物联网技术，数字岩芯库可提供远程诊断服务，专家无需出门即可了解现场的勘探情况，对现场问题进行远程诊断。

5）其他

数字岩芯库的岩芯信息可以永久保存，不会随着岁月的流逝而失去其所携带的信息。数据入库也不用经过长途运输，通过钻孔电视采集孔壁图像数据就可以进行入库工作。

11.3.2 数字岩芯库系统架构与功能

数字岩芯库是基于网络的、结合实际岩芯生产入库流程、具有三维可视化功能的信息管理系统。在实际岩芯生产过程中，高清钻孔电视原始数据需经过现场专业人员的预处理、三维建模等工作之后才能入库，采用 C/S 模式的数字岩芯库将大部分的编辑预处理功能由客户端完成，从而减轻服务器端的负担。

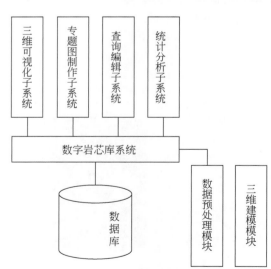

图 11-14　数字岩芯库体系结构

首先，系统通过数据预处理模块对原始的高清钻孔电视的图像、孔斜及钻孔的基本数据进行预先处理，为系统提供满足规范要求的数据；其次，利用三维建模模块建立数字岩芯的基础数据结构，基于三维可视化系统实现数字岩芯的三维展示；最后，用户基于自身的数据或应用需要进行相关查询与分析，这部分由各个子系统来完成。系统的体系结构图如图 11-14 所示。

数字岩芯库软件遵循典型的三层软件设计框架和模块化思想：表示层（三维显示、地图展示、数据显示等）、业务层（三维分析、数据入库、用户权限管理等）以及数据层（数据库读写与文件输出）。同时，系统分为按功能划分为四个子系统，主要为：

1. 三维可视化子系统

三维可视化在最大程度上实现了让岩芯用户在直观的条件下充分利用岩芯信息的平台。它可以让用户从不同方位、角度观看整孔或一段岩芯的情况，也可以使用户从区域范围内整体了解钻孔的布置,钻孔的岩芯信息,从而辅助地质工作者进行钻孔布置、地质分析等工作(图 11-15 ~ 图 11-21)。

三维可视化功能除基本的如放大、缩小、复位、旋转等外,还具有:

(1)切块功能,能将岩芯等距或任意距离进行截断。

(2)三维图形专题分析功能,利用数字岩芯数据建立地层三维模型后,用户可根据不同的地质专题勘察对象重点观察该对象的三维形态及特征,并突出显示。

(3)多孔岩芯的三维可视化展示功能。

(4)模拟钻孔电视采集过程,从钻孔口到钻孔底的孔壁情况展示功能。

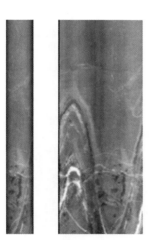 

图 11-15 数字岩芯显示与三维交互　　　图 11-16 裂缝宽度测量

 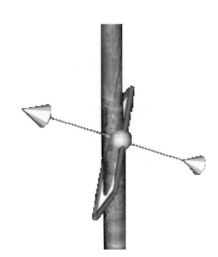

图 11-17 角度测量　　　　图 11-18 三维测量产状

图 11-19　岩芯取段结果

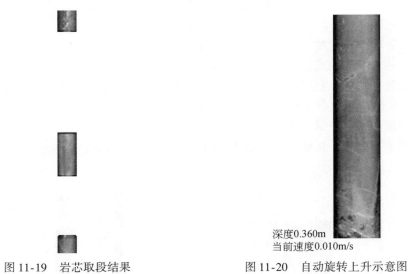

深度0.360m
当前速度0.010m/s

图 11-20　自动旋转上升示意图

钻孔电视回放
归位
减速
加速
前进
后退
自动

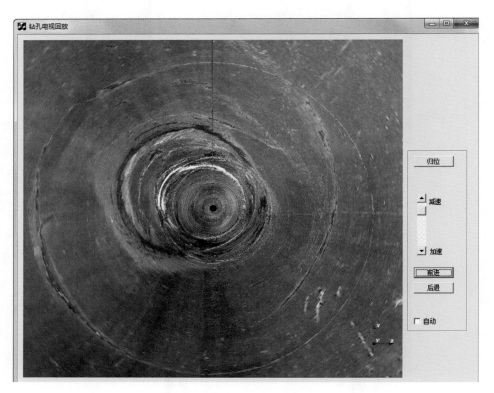

图 11-21　钻孔电视采集过程回放示意图

2. 查询编辑子系统（图 11-22 ~ 图 11-27）

1）数据预处理

数据预处理包括钻孔电视裂隙产状信息的读取与校正。通过钻孔电视分析处理软件对钻孔中存在的裂隙识别读取岩性、裂隙产状数据等。数据预处理实现了数据在入库前的标准化。

2）数据入库

将处理后的标准数据连同钻孔的基本信息一同保存到数字岩芯库中，实现数字岩芯的信息共享。

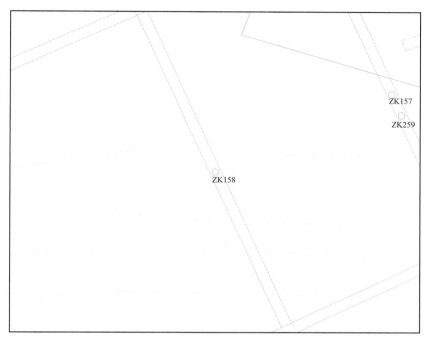

图 11-22 "岩芯"所属钻孔定位图

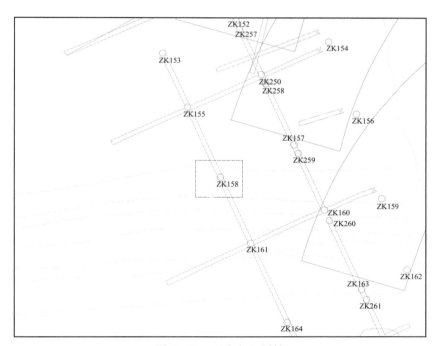

图 11-23 "岩芯"属性

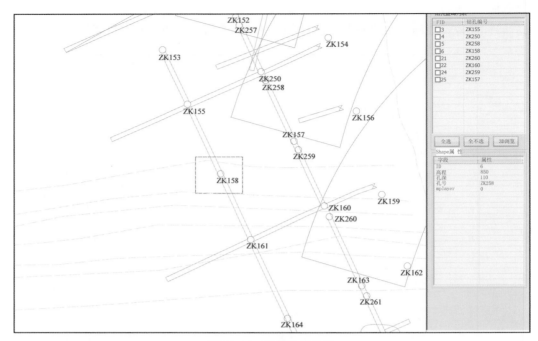

图 11-24 拉框选择钻孔

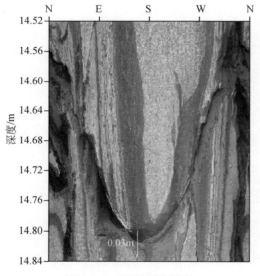

图 11-25 量测裂隙宽度

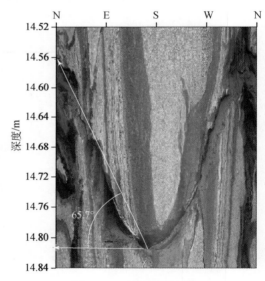

图 11-26 量测裂隙倾角

3）查询编辑

实现了数字岩芯的查询、编辑、浏览等功能。具体来讲：

查询功能：本着方便、快速、准备的方针，数字岩芯库提供了多样化的查询方式，可通过图属互查、条件表达式查询等方式查找所需要的岩芯数据。

编辑功能：可以对入库的钻孔属性信息进行修改编辑。

浏览功能：钻孔布置图的平面显示、属性信息的列表显示。不仅可以浏览数字岩芯，也可以浏览实物岩芯的图片，进行比对。

图 11-27　岩芯入库向导——钻孔电视图像

3. 专题图制作子系统

实现诸如钻孔柱状图的图形自动或半自动化的制作（图 11-28 ~ 图 11-30）。

图 11-28　钻孔柱状图的生成

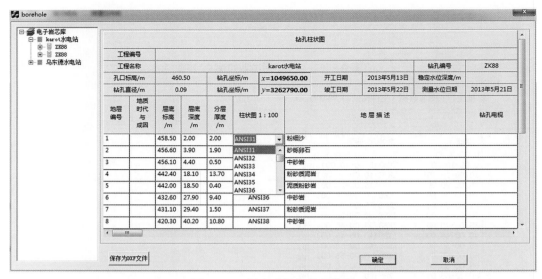

图 11-29　用户选择性输入数据

工程编号									
工程名称	kar ot 水电站						钻孔编号	ZK88	
孔口标高	460.50		钻孔坐标	1049650.00	开工日期	2013年5月13日	稳定水位深度		
钻孔直径	0.09			3262790.00	竣工日期	2013年5月22日	测量水位日期	2013年5月21日	
地层编号	地质时代与成因	层底标高/m	层底深度/m	分层厚度	柱状图1:100	地层描述		钻孔电视	
1		458.50	2.00	2.00		粉细沙			
2		456.60	3.90	1.90		砂砾卵石			
3		456.10	4.40	0.50		中砂岩			
4		442.40	18.10	13.70		粉砂质泥岩			
5		442.00	18.50	0.40		泥质粉砂岩			
6		432.60	27.90	9.40		中砂岩			
7		431.10	29.40	1.50		粉砂质泥岩			
8		420.30	40.20	10.80		中砂岩			
9		417.60	42.90	2.70		泥质粉砂岩			
10		410.70	49.80	6.90		中砂岩			
11		397.10	63.40	13.60		泥质粉砂岩			
12		392.40	68.10	4.70		中砂岩			
13		385.40	75.10	7.00		泥质粉砂岩			

图 11-30　CAD 格式钻孔柱状图

4. 统计分析子系统设计

统计分析子系统主要是结合地质工作需要，对岩芯进行分类统计分析，包括统计钻孔每周、月、年的入库基本情况，分析钻孔的方位角、倾角等，用于制作各种地质图件。

11.3.3　数字岩芯库技术展望

（1）数字岩芯只反映钻孔的光学图像信息，无法反映钻孔内其他信息，如孔壁物理力学参数信息，地质信息等。数字岩芯必然朝着数字钻孔的方向发展。

（2）钻孔探头将融合光学、声学、电磁等传感器的探头，一次获取钻孔内所有有用的信息。这些信息可全方位融合，满足各种层次的工程需求。

（3）数字钻孔系统可支持多种数据分析与挖掘方法，集成专家系统，有效提高数据解译的准确性。

（4）数字钻孔技术将结合物联网技术、云网络技术，实现数据的高效共享与应用。

第二篇　试　验

第 12 章　三峡工程混凝土 1：1 模型检测试验

三峡工程开工后不久，为采用无损检测方法检测三峡工程混凝土质量，开展混凝土模型检测试验。针对三峡工程混凝土质量无损检测工作的难点和特点（即大体积、复杂结构、强度成长期），重点选择地质雷达、垂直反射法及脉冲回波等方法，展开从检测硬件到软件，从工作方法到处理方法，从模型试验到现场试验多方面、全方位的系统研究。

根据《三峡工程混凝土质量缺陷物探快速无损检测现场 1：1 模型试验技术要求》，模型制作承担单位葛洲坝集团第二工程有限公司三峡建设公司提出《1：1 模型试验施工方案》。鉴于人工模拟缺陷的施工难度较大，特请长江委技术委员会、三峡设代局、原长江委综合勘测局、三峡监理部等单位的专家对施工方案进行讨论，提出具体修改意见，并形成会议纪要。葛洲坝二公司据此提出《1：1 模型试验施工方案》（修改稿），经长江委三峡工程建设监理部有关专家审定后，作为施工依据。

依据方案，在三峡工地现场制作用料、标号、施工工艺、养护要求等与二期混凝土完全一致的 1：1 模型（模拟 4 个标号、级配的混凝土）。在模型中人工模拟不同规模、不同埋深、不同类型（如架空、蜂窝、离析、冷缝、裂缝等）的混凝土质量缺陷并逐块进行不同龄期、多种无损检测方法的跟踪测试，筛选出技术先进、适用、效果良好的无损检测方法和相应的检测技术、仪器设备、资料处理解释方法以及有效检测时段。试验系统地获取各类缺陷在不同条件下无损检测反映特征的"正演"图谱，特别是在强度成长期的变化特点及规律。这些成果不仅满足三峡工程的检测需要，而且达到指导国内外混凝土质量无损检测的目的。

12.1　模型的制作

12.1.1　模型及模拟内容

4 块混凝土模型模拟的 4 种标号、级配是有关混凝土专家从三峡二期工程 9 种不同的标号、级配中选出的，其尺寸均为 10m×10m×1.5m（长×宽×高）。模型的编号、标号、指标见表 12-1。

表 12-1　模型的编号、标号及有关指标

模型编号	标号	级配	抗冻指标	抗渗指标
模型一	R90　150#	四级配	D100	S8
模型二	R90　200#	四级配	D150	S10
模型三	R90　200#	三级配	D150	S10
模型四	R90　300#	三级配	D250	S10

各模型模拟的缺陷类型及尺寸相同。类型为蜂窝、架空、离析、裂缝、冷缝，尺寸见表 12-2，位置见图 12-1。

表 12-2　各缺陷的编号、尺寸及埋深

缺陷编号及类型	缺陷尺寸	缺陷上界面埋深/m	备注
1#蜂窝	长×宽×高=0.8m×0.4m×0.5m	0.5	长方体
2#架空	直径0.5m，高0.5m	1.0	圆柱体
3#架空	长×宽×高=0.8m×0.4m×0.5m	0.5	长方体
4#架空	直径0.4m，高0.4m	0.6	圆柱体
5#离析	直径0.5m，高0.5m	1.0	圆柱体
6#裂缝			
7#冷缝			

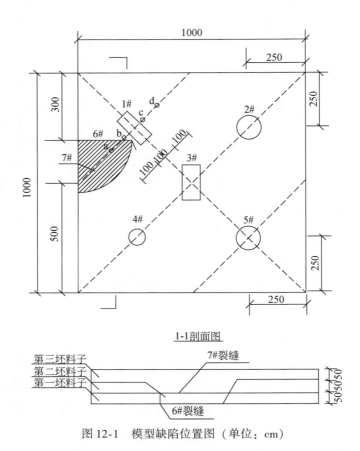

1-1剖面图

图 12-1　模型缺陷位置图（单位：cm）

12.1.2　模型材料

模型材料与三峡二期混凝土使用的材料相同，具体如下：

骨料（选用三峡天然、人工骨料）：其粒径为0.5~2cm、2~4cm、4~8cm、8~12cm四种级配。

水泥：葛洲坝水泥厂生产的525#中热硅酸盐水泥。

砂：三峡下岸溪人工砂。

12.1.3　缺陷模拟

（1）为保证与大坝混凝土施工一致，使模拟真实、可靠，从而使试验成果能直接用于大坝混凝土检测，也为了便于施工，除模型比例确定为 1∶1 外，特将试验场地选在二期主体工程泄 7#、8# 坝段上游围堰高程 42m 平台处。平整场地后，浇 20cm 厚的 $R_{28}200\#$/二级配的地坪。各种风、水、电均为单独系统。葛洲坝二公司成立专门班子组织实施。

（2）采用 20T 自卸汽车从高程 90m 或高程 79m 拌和系统运料，高架门机配 $6m^3$ 卧罐入仓，采用平浇法施工，层厚 50cm，采用 $\varphi102$ 电动插入式振捣器振捣，浇筑仓面采用喷雾机降温。模型混凝土基本情况见表 12-3。

表 12-3　模型混凝土基本情况一览表

模型编号	混凝土标号级配	抗冻指标	抗渗指标	塌落度 /cm	供料系统	出机口温度/℃	浇筑温度/℃	浇筑手段	浇筑方量/m³	浇筑时间
模型一	$R_{90}150$/四	D_{100}	S_8	5~7	高程 90m 拌和系统	10	11~13	高 1#	150	8 月 11 日
模型二	$R_{90}200$/四	D_{150}	S_{10}	5~7	高程 90m 拌和系统	7	12~13	高 1#	150	7 月 26 日
模型三	$R_{90}200$/三	D_{150}	S_{10}	5~7	高程 90m 拌和系统	7	10~12	高 1#	150	8 月 18 日
模型四	$R_{90}300$/三	D_{250}	S_{10}	4~6	高程 90m 拌和系统	10	12~14	高 1#	150	8 月 28 日

（3）模型制作前，先放样立模。其中，第三、四块分别浇筑在第一、二块之上，层间布设 φ25 冷却水管，浇筑过程中全部按浇筑混凝土规范和"施工方案"执行，混凝土收仓后进行人工抹面，混凝土初凝后进行养护、通水冷却。不同标号、级配的四块混凝土，施工程序一致，具体制作方法见图 12-2~图 12-4。

①第一坯混凝土浇筑前，布设制作 2#、5# 缺陷的预制木盒子、立 6# 人工缝处模板、模拟风钻孔（试验时测波速参数用）的钢管和放置 PVC 管（供模型试验给 2# 缺陷注水时用），并在木盒子外刷一层水玻璃，在钢管外涂一层黄油。浇筑第一坯混凝土时，在图的阴影部分外，铺 2~3cm 砂浆后，再按由左及右的顺序浇筑阴影外混凝土。第一坯混凝土入仓温度 9~10℃，浇筑温度为 11~12℃，气温为 33~35℃。

②第一坯浇完后，在 1#、3#、4# 位置布设预制木盒子。其中，第一、二块在 2#~5# 平放一块聚乙烯薄膜作为夹层（供"垂直反射法"试验用），在木盒子外刷一层水玻璃，并按 1∶3 坡度浇 6# 左侧混凝土，紧随按 1∶4 坡度浇图中阴影部分周围混凝土，再按由左及右的顺序浇筑阴影外其他处混凝土。第二坯混凝土入仓温度为 10℃，浇筑温度为 12℃，气温为 35℃。

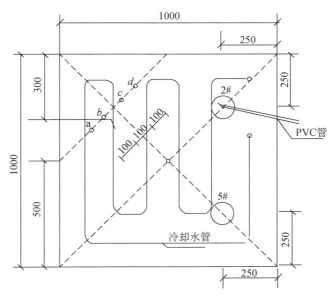

图 12-2　试验块第一坯混凝土浇筑前缺陷预埋位置布置图（单位：cm）

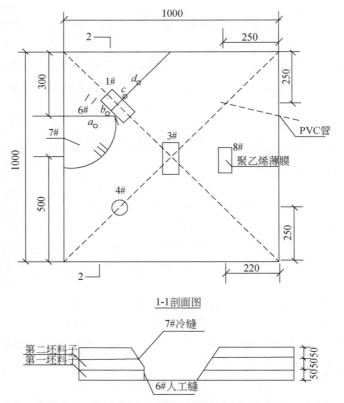

图 12-3　试验块第二坯混凝土浇筑前缺陷预堤位置布置图（单位：cm）

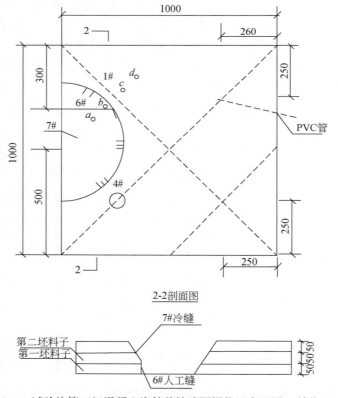

图 12-4　试验块第三坯混凝土浇筑前缺陷预堤位置布置图（单位：cm）

③待第二坯混凝土浇完后，按 1 : 3 坡度浇 6# 左侧混凝土，紧随按 1 : 4 坡度浇图中阴影部分周围混凝土，阴影部分周围第三坯混凝土浇完后 0.5h，拆除 6# 人工缝处模板，不铺砂浆浇阴影部分处混凝土。第三坯混凝土入仓温度为 9 ~ 12℃，浇筑温度为 10 ~ 13℃，气温为 35 ~ 33℃。

12.1.4　模型制作过程录像及监理

每块模型制作的全过程均进行跟踪录像、拍照，并整理出录像专题片和图片集。

模型施工过程中，长江委三峡工程建设监理部派出监理工程师现场监理，并提出"监理报告"。报告认为：本次混凝土模拟缺陷施工工艺从混凝土原材料、拌和、运输、入仓、振捣、温度控制到养护，均同大坝混凝土施工一致。其浇筑工艺严格，施工动作、组织管理、现场记录、质量监控体系总体良好。本次试验为快速无损检测试验，其缺陷制作真实、模拟混凝土缺陷形态严格。

12.2　方法测试试验

12.2.1　雷达法

雷达法模型试验的目的，是通过对不同龄期特别是短龄期条件下的检测，了解其对不同类型、不同尺度、不同埋深的缺陷检测效果、有效时段，反映特征等，为复杂结构混凝土无损检测提供科学依据，积累"正演"资料。

使用设备有加拿大 EKKO1000 型和美国 SIR-10 型探地雷达。(以前者为主，后者作为比较使用，以便对该种检测方法使用某种型号的仪器的有效性做出结论。) 四个模块共完成试验剖面 267 条（剖面总长 2155.3m），计 27297 个试验点。详细工作量见表 12-4。

表 12-4　雷达试验工作量统计表

模型号	剖面数量/条	剖面长度/m	物理点/个
模型一	61	576.70	5767
模型二	65	376.60	7365
模型三	67	454.40	6689
模型四	74	747.60	7476
合计	267	2155.3	27297

测试对象全部为混凝土构成，介质相对单一，当内部出现蜂窝、架空时，其电导率及介电常数会有差异，因此具备雷达法探测的前提条件。但混凝土浇筑收仓后，要经历一个强度成长期，才会逐步趋于稳定。在此期间，正常混凝土及缺陷的电导率及介电常数都在变化之中，何时缺陷可被检出，是这次试验研究的重要任务之一。

根据异常的分布情况，在每个试验块上均布置 5 条测线。具体布置及测线编号见工作布置图（图 12-5）。

现场探测采用剖面（CDP）方式：固定天线距和点距，雷达天线系统沿测线同步移动，记录点为发射天线 T 与接收天线 R 的中点。探测时使用频率为 450MHz、900 MHz。天线距分别为 0.25m、0.17m。采样时间间隔 100ps，时窗选 50ns，空间采样间隔 0.2 ~ 0.4m。本次试验工作每块模型均在龄期 0.5 天、1 天、2 天、3 天、4 天、5 天、6 天、7 天进行测试，浇在上部的模型三、模型四还进行 18 天、28 天龄期的测试。

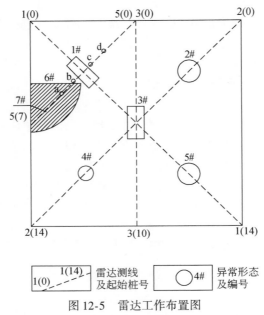

图 12-5 雷达工作布置图

1#，蜂窝；2#~4#，架空；5#，离析；6#，人工缝；7#，冷缝

图例：1(14)/1(0) 雷达测线及起始桩号；○4# 异常形态及编号

12.2.2 垂直反射法

垂直反射法模型试验的目的，是通过对不同龄期、特别是短龄期条件下的检测，了解其对不同类型、不同尺度、不同埋深缺陷的检测效果、有效时段、反映特征等，为复杂结构混凝土的无损检测提供科学依据，积累"正演"资料。

垂直反射法模型试验使用的 LX Ⅱ 工程质量检测分析仪是在美国康泰公司生产的 Wave book/516 基础上开发而成的工程检测虚拟仪器，仪器由声波（弹性波）发射系统、数据采集和信号处理系统及解释反演三部分组成。

声波发射系统由发射换能器和发射机组成。发射换能器采用了新型超磁致伸缩材料，因为超磁致伸缩材料的磁致伸缩效应可达 10^{-3} m 以上，而通常使用的纯镍的磁致伸缩效应的最大应变仅为 14×10^{-6}，比通常使用的压电陶瓷的最大应变至少大 4 倍以上。其能量密度为 2×10^{4} J/m^{3}，比压电陶瓷的能量密度至少大 10 倍，纯镍能量密度仅为 30J/m^{3}。超磁致伸缩材料的声速仅为 1700m/s，比 PZT 压电陶瓷和纯镍的声速小 3~4 倍。其换能器尺寸大小为 φ40mm×100mm，重约 0.5kg。所以，声波发射系统的换能器具有小体积、宽频带、短余振、大功率等特点，是理想的工程检测声波（弹性波）震源。

数据采集系统有 8 通道，采样间隔为 1~65536μs，分辨率为 16bit，仪器固有增益为 1、2、5、10 等档，其程控增益可任意设置，可单通道设置放大，每通道可接动圈式的无源低频检波器和有源宽频带压电检波器，触发方式有 TTL（内触发）、EXT（外触发）及通道触发等，通道触发的阀门值可自行设置。该系统具有抗干扰能力强、动态范围大、频带宽、采样速度快，其灵敏度、精确度和自动化程度高，实时性好，具有良好的人机对话界面等特点。

数据处理软件系统具有对原始数据进行频谱分析、数字滤波、陷波、微积分、能量均衡、波形平滑、动静校正、τ-P 变换、指数放大和消除直流分量、小波多尺度分析、小波变焦界面成像、偏移归位处理等反演解释功能。

垂直反射法利用的介质物理差异是波阻抗差异。进入强度稳定期的正常混凝土与缺陷之间的波阻抗差异明显，但在短龄期、强度成长过程中，两者的波阻抗均在变化之中。它们之间的差异，何时变化比较明显，可被地面仪器检出，是本次试验的重要任务之一，可为该种方法适时投入检测提供科学依据。

测线一般布置在模型块二条对角线上，有时也在缺陷顶部附近截取一段测线观测。测试点距为 0.1 ~ 0.2m。模型测试时段分别为 0.5 天、1 天、2 天、3 天、4 天、5 天、6 天、7 天，模型三、模型四进行 18 天、28 天的测试。

12.2.3 脉冲回波法

在模型上采用脉冲回波法对不同龄期（12h 至 28 天，重点为前 7 天），不同条件下混凝土缺陷进行快速无损跟踪检测试验，以建立测试结果与缺陷的对应关系并确定最佳检测时段，为复杂结构混凝土无损检测提供依据和标准。

本次试验工作经过了方法可行性试验研究、模型试验、工程应用三个阶段，采集了大量极有价值的第一手原始资料（试验剖面 90 条，剖面总长 1260m，物理点 7000 个），从检测方法技术、仪器设备、资料处理解释进行了系统的试验研究，终于成功地获取了各类缺陷在不同条件下的"正演"图谱，以及最佳检测时段。

测线布置在模型块二条对角线上，1 线通过 1#、3#、5#缺陷，2 线通过 2#、3#、4#缺陷。

脉冲回波法检测方法较为简单，不受场地及旁侧影响，一般采取激发源与接收器同步沿测线移动的点测方式进行（激发源至接收器距离一般为 5 ~ 8cm），测量点距为 0.1 ~ 0.3m。

使用仪器为 RS–UT01C 型声波仪，该仪器具有轻便、操作简单、数据、波形存储及现场数据处理功能，检测过程中能即时发现混凝土内部缺陷，本次试验所用仪器参数见表 12-5。

接收器为武汉创新公司开发的带前置放大换能器，频带宽为几十赫至 17kHz，采用黄油与混凝土表面耦合。

激发采用 15 ~ 30mm 直径小榔头轻击混凝土表面产生脉冲应力波。

测试时段分别为龄期 12h、1 ~ 7 天、10 天、18 天、28 天。

野外测试严格按《水利水电工程物探规程》有关要求进行，原始资料 100% 合格。

表 12-5 仪器参数表

采样间隔/μs	20
采样长度/点	1024
激发方式	信号触发
前置放大器频带/Hz	10 ~ 50000
放大倍率/倍	1 ~ 10

12.3 测试结果的处理

12.3.1 雷达法资料分析

雷达仪器先期进入三峡工地现场，进行了近一个半月的现场预演、考核及全面检查。模型测试时，仪器工作正常，各项参数选择均满足技术要求。在模型上对频率分别为 450MHz、900 MHz 进行多条测线的重复观测，其重复性较好，符合技术要求，原始资料质量可靠。

现场测试的原始资料，经过室内处理（频谱分析、滤波、增益调整、道平均与点平均等），形成信号较清晰的雷达探测剖面。在此基础上，整理出模型 1 ~ 4 在不同时段的探测结果图册。这些资料，就是探测缺陷所需要的"正演"图谱，也是实际探测中"反演"解释的重要依据之一。

将本次模型试验全部探测剖面的探测效果进行统计得表12-6。对表12-6加以分析，可获得以下重要认识：雷达信号及探测效果在不同标号、级配的模型上无明显区别，也就是说，混凝土缺陷的雷达探测效果，不受标号、级配的影响，由此还可进一步引申：模型试验的结果不仅适用于模拟的4个标号、级配，对于其他标号、级配也是适用的；在龄期0.5~28天时间段内，雷达探测对蜂窝、架空两种缺陷一般都有反映，其特征一般为反射较强且同相轴错乱，这一结果为三峡工程迫切需要的短龄期（1~7天）检测提供了重要的实验依据，但以现有技术条件，在雷达信号中区分蜂窝、架空异常一般较为困难；在上述观测时间段内，雷达对离析、人工缝、冷缝反映不明显，其原因可能是其电性与正常混凝土差异较小，或其可被探测的尺度太小所致。

图12-6~图12-17是EKKO1000型雷达在不同模型、不同测试时间的典型剖面。从中可以清晰分辨异常位置及形态，与模拟的缺陷吻合较好。

表12-6 混凝土模型人工缺陷雷达探测效果统计表

模型	测线	混凝土龄期/d	混凝土缺陷编号	雷达频率/MHz	雷达测试效果
一	1	0.5	1#、3#、5#	450	1#、3#效果佳，5#效果差
				900	1#效果佳，3#效果一般，5#效果差
一	1	1	1#、3#、5#	450	1#、3#效果一般，5#效果差
				900	1#效果佳，3#效果一般，5#效果差
一	1	2	1#、3#、5#	450	1#、3#效一般，5#效果差
				900	1#效果佳，3#效果一般，5#效果差
一	1	3	1#、3#、5#	450	1#、3#效果佳，5#效果差
				900	1#、3#效果佳，5#效果差
一	1	4	1#、3#、5#	450	1#、3#效果佳，5#效果差
				900	1#、3#效果佳，5#效果差
一	1	5	1#、3#、5#	450	1#、3#效果佳，5#效果差
				900	1#效果佳，3#效果一般，5#效果差
一	1	6	1#、3#、5#	450	1#、3#效果佳，5#效果差
				900	1#效一般，3#效果一般，5#效果差
一	1	7	1#、3#、5#	450	1#、3#效果佳，5#效果差
				900	1#、3#效果一般，5#效果差
一	2	0.5	2#、3#、4#	450	2#、4#效果佳，3#效果差
				900	2#、3#、4#效果佳
一	2	1	2#、3#、4#	450	2#、3#、4#效果佳
				900	2#、3#、4#效果佳
一	2	2	2#、3#、4#	450	2#、3#效果佳，3#效果一般
				900	2#、3#、4#效果佳
一	2	3	2#、3#、4#	450	2#、4#效果佳，3#效果差
				900	2#、3#、4#效果佳
一	2	4	2#、3#、4#	450	2#、3#、4#效果佳
				9000	2#、3#、4#效果一般
一	2	5	2#、3#、4#	450	2#、3#、4#效果佳
				9000	2#、3#、4#效果一般

模型	测线	混凝土龄期/d	混凝土缺陷编号	雷达频率/MHz	雷达测试效果
一	2	6	2#、3#、4#	450	3#效果佳，2#、4#效果一般
				9000	2#、3#、4#效果一般
一	2	7	2#、3#、4#	450	3#效果佳，2#、4#效果一般
				900	2#、3#、4#效果一般
一	3	0.5	3#	450	3#效果一般
				900	3#效果一般
一	3	1	3#	450	3#效果佳
				900	3#效果一般
一	3	2	3#	450	3#效果一般
				900	3#效果一般
一	3	3	3#	450	3#效果一般
				900	3#效果佳
一	3	4	3#	450	3#效果一般
				900	3#效果一般
一	3	5	3#	450	3#效果一般
				900	3#效果一般
一	3	6	3#	450	3#效果一般
				900	3#效果一般
一	3	7	3#	450	3#效果一般
				900	3#效果一般
一	5	4	1#、6#、7#	450	1#效果一般，6#、7#效果差
				900	1#效果佳，6#、7#效果差
一	5	5	1#、6#、7#	450	1#效果佳，6#、7#效果差
				900	1#效果一般，6#、7#效果差
一	5	6	1#、6#、7#	450	1#效果一般，6#、7#效果差
				900	1#效果一般，6#、7#效果差
一	5	7	1#、6#、7#	450	1#效果一般，6#、7#效果差
				900	1#效果一般，6#、7#效果差
二	1	0.5	1#、3#、5#	450	1#、3#效果佳，5#效果差
				900	1#效果佳，3#效果一般，5#效果差
二	1	1	1#、3#、5#	450	1#效果佳，3#效果一般，5#效果差
				900	1#效果佳，3#效果一般，5#效果差
二	1	2	1#、2#、5#	450	1#、3#效果佳，5#效果差
				900	1#、3#效果佳，5#效果差
二	1	3	1#、3#、5#	450	1#、3#效果佳，5#效果差
				900	1#效果一般，3#、5#效果差
二	1	4	1#、3#、5#	450	1#、3#效果佳，5#效果差
				900	1#、3#效果一般，5#效果差

模型	测线	混凝土龄期/d	混凝土缺陷编号	雷达频率/MHz	雷达测试效果
二	1	5	1#、3#、5#	450	1#、3#效果佳，5#效果差
				900	1#、3#效果一般，5#效果差
二	1	6	1#、3#、5#	450	1#、3#效果佳，5#效果差
				900	1#、3#效果佳，5#效果差
二	1	7	1#、3#、5#	450	1#、3#效果一般，5#效果差
				900	1#、3#效果一般，5#效果差
二	2	0.5	2#、3#、4#	450	2#、3#、4#效果一般
				900	2#、3#、4#效果一般
二	2	1	2#、3#、4#	450	2#、3#、4#效果一般
				900	2#、3#、4#效果一般
二	2	2	2#、3#、4#	450	2#、3#、4#效果一般
				900	2#、3#效果一般，4#效果差
二	2	3	2#、3#、4#	450	2#、3#、4#效果一般
				900	2#、3#、4#效果一般
二	2	4	2#、3#、4#	450	2#、4#效果佳，3#效果一般
				900	3#、4#效果佳，2#效果一般
二	2	5	2#、3#、4#	450	2#、3#、4#效果一般
				900	2#、3#、4#效果一般
二	2	6	2#、3#、4#	450	2#、3#、4#效果一般
				900	2#、3#、4#效果一般
二	2	7	2#、3#、4#	450	2#、3#、4#效果差
				900	2#、3#、4#效果一般
二	3	2	3#	450	3#效果一般
				900	3#效果佳
二	3	3	3#	450	3#效果一般
				900	3#效果一般
二	3	4	3#	450	3#效果一般
				900	3#效果一般
二	3	5	3#	450	3#效果一般
				900	3#效果佳
二	3	6	3#	450	3#效果一般
				900	3#效果一般
二	3	7	3#	450	3#效果一般
				900	3#效果一般
二	5	5	1#、6#、7#	450	1#效果一般，6#、7#效果差
				900	1#效果一般，6#、7#效果差
二	5	6	1#、6#、7#	450	1#效果一般，6#、7#效果差
				900	1#效果一般，6#、7#效果差

续表

模型	测线	混凝土龄期/d	混凝土缺陷编号	雷达频率/MHz	雷达测试效果
二	5	7	1#、6#、7#	450	1#效果一般，6#、7#效果差
				900	1#效果一般，6#、7#效果差
三	1	0.5	1#、3#、5#	450	1#、3#效果一般，5#效果差
				900	1#、3#效果一般，5#效果差
三	1	1	1#、3#、5#	450	1#、3#效果佳，5#效果差
				900	1#、3#效果佳，5#效果差
三	1	2	1#、3#、5#	450	1#、3#效果佳，5#效果差
				900	1#、3#效果佳，5#效果差
三	1	3	1#、3#、5#	450	1#、3#效果佳，5#效果差
				900	1#、3#效果一般，5#效果差
三	1	4	1#、3#、5#	450	1#、3#效果一般，5#效果差
				900	1#、3#效果一般，5#效果差
三	1	5	1#、3#、5#	450	1#、3#效果一般，5#效果差
				900	1#、3#效果一般，5#效果差
三	1	6	1#、3#、5#	450	1#、3#效果一般，5#效果差
				900	1#、3#效果一般，5#效果差
三	1	7	1#、3#、5#	450	1#、3#效果一般，5#效果差
				900	1#、3#效果一般，5#效果差
三	1	18	1#、3#、5#	450	1#、3#效果一般，5#效果差
				900	1#、3#效果佳，5#效果差
三	1	28	1#、3#、5#	450	未测试
				900	未测试
三	2	0.5	2#、3#、4#	450	2#、3#、4#效果一般
				900	2#、3#、4#效果一般
三	2	1	2#、3#、4#	450	2#、3#、4#效果一般
				900	2#、3#、4#效果一般
三	2	2	2#、3#、4#	450	2#、3#、4#效果一般
				900	3#、4#效果佳，2#效果差
三	2	3	2#、3#、4#	450	2#、3#、4#效果一般
				900	2#、3#、4#效果一般
三	2	4	2#、3#、4#	450	2#、3#、4#效果一般
				900	2#、3#、4#效果一般
三	2	5	2#、3#、4#	450	2#、3#、4#效果一般
				900	2#、3#、4#效果一般
三	2	6	2#、3#、4#	450	2#、3#、4#效果一般
				900	2#、3#、4#效果一般
三	2	7	2#、3#、4#	450	2#、3#、4#效果一般
				900	2#、3#、4#效果一般

模型	测线	混凝土龄期/d	混凝土缺陷编号	雷达频率/MHz	雷达测试效果
三	2	18	2#、3#、4#	450	2#、3#、4#效果一般
				900	2#、3#、4#效果一般
三	2	28	2#、3#、4#	450	未测试
				900	未测试
三	3	0.5	3#	450	效果佳
				900	效果一般
三	3	1	3#	450	效果一般
				900	效果一般
三	3	2	3#	450	效果一般
				900	效果佳
三	3	3	3#	450	效果一般
				900	效果一般
三	3	4	3#	450	效果一般
				900	效果一般
三	3	5	3#	450	效果一般
				900	效果一般
三	3	6	3#	450	效果一般
				900	效果一般
三	3	7	3#	450	效果一般
				900	效果一般
三	3	18	3#	450	效果一般
				900	效果一般
三	3	28	3#	450	未测试
				900	未测试
三	5	2	1#、6#、7#	450	1#效果佳，6#、7#效果差
				900	未测试
三	5	3	1#、6#、7#	450	未测试
				900	1#效果一般，6#、7#效果差
三	5	4	1#、6#、7#	450	1#效果一般，6#、7#效果差
				900	未测试
三	5	5	1#、6#、7#	450	1#效果一般，6#、7#效果差
				900	1#效果一般，6#、7#效果差
四	1	0.5	1#、3#、5#	450	1#效果一般，3#、5#效果差
				900	1#、3#效果一般，5#效果差
四	1	1	1#、3#、5#	450	1#效果一般，3#、5#效果差
				900	1#、3#效果一般，5#效果差
四	1	2	1#、3#、5#	50	1#效果佳，3#效果一般，5#效果差
				900	1#、3#效果一般，5#效果差

续表

模型	测线	混凝土龄期/d	混凝土缺陷编号	雷达频率/MHz	雷达测试效果
四	1	3	1#、3#、5#	450	1#效果佳，3#效果一般，5#效果差
				900	1#、3#效果佳，5#效果差
四	1	4	1#、3#、5#	450	1#、3#效果一般，5#效果差
				900	1#、3#效果佳，5#效果差
四	1	5	1#、3#、5#	450	1#、3#效果一般，5#效果差
				900	1#、3#效果佳，5#效果差
四	1	6	1#、3#、5#	450	1#、3#效果一般，5#效果差
				900	1#、3#效果一般，5#效果差
四	1	7	1#、3#、5#	450	1#、3#效果一般，5#效果差
				900	1#、3#效果佳，5#效果差
四	1	18	1#、3#、5#	450	1#、3#效果一般，5#效果差
				900	1#、3#，效果佳，5#效果差
四	1	28	1#、3#、5#	450	1#、3#效果一般，5#效果差
				900	1#、3#效果佳，5#效果差
四	2	0.5	2#、3#、4#	450	2#、3#、4#效果佳
				900	2#、3#、4#效果一般
四	2	1	2#、3#、4#	450	2#效果佳，3#、4#效果一般
				900	2#、4#、4#效果一般
四	2	2	2#、3#、4#	450	4#效果佳，2#、3#效果一般
				900	3#、4#效果佳，2#效果一般
四	2	3	2#、3#、4#	450	3#效果佳，2#、4#效果一般
				900	4#效果佳，2#、3#效果一般
四	2	4	2#、3#、4#	450	4#效果佳，2#、3#效果一般
				900	3#、4#效果佳，2#效果一般
四	2	5	2#、3#、4#	450	3#、4#效果佳，2#效果一般
				900	4#效果佳，2#、3#效果一般
四	2	6	2#、3#、4#	450	2#、3#、4#效果一般
				900	2#、3#、4#效果一般
四	2	7	2#、3#、4#	50	3#、4#效果佳，2#效果一般
				900	4#效果佳，2#、3#效果一般
四	2	18	2#、3#、4#	450	2#、3#、4#效果一般
				900	2#效果佳，3#、4#效果一般
四	2	28	2#、3#、4#	450	2#、3#、4#效果一般
				900	2#效果佳，3#、4#效果一般
四	3	0.5	3#	450	3#效果佳
				900	3#效果一般
四	3	1	3#	450	3#效果一般
				900	3#效果一般

模型	测线	混凝土龄期/d	混凝土缺陷编号	雷达频率/MHz	雷达测试效果
四	3	2	3#	450	3#效果一般
				900	3#效果一般
四	3	3	3#	450	3#效果一般
				900	3#效果一般
四	3	4	3#	450	3#效果佳
				900	3#效果一般
四	3	5	3#	450	3#效果一般
				900	3#效果一般
四	3	6	3#	450	3#效果佳
				900	3#效果一般
四	3	7	3#	450	3#效果佳
				900	3#效果一般
四	3	18	3#	450	3#效果一般
				900	3#效果一般
四	5	28	3#	450	3#效果一般
				900	1#效果一般，6#、7#效果差
四	5	1	1#、6#、7#	450	1#效果一般，6#、7#效果差
				900	1#效果一般，6#、7#效果差
四	5	2	1#、6#、7#	450	1#效果一般，6#、7#效果差
				900	1#效果一般，6#、7#效果差
四	5	3	1#、6#、7#	450	1#效果一般，6#、7#效果差
				900	1#效果一般，6#、7#效果差
四	5	7	1#、6#、7#	450	1#效果一般，6#、7#效果差
				900	1#效果一般，6#、7#效果差

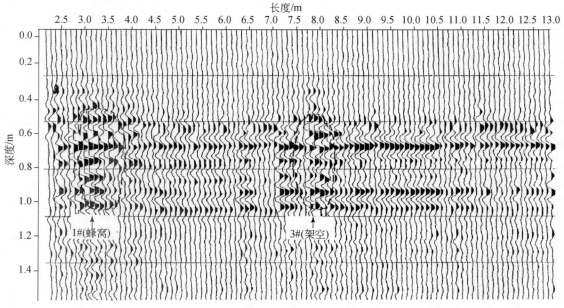

图 12-6　三峡工程强度成长期混凝土 1∶1 模型（一块）雷达探测及解释剖面图

测线号 1，时间 3 天，频率 900 MHz

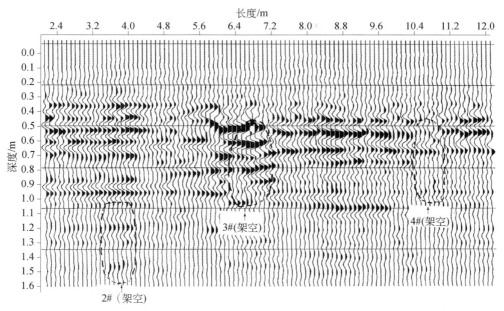

图 12-7　三峡工程强度成长期混凝土 1∶1 模型（一块）雷达探测及解释剖面图

测线号 2，时间 3 天，频率 900 MHz

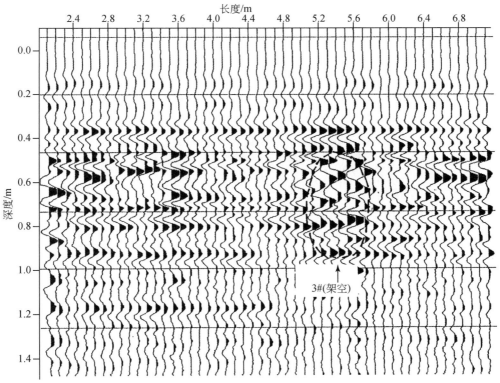

图 12-8　三峡工程强度成长期混凝土 1∶1 模型（一块）雷达探测及解释剖面图

测线号 3，时间 3 天，频率 900 MHz

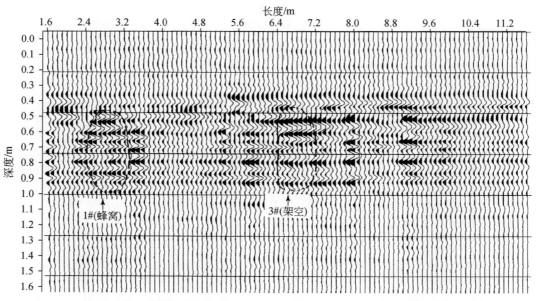

图 12-9　三峡工程强度成长期混凝土 1∶1 模型（二块）雷达探测及解释剖面图

测线号 1，时间 6 天，频率 900 MHz

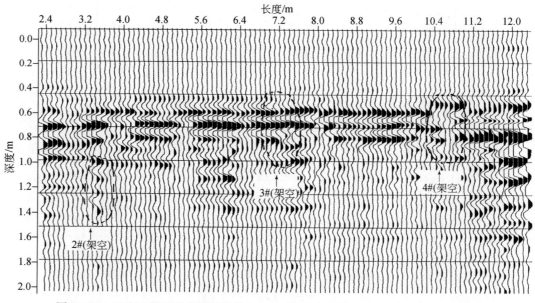

图 12-10　三峡工程强度成长期混凝土 1∶1 模型（二块）雷达探测及解释剖面图

测线号 2，时间 4 天，频率 900 MHz

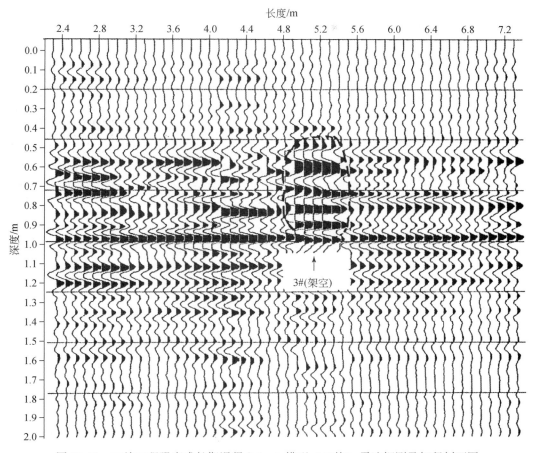

图 12-11　三峡工程强度成长期混凝土 1：1 模型（二块）雷达探测及解释剖面图

测线号 3，时间 3 天，频率 900 MHz

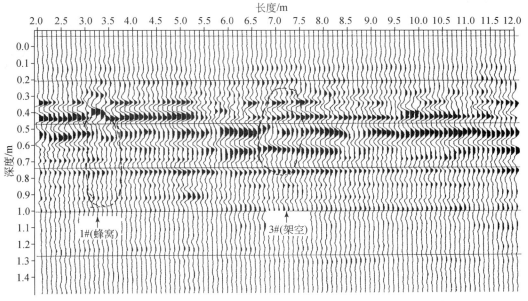

图 12-12　三峡工程强度成长期混凝土 1：1 模型（三块）雷达探测及解释剖面图

测线号 1，时间 5 天，频率 900 MHz

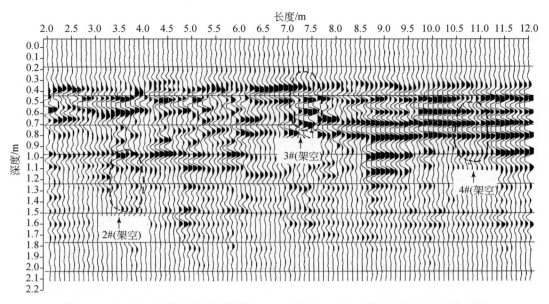

图 12-13　三峡工程强度成长期混凝土 1∶1 模型（三块）雷达探测及解释剖面图

测线号 2，时间 15 天，频率 900 MHz

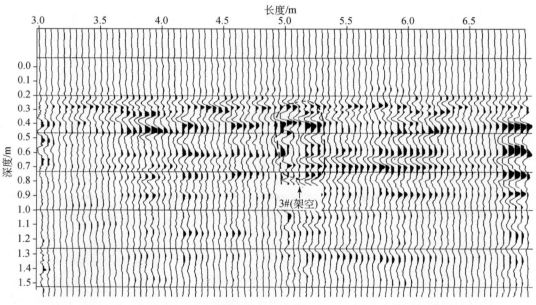

图 12-14　三峡工程强度成长期混凝土 1∶1 模型（三块）雷达探测及解释剖面图

测线号 3，时间 1 天，频率 900 MHz

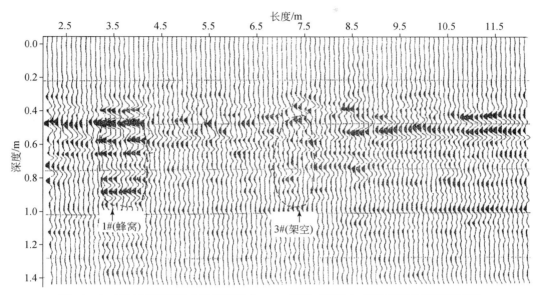

图 12-15　三峡工程强度成长期混凝土 1∶1 模型（四块）雷达探测及解释剖面图

测线号 1，时间 5 天，频率 900 MHz

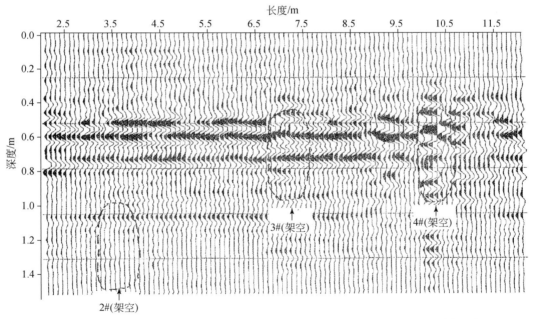

图 12-16　三峡工程强度成长期混凝土 1∶1 模型（一块）雷达探测及解释剖面图

测线号 2，时间 4 天，频率 900 MHz

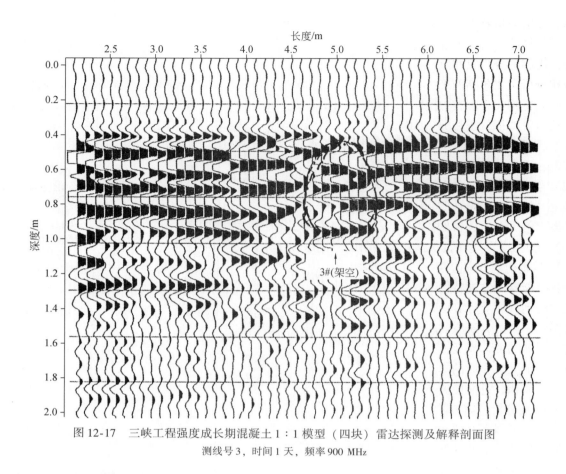

图 12-17 三峡工程强度成长期混凝土 1∶1 模型（四块）雷达探测及解释剖面图

测线号 3，时间 1 天，频率 900 MHz

雷达法模型试验结果小结如下：

（1）在不同标号、级配的混凝土模型上，雷达法探测效果无明显区别。由此引申，雷达法模型试验结果不仅可应用于模拟标号、级配的混凝土缺陷检测，而且可应用于其他标号、级配的混凝土缺陷检测。

（2）在龄期 0.5～28 天时间段内，雷达探测对蜂窝、架空两种缺陷是有效的，其反映特征一般为反射较强且同相轴错乱。图像反映出的位置、形态与模拟缺陷吻合较好。但以现有技术条件，在雷达信号中区分蜂窝、架空异常一般较为困难。

（3）在上述观测时间段内，雷达对离析、人工缝、冷缝反映不明显，其原因可能是其电性与正常混凝土差异较小或其可被探测的尺度太小所致。

（4）使用探测雷达对三峡工程混凝土进行检测，以期得到如蜂窝、架空等质量缺陷的位置及形态，其方法是可行的、有效的。与其他检测方法相比，其快速、高精度及高分辨率具有重要优势。对于三峡工程这类大体积、大仓面混凝土，其现场快速检测的优势显得尤为突出。

（5）因电磁波易受金属物、表面积水等因素干扰，检测时应尽量避开干扰物，或在图像上对其加以正确分析辨认。

12.3.2 垂直反射法模型试验资料分析

一般的震源振动以纵波（P 波）和横波（S 波）两种基本形式向周围介质中传播，经过不同物性界面时发生透射和反射，出现波型转换，在一定条件下形成沿界面或层间传播的面波，这种以不同的振动形成，经过不同的传播途径，由震源到测点的地震波动称为震相。震相是与探测对象的各种特性密切相关的信息载体。震相识别无误才能保证波动分析真实反映探测对象。

垂直反射法检测就是震源发出的弹性纵波，在发射–接收没有偏移距的情况下，避免波形发生转换，只接收反射纵波，这样使震相分析变得简单可行，对缺陷判断的准确率大大提高，因为它没有各种波形的叠加，震相的分析只与纵波震相有关。

震相分析主要包括两个方面：一是运用波动理论分析地震波动由震源发射到界面反射回来波的传播过程，从而得到关于震相性的理论认识，二是对测点的实测波形记录进行分析，研究和揭示震源相的运动学、动力学特征。震相分析的主要内容包括以下各种分析方法：

（1）震源分析：震源是影响震波特征的重要因素。震源振动持续时间、振动强度和方向等，都会对波的震型、强度、频率、波形等产生影响。

（2）射线分析：波传播遵循一定规律。波的射线理论则是对这些规律的一种描述，波射线不仅是几何意义上的线，它还是具有实际意义的载能束，波的射线路径就是波的能量传播路径。由于介质的不均匀性或界面的反射或透射作用，使不同震相具有不同的传播路径。

（3）走时分析：波的走时与其射线路径和介质波速有着密切关系。

（4）震相初动方向分析：从震源的振动出发，分析波前运动，推断震相在测点的初始运动方向，再根据接收换能器的方向特性判断记录波形中震相初动方向，这就是震相初动方向分析的全过程。在界面上，波的初动方向会因界面两侧的介质不同而发生变化，另一方面，初动不同的震相会使地面产生不同形式的振动。因此，研究震相初动方向，有助于研究混凝土介质性质的变化。

（5）波形分析：波形反映震源特点，同时，也反映介质的影响，介质的非弹性使震波衰减、振幅减小、视周期加大。介质的非均匀性、各向异性使波动产生频散等，物性界面使小波产生反射、透射等而衍生出众多震相、进而使波形趋于复杂，分析波形及其变化，可以从中提取混凝土介质的有关信息。

（6）振幅分析：震波的振幅受介质性质、界面特征等因素的影响，振幅分析就是要找出波动能量变化特征，研究诸因素对波动能量的影响机制，分析各种条件下波动能量在空间和时间上的变化规律。来研究不同介质条件下波动能量分布规律及介质对振幅的影响。

（7）波谱分析：波动现象在许多方面都与频率密切相关，不同的震源可产生不同的波动，传播介质对波动具有选频吸收作用，观测仪器的频率特性对波动的记录也会产生影响，因此，对地震波进行波谱分析，对深入了解波动现象在混凝土介质的作用很有帮助。

因此，垂直反射法的检测资料常从上述七个方面入手，对资料进行全面综合的分析，以利提高判断能力和分析的准确性。

通过对垂直反射法模型试验资料的全面整理分析，根据对缺陷反映的效果明显与否，制定如下分类标准（表 12-7）。

表 12-7　垂直反射法对缺陷的反映效果分类标准

差	较差	一般	较好	好
无任何反应	缺陷处有些测点略有反应	有反应，能大致判断的位置	反应较明显，范围比实际缺陷略小，能判断埋深	反应明显，能清楚地判断出缺陷的大小和埋深，且与已知结果一致

各模型 0.5~7 天（或 28 天）检测效果统计见表 12-8~表 12-11。

表 12-8　模型一 0.5～7 天垂直反射法检测效果统计

检测效果\天数/d \ 缺陷	1#蜂窝	2#架空	3#架空	4#架空	5#离析	备注
0.5	差	差	差	差	差	
1	差	差	差	差	差	
2	一般	较差	一般	一般	较差	
3	一般	较差	一般	一般	较差	
4	较好	一般	一般	一般	一般	
5	一般	一般	一般	一般	一般	
6	较好	一般	较好	好	好	
7	较好	较好	好	好	好	

表 12-9　模型二 0.5～7 天垂直反射法检测效果统计

检测效果\天数/d \ 缺陷	1#蜂窝	2#架空	3#架空	4#架空	5#离析	备注
0.5	差	差	差	差	差	
1	差	差	差	差	差	
2	较差	无资料	较差	无资料	较差	测试收发换能器匹配性
3	无资料	无资料	无资料	无资料	无资料	仪器不正常
4	无资料	较好	较好	较好	无资料	
5	无资料	无资料	无资料	无资料	无资料	做其他方法试验
6	较差	一般	较好	较好	一般	
7	差	差	差	差	较差	

表 12-10　模型三 0.5～28 天垂直反射法检测效果统计

检测效果\天数/d \ 缺陷	1#蜂窝	2#架空	3#架空	4#架空	5#离析	备注
0.5	较差	一般	较好	较好	较差	
1	较好	较差	较好	较好	较好	
2	差	较差	较好	好	较好	
3	较差	差	较好	差	一般	
4	差	差	较好	差	较差	
5	一般	较差	差	差	较差	
6	较好	较好	较好	差	一般	
7	较好	较好	较好	差	一般	
18	较好	好	一般	一般（较好）	好	
28	较好	较好	较好	差	较好	

表 12-11　模型四 0.5~28 天垂直反射法检测效果统计

检测效果 天 数 /d ＼ 缺 陷	1#蜂窝	2#架空	3#架空	4#架空	5#离析	备注
0.5	差	差	较差	较差	差	
1	一般	一般	一般	一般	一般	
2	较好	一般	一般	一般	一般	
3	较好	较好	好	一般	一般	
4	好	一般	好	较好	一般	
5	好	较好	好	好	较好	
6	较好	较好	较好	差	一般	
7	好	好	好	好	好	
18	较好	好	较好	好	较好	
28	好	较好	好	较好	一般	

每块模型各个时期检测效果统计见表 12-12 ~ 表 12-19。

表 12-12　各模型 12h 垂直反射法检测效果统计

检测效果 模 型 ＼ 缺 陷	1#蜂窝	2#架空	3#架空	4#架空	5#离析	备注
模型一	差	差	差	差	差	
模型二	差	差	差	差	差	
模型三	较差	一般	较好	较好	较差	
模型四	差	差	较好	较差	差	

表 12-13　各模型第 1 天垂直反射法检测效果统计

检测效果 模 型 ＼ 缺 陷	1#蜂窝	2#架空	3#架空	4#架空	5#离析	备注
模型一	差	差	差	差	差	
模型二	差	差	差	差	差	
模型三	较好	较差	较好	较好	较好	
模型四	一般	一般	一般	一般	一般	

表 12-14　各模型第 2 天垂直反射法检测效果统计

检测效果 模 型 ＼ 缺 陷	1#蜂窝	2#架空	3#架空	4#架空	5#离析	备注
模型一	一般	较差	一般	一般	较差	
模型二	较差	无资料	较差	无资料	较差	
模型三	差	较差	较好	好	较好	
模型四	较好	一般	一般	一般	一般	

表 12-15　各模型第 3 天垂直反射法检测效果统计

检测效果　　模型	1#蜂窝	2#架空	3#架空	4#架空	5#离析	备注
模型一	一般	较差	一般	一般	较差	
模型二	无资料	无资料	无资料	无资料	无资料	仪器故障
模型三	较差	差	较好	差	一般	
模型四	较好	较好	好	一般	一般	

表 12-16　各模型第 4 天垂直反射法检测效果统计

检测效果　　模型	1#蜂窝	2#架空	3#架空	4#架空	5#离析	备注
模型一	较好	一般	一般	一般	一般	
模型二	无资料	较好	较好	较好	无资料	试验发射匹配
模型三	差	差	较好	差	较差	
模型四	好	一般	好	较好	一般	

表 12-17　各模型第 5 天垂直反射法检测效果统计

检测效果　　模型	1#蜂窝	2#架空	3#架空	4#架空	5#离析	备注
模型一	一般	一般	一般	一般	一般	
模型二	无资料	无资料	无资料	无资料	无资料	做其他方法试验
模型三	一般	较差	差	差	较差	
模型四	好	较好	好	好	较好	

表 12-18　各模型第 6 天垂直反射法检测效果统计

检测效果　　模型	1#蜂窝	2#架空	3#架空	4#架空	5#离析	备注
模型一	较好	一般	较好	好	好	
模型二	较差	一般	较好	较好	一般	
模型三	较好	较好	较好	差	一般	
模型四	较好	较好	较好	差	一般	

表 12-19　各模型第 7 天垂直反射法检测效果统计

检测效果　　模型	1#蜂窝	2#架空	3#架空	4#架空	5#离析	备注
模型一	较好	较好	好	好	好	
模型二	差	差	差	差	较差	
模型三	较好	较好	较好	差	一般	
模型四	好	好	好	好	好	

　　通过对表 12-8～表 12-19 缺陷检测效果分析可知，每块模型缺陷检测效果随着时间增长逐渐变好，符合强度成长期正常混凝土与缺陷间相互变化的一般规律，因为两者物性差异随混凝土强度成长而越来越大。

不同模型，同种缺陷的检测效果并非完全一致，可能与缺陷制作时难以做到完全一致有关，并非因标号、级配不同所致。

个别缺陷检测效果出现反规律现象，可能是在检测过程中较频繁更换检波仪器操作人员有关，因为该种方法对检波器与混凝土表面的耦合要求很严格，这也是今后检测时应加以重视和克服的问题。

在模型侧面检测得知，垂直反射法对深度在 2.5m 的缺陷（架空、蜂窝）反映较好，但对埋深 5m 的架空则无反映。

试验表明，垂直反射法对模型上的冷缝、人工缝无明显反映。

需要说明的是，模型二是最先开始制作的模型，利用垂直反射法在这块模型上进行了各种震源及检波器匹配试验，试验结果：美国产加速度检波器、轮锥形大能量声波换能器效果较好，整个试验过程均使用这些收、发设备。由于上述试验占用了时间，造成垂直反射法在该模型上部分资料缺失。

图 12-18 ~ 图 12-48 是垂直反射法在不同模型、不同测试时间对不同缺陷反映的典型剖面，可清晰分辨出异常位置及顶部埋深，与模拟的缺陷吻合较好。

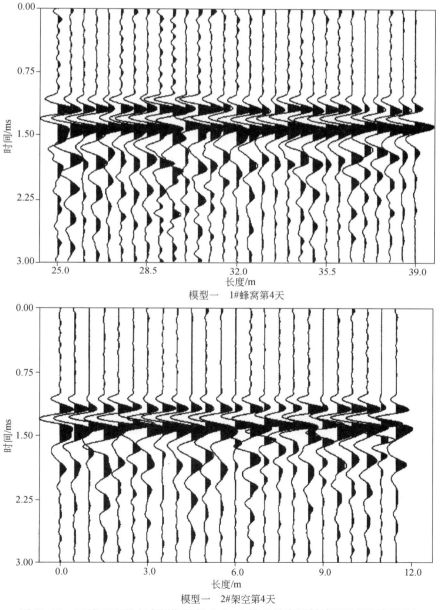

模型一 1#蜂窝第4天

模型一 2#架空第4天

图 12-18 三峡工程强度成长期混凝土 1∶1 模型垂直反射检测及解释剖面图

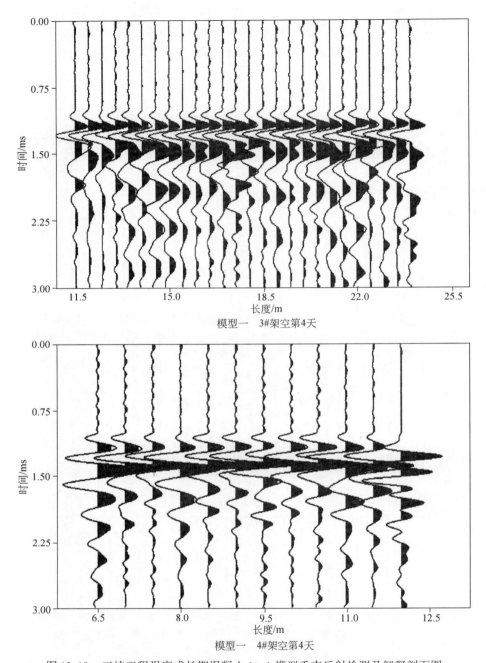

模型一　3#架空第4天

模型一　4#架空第4天

图12-19　三峡工程强度成长期混凝土1∶1模型垂直反射检测及解释剖面图

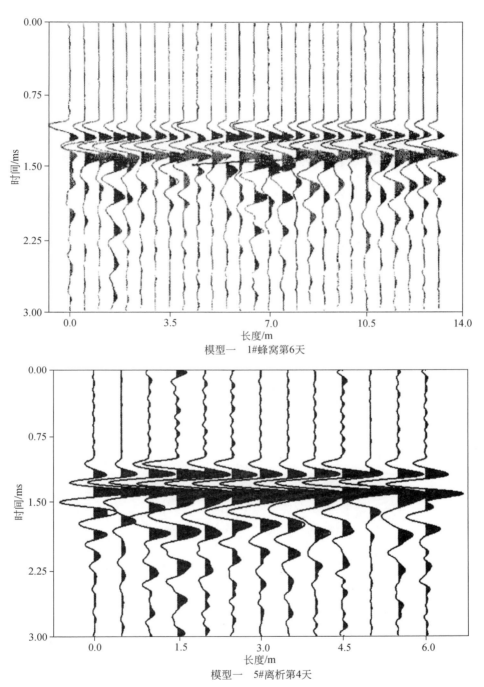

模型一 1#蜂窝第6天

模型一 5#离析第4天

图 12-20 三峡工程强度成长期混凝土 1∶1 模型垂直反射检测及解释剖面图

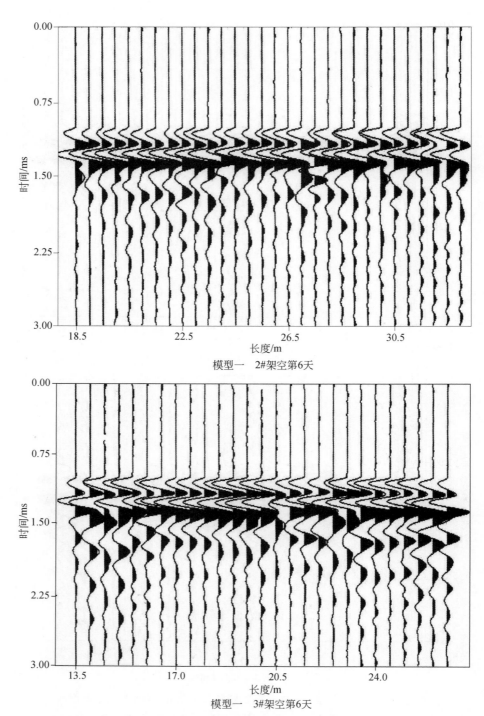

模型一 2#架空第6天

模型一 3#架空第6天

图 12-21 三峡工程强度成长期混凝土 1∶1 模型垂直反射检测及解释剖面图

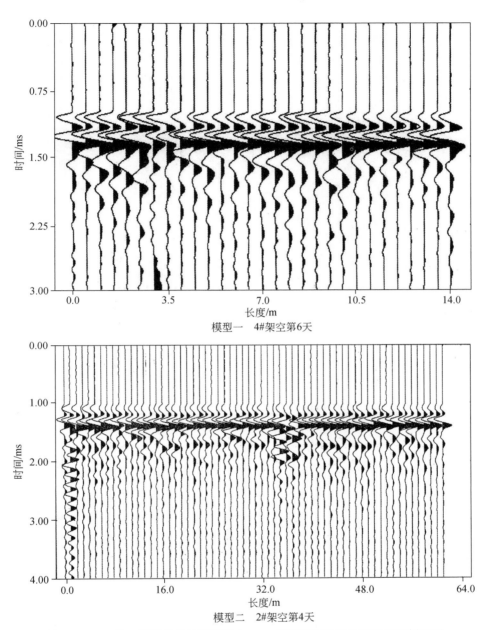

模型一　4#架空第6天

模型二　2#架空第4天

图 12-22　三峡工程强度成长期混凝土 1：1 模型垂直反射检测及解释剖面图

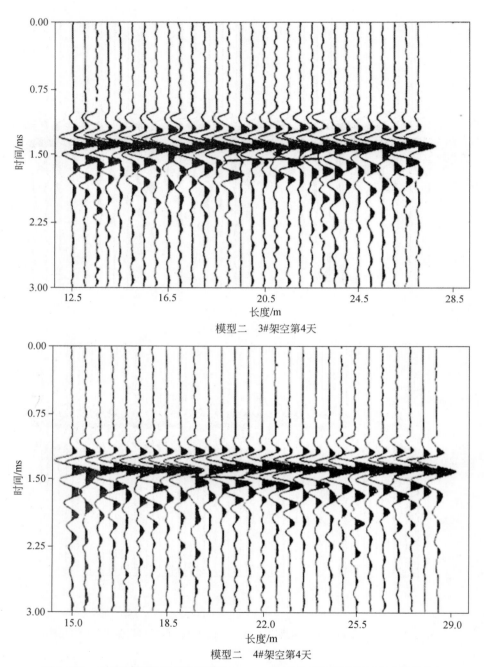

模型二　3#架空第4天

模型二　4#架空第4天

图 12-23　三峡工程强度成长期混凝土 1∶1 模型垂直反射检测及解释剖面图

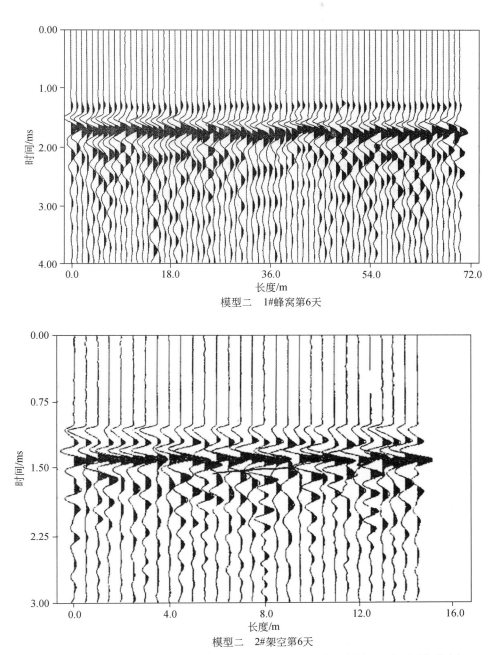

模型二 1#蜂窝第6天

模型二 2#架空第6天

图 12-24 三峡工程强度成长期混凝土 1：1 模型垂直反射检测及解释剖面图

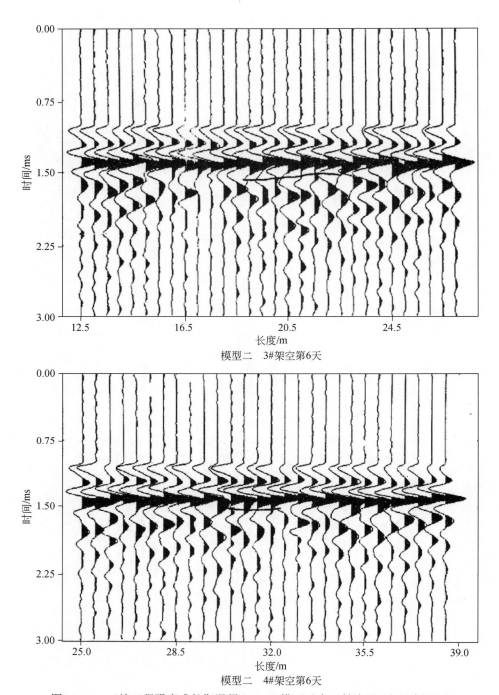

模型二　3#架空第6天

模型二　4#架空第6天

图 12-25　三峡工程强度成长期混凝土1∶1模型垂直反射检测及解释剖面图

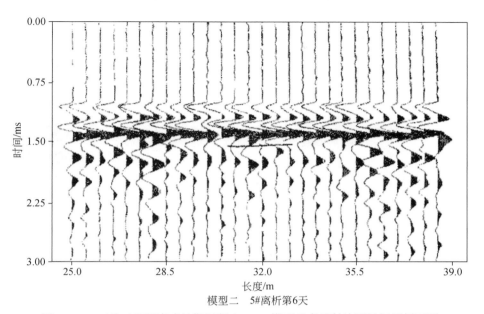

模型二　5#离析第6天

图 12-26　三峡工程强度成长期混凝土 1∶1 模型垂直反射检测及解释剖面图

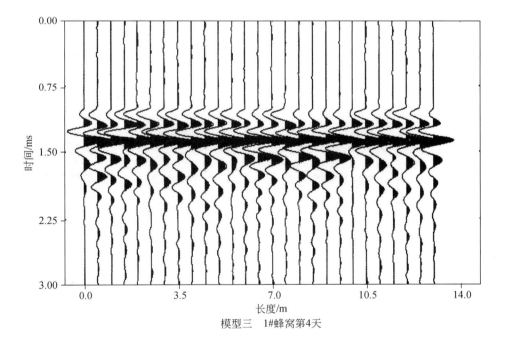

模型三　1#蜂窝第4天

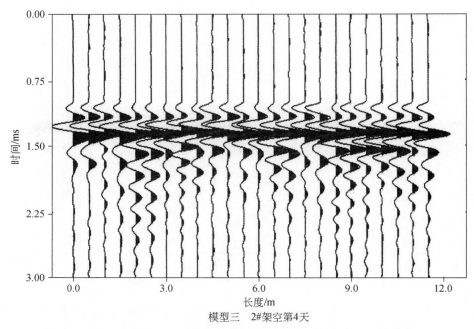

模型三　2#架空第4天

图 12-27　三峡工程强度成长期混凝土 1∶1 模型垂直反射检测及解释剖面图

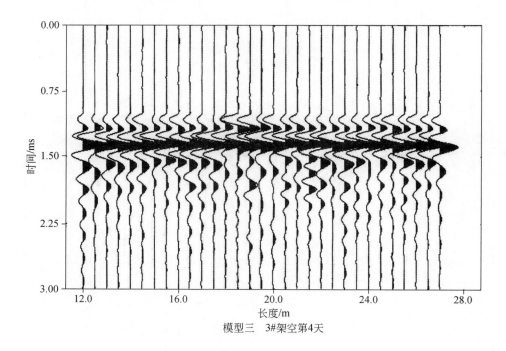

模型三　3#架空第4天

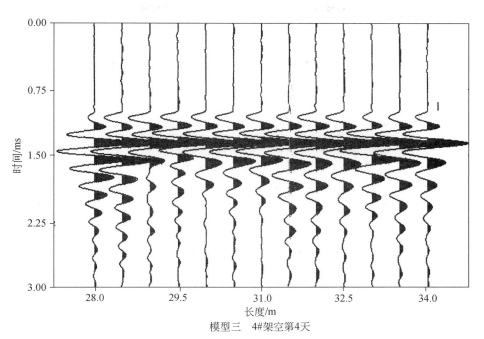

模型三　4#架空第4天

图 12-28　三峡工程强度成长期混凝土 1：1 模型垂直反射检测及解释剖面图

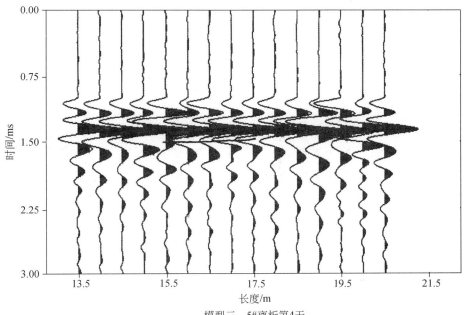

模型三　5#离析第4天

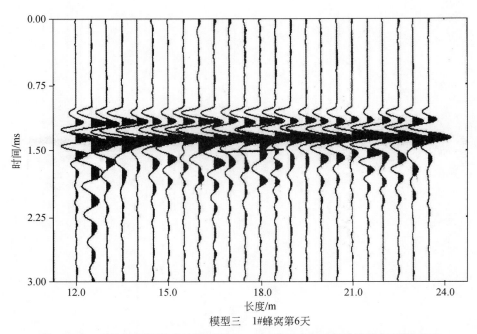

模型三　1#蜂窝第6天

图 12-29　三峡工程强度成长期混凝土 1∶1 模型垂直反射检测及解释剖面图

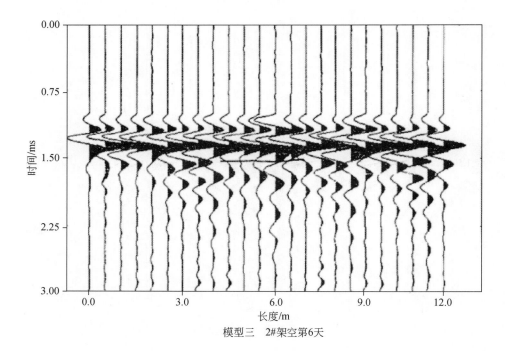

模型三　2#架空第6天

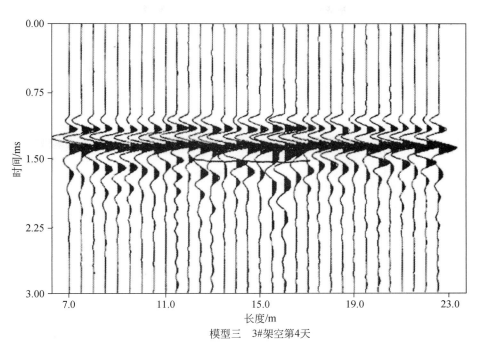

模型三　3#架空第4天

图 12-30　三峡工程强度成长期混凝土 1∶1 模型垂直反射检测及解释剖面图

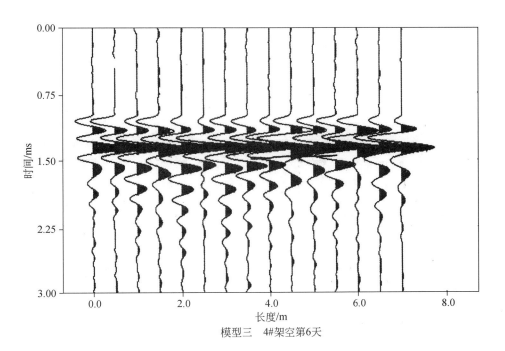

模型三　4#架空第6天

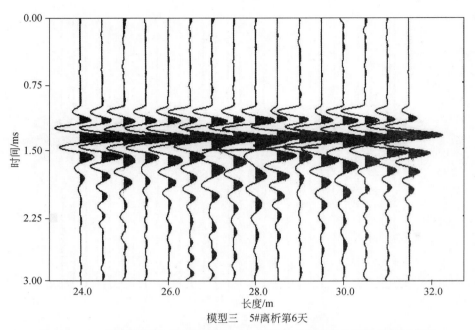

模型三 5#离析第6天

图 12-31 三峡工程强度成长期混凝土 1：1 模型垂直反射检测及解释剖面图

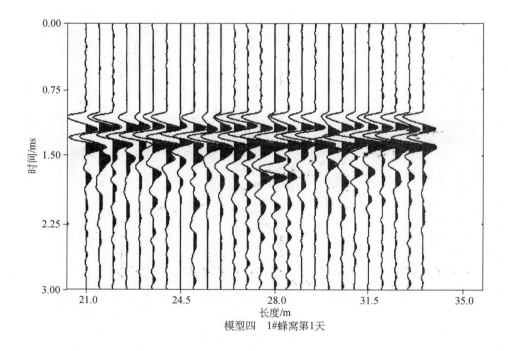

模型四 1#蜂窝第1天

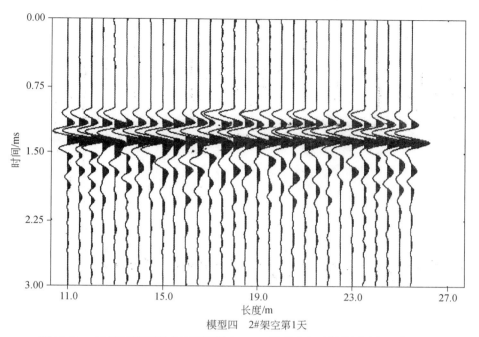

图 12-32 三峡工程强度成长期混凝土 1：1 模型垂直反射检测及解释剖面图

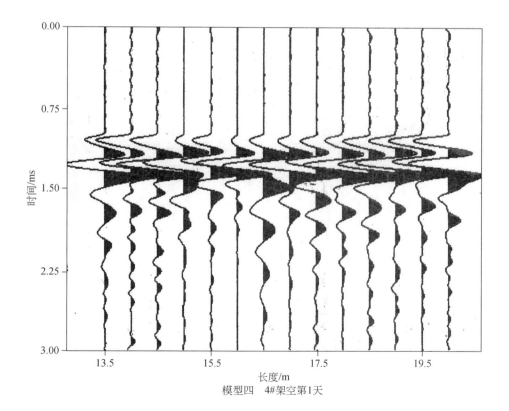

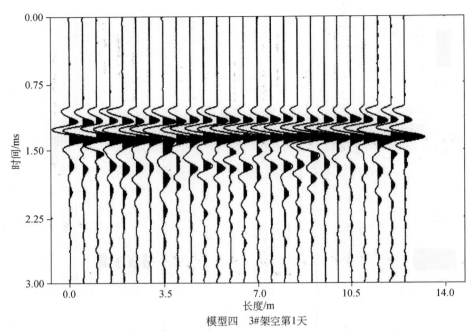

模型四 3#架空第1天

图12-33 三峡工程强度成长期混凝土1∶1模型垂直反射检测及解释剖面图

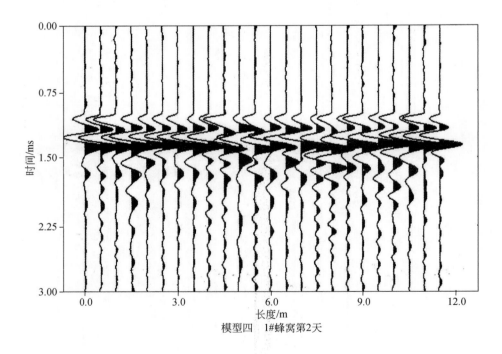

模型四 1#蜂窝第2天

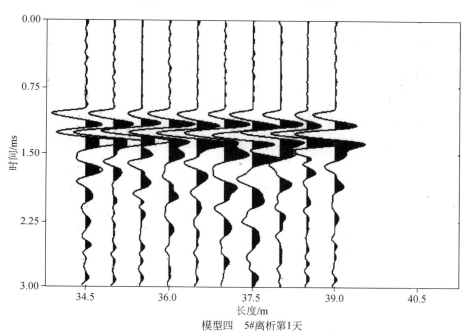

模型四　5#离析第1天

图 12-34　三峡工程强度成长期混凝土 1:1 模型垂直反射检测及解释剖面图

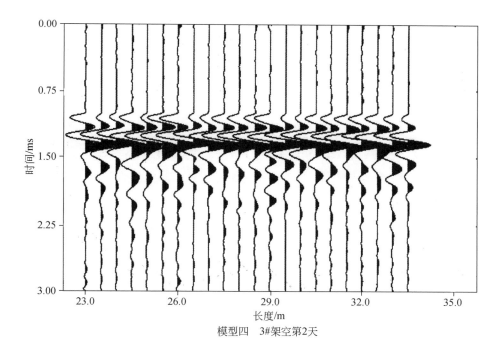

模型四　3#架空第2天

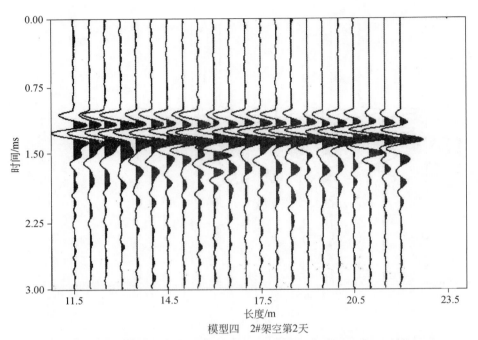

模型四 2#架空第2天

图 12-35 三峡工程强度成长期混凝土 1∶1 模型垂直反射检测及解释剖面图

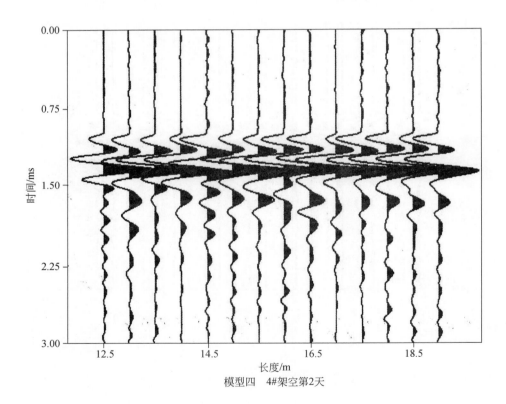

模型四 4#架空第2天

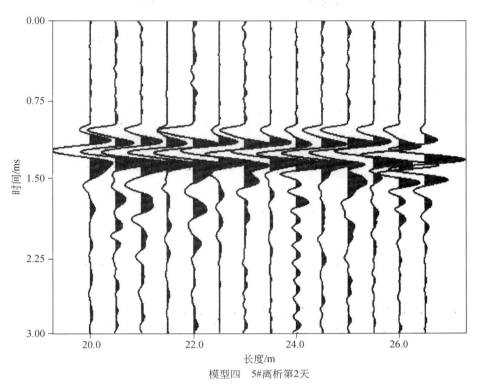

模型四　5#离析第2天

图 12-36　三峡工程强度成长期混凝土 1∶1 模型垂直反射检测及解释剖面图

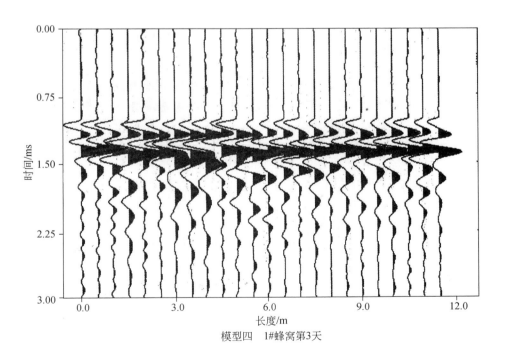

模型四　1#蜂窝第3天

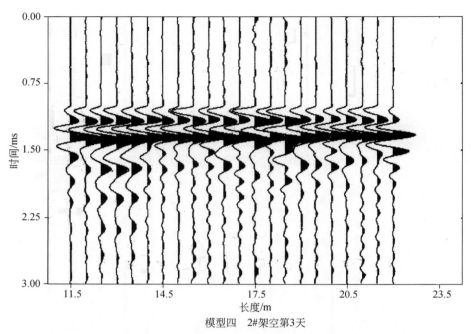

模型四　2#架空第3天

图 12-37　三峡工程强度成长期混凝土 1∶1 模型垂直反射检测及解释剖面图

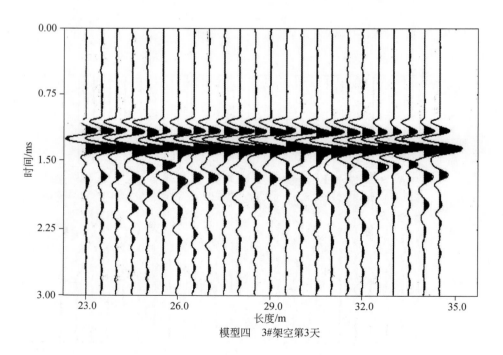

模型四　3#架空第3天

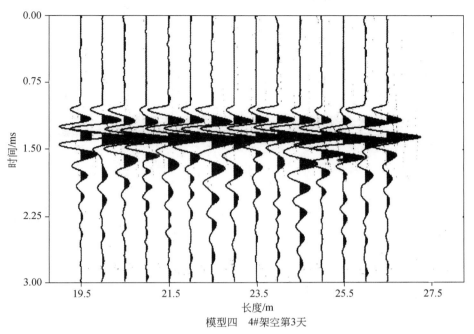

模型四　4#架空第3天

图 12-38　三峡工程强度成长期混凝土 1：1 模型垂直反射检测及解释剖面图

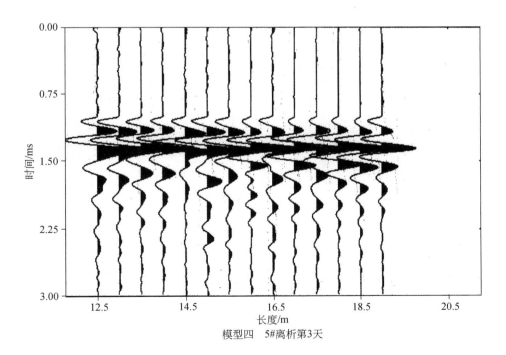

模型四　5#离析第3天

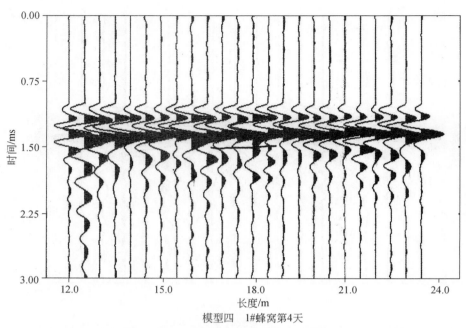

模型四　1#蜂窝第4天

图 12-39　三峡工程强度成长期混凝土 1：1 模型垂直反射检测及解释剖面图

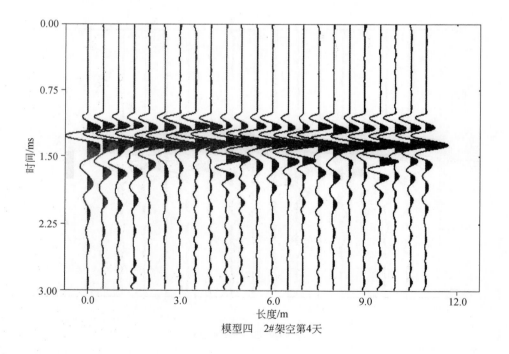

模型四　2#架空第4天

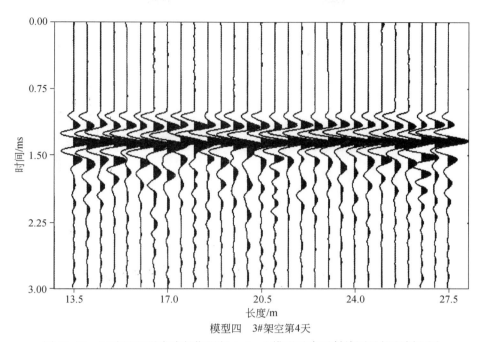

模型四 3#架空第4天

图 12-40 三峡工程强度成长期混凝土 1∶1 模型垂直反射检测及解释剖面图

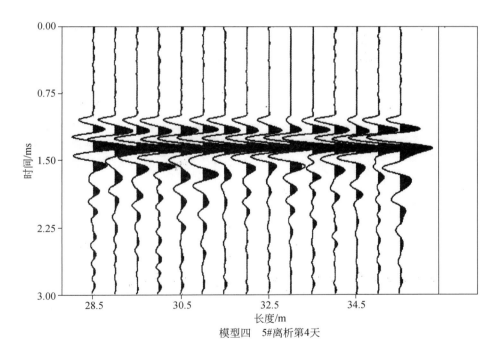

模型四 5#离析第4天

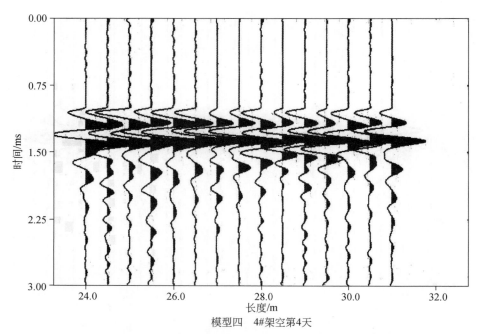

模型四　4#架空第4天

图 12-41　三峡工程强度成长期混凝土 1:1 模型垂直反射检测及解释剖面图

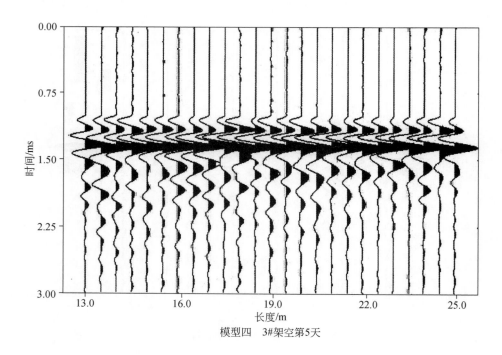

模型四　3#架空第5天

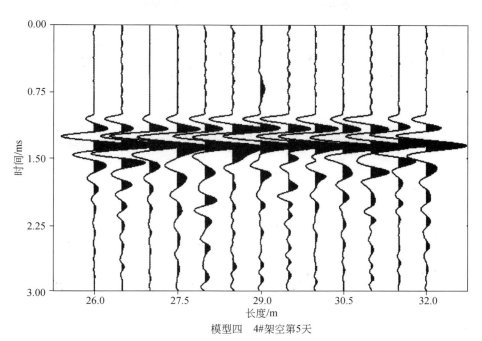

模型四　4#架空第5天

图 12-42　三峡工程强度成长期混凝土 1∶1 模型垂直反射检测及解释剖面图

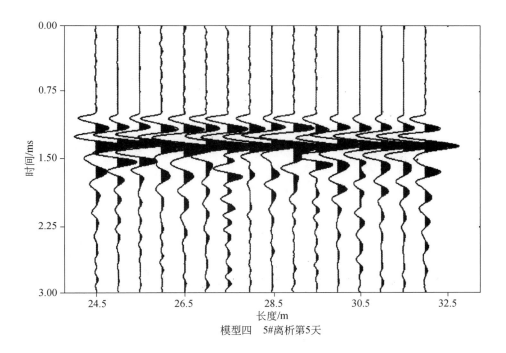

模型四　5#离析第5天

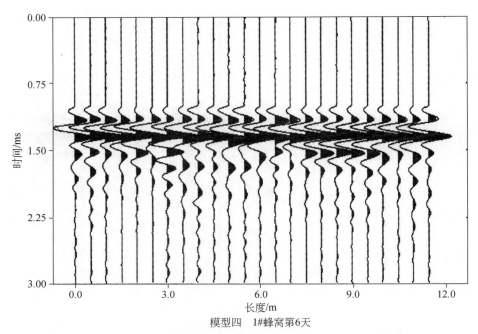

模型四　1#蜂窝第6天

图 12-43　三峡工程强度成长期混凝土 1∶1 模型垂直反射检测及解释剖面图

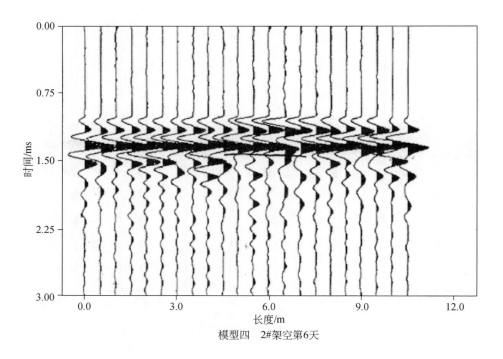

模型四　2#架空第6天

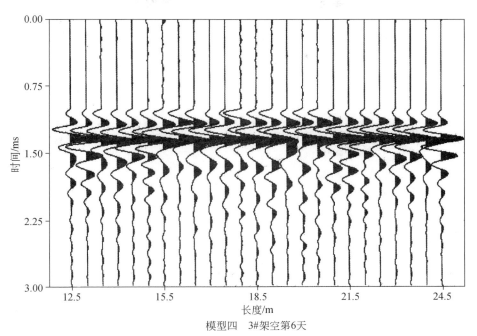

模型四 3#架空第6天

图 12-44 三峡工程强度成长期混凝土 1：1 模型垂直反射检测及解释剖面图

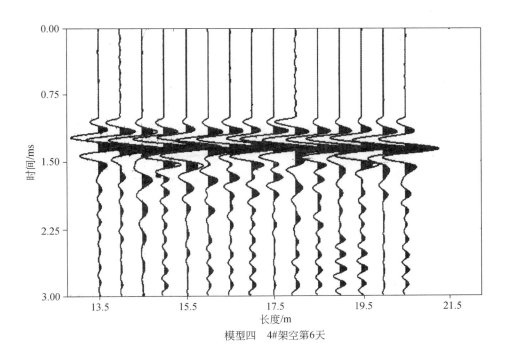

模型四 4#架空第6天

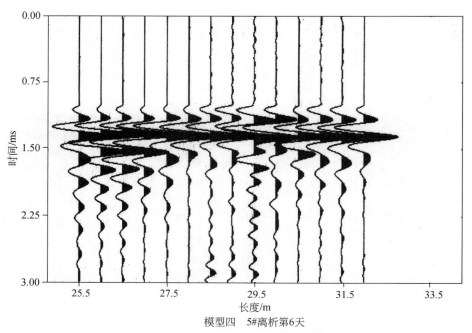

模型四　5#离析第6天

图 12-45　三峡工程强度成长期混凝土 1：1 模型垂直反射检测及解释剖面图

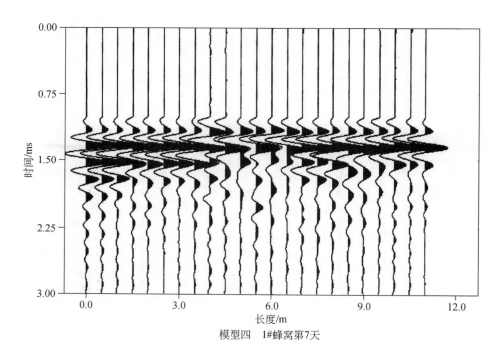

模型四　1#蜂窝第7天

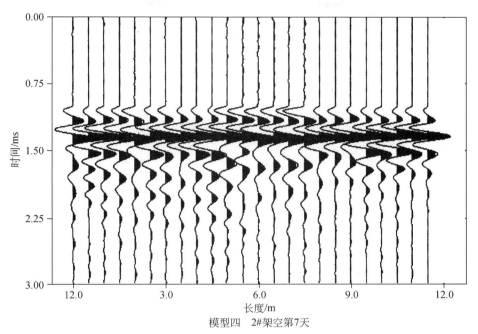

模型四 2#架空第7天

图 12-46 三峡工程强度成长期混凝土 1∶1 模型垂直反射检测及解释剖面图

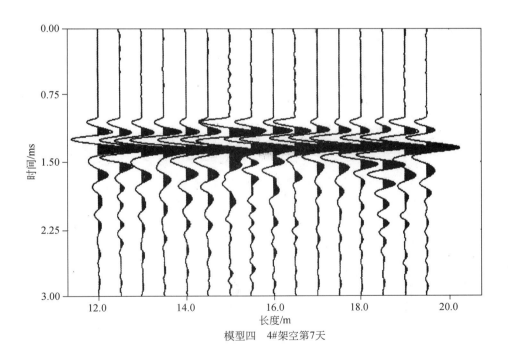

模型四 4#架空第7天

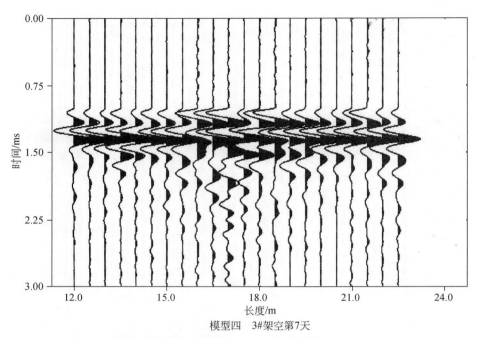

模型四　3#架空第7天

图 12-47　三峡工程强度成长期混凝土 1∶1 模型垂直反射检测及解释剖面图

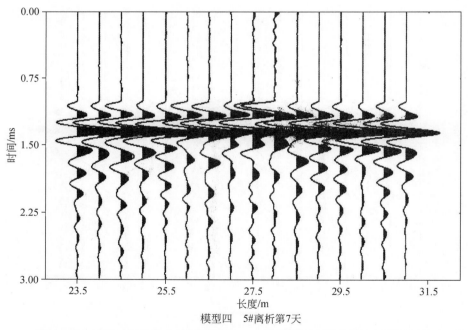

模型四　5#离析第7天

图 12-48　三峡工程强度成长期混凝土 1∶1 模型垂直反射检测及解释剖面图

垂直反射法模型试验小结如下：

（1）垂直反射法在不同标号、级配的混凝土模型上均可探测蜂窝、架空、离析三种缺陷。部分从收仓后的第一天、大多从第二天开始有检测效果，龄期 4 天后（含第 4 天）效果较好。可得到异常位置及顶部埋深，与模拟的缺陷吻合较好。但要将上述三种缺陷加以区分，则较为困难；另外，该法从侧面可探测深度在 2.5m 的缺陷。

（2）该法对人工缝、冷缝反映不明显。

（3）该法对换能器与混凝土表面的耦合要求较严格，因此操作要求较高，其现场检测速度与雷达相比要慢一些。

12.3.3　脉冲回波法试验资料分析

脉冲回波法资料分析方法对波形进行快速傅里叶变换（FFT），得到测点频谱图；然后，频谱图频率主峰变化，确定是否存在缺陷；最后将缺陷的范围、埋深标注在平面图上。

缺陷判断原则：

（1）混凝土无缺陷时，频谱图只有一个单峰，且频率值稳定，频率峰值对应客体为混凝土底界面，其厚度 $h = V/2f$（V 可实测）。

（2）混凝土内部存在缺陷时，频谱图将出现双峰（或多峰），有时也为单峰，但峰值频率较混凝土底面对应峰值频率高，缺陷埋深 $h = v/2f_{缺}$。

四块不同标号、不同级配模型，不同时段测试共获得 80 条测线。不同条件下脉冲-回波法检测资料的综合解释分析的结果见检测效果。

（1）不同标号、不同级配混凝土内部缺陷的检测效果及规律相近，表明混凝土无损检测效果与其标号、级配关系不大。

（2）混凝土 1.5m 底界面为新老混凝土界面，物性差异大，龄期达到 1 天后即可准确检测其厚度（图 12-49）。

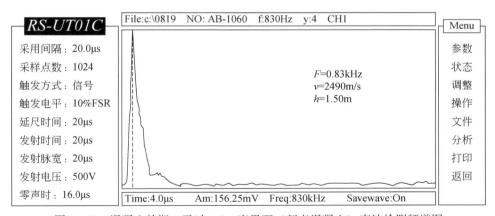

图 12-49　混凝土龄期 1 天时 1.5m 底界面（新老混凝土）声波检测频谱图

（3）龄期 12h 至 1 天，混凝土缺陷检测效果差。分析原因：一是混凝土处于低强状态，二是充分含水。削弱与缺陷间的物性差异，效果差应属正常现象。

（4）龄期 1～2 天，正常混凝土与缺陷间物性差异渐显，1#～2#缺陷均有较明显的反映，但由于混凝土仍处于低强状态，局部不均将导致检测结果出现局部假异常，如图 12-50、图 12-51 所示。

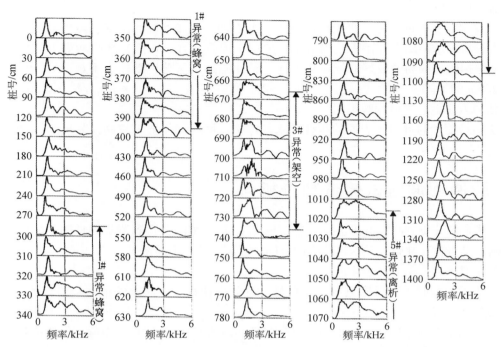

图 12-50　三峡工程强度成长期混凝土 1：1 模型（四块）龄期 3 天脉冲-回波法检测频谱图

测线号 1，桩号 0～1400cm

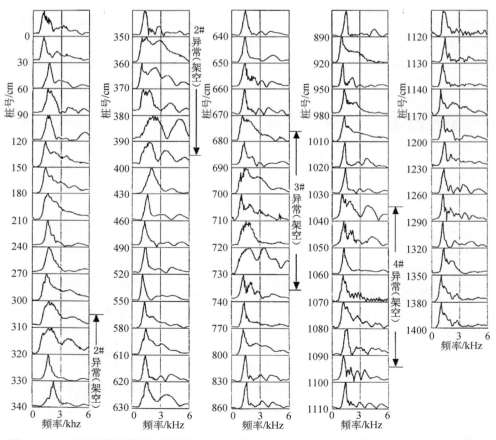

图 12-51　三峡工程强度成长期混凝土 1：1 模型（四块）龄期 3 天脉冲-回波法检测频谱图

测线号 2，桩号 0～1400cm

（5）龄期 4~5 天，混凝土强度趋于相对稳定，含水量亦较少，局部不均匀现象消失，与缺陷物性的差异变大，所以 1#~5#缺陷反映明显，边界清晰，能准确圈定其范围并计算出埋深（h），是脉冲–回波法检测强度成长期混凝土缺陷的最佳时段，如图 12-52、图 12-53 所示。

（6）龄期 10~28 天，检测效果基本与龄期 7 天一致。

（7）6#、7#缺陷在混凝土表面检测无效果，原因可能一是模型制作过程中模拟结果欠理想，二是本方法对于冷缝、人工缝检测精度有限。

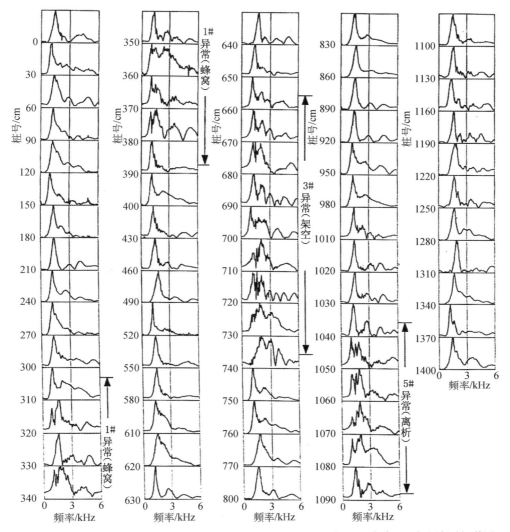

图 12-52　三峡工程强度成长期混凝土 1 : 1 模型（四块）龄期 5 天脉冲–回波法检测频谱图

测线号 1，桩号 0~1400cm

脉冲回波法模型试验结果可小结如下：

利用脉冲–回波法检测厚度（或深度）2m 以内混凝土缺陷（架空、蜂窝、离析、裂缝、界面）：

（1）龄期 1 天后可准确测量其混凝土厚度；

（2）龄期 3 天内投入该方法应谨慎，易造成局部小规模假异常；

（3）龄期 4 天（含第 4 天）以后，检测效果较好，能准确判定缺陷是否存在及圈定缺陷范围，计算缺陷埋深，但要区分架空、蜂窝、离析则较为困难；

（4）对于冷缝、人工缝，本方法无效；

（5）不同标号、不同级配混凝土内部缺陷检测结果基本一致；

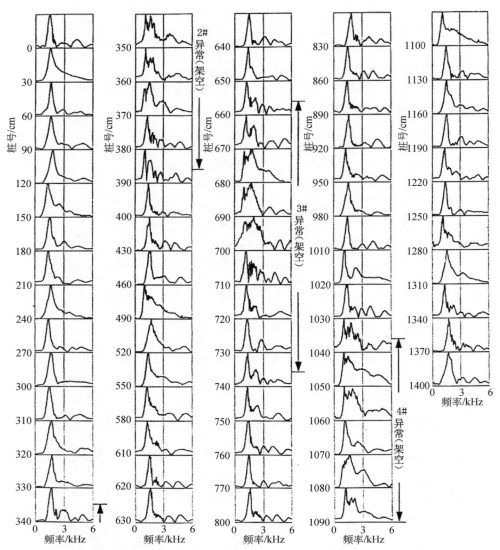

图 12-53 三峡工程强度成长期混凝土 1∶1 模型（四块）龄期 5 天脉冲–回波法检测频谱图

测线号 2，桩号 0～1400cm

（6）该法对换能器与混凝土表面的耦合要求较严格，因此对操作要求较高，其现场检测速度，与雷达相比要慢一些。

第13章 三峡工程升船机混凝土检测试验

垂直升船机是三峡水利枢纽的永久通航设施之一，其主要作用是为客货轮和特种船舶提供快速过坝通道，并与双线五级船闸联合运行，加大枢纽的航运通过能力和保障枢纽通航的质量。在三峡垂直升船机施工之初，为验证升船机混凝土施工工艺，相关部门进行升船机齿条混凝土浇筑试验。同时为了确保升船机混凝土工程质量，相关部门组织实施声波穿透法升船机齿条混凝土齿条模型及现场的技术试验。

13.1 升船机齿条混凝土模型声波检测试验

13.1.1 检测工作布置

2009年6月3~4日（浇注完成4天后），开展了对齿条模型混凝土质量超声波检测工作，现场采用武汉岩海公司生产的RS-ST01C声波仪、40kHz的平面换能器，采用超声波穿透移动单元体检测方法，覆盖移动点距10cm。图13-1为升船机齿条试验模型照片；图13-2为模型顶面俯视图，每条红线都代表一个垂切面。

图13-1 升船机齿条试验模型照片

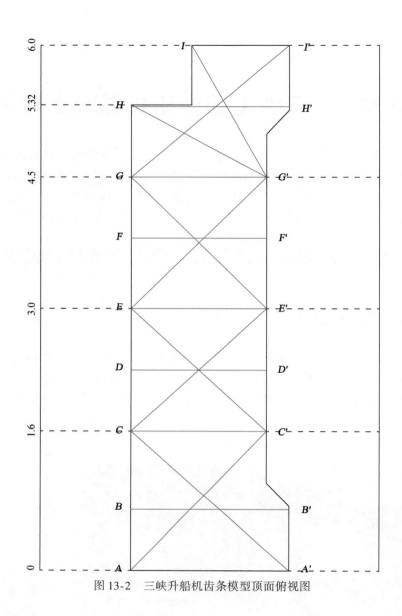

图 13-2　三峡升船机齿条模型顶面俯视图

13.1.2　检测成果分析

对检测资料进行整理，显现最直观两类成果图：一类是同步观测声波 V_p 曲线图及同步断续控制面的平均声波 V_p 曲线，另一类是连续控制面（红线垂剖面）层析成像 V_p 图。当然，后续还可形成动力学特征曲线图（如频率、波幅等）。这样可以依据射线的相似性、对称性从声波动力学、运动学特征考查混凝土质量。此外，还对斜对穿声波 V_p 值进行统计分析。

1. 声波 V_p 统计

对所有对穿检测数据进行统计，得到 V_p 特征值及频态分布，见表 13-1、表 13-2，反映了三峡升船机齿条试验模型混凝土声波 V_p 的统计特性。

表 13-1　声波 V_p 特征值统计表　　　　　　　　　（单位：m/s）

最小值	最大值	平均值	集中范围
4043	4688	4419	4300～4500

表 13-2　声波 V_p 频态分布

V_p 区间/（m/s）	百分比/%	频态图
<4000	0.00	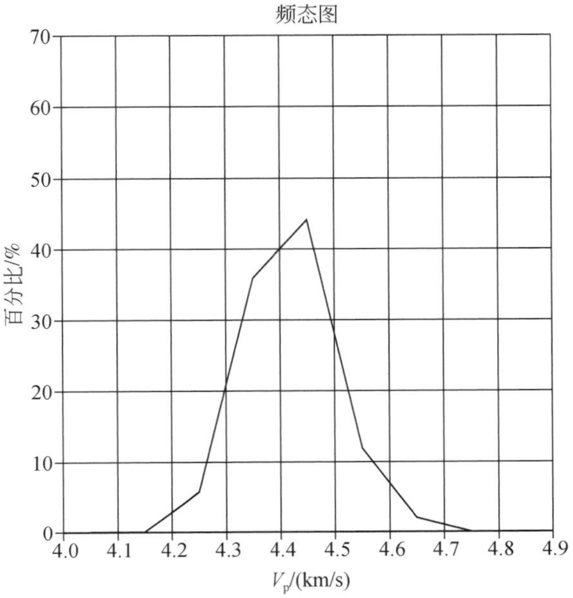
4000～4100	0.06	
4100～4200	0.06	
4200～4300	5.83	
4300～4400	35.91	
4400～4500	44.17	
4500～4600	11.91	
4600～4700	2.07	
4700～4800	0.00	
>4800	0.00	
>4500	13.98	
<4500	86.02	

2. 声波 V_p 成像

利用红线垂剖面的检测数据进行层析成像，见图 13-3 ～ 图 13-6（图像尺寸单位为 m，色标速度单位为 km/s），V_p 图像反映了混凝土的不均匀性及局部的相对低速区。

通过对齿条模型试验的 16 条不同方位的垂剖面的声波斜对穿检测，得到以下初步结论：

①齿条试验模型混凝土，V_p 最小值 4043m/s、最大值 4688m/s、平均值 4419m/s、集中范围 4300 ～ 4500m/s；小于 4500m/s 的 V_p 值占 86.02%；但 V_p 值整体均在合格范围内。

②声波 V_p 同步曲线及 V_p 成像结果表明，齿条试验模型混凝土存在一定的不均匀性。

③V_p 成像表明，齿条试验模型混凝土 V_p 相对较低的部位主要存在于模型 2.5 ～ 3.5m 高度的局部部位，在剖面 CE′、剖面 EC′、剖面 EG′、剖面 GE′ 可见。

建议对剖面 CE′、剖面 EC′、剖面 EG′、剖面 GE′存在 V_p 偏低的部位进行验证，以查明引起 V_p 偏低的原因。

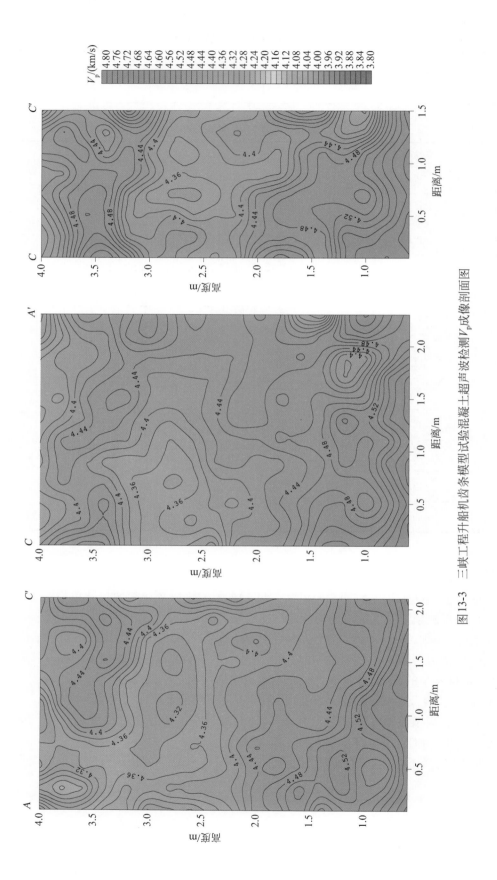

图13-3 三峡工程升船机齿条模型试验混凝土超声波检测 V_p 成像剖面图

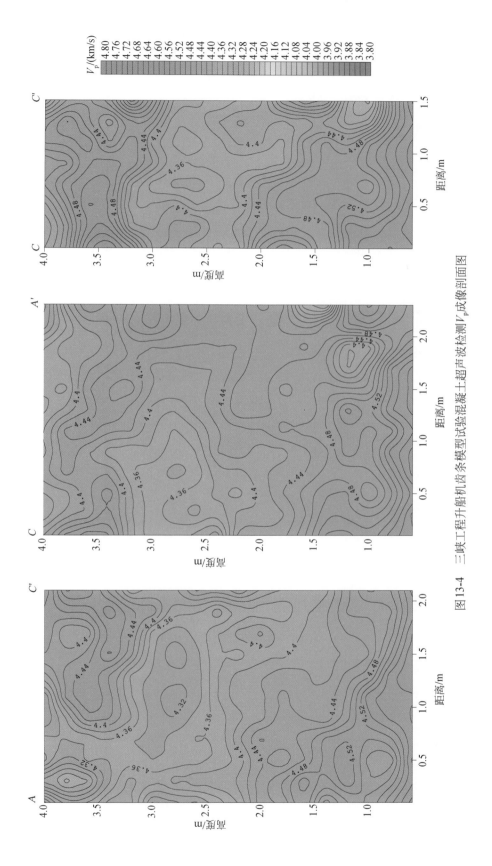

图 13-4　三峡工程升船机齿条模型试验混凝土超声波检测 V_p 成像剖面图

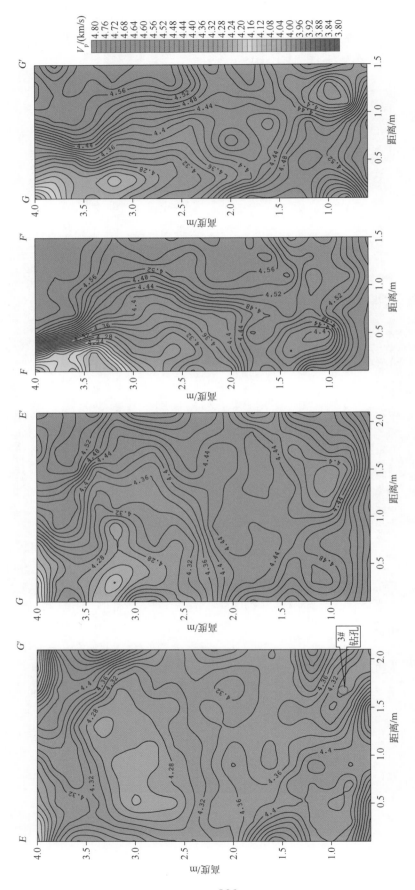

图 13-5 三峡工程升船机齿条条模型试验混凝土超声波检测 V_p 成像剖面图

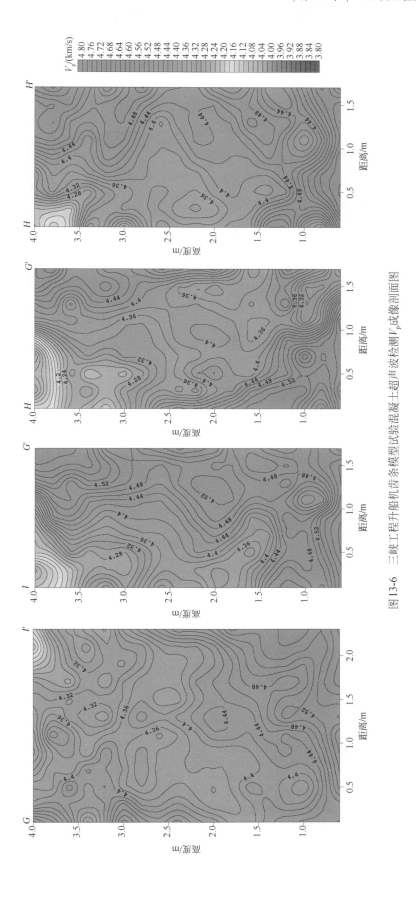

图 13-6 三峡工程升船机齿条模型试验混凝土超声波检测 V_p 成像剖面图

3. 钻孔验证

图 13-7 为对声波检测结果的验证钻孔，钻孔岩芯试验与声波 CT 成像的 V_p 对应情况见表 13-3。表中表明声波 CT 的 V_p 波速与混凝土岩芯的抗压强度有明显的对应关系。

图 13-7 下游面取芯钻孔孔位

表 13-3 芯样描述、抗压强度及声波 CT 对比表

钻孔芯样	单块抗压强度/MPa	换算标准强度/MPa	芯样描述	声波 CT
1#孔	58.5	60.9	芯样呈灰色，整体胶结密实，表面光滑，局部有微小气泡，一般为 0.5～1mm，最大 3mm。骨料分布均匀，骨料粒径一般为 2～3cm。芯样总长 1.40m，芯样长度一般为 10～20cm，最长 42cm，断面整齐，一般断面出现在打断钢筋处 孔深 0.12m、0.31m、0.42m 处均钻断钢筋，在孔深 1.09m 处钻断一角钢，断面整齐	E-E′断面上，钻孔穿过切面声波 V_p 为 4450m/s 左右
2#孔	50.7	52.8	芯样呈灰色，整体胶结密实，表面光滑，局部有微小气泡，一般为 0.5～1mm，最大 3.3mm。骨料分布均匀，骨料粒径一般为 2～3cm，最大 5cm。芯样总长 70cm，芯样长度一般为 12～26cm，最长 32cm，断面整齐 孔深 0.06m 处打断两根钢筋，0.08m、0.12m、0.22m、0.24m、0.29m、0.33m、0.34m、0.43m、0.46m、0.47m 处均钻断钢筋，断面整齐	D-D′断面上部，钻孔穿过切面声波 V_p 为 4100～4250m/s
3#孔	46.0	51.1	芯样呈灰色，整体胶结密实，表面光滑，局部有微小气泡，一般为 0.5～1mm，最大 3mm。骨料分布均匀，骨料粒径一般为 2～3cm，最大 5cm。芯样总长 70cm，芯样长度一般为 12～26cm，最长 32cm，断面整齐 孔深 0.05m、0.09m、0.12m、0.41m、0.495m 处均钻断钢筋，断面整齐	穿过 E-G′断面下部，钻孔穿过切面声波 V_p 为 4300m/s 左右

注：3#孔孔径不标准，抗压检测仅对其长径比修正。

13.2 升船机现场混凝土声波 CT 检测试验

13.2.1 升船机齿条基座声波 CT 试验

图 13-8（a）为某工程升船机筒体齿条基座其中一部分的平面示意图，图中有 4 个直径约 15cm 的空洞，为验证声波 CT 检测混凝土缺陷的效果，在升船机筒体齿条基座选取一水平切面进行声波声波 CT 检测，现场采用武汉岩海公司生产的 RS-ST01C 声波仪、15kHz 的平面换能器，在 ABCD 边发射、EF 边接收、点距 10cm，采用定点全扫描观测系统。图 13-8（b）为声波 CT 重建的混凝土 V_p 图像，从图可以看出，采用 10cm 点距、15 kHz 的平面换能器的声波 CT 图像可以较好地显现其中 3 个空洞，另一空洞也有一定的反映。当然，如果采用 40kHz 或 100kHz 的平面换能器、5cm 测点间距，声波 CT 效果可能会更好。

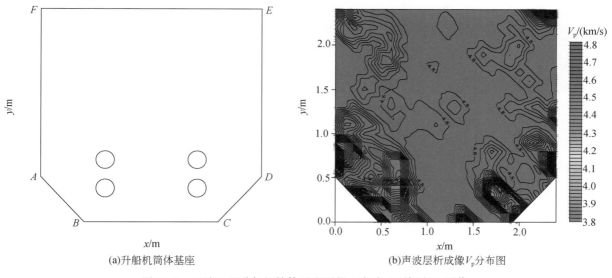

(a)升船机筒体基座   (b)声波层析成像 V_p 分布图

图 13-8 三峡工程升船机筒体基座混凝土声波 CT 检测 V_p 图像

13.2.2 多切面三维联合反演

利用移动单元体检测方法，采用三维、多切面联合反演成像技术，对三峡工程垂直升船机混凝土 2 号筒体齿条 51.6～57.0m 高程的现场声波穿透检测试验资料进行分析。图 13-9 是多切面三维图，显示混凝土波速高，但也存在不均匀性。

声波穿透法升船机齿条混凝土齿条模型及现场的技术试验表明，针对三峡垂直升船机混凝土的特点及检测工程量巨大的现实，采用结构混凝土声波穿透移动单元体检测方法针对性强，实现了以较小的工程量对被测结构体进行立体的、全面的质量检测，满足三峡垂直升船机混凝土施工进度、质量检测等要求。之后，该方法在三峡垂直升船机、向家坝垂升船机等工程的混凝土检测得到应用。

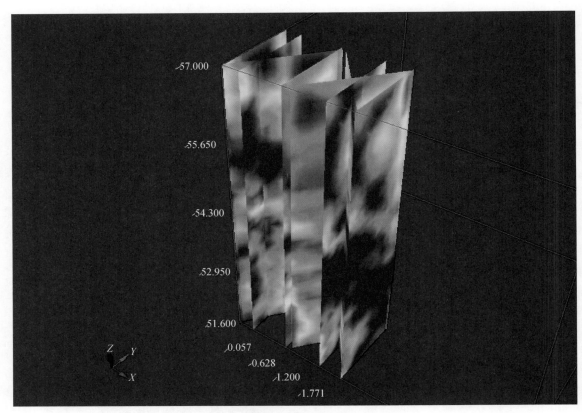

图 13-9　三维多切面联合反演成像 V_p 立体图

第 14 章 三峡工程 MIRA 混凝土超声横波反射成像系统试验

开展 MIRA 混凝土超声横波反射成像系统的引进、消化和吸收工作,并研究声波低频、窄脉冲、干耦合点接触阵列探测及合成孔径技术,是"大坝混凝土缺陷检测技术与方法"科研项目的主要工作之一。该项目于 2011 年 7 月在三峡工程现场开展 MIRA 混凝土超声横波反射成像系统的试验及技术培训工作,了解 MIRA 仪器系统的性能,熟悉和掌握仪器的基本操作和工作方法,在三峡工程现场选定的施工场地进行实地检测,验证 MIRA 系统检测混凝土内部孔洞及墙体质量等的可靠性和准确性。

为了进一步掌握 MIRA 混凝土超声横波反射成像系统的操作方法,验证该系统的性能,拓展该检测系统的检测应用范围,以全面推进混凝土缺陷检测技术的研究。2012 年 4 ~ 6 月,继续开展 MIRA 混凝土超声横波反射成像系统的应用研究工作。该项工作的主要目的是对 MIRA 系统进行现场检测试验,在三峡工程实践中检验 MIRA 混凝土超声横波反射成像系统的探测分辨力和定位精度。

14.1 超声横波反射成像检测技术及设备

超声横波反射成像法是近些年发展起来的检测混凝土质量的新方法,和传统的超声波检测方法相比具有多项优势。

传统的超声反射法检测混凝土缺陷的基本原理是当超声波在混凝土中传播时遇到了波阻抗有差异的物体,如钢筋、空洞或欠密实区域等,就会产生反射。用换能器将脉冲超声波发射到混凝土中,通过检测反射波脉冲,就可以判断混凝土中是否存在差异物体。如果已知混凝土中超声波的速度 C,就可以根据公式计算出反射体的位置。其中,Δt 是超声波走时,如图 14-1 所示。通过与混凝土的设计比对,排除钢筋等造成的正常反射波以后,剩下的反射波就是混凝土内缺陷的反映。超声反射法检测只需有一个工作面即可开展工作,适合于对隧洞内衬等结构混凝土质量进行无损检测。

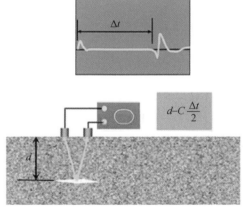

$$d - C\frac{\Delta t}{2}$$

图 14-1 超声反射法检测原理

传统的超声波检测方法利用的是超声纵波,而使用横波的优点是,由于横波不能在流体中传播,当它遇到混凝土-空气界面时几乎全部被反射,接收换能器会接收到幅度很强的反射波,甚至可以接收到波在混凝土表面和缺陷部位间来回反射形成的多次反射波。与纵波相比,横波检测对混凝土内脱空、缝隙等的反应更敏感。

超声横波反射法检测新技术还基于合成孔径聚焦技术（SAFT）来解决超声反射法中超声波传播方向性差、易受干扰等问题。与单发、单收的传统超声检测方法最大的区别是，在波束发散角度较大的情况下，用合成孔径聚焦技术依然可以得到较好的空间分辨率。

此外，采用干耦合点接触换能器是该混凝土质量检测仪的另一大特点。在传统的超声检测方法中，为保证换能器与混凝土耦合良好，需要在接触面上涂抹耦合剂，这样不仅会影响检测速度，耦合剂涂抹得均匀与否还会影响到测量结果。与传统的平面换能器不同，该检测仪使用的换能器末端为陶瓷制小球，它在工作时与混凝土表面呈点接触状态，只需利用连接在换能器上的弹簧的作用力将换能器压紧即可，不使用耦合剂，这样就大大提高了工作效率和稳定性。从开始采集数据到仪器内置芯片对数据进行初步处理，得到二维图像，只需数秒。

同时，该设备还具备三维成像功能。采用规则网布置方式，将测得的数据进行准融合处理，可以对被测物体进行声学三维成像，实现工程结构体内部三维图像显示，并且采用切片方式展示结构体内部图像，达到类似医学上的透视效果。

14.2 试验研究工作

14.2.1 三峡齿条模型底座孔测试

三峡齿条模型底座孔顶距测试面为10cm，孔径为5cm，在齿条基底顶面布置11×2的测试网格，每个网格间隔是10cm，孔位分布见图14-2（a），测试结果见图14-2（b），从中可看出测试结果与实际情况吻合。

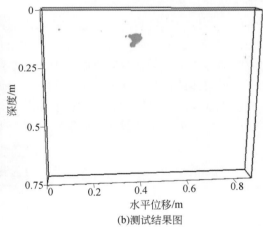

(a)孔位分布图   (b)测试结果图

图14-2 三峡齿条模型底座孔测试工作布置与结果图

14.2.2 三峡齿条模型背面孔测试

三峡齿条模型背面孔距测试面1.75m，直径12cm。采用单次扫描测试方式，以测试仪器的分辨率，设置工作频率为25kHz、显示深度为2.0m、增益为9。从测试结果看，该孔位明显反映，实际埋深与检测结果吻合。图14-3（a）为孔位分布图，图14-3（b）为测试结果图。

14.2.3 三峡换乘中心立柱 PVC 管

三峡换乘中心立柱上有一个直径为1.5cm的PVC管和一个直径1.5cm的钢筋，二者相距55cm，距离

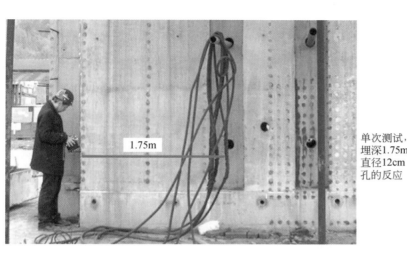

(a)孔位分布图

(b)测试结果图

图 14-3　三峡齿条模型背面孔测试工作布置与结果图

地面分别为 65cm 和 120cm，立柱厚度为 80cm，PVC 管距离测试面 41cm。在侧面布置了 4×13 的测试网格，每个网格间隔是 10cm，测试结果准确反映混凝土立柱内部结构，图 14-4（a）为测试面和 PVC 管、钢筋分布图，图 14-4（b）为测试结果图。

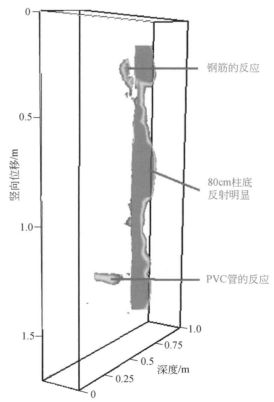

(a)测试面和PVC管、钢筋分布图

(b)测试结果图

图 14-4　三峡换乘中心立柱 PVC 管测试工作布置与结果图

14.2.4　三峡齿条模型侧面1.1m厚度墙

三峡齿条模型侧面墙厚为1.1m，在模型的右侧，分布如图14-5（a）所示。在齿条侧面布置4×14的测试网格，每个网格间隔是10cm，测试结果与实际吻合，图14-5（a）为测试面分布图，图14-5（b）为测试结果图。

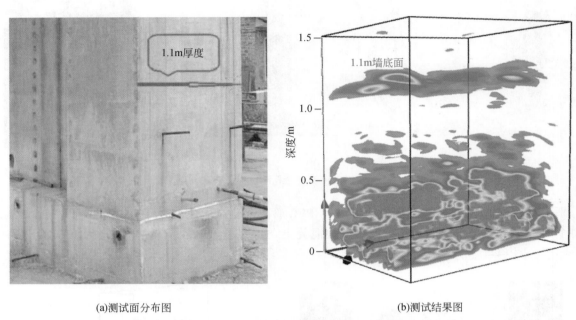

(a)测试面分布图　　　　　　　　　　　　　　(b)测试结果图

图14-5　三峡齿条模型侧面墙厚度1.1m测试工作装置与结果图

14.2.5　三峡齿条模型侧面1.75m厚度墙

三峡齿条模型侧面墙墙厚为1.75m，在模型的左侧，分布图如下。在齿条侧面布置6×12的测试网格，每个网格中心点的间隔是10cm，测试厚度与实际墙厚吻合，图14-6（a）为测试面分布图，图14-6（b）为测试结果图。

14.2.6　三峡换乘中心80cm厚度立柱

三峡换乘中心立柱厚度为80cm，分布图见图14-7（a）。在立柱侧面布置4×11的测试网格，每个网格间隔是10cm，测试结果与实际吻合，测试结果图见图14-7（b）。

14.2.7　三峡换乘中心挡土墙

三峡换乘中心挡土墙设计厚度为35cm厚，分布图如图14-8（a）。在挡土墙表面布置9×4的测试网格，每个网格间隔是10cm，测试结果与实际吻合见图14-8（b），墙厚度为35cm，并且前后两排钢筋反映明显。

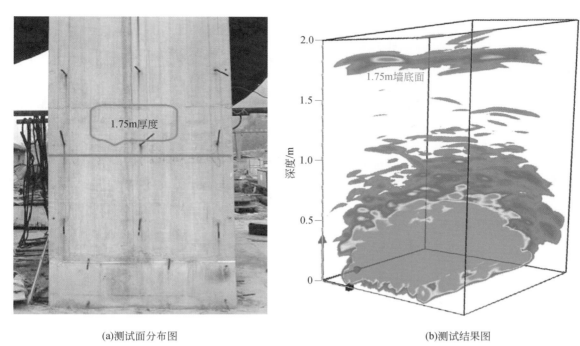

(a)测试面分布图 (b)测试结果图

图 14-6 三峡齿条模型侧面墙厚度（1.75m）测试工作布置与结果图

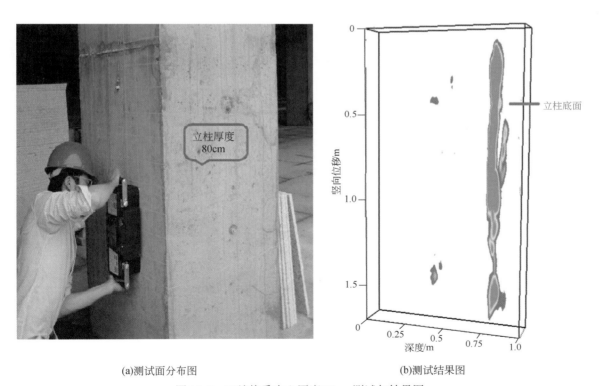

(a)测试面分布图 (b)测试结果图

图 14-7 三峡换乘中心厚度 80cm 测试与结果图

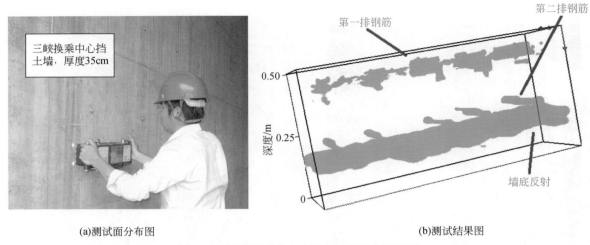

(a)测试面分布图   (b)测试结果图

图 14-8 三峡换乘中心土墙厚度测试与结果图

14.2.8 铜止水质量检测

  在三峡升船机排水廊道进行铜止水质量检测，铜止水片外露25cm，实际埋入混凝土25cm，分布见图14-9（a）。在墙表面布置11×4的测试网格，每个网格间隔是10cm，测试结果与实际吻合，铜止水片清晰可见，内部钢筋分布清晰，测试结果见图14-9（b）。

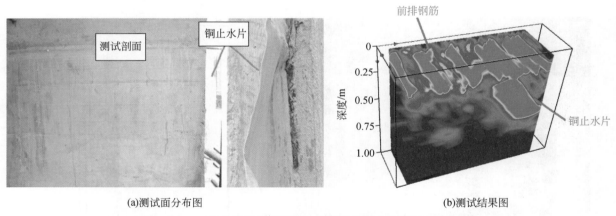

(a)测试面分布图   (b)测试结果图

图 14-9 三峡升船机排水廊道止水质量检测工作布置与结果图

14.2.9 三峡升船机齿条 3 期混凝土质量检测

  三峡升船机齿条正面图和咬合侧面图如图 14-10 所示，在右边下部布置一条 5cm×8cm 的测试网格，每个网格中心点的间隔是 10cm，通过对测试结果分析，认为中间局部混凝土可能不密实，需通过进一步检测验证。在左边中部重新布置一条 5×16 的测试网格，每个网格间隔是 10cm，测试结果显示齿条形状清晰，混凝土内部结构密实，充分表明 MIRA 超声横波反射成像系统的性能优越，测试结果如图 14-11、图14-12 所示。

(a)齿条正面图

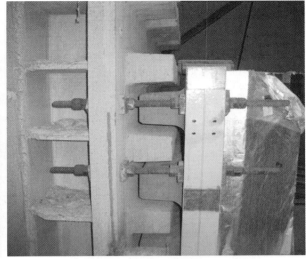

(b)齿条咬合侧面图

图 14-10 三峡升船机齿条照片

(a)右边下部测试面分布图

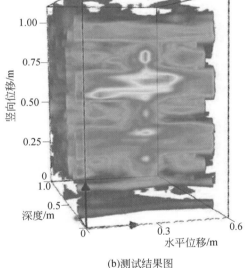

(b)测试结果图

图 14-11 三峡升船机齿条 3 期混凝土质量检测工作布置与结果图

通过各种现场试验，测试了 MIRA 超声横波反射成像系统对混凝土内部结构和内部缺陷的检测成像能力。结果表明，采用合成孔径成像方法的阵列式超声横波反射检测技术应用于混凝土质量检测，具有对缺陷的位置判断准确、分辨能力强、抗干扰能力强、检测灵活、实时成像等特点，可以解决一些传统检测方法无法解决的问题，在三峡工程的初步应用便取得了良好的检测效果，有着非常广阔的应用前景。

同时，由于工程现场检测条件的局限性和混凝土内部结构复杂性，还需要对 MIRA 超声横波反射成像系统进行进一步的试验和开发，对某些缺陷的诊断与判别还需要开展进一步分析研究，以解决各种复杂条件下的混凝土质量无损检测问题。

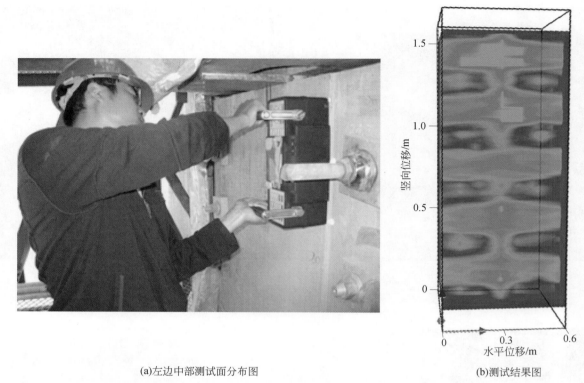

(a)左边中部测试面分布图　　　　　　　　(b)测试结果图

图 14-12　三峡升船机齿条 3 期混凝土质量检测工作布置与结果图

第 15 章　南水北调渡槽仿真模型混凝土检测试验

南水北调中线工程湍河渡槽工程，是南水北调中线总干渠第一大控制性工程，也是世界上最大的 U 形渡槽工程。湍河渡槽槽身为相互独立的 3 槽预应力现浇混凝土 U 形结构，共 18 跨，单槽内空尺寸为 7.23m×9.0m，重达 1600t，设计流量为 350m³/s，最大流量为 420m³/s。为了开展渡槽混凝土质量检测，我们使用仿真渡槽进行方法应用研究，以确定合理有效的检测技术方案，同时验证超声波法检测混凝土内部缺陷的有效性。

15.1　检测技术方案

本次试验选择 1:1 仿真试验槽，如图 15-1 所示。检测技术方案的选定必须适应混凝土 U 形结构、钢筋结构混凝土地球物理特征及现场工作的可操作性，同时也应考虑检测数据能对渡槽混凝土质量提供定性、定量的评判。

图 15-1　渡槽 1:1 仿真试验槽

认识到超声波传播速度与混凝土的密实度密切相关，当有空洞或裂缝存在时便破坏混凝土的整体性，超声波只能绕过空洞或裂缝传播，导致声程增加、声速降低；空气的声阻抗率远小于混凝土的声阻抗率，超声波在混凝土传播遇到蜂窝、空洞或裂缝等缺陷，便在缺陷界面发生反射或散射，声能被衰减，其中频率较高的成分衰减更快，因此接收信号的波幅明显降低，频率明显减小；再者，经缺陷反射或绕射传播的超声波信号与直到波信号之间存在声程和相位差，叠加后互相干扰，致使接收信号的波形发生畸变。

所以说超声波的传播信号是混凝土内部特性信息的载体，传递混凝土内部的结构、缺陷等信息。

同时，由于超声横波不能在流体中传播，且横波频率较低，不易产生散射，当遇到固体-液体及固体-气体界面时，横波会在界面上发生全反射。如果渡槽混凝土完整均一，横波传播速度均匀，反射面只会出现在槽体外部临空面；如果槽体混凝土内部出现空腔或裂缝，就会形成固体-气体界面，横波在传播过程中遇到这些界面就会在界面处发生全反射。通过分析横波传播路径和声时并结合混凝土中传播的横波波速就可以对缺陷部位进行定位。

根据上述分析，考虑到需对渡槽混凝土质量定性、定量的评判，在试验中依据渡槽结构的特点，在移动单元体检测方法的基础上，优先选用超声纵波透射法和超声横波反射法展开检测试验工作。先利用超声波透射法对仿真试验槽槽体进行全方位普查，设置多组对穿剖面贯穿整个试验槽槽体；然后针对透射法普查中出现异常部位展开详查，即加密超声 CT 切面，最后采用阵列超声横波反射法对缺陷部位进行分析定位验证。

15.2　仿真试验槽槽体普查

1∶1 仿真试验槽声波穿透检测切面布置见图 15-2。通过对检测数据资料进行分析整理，形成以下成果：

（1）声波 V_p 统计。按部位，V_p 特征值及频态分布见表 15-1～表 15-4。

（2）三维成果图。利用 VOXLER 软件将该普查二维切面三维显示成像，见图 15-3。

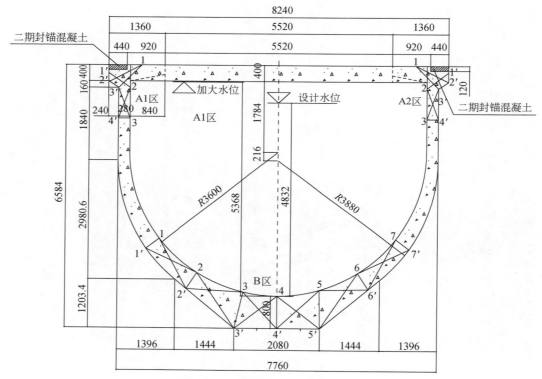

图 15-2　声波穿透检测切面布置示意图（单位：mm）

表 15-1　A1 区渡槽混凝土声波 V_p 特征值及频态分布

剖面号	1-2′	1-3′	2-1′	2-4′	3-3′
最小值/（m/s）	4566	4477	4624	4535	4467
最大值/（m/s）	5037	5280	5354	5199	5344
平均值/（m/s）	4802	4765	4954	4862	4905
集中范围/（m/s）	4600～5000	4600～4900	4700～5100	4700～5100	4700～5100
标准差/（m/s）	88	99	119	128	127
V_p 区间/（m/s）	百分比/%				
<4500	0.00	0.21	0.00	0.00	0.11
4500～4600	0.21	3.08	0.00	2.23	0.53
4600～4700	13.38	19.75	1.59	8.17	4.03
4700～4800	35.67	44.90	9.13	20.91	15.82
4800～4900	36.20	25.37	20.49	31.21	31.10
4900～5000	13.38	3.50	32.38	23.04	25.58
5000～5100	1.17	2.55	26.01	11.46	15.82
>5100	0.00	0.64	10.40	2.97	7.01
剖面号	层析成像 V_p 图像特征			重点可疑部位与建议	
1-2′	V_p 绝大部分均在 4500m/s 以上，本切面混凝土整体上均匀，桩号 12～18m 内侧（对应图像左，下同）、桩号 5～8.5m 外侧（对应图像右，下同）等局部波速有所降低			无	
1-3′	V_p 绝大部分均在 4500m/s 以上，本切面混凝土整体上均匀，桩号 13.5～18m 内侧、桩号 2.5～10.0m 外侧等局部波速有所降低			无	
2-1′	V_p 绝大部分均在 4500m/s 以上，本切面混凝土整体上均匀			无	
2-4′	V_p 绝大部分均在 4500m/s 以上，本切面混凝土整体上均匀，桩号 27～29m 外侧、桩号 3.5～5.5m 外侧等局部波速有所降低			无	
3-3′	V_p 绝大部分均在 4500m/s 以上，本切面混凝土整体上均匀，桩号 3.5～5.5m 外侧等局部波速有所降低			无	

表 15-2　A2 区渡槽混凝土声波 V_p 特征值及频态分布

剖面号	1-2′	1-3′	2-1′	2-4′	3-3′
最小值/（m/s）	4422	4457	4192	4416	4566
最大值/（m/s）	5039	5005	5195	5126	5163
平均值/（m/s）	4745	4726	4756	4813	4862
集中范围/（m/s）	4600～4900	4600～4900	4600～5000	4600～5000	4700～5000
标准差/（m/s）	99	93	159	116	97
V_p 区间/（m/s）	百分比/%				
<4500	0.21	0.32	8.28	0.74	0.00
4500～4600	6.05	9.98	9.02	4.67	0.11
4600～4700	30.36	29.09	14.65	11.15	3.18
4700～4800	30.89	38.54	22.51	22.40	23.04
4800～4900	25.58	19.21	27.28	39.49	41.72
4900～5000	6.58	2.65	15.61	18.37	23.04

剖面号	1-2′	1-3′	2-1′	2-4′	3-3′
5000~5100	0.32	0.21	2.23	2.87	7.75
>5100	0.00	0.00	0.42	0.32	1.17
剖面号	V_p 图像特征			重点可疑部位与建议	
1-2′	V_p 绝大部分均在 4500m/s 以上，本切面混凝土整体上均匀，桩号 5~9.0m 外侧的局部波速有所降低			无	
1-3′	V_p 绝大部分均在 4500m/s 以上，本切面混凝土整体上均匀，桩号 5~9.0m 外侧波速有所降低			无	
2-1′	V_p 绝大部分均在 4500m/s 以上，本切面混凝土整体上均匀，桩号 4.5~9.5m 内侧波速有所降低			无	
2-4′	V_p 绝大部分均在 4500m/s 以上，本切面混凝土整体上均匀，桩号 4.5~9.5m 内侧波速有所降低			无	
3-3′	V_p 绝大部分均在 4500m/s 以上，本切面混凝土整体上均匀			无	

表 15-3　B 区渡槽混凝土声波 V_p 特征值及频态分布

剖面号	1-2′	2-1′	2-2′	2-3′	3-2′	3-3′
最小值/（m/s）	4658	4448	4314	4391	4450	4521
最大值/（m/s）	5107	5466	5265	5162	5220	5092
平均值/（m/s）	4892	4939	4814	4930	4901	4848
集中范围/（m/s）	4700~5100	4700~5100	4700~5000	4800~5100	4700~5100	4700~5000
标准差/（m/s）	78	162	147	109	112	85
V_p 区间/（m/s）	百分比/%					
<4500	0.00	0.10	1.95	0.82	0.10	0.00
4500~4600	0.00	0.62	5.74	1.44	0.21	0.72
4600~4700	0.31	2.46	11.69	2.05	2.67	4.31
4700~4800	11.49	18.67	32.72	5.95	13.74	20.62
4800~4900	44.31	23.79	21.64	16.31	35.18	47.69
4900~5000	33.03	20.62	14.05	50.36	30.36	24.10
5000~5100	10.67	17.44	8.82	22.05	11.59	2.56
>5100	0.21	16.31	3.38	1.03	6.15	0.00
剖面号	V_p 图像特征			重点可疑部位与建议	
1-2′	V_p 均在 4500m/s 以上，本切面混凝土整体上均匀			无	
2-1′	V_p 绝大部分均在 4500m/s 以上，本切面混凝土整体上均匀，桩号 31m、9~13m 外侧等局部波速有所降低			无	
2-2′	V_p 绝大部分均在 4500m/s 以上，本切面混凝土整体上均匀			无	
2-3′	V_p 绝大部分均在 4500m/s 以上，本切面混凝土整体上均匀，桩号 11~16m 内侧、17~21m 外侧等局部波速有所降低			无	
3-2′	V_p 绝大部分均在 4500m/s 以上，本切面混凝土整体上均匀			无	
3-3′	V_p 绝大部分均在 4500m/s 以上，本切面混凝土整体上均匀			无	

续表

剖面号	3-4′	4-3′	4-4′	4-5′	5-4′	5-5′
最小值/（m/s）	4265	4129	3921	4114	4573	4496
最大值/（m/s）	5083	5086	5258	5161	5158	5241
平均值/（m/s）	4862	4805	4845	4772	4890	4883
集中范围/（m/s）	4700~5000	4700~5000	4700~5100	4600~5000	4700~5100	4700~5000
标准差/（m/s）	83	145	201	164	96	108
V_p 区间/（m/s）	百分比/（%）					
<4500	0.10	4.72	6.97	6.56	0.00	0.10
4500~4600	0.31	2.87	2.46	6.87	0.21	0.10
4600~4700	3.08	9.44	4.72	11.49	2.05	4.31
4700~4800	16.72	22.15	12.31	27.08	14.56	15.38
4800~4900	46.87	34.97	29.23	27.38	38.67	38.77
4900~5000	29.13	22.87	29.13	15.38	31.28	28.00
5000~5100	3.79	2.97	10.36	5.13	10.97	9.23
>5100	0.00	0.00	4.82	0.10	2.26	4.10

剖面号	V_p 图像特征	重点可疑部位与建议
3-4′	V_p 绝大部分均在4500m/s以上，本切面混凝土整体上均匀	无
4-3′	V_p 绝大部分均在4500m/s以上，本切面混凝土整体上均匀，桩号0~4.5m局部波速有所降低，27~31.5m有一"人"形波速降低区	桩号29.0~29.6m靠内侧存在低速区
4-4′	V_p 绝大部分均在4500m/s以上，本切面混凝土整体上均匀，桩号0~4.5m局部波速有所降低，27~31.5m有一"人"形波速降低区	桩号29.0~29.6m靠内侧存在低速区
4-5′	V_p 绝大部分均在4500m/s以上，本切面混凝土整体上均匀，桩号0~4.5m局部波速有所降低，27~31.5m有一"人"形波速降低区	桩号29.0~29.6m靠内侧存在低速区
5-4′	V_p 绝大部分均在4500m/s以上，本切面混凝土整体上均匀	无
5-5′	V_p 绝大部分均在4500m/s以上，本切面混凝土整体上均匀	无

剖面号	5-6′	6-5′	6-6′	6-7′	7-6′
最小值/（m/s）	4579	4731	4196	4688	4736
最大值/（m/s）	5212	5188	5478	5128	5224
平均值/（m/s）	4893	4955	4858	4890	4961
集中范围/（m/s）	4700~5100	4800~5100	4700~5100	4700~5100	4800~5100
标准差/（m/s）	105	70	135	80	79
V_p 区间/（m/s）	百分比/%				
<4500	0.00	0.00	0.82	0.00	0.00
4500~4600	0.21	0.00	1.95	0.00	0.00
4600~4700	2.15	0.00	9.23	0.31	0.00
4700~4800	16.62	1.95	19.90	12.31	1.03
4800~4900	35.69	18.77	31.79	44.21	20.72
4900~5000	27.49	53.13	22.15	33.23	50.05
5000~5100	15.18	24.62	11.69	9.13	22.56
>5100	2.67	1.54	2.46	0.82	5.64

V_p 区间/（m/s）	面分比%	
5～6'	V_p 绝大部分均在4500m/s以上，本切面混凝土整体上均匀，桩号6.0、8.0m外侧等局部波速有所降低	无
6～5'	V_p 绝大部分均在4500m/s以上，本切面混凝土整体上均匀	无
6～6'	V_p 绝大部分均在4500m/s以上，本切面混凝土整体上均匀	无
6～7'	V_p 绝大部分均在4500m/s以上，本切面混凝土整体上均匀	无
7～6'	V_p 绝大部分均在4500m/s以上，本切面混凝土整体上均匀	无

表 15-4　A1 区、A2 区、B 区渡槽汇总混凝土声波 V_p 特征值及频态分布

剖面号	A1 区汇总	A2 区汇总	B 区汇总	A1 区、A2 区、B 区全部汇总
最小值/（m/s）	4467	4192	3921	3921
最大值/（m/s）	5354	5195	5478	5478
平均值/（m/s）	4857	4780	4879	4857
集中范围/（m/s）	4700～5000	4700～5000	4700～5000	4700～5000
标准差（m/s）	132	126	78	95
V_p 区间/（m/s）	百分比/%			
<4500	0.06	1.91	1.32	1.20
4500～4600	1.21	5.99	1.40	2.20
4600～4700	9.47	17.79	4.17	7.60
4700～4800	25.35	27.47	15.53	19.47
4800～4900	28.81	30.59	32.73	31.63
4900～5000	19.62	13.21	30.23	25.22
5000～5100	11.27	2.65	11.64	9.94
>5100	4.20	0.38	2.99	2.74

图 15-3　试验渡槽声波穿透检测三维效果图

15.3 仿真试验槽异常区详查

根据声波透射普查结果,仿真渡槽地板部位存在波速异常,针对该部位开展详查工作。1:1仿真试验槽异常区详查声波穿透检测切面布置示意图见图 15-4,利用 VOXLER 软件将详查切面进行三维显示成像,见图 15-5。

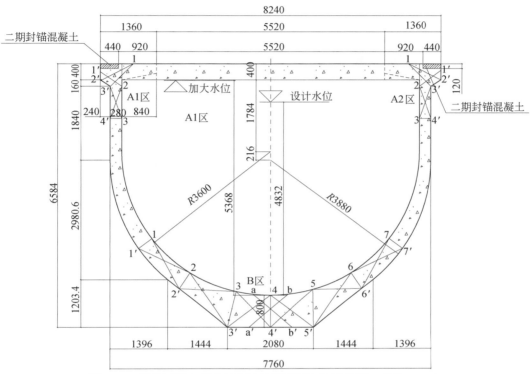

图 15-4　异常区详查超声波穿透检测切面布置示意图(单位:mm)

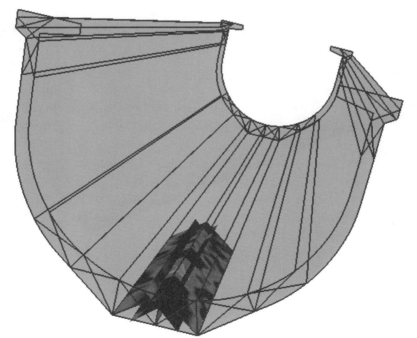

图 15-5　试验渡槽异常区详查三维成果效果图

15.4　阵列超声横波反射聚焦成像系统验证

针对声波透射法检测推断的异常区域（桩号27.6~31.6m，槽底左右0.75m范围），在渡槽底板布置11×41的测试网格，网格水平间隔是15cm，垂向间隔是10cm，测试面分布图见图15-6，测试成果见图15-7。测试结果显示剖面前排钢筋反映清晰，上排波纹管的反映也很明显，但均发现两个弱反射区域（桩号28.6~30.0m，中心线左右各20cm），由于仿真试验槽在浇筑过程中，钢筋和波纹管的布置严格按照设

图15-6　现场测试工作布置图

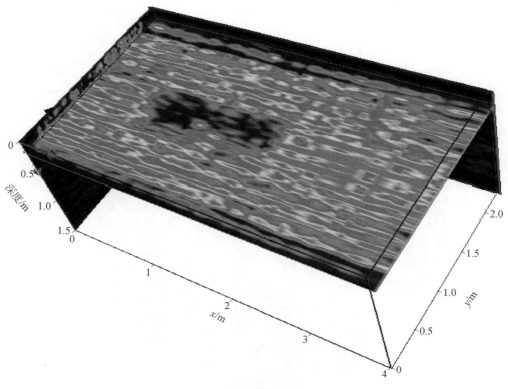

(a)剖面前排钢筋

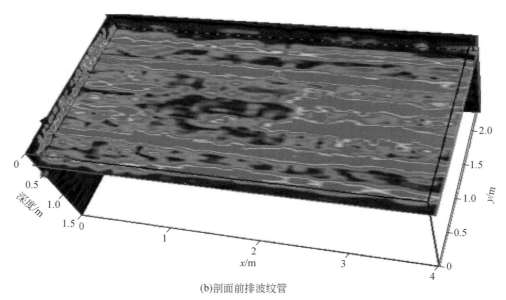

(b)剖面前排波纹管

图 15-7 超声横波成像系统验证结果

计要求施工，可以排除钢筋和波纹管结构缺陷，因此可推测其中蓝色弱反射区域由上层混凝土缺陷造成的屏蔽引起。由于混凝土内部缺陷的存在，超声横波在缺陷顶板部位即产生反射和散射而无法抵达钢筋和波纹管表面，因此无法接收到该区域下方钢筋和波纹管的横波反射信号，从而也进一步验证声波透射法检测混凝土结构异常区域的存在。

在渡槽混凝土内部结构中，钢筋、波纹管等金属构件与混凝土的胶结处容易形成明显的声阻抗差异界面，当超声波入射到差异表面易形成反射，通过对反射超声信号的分析处理，能够定位反射界面从而判断出钢筋、波纹管等构件的位置及埋深。

在本次检测试验中，采用声波透射法能从波速的角度对混凝土质量提供宏观判断，检测混凝土缺陷也具有较好的应用效果，适合大范围的普查，但该方法不能反映出混凝土内部的钢筋、波纹管等结构分布。采用基于合成孔径成像技术的超声横波反射成像检测方法对检测混凝土质量具有明显的优势，通过反射横波信号的合成孔径处理，具有尖锐的目标指向，能够准确定位混凝土内部缺陷，检测分辨率高，同时能够对混凝土内部钢筋、波纹管等构件的空间分布能够清晰成像。对于一些检测工作量巨大的渡槽混凝土质量检测而言，采用基于移动单元体声波穿透进行普查、超声横波反射成像重点详查不失为一种效费比较好的技术方案。

第16章 | 锚杆锚固质量检测试验

本试验是针对三峡右岸地下电站工程提出的。三峡右岸地下电站是一个复杂庞大的地下隐蔽工程，所处地层存在断层带影响，工程安全性尤为重要。为此，地下电站厂房各系统都采用锚杆加固体系。为了提高锚杆锚固质量无损检测的准确性，受中国三峡工程开发总公司的委托，并由三峡发展监理旁站监理，青云公司现场配合，长江地球物理探测（武汉）有限公司于2006年2月对交通洞外24根8组60种状态试验锚杆进行检测。

16.1　理想锚杆模型检测信号分析

根据下述几种类型的锚杆模型试验及对比分析，我们就可以得到一些锚杆反射波形的规律，并根据反射波特征对锚杆质量进行质量评估。依据声波的传播时间及速度可以确定锚杆缺陷的位置，以及锚杆的有效锚固长度。根据波形的特点（如波幅、相位、瞬时频率、瞬时相位等）判断锚杆砂浆缺陷个数和大小，进一步估计出注浆饱满度。

16.1.1　裸钢筋中波形特征

将工程锚杆置于空气中，用隔声材料与其他介质隔离，震源和传感器置于钢筋的同一端，锤击并检测波在钢筋中的传播规律，测试曲线见图16-1。可见，声波在钢筋的端部有十分明显的反射波，且与首波同相位，而在钢筋的其他部位，波的传播基本为直线，说明当钢筋周围为均匀介质时，不产生反射波。实测钢筋长度7.03m，和实际钢筋长度7m基本相同，根据两波间的时间差还可以得到钢筋在空气中的波速。

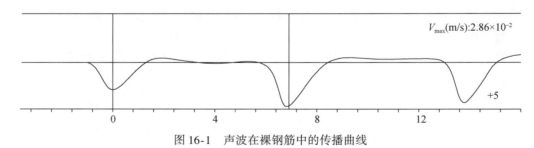

图16-1　声波在裸钢筋中的传播曲线

16.1.2　注浆密实的锚杆的波形特征

在锚杆模型中，有目的地制作无缺陷的锚杆。满浆无缺陷的砂浆锚杆1根（1#锚杆模型），满浆无缺陷的岩石锚杆1根（2#锚杆模型）。

实测典型波形如图16-2所示。

由图16-2可见，注浆密实无缺陷的锚杆波形规则，反射波较为强烈，锚杆内端反射波易于判断。同理根据已知长度和钢筋内端反射波的位置也可以得到波在复合介质中的波速。

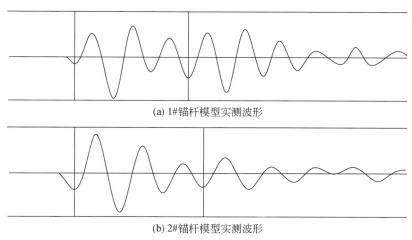

(a) 1#锚杆模型实测波形

(b) 2#锚杆模型实测波形

图 16-2　注浆密实的锚杆模型实测典型波形

16.1.3　注浆不满的锚杆的波形特征

制作有缺陷（具体缺陷见锚杆的描述）的锚杆样品，其实测典型波形如图 16-3 所示。

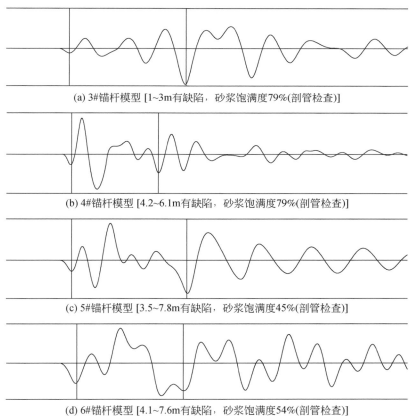

(a) 3#锚杆模型 [1~3m有缺陷，砂浆饱满度79%(剖管检查)]

(b) 4#锚杆模型 [4.2~6.1m有缺陷，砂浆饱满度79%(剖管检查)]

(c) 5#锚杆模型 [3.5~7.8m有缺陷，砂浆饱满度45%(剖管检查)]

(d) 6#锚杆模型 [4.1~7.6m有缺陷，砂浆饱满度54%(剖管检查)]

图 16-3　注浆不满的锚杆模型实测典型波形

当声波在有空浆的缺陷锚杆中传播时，空浆段反射波很弱，这是因为空浆段一般为空气，介质相对均匀；当砂浆有局部缺陷时，围裹在钢筋周围的介质不均匀，将产生强烈的反射波信号或者引起该部位波形畸变；在钢筋内端，由于钢筋、砂浆和岩石三者的波阻抗有明显的差别，因此反射波信号一般较明显。

16.2 三峡锚杆实物模型试验

16.2.1 锚杆模型检测概况

三峡右岸地下电站是一个纵横相连、立体交叉、体型复杂的庞大地下工程。由于主厂房埋深不大和局部围岩偏薄，厂房顶拱受 F22、F84 等断层带影响，主要分布 1#、2#、4#块体，保证大跨度（岩锚梁以上开挖宽度为 32.6m）厂房顶拱施工安全，控制围岩变形尤为重要。为确保主厂房工程安全，地下电站主厂房系统支护设计采用系统砂浆锚杆及预应力锚杆（或张拉锚杆）等支护型式，尾水系统则采用设自由段并带直角弯钩的砂浆锚杆。锚杆属于隐蔽性工程项目，施工后缺乏有效的质量检测手段。以前所采用拉拔力检测，由于不能真实检测锚杆的实际质量，已经较少采用（据试验，只要孔口端 1m 左右锚固良好，就能够将钢筋拔断），因而逐渐代之以无损检测技术。对三峡工程右岸地下电站的一些特殊锚杆锚固型式（如外露端过长、带弯头等），检测数值与实际值还存在一定的偏差。大量工作证明，锚杆锚固质量的无损检测结果虽由施工质量所决定，但在检测中还受施工条件如锚杆支护型式以及检测系统本身误差等因素的影响，针对三峡工程右岸地下电站主厂房及尾水系统的一些特殊锚杆锚固型式，通过模型试验，将剖杆检查结果与无损检测数据进行对比，查出影响无损检测成果的因素并予以量化分析，以校正无损检测的实际偏差，使锚杆饱满度检测方法、成果更加规范，并提高检测成果的真实性和可信度。

特别指出的是为保证检测结果的客观性，试验各方约定，锚杆主要施工参数在检测中间成果出来、剖管验证前，对检测人员保密。

根据"锚杆注浆饱满度检测技术改进研究实施大纲"，此次检测试验锚杆共 24 根，分 8 组进行。

16.2.2 锚杆模型无损检测成果分析

在以下所有表格中：锚杆特征描述及评价均是以外露端长 20cm 时记录为标准；饱满度的偏差值（%）= 实际值（%）－检测值（%）；锚杆外露长度称为 ML，单位为厘米，锚杆编号简为 MB。各组锚杆注浆饱满度检测结果分析及评价如下：

1. 第 I 组

该组锚杆规格均为 φ32mm×9m，施工工艺为先插后注，外露端长 100cm（图 16-4）。

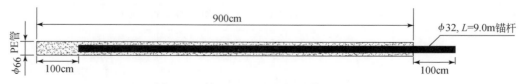

图 16-4　第 I 组试验锚杆锚固体系结构图

对该组锚杆进行检测时，分外露端长 100cm、80cm、60cm、40cm、20cm 各检测一次，各锚杆检测结果及与实际情况对比分析（注：以下所有饱满度实际值均由施工单位提供，监理审核后使用）见表 16-1。

表 16-1 第 I 组锚杆检测结果及与实际情况对比分析表

MB	饱满度检测值/%					饱满度实际值/%	饱满度偏差值/%					锚杆特征描述及评价	
	ML100	ML80	ML60	ML40	ML20		ML100	ML80	ML60	ML40	ML20	检测结果	剖管结果
I-1	86.0	88.5	93.0	92.8	97.2	97.0	11.0	8.5	4.0	4.2	-0.2	波形规则，相位谱规律性强	沙浆表面有气泡，未见大的缺陷
I-2	85.6	88.0	91.5	93.4	95.6	99.8	14.2	11.8	8.3	6.4	4.2		
I-3	85.0	87.5	91.0	93.7	94.3	98.6	13.6	11.1	7.6	4.9	4.3		
平均值	85.5	88.0	91.8	93.3	95.7	98.5	13.0	10.5	6.7	5.2	2.8	评价：该组锚杆锚固质量优良	

检测结果分析：

（1）该组 3 根锚杆检测结果所表现出的特征几近相同，从该组 I-1 锚杆采集波形图 16-5 可以看出：随着外露端长度递减，原始波形愈规则，反射能量愈小，检测波形中瞬时相位谱所呈现的规律性逐渐加强；表 16-1 中统计出的检测饱满度值整体上呈增加趋势，外露端长 100cm 和 20cm 时锚杆 I-1、I-2、I-3 的饱满度值分别增加了 11.2%、10%、9.3%，平均值增加量为 10.2%，说明外露端长度对检测结果的影响程度是随着长度的增加而加强的；杆底反射均明显，所测锚杆长度与实际长度偏差均在 0.1m 范围内。

（2）以外露端长 0.2m 时记录为标准，各波形均表现出较强的规律性，杆中固有信号和杆底反射信号均较小，入射信号强而反射信号弱，整个锚杆的锚固状态良好，低频端的反射信号正好表明杆底位置所在。经剖管，除沙浆表面分布有一些气孔外（图 16-6），无大的缺陷存在，评价该组锚杆锚固质量优良。

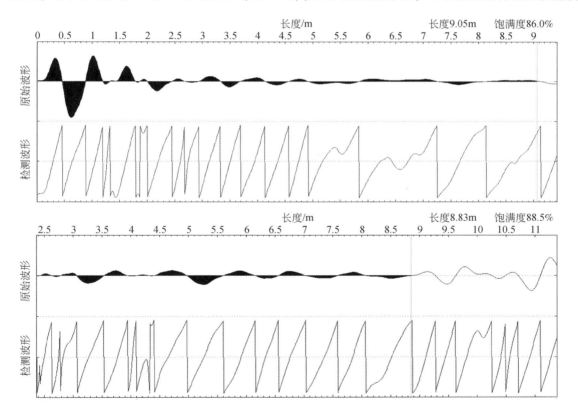

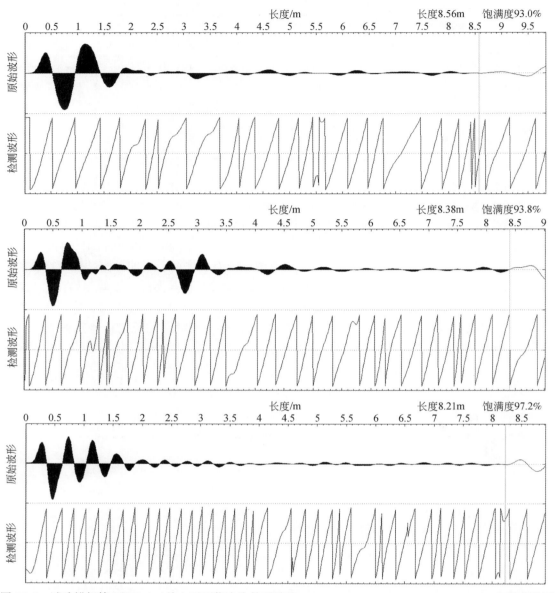

图 16-5 试验锚杆第 I 组 I–1（从上至下依次为外露端长 100cm、80cm、60cm、40cm、20cm）实测成果图

图 16-6 试验锚杆第 I 组剖管后情况

检测结果与实际情况对比分析：由表 16-1 可见，该组锚杆外露长度 100cm、80cm、60cm、40cm、

20cm 时，饱满度偏差值最大值分别为 14.2%、11.8%、8.3%、6.4%、4.3%，实际均值与检测均值偏差分别为 13.0%、10.5%、6.7%、5.2%、2.8%。

2. 第 II 组

该组锚杆规格为 φ32mm×9m，施工工艺为先注后插，外露端长 100cm（图 16-7）。

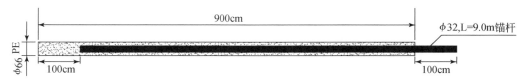

图 16-7　第 II 组试验锚杆锚固体系结构图

对其进行检测时，分外露 100cm、80cm、60cm、40cm、20cm 各检测一次，各锚杆检测结果与实际情况对比分析见表 16-2。

表 16-2　第 II 组锚杆检测结果及与实际情况对比分析表

MB	饱满度检测值/%					饱满度实际值/%	饱满度偏差值/%					锚杆特征描述及评价	
	ML100	ML80	ML60	ML40	ML20		ML100	ML80	ML60	ML40	ML20	检测结果	剖管结果
II-4	87.0	89.5	92.1	94.0	97.2	98.0	11.0	8.5	5.9	4.0	1.5	II-4 约7.6m 处相位有奇变点；II-5、II-6 波形规则，相位谱规律性强	II-4 约7.6m 始 50cm 范围内一侧沙浆欠饱满；II-5、II-6 沙浆表面有气泡，未见大的缺陷
II-5	88.2	87.0	92.4	94.5	96.8	98.6	10.4	11.6	6.2	4.1	1.8		
II-6	87.6	88.6	92.8	94.3	95.0	98.8	11.2	10.2	6.0	4.5	3.8		
平均值	87.6	88.4	92.4	94.2	96.1	98.5	10.9	10.1	6.1	4.3	2.4	评价：该组锚杆锚固质量优良	

检测结果分析：

（1）该组 3 根锚杆检测结果所表现出的特征几近相同，从该组 II-5 锚杆采集波形图 16-8 可以看出：随着外露端长度递减，原始波形愈规则，反射能量愈小，检测波形中瞬时相位谱所呈现的规律性逐渐加强；表 16-2 中统计出的饱满度值整体上呈增加趋势，外露端长 100cm 和 20cm 时锚杆 II-4、锚杆 II-5、锚杆 II-6 的饱满度值分别增加了 9.5%、8.6% 和 7.4%，平均值增加量为 8.5%，说明外露端长度对检测结果的影响程度是随着长度的增加而加强的；杆底反射均明显，所测锚杆长度与实际长度偏差均在 0.1m 范围内。

（2）以外露端长 0.2m 时记录为标准，各波形均表现出较强的规律性，杆中固有信号和杆底反射信号均较小，入射信号强而反射信号弱，整个锚杆的锚固状态良好，低频端的反射信号正好表明了杆底位置所在。经剖管，除锚杆 II-4 的尾部（图 16-9）50cm 范围内一侧沙浆欠饱满，各锚杆沙浆表面分布有一些气孔外，无大的缺陷存在，评价该组锚杆锚固质量优良。

检测结果与实际情况对比分析：由表 16-2 可见，该组锚杆外露长度 100cm、80cm、60cm、40cm、20cm 时，饱满度偏差值最大值分别为 11.2%、11.6%、6.2%、4.5%、3.8%，实际均值与检测均值偏差分别为 10.9%、10.1%、6.1%、4.3%、2.4%。

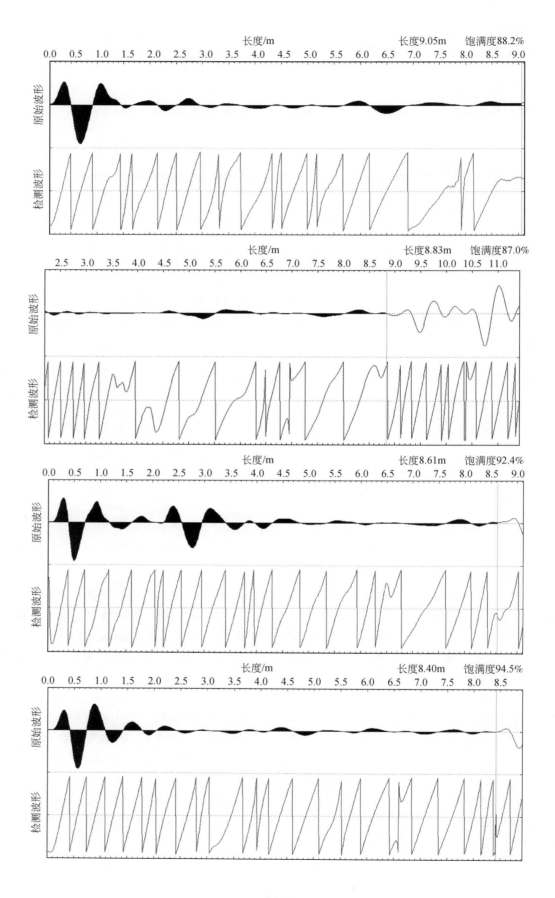

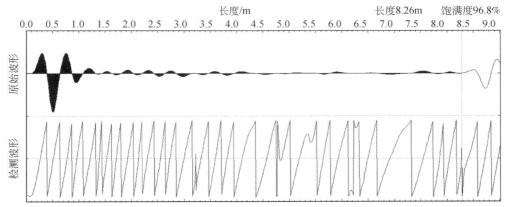

图 16-8　试验锚杆第 II 组 II–5（从上至下依次为外露端长 100cm、80cm、60cm、40cm、20cm）实测成果图

图 16-9　试验锚杆第 II 组剖管后情况

3. 第 III 组

该组锚杆规格为 $\phi32\mathrm{mm}\times9\mathrm{m}$，施工工艺为先插后注，外露端长 20cm。中端设变径端（套管直径从 66 mm 增大至 99 mm、120 mm，其长度各 100cm），变径端中点距锚杆端面为 4.5m。该组锚杆剖管后变径端表面特征见图 16-10，结构图见图 16-11。

图 16-10　试验锚杆第 III 组剖管后情况

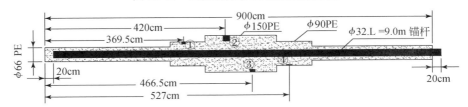

图 16-11　编号为 III–9 试验锚杆锚固体系结构图

编号为①②③④的小块为防真空腔，采用 1.5 cm 厚的保温被，切割成小块，用螺杆固定在 PE 管内壁形成，体积计算如下：

①$5\times8\times1.5=60\mathrm{cm}^3$；②$15\times13\times3=585\mathrm{cm}^3$；③$6\times11\times1.5=99\mathrm{cm}^3$；④$14\times2\times1.5=42\mathrm{cm}^3$

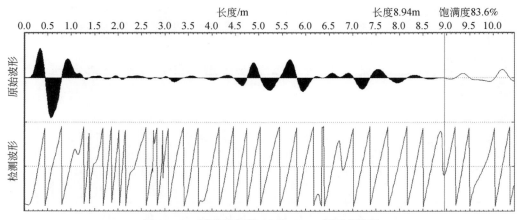

图 16-12　试验锚杆第 III 组 III-9 实测成果图

从该锚杆采集波形图 16-12 上可见：原始波形约 3.7m 始反射波幅显著增强，推测该处为波阻抗变化的界面，但检测波形中相位谱在该处未见突变点，同时，该处强反射信号湮没锚杆后部变径端反射信号的特征，也导致杆底反射不甚明显，强的反射信号使饱满度值降低至 83.6%，所测锚杆长度与实际长度偏差值为 0.06m，检测结果与实际情况对比分析见表 16-3。

表 16-3　III-9 检测结果及与实际情况对比分析表

MB	变径端起始位置/m			饱满度/%			锚杆特征描述及评价	
	检测值	实际值	偏差值	检测值	实际值	偏差值	检测结果	剖管结果
III-9	3.7	3.6	0.1	83.6	97.4	13.8	约 3.7m 处反射波幅增强，相位谱有明显突变点；该锚杆锚固质量合格	3.6m 处为变径端的起点，沙浆表面有少许气孔，饱满度大于 90%

数据统计综合可得：锚杆 III-7、III-8、III-9 的饱满度偏差值分别为 14.8%、14.5%、13.8%，实际均值为 96.8%、检测均值为 82.5%、均值偏差为 14.3%。

4. 第 IV 组

该组锚杆规格为 φ32mm×9m，施工工艺为先注后插，外露端长 20cm（图 16-13）。

图 16-13　第 IV 组试验锚杆锚固体系结构图

从该组锚杆采集波形（图 16-14）可见：原始波形整体上均较规则，入射信号强反射信号弱；检测波形中相位谱除个别部位有突变外，规律性均较强；底端反射起跳均很干脆，幅值较大，初步判断该组锚杆底部设有纸板或塑料等物使波阻抗差异明显，这也一定程度上影响饱满度值的计算；所测锚杆长度与实际长度偏差值分别为 0.04m、0.03m、0.04m。经剖管证明（图 16-15），该组 3 根锚杆底端均设有 5cm 厚度的高密海绵，检测结果与实际情况对比分析见表 16-4。

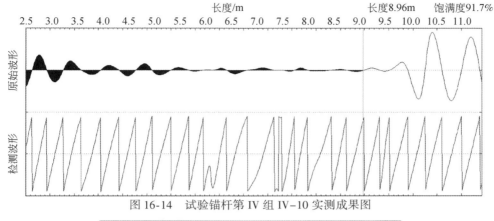

图 16-14　试验锚杆第 IV 组 IV-10 实测成果图

图 16-15　试验锚杆第 IV 组剖管后情况

表 16-4　第 IV 组锚杆检测结果及与实际情况对比分析表

MB	施工工艺	外露长度/cm	饱满度/%			锚杆特征描述及评价	
			检测值	实际值	偏差值	检测结果	剖管结果
IV-10	先注后插	20	91.6	99.3	7.7	波形规则，相位谱规律性	杆底设有 5cm 厚的海绵，
IV-11	先注后插	20	92.4	99.2	6.8	强，底端呈低频较强反射，	沙浆表面分布有少许气
IV-12	先注后插	20	91.7	99.4	7.7	判断杆底设有纸板等物	孔，未见大的缺陷
平均值			91.9	99.3	7.4	评价：该组锚杆锚固质量优良	

由表 16-4 可见：锚杆 IV-10、IV-11、IV-12 的饱满度偏差值分别为 7.7%、6.8%、7.7%，实际均值与检测均值偏差为 7.4%。

5. 第 V 组

该组锚杆规格为 $\phi 32mm \times 9m$，施工工艺为先注后插，外露端长 20cm。该组锚杆剖管后自由段切割典型断面见图 16-16。

图 16-16　试验锚杆第 V 组剖管后情况

V组试验锚杆结构基本相同，选择锚杆V–15进行表述，其结构图见图16-17。

从该组V–15锚杆采集波形（图16-18）可以看出：原始波形约3.2m之前入射信号强，反射信号弱且有规律地衰减，自约3.2m处反射信号增强，波幅有较大幅度回升且未见衰减；检测波形上约3.2m处相位出现突变点，推测约3.2m处为波阻抗变化面，即杆中自由段起点，但自由段起点处的较强且未能衰减的反射信号湮没了后部的有效反射信息，故自由段终点的反射特征在记录上表现不明显；所测锚杆长度与实际长度偏差值为0.08m。检测结果表明，自由段的存在对饱满度有影响，检测结果与实际情况对比分析如表16-5。

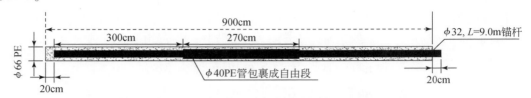

图16-17　V–15试验锚杆锚固体系结构图

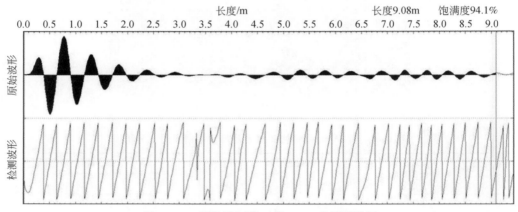

图16-18　试验锚杆第V组V–15实测成果图

表16-5　第V组检测结果及与实际情况对比分析表

MB	自由段起始位置/m			饱满度/%			锚杆特征描述及评价	
	检测值	实际值	偏差值	检测值	实际值	偏差值	检测结果	剖管结果
V–13	5.0	4.9	0.1	94.5	98.2	3.7	约5.0m处反射信号增强，之后未见衰减，判断该处为自由段起点；锚杆锚固质量优良	4.9m处为自由段之起点，沙浆表面有少许气孔，未见大的缺陷
V–14	3.7	4.1	0.4	91.2	97.3	6.1	约3.7m处反射信号增强，判断该处为自由段之起点；约2.0m处反射信号强，相为有奇变点，推测该处存在缺陷；锚杆锚固质量优良	4.1m处为自由段之起点；2.0m处存在一约4cm×1.5cm×1.0cm之空腔；沙浆表面有少许气孔，未见大的缺陷
V–15	3.2	3.3	0.1	94.1	98.1	4.0	约3.2m处反射信号增强，判断该处为自由段之起点；锚杆锚固质量优良	3.3m处为自由段之起点；沙浆表面有少许气孔，未见大的缺陷

由表 16-5 数据统计综合可得：锚杆 V–13、V–14、V–15 的饱满度偏差值分别为 3.7%、6.1%、4.0%，实际均值为 97.8%、检测均值为 93.3%、均值偏差为 4.5%。

6. 第 VI 组

该组锚杆规格为 $\phi32\text{mm}\times9\text{m}$，施工工艺为先注后插，外露端长 20cm。该组锚杆剖管后自由段切割典型断面见图 16-19。

图 16-19　试验锚杆第 VI 组剖管后情况

锚杆 VI 组结构图见图 16-20 ~ 图 16-22。

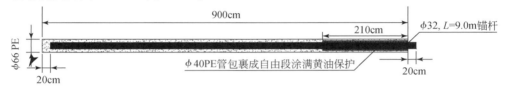

图 16-20　VI–16 试验锚杆锚固体系结构图

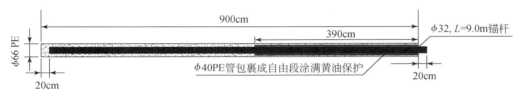

图 16-21　VI–17 试验锚杆锚固体系结构图

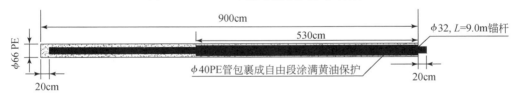

图 16-22　VI–18 试验锚杆锚固体系结构图

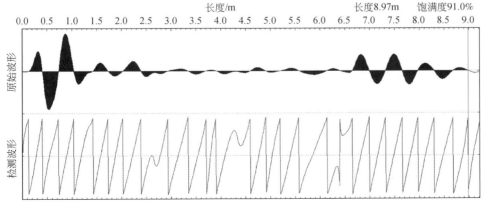

图 16-23　试验锚杆第 VI 组 VI–18 实测成果图

各锚杆检测结果所表现出的特征几近相同，从该组 VI-18 锚杆采集波形（图16-23）上可以看出：原始波形上约 6.0m 之前入射信号强，反射信号较强，波形欠规则，自约 6.0m 处后反射信号增强且有规律地衰减，检测波形上相位在约 6.0 处亦有突变点；推测约 6.0m 处为波阻抗变化面，即杆中自由段终点；所测锚杆长度与实际长度偏差值为 0.03m。检测波形表明，自由段的存在对密实度有影响，该组检测结果与实际情况对比分析如表16-6。

表16-6　VI-18检测结果及与实际情况对比分析表

MB	自由段终点位置/m			密实度/%			锚杆特征描述及评价	
	检测值	实际值	偏差值	检测值	实际值	偏差值	检测结果	剖管结果
VI-16	2.0	2.3	0.3	92.0	98.4	6.4	判断 2.0m 处为自由段之终点；锚杆锚固质量优良	2.3m 处为自由段之终点；沙浆表面有少许气孔，未见大的缺陷
VI-17	4.0	4.1	0.1	91.8	98.2	6.4	判断 4.0m 处为自由段之终点；锚杆锚固质量优良	4.1m 处为自由段之终点；沙浆表面有少许气孔，未见大的缺陷
VI-18	6.0	5.5	0.5	91.0	97.1	6.1	判断 6.0m 处为自由段之终点；锚杆锚固质量优良	5.5m 处为自由段之终点；沙浆表面有少许气孔，未见大的缺陷

由表16-6数据统计综合可得：锚杆 VI-16、VI-17、VI-18 的密实度偏差值分别为 6.4%、6.4%、6.1%，实际均值为 97.9%、检测均值为 91.6%、均值偏差为 6.3%。

7. 第 VII 组

该组锚杆规格为 $\phi 32\text{mm} \times 7\text{m}$，施工工艺为先注后插，外露端长 1.35m，弯头 0.5m，带自由段（图16-24）。

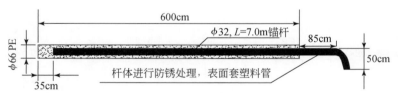

图16-24　第 VII 组试验锚杆锚固体系结构

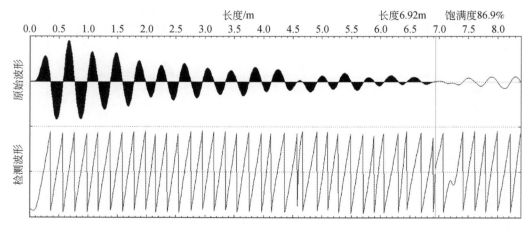

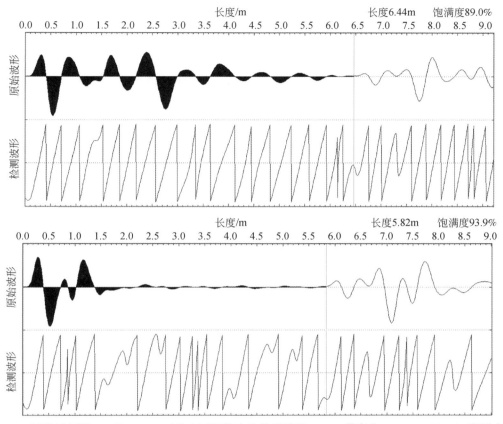

图 16-25　试验锚杆第 VII 组 VII-19（从上至下依次为外露端长 135cm 带弯头、80cm、20cm）实测成果图

对该组锚杆进行检测时，分别对三种情况：外露端长 1.35m 带 0.5m 弯头、外露端长 0.8m 和 0.2m 各检测一次。各锚杆检测结果及与实际情况对比分析见表 16-7。

表 16-7　第VII组锚杆检测结果及与实际情况对比分析表

MB	检测值/%			实际值/%	偏差值/%			锚杆特征描述及评价	
	ML135、弯头 50	ML80	ML20		ML135、弯头 50	ML80	ML20	检测结果	剖管结果
VII-19	85.3	87.5	94.2	98.0	12.7	10.5	3.8	波形规则，规律性强，检测自由段长度为 0.6m	自由段长 0.5m，沙浆表面有少许气泡，未见大的缺陷
VII-20	86.9	89.0	93.9	98.7	11.8	9.7	4.8		
VII-21	86.3	88.8	95.4	98.6	12.3	9.8	3.2		
平均值	86.1	88.4	94.5	98.4	12.3	10.0	3.9	评价：该组锚杆锚固质量优良	

检测结果分析：

（1）各锚杆检测结果所表现出的特征几近相同，从该组 VII-19 锚杆采集波形图上（图 16-25）可见：当锚杆外露端长 1.35m 且带 0.5m 弯头时，原始波形均较规，反射信号有规律地衰减但幅度不大，余波能量较大且杆底反射不甚明显，自由段处反射不明显；当外露端长 0.8m 时，原始波形均较规则，反射信号较有规律地衰减，杆底反射明显，相位谱规律性较强，自由段处反射不明显；当外露端长 0.2m 时，入射信号强而反射信号弱且有规律地衰减，衰减速度较快，杆底反射明显，约 0.6m 前后波幅由弱变强，推测该处为自由段信号的反映。

（2）从表 16-7 中可以看出：锚杆 VII-19、VII-20 和 VII-21 在外露端长 1.35m 且带 0.5m 弯头较之

外露端长 0.2m 的情况下，密实度分别增加了 8.9%、7.0%、9.1%，平均值增加了 5%，说明外露端长度对检测结果的影响程度是随着长度的减少而降低的；检测波形表明，自由段的存在对密实度有影响；所测锚杆长度与实际长度偏差均在 0.1m 范围内。

检测结果与实际情况对比分析：

由表 16-7 可见：该组锚杆在外露长度 150cm 且带弯头、外露长度 80cm、外露长度 20cm 情况下，密实度偏差值最大值分别为 12.7%、10.5%、4.8%，实际均值与检测均值偏差分别为 12.3%、10.0%、3.9%。

8. 第 VIII 组

该组锚杆规格为 ϕ32mm×7m，施工工艺为先注后插，外露端长 1.35m，弯头 0.5m（图 16-26）。

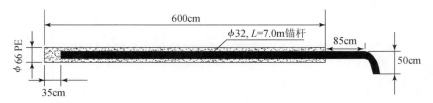

图 16-26　第 VIII 组试验锚杆锚固体系结构图

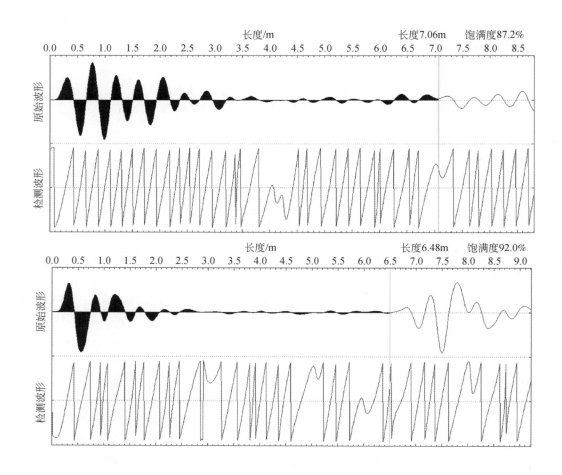

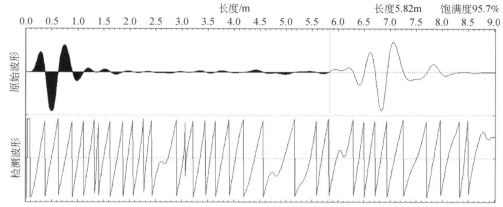

图 16-27　试验锚杆第 VIII 组 VIII-23（从上至下依次为外露端长 135cm 带弯头、80cm、20cm）实测成果图

对该组锚杆进行检测时，分别对三种情况：外露端长 1.35m 带 0.5m 弯头、外露端长 0.8m 和 0.2m 各检测一次。各锚杆检测结果及与实际情况对比分析见表 16-8。

表 16-8　第 VIII 组锚杆检测结果及与实际情况对比分析表

MB	检测值/%			实际值/%	偏差值/%			锚杆特征描述及评价	
	ML135、弯头 50	ML80	ML20		ML135、弯头 50	ML80	ML20	检测结果	剖管结果
VIII-22	87.2	92.0	95.7	98.3	11.1	6.3	2.6	波形规则，规律性强	沙浆表面有少许气泡，未见大的缺陷
VIII-23	85.1	94.0	96.4	98.9	13.8	4.9	2.5		
VIII-24	86.5	91.0	95.4	98.1	11.6	7.1	2.7		
平均值	86.3	92.3	95.8	98.4	12.1	6.1	2.6	评价：该组锚杆锚固质量优良	

检测结果分析：

（1）各锚杆检测结果所表现出的特征几近相同，从该组 VII-23 锚杆采集波形图（图 16-27）可见：当锚杆外露端长 1.35m 且带 0.5m 弯头时，原始波形均较规则，反射信号有规律地衰减但幅度不大，余波能量较大且杆底反射不甚明显；当外露端长 0.8m 时，原始波形均较规则，反射信号较有规律地衰减，杆底反射明显，相位谱规律性较强；当外露端长 0.2m 时，原始波形均规则，入射信号强而反射信号弱且有规律地衰减，衰减速度较快，杆底反射明显。

（2）从表 16-8 中可以看出：锚杆 VIII-22、VIII-23 和 VIII-24 在外露端长 1.35m 且带 0.5m 弯头较外露端长 0.2m 的情况下，密实度分别增加了 8.5%、11.3%、8.9%，平均值增加了 9.5%，说明外露端长度对检测结果的影响程度是随着长度的减少而降低的；检测波形表明，自由段的存在对密实度有影响；所测锚杆长度与实际长度偏差均在 0.1m 范围内。

检测结果与实际情况对比分析：

由表 16-8 可见：该组锚杆在外露长度 150cm 且带弯头、外露长度 80cm、外露长度 20cm 情况下，密实度偏差值最大值分别为 13.8%、6.3%、2.7%，实际均值与检测均值偏差分别为 12.1%、6.1%、2.6%。

16.3　土建工程现场锚杆检测试验

16.3.1　实例 A

某水利工程尾水洞锚杆，锚杆类型为全长砂浆锚杆，先插后注施工。检测波形见图 16-28，实际锚杆长度为6m，可以看到标定线处理明显存在异常，从中很容易标定出锚杆长度（当然，如图信号经过滤波，归一化等预处理后的结果），此时测量长度为5.99m，饱和度为92.1%，同时可以看到除了首波幅值比较大之处，首波到底端反射之间的异常都很小，说明该锚杆锚固质量很好。

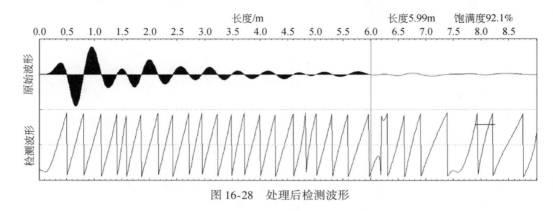

图 16-28　处理后检测波形

16.3.2　实例 B

某水利工程地下厂房锚杆，锚杆类型为全长砂浆锚杆，先插后注施工。检测波形见图16-29，实际锚杆长度为9m，此时测量长度为8.97m，饱和度为94.0%，可以看到除了首波有些削波外，从首波开始向右，幅值近似成指数衰减，这是个十分标准的质量好的锚杆信号，该锚杆锚固质量非常好。

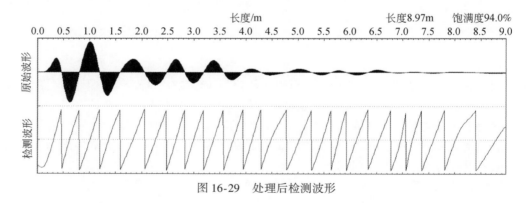

图 16-29　处理后检测波形

16.3.3　实例 C

某水利工程试验锚杆，锚杆类型为全长砂浆锚杆，先插后注施工。检测波形见图16-30，约3.7m处反射信号增强，判断该处为自由段的起点；约2.0m处反射信号强，相位有奇变点，推测该处存在缺陷。后经验证证实该处存在一约4cm×1.5cm×1.0cm空腔，如图16-31所示。

16.3.4　实例 D

某水利工程地下电站母线洞锚杆，锚杆类型为全长砂浆锚杆，先插后注施工。检测波形见图16-32，不合格锚杆，锚杆饱满度低于设计值。现场检测，通报监理后，安排现场人工即可拔出。

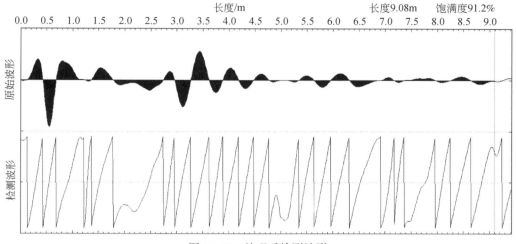

图 16-30 处理后检测波形

图 16-31 试验锚杆剖管后揭示的注浆缺陷

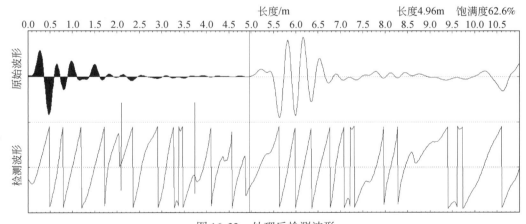

图 16-32 处理后检测波形

第三篇 实 践

第 17 章 | 大坝混凝土质量检测

根据《大体积混凝土施工规范》（GB 50496—2009）的规定，混凝土结构物实体最小几何尺寸不小于 1.0m 的大体量混凝土，或预计会因混凝土中胶凝材料水化引起的温度变化和收缩而导致有害裂缝产生的混凝土，称为大体积混凝土。大体积混凝土常见于水工建筑物里的混凝土重力坝等。本章以三峡工程、丹江口水利枢纽、亭子口水利枢纽为例，介绍声波检测技术在水工大体积混凝土中的应用情况。

17.1 三峡工程大坝混凝土质量检测

17.1.1 三峡永久船闸 IV 闸室南底廊道顶板混凝土质量检测

永久船闸 IV 南底 13 块右分支廊道顶板由 4 块砼组成，自上游往下游方向依次编号为 S1 ~ S4，砼块宽 5.0m，厚度 1.8m，长分别为 1.9m 和 3.8m。检测采用方法为高频（50kHz）弹性波 CT，它利用顶板的两个临空面激发、接收弹性波，获取不同方向弹性波速度，然后通过计算机层析成像技术，来重构被检测体内部弹性波波速分布图像。由于弹性波速度的大小与混凝土的力学参数、密实性等有关，据此即可推断出混凝土的浇筑质量。测线顺流向布置（CT 剖面垂直于底板），线距 0.3 ~ 0.5m，测点距 0.2m，CT 观测系统见图 17-1，使用仪器为 RS–ST01C 型非金属岩石声波仪，换能器主频 50kHz。弹性波 CT 检测典型剖面图见图 17-2、图 17-3。

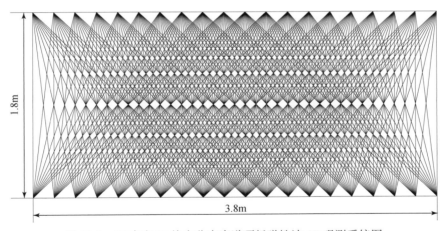

图 17-1　IV 南底 13 块右分支廊道顶板弹性波 CT 观测系统图

检测结果揭示：IV 南底 13 块右分支廊道顶板整体砼质量较好，但局部存在质量缺陷，如 S1 块 16#异常及 S2 块 25#、26#、28#异常可能存在不密实或架空（$V_p = 3700 ~ 4000$m/s）。

为了检验无损检测探测砼内部质量缺陷的准确性，设计、监理根据无损检测中间成果资料，布置取芯钻孔 5 个，并全部进行钻孔彩色电视录相，对比验证结果见表 17-1。

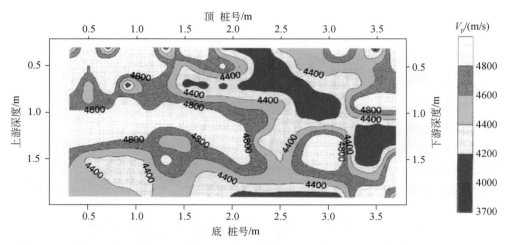

图 17-2　三峡工程永久船闸 IV 南底 13 右分支廊道顶板砼质量 CT 检测剖面图（S1-9 剖面）

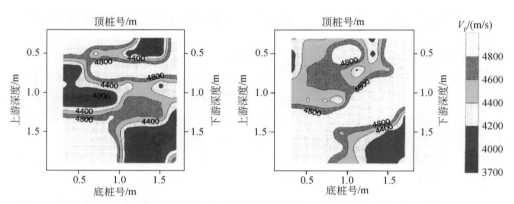

图 17-3　三峡工程永久船闸 IV 南底 13 右分支廊道顶板砼质量 CT 检测剖面图（S2-9 剖面）

表 17-1　钻孔验证对比分析

钻孔		彩色电视录相结果	无损检测		验证对比结果	备注
编号	位置		异常号	解释结果		
TJ-1#	S1-9 线	砼整体质量较好仅 0.89～0.94m 深孔壁较粗糙，气孔稍多属局部欠密实	15#	深度 0.83～0.90m，砼轻微欠密实，其他部位质量较好	吻合	钻孔偏离 CT 剖面线 0.1m
TJ-2#	S1-5 线	0～0.4m 段局部欠密实，1.28～1.34m 欠密实，其他孔段砼质量良好	7#	深度 0.1～0.35m 砼轻微欠密实，其他部位质量较好	浅部两者吻合，深部 6cm 厚小异常无损检测无反应	同上
TJ-3#	S1-9 线	孔深 0～0.15m 砼密实度一般；0.9～1.3m 砼欠密实；其他孔段砼质量良好	16#	深度 0.1～0.25m 砼轻微欠密实，1.5～1.75m，砼不密实或架空，其他部位质量较好	浅部较吻合，无损检测深部不密实或架空异常由于录相孔深为 1.13m，未及异常深度，无法对比	钻孔偏离 CT 剖面线 0.1m；录相孔深为 1.13m。

钻孔		彩色电视录相结果	无损检测		验证对比结果	备注
编号	位置		异常号	解释结果		
TJ-4#	S1-5 线	孔深 0 ~ 0.39m 砼质量一般；0.39 ~ 0.49m 不密实；0.75 ~ 1.24m 欠密实，其他孔段砼较密实	8#	深度 1.5 ~ 1.7m 砼与预制板胶结较差且存在轻微欠密实，其他部位质量较好	异常区边缘附近存在质量缺陷，但深度略有误差	钻孔偏离 CT 剖面线 0.1m
TJ-14#	S2-9 线 S2-10 线	孔深 0 ~ 0.35m 欠密实；0.55 ~ 0.8m 欠密实；0.5 ~ 0.8m 架空及空洞，其他孔段较密实	25# ~ 28#	27#异常深度 0.15 ~ 0.37m 砼轻微欠密实；25#、26#、28#异常深度 0.6 ~ 1.2m 砼不密实或架空，推测有连通的可能	吻合	同上

由 17-1 表可见，在无损检测异常区（或靠近异常区）打孔验证检查，均发现有不同程度的质量缺陷，符合率较高。同时表明弹性波 CT（特别是高频）检测混凝土内部质量缺陷，方法技术是有效、可靠的。

17.1.2 三峡工程永久船闸完建工程混凝土质量检测

2006 年 9 月 15 日开始实施三峡工程永久船闸南线完建工程，全线进行抽干检查，经查南线三、四闸室一分流口分流舌表面蚀损，南线一闸室部分消能盖板损坏。枢纽验收专家建议，了解船闸南线一闸室已损坏消能盖板底部和南线三、四闸室一分流口分流舌蚀损部位混凝土结构内部质量状况，采用声波法进行无损检测，要求现场检测工作在船闸完建充水调试前完成。检测部位是根据永久船闸南线抽干后的观察情况确定。

本次检测确定三个部位：永久船闸南线一闸室底板 17 块左侧分支，该部位上覆消能盖板损坏较严重，对应桩号为 X：15+302.00 ~ 15+314.00；永久船闸南线三闸室第一分流口下游侧分流舌，它靠近下游侧中支廊道；永久船闸南线四闸室第一分流口中南侧分流舌，它靠近中南输水隧洞。根据现场工作情况和检测要求，现场无损检测采用混凝土板上下界面超声波平面测速、上下界面超声波垂直穿透、声波 CT 等无损检查方法。

本次混凝土质量标准是按三工建质检字［2001］140 号文中的"三峡一、二期主体工程常态混凝土密实性终检钻孔检查评定标准（试行）"执行。优良混凝土：声波 $V_p \geq 4500 m/s$，合格混凝土；$4000 \leq$ 声波 $V_p < 4500 m/s$。声波检测仪器采用 RS-ST01C，换能器采用主频为 40kHz 的平面换能器。

1. 工作布置

第一分流口分流舌混凝土板宽 5m，厚 0.8m；南线一闸室消能盖板底部跨两块混凝土板，单块宽 5.0m、长 4.0m、厚 1.8m。混凝土标号：南线一闸室底板为三级配 $R_{28}250\#$混凝土，南线三闸室和南线四闸室第一分流口分流舌为二级配 $R_{28}250\#$混凝土。第一分流口分流舌部位混凝土超声波测缺分别采取分流舌上下界面超声波平面测速、上下界面超声波穿透两种方法。船闸南线一闸室已损坏消能盖板底部混凝土超声波测缺采取上下界面超声波平面测速及上下界面超声波垂直穿透方法，上界面按设计要求，在测区左右侧各延长 1.0m。

1）混凝土平面超声波测速

如图 17-4 所示，平面超声波测速分别在被测混凝土板的上、下界面进行平面超声波测速工作。测线距的舌板边线最近距离为 0.4m，且平行舌板边线，测线距 0.5m，测线间平行布置，测线上的测点距 0.2m。仪器采用一发双收。接收换能器距离为 0.2m，源间距 0.2m。

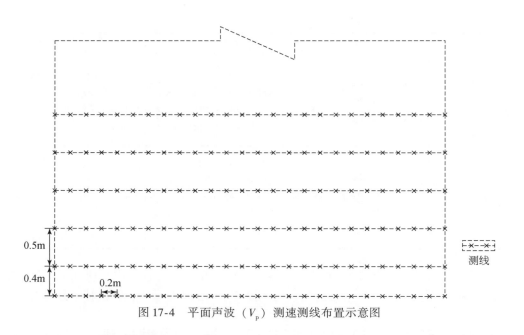

图 17-4　平面声波（V_p）测速测线布置示意图

2）混凝土上下界面声波垂直穿透

如图 17-5 所示，上下界面声波垂直穿透是在被测混凝土板的上、下界面对应测线间进行垂直超声波速检测，两测线平行且属同一垂直平面。第一分流口分流舌混凝土板穿透距离 0.8m（消能盖板底部混凝土穿透距离 1.8m），测点间水平距 0.2m，工作示意见图 17-5。虚线为声波穿透路径，单发、单收。

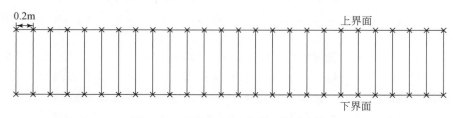

图 17-5　声波（V_p）穿透工作示意图

3）混凝土声波 CT 工作布置

声波层析成像（CT）是利用声波在混凝土板两侧间进行声波穿透，在被测区域内组成致密交叉的激发—接收网络，穿透射线均匀覆盖全区域。观测参数为声波走时，反演最终参数为声波速度。检测现场选南线四闸室第一分流口分流舌，外观调查该分流舌两侧都发现蚀损。

声波 CT 观测系统如图 17-6 所示，选上界面一测线及下界面一测线作声波 CT 测试，两测线平行且位于垂直分流舌的界面内。距分流舌边线 0.7m，且与它平行。观测系统采用正同步、斜同步、定点观测系统，斜同步斜线与垂线夹角控制在正负 45°（包括正负 45°）夹角以内，测量点距 0.1m。

图 17-6　第一分流舌声波层析成像（CT）观测系统

2. 成果分析

1）永久船闸南线一闸室底板 17 块左侧分支

（1）上下界面声波垂直穿透检测，波速值反映的是混凝土板内部声波透射射线范围波速的平均值。检测线距 0.5m、点距 0.2m。穿透距离 1.8m。该部位检测结果：$V_p$max 为 4878 m/s、$V_p$min 为 4627m/s、V_p 均值为 4727m/s、速度标准方差为 47。图 17-7 为其 V_p 频数直方图，V_p 主要分布于 4600～4800m/s。根据评定标准，混凝土质量正常。

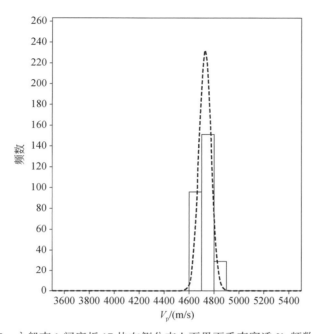

图 17-7　永船南 1 闸底板 17 块左侧分支上下界面垂直穿透 V_p 频数直方图

（2）上界面采用平面声波检测，检测线距 0.5m、点距 0.2m，测点波速值反映的是混凝土板表面深约 0.2m 范围声波波速的平均值。检测结果：V_p 最大值为 4878m/s、V_p 最小值为 4081m/s、V_p 均值为 4397m/s、速度标准方差为 147。图 17-8（a）为其 V_p 频数直方图，V_p 值 90% 分布于 4200～4600m/s。平面波速等值线图 17-9（a）无明显低速异常。根据评定标准，混凝土质量正常。

（3）下界面采用平面声波检测，检测线距 0.5m、点距 0.2m，测点波速值反映的是混凝土板表面深约 0.2m 范围声波波速的平均值。检测结果：V_p 最大值为 5128m/s、V_p 最小值为 4255m/s、V_p 均值为 4689m/s，速度标准方差为 153。图见 17-8（b）为 V_p 频数直方图，V_p 值 94% 分布于 4400～4900m/s。平面波速等值线见图 17-9（b）无明显低速异常。根据评定标准，混凝土质量正常。

综合分析：永久船闸南线一闸室消能盖板损伤部位对应底板，混凝土两侧平面及穿透声波 Vp 正常，根据 Vp 判断，测区底板混凝土没有损伤。

2）永久船闸南线三闸室第一分流口下游侧分流舌

（1）上下界面声波垂直穿透检测，测点波速值反映的是混凝土板内部声波透射射线范围波速的平均值。检测线距 0.5m、点距 0.2m。穿透距离 1.8m。该部位检测结果：V_p 最大值为 4598m/s、V_p 最小值为 4166m/s、V_p 均值为 4364m/s、速度的标准方差为 86。图 17-10 为其 V_p 频数直方图，V_p 值 81.4% 主要分布于 4300～4600m/s。根据评定标准，混凝土质量正常。

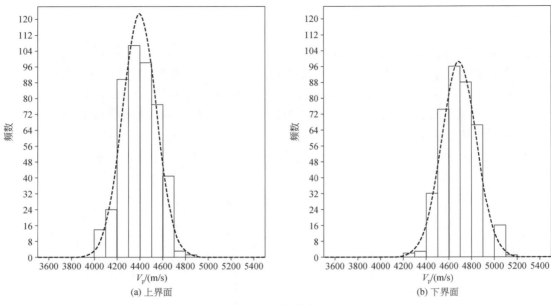

图 17-8　V_p 频数直方图

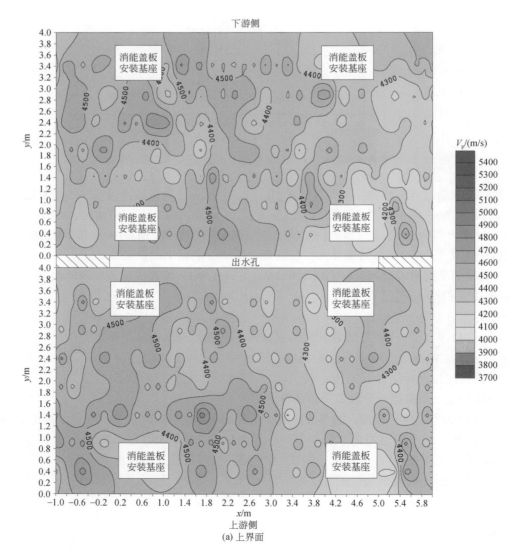

(a) 上界面

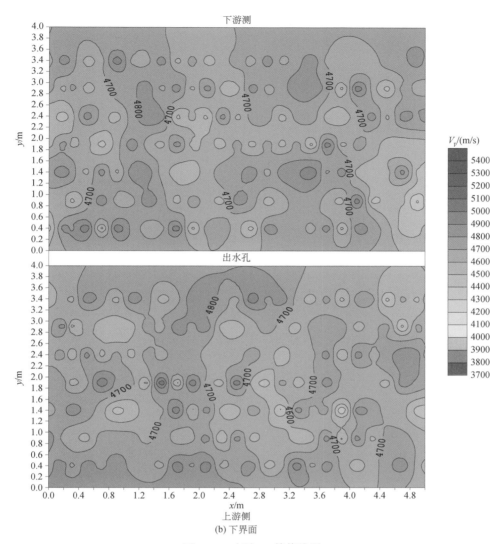

图 17-9　声波 V_p 等值线图

（2）上界面采用平面声波检测，检测线距 0.5m、点距 0.2m，测点波速值反映的是混凝土板表面深约 0.2m 范围声波波速的平均值。检测结果：V_p 最大值为 5000m/s、V_p 最小值为 3773m/s、V_p 均值为 4293m/s、速度标准方差为 243。图 17-11（a）V_p 频数直方图，V_p 值 80.6% 分布于 4000~4500m/s、声波 V_p 低于 4000m/s 所占百分比为 8.2。上界面声波 V_p 等值线图 17-12（a）局部存在低速带，位于舌板边线约 0.8m 范围内，低速带可能为混凝土砂浆、骨料离析后表面的骨料含量较少的混凝土层。波速平面分布不均匀，存在明显差异，平面平均波速偏低。根据评定标准及平面波速等值线图，混凝土质量除舌板边线约 0.8m 区域外，其余部位基本正常。

（3）下界面采用平面声波检测，检测线距 0.5m、点距 0.2m，测点波速值反映的是混凝土板表面深约 0.2m 范围声波波速的平均值。检测结果：V_p 最大值为 5405m/s、V_p 最小值为 4255m/s、V_p 均值为 4766m/s、速度标准方差为 243。图 17-11（b）为 V_p 频数直方图、V_p 值 87.4% 分布于 4300~5000m/s。下界面声波 V_p 等值线图 17-12（b）无明显低速异常。根据评定标准，混凝土质量正常。局部 V_p 偏高，可能是测点处骨料相对集中。

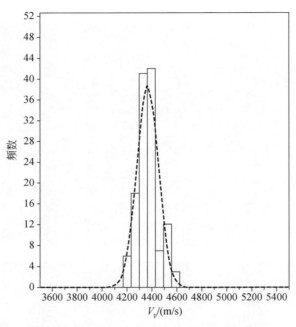

图 17-10　永船南三闸室第一分流口下游侧分流舌板上下界面垂直穿透 V_p 频数直方图

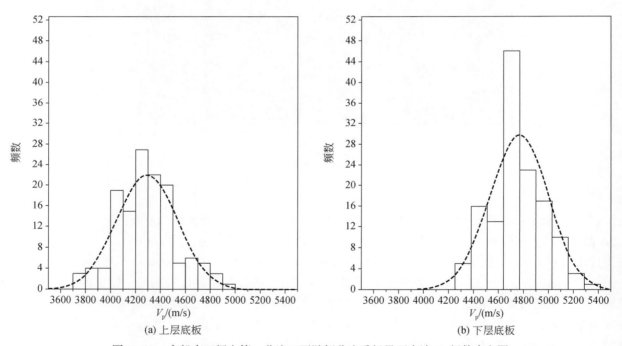

(a) 上层底板　　　　　　　　　　(b) 下层底板

图 17-11　永船南三闸室第一分流口下游侧分流舌板界面声波 V_p 频数直方图

综合分析：南三闸室第一分流口下游侧分流舌板上下界面声波波速存在明显差异，上界面波速均值（4293m/s）小于下界面波速均值（4765m/s）约10%，且舌板上界面低速区域基本对应于下界面高速区域，反映分流舌部位混凝土在垂直方向存在不均匀性，透射波速正常且分布均匀，这种混凝土上下波速均值差异较大而在垂直方向的均值正常，原因经分析认为：原本均匀的混凝土浇筑时靠近分流舌边线区域，测区局部在垂直方向可能发生骨料与砂浆分离，形成上下平面波速不一致且差异明显，而垂直方向依然正常的波速分布形态。

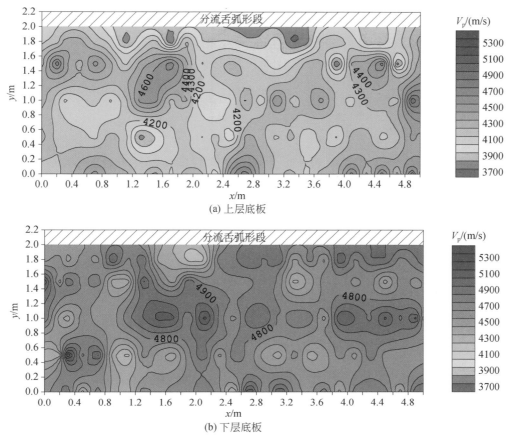

(a) 上层底板

(b) 下层底板

图 17-12　永船南三闸室第一分流口下游侧分流舌板界面声波 V_p 等值线图

3）永久船闸南线四闸室第一分流口中南侧分流舌

（1）上界面采用平面声波检测，检测线距 0.5m、点距 0.2m，测点波速值反映的是混凝土板表面深约 0.2m 范围声波波速的平均值。检测结果：V_p 最大值为 4878m/s、V_p 最小值为 3703m/s、V_p 均值为 4284m/s、速度值的标准方差为 281。图 17-13（a）为 V_p 频数直方图，V_p 主要 76.1% 分布于 4000~4600m/s、声波 V_p 低于 4000m/s 所占百分比为 17.2%。V_p 等值线图 17-14（a）局部存在低速带，低速带可能为混凝土砂浆、骨料离析后表面的骨料含量较少的混凝土层。低速带位于舌板边线约 1.1m 范围内。波速平面分布不均匀，存在明显差异。平面平均波速偏低。根据评定标准及平面波速等值线图，混凝土质量除距舌板边线约 1.1m 区域内左、右侧，其他部位基本正常。

（2）下界面采用平面声波检测，检测线距 0.5m、点距 0.2m，测点波速值反映的是混凝土板表面深约 0.2m 范围声波波速的平均值。检测结果：V_p 最大值为 5263m/s、V_p 最小值为 3846m/s、V_p 均值为 4569m/s、速度标准方差为 316。图 17-13（b）为 V_p 频数直方图，V_p 值 78.3% 分布于 4200~5000m/s，较分散，声波 V_p 低于 4000m/s 所占百分比为 3.0%。根据评定标准及平面波速等值线图 17-14（b），混凝土质量除距舌板边线约 0.8m 区域，其他部位基本正常。

（3）声波 CT 检测。检测结果见图 17-15 三峡永久船闸南四闸室第一分流口中南侧分流舌声波 CT 剖面图。该剖面在波速 3800~5000m/s 范围内变化，低速区分布：①靠近上界面测线左侧 0.15m×1.8m（H×L）区域；②靠近上界面测线右侧 0.15m×0.8m（H×L）区域；③靠近下界面测线左侧 0.02m×0.5m（H×L）区域；④靠近下界面测线中间 0.05m×1.0m（H×L）区域。该异常与平面测速低速区间对应。混凝土板中间部位混凝土 Vp 主要分布于 4500~5000m/s，分布均匀，混凝土质量良好。

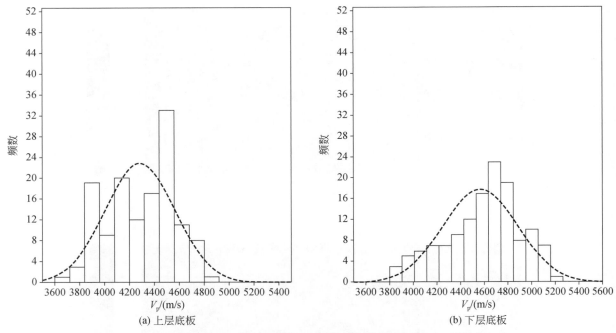

图 17-13　永船南四闸室第一分流口中南侧分流舌板界面声波 V_p 频数直方图

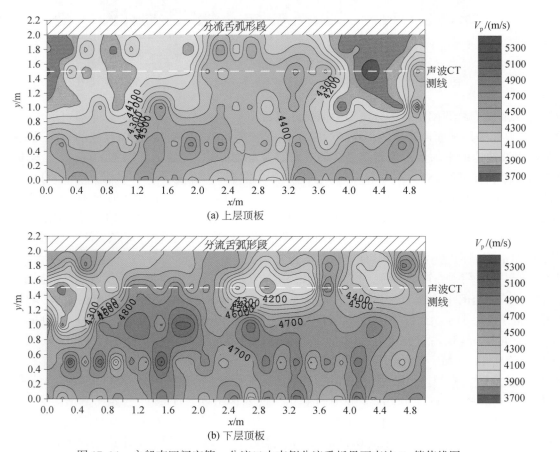

图 17-14　永船南四闸室第一分流口中南侧分流舌板界面声波 V_p 等值线图

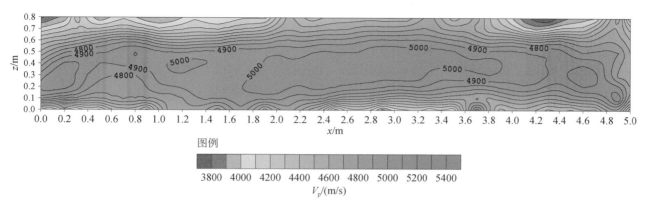

图 17-15　三峡永久船闸南四闸室第一分流口中南侧分流舌板声波 CT 剖面图

综合分析：南四闸室第一分流口中南侧分流舌板上界面距离分流舌边线 1.4m 区域左侧和右侧声波波速偏低，低速带深度约 0.15m；下界面靠近分流舌边线 1.3m 区域左侧和中间部位声波波速偏低，低速带深度约 0.05m。透射波速正常。除距分流舌边线 1.5m 范围的表层混凝土外，测区其余部位混凝土质量良好。

17.2　丹江口大坝新老混凝土检测

17.2.1　工程概况

丹江口水利枢纽工程位于湖北省丹江口市汉江干流上，具有防洪、发电、灌溉及航运等综合效益，是开发治理汉江的关键工程，也是南水北调中线工程的调水源头。根据南水北调工程需要，丹江口水利枢纽续建工程需在已建成初期规模的基础上，坝顶高程由 162.0m 加高至 176.6m，设计蓄水位由 157.0m 提高到 170.0m，总库容达 290.5 亿 m³，比初期增加库容 116 亿 m³。

初期工程混凝土坝由右岸联接段、深孔坝段、溢流坝段、厂房坝段及左岸联接段等部分组成，全长 1141.0m，分为 58 个坝段。混凝土坝加高主要工程量：混凝土浇筑 128 万 m³，混凝土拆除 4.5 万 m³，钢筋 8271t，帷幕灌浆 4.53 万 m，固结灌浆 1.13 万 m，接缝灌浆 3.89 万 m²。丹江口混凝土坝加高规模大，难度高，在国内尚属首次。加高后，丹江口混凝土坝加高典型剖面图如图 17-16 所示。

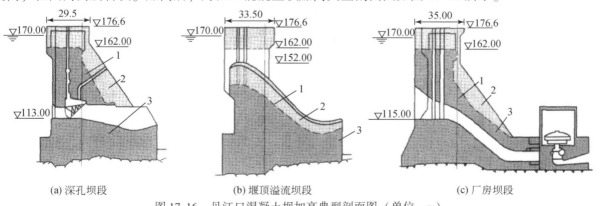

(a) 深孔坝段　　　　　　　(b) 堰顶溢流坝段　　　　　　　(c) 厂房坝段
图 17-16　丹江口混凝土坝加高典型剖面图（单位：m）
1. 坝轴线；2. 加高坝体；3. 老坝体

丹江口混凝土坝采用后帮加高的方案，除浇筑混凝土加高坝顶外，还要在下游贴坡加厚。由于老坝体混凝土龄期已逾 30 年，表面存在较厚的碳化和风化层，表面碳化层厚 0.2 ~ 0.3m；另一方面，老混凝土温度已趋稳定，且弹性模量较高。这些因素都会影响新老混凝土的黏结。

为了查明大坝加高混凝土施工质量，开展了孔内超声波测试、钻孔电视录像等物探方法。钻孔电视主要用来观察孔壁的完整程度，对混凝土是否存在架空、空洞、裂缝等较明显的异常缺陷作详细观察；可以直观反映混凝土的胶结程度，特别是骨料周缘是否存在离析或骨料脱落现象以及上下混凝土层面间的接触状态。按照要求，检测部位位于大坝坝顶新浇混凝土、贴坡以及马道等部位。

17.2.2　典型成果分析

如图 17-17 所示，由于丹江口新老混凝土直接接缝混凝土采用低级配的富浆混凝土，其声波波速较新浇混凝土低，因此，反映在在超声波曲线上，从新浇混凝土过渡到老混凝土区间波速出现明显降低。同时，通过钻孔录像揭示深度 14.6m 处见明显新老混凝土结合面，验证了超声波成果的准确性。

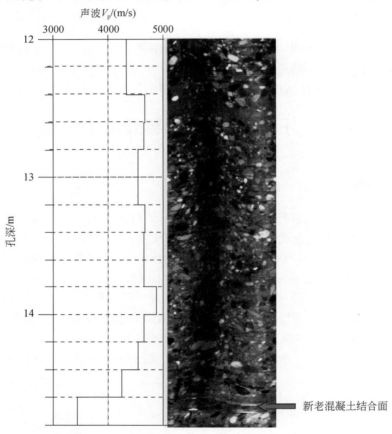

图 17-17　钻孔 ZK3 声波测试及孔内录像对比成果图

17.3　嘉陵江亭子口大坝混凝土检测

17.3.1　工程概况

嘉陵江亭子口水利枢纽位于四川省广元市苍溪县境内，是嘉陵江干流开发中唯一的控制性工程，以防洪、灌溉及城乡供水为主，兼顾发电、航运，并具有拦沙减淤等效益的综合性利用工程。

枢纽正常蓄水位 458.0m，相应库容 34.68 亿 m^3，防洪高水位 458.0m，非常运行洪水位 461.3m，灌溉农田 316.85 万亩，电站装机 1100MW，通航建筑物为 500t 级。根据《水利水电工程等级划分及洪水标准》，枢纽工程等级为 I 等，工程规模为大（1）型。

本工程坝型为混凝土重力坝，重力坝坝轴线总长 1108.0m，坝顶高程 466.0m，最大坝高 109.0m。枢纽布置为：河床中间布置表孔、深孔泄洪消能建筑物，深孔（兼作排砂孔）布置在表孔左侧，河床左侧布置坝后式厂房，河床右侧布置垂直升船机，两岸布置非溢流坝段。

2010 年以来，根据亭子口大坝混凝土地球物理特点，为满足检测混凝土强度、缺陷和裂隙等要求，嘉陵江亭子口水利枢纽混凝土检测，利用检查孔进行单孔声波、跨孔声波及钻孔电视检测，重点部位利用检查孔形成的穿透面进行声波 CT 检测，其次在混凝土表面开展地质雷达检测。

单孔声波、跨孔声波及钻孔电视物探检测孔按高程均匀分布布孔的原则布置在各检测坝段；声波 CT 根据单孔声波、跨孔声波及钻孔电视检测的情况选取重点部位及异常部位进行检测；地质雷达检测测线布线原则按高程、重点部位、信号影响小、均匀的原则把测线布置在大坝表面、廊道等部位。

亭子口水利枢纽大坝混凝土声波评价标准依据《混凝土缺陷处理技术要求》（长亭设施（技二）联字［2011］第 01 号）：混凝土声波波速应不小于 4000m/s；对于小于 4000m/s 测试值不超过 3%，且不集中为合格。

17.3.2 典型成果分析

以大坝 I 标 25 坝段等为例，介绍单孔声波、跨孔声波、钻孔电视、声波 CT、地质雷达等方法在亭子口混凝土质量检测的应用情况。

1. 单孔声波检测成果

单孔声波反映的是混凝土纵向的声波纵波速度，图 17-18 为 25 坝段 25-S-1 孔的单孔声波曲线，从声波曲线图可知此孔无明显的低速异常。同时在对大坝 I 标整体单孔声波测试资料进行整理、统计，形成整体波速分段统计频态分布图，见表 17-2。由表 17-2 可知：嘉陵江亭子口水利枢纽常态混凝土大坝 I 标整体单孔声波 V_p 最小值 3509m/s、最大值 4785m/s、平均值 4334m/s，集中范围 4000~4500m/s，各波速段频态相对较分散，大于 4000m/s 的波速点占 98.49%。根据评价标准，大坝 I 标整体合格，混凝土整体质量较好。

表 17-2　亭子口大坝混凝土大坝 I 标整体单孔声波 V_p 特征值及频态统计表

部位：整体	高程：348.8~465.0m		测点数：4170 点
V_p 特征值/（m/s）			
最大值	最小值	平均值	集中范围
4785	3509	4334	4000~4500

V_p 频态分布		
V_p 区间/（m/s）	百分比/%	频态图
<4000	1.51	
4000~4100	21.22	
4100~4200	11.92	
4200~4300	12.09	
4300~4400	13.79	
4400~4500	11.97	
4500~4600	11.32	
4600~4700	8.56	
>4700	7.63	

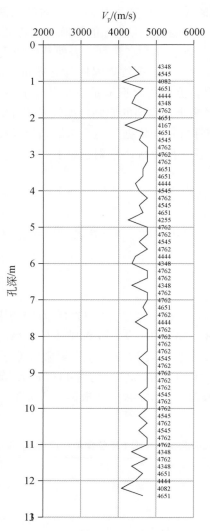

图 17-18　亭子口大坝混凝土 25-S-1 孔单孔声波 V_p 曲线图

2. 跨孔声波检测成果

跨孔声波反映的是混凝土横向的声波纵波速度，图 17-19 为 25 坝段 25-S-1～25-S-2 孔的跨孔声波曲线，从中可知该剖面无明显的低速异常。同时对大坝 I 标段整体跨孔声波测试资料进行整理、统计，形成整体波速分段统计频态分布图，见表 17-3。由表 17-3 可知：嘉陵江亭子口水利枢纽混凝土大坝 I 标整体跨孔声波 V_p 最小值 3970m/s、最大值 4799m/s、平均值 4518m/s，集中范围 4300～4700m/s。波速段频态主要集中在 4600m/s 以上，>4000m/s 的波速点占 99.91%。根据评价标准，大坝 I 标整体合格，混凝土整体质量较好。

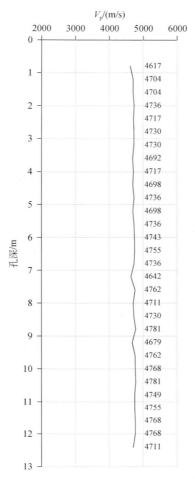

图 17-19　亭子口大坝混凝土 25-S-1 ～ 25-S-2 剖面跨孔声波 V_p 曲线

表 17-3　亭子口大坝 I 标混凝土跨孔声波 V_p 特征值及频态统计表

部位：整体	高程：350.0 ～ 465.0m		测点数：1136/点
V_p 特征值/（m/s）			
最大值	最小值	平均值	集中范围
4799	3970	4518	4300 ～ 4700

V_p 频态分布

V_p 区间/（m/s）	百分比/%	频态图
<4000	0.09	
4000 ～ 4100	4.40	
4100 ～ 4200	3.78	
4200 ～ 4300	6.77	
4300 ～ 4400	11.08	
4400 ～ 4500	16.89	
4500 ～ 4600	16.53	
4600 ～ 4700	18.03	
>4700	22.43	

3. 声波 CT 检测成果

采用声波层析成像（CT）对嘉陵江亭子口水利枢纽常态混凝土质量进行检测，25 坝段典型成果图如声波 CT 剖面图——图 17-20 所示，从中可知 25 坝段三对 CT 剖面显示波速较高，无明显低速异常部位，混凝土整体质量较好。

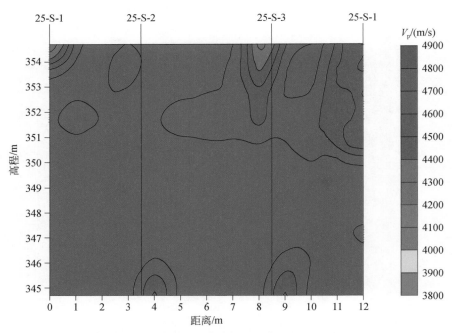

图 17-20　亭子口大坝常态混凝土 25 坝段 CT 检测成果图

4. 钻孔电视检测成果

钻孔电视录像检查资料能够直观、清晰的反映孔壁混凝土缺陷情况，25 坝段典型钻孔电视图像展开见图 17-21。可清楚看出，25-W-1 孔骨料分布均匀，混凝土整体较完整，未见异常，质量较好。

5. 地质雷达检测成果

嘉陵江亭子口水利枢纽常态混凝土质量地质雷达现场检测数据经处理，得到地质雷达探测剖面图，图像两侧标注为自表面以下的混凝土深度（m），下部标注为桩号（m）。采用地质雷达检测混凝土质量时，当混凝土内部均匀性差时（有架空、蜂窝），混凝土电性差异较大，反射波同相轴和反射能量就会出现异常现象；当混凝土完整致密时，电性差异较小，反射波同相轴连续且能量稳定。依据雷达图像反射波的强度、波形变化及其反射波同相轴的连续性等特征判断混凝土质量，圈定缺陷异常。典型雷达探测剖面图见图 17-22 所示（13～16 坝段）。13～16 坝段、27～35 坝段帷幕廊道雷达反射波同相轴较连续，能量分布均匀，无明显缺陷异常。

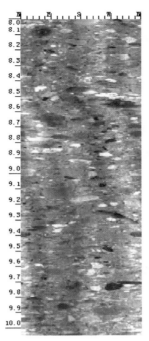

图 17-21　亭子口大坝混凝土 25-W-1
孔电视录像展开图（局部）

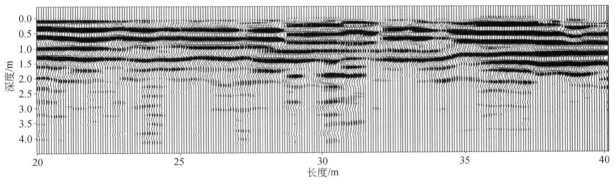

图 17-22　亭子口大坝常态混凝土 13～16 坝段地质雷达探测剖面图

第18章 大坝升船机混凝土质量检测

2009 年以来，长江地球物理探测（武汉）有限公司将声波检测技术先后运用于三峡工程垂直升船机、向家坝水电站垂直升船机、构皮滩水电站三级垂直升船机、亭子口水利枢纽垂直升船机的复杂结构混凝土质量检测，其中三峡工程垂直升船机、向家坝水电站垂直升船机为一级全平衡齿轮齿条爬升式垂直升船机，构皮滩水电站三级垂直升船机、亭子口水利枢纽垂直升船机为平衡卷扬提升式。本章以向家坝水电站垂直升船机、构皮滩水电站三级垂直升船机为重点，介绍声波检测技术在这类结构混凝土质量检测中的应用情况。

18.1 向家坝水电站垂直升船机检测

18.1.1 向家坝水电站垂直升船机工程概况

向家坝水电站是金沙江水电基地中唯一修建垂直升船机的水电站，其升船机规模与三峡升船机相当，属世界最大单体升船机，船舶翻坝效率远超三峡五级船闸，千吨级船舶过坝只需 15min。

垂直升船机是向家坝水利枢纽的永久通航设施之一，其主要作用是为客货轮和特种船舶提供快速过坝通道，增强向家坝水利枢纽的航运通过能力和保障枢纽通航的质量。

向家坝水电站通航建筑物型式采用一级全平衡齿轮齿条爬升式垂直升船机，最大提升高度 114.2m。由上游引航道、上闸首（包括挡水坝段和渡槽段）、船厢室段、下闸首和下游引航道（含辅助闸室与辅助闸首）等五部分组成，全长约 1530.0m。升船机按Ⅳ级航道设计，同时兼顾 1000t 级单船过坝；最大过坝船队为 2×500t 级一顶二驳船队，最大过坝单船为 1000t 级机动货船。

船厢室段位于升船机上、下闸首之间，由塔柱结构及其基础、顶部机房结构、船厢结构及其设备、平衡重系统、电气控制设备等组成。

船厢室段建筑物总长 116.0m，在高程 296.0m 以上总宽 47.0m，沿升船机中心线对称布置；船厢室段左侧在高程 292.5m 以下与二期纵向围堰结合。船厢室宽 19.0m，底板顶高程 255.0m，建基面高程 240.0m（上游有部分基础为碾压混凝土），承重塔柱结构顶高程 393.0m，塔柱结构高度 153.0m，建筑物总高 180.5m。

四个筒状塔柱结构对称布置在船厢室两侧，每个塔柱顺水流方向长 47.2m，垂直水流方向宽 14.0m（高程 296.0m 以上），上、下游两个塔柱间距 19.6m，与上、下闸首之间各有 1.00m 的间隙。每个塔柱的内侧分别布置一个长 16.0m、宽 5.4m 的凹槽，凹槽的墙壁上设有驱动机构的齿条和安全机构的螺母柱。每个塔柱内部分别设 4 个用于容纳平衡重组升降运行的平衡重竖井。

船厢及船厢设备布置在四个塔柱围成的船厢室内，船厢驱动机构和安全机构布置在两侧的四个侧翼结构上，通过驱动机构小齿轮沿齿条的运转，实现船厢的垂直升降。船厢升降时，与驱动机构同步运行的安全机构螺杆在螺母柱内空转，遇事故时可将船厢锁定在塔柱结构上。

向家坝水电站垂直升船机为现浇钢筋混凝土结构，混凝土采用以花岗岩为骨料、强度等级为 C30 水泥。混凝土浇筑模板采用多卡液压自动爬升模板系统，该系统采用了现浇竖向高层钢筋混凝土结构的先进施工工艺，有效地为现场混凝土施工提供安全保障，提高工作效率，节省劳力、物力。混凝土输送采用泵送方式（引用《混凝土结构工程施工规范》GB 50666—2011），坍落度为 0.14 ~ 0.2cm，采用机械振捣方式。

混凝土单元（仓位）工程质量等级评定采用中国长江三峡集团公司制定的《中国长江三峡工程标准》（TGPS·T36）——《向家坝水电站齿轮齿条爬升式垂直升船机船厢室段混凝土单元工程质量等级评定标准（修订）》，混凝土质量声波纵波 V_p 评价标准为：

优良混凝土：$V_p \geqslant 4500 \mathrm{m/s}$ 的测点数不小于测点总数的 90%；

合格混凝土：$V_p \geqslant 4000 \mathrm{m/s}$。

18.1.2 升船机检测方法与布置

向家坝升船机塔柱是 $1.0 \sim 2.0 \mathrm{m}$ 厚的结构混凝土，钢筋密集，难以大量采用钻孔取芯等有破损的方法检查，为确保升船机的质量安全，物探无损检测可发挥重要的作用。通过无损检测数据，获得所检测部位的混凝土浇筑质量情况，为业主、设计、监理、等部门提供评价混凝土质量的科学的鉴定评据；指导混凝土施工质量验收及缺陷处理，为设计、施工处理提供依据，对不能达到验收标准的部位可及时采取进一步处理措施；为工程竣工验收提供基础资料。

根据向家坝水电站垂直升船机的结构特点、检测目的及相关技术要求，如果完全采用声波 CT 检测，其工作量将是巨大的。经论证对向家坝水电站垂直升船采用了移动单元体声波穿透检测技术，其中齿条、螺母柱等关键部位进行连续检测，纵横梁采用抽检的方式。

主要检测内容为：

（1）螺母柱及齿条混凝土移动单元体声波穿透全程检测，重点部位及可疑部位，必要时由业主、设计、监理指定进行加密点距、加密射线的二维及三维超声波 CT 检测。

（2）纵/横梁系结构混凝土移动单元体声波穿透抽查检测，重点部位及可疑部位，必要时由业主、设计、监理指定进行加密点距、加密射线的二维及三维超声波 CT 检测。

（3）混凝土墙及其他部位混凝土移动单元体声波穿透检测，由业主、设计、监理指定。重点部位及可疑部位，必要时由业主、设计、监理指定进行加密点距、加密射线的二维及三维超声波 CT 检测。

为便于现场施工，声波穿透移动单元体检测方法，观测系统采用水平同步、斜同步、定点观测共三种观测方式。声波检测采用武汉岩海公司生产的 RS-ST01C 声波仪，探头采用 40 kHz 的平面换能器，以凡士林作为耦合剂。检测部位主要是右下筒体、右上筒体、左上筒体、左下筒体这 4 个塔柱的齿条和螺母柱重要部位，如图 18-1 所示，每一个螺母柱分为上、下游片螺母柱，每一片螺母柱布置 1-1′、1-2′、2-1′、2-2′、2-3′、3-2′、3-3′共 7 个检测剖面；齿条部位内侧有隔墙，无法布置测线，根据现场条件，布置 1-2′、2-1′、2-2′、2-3′（或者 3-2′）、4-3′（或者 3-4′）、4-4′、4-5′、5-4′共 8 个检测剖面。

每一个检测剖面做水平同步、发高同步、发低同步，剖面底部和顶部做 4 个角定点观测，测量点距 0.1m，其射线分布如图 18-2 所示。图中左侧为没有增加定点观测的射线示意图，为增加射线密度提高 CT 成像效果，图的右侧增加了检测剖面四角定点观测。向家坝水电站垂直升船机结构混凝土浇筑按筒体进行浇筑，一个仓位高 3m，混凝土龄期 28 天以后逐仓累积检测。

除齿条及螺母柱外，垂直升船机的纵横梁也是重点抽查检测的关键部位。纵横梁检测切面的布置方式和螺母柱的相近，布置 1-1′、1-2′、2-1′、2-2′、2-3′、3-2′、3-3′共 7 个检测切面（图 18-3），区别是螺母柱的检测剖面是沿垂向往上推进，而纵横梁的检测切面是沿着水平方向推进，纵横梁的检测长度一般在 10m 内。

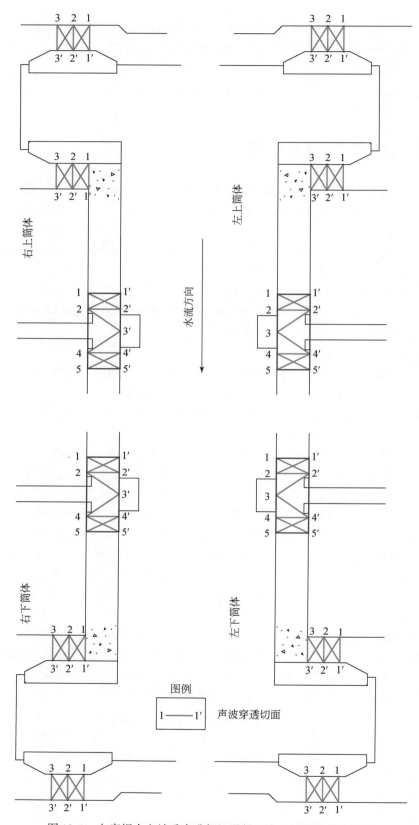

图 18-1　向家坝水电站垂直升船机混凝土检测剖面布置示意图

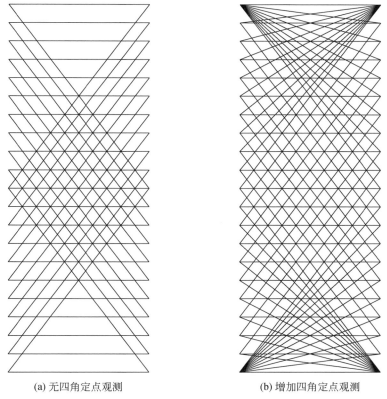

(a) 无四角定点观测　　　　　　　　　(b) 增加四角定点观测

图 18-2　齿条及螺母柱检测剖面射线分布示意图

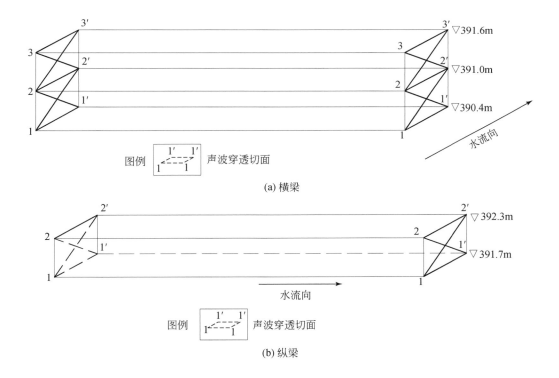

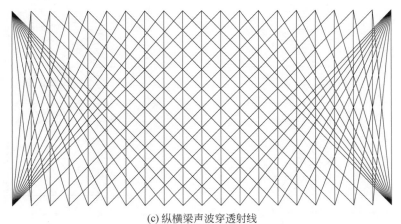

(c) 纵横梁声波穿透射线

图 18-3　检测切面示意图

18.1.3　齿条、螺母柱检测成果分析

根据移动单元体声波穿透检测技术，资料的处理与分析包括穿透声波 V_p 的统计分析、同步曲线分析、CT 图像分析等内容。我们选取右上筒体螺母柱下游片的其中一段进行剖析。

1. 数据统计分析

按混凝土浇筑单元对检测数据进行统计分析，内容有波速值的最小值、最大值、平均值、集中范围、标准差，如表 18-1 所示。标准差反映了检测数据离散程度，平均值虽然相同，但是标准差不一定相同。理想均匀介质下波速值等值，则标准差为 0，说明标准差越小介质越均匀。通过统计波速值 V_p 所在区间的数量占总测点数的百分比，绘制 V_p 频态分布图，能够直观的显示波速值 V_p 的分布情况。

表 18-1　右上筒体螺母柱下游片第 33 仓混凝土声波 V_p 特征值及频态分布

V_p 特征值/（m/s）				
最小值	最大值	平均值	集中范围	标准差
4368	4852	4620	4500～4800	78

V_p 频态分布		
V_p 区间/（m/s）	百分比/%	频态图
<4100	0.00	
4100～4200	0.00	
4200～4300	0.00	
4300～4400	0.14	
4400～4500	4.21	
4500～4600	36.02	
4600～4700	41.06	
4700～4800	17.39	
>4800	1.17	
>4500	95.64	

如表 18-1 所示，右上筒体螺母柱下游片第 33 仓的检测数据统计，最小值 4368m/s、最大值 4852m/s、平均值 4620m/s、集中范围 4500～4800m/s、标准差 78 m/s，波速值整体上分布于 4500～4800m/s，波速值大于等于 4500m/s 的测点数占检测总点数的 95.64%，依据评价标准该浇筑仓位混凝土质量优良。可以按此统计方式对检测部位的每个仓位乃至整体进行混凝土质量的宏观评价。

2. 同步声波 V_p 曲线图分析

向家坝升船机混凝土每个检测剖面有水平同步、发高、发低三个同步观测方式，通过绘制三个同步方式的同步声波 V_p 曲线图，可以直观地对比显示三个不同方向的声波射线穿过相同高程的情况。右上筒体螺母柱下游片部位布置有 9 个剖面，每个剖面 3 条同步声波 V_p 曲线，一个螺母柱部位有 27 条同步声波 V_p 曲线。如图 18-4，同步声波 V_p 曲线整体平滑，局部有不均一，初步判断局部存在不均匀性。除了对单个同步曲线进行低速异常的判别外，也可以利用射线的相似性、对称性初步判断混凝土是否存在局部不密实的情况。

3. V_p 成像切面图分析

本观测系统对一个切面而言，CT 成像观测数据是不完全的，但还是可以从宏观、局部层次了解混凝土质量情况，对有重大疑问的部位再进行较完全数据声波 CT 观测及成像。

如图 18-5 所示，向家坝水电站垂直升船机右上筒体螺母柱下游片第 33 仓混凝土检测的穿透声波检测 V_p 成像，该仓混凝土整体上均匀，检测剖面 1-2′、2-3′、3-2′局部表面波速值略低。

4. 齿条、螺母柱部位检测结果

对向家坝水电站垂直升船机塔柱的高程 262.0～387.0m 的范围内，齿条、螺母柱共 12 个部位合计检测 436 仓（检测单元）混凝土，声波 V_p 最大值 4899m/s，最小值为 4029m/s，平均值为 4648m/s；波速 4000～4300m/s 频段所占百分比为 0.17%，波速 4300～4500m/s 频段所占百分比为 5.54%，波速大于等于 4500m/s 频段所占百分比为 94.29%。所检测的 436 个仓位，依据评价标准，有 394 个检测仓位评价为优良，另外的 42 个检测仓位评价为合格，混凝土声波 V_p 优良率 90.4%。

18.1.4　纵横梁检测成果分析

虽然向家坝水电站垂直升船机顶部纵横梁检测的工作量比齿条、螺母柱的少，但是也是垂直升船机混凝土检测工作的重要组成部分。

纵横梁声波穿透移动单元体检测资料整理内容与螺母柱部位类似，如图 18-6 所示检测部位局部表面的位置波速值略低，整个部位混凝土较为均匀。图 18-7 从立体的角度更直观地显示整个检测单元混凝土的内部质量情况。

顶部所检测部位纵横梁混凝土声波 V_p 最大值为 4872～4894m/s，最小值为 4250～4398m/s，平均值为 4571～4683m/s；波速 4000～4300m/s 频段所占百分比为 0.00%～0.20%，波速为 4300～4500m/s 频段所占百分比为 2.11%～12.87%，波速大于等于 4500m/s 频段所占百分比为 86.93%～97.89%，大部分大于 95%。顶部纵横梁共抽检 19 个部位，依据评价标准，18 个检测部位评价为优良，另外的一个检测部位评价为合格，顶部纵横梁混凝土声波 V_p 优良率 94.7%。

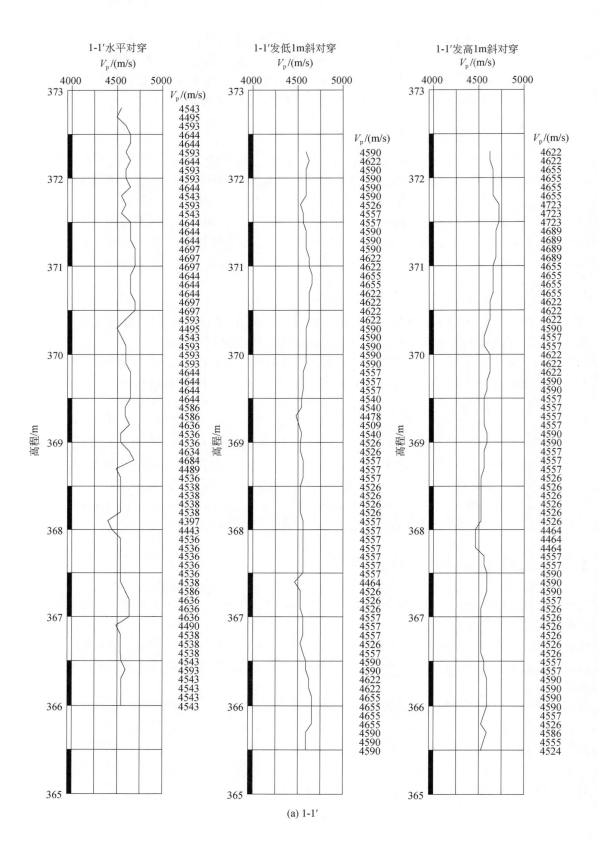

(a) 1-1′

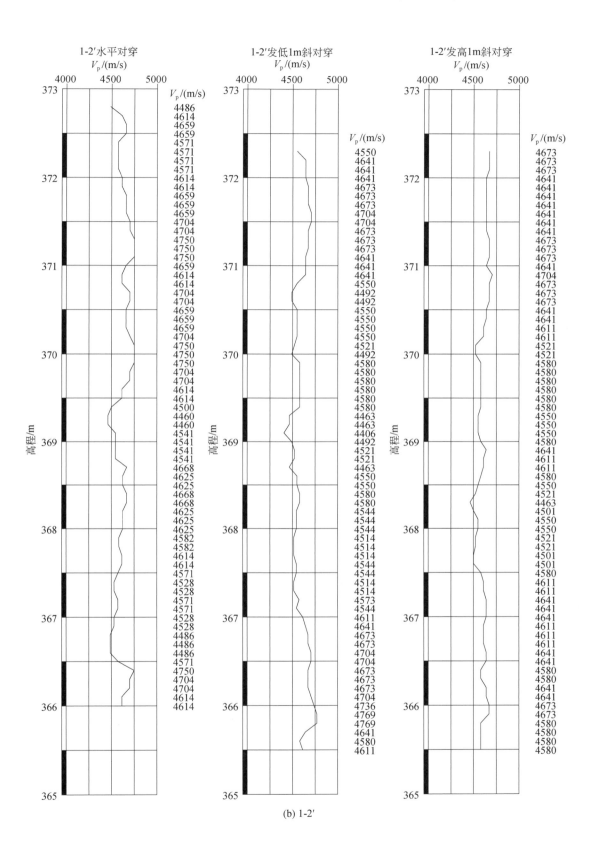

(b) 1-2′

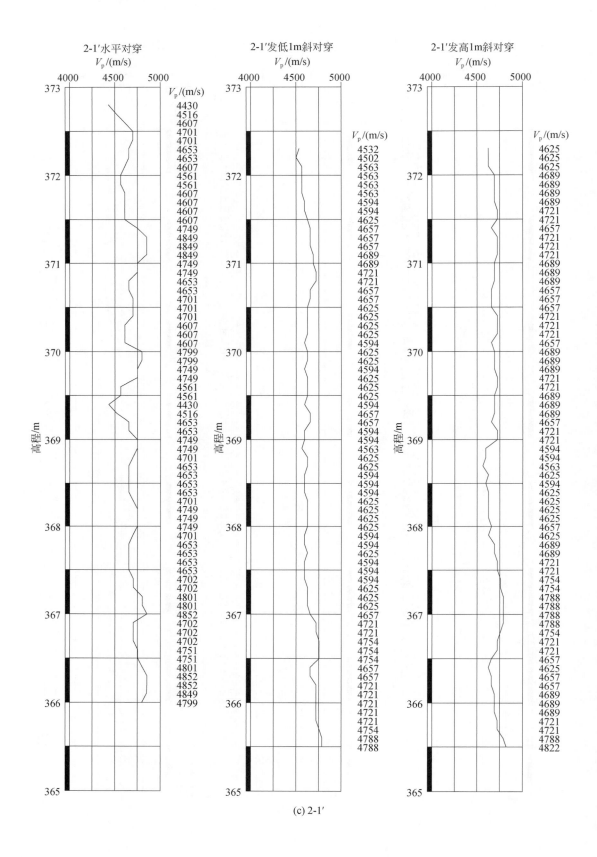

(c) 2-1'

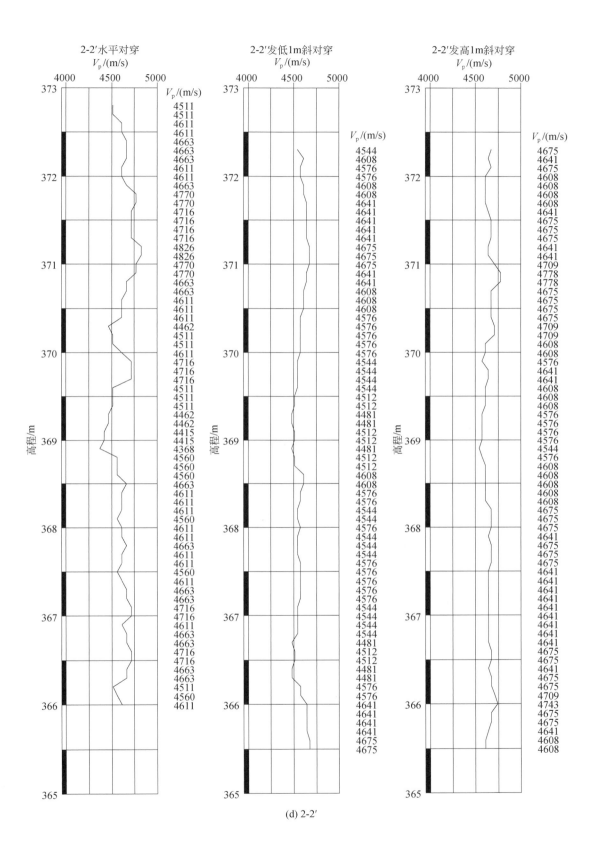

(d) 2-2′

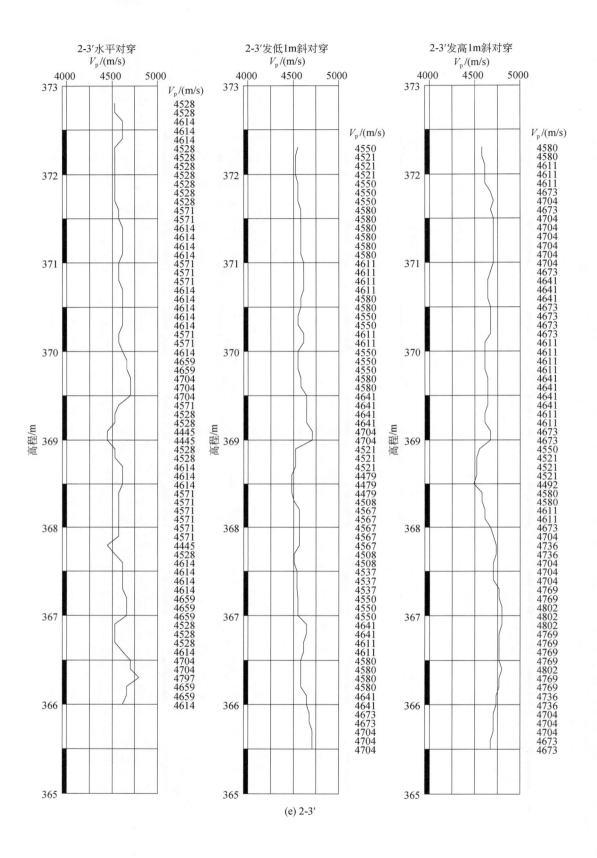

(e) 2-3′

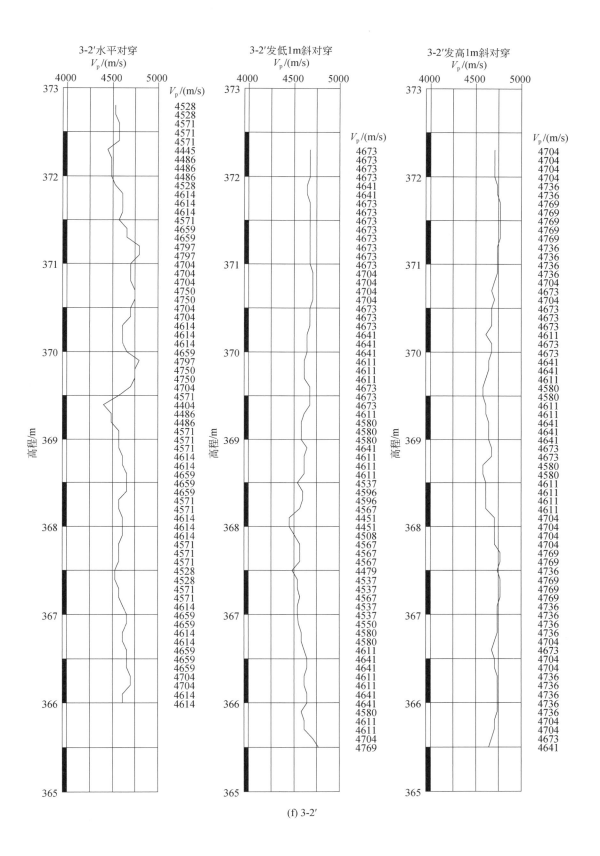

(f) 3-2′

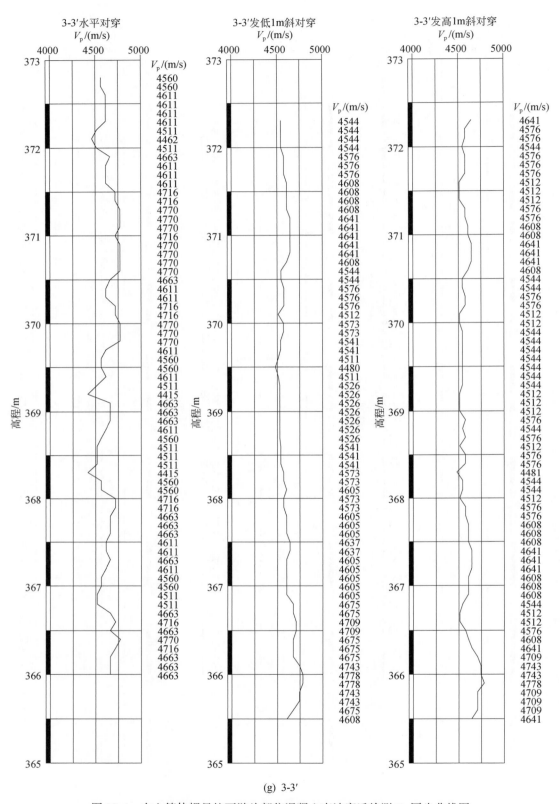

(g) 3-3′

图 18-4 右上筒体螺母柱下游片部位混凝土声波穿透检测 V_p 同步曲线图

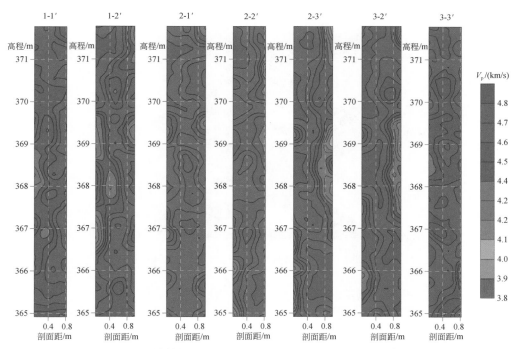

图 18-5　右上筒体螺母柱下游片混凝土声波穿透检测 V_p 成像切面图

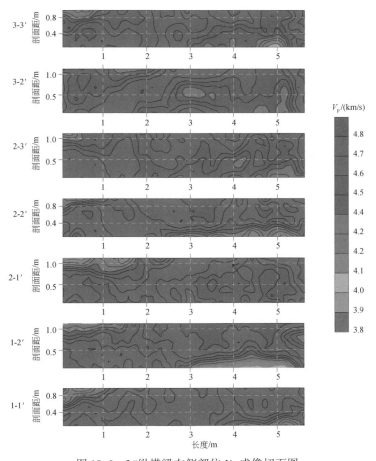

图 18-6　3#纵横梁右侧部位 V_p 成像切面图

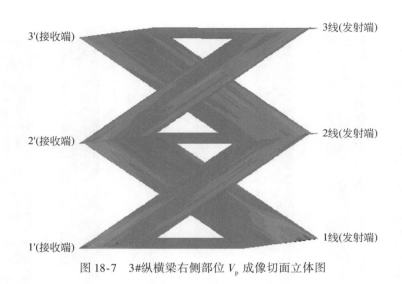

图18-7　3#纵横梁右侧部位 V_p 成像切面立体图

18.2　三峡工程升船机混凝土质量物探无损检测

18.2.1　三峡工程升船机工程概况

三峡工程垂直升船机升船机布置在枢纽左岸，位于永久船闸右侧、7#、8#非溢流坝段之间。升船机工程由上游引航道、上闸首、船厢室段、下闸首和下游引航道等部分组成，从上游口门至下游口门升船机全线总长约5000.0m。升船机轴线东偏南56°，与主坝轴线成80°交角，交点坐标为 $x = 20000.000m$、$y = 47788.429m$。

三峡升船机为齿轮齿条爬升式垂直升船机，其过船规模为3000t级，最大提升高度113.0m，上游通航水位变幅30.0m，下游通航水位变幅11.8m，下游水位变率±0.50m/h。具有提升高度大、提升重量大、上游通航水位变幅大和下游水位变化速率快的特点。

船厢室段建筑物主要由底板、两侧塔柱和顶部机房，以及顶部中控室和观光平台等组成。船厢室建基面高程48.0m，底板高程50.0m，两侧塔柱顶部高程196m。升船机塔柱对称布置在船厢室两侧，每侧由墙—筒体—墙—筒体—墙组成，总长度119.0m，总宽度16.0m。墙体厚1.0m，中间一个墙体厚2.0m。每侧塔柱中有2个筒体，左、右侧对称布置。每个筒体长40.3m，宽16.0m，筒体壁厚1.0m。筒体平面上呈凹槽形，凹槽长19.1m，宽7.0m。

混凝土单元（仓位）工程质量等级评定采用中国长江三峡集团公司制定的《三峡齿轮齿条爬升式垂直升船机船厢室段混凝土单元工程质量等级评定标准》（试行），混凝土质量声波纵波 Vp 评价标准为：

优良混凝土：$V_p \geqslant 4500m/s$ 的测点数不小于测点总数的90%。

合格混凝土：$V_p \geqslant 4000m/s$。

18.2.2　检测方法与布置

根据业主、设计、监理要求，对升船机塔柱一期混凝土进行物探无损检测，检测部位主要选择在结构复杂，钢筋和钢结构埋件多，施工难度大，同时又是结构传力的关键部位，如齿条、螺母柱部位、纵导向导轨和平衡重导轨部位等、纵/横梁系结构及其他墙体承重部位。4个筒体的4条齿条分布在高程

51.6～178.95m、8 片螺母柱分布在高程 57.5～187.0m，这 12 个部位混凝土连续检测，梁体混凝土为抽检，其他部位（由业主、监理等单位指定的局部部位，如 3 号筒体 11 轴平衡重导轨与螺母柱之间墙体，以下类同）混凝土由业主、设计、监理指定。

主要检测内容为：

（1）螺母柱及齿条混凝土移动单元体声波穿透全程检测，重点部位及可疑部位，必要时由业主、设计、监理指定进行加密点距、加密射线的二维及三维超声波 CT 检测。

（2）纵/横梁系结构混凝土移动单元体声波穿透抽查检测，重点部位及可疑部位，必要时由业主、设计、监理指定进行加密点距、加密射线的二维及三维超声波 CT 检测。

（3）混凝土墙及其他部位混凝土移动单元体声波穿透检测，由业主、设计、监理指定。重点部位及可疑部位，必要时由业主、设计、监理指定进行加密点距、加密射线的二维及三维超声波 CT 检测。

三峡升船机结构与向家坝升船机类似，混凝土质量声波检测的工作布置与观测、资料整理与分析同向家坝升船机类似。这里只简要介绍其布置工作。

1. 齿条及螺母柱检测布置

1 号～4 号筒体齿条和螺母柱的混凝土质量检测包括 12 个部位，检测工作利用临空面，采用声波对穿。一侧为发射侧，另一侧为接收侧。图 18-8 为三峡升船机齿条螺母柱混凝土检测工作布置图，红线为斜对穿射线的水平投影或检测剖面。

1 号～4 号筒体齿条、1 号及 2 号筒体螺母柱上游片、3 号及 4 号筒体螺母柱下游片，各布置垂切面 9 条，编号分别为 1-1′、2-2′、3-3′、4-4′、5-5′、1-3′、3-1′、3-5′、5-3′。

1 号筒体螺母柱下游片及 4 号筒体螺母柱上游片，各布置垂切面 8 条，编号分别为 1-1′、2-2′、3-3′、4-4′、1-3′、3-1′、3-5′、5-3′。

2 号筒体螺母柱下游片及 3 号筒体螺母柱上游片，各布置垂切面 8 条，编号分别为 2-2′、3-3′、4-4′、5-5′、1-3′、3-1′、3-5′、5-3′。

2. 纵横梁检测布置

纵横梁共检测 12 个部位，检测工作利用临空面，采用声波对穿。一侧为发射侧，另一侧为接收侧。图 18-9 为三峡升船机纵横梁混凝土检测工作布置图，红线为斜对穿射线的投影或切面。

纵横梁根据结构不同布置垂切面 9 条～13 条，编号分别为 1-1′、2-2′、3-3′、4-4′、5-5′、1-3′、3-1′、3-5′、5-3′、6-6′、7-7′、5-7′、7-5′。

3. 其他部位检测布置

其他部位共检测了 14 个部位，检测工作利用临空面，采用声波对穿。一侧为发射侧，另一侧为接收侧。图 18-10 为三峡升船机其他部位混凝土检测工作布置图，红线为斜对穿射线的投影或切面。

其他部位根据结构不同布置检测切面 2 条～8 条，图 18-10 中编号分别为 1-1′、2-2′、3-3′、1-3′、3-1′。

通过对三峡工程升船机混凝土移动单元体声波穿透检测数据的整理与分析，得到的总体结果是：

（1）声波层析成像显示：齿条、螺母柱、纵横梁及其他部位混凝土声波速度图像无明显的低速异常。

（2）声波波速统计表明：升船机总体声波平均值为 4639m/s，波速集中分布在 4500～4700m/s；波速大于 4500m/s 占总体的 95% 以上，波速 4300～4500m/s 占总体的 4.72%，波速 4000～4300m/s 只占总体的 0.07%。其中，

齿条的混凝土声波速度大于 4500m/s 在 97% 以上，所检测部位，混凝土质量声波 V_p 合格率 100%，优良率 98.7%；

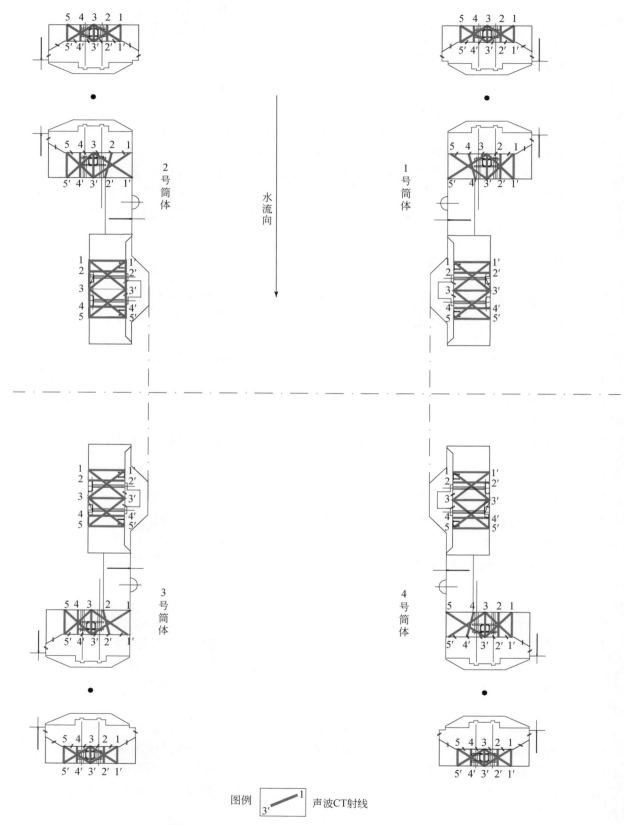

图例 声波CT射线

图 18-8 三峡升船机齿条螺母柱混凝土检测工作布置图

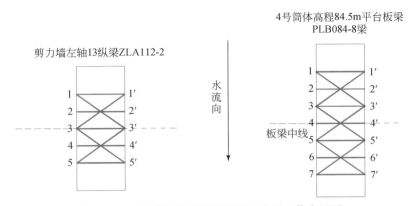

图18-9　三峡升船机纵横梁混凝土检测工作布置图

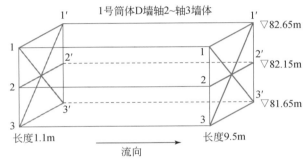

图18-10　三峡升船机其他部位混凝土检测工作布置图

螺母柱的混凝土声波速度大于4500m/s在94%以上，所检测部位，混凝土质量声波V_p合格率100%，优良率86.9%。

纵横梁的混凝土声波速度大于4500m/s在95%以上，所检测部位，混凝土质量声波V_p合格率100%，优良率100%。

其他部位的混凝土声波速度大于4500m/s在88.9%以上，所检测部位，混凝土质量声波V_p合格率100%，优良率78.6%。

升船机混凝土波速大于4500m/s占总体的95%以上，整个升船机所检测部位，混凝土质量声波V_p合格率100%，优良率90.8%。

18.3　构皮滩水电站垂直升船机混凝土质量检测

18.3.1　升船机工程概况

构皮滩水电站属Ⅰ等工程，大坝、泄洪建筑物、电站厂房等主要建筑物为1级建筑物，次要建筑物为3级建筑物。通航建筑物级别为Ⅳ级，通行500t级船舶，其主要水工建筑物垂直升船机闸首、船厢室及通航隧洞、渡槽、中间渠道等为3级建筑物，次要建筑物导航墙、靠船墩、隔流堤等为4级建筑物。

通航建筑物线路位于枢纽左岸煤炭沟至野狼湾一线，型式为带中间渠道的三级垂直升船机，由上下游引航道、3座钢丝绳卷扬垂直升船机和2级中间渠道（含通航隧洞、渡槽及明渠）等建筑物组成，线路总长2306.0m。

上游引航道长454.0m，开挖底高程587.0m，引航道左侧布置有长77.4m的浮式导航堤（含支墩）

和 4 个中心距为 15.0m 的靠船墩。

第一级垂直升船机布置在左坝肩上游水库内，由上闸首和船厢室两部分组成。上闸首长 26.0m，宽 44.0m，建基面高程 576.0m，闸顶高程 640.5~647.5m，布置有一道检修闸门和检修充、排水系统及第一级中间渠道补水设施，闸顶及左侧设有宽 8.0m 的交通桥。船厢室长 79.0m，宽 44.0m，总建筑高度 95.5m。采用平板筏型基础，建基面高程 576.0m，筏板厚度 6.5m；两侧承重塔柱均为封闭式筒体结构，筒体平面尺寸均为 75.3m×10.0m，各设 8 个平衡重井、1 个渗漏集水井和 1 个楼梯井；两侧塔柱之间为宽 18.0m 的船厢室，塔柱顶部通过梁板联成整体并构成上部主机房的基础；主机房为框架结构、网架屋盖，机房内对称布置 8 套卷扬提升机构及其辅助设备。

第一级中间渠道全长 981.18m，自上游至下游布置依次为：1#通航渡槽长 66.0m，1#通航明渠长 70.28m，通航隧洞长 371.7m，2#通航明渠长 40.2m，2#通航渡槽长 99.0m，3#通航明渠长 70.0m，3#通航渡槽总长 264.0m。

第二级垂直升船机全长 87.0m，总宽 46.0m，建筑总高度 176.5m，采用桩筏基础，建基高程 495.0m，周边回填土至高程 512.0m；两侧承重塔柱为左右对称布置的 4 个组合筒体，两侧筒体各布置 6 个平衡重井、2 个楼梯井和 1 个电梯井，塔柱顶部通过梁板联成整体并构成上部主机房基础。主机房为框架结构、网架屋盖，机房内对称布置 4 套卷扬提升机构及其辅助设备。

第二级中间渠道全长 390.0m，由长 291.0m 的明渠段和长 99.0m 的渡槽段组成。

第三级垂直升船机由船厢室和下闸首两部分组成。船厢室长 81.0m，总宽 44.0m，建筑总高度 127.5m，建基面高程 417.0m，周边回填土至高程 450.0m，船厢室结构型式及设备布置与第一级升船机基本相同。下闸首主体结构长 17.0m，总宽 47.0m，高 33.0m，布置有一道检修叠梁门及第三级升船机的检修排水、机室充水设施。

下游引航道长 205.0m，引航道左侧设投影长 60.0m 的曲线导航墙和 7 个中心距为 15.0m 的靠船墩；引航道右侧布置有投影长 60.0m 直线导航墙、长 165.0m 折线形布置的隔流堤及长 20.0m 的导流墩。

2013 年至今，长江地球物理探测（武汉）有限公司采用声波检测技术对亭子口水利枢纽垂直升船机与构皮滩水电站垂直升船机混凝土质量进行了检测。由于两工程的升船机有着相似的结构，采用的是相同的检测技术方案，因此本部分将主要介绍构皮滩水电站垂直升船机混凝土质量声波检测应用情况。不同的是两处地域差异的原因，混凝土骨料存在差异，所执行的声波评价标准有所不同。

构皮滩水电站垂直升船机混凝土单元（仓位）工程质量等级评定，参照中国长江三峡集团公司制定的《中国长江三峡工程标准》（TGPS·T36）———《三峡齿轮齿条爬升式垂直升船机船厢室段混凝土单元工程质量等级评定标准》（试行），混凝土质量声波纵波 V_p 评价标准为：

优良混凝土：$V_p \geq 4500 \mathrm{m/s}$ 的测点数不小于测点总数的 90%。

合格混凝土：$V_p \geq 4000 \mathrm{m/s}$。

根据《嘉陵江亭子口水利枢纽垂直升船机混凝土质量声波穿透检测工作布置及技术要求》，亭子口水利枢纽垂直升船机声波波速值 V_p 评价标准：

优良混凝土：$V_p \geq 4300 \mathrm{m/s}$ 的测点数不小于测点总数的 90%；

合格混凝土：$4000 \mathrm{m/s} \leq V_p < 4300 \mathrm{m/s}$；

混凝土最低声波纵波速度最小值不低于 4000m/s 的 95%，并且小于 4000m/s 的测点数不超过测点总数的 3%，且不集中，即认为混凝土声波检测合格。

18.3.2　检测工作方法与布置

构皮滩水电站三级垂直升船机每一级垂直升船机主要由上闸首、船厢室、下闸首组成。船厢室主要由基础、承重塔柱和上部机房三部分组成，承重塔柱结构采用钢筋混凝土全筒式结构。筒体既是承重结构，又是挡水结构，是垂直升船机结构混凝土检测的重点部位。

根据升船机结构特点及现场工作条件，采用声波 CT 技术对构皮滩水电电站垂直承重塔柱墙体、上部机房底板主梁、锁定平台、检修平台、安装平台、纵横梁等关键部位抽检，通过对所检测的部位成像、数据统计分析，评定单元结构混凝土浇筑质量。重点部位及可疑部位，必要时由业主、设计、监理指定进行加密点距、加密射线的二维及三维超声波 CT 检测。

声波 CT 检测切面，随机在垂直升船机关键的部位抽检，如承重塔柱墙体、机房底板主梁等。如图 18-11，为塔柱墙体抽检部位所布置的 2 个平行水平切面（$AA'B'B$、$CC'D'D$），两切面的垂向距离 0.5m，根据现场情况布置切面长度 AB 的范围 5.0 ~ 7.0m，墙厚 AA' 的范围 1.0 ~ 1.8m。CT 观测系统采用定点扫描，并保证射线与剖面走向夹角控制在正负 45°（包括正负 45°）夹角以内，激发、接收点距均为 0.1m。声波测试采用武汉岩海公司生产的 RS-ST01C 声波仪，探头采用 40 kHz 的平面换能器，以凡士林作为耦合剂。

图 18-11　工作布置示意图

18.3.3　垂直升船机 CT 成果分析

对检测资料进行 CT 处理，形成切面 V_p 图像，如图 18-12。抽检部位结构混凝土整体上均匀，切面 CC'D'D 在桩号 0.27 ~ 1.25m、厚度 0 ~ 0.25m 处波速值偏低。

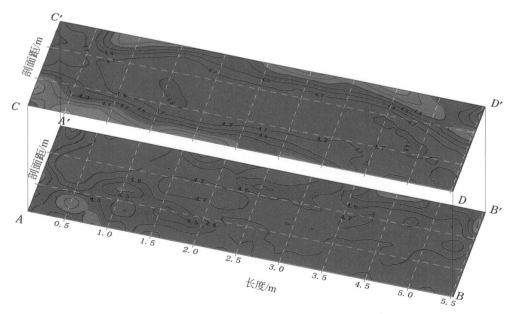

图 18-12　右 1 横墙（5）部位声波 CT 检测 V_p 成像图

此外，还对声波 V_p 值进行了统计分析，见表 18-2。本部位检测的波速值分布主要集中在 4600 ~ 4700 m/s，占整个部位的 54.78%，标准差 79m/s，体现了波速值的离散情况，宏观显示检测部位混凝土整体上均匀。

表 18-2 右 1 横墙（5）部位混凝土声波 V_p 特征值及频态分布

V_p 特征值/（m/s）				
最小值	最大值	平均值	集中范围	标准差
4134	4884	4621	4500~4800	79

V_p 频态分布		
V_p 区间/（m/s）	百分比/%	频态图
<4100	0.00	
4100~4200	0.11	
4200~4300	0.30	
4300~4400	1.35	
4400~4500	5.04	
4500~4600	25.02	
4600~4700	54.78	
4700~4800	12.68	
>4800	0.71	
>4500	93.19	

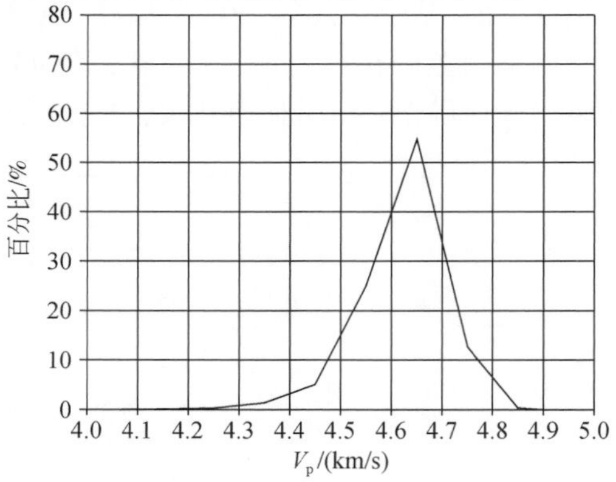

18.3.4 检测中 V_p 低速问题

检测中遇到一个部位，声波 V_p 特征值及频态分布如表 18-3 所示，检测部位波速整体值偏低，而且波速值比较离散，主要分布集中在 4200~4500 m/s，4500 m/s 以上的仅占测点总数的 2.15%，且最小波速值为 4040m/s，大于 4000m/s。依据单元评定标准，该单元混凝土浇筑质量评定为合格，达不到优良的标注。

声波 CT 检测 V_p 成像图如图 18-13 所示，两个切面波速值偏低，而且分布不均匀，特别是底部的切面。后来经过了解是该施工单位临时改变混凝土浇筑方式，采用自流平的泵浇方式。

表 18-3 右 1 横墙（4）部位混凝土声波 V_p 特征值及频态分布

V_p 特征值/（m/s）				
最小值	最大值	平均值	集中范围	标准差
4040	4604	4327	4200~4500	93

V_p 频态分布		
V_p 区间/（m/s）	百分比/%	频态图
<4100	1.39	
4100~4200	14.22	
4200~4300	21.11	
4300~4400	35.67	
4400~4500	25.47	
4500~4600	2.11	
4600~4700	0.04	
4700~4800	0.00	
>4800	0.00	
>4500	2.15	

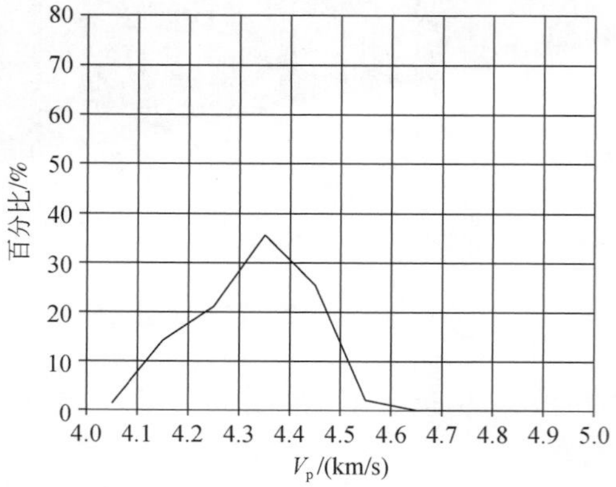

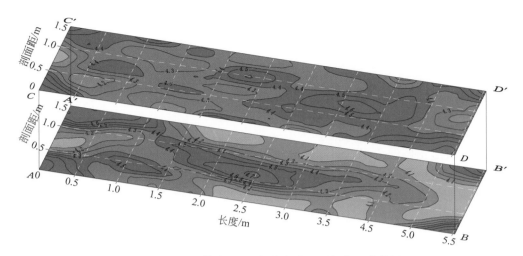

图 18-13　右 1 横墙（4）部位声波 CT 检测 V_{p} 成像图

第19章 其他混凝土质量检测

本章选择声波检测技术在南水北调工程、三峡工程、构皮滩水电站等工程中的一些典型应用实例，其中，穿黄隧洞衬砌混凝土厚度检测、洺河渡槽冻伤混凝土空鼓深度检测、贾河渡槽波纹管注浆密实度检测、构皮滩水电站通航建筑物支墩混凝土质量检测采用超声横波反射成像技术，三峡永久船闸闸室衬砌混凝土质量检测采用垂直反射声波检测技术，构皮滩水电站通航建筑物桩基混凝土检测采用穿透声波检测技术，构皮滩水电站锚杆锚固质量无损检测采用声波反射技术。从采用的检测技术，读者也可以看出随着时间的推移，检测技术也越来越先进。

19.1 穿黄工程隧洞衬砌混凝土厚度检测

19.1.1 工程概况

南水北调中线穿黄工程是人类历史上最宏大的穿越大江大河的水利工程，是整个南水北调中线的标志性、控制性工程。其任务是将中线调水从黄河南岸输送到黄河北岸，之后向黄河以北地区供水。在整个中线工程主体建筑中，穿黄隧洞是最引人瞩目的，同时也是难度最大的关键性建筑物，被称为南水北调中线工程的"咽喉"，可以说穿黄隧洞的建筑物质量，对于整个南水北调中线工程是至关重要的。穿黄工程一期设计流量为265m³/s，加大流量为320m³/s。工程于2005年9月27日开工建设，穿黄隧洞段的两条输水隧洞是整个穿黄工程最引人瞩目的控制性建筑物，每条隧洞总长4250m（其中，过黄河段3450m，邙山隧洞段长800m，在黄河底部最大埋深35m，最小埋深23m），单洞直径7m，采用目前世界上较为先进的盾构技术进行挖掘施工，技术含量高，施工工期长，在我国用盾构方式穿越黄河尚属首例。

由于在穿黄隧洞第一次充水试验中发现渗漏量超出设计允许值，为查明渗漏原因，2014年3月21～24日，长江地球物理探测（武汉）有限公司对穿黄工程上、下游线隧洞各15仓内衬顶拱沿纵向进行了检测，发现个别位置混凝土厚度不满足设计要求，隧洞存在安全隐患。为了查明穿黄工程隧洞内衬混凝土质量、给设计处理方案提供依据，长江地球物理探测（武汉）有限公司受南水北调中线干线工程建设单位委托，在3月28日至4月25日间对南水北调中线穿黄工程上、下游线隧洞过河段及邙山段其余所有仓的内衬混凝土质量进行了无损检测，检测方法为阵列超声横波反射成像法，重点关注穿黄隧洞内衬混凝土厚度是否达到设计要求。

19.1.2 检测工作布置

本次检测中使用的混凝土超声横波成像仪是利用超声横波反射成像原理。由于横波的特点是不能在流体中传播，当它遇到混凝土—空气界面时几乎全部被反射，接收换能器会接收到信号幅值很强的反射波，甚至可以接收到波在混凝土表面和缺陷部位间来回反射形成的多次反射波。与纵波相比，横波检测对混凝土内脱空、缝隙等的反应更敏感。阵列超声横波反射成像仪采用了合成孔径聚焦技术，即将大量小探头排成阵列式，采用多发多收的工作方式，将各道采集的数据合成处理，从而精确地确定反射体位置。仪器采集数据时，先用一个换能器发射超声脉冲，同一行中的其他换能器接收，然后改变发射换能器并重复此过程，直到每个换能器都用作过发射换能器为止。采集的数据经仪器处理计算后形成测试位置附近区域的反射强度图像。

在本次检测任务中，根据设计隧洞内衬混凝土厚度为 45cm（竖井所在仓段除外），其后为土工布和防水垫层。如果内衬混凝土饱满且均一，在反射强度图像中将在深约 45cm 处观察到界面；如果混凝土厚度不足、存在脱空且没有回填灌浆，在图像中将在深度小于 45cm 处观察到界面，其深度等于混凝土厚度；如果现浇混凝土厚度不足且进行回填灌浆，当后灌的水泥浆与现浇混凝土的结合不够紧密时，仍是强反射面，在图像中将在此结合处观察到界面，且因在结合处入射波能量大部分被反射或吸收，将无法得到与其后面的结构有关的信息，包括混凝土的厚度（包括现浇与灌浆部分）；如果回填灌浆与现浇混凝土的结合非常紧密，则结合处的反射将很微弱而难以测到，入射波的大部分能量能够穿过结合部并返回，因此将观察到水泥浆的后界面，此时的界面深度是包括灌浆部分的混凝土厚度。

根据工程设计工作要求，先对上、下游线隧洞顶拱沿纵向进行物探检测，对于纵向检测发现顶拱现浇混凝土（不含回填灌浆）最小厚度不大于 28cm 的仓段，要求对最小厚度处布置一条横断面进行检测，检测范围从洞顶轴线至两侧无脱空处。各仓段的位置关系如图 19-1 所示。

由于混凝土浇筑后在重力作用下自然下坠，通常洞内最高点（即中心线）处混凝土最薄，纵向测线应布置在此处。但是，由于洞内最高点附近各种孔道密布，影响检测效果，实际纵向测线布置在与最高点横向距离为 10 ～ 25cm 处（以弧长记）。按照洞内最高点处混凝土最薄、混凝土上界面水平进行计算，横向偏移为 25cm 时混凝土厚度与最薄处的厚度之差在 1cm 以内。

由于仓位结合部位表面喷涂了聚脲，超声波在其中衰减很大，信号微弱严重影响检测效果，因此工作时避开了这些区域。对于长度为 9.6m、8m、6.4m、4.8m、3.2m 的仓段纵向测线长度分别为 9.2m、7.6m、6m、4.4m、2.8m。

19.1.3 典型成果

典型成果如图 19-2、图 19-3 所示，上部为超声横波成像图，下部为结合设计、开挖资料对超声横波成像的解释图。图 19-3 检测结果的脱空现象与钻孔验证吻合。

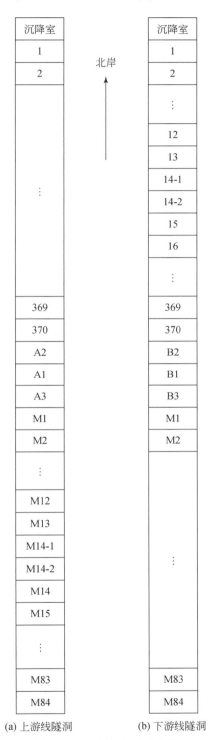

图 19-1　各仓段位置示意图

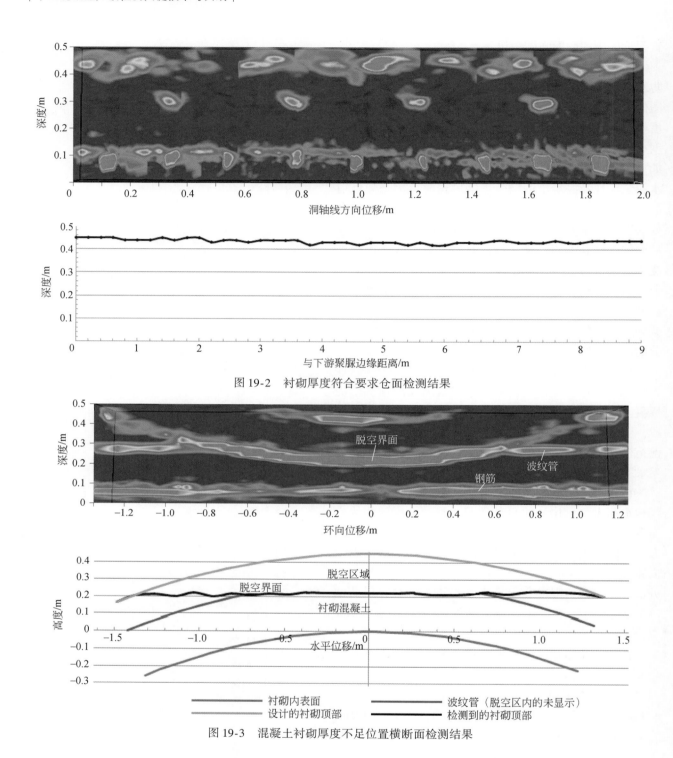

图 19-2　衬砌厚度符合要求仓面检测结果

图 19-3　混凝土衬砌厚度不足位置横断面检测结果

19.2　三峡永久船闸闸室衬砌混凝土质量检测

19.2.1　检测工作布置

三峡工程永久船闸为双向五级船闸，其直立墙相对高差达数十米，闸室衬砌混凝土为板状体，其内密布钢筋网，由于地质雷达等电磁类方法对钢筋反应灵敏，因而增加了混凝土内部缺陷雷达信号的识别难度。较之电磁类方法而言，弹性波检测方法受钢筋的影响相对要小得多，因此本项目主要针对钢筋较密的薄衬砌混凝土（厚度小于 2m），采用垂直反射法进行无损检测。

场地为永久船闸北 I 06 块，布置 4 条检测测线，如图 19-4 所示。观测方式为发射与接收沿测线同步移动（偏移距 5cm），测量点距 0.1m，用凡士林作耦合剂。仪器为岩海声波检测仪，激发采用最新开发研制的超磁致伸缩地面大功率声波震源，接收换能器亦是专门针对混凝土质量检测而研制的，具有高灵敏、低噪声、大动态范围、短余振、宽频带的特性。

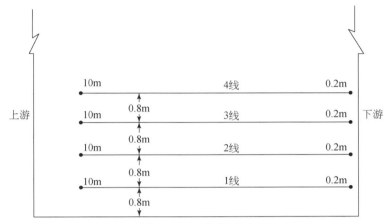

图 19-4　工作布置图

19.2.2　检测成果分析

检测成果图见图 19-5 ~ 图 19-8。每条剖面都在桩号 3.8m、7.8m 左右有异常反映，且异常埋深均为 1.1m 左右。为了查清这两处规则异常的性质，施工单位查阅了大量的施工记录，最后证实是两根直径 30cm 的混凝土排水管的反映。成果表明：利用自主开发研制的超磁致伸缩地面大功率声波震源及高灵敏、低噪声、大动态范围、短余振、宽频带特性的换能器接收，采用垂直声波反射法检测衬砌混凝土内部质量缺陷，效果明显。

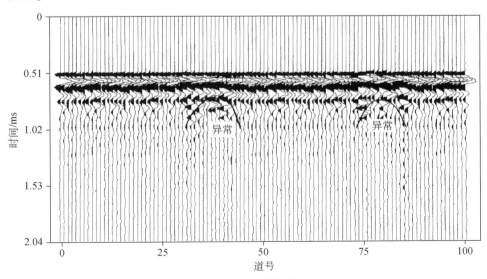

图 19-5　测线 1 垂直反射法检测剖面图

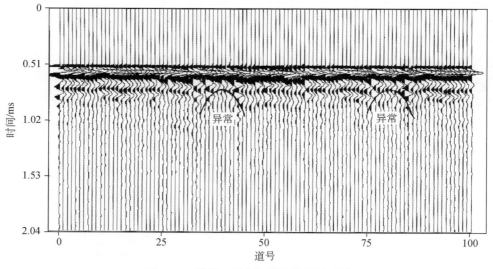

图 19-6　测线 2 垂直反射法检测剖面图

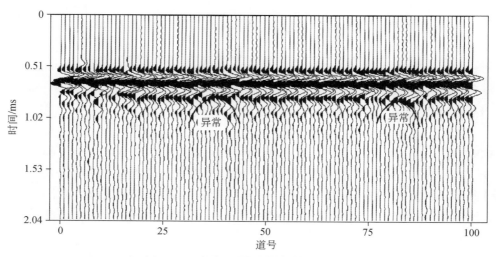

图 19-7　测线 3 垂直反射法检测剖面图

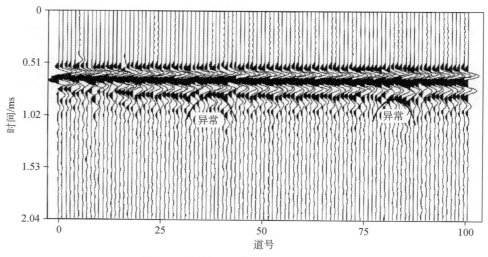

图 19-8　测线 3 垂直反射法检测剖面图

19.3 洺河渡槽冻伤混凝土空鼓深度检测

19.3.1 工程概况

南水北调中线工程洺河渡槽是总干渠上的一座大型河渠交叉建筑物，位于河北省永年县城西邓底村与台口村之间的洺河上，距永年县城约 10km。本标段起点桩号 76+607，终点桩号 77+537，全长 930m，共布置大型渠道渡槽 1 座，长 829m，进出口连接渠道长 101m。工程等级为一等，主要建筑物级别为 1 级，设计防洪标准 100 年一遇，校核防洪标准 300 年一遇，地震设计烈度为 7 度。

洺河渡槽由渡槽、节制闸、退水闸、检修闸、排冰闸组成综合枢纽。渡槽槽身纵向为 16 跨简支梁结构，单跨长 40m。槽身为三槽一联矩形预应力钢筋混凝土结构，单槽净宽 7m，槽净高 6.8m。渡槽共布置 17 个槽墩，墩身为实体重力墩，由墩帽、墩身、承台组成。承台下设两排灌注桩，每排 7 根，桩径 1.7m（边墩桩径 1.5m），桩长 13.5~54m。其中，2#~5#墩桩直径全部为 1.7m。15#、16#槽墩采用扩大基础。进口节制闸设一扇检修叠梁钢闸门，移动电动葫芦启闭；另设一弧型钢钢门，采用液压启闭机。出口检修闸设二扇叠梁检修钢闸门，移动电动葫芦启闭，3 孔共用。退水闸、排冰闸布置在渡槽进口渐变段上游右岸，由引渠、闸室、陡坡、消力池、退水渠组成，其中引渠、陡坡、消力池、退水渠由退水闸和排冰闸共用。退水闸设一扇工作闸门和一扇检修闸门，卷扬式启闭机。排冰闸设一扇工作闸门和一扇检修闸门，螺杆式启闭机。

2012 年 8 月，长江地球物理探测（武汉）有限公司依据洺河渡槽 12#~16#跨槽身结构图等技术资料，在施工项目部前期已检测出的洺河渡槽 12#~16#跨槽身墙面缺陷范围部位采用超声横波反射法确定冻伤混凝土内部空鼓位置深度。

19.3.2 检测工作布置

本次检测对象，混凝土内部由于冻伤形成空鼓，这就在混凝土内部形成了固体–气体界面。由于超声横波不能在液体和气体中传播，且频率较低不易发生散射，在横波传播过程中遇到固体—液体界面或固体—气体界面时横波脉冲不能透过界面而发生全反射，仪器接收端能够接收到强烈的反射信号，通过对反射信号的路径、时间、波形等参数的分析就可以判断出反射界面的位置，从而确定空鼓顶板的位置及埋深。因此，在本次检测，采用阵列超声横波反射法来检测冻伤混凝土内部空鼓的埋藏情况。

依据建设单位施工项目部前期已检测出的 12#~16#跨槽身缺陷范围内进行混凝土修复前的局部检测的要求，13#跨右孔冻伤混凝土空鼓深度检测为槽身局部缺陷范围内逐点检测外，其余孔及外墙西侧、东侧的冻伤混凝土空鼓深度检测均为在缺陷范围内抽检，测点间距在具备检测条件时为 0.5~1.0m。同时还在 5 个墙面的顶缘板下部也进行了空鼓深度检测，其原则是依据墙面顶端是否存在缺陷分布就检测顶缘板下部是否存在空鼓。典型区域检测布置图见图 19-9、图 19-10。

19.3.3 检测试验

在检测过程中我们进行了相关的试验工作，并对检测成果进行了取芯验证。对指定的 4 个空鼓部位，经现场取芯，取芯结果分别为 1#孔（检测深度 8.5cm、取芯深度 9cm）、2#孔（检测深度 9.5cm、取芯深度 11cm）、3#孔（检测深度 7cm、取芯深度 8.2cm）、4#孔（检测深度 9.5cm、取芯深度 11.5cm）。通过对检测成果和取芯成果的分析比较，调整了测试方法和相关物性参数。再次选取其他 3 个空鼓部位，经现场取芯，取芯结果分别为 1#孔（检测深度 5cm、取芯深度 5.2cm）、2#孔（检测深度 11.2cm、取芯深度

11cm）、3#孔（检测深度 13.3cm、取芯深度 13.5cm），经取芯验证检测结果只相差 2mm，如图 19-11 所示。

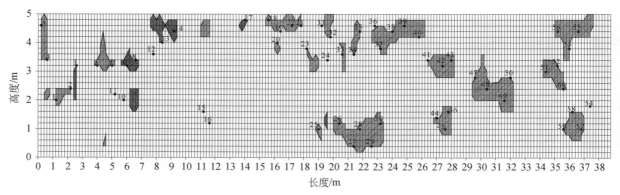

图 19-9 13#跨西侧冻伤混凝土空鼓深度检测布置图

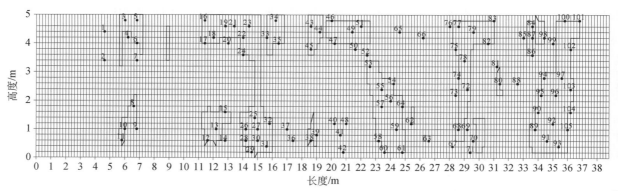

图 19-10 14#跨中孔右墙冻伤混凝土空鼓深度检测布置图

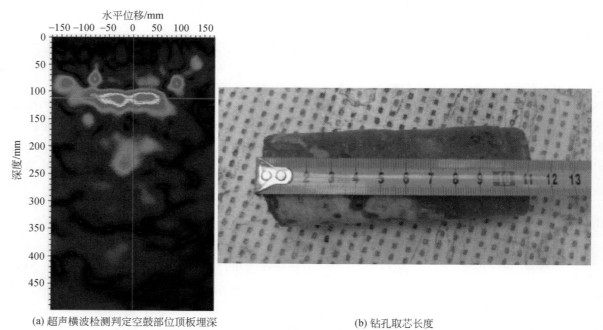

(a) 超声横波检测判定空鼓部位顶板埋深　　　　　　(b) 钻孔取芯长度

图 19-11 2#孔位仪器检测深度与实际取芯深度对比

19.3.4　成果分析

在已标注的槽身缺陷范围内，12#跨 ~ 16#跨共 40 个墙面共检测 6112 个测点，检测空鼓深度最大值为 190mm、最小值为 26mm、平均值为 82mm，小于或等于 6mm 的测点有 1093 个、占 17.9%，6 ~ 10mm 的测点有 3269 个、占 53.5%，大于或等于 10mm 的测点有 1751 个、占 28.6%。如表 19-1 所示。

顶缘板下部检测了 5 个墙面共抽检 122 个测点，只有 22 个测点存在空鼓、占 18.0%，有 2 个墙面抽检不存在空鼓，检测空鼓深度最大值为 80mm、最小值为 42mm、平均值为 60mm。说明顶缘板下部只是局部范围内存在空鼓，因为检测的原则是依据墙面顶端存在空鼓时往上延伸检测顶缘板下部是否存在空鼓。

表 19-1　12#跨 ~ 16#跨冻伤混凝土空鼓深度检测统计值

检测部位	测点数/个	统计特征值			频态分布统计					
		单位/mm			<6mm		6 ~ 10mm		>10mm	
		最大值	最小值	平均值	测点数/个	比例/%	测点/个	比例/%	测点数/个	比例/%
12#跨	677	145	29	81	193	28.5	331	48.9	153	22.6
13#跨	3989	190	28	80	636	15.9	2 176	54.6	1 177	29.5
14#跨	772	159	29	87	135	17.5	402	52.1	236	30.6
15#跨	477	152	26	85	77	16.1	260	54.5	140	29.4
16#跨	197	140	31	80	52	26.4	100	50.8	45	22.8
统计	6 112	190	26	82	1 093	17.9	3 269	53.5	1 751	28.6

19.4　贾河渡槽波纹管注浆密实度检测

19.4.1　工程概况

贾河渡槽是南水北调中线工程总干渠穿越贾河的大型交叉建筑物，位于河南省方城县独树镇大韩庄与蔡庄之间的贾河上，设计流量 330m³/s，加大流量 400m³/s。

贾河渡槽按双线双槽布置，渡槽设计总长度 480m，包括进口渠道段、进口渐变段、进口节制闸、进口连接段、槽身段、出口连接段、出口闸室段和出口渐变段。槽身段设计起点桩号为 K177+739.000，终点桩号为 K177+939.000，槽身段全长 200.0m，跨径布置为 5×40m，槽体采用简支预应力开口箱梁截面形式，单槽顶部全宽 15m，底部全宽 15.1m，单槽净宽 13.0m，两槽间内壁间距 5.0m，两槽之间加盖人行道板。槽身箱梁净宽 13.0m，底板在跨中厚 0.70m，支座断面厚 1.15m，梁高在跨中为 8.48m，支座断面为 8.93m。腹板厚度在跨中断面由顶部的 0.7m 向底部的 0.9m 渐变，在支座断面渡槽全高范围均为 0.9m厚。渡槽腹板顶部沿纵向每 2.5m 设置一根 0.3×0.5m 拉杆，在槽体端部设置 1.0×0.5m 拉杆兼顾检修通道的功能。

槽身箱梁按三向预应力设计，预应力材料均采用 Φ_s15.2 高强低松弛钢绞线，在同一断面上，在两侧腹板上每隔 40cm 分别斜向布置一束竖向钢束。槽身箱梁混凝土标号 C50，抗渗标号 W6，抗冻等级 F150。槽身箱梁预应力钢绞线采用符合国家（GB/T 5224—2003）标准，270 级高强度低松弛 Φ_s15.2 钢绞线，YM15 圆锚体系，钢绞线标准强度 fpk=1860MPa。槽身预应力孔道采用预埋塑料波纹管成型，钢束张拉后采用 50 号净水泥浆压入孔道，形成整体断面。张拉采用钢束张拉力与伸长量"双控"施工，以张拉力控制为主。

由于竖向钢绞线波纹管在注浆过程中，有少部分不返浆，后虽经过处理，但是否全部注满仍需要查明，以排除工程隐患。因此，本次的检测任务是采用无损方法检测贾河渡槽 1 跨及 2 跨竖向波纹管注浆密实性情况，并结合工程实际，对第 3 跨进行部分抽检。受安徽水利开发股份有限公司南水北调中线工程方城段八标项目部委托，长江地球物理探测（武汉）有限公司承担本次检测工作，共完成 799 根竖向波纹管的检测，并对部分检测结果验证。

19.4.2　检测工作布置

当波纹管管内注浆密实时可以看作为一个均一的整体，而注浆不密实会在管内形成空腔。针对工程的实际问题，常采取的无损检测手段是超声波反射法。如果波纹管内部注浆饱满且均一，超声波均匀穿过注浆区域，只在波纹管对侧管壁发生反射；当波纹管内部注浆密实度不够时，超声波会在空腔顶板即发生全反射。由于超声横波不能在液体和气体中传播，且频率较低，不易产生散射，当遇到固体-液体及固体-气体界面时，横波发生全反射。因此，我们采用阵列超声横波反射法对波纹管注浆密实情况进行检测成像。现场设备为 A1040 MIRA 超声横波检测仪，工作参数经试验确定。

根据检测目的及贾河渡槽结构特点，检测部位为贾河渡槽左右边墙近垂直段，左侧边墙按顺水流方向编号，右侧边墙按逆水流方向编号，单根波纹管测试方向为从上到下，每个测点纵向覆盖 10cm，测点编号为 1–62，有效测试长度为 6.1m，共完成 799 根波纹管。依据贾河渡槽横竖向钢束布置图和钢筋图等技术资料，渡槽断面检测工作布置图见图 19-12。

图 19-12　渡槽断面图检测布置图

19.4.3　典型成果分析

通过阵列超声横波反射成像结果（图 19-13）可以看出，在注浆密实度较好的区域，横波反射能量均匀，波列规则。1ZZ87#波纹管在横坐标桩号 0～0.7m 和 1.0～1.1m 处出现两处异常，表现为横波反射能量不均匀，波形相位错动，根据成像结果推断该部位局部注浆密实度较差，经在中间位置桩号 1.05m 处钻孔证实存在注浆不密实情况；1YZ63#波纹管在横坐标桩号 0～0.3m 处出现异常，横波反射能量不均匀，推断局部注浆密实度较差，经在桩号 0.25m 处以及 0.55m 钻孔验证，0.25m 存在注浆不密实情况，0.55m 处注浆密实度良好，钻孔验证与超声横波检测结果相吻合。

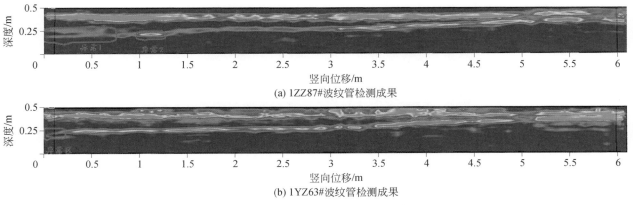

(a) 1ZZ87#波纹管检测成果

(b) 1YZ63#波纹管检测成果

图 19-13　波纹管超声横波反射法检测成像成果图

19.5　构皮滩水电站通航建筑物支墩混凝土质量检测

渡槽及其支墩墩身、T 梁等结构复杂是构皮滩水电站通航建筑物中重要组成部分，质量缺陷主要表现为架空、蜂窝等不密实。由于其检测工作面受到一定的限制，2015 年，采用俄罗斯 A1040 MIRA 超声横波检测仪对这类结构体的混凝土质量进行检测。现场工作频率 25 ~85kHz，测区横波波速值设置范围 2400 ~ 2800m/s，扫描数据利用合成孔径聚焦技术（SAFT）来重建混凝土构件内部的三维断层图像。

如图 19-14 所示，在 3#渡槽 7#支墩墩身的下游面选定一个厚度 1.3m 的部位进行检测，在测线的 x 方

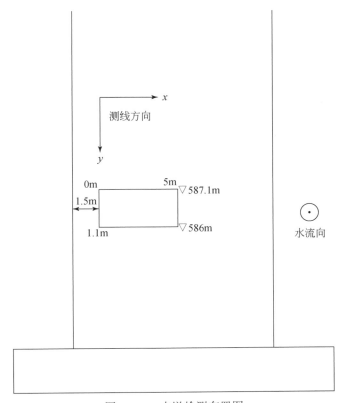

图 19-14　支墩检测布置图

向点距为 0.2m、长 5m，y 方向点距 0.1m、长 1.1m 的矩形范围内布置测点。通过阵列式超声波成像混凝土检测软件处理成图，3#渡槽 7#支墩墩身检测结果如图 19-15 所示，x 方向 4.8~5m，y 方向 0.8~0.9m，深度 0.5~0.58m 处局部有异常反射，判断混凝土局部欠密实。

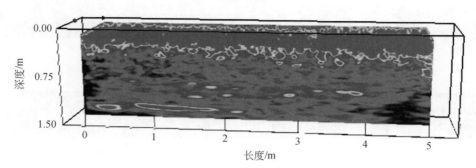

图 19-15　渡槽支墩检测成果图

19.6　构皮滩水电站通航建筑物桩基混凝土质量检测

构皮滩水电站通航建筑物工程桩基包括石棺材崩坡积体治理工程抗滑桩、第二级升船机基础及 2#、3#、4#渡槽支墩基础的灌注桩、尾水南侧边坡变形治理工程抗滑桩等，桩体质量关系构皮滩水电站通航建筑物安全。为了解桩身隐蔽部位的混凝土施工质量，需评价桩身混凝土完整性，判定桩身缺陷的程度并确定其位置。

19.6.1　检测工作布置

超声波在混凝土中的传播速度、振幅、频率主要与水泥标号、混凝土配合比、水饱和度及砼体完整性等因素有关。当水泥标号和砼配合比、水饱和度一定，砼体完整性较好时，超声波在砼体中传播速度较均一，波列较规则，波速值达到要求；反之，砼体存在空腔、裂缝等缺陷时超声波在砼中传播过程中会有较强的反射、散射、吸收和波形畸变等现象，表现为速度降低，高频成分被滤波，波幅降低，且波列也变得不规则。因此采用超声波透射法对砼体各个纵断面进行测试，通过分析对比接收到的超声波在砼体中传播的速度、振幅、频率的衰减情况就可以判断灌注桩桩体的完整性。

2015 年，我们采用声波透射法评价构皮滩水电站通航建筑物工程桩基混凝土完整性。本次检测桩体内各预留了 3 个孔口水平面呈三角形布置的垂直 A、B、C 三根声测管（图 19-16），每根桩共检测 3 个剖面，即 AB、AC、BC。

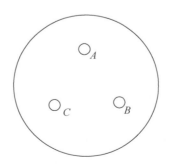

图 19-16　灌注桩桩基检测布置俯视图

现场采用非金属声波检测仪 RS-ST01C，采用超声平行透射法测试，点距 0.1~0.2m。每两根预埋管作为一个检测剖面测试，对同一根桩，所有预埋管均进行两两组合，在测试过程中，发射电压和仪器参数一般保持不变。现场检测采用两组重复抽测方式：

（1）正常重复抽测：每组测试过程中，随机重复测试 5%，保证声速相对标准差<5%。

（2）异常重复抽测：对于检测过程中出现的声速异常进行复测，并检查收、发换能器是否处于同一标高。对可疑部位进行交叉斜测或扇形扫描测试，以确定缺陷的位置和范围。

19.6.2　典型成果分析

通过对不良地质体治理抗滑桩 Z16、Z21、Z43、Z20 测试数据分析处理，成果图如图 19-17～图 19-20 所示，并依据《建筑基桩检测技术规范》（JGJ 106—2014）中关于桩身完整性判定标准对桩基质量进行评价，见表 19-2。

表 19-2　桩身完整性判定标准

桩完整性类别	分类原则	特征
I 类桩	桩身完整	所有声测线声学参数无异常，接收波形正常 存在声学参数轻微异常、波形轻微畸变的异常声测线，异常声测线在任一检测剖面的任一区段内纵向不连续分布，且在任一深度横向分布的数量小于检测剖面数量的 50%
II 类桩	桩身有轻微缺陷，不会影响桩身结构承载力的正常发挥	存在声学参数轻微异常、波形轻微畸变的异常声测线，异常声测线在一个或多个检测剖面的一个或多个区段内纵向连续分布，或在一个或多个深度横向分布的数量大于或等于检测剖面数量的 50% 存在声学参数明显异常、波形明显畸变的异常声测线，异常声测线在任一检测剖面的任一区段内纵向不连续分布，且在任一深度横向分布的数量小于检测剖面数量的 50%
III 类桩	桩身有明显缺陷，对桩身结构承载力有影响	存在声学参数明显异常、波形明显畸变的异常声测线，异常声测线在一个或多个检测剖面的一个或多个区段内纵向连续分布，但在任一深度横向分布的数量小于检测剖面数量的 50% 存在声学参数明显异常、波形明显畸变的异常声测线，异常声测线在任一检测剖面的任一区段内纵向不连续分布，但在一个或多个深度横向分布的数量大于或等于检测剖面数量的 50% 存在声学参数严重异常、波形严重畸变或声速低于低限值的异常声测线，异常声测线在任一检测剖面的任一区段内纵向不连续分布，且在任一深度横向分布的数量小于检测剖面数量的 50%
IV 类桩	桩身存在严重缺陷	存在声学参数明显异常、波形明显畸变的异常声测线，异常声测线在一个或多个检测剖面的一个或多个区段内纵向连续分布，且在一个或多个深度横向分布的数量大于或等于检测剖面数量的 50% 存在声学参数严重异常、波形严重畸变或声速低于低限值的异常声测线，异常声测线在一个或多个检测剖面的一个或多个区段内纵向连续分布，或在一个或多个深度横向分布的数量大于或等于检测剖面数量的 50%

注：混凝土等级强度为 C25 的基桩声速低限值宜为 3500m/s，混凝土强度等级为 C30 的基桩声速低限值宜为 3800m/s。

抗滑桩 Z16 剖面 AB 波速平均值 4201 m/s，AC 波速平均值 4347 m/s，BC 波速平均值 4053 m/s。三个剖面的声学参数无明显异常，接收波形无明显异常。根据桩身完整性判定标准，该抗滑桩为 I 类桩。

抗滑桩 Z21 剖面 AB 波速平均值 4318 m/s，AC 波速平均值 4455 m/s，BC 波速平均值 4218 m/s。三个剖面的声学参数无明显异常，接收波形无明显异常。根据桩身完整性判定标准，该抗滑桩为 I 类桩。

桩基信息	桩基编号	Z16	设计标号	C30	设计桩长	28.2m	测试日期	2015年5月14日	剖面布置示意图	水流方向
	设计桩型	直径1.5m	桩基类型	挖孔灌注桩	实测桩长	28.2m	成桩日期	2015年4月21日		

	*A-B*剖面测距：0.90m	*B-C*剖面测距：0.90m	*A-C*剖面测距：1.03m

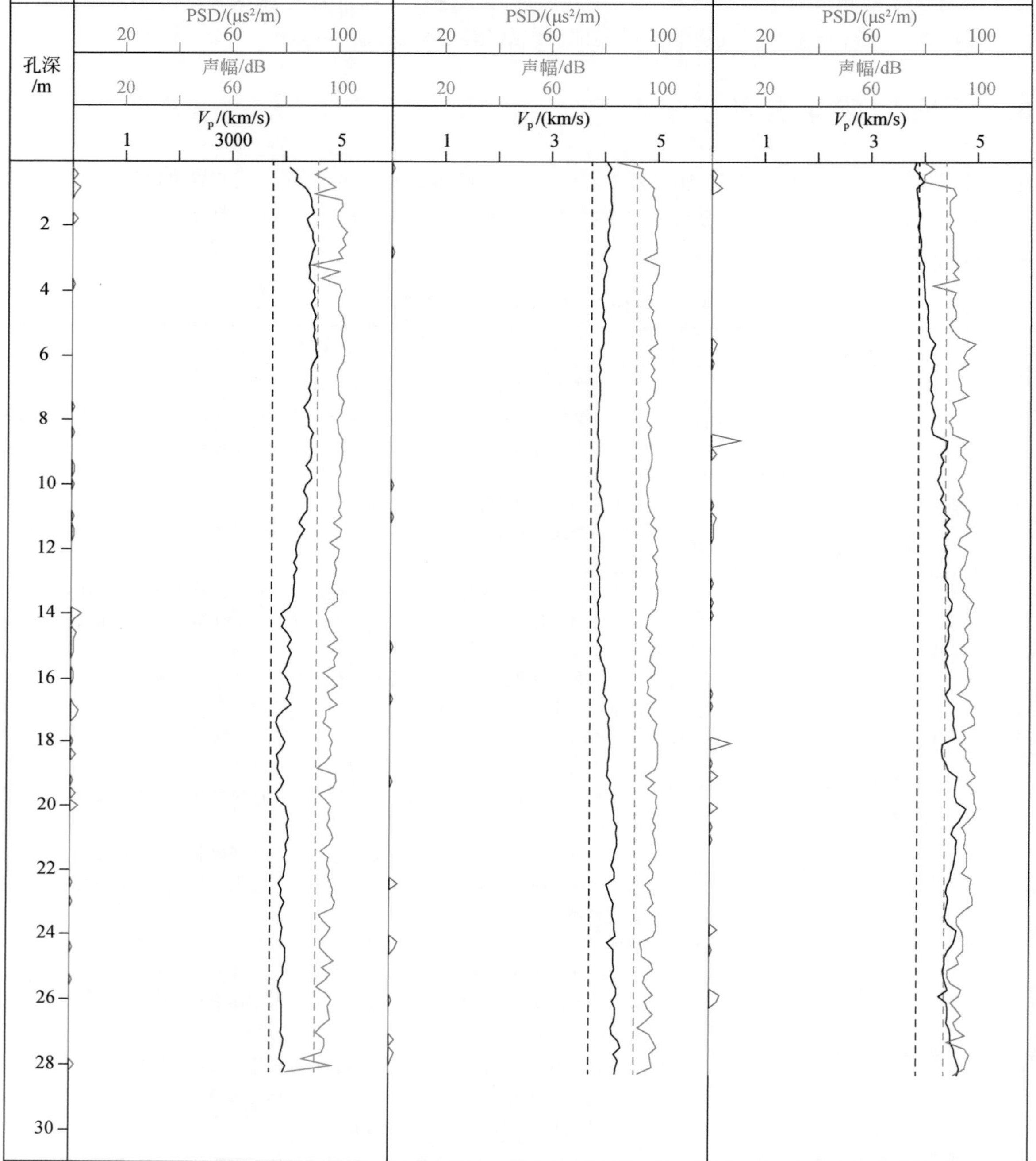

		平均值	临界值	标差值	平均值	临界值	标差值	平均值	临界值	标差值
声速		4201m/s	3764m/s	0.23m/s	4053m/s	3745m/s	0.133m/s	4347m/s	3895m/s	0.24m/s
波幅		98.15dB	92.15dB	3.14dB	98.02dB	92.02dB	2.04dB	94.17dB	88.17dB	3.79dB

桩：声速异常判断临界值V_c=3832m/s

图例：——声速实测线　- - - - - -声速临界线　——波幅实测线　- - - - -波幅临界线　——PDS曲线

图 19-17　抗滑桩 Z16 检测成果图

桩基信息	桩基编号	Z21	设计标号	C30	设计桩长	28.2m	测试日期	2015年5月12日	剖面布置示意图	水流方向
	设计桩型	直径1.5m	桩基类型	挖孔灌注桩	实测桩长	28.2m	成桩日期	2015年4月10日		

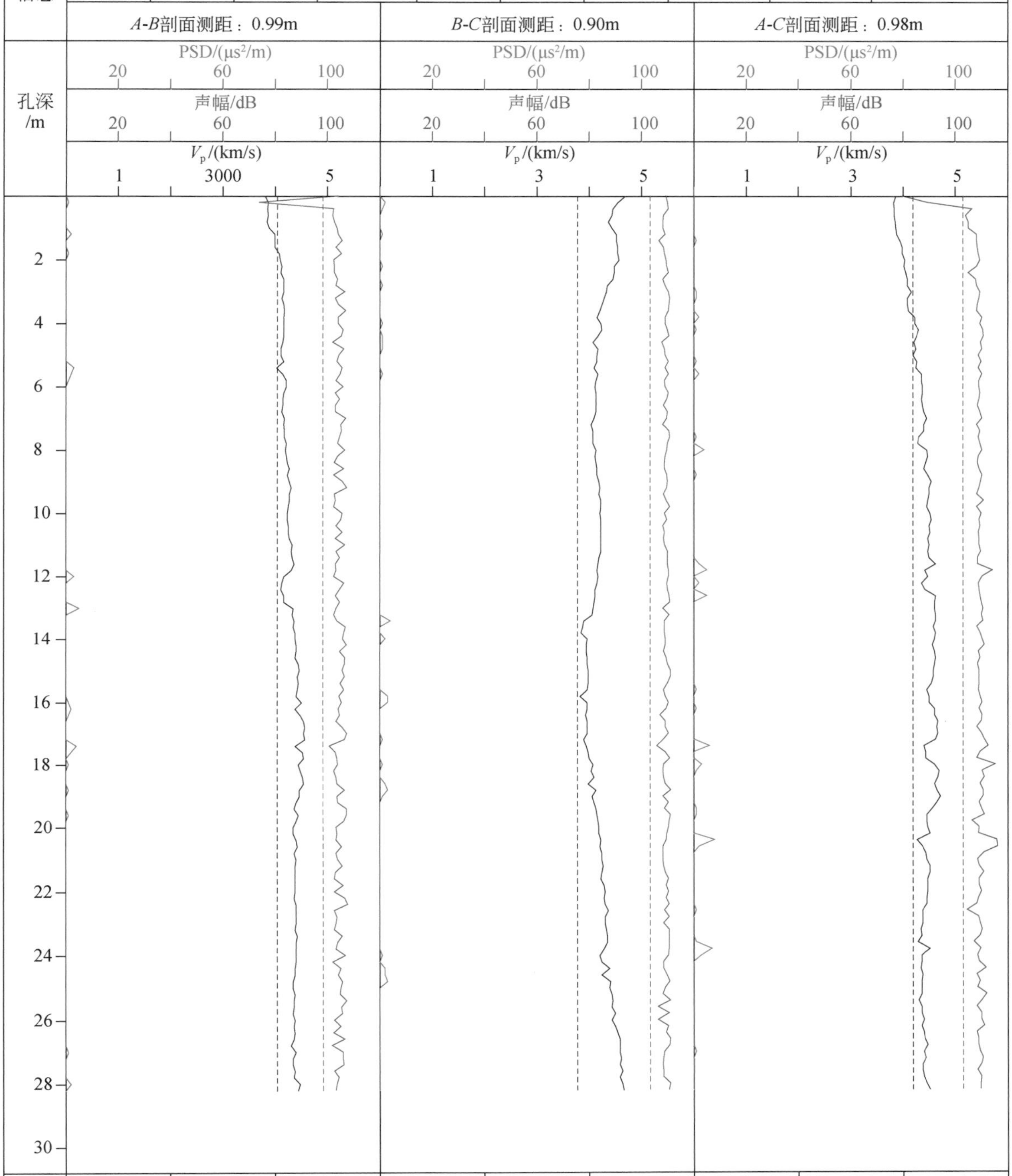

A-B剖面测距：0.99m	B-C剖面测距：0.90m	A-C剖面测距：0.98m

孔深/m

PSD/(μs²/m)   20   60   100
声幅/dB   20   60   100
V_p/(km/s)   1   3000   5

PSD/(μs²/m)   20   60   100
声幅/dB   20   60   100
V_p/(km/s)   1   3   5

PSD/(μs²/m)   20   60   100
声幅/dB   20   60   100
V_p/(km/s)   1   3   5

	平均值	临界值	标差值	平均值	临界值	标差值	平均值	临界值	标差值
声速	4318m/s	4035m/s	0.123m/s	4218m/s	3780m/s	0.198m/s	4455m/s	4184m/s	0.119m/s
波幅	104.3dB	98.3dB	3.01dB		103.35dB	1.03dB	108.98dB	102.98dB	3.4dB
桩	声速异常判断临界值V_c=4006m/s								
图例	——— 声速实测线 - - - - - 声速临界线 ——— 波幅实测线 - - - - - 波幅临界线 ——— PDS曲线								

图 19-18　抗滑桩 Z21 检测成果图

桩基信息	桩基编号	Z43	设计标号	C30	设计桩长	31.4m	测试日期	2015年5月11日	剖面布置示意图	水流方向
	设计桩型	直径1.5m	桩基类型	挖孔灌注桩	实测桩长	31.4m	成桩日期	2015年4月8日		

孔深/m	A-B剖面测距：0.89m	B-C剖面测距：0.96m	A-C剖面测距：0.98m
	PSD/(μs²/m) 20 60 100	PSD/(μs²/m) 20 60 100	PSD/(μs²/m) 20 60 100
	声幅/dB 20 60 100	声幅/dB 20 60 100	声幅/dB 20 60 100
	V_p/(km/s) 1 3000 5	V_p/(km/s) 1 3 5	V_p/(km/s) 1 3 5

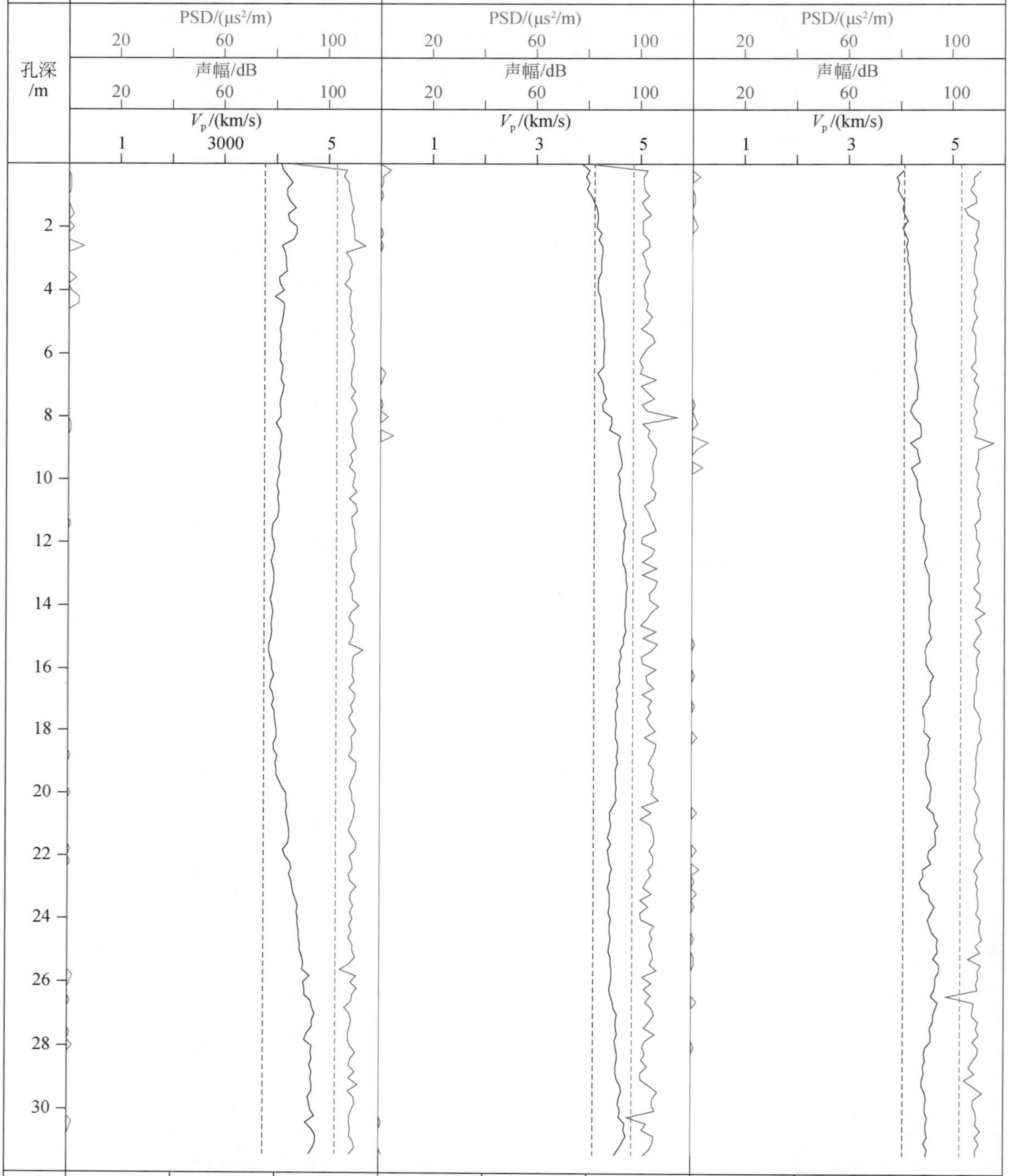

	平均值	临界值	标差值	平均值	临界值	标差值	平均值	临界值	标差值
声速	4215m/s	3771m/s	0.268m/s	4493m/s	4115m/s	0.162m/s	4457m/s	4061m/s	0.17m/s
波幅	109.21dB	103.21dB	2.23dB	103.2dB	97.2dB	2.83dB	109.27dB	103.27dB	1.6dB
桩	声速异常判断临界值V_c=3992m/s								
图例	——声速实测线 ------声速临界线 ——波幅实测线 ------波幅临界线 ——PDS曲线								

图 19-19　抗滑桩 Z43 检测成果图

桩基信息	桩基编号	Z20	设计标号	C30	设计桩长	28.2m	测试日期	2015年5月16日	剖面布置示意图	水流方向
	设计桩型	直径1.5m	桩基类型	挖孔灌注桩	实测桩长	27.6m	成桩日期	2015年4月30日		

	A-B剖面测距：0.98m	B-C剖面测距：0.90m	A-C剖面测距：0.88m

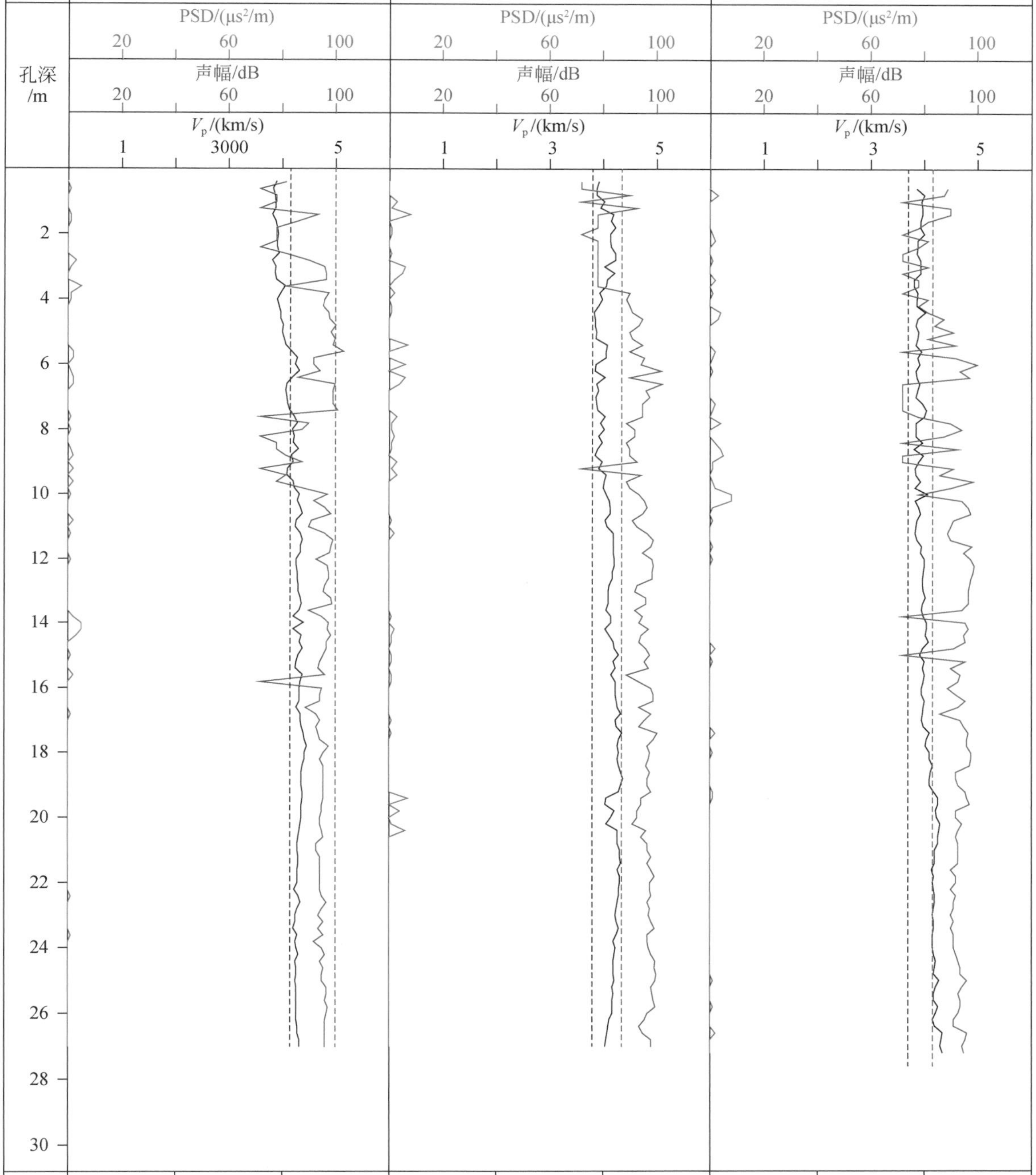

	平均值	临界值	标差值	平均值	临界值	标差值	平均值	临界值	标差值
声速	4294m/s	4150m/s	0.057m/s	4122m/s	3800m/s	0.14m/s	4025m/s	3695m/s	0.143m/s
波幅	92.33dB	86.33dB	7.29dB	92.98dB	86.98dB	7dB	89.1dB	83.1dB	8.13dB
桩	声速异常判断临界值V_c=3917m/s								
图例	——— 声速实测线　- - - - - 声速临界线　——— 波幅实测线　- - - - - 波幅临界线　——— PDS曲线								

图 19-20　抗滑桩 Z20 检测成果图

抗滑桩 Z43 剖面 AB 波速平均值 4215 m/s，AC 波速平均值 4457m/s，BC 波速平均值 4493 m/s。三个剖面的声学参数无明显异常，接收波形无明显异常。根据桩身完整性判定标准，该抗滑桩为Ⅰ类桩。

抗滑桩 Z20 剖面 AB 波速平均值 4294 m/s，孔深 0.4～2.6m、8.2～9.6m 波幅参数轻微异常，接收波形无明显异常；AC 波速平均值 4025 m/s，孔深 1.6～4.4m、6.6～9.0m 波幅参数轻微异常，接收波形无明显异常；BC 波速平均值 4122 m/s，孔深 1.4～3.6m 波幅参数轻微异常，接收波形无明显异常。根据桩身完整性判定标准，该抗滑桩为Ⅱ类桩。

19.7　构皮滩水电站锚杆锚固质量检测

锚杆体系是边坡护理工程、库岸治理工程以及隧道、地下洞室支护工程等的重要加固体系。锚杆锚固体系就如同一张"楔子网"，将岩体连成一个整体，以达到永久性牢固的目的。在实际的锚杆锚固体系浇注混凝土过程中，由于人为或客观地质条件等因素的影响，不可避免地会产生锚固质量达不到要求的问题。为确保锚杆锚固体系的有效性，需判断锚杆锚固体系的锚固质量。影响其锚固质量的三要素是：长度、密实度、缺陷。之前，作为判断锚杆锚固体系锚固质量手段之一的拉拔力检测，由于不能真实检测锚杆锚固的实际质量（据试验，只要孔口段 1m 左右锚固良好，就能够将钢筋拔断，且拉拔力检测还有以下缺点：可检测样本量少，可操作性差，具有一定的破坏性），鉴于拉拔力检测技术自身的局限性，目前已经较少采用。检测锚杆锚固质量的声频应力波法，以其快速、无损、易操作、可检测样本量大且检测资料更客观真实等特点，在锚杆锚固质量检测中正发挥着越来越重要的作用。

在锚杆体系，锚杆、砂浆、和围岩三者之间浇灌均匀密实时，应力波的能量大部分透射到围岩体中，只有小部分能量反射回来，且反射信号极有规律。当砂浆浇灌不均匀、密实时，在砂浆中出现空穴，在空穴处将出现不同程度的波阻抗变化面，表现在原有的信号中迭加强度不同的反射信号，或在不应出现反射波处有反射信号，根据反射波位置和反射信号的强弱，就可以确定锚杆锚固质量并为其分级。

本节，我们以构皮滩水电站锚杆锚固质量无损检测为例，介绍锚杆锚固质量无损检测的应用情况。

19.7.1　评价标准

根据构皮滩电站建设公司制定《构皮滩电站工程管理制度（修订本）》，锚杆质量的评判标准为：

饱和度评价：

一般情况下，注浆饱和度（密实度）满足规范要求（≥80%）即判为合格，实际判别分四级进行质量等级评定，即优、良、合格、不合格。具体为：

注浆饱和度达到 95% 以上，对应杆体基本注满，为优；

注浆饱和度达到 85%～94%，为良；

注浆饱和度达到 80%～84%，为合格；

注浆饱和度小于 80%，为不合格。

锚杆长度评价：

检测长度不小于 95% 的设计长度（对超长锚杆，即使满足 95% 的要求，不足部分不能超出 0.5m），为合格；否则为不合格。

锚杆饱和度及长度评价有一项不合格，则该根锚杆判为不合格；锚杆长度合格对应饱和度评价评定该根锚杆质量等级。

单项或单元工程锚杆抽检质量合格率为：特殊部位为 100%，其他部位≥90%。

19.7.2　典型数据分析

现以尾水出口索桥公路以上边坡区域锚杆抽检数据分析，检测仪器为 LX-10M 型锚杆质量无损检测仪，仪器工作主要参数为：采样长度 3.0kB，发射电压 250V，采样频率 250kHz。

根据测试数据，如图 19-21、图 19-22 所示，接收波形幅值近似成指数衰减，未见其他反射波，波形较为规则，判断该锚杆杆体与围岩接触密实，锚固质量较好。

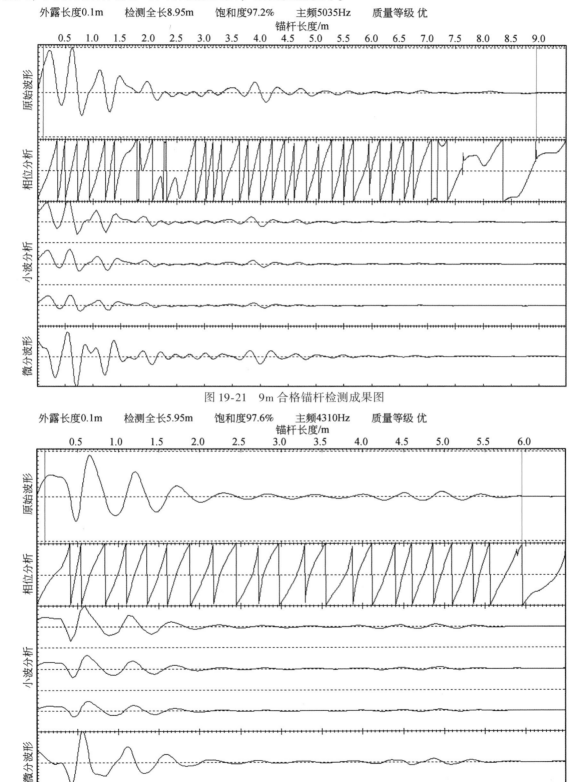

图 19-21　9m 合格锚杆检测成果图

图 19-22　6m 合格锚杆成检测成果图

不合格的锚杆，接收波形幅值未见明显衰减，存在多次反射波，且反射波形杂乱无章，波形不规则，如图19-23所示，表明杆体与围岩存在多处空隙，接触不密实，判断该锚杆锚固质量差。

通过现场施工情况核实，图19-21、图19-22锚杆处于岩体较为新鲜，完整性较好的边坡区域，在施工过程中，没有出现漏浆跑浆串浆等异常现象，图19-23锚杆边坡区域岩体质量较差，风化严重，裂隙发育，在施工过程中普遍存在漏浆跑浆串浆等现象严重且孔口不能有效返浆。通过测试数据与现场施工情况对比，测试结果与实际情况一致。

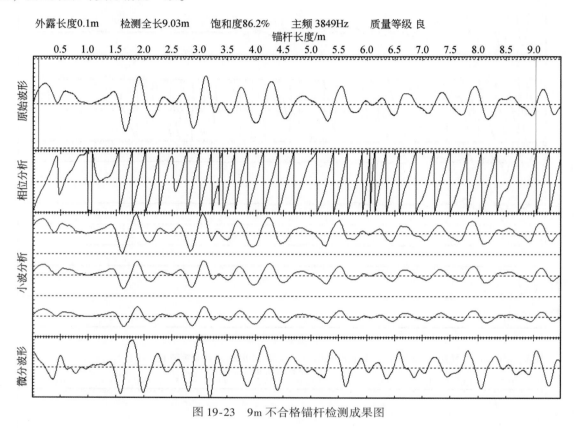

图 19-23　9m 不合格锚杆检测成果图

第 20 章　三峡电站伸缩节室管线探测

三峡右岸电站在施工过程中，有部分坝段埋设的临时排水管在电站完建后需要进行回填封堵，以消除枢纽运行的一些安全隐患。为查明排水管的方位、管径大小、管线的走向及埋深等情况，便于后续处理，采用物探手段对三峡右岸电站厂房伸缩节室的排水管线进行现场探测。

20.1　23F 伸缩节室管线探测

20.1.1　工作布置与观测

2013 年 2～4 月，长江地球物理探测（武汉）有限公司在纵向 16m 长、横向 5m 宽的 23F 伸缩节室（x 桩号 20+113～20+118，y 桩号 49+644.9～49+628.5，地面高程 48m）内开展施工期埋设的排水主管具体位置、大小的探测，本次探测包括现场方法选择试验，最终选择声波 CT 法、钻孔录像等方法。23F 伸缩节室的排水管探测技术方案也为 21F 伸缩节室的排水管探测提供经验。

存在于混凝土中的充水钢管可认为充水孔洞，与完整混凝土之间存在明显的弹性波差异；一般而言，完整混凝土弹性波速较高，混凝土中的空洞将导致弹性波速度降低，因而声波 CT 是本次的探测的主要手段。

本次探测依据的施工资料较少，声波穿透距离有限，技术思路上是先布置顺流向横跨节室的多个 CT 连续剖面，以找到主管具体位置，再布置 CT 剖面进行追踪。由于伸缩节室有检修钢排架，CT 剖面只能见缝插针，具体工作布置见图 20-1。

钻孔声波 CT 共布置 5 个剖面，分别为 ZK1-ZK2、ZK2-ZK3、ZK3-ZK4、ZK7-ZK8、ZK9-ZK10；钻孔录像布置 3 孔，分别为 YK1、YK2、YK3。声波 CT 采用一孔发射另一孔接收观测方式，观测系统为定点、全扫描观测系统，测量点距为 0.1m。声波检测采用岳阳奥成 HX-SY02A 声波仪，换能器频率 20kHz。

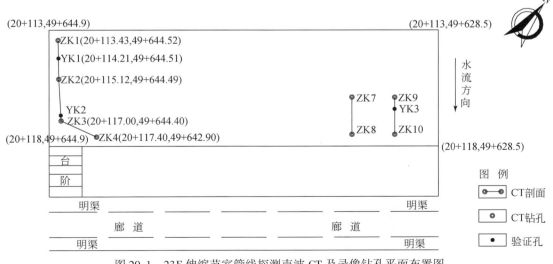

图 20-1　23F 伸缩节室管线探测声波 CT 及录像钻孔平面布置图

20.1.2 探测成果分析

从图 20-2、图 20-3 声波 CT 探测图像中，共发现 CT1、CT2、CT3、CT4 4 个异常。CT1 经钻孔 YK1 及钻孔录像验证为层间结合部位混凝土欠密实所致；CT2、CT3、CT4 为管线异常，其中 CT-2、CT-4 分别经验证钻孔 YK2、YK3 及其钻孔录像得到证实。

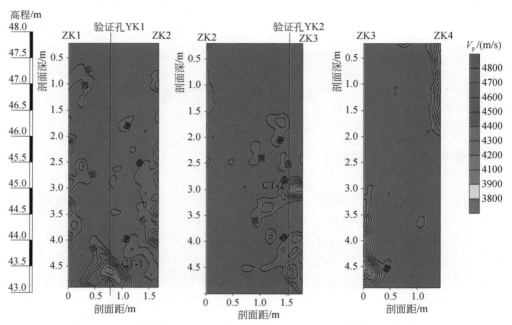

图 20-2 23F 伸缩节室 ZK1～ZK2～ZK3～ZK4 剖面管线探测声波 CT 图像

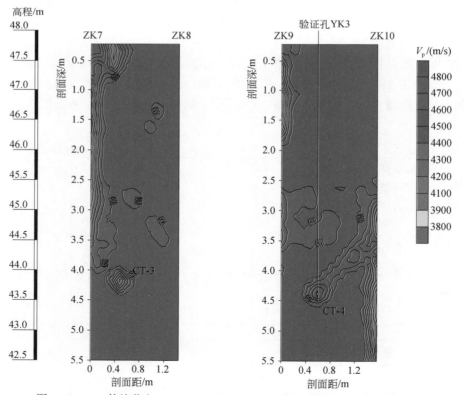

图 20-3 23F 伸缩节室 ZK7～ZK8、ZK9～ZK10 剖面管线探测声波 CT 图像

20.2 21F 伸缩节室管线探测

20.2.1 工作布置与观测

2014 年 4~5 月，为查明 21F 伸缩节室（x 桩号 20+113~20+118，y 桩号 49+551.9~49+568.3，地面高程 48m）施工期埋设的排水主管及支管的具体位置、大小与内部情况，长江地球物理探测（武汉）有限公司在纵向 16m 长、横向 5m 宽的 21F 伸缩节室内展开现场探测，探测方法包括：声波 CT 法、钻孔录像及压水试验等，其中压水试验主要是了解管线的连通性。根据施工资料及 23F 伸缩节室探测经验，制定了 21F 伸缩节室排水管线探测方案，工作布置如图 20-4 所示。

（1）由于支管的位置资料较少，因此是本次工作的重点与难度。需要增加探测范围，首先在 20+117.5 线布置 ZK1~ZK2（因 ZK2 失水，后加打钻孔 ZK2′）~ZK3 两个连续 CT 剖面，若支管存在于剖面，则打验证孔 YK1、同时对验证孔进行钻孔录像观测；此外，视情况布置 ZK4~ZK5CT 剖面及验证孔 YK2。

（2）为确定主管走向与埋深在 y 轴方向布置 ZK4~ZK6、ZK7~ZK8 声波 CT 剖面及验证孔 YK3、YK4，并对验证孔进行钻孔录像观测。

声波 CT 采用一孔发射另一孔接收观测方式，观测系统为定点、全扫描观测系统，测量点距为 0.1m。声波检测采用武汉岩海 RS-ST01C 声波仪，换能器频率 20kHz。

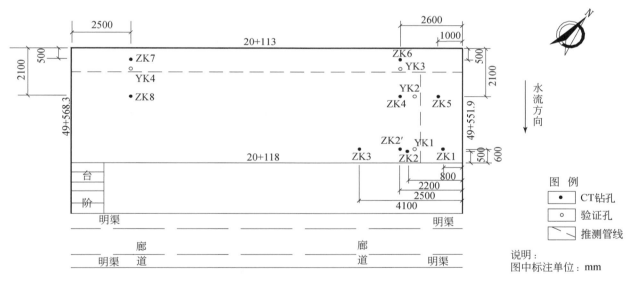

图 20-4 三峡右岸电站 21F 伸缩节室管线探测方案平面布置图

20.2.2 探测成果分析

（1）通过对 ZK2 的录像观察，该孔切到管壁，管子在 ZK1~ZK2′剖面之间。为了确定支管的走向，在上游方向布置 ZK4~ZK5 声波 CT 剖面及验证孔 YK2，孔深 11.7m。

（2）对 ZK1~ZK2′、ZK2′~ZK3、ZK4~ZK5、ZK4~ZK6、ZK7~ZK8 进行全孔深的声波 CT 扫描，为了验证资料的准确可靠性，对上述五个剖面从孔深 5m 到孔底进行声波 CT 的二次探测，数据经声波 CT 成像反演形成图 20-5~图 20-8（ZK2′~ZK3 剖面没有发现管线异常，未展示）。

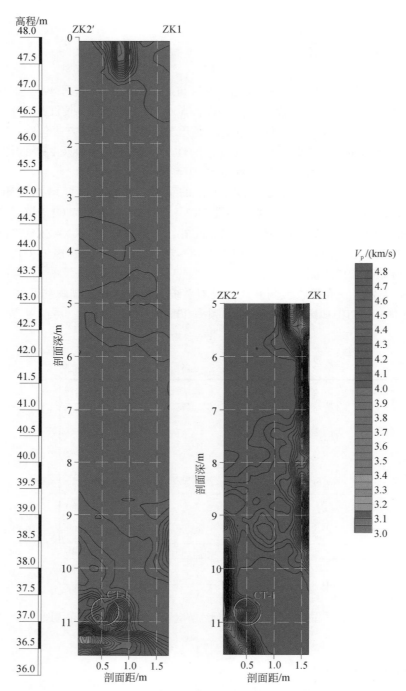

图 20-5　ZK1～ZK2′，声波 CT 剖面（CT–1 异常）

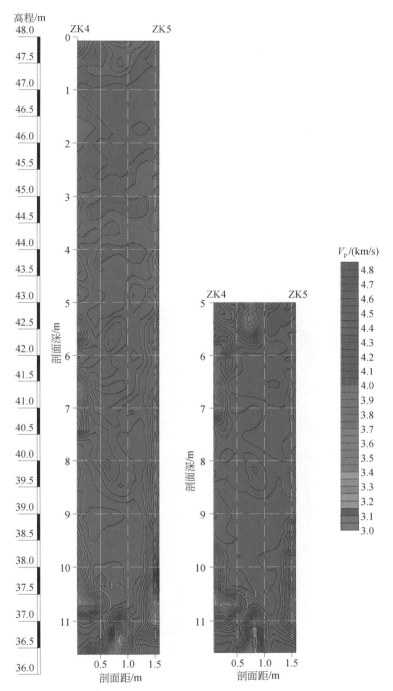

图 20-6　ZK4～ZK5 声波 CT 剖面（CT-2 异常）

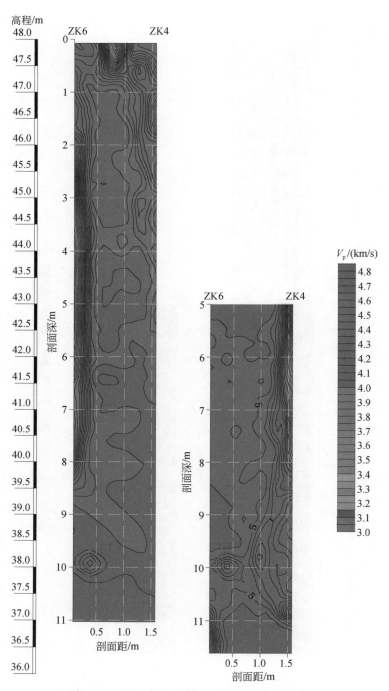

图 20-7　ZK4 ~ ZK6 声波 CT 剖面（CT–3 异常）

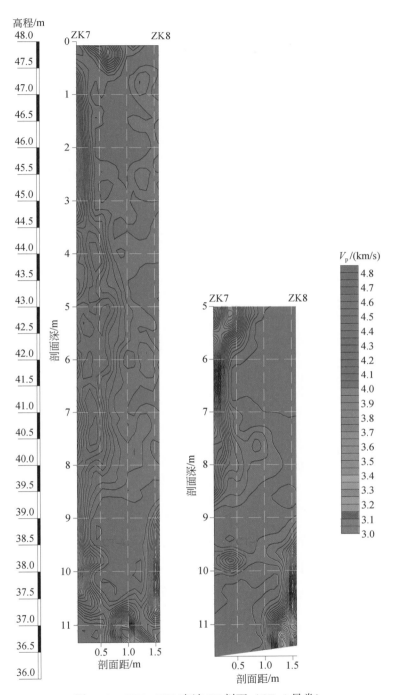

图 20-8　ZK7 ~ ZK8 声波 CT 剖面（CT-4 异常）

　　图 20-5 ~ 图 20-8 中主要存在 CT-1、CT-2、CT-3、CT-4（图中红圈）4 个提示信号。其中，CT-1 提示信号存在于 ZK1 ~ ZK2′剖面，剖面深 10.5 ~ 11.0m，距 ZK2′孔 0.3 ~ 0.8m，其中心位置为 x：20+ 117.4，y：49+553.85，深度 10.75m（高程 37.25m）；CT-2 提示信号存在于 ZK4 ~ ZK5 剖面，剖面深 10.4 ~ 10.9m，距 ZK4 孔 0.2 ~ 0.7m，其中心位置为 x：20+115.1，y：49+553.95，深度 10.65m（高程 37.35m）；CT-3 提示信号存在于 ZK4 ~ ZK6 剖面，剖面深 9.7 ~ 10.2m，距 ZK6 孔 0.15 ~ 0.65m，其中心

位置为 x：20+113.9，y：49+554.5，深度9.95m（高程38.05m）；CT−4提示信号存在于ZK7～ZK8剖面，剖面深9.6～10.1m，距ZK7孔0.15～0.65m，其中心位置为 x：20+113.9，y：49+565.8，深度9.85m（高程38.15m）。

对声波CT4个提示信号部位CT−1、CT−2、CT−3、CT−4分别布置YK1、YK2、YK3、YK4四个验证孔并进行钻孔录像，对失水孔ZK2也进行钻孔录像。4个验证孔YK1～YK4及失水孔ZK2均发现目标水管。其中，ZK2、YK1、YK2打到水管的边部，YK3、YK4打到水管的中间顶部。水管中心深度YK1（根据ZK2水管中心深度）为10.54m；YK2为10.52m；YK3（水管顶部深度9.62m，加半径0.25m）为9.87m；YK4（水管顶部深度9.43m，加半径0.25m）为9.68m。

本次对三峡右岸电站21F伸缩节室管线探测，在分析了解有关施工资料基础上，针对可能的目标区域，采用了声波CT法、钻孔录像及压水试验等方法。综合各项探测结果，得出以下结论：

（1）三峡右岸电站21F伸缩节室主管及支管的管径约为500mm。支管走向与桩号 x 方向（水流方向）大致平行，长约3.85m，中心位置 y 桩号为49+553.9、x 桩号为20+114.15～20+118.0，埋设深度10.52～10.54m；主管走向与桩号 y 方向大致平行，长约16.4m，中心位置 x 桩号为20+113.9，y 桩号为49+658.3～49+551.9，埋设深度9.68～9.87m。

（2）探测结果表明，右厂21F机组伸缩节室地下埋设的施工临时排水管的管径及分布情况与施工资料记载基本相符，管道通畅性良好，内部有静态积水，水质较清澈，水面高程40.4m，管内无明显沉积物，整个管道系统高程48m以下处于相对独立的封闭空间，与下游河道不连通，但不排除与高程48m以上厂房各工作层地面连通的可能。

参 考 文 献

鲍晓宇，施克仁，陈以方，等 . 2004. 超声相控阵系统中高精度相控发射的实现 . 清华大学学报（自然科学版），44（2）：
　153-156.

毕永年，赖鹏，汪元美，等 . 2004. B 超合成接收孔径成像前端系统实现 . 中国医学物理学杂志，21（2）：85-87.

蔡兰，兰从庆 . 1996. 合成孔径聚焦成像方法研究 . 武汉工业大学学报，18（1）：84-87.

蔡荣东，陈世利，孙芳，等 . 2009. 小型超声相控阵检测系统的研制 . 现代科学仪器，2：21-23.

曹俊兴，严忠琼 . 1995. 地震波跨孔旅行时层析成像分辨率估计 . 成都理工学院学报，22（4）：95-101.

长江工程地球物理勘测武汉有限公司 . 2007. 新型干孔声波测试探头 . 中国：CN200620163832.6.

陈长征，罗跃纲，白秉三，等 . 2001. 结构损伤检测与智能诊断 . 北京：科学出版社 .

陈成宗 . 1990. 工程岩体声波探测技术 . 北京：中国铁道出版社 .

陈春雷 . 1996. 均匀介质包围的固体圆柱中的临界折射纵横波 . 大庆高等专科学校学报，16（4）：77-83.

陈冬贵 . 2004. 低应变动测桩频率与检测 . 探矿工程，（6）：11-12.

陈国安，尤肖虎 . 1999. 基于信道变化速率检测的信道估计积分长与专用导码功率动态调整 . 电子学报，27（11）：61-64.

陈景波，秦孟兆 . 2001. 射线追踪、辛几何算法与波场的数值模拟 . 计算物理，18（6）：481-486.

陈世利，詹湘琳，靳世久 . 2006. 管道环焊缝相控超声检测系统设计 . 天津大学学报，39（2）：235-239.

陈文 . 2007. 超声相控阵换能器 . 航空维修与工程，5：20-22.

成谷，马在田，耿建华，等 . 2002. 地震层析成像发展回顾 . 勘探地球物理进展，25（3）：6-12.

程久龙 . 2000. 岩体破坏弹性波 CT 动态探测试验研究 . 岩土工程学报，22（5）：565-568.

程正兴 . 1999. 小波分析算法与应用 . 西安：西安交通大学出版社 .

邓建辉，熊文林，葛修润 . 1994. 复杂区域自适应三角网格全自动生成方法 . 岩土力学，15（2）：43-45.

董淳，王敏慧，李孟恒，等 . 1999. 关系表中联系规则挖掘的设计和实现 . 计算机工程，25（1）：14-15.

董霄剑，蒋良成，尤肖虎 . 2000. Rake 接收机中信遭最大多普勒频移估计的一种新方法及其在信遭估计中的应用 . 电路与系
　统学报，5（3）：1-5.

杜功焕 . 2001. 声学基础（第 2 版）. 南京：南京大学出版社 .

杜英华 . 2010. 合成孔径聚焦超声成像技术研究 . 天津：天津大学博士学位论文 .

法尔科内 . 1991. 分形几何——数学基础及其应用 . 曾文曲，等译 . 沈阳：东北大学出版社 .

范金城，梅长林 . 2002. 数据分析 . 北京：科学出版社 .

方锡武，崔汉国 . 1998. 有限元网格自动生成的 Delaunay 算法 . 海军工程学院学报，4：31-34.

冯长根，李后强，祖元刚 . 1997. 非线性科学的理论、方法和应用 . 北京：科学出版社 .

冯国峰，韩波，刘家琦 . 2003. 二维波动方程约束反演的大范围收敛广义脉冲谱方法 . 地球物理学报，46（2）：265-270.

刚铁，迟大钊，袁媛 . 2006. 基于合成孔径聚焦的超声 TOFD 检测技术及图像增强 . 焊接学报，27（10），1037-1038.

高安秀树 . 1989. 分形数维 . 沈步明，译 . 北京：地震出版社 .

高尔根，徐明果，王光品，等 . 2002. 任意界面下的整体迭代射线追踪方法研究 . 声学学报，27（3）：282-287.

葛修润，王川婴 . 2001. 数字式全景钻孔摄像技术与数字钻孔 . 地下空间，21（4）：254-261.

郭余峰，陈春雷 . 1996. 固体圆柱中弹性波场的激发以及在无限均匀固体介质中的传播 . 大庆石油学院学报，20（3）：
　92-96.

韩复兴，孙建国，杨昊 . 2008. 不同插值算法在波前构建射线追踪中的应用与对比 . 计算物理，25（2）：197-202.

韩力群 . 2002. 人工神经网络理论、设计及应用 . 北京：化学工业出版社 .

郝柏林 . 1993. 从抛物线谈起——混沌动力学引论 . 上海：上海科技教育出版社 .

胡昌华，张军波，夏军 . 1999. 基于 Matlab 的系统分析与设计——小波分析 . 西安：西安电子科技大学出版社 .

胡二中，黎超群 . 2011. 超声波单面平测法检测混凝土构件裂缝深度的探讨 . 中外建筑，17（12）：112-114.

胡岗 . 1994. 随机力与非线性系统 . 上海：上海科技教育出版社 .

胡建伟，汤怀民 . 2001. 微分方程数值方法 . 北京：科学出版社 .

黄晶 . 2005. 超声相控阵理论及其在海洋平台结构焊缝缺陷检测中的应用研究 . 上海：上海交通大学 .

黄联捷，李幼铭，吴如山 . 1992. 用于图像重建的波前法射线追踪 . 地球物理学报，35（2）：223-232.

黄联捷，吴如山 . 1994. 垂直非均匀背景多频背向散射层析成像 . 地球物理学报，37（1）：87-100.

黄联捷，杨文采．1991．声波方程逆散射反演的近似方法．地球物理学报，34（3）：626-634.

霍健，杨平，施克仁，等．2006．基于遗传算法的二维随机型稀疏阵列的优化研究．声学学报，31（2）：187-192.

姜建东，王晓升，屈梁生．1998．分形几何在回转机械信号振动分析中的应用．中国机械工程，（9）：39-41.

金伟良，赵羽习．2002．混凝土结构耐久性研究的回顾与展望．浙江大学学报（工学版），36（4）：371-403.

金一栗，袁宝民，于万波，等．2002．基于分形盒子维数的车牌定位方法．计算机应用研究，（9）：40-42.

井西利，杨长春．1997．一种非均匀背景的散射层析成像方法研究．石油物探，36（2）：7-14.

卡姆克．1977．常微分方程手册．张鸿林译．北京：科学出版社.

孔永联，陆士良，周楚良．1991．声波波谱技术在采矿工程中的应用研究．岩石力学与工程学报，20（3）.

赖溥祥．2005．环形相控阵换能器辐射和反射声场研究．北京：中国科学院声学研究所硕士学位论文.

雷林源，杨长特．1992．桩基瞬态动测响应的数学模型及基本特性．地球物理学报，35：501-509.

李契，朱金兆，朱清科．2002．分形维数计算方法研究进展．北京林业大学学报，（2）：71-78.

李冰．2013．超声相控阵合成孔径成像研究．镇江：江苏大学.

李攀峰．2008．基于钻孔电视的岩体结构信息解译．四川水利，29（4）：75-77.

李秋锋．2008．混凝土结构内部异常超声成像技术研究．南京：南京航空航天大学博士学位论文.

李世森，朱志夏，秦岭，等．2000．任意平面区域的自动三角剖分．天津大学学报，33（5）：592-598.

李雯雯．2011．超声相控阵技术的声场模拟和实验系统研究．济南：山东师范大学.

李衍．2008a．超声相控阵技术．第三部分．探头和超声声场．无损探伤，32（1）：24-29.

李衍．2008b．超声相控阵技术．第五部分．相控阵超声主要公式和基本参数．无损探伤，32（5）：25-34.

李媛．2008．不等厚金属非金属复合构件的相控阵超声脱粘检测技术研究．太原：中北大学.

李张明．2007．锚杆锚固质量无损检测理论与智能诊断技术研究．天津：天津大学博士学位论文.

李张明，张建清，赵鑫玉．2008．三峡工程地球物理探测技术理论与实践．武汉：长江出版社.

李整林，杜光升，等．2001．套管井体胶结状态对井孔中声传播的影响．声学学报，26（1）：6-12.

刘长福，张彦新，李中伟，等．2008．超声波相控阵技术原理及特点．河北电力技术，27（3）：29-31.

刘春生．2002．采煤机镐形截齿安装角的研究．辽宁工程技术大学学报，21（5）：661-663.

刘东甲．2000．完整桩瞬态纵向振动的模拟计算．合肥工业大学学报，23（5）：683-687.

刘海峰．2000．锚杆锚固质量及工作状态动测技术研究．太原：太原理工大学硕士学位论文.

刘海峰，杨维武．2007．混凝土强度的锚固体固结波速检测法．无损检测，29（9）：522-528.

刘洪，孟凡林，李幼铭．1995．计算最小走时和射线路径的界面网全局方法．地球物理学报，38（6）：823-832.

刘继生，王克协．2000．用频率-波数域分析研究声波测井全波列的各波相．测井技术，24（3）：198-202.

刘婧，靳世久，陈世利，等．2010．高集成度超声相控发射电路的设计．传感技术学报，23（8）：1106-1110.

刘强．2002．基于二叉树思想的任意多边形三角剖分递归算法．武汉大学学报（信息科学版），27（5）：528-533.

刘庆生．1996．微磁方法寻找油气藏的基本原理与应用．武汉：中国地质大学出版社.

刘润泽，田清伟，于师建，等．2014．结构混凝土三角网声波层析成像检测技术．地球物理学进展，29（3）：1907-1913.

刘润泽，于师建，田清伟，等．2013．基于波前最小走时单元的三角网射线追踪全局算法．地球物理学进展，28（2）：1073-1081.

刘盛东，张平松．2004．工程锚杆锚固质量动测技术．地球物理学进展，19（3）：568-572.

刘则毅．2001．科学计算技术与Matlab．北京：科学出版社.

鲁辉，何保民，李晓磊，杨红云．2012．超声单面平测法在水利工程构件检测中的应用．甘肃水利水电技术，48（9）：27-29.

鲁来玉，王文，等．2001．层状半空间中的多模问题和瑞利波勘探．物探化探计算技术，23（3）：215-221.

罗伯特·J.奇林，桑德拉·L.哈里斯．2004．应用数值方法使用MATLAB和C语言．北京：机械工业出版社.

罗俊，蔡网锁．2014．工程探测中钻孔电视成像技术的应用探讨．企业技术开发（下半月），（7）：1-2.

罗骐先．2003．桩基工程检测手册．北京：人民交通出版社.

马俊，王克协．1998．声波测井复模式波求取方法的改进与算例．计算物理，15（2）：147-152.

马圣敏，张建清，刘方文等．2012．电子岩芯与电子岩芯库的研究及应用．长江科学院院报，29（8）：106-111.

美国无损检测学会．1994．美国无损检测手册．世界图书出版公司上海分公司.

闵卫东，唐泽圣．1995．二维任意域内点集的Delaunay三角划分的研究．计算机学报，18（5）：357-364.

Ndet G. 1991. 地震层析技术. 冯锐, 译. 北京: 地质出版杜.

牛彦良, 杨文采. 1995. 跨孔地震 CT 中的逐次线性化方法. 地球物理学报. 38 (3): 378-386.

裴正林. 2001. 井间地震层析成像的现状与进展. 地球物理学进展, 16 (3): 91-97.

裴正林, 余钦范, 牟永光. 2002. 小波多尺度井间地震层析成像方法. 地球学报, 23 (4): 383-386.

彭斌, 刘春生, 肖柏勋, 等. 2003. 锚杆锚固质量无损检测数据的分析与处理. 物探化探计算技术, 25 (3): 241-245.

钱建良, 杨光, 刘家琦. 1996. 二维弹性波方程反问题的脉冲谱—多重网格迭代算法. 哈尔滨工业大学学报, 28 (1): 6-12.

秦前清, 杨宗凯. 1995. 实用小波分析. 第一版. 西安电子科技大学出版社.

冉启文. 2001. 小波变换与分数傅里叶变换理论及应用. 哈尔滨工业大学出版社.

Saunders D F, Burson K R, Thompson C K, 等. 1992. 土壤磁化率和壤气烃分析与地下油气聚集的观测关系. 国外油气勘探, (1): 97-114.

单宝华. 2006. 海洋平台结构超声相控阵检测成像技术与集成系统. 哈尔滨: 哈尔滨工业大学博士学位论文.

申宁华, 王喜臣, 王光杰, 等. 1997. 中国大陆重磁异常场的计算方法及地质解释. 长春: 吉林科学技术出版社.

沈永欢, 等. 1992. 实用数学手册. 北京: 科学出版社.

施克仁, 郭寓岷. 2010. 相控阵超声成像检测. 北京: 高等教育出版社.

石博强, 申焱华. 2001. 机械故障诊断的分形方法. 北京: 冶金工业出版社.

石建梁, 韩许恒, 武自刚. 1999. 干孔中的（超）声波测试. 岩石力学与工程学报, 18 (5): 578-580.

石林珂, 孙懿斐. 2001. 声波层析成像方法及应用. 辽宁工程技术大学学报（自然科学版）, 20 (4): 489-491.

宋志明, 李金龙, 王黎, 等. 2010. 合成孔径聚焦成像算法研究. 现代电子技术, 334 (23): 17-20.

苏超伟. 1995. 偏微分方程逆问题的数值方法及其应用. 西安: 西北工业大学出版社.

孙宝申, 沈建中. 1993a. 合成孔径聚焦超声成像（一）. 应用声学, 12 (3): 43-48.

孙宝申, 沈建中. 1993b. 合成孔径聚焦超声成像（二）. 应用声学, 12 (5): 39-44.

孙宝申, 沈建中. 1994. 合成孔径聚焦超声成像（三）. 应用声学, 13 (2): 39-44.

孙宝申, 张凡, 沈建中. 1997. 合成孔径聚焦声成像时域算法研究. 声学学报, 22 (1): 42-49.

孙芳. 2012. 超声相控阵技术若干关键问题的研究. 天津: 天津大学博士学位论文.

孙林林. 2013. 超声相控阵回波信号处理与传输研究. 镇江: 江苏大学硕士学位论文.

谭显江, 张建清, 刘方文, 等. 2012. 高清数字钻孔电视技术研发及其在水电工程中的应用. 长江科学院院报, 29 (8): 62-66.

唐修生. 2004. 超声探测混凝土损伤和内部缺陷研究. 南京: 南京水利科学研究院.

汪春晓. 2010. 相控阵超声波车轮缺陷探伤技术研究. 成都: 西南交通大学硕士学位论文.

汪凤泉. 1992. 基础结构动态诊断. 南京: 江苏科学技术出版社.

汪明武, 王鹤龄. 2003. 锚固质量的无损检测技术. 岩石力学与工程学报, 21 (1): 126-129.

汪兴旺. 2008. 岩溶探测中井间地震波层析成像的应用. 物探与化探, 32 (1): 105-108.

王成, 恽寿榕, 李义. 2000. 锚杆-锚固介质-围岩系统瞬态激励的响应分析. 太原理工在学学报, 31 (6): 658-661.

王富春, 李义, 孟波. 2002. 动测法检测锚杆锚固质量及工作状态的理论及应用. 太原理工大学学报, 33 (2): 169-172.

王辉, 常旭. 2000. 基于图形结构的三维射线追踪方法. 地球物理学报, 43 (4): 534-541.

王建军, 廖全涛, 曹建伟, 等. 2006. 应用井间 CT 探测某桥墩基础断裂. 物探与化探, 30 (2): 181-186.

王建忠. 1992. 小波理论及其在物理和工程中的应用. 数学进展, 21 (3): 289-316.

王金龙. 1998. 混沌和分形的普适常数的物理意义. 自然杂志, 26 (6): 326-329.

王靖涛. 1999. 桩基应力波检测理论及工程应用. 北京: 地震出版社.

王奎华. 2002. 成层广义 Voigt 地基中粘弹性桩纵向振动分析与应用. 浙江大学学报（工学版）, 36 (5): 565-571

王凌, 李云峰, 逄焕利, 等. 2002. 数据集中多属性关联规则发现算法. 吉林工学院学报, 21 (4): 26-28.

王瑞. 2010. 超声相控阵检测系统接收装置的设计. 镇江: 江苏大学硕士学位论文.

王守东, 刘家琦. 1995. 二维声波方程速度反演的一种方法. 地球物理学报, 38 (6): 833-839.

王伟. 2010. 超声相控阵可控强度发射系统相关技术的研究. 镇江: 江苏大学硕士学位论文.

王兴泰. 1996. 工程与环境物探新方法新技术. 北京: 地质出版社.

王旭, 王宏, 王文辉. 2000. 人工神经元网络原理与应用. 沈阳: 东北大学出版社.

王选文，丁夷，范九伦．2001．关联规则挖掘在人事系统中的应用．西安邮电学院学报，6（1）：21-23．

王越．2003．全数字相控阵超声无损检测系统软件算法与实现．上海：上海师范大学硕士学位论文．

Weiss M A. 2005. 数据结构与问题求解（C++版）．第2版．张丽萍译．北京：清华大学出版社．

吴国忱，王华忠，马在田．2003．常速度梯度射线追踪与二维层速度反演．石油物探，42（4）：434-440．

吴慧敏．1998．结构混凝土现场检测新技术—混凝土非破损检测．长沙：湖南大学出版社．

吴律．1997．层析基础及其在井间地展中的应用．北京：石油工业出版社．

吴新璇．2003．混凝土无损检测技术手册．北京：人民交通出版社．

吴永栓，曹辉，俞建宝，等．1997．分形理论在高精度重力油气检测中的应用．石油物探，36（4）：77-84．

西拉德．1991．超声检测新技术．北京：科学出版社．

香勇，彭春，潘建军，等．2006．混频相控阵聚焦特征的研究．压电与声光，28（1）：113-116．

谢波，朱世华，胡刚．1999．多径衰落信号的分形时序特性研究．西安交通大学学报，33（9）：18-21．

辛厚文．1999．分形理论及其应用．合肥：中国科技大学出版社．

徐明果．2003．反演理论及其应用．北京：地震出版社．

徐升，杨长春，刘洪，等．1996．射线追踪的微变网格方法．地球物理学报，39（1）：97-102．

徐涛，徐果明，高尔根，等．2004．三维复杂介质的块状建模和试射射线追踪．地球物理学报，47（6）：1118-1125．

许琨，吴律，王妙月．1998．改进Moser法射线追踪地．地球物理学进展，13（4）：60-66．

许明．2002．锚固系统质量的无损检测与智能诊断技术研究．重庆：重庆大学博士学位论文．

许明，张永兴．2003．锚杆低应变动测的数值研究．岩石力学与工程学报，22（9）：1538-1541．

许明，张永兴，李燕．2003．锚杆动测问题的解析解．重庆建筑大学学报，25（2）：48-53．

许药林．2012．超声相控阵成像算法研究及软件系统设计．南京：南京航空航天大学硕士学位论文．

严登俊，黄学良，胡敏强．1999．二维平面任意区域有限元网格自适应生成算法．微电机，32（3）：11-14．

杨斌．2007．超声相控阵系统中高精度触发系统研究．太原：中北大学硕士学位论文．

杨炳儒，孙海洪，熊范纶．2002．利用标准SQL查询挖掘多值型关联规则及其评价．计算机研究与发展，39（3）：307-312．

杨湖，王成．2002．锚杆围岩系统数学模型的建立及动态响应分析．华北工学院测试技术学报，16（1）：41-44．

杨湖，王成．2003．弹性波在锚杆锚固体系中传播规律的研究．测试技术学报，17（2）：145-149．

杨萍，周经纤，荆戈，等．2013．超声相控阵发射声场的计算与分析研究．机械制造，51（6）：14-16．

杨钦．2005．限定Delaunay三角网格剖分技术．北京：电子工业出版社．

杨文采．1996．地球物理反演的理论与方法．北京：地质出版社．

杨文采，杜剑渊．1994．层析成像新算法及其在工程检测中的应用．地球物理学报，37（2）：239-244．

杨晓春，李小凡，张美根．2001．地震波反演方法研究的某些进展及其数学基础．地球物理学进展，16（4）：96-109．

殷军，冯锐．1992．井间层析成像的最大熵方法．地球物理学报，35（2）：234-241．

殷人昆．2007．数据结构．北京：清华大学出版社．

于德介，谭永，周先雁．1994．用拟合桩顶速度响应的方法估计桩身形状．振动工程学报，7（4）：306-312．

于师建，刘润泽．2014．三角网层析成像方法及应用．北京：科学出版社．

袁志亮，孟小红．2007．井间地震层析成像技术在煤层气压裂监测的应用．中国煤田地质，19（2）：70-74．

詹湘琳．2006．超声相控阵油气管道环焊缝缺陷检测技术的研究．天津：天津大学博士学位论文．

张碧星，鲁来玉．2002．层状半空间中导波的传播．声学学报，27（4）：295-304．

张昌锁，李义，ZOU Steve. 2009. 锚杆锚固体系中的固结波速研究．岩石力学与工程学报，28S2：3604-3608．

张建中，陈世军，徐初伟．2004．动态网络最短路径射线追踪．地球物理学报，47（5）：899-904．

张雷，洪钟瑜，李都林．1996．小波分析法在变速机械故障诊断中的应用．华东工业大学学报，19（1）：19-24．

张美根，贾豫葛，王妙月，等．2006．界面二次源波前扩展法全局最小走时射线追踪技术．地球物理学报，49（4）：
 1169-1175．

张钋，刘洪，李幼铭．2000．射线追踪方法的发展现状．地球物理学进展，15（1）：36-45．

张赛民，周竹生，陈灵君，等．2007．对旅行时进行抛物型插值的地震射线追踪方法．地球物理学进展，22（1）：43-48．

张胜业，潘玉玲．2004．应用地球物理学原理．武汉：中国地质大学出版社．

张文生，何樵登．1997．约束走时层析成像．石油地球物理勘探，32（1）：68-74．

张湘伟，骆小明，中桐滋．1998．小波分析在测试信号分析中的应用．应用数学和力学，19（3）：203-207．

张小飞，徐大专，齐泽锋.2003a.基于模极大值小波域的去噪算法的研究.数据采集与处理，18（3）：315-318.

张小飞，徐大专，齐泽锋.2003b.基于小波变换奇异信号检测的研究.系统工程与电子技术，25（7）：814-816.

张小飞，徐大专，齐泽锋，等.2003c.基于分形的奇异信号的检测.南京航空航天大学学报，35（4）：404-408.

张治泰.2006.超声波在混凝土质量检测中的应用.北京：化学工业出版社.

章成广，刘银斌，车文华.1999.横向各向同性孔隙地层中测井全波形数值分析.计算物理，16（3）：253-258.

赵爱华，张中杰，王光杰.2000.非均匀介质中地震波走时与射线路径快速计算技术.地震学报，22（1）：151-157.

赵改善，郝守玲，杨尔皓，等.1998.基于旅行时线性插值的地震射线追踪算法.石油物探，37（2）：14-24.

赵凯，王宗花.2000.小波变换及其在分析化学中的应用.北京：地质出版社.

赵连锋，朱介寿，曹俊兴，等.2003.有序波前重建法的射线追踪.地球物理学报，46（3）：415-420.

赵勤贤.2002.混凝土结构工程耐久性研究的历史、现状及趋势.建筑技术开发，29（9）：71-72.

赵松年.1996.子波变换与子波分析.北京：电子工业出版社.

赵霞，王召巴.2006.超声相控阵回波信号相位偏差的研究.中国测试技术，32（5）：33-35.

赵新玉，刚铁，张碧星.2008.非近轴近似多高斯声束模型的相控阵换能器声场计算.声学学报，33（5）：475-480.

钟志民，梅德松.2002.超声相控阵技术的发展及应用.无损检测，24（2）：69-71.

周兵，赵明阶.1992.最小走时射线追踪层析方法.物探化探计算技术，14（2）：124-130.

周兵，朱介寿.1994.一种新的地震射线层析成像计算方法.石油物探，33（1）：45-54.

周培德.2000.计算几何——算法分析与设计.

朱国维，彭苏萍，王怀秀.2003.高频应力波检测锚固密实状况的试验研究.岩土力学，23（6）：787-791.

朱介寿，严忠琼，曹俊兴.1994.井间地球物理层析成像软件系统研究.物探化探计算技术，62（4）：310-321.

朱金颖，陈龙珠，严细水.1998.混凝土受力状态下超声波传播特性研究.工程力学，15（3）：111-117.

朱明武，李永新，卜雄洙.2006.测试信号处理与分析.北京：北京航空航天大学出版社.

朱心雄.2000.自由曲线曲面造型技术.北京：科学出版社.

Agrawal R，Imielinski T，Wami A S.1993.Mining association rules between sets of items in larger databases.Sigmod Record，22（2）：207-216.

Agrawal R，Shim K.1996.Developing tightly-coupled data mining applications on a relational data base system.Knowledge Discovery sand Data Mining.

Aki K，Christoffersson A，Husebye E S.1977.Determination of the three-dimensional seismic structure of the lithosphere.Journal of Geophysical Research，82（2）：277-296.

Aki K，Lee W H K.1976.Determination of three-dimensional velocity anomalies under a seismic array using first p arrival times from local earthquakes.Geophysical Research，81（23）：4381-4399.

Ammon C，Vidale C.1993.Tomography without rays.Bulletins of the Siesmological Society of America，83（2）：509-528.

Aurenhammer F.1991.Voronoi diagrams：a survey of a fundamental data structure.ACM Computing Surveys，23（3）：345-405.

Bak P，Chen K.1989.The physics of fractals.Physica D，38（1）：5-12.

Baker T.1987.Three dimensional mesh generation by triangulation of arbitrary point sets//Proceedings of the AIAA Eighth Computational Fluid Dynamics Conference，Honolulu：AIAA Paper，87-112.

Beard M D，Lowe M J S.2003.Nondestructive testing of rock bolts using guided ultrasonic waves.International Journal of Rock Mechanics & Mining Sciences，40（4）：527-536.

Bishop T N.1985.Tomographic detemination of velocity and depth in laterally varying media.Geophysics，50（6）：903-923.

Bois P，Porte M L，Lavergne M，et al.1972.Well-to-well seismic measurements.Geophysics，37（6）：471-480.

Bond J L，William F K，Frangopol M D.2000.Improved assessment of mass concrete dams using acoustic travel time tomography，Part I—Theory.Construction Building Materials，14（3）：133-146.

Bowyer A.1981.Computing dirichlet tessellations.The Computer Journal，24（2）：162-166.

Bunks C.1995.Multlscale seismic waveforminversion.Geophyeics，60（5）：1457-1473.

Busse L J.1992.Three-dimensional imaging using a frequency-domain synthetic aperture focusingtechnique.IEEE Transactions on Ultrasonics，39（2），174-179.

Carrion P M.1991.Dual tomography for imaging complex structure.Geophysics，56（9）：1395-1404.

Chatillon S，Cattiaux G，Serre M，et al.2003.Ultrasonic non-destructive testing of pieces of complex geometry with a flexible phased array transducer. Ultrasonics, 38 (1-8): 131-134.

Cheng J L, Li L, Yu S J. 2001. Assessing changes in the mechanical condition of rock masses using P-wave computerizedtomography. International Journal of Rock Mechanics and Ming Science, 38 (7): 1065-1070.

Crownover R M. 1995. Introduction to fractal sand chaos. Boston, USA: Jonesand Barlett Publishers.

Daily W D. 1984. Underground oil-shale retort monitoring using geotomography. Geophysics, 49 (10): 1701-1707.

Dickens T A. 1994. Diffraction tomography for crosswell imaging of nearly layered media. Geophysics, 59 (5): 694-706.

Dino Roverti, Reinhold Ludwig, Fred J L. 1988. A general-purpose computer program for studying ultrasonic beam patterns generated with acoustic lenses. IEEE Transactions on Instrumentation and Measurement, 37 (1): 90-94.

Dirichlet G L. 1850. Über die reduction der positiven quadratischen formen mit drei unbestimmten ganzenzahlen. J. Reine u. Angew. Math. , 40: 209-227.

Edelsbrunner H. 2001. Geometry and Topology for MeshGeneration. Cambridge: Cambridge University Press.

Fischer R, Lees J M. 1993. Shortest path ray-tracing with sparse graphs. Geophysics, 58 (7): 987-996.

Giorgilli A, Casati D, Galgani L, et al. 1986. Anefficient procedure to compute fractal dimesions by boxcounting. Physics Letters A, 115 (5): 202-206.

Golub G H, Reinsch C. 1970. Singular values decomposition and least squaresolution. Numerische Mathematik, 14 (3): 403-420.

Gran F, Jensen J A. 2007. Designing waveforms for temporal encoding using a frequency sampling method. IEEE Transactions on Ultrasonic, 54 (10): 2070-2081.

Green P J, Sibson R. 1978. Computing dirichlet tessellation in theplane. The Computer Journal, 2 (2): 168-173.

Hansen W, Hintze H. 2005. Ultrasonic testing of railway axles with the phased array technique experience duringoperation. Insight-Non-Destructive Testing and Condition Monitoring, 47 (6): 358-360.

Hatfield J V, Scales N R, Armitage A D, et al. 1994. An integrated multi-element array transducer for ultrasound imaging. Proceedings of the Conference on Eurosensors, 41 (1-3): 167-173.

Hazard C R, Lockwood G R. 1999. Theroretical assessment of a synthetic aperture beamformer for real-time 3D imaging. IEEE Ultrasonics Symposium, 46 (4): 972-980.

Hecht-Nielsen R. 1989. Theory of the back propagation neural network. Proc. Neural Networks, 1: 593-605.

Herman G. 1980. Image reconstruction from projections: the fundamentals of computerized tomography. San Diego: Academic Press.

Hirhara K. 1988. Detection of three-dimensional velocity anisotropy. Physics of the Earth and Planetary Interiors, 51: 71-85.

Holm S, Yao H X. 1997. Improved framrate with synthetic transmit aperture imaging using prefocused subapertures. IEEE Ultrasonics Symposium, 2: 1535-1538

Housefield G N. 1972. A Method and Apparatus for Examination of a Body by Radiation Such ax X or Gamma Radiation, Patent Spel 1283915. London, England.

Howard P, Klaassen R, Kurkcu N, et al. 2007. Phased array ultrasonic inspection of titanium forgings. Review of Progress in Quantitative Nondestructive Evaluation, 894 (1): 854-861.

Hrncir T, Turner S, Polasik S J, et al. 2010. A case study of the crack sizing performance of the GE ultrasonic phased-array inspection tool, Proceedings of the 22nd Pipeline Pigging and Integrity Management Conference.

Huang R, Schmerr L W, Sedov A. 2007. A new multi-Gaussian beam model for phased array transducers. Review of Quantitative Nondestructive Evaluation, 894: 751-758.

Humphreys E, Clayton R. 1988. Adaptation of back projection tomography to seismic travel time problems. Journal of Geophysical Research, 93: 1073-1085.

Hwang J S, Shin H J, Song S J, et al. 2000. Digital phased array ultrasonic inspection system with dynamic focusing. Review of Progress in Quantitative Nondestructive Evaluation, 1087-1094.

Ishii Y, Rokugawa S, Aoki Y. 1992. Seismic tomography measurements in a highly fracturedarea. Part II, Geotomography, 2: 179-192.

Javidi B, Hwang Y S. 2008. Passive near-infrared 3D sensing and computational reconstruction with synthetic aperture integral imaging. Journal of Display Technology, 4 (1): 3-5.

Joe B. 1991. Delaunay versus max-min solid angle triangulations for three-dimensional meshgeneration. International Journal of Numerical Methods in Engineering, 31 (5): 997.

John J F, Elk Grove Village, Kenneth R E, et al. 1970. Synthetic Aperture Ultrasonic Imaging Syetem, Patent No: 3548642.

Karaman M, Li P C, O'Donnell M. 1995. Synthetic aperture imaging for small scale systems. IEEE Transactions on Ultrasonics on Ul-trasonics Ferroelectrics & Frequency Control, 42 (3): 429-442.

Keitmann-Curdes O, Hensel K, Knoll P, et al. 2004. 3D ultrasonic imaging and contour detection in sheet metal hydroforming. IEEE ultrasonics symposium, 1: 697-700.

Kino G S, Corl D, Bennett S, et al. 1980. Real Time Synthetic Aperture Imaging System. IEEE Ultrason. Symp.

Kirkpatrck S, Gelatt C. 1983. Optimazation by simulated annealing. Science, 220: 671-680.

Klimes L, Kvasnicha M. 1994. 3-D network raytracing. Gephysical Journal Intermational, 116: 726-738.

Lambare G, Lucio P S, Hanyga A. 1996. Two-dimensional mutivalued traveltime and amplitudemaps by uniform sampling of a ray field. Geophysics Journal International, 3 (1-2): 584-598.

Laporte M. 1973. Seismic measurements by transmission-application to civil engineering. Geophysics, 21: .

Leidenfrost A, Ettrich N, Gajewski D, et al. 1999. Comparison of six different methods for calculatingtraveltime. Geophysical Prospecting, 47 (1): 269-297.

Levesque D, Ochiai M, Blouin A, et al. 2002. Laser-ultrasonic inspection of surface-breaking tight cracks in metals using SAFT pro-cessing. IEEE Ultrasonics Symposium, 1: 753-756.

Li Z. L. , Du G. S. , Wang Y. J. 2001. The effects of bonding conditions on the propagation of acoustic wave along a cased borehole. Acta Acoustic, 26: 6-12.

Liebovitch L S, Toth T. 1989. A fastal gorithm to determine fractal dimensions by boxcounting. Physics LettersA, 141 (8/9): 86-90.

Liu Q H, Sinha B K. 2000. Multipole acoustic waveforms in fluid-filled boreholes in biaxially stressed formations: A finite-difference method. Geophysics, 65: 190-201.

Lo T W, Toksoz M N, Xu S H, et al. 1988. Ultrasonic laboratory tests of geophysical tomographic Reconstruction. Geophysics, 53 (7): 947-956.

Lundahl T, Ohley W J, Kay S M, et al. 1986. Fractional brownian motion: A maximum likelihood estimatorand its application to image texture. IEEE Trans Med Imaging, 5 (3): 51-61.

Luo Y, Schuster G T. 1991. Wave-equation traveltimeinversion. Geophysics, 56 (5): 645-653.

Mahaut S, Cattiaux G, Roy O, et al. 1997. Self-focusing and defect characterization with the FAUST system. Review of Progress in Quantitative Nondestructive Evaluation, 16A (8): 2085-2091.

Mallat S. 1989. A theory for multisolution signal decomposition: the wavelet representation. IEEE Transon Pattern Analysis and Machine Inteligence, 11 (7): 674-693.

Mallat S, Hwang W L. 1992. Singularity detection and processing with wavelets. IEEE Transactions on Information Theory, 38 (2): 617-643.

Mallat S, Zhong S. 1992. Characterization of signals from multiscaleedges. IEEE Transactions on Pattern Analysis and Machine Intelligence, 14 (7): 1019-1033.

MandelbrotB B. 1982. The Fractal Geometry of Nature. NewYork: Freeman.

Marcum D L, Weatherill N P. 1995. Unstructured gird generation using iterative point insertion and localreconnection. AIAA Journal, 33 (9): 1619-1625.

Mark D M, Aronson P B. 1984. Scale-dependent fractal dimension of topographic surface: Anempirical investigation, with applications ingeomorphology and computer mapping. Math. Geol. , 16: 671-681.

Mark E G, Olivia J, Jafar AH, et al. 1991. Fractals to chastic modeling of Aero magnetic data. Geophysics, 58 (11): 1706-1715.

McCulloch W S, Pitts W. 1990. A logical Calculus of the Ideas Immanent in Nervous Activity, Bulletin of Mathematical Biophysics, 52 (1): 99-115

Moles M. 2002. Ultrasonic phased arrays for weld inspections. Review of Progress in Quantitative Nondestructive Evaluation, 615A: 902-907.

Moles M, Ginzel E, Dube N. 2002. Phased arrays for pipeline girth weld inspections. Insight: Non-Destructive Testing and Condition Monitoring, 44 (2): 86-94.

Moser T J. 1991. Shortest path calculation of seismicray. Geophysics, 56 (1): 59-67.

Nadim M Daher. 2006. 2-D Array for 3-D ultrasound imaging using synthetic aperture techniques. IEEE Transactions on Ultrasonics,

53 (5): 912-924.

Nagai K. 1985. A new synthetic-aperture focusing method for ultrasonic B-scan imaging by the Fourier Transform. IEEE Transactions on Sonics and Ultrasonics, 531-536.

Nageswaran C, Bird C R, Takahashi R. 2006. Phased array scanning of artificial and impact damage in carbon fiber reinforced plastic (CFRP). Insight, 48 (3): 155-159.

Nakanishi I, Yamaguchi K. 1986. A numerical experiment on nonlinear image reconstruction from first- arrival times for two-dimensional island arc structure. Journal of Physics of the Earth, 34 (1): 195-201.

Nikolov S I, Jensen J A. 2000. 3D synthetic aperture imaging using a virtual source element in the elevation plane. IEEE Ultrasonics Symposium, 2: 1743-1747.

Nikolov S I, Tomov B G, Jensen J A. 2006. Parametric beamformer for synthetic aperture ultrasound imaging. IEEE Ultrasonics Symposium, 2172-2176.

Nolet G. 1985. Solving or resolving inadequate and noisy tomographic systems. Journal of Computational Physics, 61: 463-482.

Nolet G. 1987. Seismic wave propagation and seismictomography. Seismic Tomography, 5: 1-23.

Ozaki Y, Sumitani H, Tomoda T, et al. 1988. A new system for real- time synthetic aperture ultrasonic. IEEE Transactions on Ultrasonics, 35 (6): 828-838.

Pai D M. 1990. Crosehole seismic using verticaleigenstate. Geophysics, 55 (7): 815-820.

Paige C, Saunders. 1982. LSQR: an algorithm for sparse linear equations and sparse least squares. Association of Computational Mechanics Transactions and Mathematical Software, 8: 43-71.

Pavlis G, Booker J. 1980. The mixed discrete continuous inverse problem: application to the simultaneous determination of earthquake hypocenters and velocity structure. Journal of Geophysical Research, 85 (B9): 4801-4810.

Phillips W S, Fehler M C. 1991. Traveltime tomography: a comparison of popular methods. Geophysics, 56 (10): 1639-1649.

Pilkington M, Gregotski ME, Todoceschuck JP. 1994. Usingfractal crustal magnetization models in magnetic interpretation. Geophysical Prospecting, 42 (6): 677-692.

Podvin P, Lecomte I. 1991. Finite difference computation of traveltimes in very contrasted velocity model: a massively parallel approach and its associated tools. Gephysical Journal International, 105 (1): 271-284.

Pratt R G, Coulty N R. 1991. Combining wave- equation imaging with traveltime tomography to form high- resolution images from crosshole data. Geophysics, 56 (2): 208-224.

Pratt R G, Worthington M. H. 1984. The application of diffraction tomography to crossbole seismic data. Geophysics, 53 (10): 1284-1294.

Preparata F P, Shamos M I. 1985. Computational geometry: Anintroduction. New York: Springer- Verlag.

Press F. 1968. Earth models obtained by monte-carlo inversion. Journal of Geophysical Research, 73: 5223-5234.

Qin F, Olsen K, Luo Y, et al. 1992. Finite- difference solution of the eikonal equation along expanding wavefronts. Geophysics, 57 (3): 478-487.

Rao V N, Rama Vandiver J K. 1999. Acoustics of fluid-filled boreholes with pipe: Guided propagation and radiation. Journal of the Acoustical Society of America, 105: 3057-3066.

Rastello T, Haas C, Vray D, et al. 1998. A new fourier- based multistatic synthetic aperture focusing technique for intravascular ultrasound imaging. IEEE Ultrasonics Symposium, 2: 1725-1728.

Rector J W. 1995. Crosswell methods: Where are we, where are we going? Geophysics, 60 (3): 627-630.

Reiter D T, Rodi W. 1996. Nonlinear waveform tomography applied to crosshole seismic data. Geophysics, 61 (3): 902-913.

Roy O, Mahaut S, Serre M. 1998. NDT of specimen of complex geometry usingultrasonic adaptive techniques- the F. A. U. S. T. system. Review of Progress in Quantitative Nondestructive Evaluation, 17A (7): 1689-1695.

Sambridge M S. 1999. Geophysical Inversion with a Neighborhood Algorithm- I, Searching a parameterspace. Geophysical Journal International, 138: 479-494.

Sava P, Fomel S. 1998. Huygens wavefront tracing: a robust alternative to ray tracing. 68 Ann. Internat. Mtg., Soc. Expl. Geophys., Expanded Abstracts, 1961-1964, New Orleans.

Scales J. 1987. Tomographic inversion via the conjugate gradient method. Geophysics, 52 (2): 179-185.

Schuster G J, Doctor S R, Bond L J. 2004. A system for high- resoultion, nondestructive, ultrasonic imaging of weld grains. IEEE

Transactions on Instrumentation and Measurement, 53 (6): 1526-1532.

Sethian J A, Popovici A M. 1999. 3-D traveltime computation using the fast marching method. Goephysics, 64 (2): 561-523.

Shewchuk J R. 1997. Delaunay Refinement Mesh Generation. Pittsburgh, Pennsylvania: Carnegie Mellon University.

Shi Keren, Que Kailiang, Guo Dayong. 2004. Flexible ultrasonic phased- array probe. Tsinghua Science and Technology, 9 (5): 574-577.

Sibson R. 1978. Locally equiangulartriangulations. The Computer Journal, 21 (3): 243-245.

Singh R P, Singh Y P. 1991. A new inversion technique for geotomographic data. Geophysics, 56 (8): 1215-1227.

Somerstein. 1984. Radio-frequencey geotomography for remotely probing the interior of operating mini and commercial- sized oil- shale retorts. Geophysics, 49: 1288-1300.

Song S J, Shin H J, Jang Y H. 2002. Development of an ultra-sonic phased array system for nondestructive tests of nuclear power plant components. Nuclear Engineering and Design, 214 (1-2): 151-161.

Spakman W, Nolet G. 1988. Imageing algorithms, accuracy and resolution in delay time tomography. Mathematical Geophysics, 3: 155-187.

Spencer C, Gubbins D. 1980. Travel- time inversion for simultaneous earthquake location and velocity structure determination in laterally varying media. Geophysical Journal of the Royal Astronomical Society, 63: 95-116.

Srikant R, Agrawal R. 1996. Mining quantitative association rules in large relational tables. Proc. Sigmod Record, 25 (2): 1-12.

Stein M C, Hartt K D. 1988. Nonparametric estimation of fractal dimension. Visual Communication sand Image Processingc 88, Proceedings of SPIE, 1001: 132-137.

Stepinski T. 2007. An implementation of synthetic aperture focusing technique in frequency domain. IEEE transactions on ultrasonics, 54 (7): 1399-1408.

Symes W W. 1998. A slowness matching finite difference method for traveltimes beyond transmission caustics. 68 Ann. Internat. Mtg., Soc. Expl. Geophys., Expanded Abstracts. New Orleans: 1945-1948.

Tarantorn A. 1984. Inversion of seismic reflection data in the acoustic approximation. Geophysics, 49 (8): 1259-1266.

Theiler J. 1990. Estimating fractal dimension. Journal of the Optical Society of America A2 Optic sand Image Science, 7 (6): 1055-1073.

Tian Y, Hung S H, Guust Noletet, et al. 2007. Dynamic ray tracing and traveltime corrections for global seismic tomography. Journal of Computational Physics, 226: 672-687.

Tomov B G, Jensen J A. 2001. A new architechture for a single chip multi- channel beamformer based on a standard FPGA. IEEE Ultrasonics Symposium, 2: 1529-1533.

Tomov B G, Jensen J A. 2005. Compact FPGA-based bemformer using oversampled 1-bit A/D converters. IEEE Transactions on Ultra-sonics, 52 (5): 870-880.

Van Avendonk H J A, Harding A J, Orcutt J A, et al. 2001. Hybrid shortest path and ray bending method for traveltime and raypath-calculations. Geophysics, 66 (2): 648-653.

Van Trier J, Symes W W. 1991. Upwind finite-difference calculation of traveltimes. Geophysics, 56 (6): 812-821.

Vidale J E. 1988. Finite-difference calculation of travel times. Bulletin of Seismological Society of America, 78: 2062-2076.

Vidale J E. 1990. Finite-difference calculation of travel times in threedimension. Geophysics, 55 (5): 521-526.

Vidale J E, Houston H. 1990. Rapid calculation of seismic amplitude. Geophysics, 55 (11): 1504-1507.

Vinje V, Jversen E, Gjoystadal H. 1992. Traveltime and amplitude estimation using wave- front construction. In EAEG Ann. Meetg: 504-505.

Voronoi G F. 1908. Nouvelles applications des parameters continues à la théorie des forms quadratiques. Angew J. Math., 134: 198-287.

Wang Mingwu, Wang Heling. 2001. Nondestructive testing of grouted bolts system. Chinese Journal of Geotechnical Engineering, 23 (1): 109-113.

Wang Xiuming, Zhang Hailan, Ying Chongfu. 2000. The distribution of Poles in the Contour Integral Evaluation of the wavefield within a fluid-filled borehole. Journal of DAQING Petroleum Institute, 24 (1): 1-8.

Waston D F. 1981. Computing the n- dimensional delaunay tessallation with application to voronoipolytopes. The Computer Journal, 24 (2): 167-172.

William F K, Leonard J B, Frangopol M D. 2000. Improved assessment of mass concrete dams using acoustic travel timetomography. Part Ⅱ—Application, Constructionand Building Materiais, 14: 147-156.

Wornell G W, Oppenheim A V. 1992. Estimation of fractal signal from noisy measurements using wavelet. IEEE Transactions on Singal Processing, 40 (4): 611-623.

Wu R S, Toksoz M N. 1987. Diffration tomography and multisource holography applied to seismic imaging. Geophysics, 52 (1): 11-25.

Yamani A. 1997. Three-dimensional imaging using a new synthetic aperture focusing technique. IEEE Transactions on Ultrasonics, 44 (4): 943-947.

Yao Z S, Osypov K S, 1998. Roberts R G. Traveltime Tomography Using Regularized Recursive Least Squares. Gephysical Journal International, 134 (1-3): 545-553.

Ylitalo J T. 1996. A fast ultrasonic synthetic aperture imaging method: application to NDT. Ultrasonics, 331-333.

Ylitalo J, Ermert H. 1992. A synthetic aperture ultrasonic imaging method: experiment. IEEE Ultrasonics Symposium: 1215-1218.

Ylitalo J T, Ermert H. 1994. Ultrasound synthetic aperture imaging: monostatic approach. IEEE Transactions on Ultrasonics, 41 (3): 333-339.

Yong Seok Hwang, Seung Hyun Hong, Bahram Javidi. 2007. Free view 3-D visualization of occluded objects by using computational synthetic aperture integral imaging. Journal of Display Technology, 3 (1): 64-70.

Yu S J, Liu R Z, Cheng J L. 2010. A minimum travel time ray tracing global algorithm on a triangular net for propagating planewave. Applied Geophysics, 7 (4): 348-356.

Zhang H L, Wang X M, Ying C. F. 1996. Leaky modes and wave components of a fluid-filled borehole embedded in and elastic medium. Science in China (Series A), 39 (3): 289-300.

Zhang J, Toksoz M N. 1998. Nonlinear refraction traveltime tomography. Geophysics, 63 (5): 1726-1737.

Zhang J Z, Chen S J. 2003. Numerical modeling of seismic first break in complex media. Chinese Journal of Comput Phys, 20 (5): 429-433.

Zhao Dapeng, Akira H, Shigeki H. 1992. Tomographic imaging of P and S wave velocity structure beneath northeastern Japan. Journal of Geophysical Research, 97 (B13): 19909-19928.

Zhou C X. 1995. Acoustic Wave equation traveltime and waveform inversion of crosshole seismic data. Geophysics, 60 (3): 765-773.